清华大学学术专著

Character Recognition:
Principles, Methods and Practice

文字识别
原理、方法和实践

丁晓青　王言伟　等著

清华大学出版社
北京

内容简介

本书基于模式识别和信息熵理论,全面、系统和深入地分析介绍了各种汉字、多文种文字识别的理论和方法,以及解决复杂多变的多文种文字和文档识别中关键问题的有效算法和具体实践。

本书可以作为相关专业研究生的参考书,也可以供从事模式识别、文字和文档识别等计算机信息处理研究的科研人员和从事相关产品开发的工程技术人员阅读参考。

版权所有,侵权必究。举报: 010-62782989,beiqinquan@tup.tsinghua.edu.cn。

图书在版编目(CIP)数据

文字识别:原理、方法和实践/丁晓青等著.—北京:清华大学出版社,2017(2020.10重印)
(清华大学学术专著)
ISBN 978-7-302-45462-5

Ⅰ.①文⋯ Ⅱ.①丁⋯ Ⅲ.①文字识别 Ⅳ.①TP391.43

中国版本图书馆 CIP 数据核字(2016)第 274683 号

责任编辑:赵彤伟 薛 慧
封面设计:傅瑞学
责任校对:刘玉霞
责任印制:杨 艳

出版发行:清华大学出版社
网   址:http://www.tup.com.cn, http://www.wqbook.com
地   址:北京清华大学学研大厦 A 座   邮 编:100084
社 总 机:010-62770175   邮 购:010-62786544
投稿与读者服务:010-62776969,c-service@tup.tsinghua.edu.cn
质量反馈:010-62772015,zhiliang@tup.tsinghua.edu.cn

印 装 者:三河市龙大印装有限公司
经   销:全国新华书店
开   本:153mm×235mm   印 张:39   插 页:4   字 数:653 千字
版   次:2017 年 4 月第 1 版   印 次:2020 年 10 月第 2 次印刷
定   价:198.00 元

产品编号:019921-02

前　　言

　　文字是人类信息最重要的载体和最集中的表象,记载了几千年人类的文明和历史,对五千年中华文明的传承和发展起着极其关键的作用。当今人类社会进入快速计算机网络信息化的时代,信息的全球化和大数据资源的获取,首先要求解决和实现各类信息的数字化,特别是文字和文档信息的计算机数字化。

　　计算机信息化,就是要求计算机也能像人一样识图认字:使计算机具有对图像或文字表象的自动识别的能力。也就是说,文字和文档识别信息化也是人工智能和计算机视觉需要解决的重要问题。

　　20世纪60年代,国际上就十分重视对文字识别的研究。我国汉字数量巨大、结构复杂,难以输入计算机,这成为汉字信息化的拦路虎,因此,汉字识别及海量文档的计算机数字化研究极为紧迫,并具有特殊的历史意义。

　　作者所在的清华大学智能图文信息处理研究室从20世纪80年代就开始了汉字等多文种文字和文档识别信息化的研究和探索,数十位师生持续卅余年,齐心奋力,在文字识别的理论和方法研讨上、在大规模印刷、联机和脱机手写汉字识别、中日韩、蒙藏维哈柯阿民族文字文档识别的研究上取得领先的研究成果,并将研究成果在世界范围推广应用。这些经历和成果成为本书撰写的直接动因。

　　《文字识别:原理、方法和实践》一书围绕模式识别和文档信息化而展开。基于模式识别和信息熵理论分析,对文字和文档识别的理论和方法以及关键问题进行了较为深入、系统的分析和研究,并介绍了多种文字和文档识别方法和系统。全书包括11章,各章内容如下:

　　第1章绪论介绍文字的基本属性和特点;

　　第2章模式识别和模式识别信息熵理论,揭示模式识别的核心互信息、汉字和汉字文本的信息熵;

　　第3章介绍汉字识别的特征提取和优良的汉字识别特征;

　　第4章介绍特征的鉴别分析、维数压缩和特征高斯分布整形;

第 5 章介绍最优贝叶斯分类器和 MQDF 设计；

以上章节主要介绍文字识别基本理论。

第 6 章介绍脱机手写汉字识别的鉴别学习方法；

第 7 章介绍基于时空统一模型的结构联机汉字识别方法，以及基于结构特征的统计联机手写汉字识别系统；

第 8 章介绍利用上下文语言信息进行汉字文本识别后处理的理论方法；

第 9 章介绍基于过切分的文本行识别及基于 HMM 的无切分文档识别方法；

第 10 章介绍复杂文档版面的自动分析、理解和重构，及文档自动识别和重构方法；

第 11 章介绍蒙藏维多文种文字文档识别的策略、理论和方法，为民-汉跨文种文档识别理解打下基础。

本书有选择性地针对文字和文档识别中必须解决的诸多重要问题，从单字、联机、多变脱机汉字识别、鉴别学习，到复杂版面、连笔书写、上下文相关文档识别，以及多文种民族文字识别，力图较完整地，从理论、方法和实践进行深入分析和讨论。全书内容主要源自我们研究工作的总结，大部分章节源于研究生的论文，包括张睿、刘海龙、张嘉勇、林晓帆、征荆、陈彦、王学文、王言伟、李元祥、姜志威、陈明、王华等同学的博士论文。丁晓青负责全书的编撰，王言伟还做了大量文档编辑工作。

希望读者能够对文字和文档识别的理论、方法和实践有较为全面的认知和了解，并从中获得有益的启发。最后需要说明的是，本书没有也不可能完全包括当前在此领域内最新的研究成果和发展。对于读者，本书能够起到抛砖引玉的目的，我们就十分欣慰了。

本书的内容主要源自研究组对文字和文档识别理论和方法的研究和探索，特别是汉字识别研究开创者之一，已故的吴佑寿院士，他的一贯支持，为汉字识别研究的成功发挥了重要作用；刘长松、彭良瑞进行了长期的工作，为本书和研究成果的产品化，作出突出贡献；以及集数十位研究生的不懈努力和研究成果，除上面已经提及的参与者外，还包括：朱夏宁、董宏、黄晓非、李彬、徐宁、郭繁夏、苟大银、赵明生、郭宏、刘今晖、陈友斌、方驰、靳简明、陈力、鲁湛、陈彦、李闯、王贤良、文迪、何峰、姚正斌、李昕、蒋焰、付强等。在此一并表示衷心的感谢！

目 录

第1章 绪论 ………………………………………………………… 1
  1.1 引言 ……………………………………………………………… 1
  1.2 文字和汉字 ……………………………………………………… 2
    1.2.1 文字的代码表示 ……………………………………………… 3
    1.2.2 汉字的字体字形 ……………………………………………… 4
    1.2.3 汉字的特点 …………………………………………………… 6
    1.2.4 中文信息处理 ………………………………………………… 8
  1.3 文字识别和汉字识别 …………………………………………… 8
  1.4 文字识别研究历程 ……………………………………………… 10
  1.5 文字识别分类 …………………………………………………… 11
    1.5.1 按照不同文种文字和文档的识别技术分类 ………………… 11
    1.5.2 按照获取图像方式和识别对象不同分类 …………………… 12
    1.5.3 单个字符识别和文档篇章识别 ……………………………… 14
  1.6 文字识别与笔迹鉴别 …………………………………………… 15
  1.7 汉字识别的基本方法——基于视觉感知的汉字识别方法 …… 16
  1.8 关于本书 ………………………………………………………… 20
  参考文献 ……………………………………………………………… 21

第2章 模式识别和模式识别信息熵理论 ………………………… 23
  2.1 引言：模式与模式识别 ………………………………………… 23
  2.2 基于贝叶斯统计决策的模式识别 ……………………………… 26
  2.3 模式识别统一信息熵理论 ……………………………………… 30
    2.3.1 特征和类别及其相关信息熵 ………………………………… 31
    2.3.2 后验熵：最优贝叶斯分类器误识率的上限 ………………… 36
    2.3.3 模式识别的学习与识别信息过程 …………………………… 38
    2.3.4 互信息：决定模式识别性能的鉴别熵 ……………………… 40

- 2.4 正态分布条件下的模式识别信息熵系统 ·················· 41
- 2.5 最大互信息鉴别分析(互信息鉴别子空间模式识别) ········ 45
  - 2.5.1 最大互信息子空间线性鉴别分析方法 ············· 45
  - 2.5.2 最大互信息线性鉴别分析与线性鉴别分析 LDA ··· 46
- 2.6 特征选择的信息熵准则 ································ 47
  - 2.6.1 基于错误概率的类别可分性准则 ················· 47
  - 2.6.2 基于有效互信息的类别可分性准则 ················ 48
- 2.7 从信息熵分析看提高识别性能的途径 ···················· 50
- 2.8 汉字集合和汉字文本的信息熵 ·························· 52
  - 2.8.1 汉字集合的信息熵 ······························ 52
  - 2.8.2 汉字文本的信息熵和汉字的极限熵 ················ 53
- 2.9 本章小结 ·· 55
- 参考文献 ·· 56

第3章 汉字识别的特征提取 ································ 59

- 3.1 引言 ·· 59
- 3.2 汉字字符图像规一化预处理 ···························· 60
  - 3.2.1 线性规一化 ···································· 61
  - 3.2.2 非线性规一化 ·································· 65
  - 3.2.3 基于整体密度均衡的非线性规一化 ················ 66
- 3.3 汉字识别中的特征抽取 ································ 68
  - 3.3.1 结构特征 ······································ 69
  - 3.3.2 统计特征 ······································ 70
- 3.4 汉字识别特征提取研究的发展历程 ······················ 74
  - 3.4.1 基于图像变换的印刷汉字识别特征和系统 ·········· 74
  - 3.4.2 基于形态学汉字结构分析的两级印刷汉字识别特征和系统 ·· 74
  - 3.4.3 汉字笔画密度微结构全局特征及多字体汉字识别系统 ·· 75
  - 3.4.4 基于汉字笔画方向网格特征的鲁棒汉字识别系统 ··· 77
- 3.5 笔画方向线素特征 ···································· 80
  - 3.5.1 方向线素特征的形成方法 ························ 80
  - 3.5.2 网格化方向线素特征 ···························· 82

3.5.3　对原模糊分块方法的改进——低通采样方向线素
　　　　　　特征 ··· 86
　　　3.5.4　实验和结果 ·· 86
　3.6　基于Gabor滤波器的高性能汉字识别方向特征 ············· 88
　　　3.6.1　Gabor变换理论分析 ·· 88
　　　3.6.2　适用于汉字识别的Gabor滤波器组设计及实验验证
　　　　　　 ··· 91
　　　3.6.3　对Gabor滤波器组输出的非线性变换 ················ 94
　　　3.6.4　分块特征的抽取 ··· 96
　　　3.6.5　实验及结果 ·· 97
　3.7　汉字识别梯度方向特征抽取方法 ······························· 100
　　　3.7.1　梯度方向特征 ·· 100
　　　3.7.2　梯度方向特征的快速算法 ······························· 101
　3.8　不同笔画方向特征的识别性能实验比较 ···················· 102
　3.9　本章小结 ·· 104
　参考文献 ·· 104

第4章　特征的鉴别分析和分布整形 ······························· 109
　4.1　引言 ·· 109
　4.2　线性鉴别分析 ·· 110
　　　4.2.1　优化准则 ·· 110
　　　4.2.2　变换形式和最优解 ·· 110
　　　4.2.3　变换的分解形式 ·· 111
　　　4.2.4　启发式讨论 ··· 113
　　　4.2.5　实验与结果 ··· 115
　　　4.2.6　小结 ·· 118
　4.3　正则化线性鉴别分析 ··· 118
　　　4.3.1　小样本带来的问题 ·· 118
　　　4.3.2　利用正则化估计协方差阵 ······························ 119
　　　4.3.3　实验结果 ·· 121
　4.4　异方差鉴别分析 ·· 123
　　　4.4.1　基于极大似然估计的异方差线性鉴别分析 ······ 124
　　　4.4.2　基于Chernoff准则的异方差线性鉴别分析 ······ 127

  4.4.3 基于Mahalanobis准则的异方差线性鉴别分析……129
  4.4.4 实验结果……130
  4.4.5 小结……133
 4.5 特征统计分布整形变换……134
  4.5.1 特征分布的整形……134
  4.5.2 正态性检验……135
  4.5.3 Box-Cox变换……137
  4.5.4 方向线素及梯度特征的整形……140
  4.5.5 实验与结果……142
 4.6 本章小结……145
参考文献……145

第5章 模式识别分类器设计/统计模式分类方法……148
 5.1 引言……148
 5.2 贝叶斯判决理论……150
 5.3 正态分布下的贝叶斯分类器……152
  5.3.1 正态分类模型……152
  5.3.2 最小距离分类器MDC……154
  5.3.3 线性距离分类器LDC……155
  5.3.4 二次鉴别函数分类器QDF……156
  5.3.5 二次鉴别函数……157
  5.3.6 QDF误差分析……158
 5.4 改进二次鉴别函数分类器MQDF……159
  5.4.1 修正二次鉴别分类MQDF……159
  5.4.2 QDF修正形式的贝叶斯估计推导……160
  5.4.3 实验与结果……163
 5.5 系统实现与应用……164
  5.5.1 非限定脱机手写汉字识别系统……165
  5.5.2 多字体印刷中、日、韩文识别系统……169
 5.6 分类器的置信度分析……172
  5.6.1 分类器的置信度和广义置信度……172
  5.6.2 基于距离的分类器的广义置信度估计……175
  5.6.3 多层前向神经网络分类器广义置信度估计……180

     5.6.4 从广义置信度求置信度的方法 ························ 181
     5.6.5 使用 ACT 估计后验概率 ····························· 181
     5.6.6 置信度分析在字符识别中的应用 ···················· 182
     5.6.7 小结 ··· 187
  5.7 分类器集成 ··· 187
     5.7.1 集成的 3 个层次 ··································· 187
     5.7.2 基于线性回归的多分类器集成 ······················· 190
     5.7.3 利用线性回归提高后验概率估计的准确性 ············· 191
     5.7.4 后验概率的估计误差与误识率的关系 ················· 193
     5.7.5 实验结果 ··· 194
     5.7.6 小结 ··· 198
  5.8 本章小结 ··· 198
  参考文献 ·· 199

第 6 章 无约束手写汉字识别分类器鉴别学习 ···················· 202
  6.1 引言 ··· 202
  6.2 基于最小错误率的鉴别学习 ······························ 204
     6.2.1 最小错误率学习 ··································· 204
     6.2.2 基于 MCE 的多模板距离分类器参数鉴别学习 ·········· 208
     6.2.3 基于 MCE 的 MQDF 分类器参数鉴别学习 ············· 210
     6.2.4 基于 MCE 的正交混合高斯模型的鉴别学习 ··········· 212
  6.3 基于启发式的鉴别学习方法 ······························ 222
     6.3.1 矫正学习 ··· 222
     6.3.2 镜像学习方法 ····································· 232
     6.3.3 样本重要性加权学习方法 ··························· 235
  6.4 本章小结 ··· 247
  参考文献 ·· 247

第 7 章 联机手写汉字识别 ···································· 251
  7.1 引言 ··· 251
     7.1.1 联机手写汉字识别方法回顾 ························· 252
  7.2 描述结构的统计模型——SSM ······························ 256
     7.2.1 基元间关系的描述 ································· 257

- 7.2.2 结构统计模型 SSM 的定义及概率分析 ……… 259
- 7.2.3 SSM 应用于联机手写汉字识别 ……… 262
- 7.2.4 实验与分析 ……… 267
- 7.2.5 小结 ……… 268
- 7.3 路径受控 HMM 和时空统一模型 ……… 269
  - 7.3.1 路径受控 HMM（PCHMM） ……… 271
  - 7.3.2 PCHMM 在联机手写汉字识别中的应用 ……… 278
  - 7.3.3 联机手写汉字识别的时空统一模型——STUM ……… 285
  - 7.3.4 实验与分析 ……… 286
  - 7.3.5 小结 ……… 292
- 7.4 基于全局模式分析的统计结构特征 ……… 293
  - 7.4.1 联机汉字笔迹的结构分析 ……… 293
  - 7.4.2 联机手写汉字分类特征的分析与提取 ……… 297
  - 7.4.3 小结 ……… 308
- 7.5 高性能联机手写汉字识别系统及其嵌入式系统 ……… 308
  - 7.5.1 联机手写汉字识别系统 ……… 308
  - 7.5.2 嵌入式联机手写识别系统 ……… 318
- 7.6 本章小结 ……… 323
- 参考文献 ……… 324

第 8 章 利用上下文信息的汉字识别后处理 ……… 328

- 8.1 概述 ……… 328
- 8.2 汉字识别后处理模型 ……… 332
  - 8.2.1 汉字文本识别的整体模型 ……… 332
  - 8.2.2 利用多层语言知识的汉字识别整体模型 ……… 334
  - 8.2.3 整体模型的全局优化 ……… 335
  - 8.2.4 影响后处理性能的要素分析 ……… 336
- 8.3 统计语言模型 ……… 337
  - 8.3.1 n-gram 模型的基本理论 ……… 337
  - 8.3.2 基于字的语言模型 ……… 342
  - 8.3.3 基于词的语言模型 ……… 345
- 8.4 候选集的有效性 ……… 347
  - 8.4.1 候选集大小分析 ……… 347

8.4.2 混淆矩阵获取 ·· 349
   8.4.3 扩充候选字集 ·· 351
   8.4.4 词条近似匹配算法 ··· 355
 8.5 文本识别后处理的实现 ·· 357
   8.5.1 字 bigram 模型的上下文处理 ································ 357
   8.5.2 字 trigram 模型的上下文处理 ······························· 359
   8.5.3 词 bigram 模型的上下文处理 ································ 360
   8.5.4 字、词相结合的上下文处理 ································ 362
   8.4.5 利用上下文信息的汉字识别实验系统 ······················ 366
 8.6 实验结果与分析 ··· 367
   8.6.1 实验数据说明 ·· 367
   8.6.2 语言模型的影响 ·· 369
   8.6.3 候选字集的影响 ·· 371
   8.6.4 文本识别混合后处理系统的影响 ···························· 375
 8.7 本章小结 ·· 376
 参考文献 ··· 378

第9章 脱机手写文档识别方法 ··· 380
 9.1 引言 ··· 380
 9.2 文本行识别研究概况 ·· 381
 9.3 基于过切分的脱机手写中文文本行识别方法 ····················· 385
   9.3.1 脱机手写中文文本行识别方法 ······························ 385
   9.3.2 基于分段的文本行识别搜索方法 ···························· 399
   9.3.3 文本行切分识别中的语言模型自适应 ······················· 404
   9.3.4 脱机手写中文文本识别系统 ································ 414
 9.4 基于 HMM 的无切分民族文字文档识别方法 ····················· 416
   9.4.1 无切分识别方法的主要思想 ································ 418
   9.4.2 无切分文档识别方法中的特征提取 ························· 421
   9.4.3 无切分文档识别方法中的模型训练 ························· 424
   9.4.4 无切分文档识别方法中的模型优化 ························· 425
   9.4.5 无切分文档识别方法中的解码识别 ························· 430
   9.4.6 无切分维文文档识别研究的相关实验 ······················· 432
   9.4.7 小结 ·· 436

9.5　本章小结 ··· 436
参考文献 ·· 437

第 10 章　文档版面自动分析和理解　445
10.1　版面处理的概念 ·· 445
10.2　版面分析研究的历史和现状 ··· 447
  10.2.1　版面分析研究的分类 ·· 447
  10.2.2　版面分析工作的发展 ·· 458
  10.2.3　版面分析的困难 ··· 460
10.3　基于多层次基元的版面分析模型 ··· 461
  10.3.1　多层次可信度的定义 ·· 462
  10.3.2　多层次可信度指导下的自底向上版面分析算法
　　　　　·· 463
  10.3.3　连通域层次 ··· 464
  10.3.4　行层次 ·· 464
  10.3.5　区域层次 ·· 467
  10.3.6　页面层次 ·· 467
  10.3.7　实验结果 ·· 468
10.4　版面理解和重构 ·· 469
  10.4.1　版面理解和重构的需求 ·· 469
  10.4.2　文档结构模型 ·· 472
  10.4.3　版面理解 ·· 475
  10.4.4　版面重构 ·· 477
  10.4.5　原文重现的电子出版物制作系统 ································ 480
10.5　本章小结 ··· 485
参考文献 ·· 485

第 11 章　蒙藏维多文种识别　490
11.1　引言 ··· 490
  11.1.1　蒙藏维文识别 ·· 490
  11.1.2　民族文字识别的现状 ·· 492
  11.1.3　藏文及其识别 ·· 493

11.1.4　维吾尔文及其识别 ·················· 497
　　11.1.5　蒙古文及其识别 ···················· 499
11.2　蒙藏维文识别的基本策略 ················· 501
　　11.2.1　基本识别单元选择 ··················· 501
　　11.2.2　基本框架和关键技术 ················· 503
11.3　多文种民族文字识别中的字符规一化 ········ 505
　　11.3.1　基于基线分块的民族字符规一化策略 ···· 506
　　11.3.2　规一化点阵大小选择 ················· 510
　　11.3.3　位置规一化 ························· 512
　　11.3.4　基于三次B样条函数的字符图像插值 ···· 512
　　11.3.5　笔画宽度调整 ······················· 516
11.4　民族文字识别中的特征提取与特征变换 ······ 518
　　11.4.1　改进型方向线素特征 ················· 518
　　11.4.2　基于视觉特性的方向特征 ············· 522
　　11.4.3　基于线性鉴别分析的特征变换 ·········· 525
　　11.4.4　实验结果 ··························· 530
11.5　民族文字识别中的级联分类器设计 ·········· 536
　　11.5.1　预分类 ····························· 537
　　11.5.2　基于鉴别学习MQDF的主分类器 ········ 544
　　11.5.3　辅助分类 ··························· 544
　　11.5.4　实验结果 ··························· 554
11.6　藏文文本切分和藏文识别后处理 ············ 561
　　11.6.1　藏文文本切分 ······················· 561
　　11.6.2　拼写规则与统计方法相结合的藏文识别后处理
　　　　　　································· 568
11.7　多民族语言文字识别系统的实现
　　　——TH-OCR统一平台民族文字识别系统 ···· 576
　　11.7.1　统一平台多民族文字识别系统特点 ······ 577
　　11.7.2　维-汉-英混排民族文字的识别 ·········· 578
　　11.7.3　蒙藏维多文种统一平台识别系统性能 ···· 580
　　11.7.4　蒙藏维文档识别的跨文种翻译理解 ······ 584
11.8　本章小结 ······························· 586
参考文献 ····································· 587

附录A　常用缩略语表 ……………………………………………… 592

附录B　文字识别相关研究成果 …………………………………… 593

附录C　文字识别相关成果主要奖励 ……………………………… 594

附录D　已授权文字识别相关发明专利 …………………………… 599

附录E　文字识别相关的博士论文 ………………………………… 601

附录F　本书中算法研究相关数据库 ……………………………… 603

索引 …………………………………………………………………… 608

第1章 绪　　论

1.1　引言

人类社会已进入了信息时代,尤为重要的标志之一是互联网的发展已经深入人们的生活,从宽度、广度和深度方方面面改变了和改变着人们的生活方式,也改变了世界。信息化使得信息的获取、传输、交换和使用成为影响社会发展的重要因素,信息事业的发展极大地影响了国家的发达和民族的兴旺,也因此得到世界各国的极大关注。

在计算机信息化迅速发展的过程中,信息的电子化处理已成为一种不可逆转的趋势,需要解决如何把大量的已产生或将产生的印刷或手写的海量文档信息高效地输入计算机这样的问题,即使在未来,这也是必不可少的一步。

将电子化文档输出为纸质文档,激光照排技术带来了对历史上铅与火排版技术的革命,使信息化得到重要发展。但反之,要将无处不在、无时不有的介质上的印刷或手书文档,自动变成计算机可以阅读(查询和检索等)的电子文档,却是十分重要,但却相当难以实现的。虽然可以采用人工键入的方法,但完全无法满足信息化时代对高速、大数据和大容量的需求。

如何满足全球信息化对于文档数字化高速、大数据、大容量的急迫需求,利用计算机模式识别技术进行文字和文档的自动识别,实现形形色色的文档的自动电子化,为计算机信息化发展打下坚实的基础是我们研究工作的目的,也是本书写作的动因。

《文字识别:原理、方法和实践》一书源于自20世纪80年代开始作者对汉字识别的研究和探索,以及30余年持续的研发和产业化工作,因此有必要对这些研究工作加以总结和汇总。

《文字识别:原理、方法和实践》的写作基本上沿着模式识别与文字和文档的信息化这两条线索展开。

第 1 条线索是模式识别,是本书的理论依据。由于文字识别是最典型的,也是目前最有成效的模式识别技术,因此我们有必要首先介绍模式识别以及解决模式识别问题的统计模式识别的基本理论和方法,从提出模式识别信息熵理论开始,包括模式识别特征提取、特征选择和压缩、分类器设计、上下文相关识别方法等基本问题的研究探讨。

第 2 条线索是文字和文档的信息化,这是本书的中心内容。文字是信息的最集中表现,汉字记载了 5 000 余年中国的历史和现代文明的发展。尤其是在计算机信息化时代,文字信息化是信息化时代的基础问题也是关键的问题,特别是困难的文档信息的计算机自动输入问题。在西方文字信息化已取得较完善发展的 20 世纪 60—70 年代,数量巨大、结构复杂的汉字信息化却遇到汉字计算机输入的特殊困难,成为汉字计算机信息化的拦路虎。完善解决多种文字和文档自动识别计算机输入等问题,是本书研讨的主要内容,包括利用统计模式识别方法,对多文种文档识别的众多关键问题进行较为详细的研究和探讨,等等。

本书介绍了文字和文档识别的理论、方法和实践应用。根据模仿人类视觉模型,提出有别于结构分析的基于文字图像的统计模式识别方法,有效突破了汉字输入计算机对信息化的壁垒,取得了文字识别令人瞩目的进展。从模式识别信息熵的分析说明了统计模式识别方法的理论基础,分析了从文字图像中提取识别特征的方法,以及文字识别中分类器的学习和设计方法;提出汉字的综合识别研究,以及文本识别必须解决的版面分析、文字切分和利用上下文识别后处理等重要问题,最后,总结了文字识别研究的重要进展情况并对未来工作加以展望。

1.2 文字和汉字

文字是人类社会文明的基石,是人类信息最重要的载体,文字信息是信息最集中的表现,是人类信息传承、交换、记载的依据。应当说,人类文明源于文字的出现,人类文明的发展更离不开文字。在信息化时代的今天,尤其是在互联网全球化之时,文字信息数字化对于人类文明发展更具特殊的意义。这种无所不在和无处不有的海量大数据文字信息的数字化要求,注定了文字识别的不可或缺及其在世界范围内广泛的应用需求。

文字是语言的符号表示,世界上使用的文字基本上可以分为以下几种:

拉丁字母、基里尔字母、阿拉伯字母、印度字母、汉字系统及其他(韩语、蒙古语、希伯来语等)文字等。

汉字是世界上最古老的三大文字系统之一。其他如古埃及的圣书字、两河流域苏美尔人的楔形文字已经失传,仅有唯一的中国的汉字沿用至今。

汉字,是中国人创造的意音文字书写系统,也是当今世界上唯一仍被广泛采用的意音文字和独源文字,推估历史可追溯至约4 000年前的夏商时期。汉字主要用于书面记录汉语(因而又可称为中文),一个字对应汉语的一个音节和一个语素;也用于记录日语、朝鲜语(韩语)和古代越南语等东亚、东南亚多种语言,文字性质与中文不尽相同。

秦始皇统一中国后,统一了中国的文字。"书同文"的历史从此开始。文字的统一有力地促进了不同民族间的文化传播,对中国的统一以及东亚各国的文化交流发挥了重要作用,为世界文字史所罕见。

汉字的特点有:字根组字(以有意义的869个声母及265个形母的象形字为字根组成各种汉字)、表意、书同文、兼容并蓄等。以基本的象形指事字为基础,发展了形声、会意的组字法,以组合方式,细化大量的字出来,使得文书上的记载越来越精密,到今天一直成为造字的主力。汉字由一个或以上的字根以二维方式(欧语系是一维文字)在特定的空间、配置在一个正方块内而组成,因此有方块字的别称。

汉字是以意念的表达需要,组合所需字根部件在一个方块中,合成千千万万的字。每一个汉字或字根,由横、竖、撇、捺、拐、点等基本笔画构建而成,笔画数目从最少一个笔画到36个笔画之多,可见汉字笔画结构的复杂程度变化之大。

而汉字的构造分为单字、部件、笔画和笔段4个层次。单个汉字是一个由笔画构成、结构完整、具有意义和读音的二维图形,是形、音、义的统一体。我们读书认字,就是根据字形而知其音、识其义。用计算机自动识别汉字也是这个意思。

从语义表达的层次,有字、词、短语、句和篇章之分。

1.2.1 文字的代码表示

为解决文字和汉字信息的相互正确交换、存储、传输以及共享,作为文字信息的计算机处理的基础,国际上和我们国家都陆续出台和制定了一系列文字和汉字的字符集与标准代码,即对某一个符号或汉字的内涵所赋予的代码表示。文字的机内编码标准是重要的国际和国家的信息化标准。美国在 20 世纪 60 年代就已发展和制定了英文的字元集和交换码,以及美国的国家标准 ASCII 编码(Standard Code for Information Interchange),对每一个字符或符号用一个字节编码,并进一步演变为世界性的电脑字元编码标准 ISO 646 和 Unicode。

由于全球信息化发展的要求,1990 年国际标准化组织 ISO(International Organization for Standardization)颁布了国际语言文字统一编码标准 ISO 10646(简称 UCS-4),是 4 字节的字符编码标准,包括世界主要语言文字的统一编码,其已发表的标准包括有 70 205 个汉字。

我国汉字的国标码(《中华人民共和国国家字符标准》,简称 GB 码)机内编码国家标准有:

1980 年发布的 GB 2312,它规定了 6 763 个简体汉字的编码,其中包括 3 755 个一级汉字,3 008 个二级汉字。一级汉字的使用频度达到 99.99%。

1993 年发布的 GB 13000,又称为 GBK 标准,它规定了包括 20 902 个简繁体汉字和韩文、日文在内的 CJK 字符编码,以及藏、维、蒙等民族文字。

2000 年发布的 GB 18030,它规定了包括 GB 13000 字符在内的以及扩展的 6 582 个古汉字,总计有 27 484 个汉字编码;最近还将扩展 8 万余字,总数达到接近 7 万余字。

汉字编码还包括:
- Big 5 码,收录 13 053 个汉字,包括在台湾和香港使用的繁体汉字。
- Unicode,简称 UCS-2,是国外一些计算机厂商提出并推广的一种可容纳世界各国语言文字的统一编码体系,每字符 2 字节。汉字字符集包括 2 万余汉字。

我们可以看到,具有成千上万巨大字符集是汉字有别于其他文字的突出特点。

1.2.2 汉字的字体字形

远古时代的汉字是一种象形文字,是模仿事物形状而刻画的图案。殷商时代的甲骨文和金文虽仍保留若干象形图案,但已包含一些表意图形;结构上也由独体字发展而成合体字,并出现很多形声字。春秋战国时通用的文字是大篆和小篆,秦代因"奏事繁多,篆书难成,隶人(指胥吏)佐书,曰隶书。"篆书笔画圆转,隶书笔画方折,便于书写。使用隶书,基本上改变了原有汉字的体形,奠定了楷书的基础。汉初为使汉字书写更为方便,出现了

"草隶",及至草书和行书。草书笔画潦草,往往难以辨认,取而代之的是楷书。由于楷书形状方正,笔画平直,又名正书或正楷,魏晋以后楷书成为汉字的正宗,一直到现在,仍然是汉字的楷模。

汉字是象形文字,早期的汉字图形并不都是方形的,楷书成为正宗之后,汉字才成为名副其实的方块字。尤其是在印刷体汉字出现之后,每个汉字的大小相同,长宽相等,成为汉字的重要特征之一。

如图 1.1 所示,汉字的基本字体包括:篆、隶、楷、行、草。图中名称以绿色标示的,是历史发展的字体,表示了汉字字形的历史发展过程;以红色标示的,则是书法或美术设计上的字形。图中还包括书法和印刷使用的美术字体,前者如欧体、颜体,后者如宋体、黑体。而简体汉字出现在楷书、行书之后,本无所谓的简化隶书、草书,图中所列[隶体],仅为模仿隶书风格借书法美术而建模写出来的简化汉字而已。

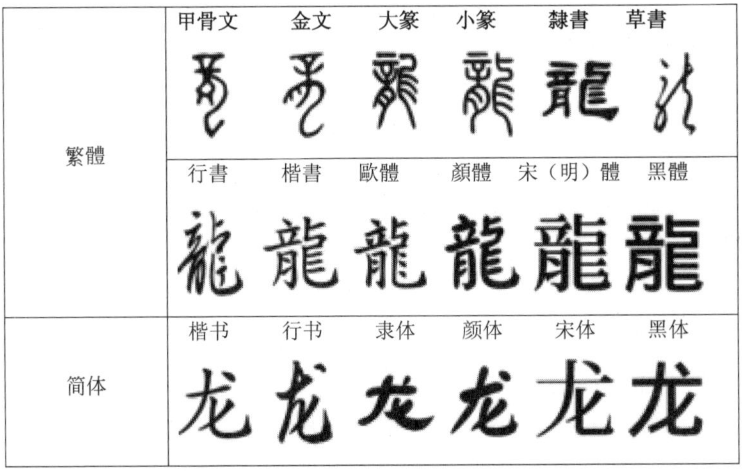

	甲骨文	金文	大篆	小篆	隸書	草書
繁體						
	行書	楷書	歐體	顏體	宋(明)體	黑體
简体	楷书	行书	隶体	颜体	宋体	黑体

图 1.1 汉字字体一览表(见彩插)

印刷术发明之后,产生了便于印刷的宋体字,结构方正,笔画横细竖粗,便于刻字,又易于活字排版。元、明两代出现的元体和明体字基本上与宋体字相同,统称为宋体。20 世纪初出现仿宋体,其结构与宋体相同,只是横竖粗细基本相同,以后又有笔画粗而黑的黑体字出现。近几十年来,宋体、黑体、仿宋体和楷体,已成为我国印刷品汉字的主要字体,近年来为排版美观等需求,还发展了其多种变体。由于计算机的推广使用,计算机生成了多种字体且其变形层出不穷,其目的是使字形更美观,但其字形基本上是围绕着基本字体而变化的。然而变形字体的层出不穷,也为汉字的识别带来一定的困难。

汉字中宋、仿、黑、楷字体等变形字体图形多达 199 种,部分示例如图 1.2 所示。

清華大學的校訓是 自強不息厚德載物
清華大學的校訓是 自強不息厚德載物
清華大學的校訓是 自強不息厚德載物
清華大學的校訓是 自強不息厚德載物

图 1.2 宋、仿、黑、楷字体图形

汉字字形分为繁体和简体,具有不同的编码,相当于不同的汉字。

汉字的大小尺寸变化也是汉字重要的形状特征之一。印刷体汉字的大小通常用不同的字号表示:字形从小到大发生变化,从最小号字到特大号字顺序为七号汉字、小六号、六号、小五号、五号、小四号、四号、三号、小二号、二号、一号、小初、初、小特、特直到特大号汉字。从最小的七号汉字到最大的特大号汉字,字形大小变化了近 10 倍,以适应不同排版和阅读的需要。一般在文字识别中,对于字号的变化,经过对字符图像大小尺寸的规一化,即可基本消除字号变化对字符识别的影响。

1.2.3 汉字的特点

汉字的首要特点是数量巨大,编码为 GBS 2312 的简体一级汉字有 3 755 个,二级汉字有 3 008 个;一级和二级简体汉字总计为 6 763 个;繁体汉字以 Big 5 码收录的有 13 053 个。如果扩大汉字编码和应用的范围,GB 18030 全部汉字数量已经达到 4 万~7 万字,是世界上具有最大字符集数量的文字。显然,巨大数量的汉字字符集给汉字识别带来的困难也是巨大的,使汉字识别成为超多类模式识别的困难问题。近来往往会出现简繁体汉字共用或简繁体汉字混用的情况,从汉字识别的角度看,这相当于增加了汉字识别的字符类别数,更增加了汉字识别的困难。

汉字的另一个重要特点是,汉字是由复杂的笔画结构构成的,因此,复杂的笔画结构是汉字的基础特征,也是汉字的本质特点,不同汉字的复杂程度极不相同,最简单的汉字仅一个笔画构成,如"一",最复杂的汉字可达 36

个笔画之多;从结构模式分析的角度来看,复杂模式结构确实为汉字的结构识别算法带来不小的负担,但是从汉字的结构统计算法来说,复杂的汉字结构往往增加了汉字之间的差异性,汉字识别反而从中获得益处,使汉字获得优于其他文字的识别性能。

汉字的复杂笔画结构可以分层分解为由笔段、笔画、字根、单字4个层次组成,如果考虑到词是词义表达的最小单位,则可以增加语义层次为5个层次。构成了汉字基本笔画的汉字不同层次结构,这可以为汉字的结构分析和汉字结构识别带来很大的益处。

汉字使用的频度也是汉字的重要特点。虽然汉字的数量极其巨大,但其利用频度极不相同,且使用频度极高的汉字数量十分有限,GB 2312 一级3 755 个汉字的使用频度高达 99.99%,日常生活常用汉字仅 2 000 余字。

综上分析,我们可以看到,汉字不仅数量极其浩大,汉字字符达数千至数万(4 000~70 000)之多;字符结构非常繁杂,汉字的笔画数最多可达到36画;字形变化巨大:由于字体的不同,给印刷体汉字识别带来一定的困难;而更困难的是无约束的手写汉字的识别,由于书写者不同、书写条件不同,使得汉字字形变化差异多样。可想而知,类别数量巨大、字符结构复杂、字形无约束巨大变化,给超多类高性能汉字识别带来了巨大的挑战。

汉字识别的困难主要表现在结构复杂和变化、数量巨大的字符识别上,而汉字的复杂结构却又为汉字识别提供了足够的汉字特征信息,使识别的困难得以化解。而且汉字较规则和聚团的方块字形,也为汉字文本的切分带来很大便利。和英文等其他文字相比,其字符数目虽然很少,但笔画简单、结构信息的缺乏不仅给识别带来困难,而且字形的不规则也给字符切分带来巨大的困难,成为文本识别难以克服的障碍。实际上,目前汉字文档(无论是印刷或手写)识别性能已获得优于其他文字文档识别的性能。

汉字不仅有识别的优势,而且汉字是最精练和高效的文字。著名学者季羡林说"汉字是世界语言里最精炼的一个语种。同样表达一个意思,如果英语需要 60 秒,汉语 5 秒就够了。"而表示同样内容的英文文本的英语字母数与汉语文本中汉字字符数目之比平均可达到 3.25 之多。同时,汉字具有极强的组词功能,通过少量的常用汉字,可以生成大量新的词条和词语。而英语需要学习的新词汇达到 1 000 万条,因此汉字是最具扩展学习能力的文字。这些优点为汉语文化的发扬光大打下坚实的基础。

1.2.4 中文信息处理

中文信息处理指的是对汉字及其他民族文字的计算机信息化处理,即用计算机对汉语(包括口语和书面语)进行转换、传输、存储、分析等信息处理的科学,是我国信息化发展的基础。显然,中文信息计算机处理必须要解决好汉字的输入、存储、传递、输出等问题。北京大学王选教授激光照排的创新,解决了汉字的计算机输出问题,极大地推动了中文信息处理的发展。但是,中文信息处理还必须解决中文的计算机输入问题。由于西方研发的打字机键盘适用于西文的键盘输入,利用键盘输入巨大数量的汉字困难重重。在中文信息处理发展的初期,由于汉字输入遇到的极大困难,曾引起汉字能否适应计算机时代的极大困惑和争论,甚至曾引发了"汉字拉丁化"的思潮。

随着上千种中文键盘输入法的出现,主要包括表音输入和表形输入方法,或两者兼之,使得利用键盘的汉字的计算机输入方法得以推广使用,成为解决汉字计算机输入的基本手段。但由于手工键入的繁琐和低效,完全无法满足和适应海量大数据资源和高速信息化要求。汉字和文档的自动识别、汉字的语音识别输入等技术的发展和日趋成熟,为汉字计算机输入带来新的希望。汉字识别和汉字语音识别成为 20 世纪早期研究者努力攀登的高峰。通过 30 余年的研究探索,汉字及重要民族文字文档的自动识别已经成功实现,并得到广泛推广和应用。而且,在目前汉字识别计算机输入水平的情况下,已经超过了一般拼音文字识别的计算机输入水平,这对汉字信息化的发展产生了巨大的推动力,使千年古老的汉字能在当今计算机信息化时代重放光芒。

1.3 文字识别和汉字识别

文字是人类信息最集中的表象和最重要的载体,对人类文明的传承和发展起着决定性的作用。在计算机信息化过程中,在互联网深入改变了世界和人们的生活方式的今天,各种文字记录都迫切面临着"电子化"的要求,以期利于计算机处理、通信、检索和转换。西方国家在 20 世纪中期开始研究和发展西文光学字符识别(optical character recognition,OCR)技术和文档识别技术,以使大量文字资料能快速、方便、省时省力和及时地自动输入计算机,实现信息处理的"电子化"。显然,汉字的信息化处理也将大大依赖于汉字识别和语音识别的发展。

我们知道，人们认字的过程是根据对文字的字符图像的视觉观测，借助大脑的认知，对文字的类别加以区分辨识的过程，而不受字符图像千变万化的影响（无论是印刷的、手写的，还是摄像获取的）。

什么是文字识别？就是要使计算机实现人们通过大脑完成的识图认字的功能。也就是利用计算机将人们可以阅读的文字图像信息，自动转化为计算机可以阅读、可查询的以计算机内码表示的文本信息。

文字识别系统就是基于对文字图像的传感输入，利用计算机完成对文字图像内涵的文字类别的模式辨识，并将文字的类别以字符编码表示和输出的系统。也就是说，文字识别就是对观测的文字图像内涵的文字类别的模式辨识和转换，而与文字的大小、字体、印刷字的字模、不同个人书写的变化和差异等均无关系。

我国是使用汉字的国家，汉字记载了我国五千年的悠久历史文明，而且在现代文明中起着不可替代的作用。但是，数量浩大、结构繁杂、变化多端的汉字难以输入计算机的问题，曾一度成为汉字信息化发展的拦路虎。在汉字信息化的过程中，众多汉字编码与汉字键盘输入方案（主要有字形编码和拼音编码两类）都是拆分汉字以适应为西方文字设计的键盘输入，费时费力。寻找自动和快速的汉字文档计算机输入方法成为人们深思和努力求解的问题。因此，研究和发展汉字识别的理论和方法，解决数量浩大、结构繁杂、变化多端的汉字识别问题，并解决好汉字文本资料、手写汉字文本、手写汉字以及手写数字等海量文档的自动、快速、方便地输入计算机这类问题，对于汉字的信息化具有特殊重要的意义。对于汉字识别的研究，也是关于计算机智能感知和认知问题的研究，所关注的是如何利用计算机实现人类的智能感知和认知的研究。毫无疑问，这是当前模式识别和计算机视觉学科的重要课题，具有极其重要的理论和实际意义。

国际上，1966年IBM公司的Casey和Nagy首次发表了汉字识别的文章[1]，国内的汉字识别研究开始于20世纪70年代末，我国科学工作者经过近30年的研究和努力，已经从理论和实践上基本解决了汉字识别问题，即：实现了对各种实际文本图像的计算机自动识图认字，用计算机自动实现对各种文字，包括古今中外（简繁汉、英、日、韩、藏、维哈柯、阿等）多种文种的、各种印刷字体的、各种复杂图文版面的识别、理解和重构，不仅解决了印刷文本的识别问题，而且还解决了手写（包括联机手写和脱机手写）汉字和数字的识别问题。识别系统在国民经济各行各业得到普遍推广和使用,成为国家信息化不可或缺的手段。

总结起来,文字识别就是利用计算机将纸张上(或其他物理器件上)人们可以阅读的文字图像信息,自动转化为计算机可以阅读和查询的以计算机内码表示的文本信息。

这种文字信息的数字化过程是现代信息化时代的基础,是使得计算机能够对各种文本信息进行信息的智能利用、检索和查询的前提条件。而文字识别作为文字信息高质量和高效率自动数字化的基本手段,在现代信息化时代的重要性就可想而知了。

1.4 文字识别研究历程

文字识别技术的研究已经有半个多世纪的历史。参考 Arica 在文献[2]中的划分方法,我们可将字符识别的研究历程大致分为 3 个阶段。

(1) 早期阶段(20 世纪 50—70 年代):字符识别的研究出现在计算机诞生之后不久,最初起步于对印刷体字符的识别,50 年代中期出现了相应产品[3],随后逐渐地扩展到手写字符识别,可识别的字符集也从简单的数字、英文扩展到其他各种文字。1966 年,IBM 公司的 Nagy 等人首次发表了关于汉字识别的文献[1]。这个时期的字符识别方法受到计算机运算能力和数据采集水平的极大限制,以简单的图像匹配为主,识别性能低,对字符图像的质量也有着很严格的要求。

(2) 理论发展阶段(20 世纪 80—90 年代中期):这是字符识别的实验室研究空前活跃的一个时期,计算机运算速度的提高和模式识别理论的成熟共同促进了字符识别技术的迅速发展,世界各地的学者们掀起了字符识别研究的热潮,每年均有大量研究文献问世,各种各样的方法被应用于字符识别中来[4-9]。与此同时,真正实用化的识别系统也开始进入市场。在汉字识别方面,日本学者首先在特征匹配方法上取得了重要的进展[6,7],大大提高了汉字的识别率,而国内学者也不甘落后,以中国科学院自动化所、清华大学电子系、北京邮电大学为代表的研究单位先后致力于汉字识别的研究,并很快在识别性能上取得了长足进步,达到了国际领先水平。

(3) 全面应用阶段(20 世纪 90 年代末期到现在):进入 90 年代末期后,大规模的字符识别研究热潮有所减退,新的识别方法出现得不多,但是随着图像处理技术和计算机性能的进一步提高,字符识别性能仍得到了不断的改进。

新时期中的字符识别研究成果更多地体现在应用方面:目前,印刷体字符识别技术已经完全商用,在市场上可以购买到各种成熟的OCR软件,能够对多种语言的印刷文档进行识别,印刷体字符的具体识别对象也从传统纸介质印刷文档扩展到芯片、车牌、集装箱甚至视频中的文字。联机手写字符识别除了应用于个人数字助理(personal digital assistant,PDA)和平板电脑(tablet PC)等设备以外,各种类型的手机也都提供了手写输入功能来满足用户需要。脱机手写字符识别目前主要在银行票据处理、邮政分拣等领域发挥着作用,大大提高了这些部门的劳动效率。最近几年来,字符识别应用领域中又突现两个新热点:①嵌入式OCR系统:随着数码相机、数码摄像机、可拍照手机等IT产品的迅速发展,现有OCR系统向这些便携式设备上的移植已成为必然趋势;②数字图书馆:为了更好地服务于社会,需要将图书馆中的各种藏书包括古籍文献转换成易于共享的电子资源,而将这些浩如烟海的书籍数字化,必须依赖字符识别技术的帮助。

1.5 文字识别分类

对于文字识别,由于识别文种的不同、文字图像产生的方式和识别对象的不同以及对于单个字符和篇章识别要求的不同,文字识别的理论方法和技术上存在诸多差异,需要分别加以特殊的研究。

1.5.1 按照不同文种文字和文档的识别技术分类

(1) 以英文为代表的文字识别,包括使用拉丁字母的文字和使用基里尔字母的文字;

(2) 以汉字为代表的文字识别,包括汉字、日文和韩文识别;

(3) 阿拉伯文字识别,包括我国维吾尔文、哈萨克文和柯尔克孜文识别;

(4) 印度字母识别,包括我国藏文的识别;

(5) 其他文字识别,包括我国蒙文的识别。

从图1.3列表可见,不同种类的文字,其字符数目各不相同,字符的表象甚至排列的方向都差异极大,这些都需要在字符识别和文档识别中加以仔细分别,并特殊处理。这一切都造成多文种文字和文档识别的巨大困难。

文种	编码标准	字符集大小	样例
简体汉字	GB2312, Unicode	6763	中文简体
繁体汉字	BIG 5, Unicode	13053	中文繁體
日文	SJIS, Unicode	6524	あア亜熙
韩文	KSC5601,Unicode	7238	가힝伽詰
英文	ASCII	94	Az09,.!?
藏文	Unicode	592(Sanskrit: 3,700)	ཀཁགངཅཆཇཉ
维吾尔文 哈萨克文 柯尔克孜文	Unicode	147 156 158	اقلىكى خىزمەت ۋە
阿拉伯文	Unicode	163	أعلن الدكتور حسن
蒙古文	Unicode	160	ᠮᠣᠩᠭᠣᠯ

图 1.3　多文种文字汇总

针对我国多民族文字和文档图像识别的需要,我们进行了十余年长期大量的研究,基本上覆盖了世界上各种主要文字和文档的识别问题,我们的研究工作将在本书中分别加以介绍[18]。

1.5.2　按照获取图像方式和识别对象不同分类

根据手写/印刷识别对象的不同,文字识别可分为手写文字识别和印刷文字识别两种。

根据获取输入文字观测图像的方式不同,文字识别基本上分为三大类,即,印刷文字识别、联机手写文字识别以及脱机手写文字识别;根据文字图像信息送入计算机的汉字生成方式来分类,可以分为文字的联机识别和脱机识别两类。

联机文字识别,是联机实时的文字识别,经过具有特定传感器的书写器件将人们书写文字的笔迹和笔顺的电子信息直接输入计算机,计算机根据输入的笔迹和笔顺信息,对其字符类别内涵信息加以辨识,并转换为字符类别的编码输出。

正是由于书写设备提供的笔迹和笔顺信息,有助于对文字笔画等结构信息的提取,从而极大地帮助了联机文字识别,使得联机文字识别能够较容易地实现,并达到很高的识别性能。联机汉字识别还可以满足文字实时输入的需要,尤其是在需要实时的人机交互以及键盘无法使用的微型输入的情况下,具有特殊的、无法替代的作用。使得联机文字识别成为重要的人机交互手段。

印刷文字识别:这是一种脱机文字识别,是对已经印刷在纸介上的文字进行识别的方式,这时计算机获取的文字观测图像信息是通过扫描仪,或其他图像输入设备(如摄像机等)将这些文字和文本转换为电子图像信号输入计算机的,计算机面对的是由不同灰度值像素组成的电子图像,不能直接提供文字的笔画等结构信息。但由于印刷体文字是由不同字体的一定的字模印刷而成,所得到的一个字符图像的字形比较规则,差异变化较小,一般来说较易识别。

虽然印刷体文字由固定的字模生成,但是,同一文字的字模也会有多种字体和字号大小的变化,如常用汉字字体:宋体(书版宋,报版宋,标题宋,大标题宋等)、仿宋体、楷体、黑体(大黑体)、隶书、圆体等,字体总数达上百种;还有字号变化:从特大号,一号,直到六号,七号的小字。除此而外,还有实际印刷的纸张的质量、油墨的变化、噪声干扰的存在、印刷质量的欠佳和内容的欠缺、字符图像二值化不当造成笔画断裂和字符的粘连等,加上文本识别中经常遇到的文本行列切分和字符切分的错误,使得完整的字符图像难以获得,增加了识别难度。

脱机手写文字识别:这是一种字符由人手工书写而得的脱机文字识别方式,不仅由于输入的是字符点阵文字图像,具有难以提取笔画结构的巨大困难,而且不同人书写的汉字也有极大的差异,即使同一个人在不同条件下书写的文字也会有很大的变化,手写文字缺乏约束的随意变化造成了手写文字识别的巨大困难。按照字形的变化程度,手写汉字识别大致可以分为有规则受限手写汉字识别和自由无约束手写汉字识别两种;至于草书书写的汉字识别,由于草书汉字的特殊字形,其识别只能另当别论,加以特殊处理了。

汉字字形无规则的巨大变化,使得无约束随意脱机手写汉字识别成为最难解决的汉字识别问题之一。

汉字识别的综合研究:综上所述,各种汉字识别,无论是印刷体的、脱机手写的或联机手写汉字识别,尽管各有特色和差异,但是需要解决的依据汉字的观测字形图像进行汉字识别的核心问题基本相同。例如印刷体文字识别和脱机手写汉字识别的主要差异在于字形的变化扩大;脱机和联机手写汉字识别的差异主要在于除字形外,联机还提供了书写的笔迹和笔顺信息。

因此，我们将对各种汉字识别的共性问题，如特征压缩、分类器设计和上下文后处理等问题进行统一的综合研究，而对其差异问题，例如联机和脱机手写识别等，将在特定章节中进行专门的分析和研究。

1.5.3　单个字符识别和文档篇章识别

文字识别的基本对象是单个文字图像的识别。但是，实际上需要解决的往往是文档篇章的识别，因为我们能够观察到或获取到的往往是一篇文档的图像，是图文并茂的、表达一定观点、叙述一定内容、具有一定格式和排列的一篇完整的文稿图像。而且人们感兴趣的也是文档图像篇章的整体所表达的内容，我们需要将篇章文档图像数字化以供计算机阅读和查询。因此，通常情况下，真正需要解决的是整个篇章文档的识别问题。即能够将内容如此丰富多彩、排版各式各样、文档格式变化多端的篇章文档图像加以自动分析、识别和理解，并将其转化为计算机能够阅读的计算机内码表示的篇章内涵表达形式。

因此，广义上的文字识别包括了单个文字图像的字符识别和整个复杂篇章文档图像的识别两大类，前者为传统意义上的单个字符的文字识别，后者是整个篇章文档图像的识别，简称为文档识别。显然，文字识别是文档识别的关键和基础，没有文字识别，文档识别无从谈起。但是在文字识别的基础上，为实现文档识别，还必须解决文档图像的复杂版面的区域属性分析和文本区域的分割，以及文本行分割和字符切分等问题，以便获得准确的、孤立的字符图像，以保证字符识别的可靠性。也就是说，只有解决这些高性能的自动文档图像的分析和处理问题，结合高性能的文字识别，才能最终满足高性能的文档篇章识别的要求。

在文档识别中，除了一般的图像分析任务和单个字符识别的任务外，还存在一个与文字识别具有同等挑战性的课题，即是粘连字符的切分。特别是在手写文本行中，由于手写的随意性、粘连字符边界的不确定性，使得粘连字符能否正确切分成为不亚于文字识别的极大困难问题。最近发展的，利用字符上下概率关联的隐含马尔可夫模型 HMM 等无切分识别算法是为解决这一困难问题的有益尝试。

文档识别还具有单个字符识别所不具备的优点，这就是可以利用文档内容上下文相关的概率统计关系，克服严重干扰造成字符识别率的下降、从而使文档识别的准确度下降的严重问题。利用文档上下文的统计特性是改进和提高文档识别性能十分可行和有效的途径。尤其是在普遍利用互联网大数据的今天,可以收集大量语料库获得上下文统计特性,实现文档识别后处理的办法,有可能达到人们所希望的克服干扰获得高性能文档识别结果的美好前景。

在文档识别完成后,根据用户阅读或信息检索的需要,往往还需要将数字化文档的版面恢复,为计算机检索和查询增加必要的标注等。

图1.4为字符识别系统流程示意图。

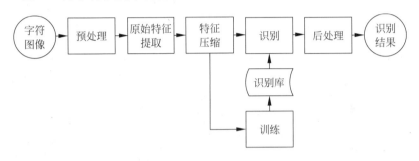

图1.4　字符识别系统流程示意图

在高性能文档识别的基础上,人们就有可能进行文档图像篇章内容的自然语言理解,有可能实现文档内容摘要的提取,有可能进行不同语言机器翻译以实现跨语言文档的理解,有可能使我们在文档图像平台上,实现全球范围内各种语言间的文档图像内容的智能理解和交互融合。这完全是人们可以期望达到的愿景。

1.6　文字识别与笔迹鉴别

人们借助于字符图像的根本目的是文字信息的传承,而字符图像中不仅包含人们关注的文字语义信息(semantic information),同时不可避免地还包含一种奇异信息(singular information)[10]。语义信息表示的是文本内容方面的信息,可称为文本内容信息;而奇异信息则反映字符图像的风格信息,反映的是字符图像内容以外的特定奇异信息。例如,一个印刷体字符,除了携带着表征其内容的字符信息外,还具有表征字符字体、字号等的风格信息;又例如手写字符笔迹,除了携带着字符内容的信息外,还携带着书写者有别于其他书写者的身份信息,这可称为笔迹风格信息。光学字符识别(optical character recognition,OCR)[5]和风格识别是两种同样以字符图像为处理对象的不同技术,特别是对手写字符笔迹。前者的目的是提取文本内容信息,后者则为了提取笔迹风格信息。简单来说,前者是要知道手写文本中含有哪些字符内容,后者则是要判断谁手写了笔迹文本。

在手写文本中,由字符图像决定的文本内容信息在手写笔迹图像中占据主要地位,而笔迹风格信息往往是依附于文本内容信息上的微缩信息,很难将两者区分开来。由于在字符识别时不同书写者的书写风格变化会对字符正确识别造成干扰,因此,字符识别时必须尽可能地减小不同书写者书写风格变化的影响。一般通过学习不同人书写的同一字符来提取只与该字符文字类别有关的特征,而略去其他。与此相反,在鉴别笔迹时,字符的内容信息将对书写者笔迹风格的识别造成干扰,因此笔迹识别必须减小文本内容和与之相关的字符结构变化对笔迹识别的干扰。方法是从同一人书写的不同或相同字符中提取出反映书写风格的特征。

对于手写笔迹图像,我们可以根据要求的不同,采取不同的方法。若要求获取字符图像中的字符内容,则可利用字符识别的方法;若要求从字符图像中获取书写者的身份信息,则采取从中提取书写者风格信息进行笔迹鉴别的方法来解决。本书研讨的是文字识别的理论和方法,笔迹识别相关内容可以参看作者另一本专著《计算机笔迹鉴别与验证的理论和方法》[17],或其他相关论著。

1.7　汉字识别的基本方法——基于视觉感知的汉字识别方法[12]

针对数量巨大、结构复杂、变化多端的汉字识别的研究一直存在着两种基本的方法,即基于笔画结构分析的汉字结构分析识别方法和基于汉字图像的统计模式识别方法。或者也可以说,汉字识别方法基本上可分为模仿人们书写汉字的结构分析方法和基于模仿人们认字的视觉感知的统计模式识别方法两大类。

汉字结构识别方法的出发点即汉字是由笔画结构构建而成的,人们书写汉字也是逐笔画完成的。汉字由笔段、笔画、字根、单字 4 层结构组成:基本笔画由横、竖、撇、捺和点构成,而由笔画构成的汉字的字根,是构成汉字的重要成分,往往包括了汉字的基本意义和发音;由字根构成汉字,往往很多汉字就是由重要的汉字字根合并而成的。基于笔画结构的汉字识别方法必须提取汉字中的基本笔画单元,进而,针对汉字的结构分析必然需要依赖于结构模式识别方法才能实现。

正是基于对于汉字的结构分析,即汉字是具有笔段、笔画、部件、单字等分层结构的图形文字,因此,汉字的识别自然应当从汉字的笔画结构分析入手。也就是设法从汉字中提取出汉字的各个笔画部件、各笔画部件间的相互关系以及汉字的层次结构等,得到汉字的笔画结构描述,基于所获得的汉字笔画结构描述进行汉字的相似度比较来识别汉字。这种方法源于汉字的笔画结构描述,基于笔画结构基元的结构分析和结构识别方法,因此,直观上,似乎是十分合理和容易实现的。

人们从逐个笔画书写的汉字书写习惯,推演出基于汉字笔画结构的汉字的结构分析方法,作为计算机进行汉字识别的途径。将汉字构成的基本元件——笔画,逐一抽取和区分出来,再将这些笔画构成的字根结构进行分析合成,最后由字根组合生成汉字及汉字的结构描述。这种仿人写字的结构汉字识别方法,在相当长时间范围内主导了汉字识别的研究,而且人们希望能够利用结构模式识别方法,以实现对汉字内容内涵类别的判决。

但是,这种汉字的结构分析组合描述方法适合于汉字的书写,是否适合于汉字的识别呢?首先是这种汉字基元笔画部件的正确提取是否容易和可能;其次是笔画部件间的相互关系的正确提取和准确描述是否可能。因为只有对于汉字进行准确的结构分析和结构描述,才有可能确定汉字具体的字符所属,获得汉字识别的正确结果。这种分析方法是否适合于计算机的分析识别呢?

对人们来说,从字符图像中抽取笔画是一个看似非常简单的过程,但用计算机实现对汉字图像的笔画提取,实际上却是难以准确实现的困难课题。不仅因为不可避免的噪声、粘连和畸变,即使是结构完整的笔画,也难以实现从字符图像中获得笔画的正确抽取,而且,实际笔画形态本身随机变化,造成笔画种类和属性的不确定性,使得利用基于笔画提取的字根、整字描述识别方法,也遇到极大的挑战。

人们花费很长时间对结构分析汉字识别方法进行了长期和大量的探索和试验,但是面对复杂结构的汉字识别问题却无法取得有效和明显的进展。原因很简单,就是计算机无法实现汉字笔画基元和笔画基元间关系的准确提取和描述,加之,由于缺乏有效的结构模式识别理论和算法的支撑,使得基于结构分析的汉字结构识别算法更难以在实践中取得有效的验证,因而很难付诸实现。

这里就存在着难度很大的问题,如果按照笔画结构分析无法实现汉字的准确识别,那么成千上万如此大数据量的不同汉字究竟是依靠什么来加以区分和准确识别的呢？我们希望从人们的识图认字中得到启发。通过仔细分析人们书写汉字和阅读辨识汉字的完全不同的机理，我们恍然大悟：人们书写汉字确实是逐笔画书写的，但是在辨识汉字的过程中，却并不需要依据由提取的笔画构成的完整汉字的结构来对汉字加以辨识分类。这时，对单独笔画的缺损变化往往可以忽略，而字符的整体结构图像却起着决定性作用，也就是说，人们是依赖于对汉字图像整体的相似度对比来识别汉字的。

引起我们特别注意的是，人类视觉感知毫无疑问是一个鲁棒性很强、能抵御实际中可能遇到的各种变形和各种干扰噪声的文字识别系统。我们用眼睛可以识别各种各样的文字和图像，而不计较它的任何干扰和变形。可以看到，人们的认字过程实际上是对汉字整体形象的把握及对汉字图像全局的处理和辨识过程。显然，研究和模仿人类的视觉感知过程无论对汉字识别，乃至其他图像识别问题都具有极其重要的意义。

从视觉感知的理论出发[11-14]，证明了在人类视觉的感知过程中，是未曾，也没有必要对视觉感知图像中的基元进行抽取后再对目标进行识别的。在人类的视觉思维过程中，一个汉字是"一个完全独立于这些成分的全新的整体"，它是从原有的构成成分中"突现"出来的，因而它的特征和性质都是在原结构成分中找不到的。也就是说，人类对图像和文字识别的过程主要不是抽象（逻辑）思维过程，而是形象（直感）思维过程。

模仿人们认字的过程，就是模仿人们从对整个汉字图像视觉感知形象思维的过程。汉字字符间的区别，是由于汉字的笔画结构的不同，造成不同汉字有着完全不同的汉字图像。人们恰恰是根据不同汉字的不同图像视觉感知将汉字区分开来的。因此，我们可以把汉字识别看作是对整个汉字图像的识别，亦即可以从文字的原始图像中提取出可以辨识不同汉字特征的识别。人们认字的过程，是对由笔画构成的汉字整体图像的辨识过程。正是利用这种对于汉字整体图像的识别，而不是字符图像简单的图像匹配，不仅使得我们回避了准确提取汉字笔画结构的困难，而且从对汉字整体图像特征差异的识别过程中，使得对于文字笔画的干扰和变化的影响也变得微不足道，这极大地保证了较高鲁棒性条件下的汉字识别的实现。

模仿视觉感知形象思维，我们采用了基于字符图像的统计模式识别方法进行汉字识别，因为，统计模式识别和视觉感知有一定的相似之处，即是基于字符图像整体的全局性辨识。基于汉字图像的汉字识别，使得我们有可能利用基于汉字图像笔画分布的数值特征的统计模式识别方法进行汉字识别。这种基于笔画分布的统计判决的统计模式识别方法既考虑到汉字笔画结构分布是汉字的本质属性，又利用了笔画分布的数值计算的统计判决方法，这种方法具有坚实的理论基础和完整的理论体系，并为汉字识别提供了坚实、有效和完善的数学工具，成为汉字识别成功的有力武器。

受模仿人们认字过程解决汉字识别问题的启发，我们从汉字的结构分析识别方法向基于汉字图像的统计识别方法进行过渡。即避开了对单个笔画及其关系的识别和描述，转而到基于笔画融入的汉字全局结构图像进行的比对和识别，也就是从模仿人们书写汉字的识别方法转而到模仿人们阅读认知辨识汉字的识别方法。

这是文字识别研究方法的一个巨大的变化和进步。我们从长期徘徊不前的、相当困扰着人们的汉字结构识别方法的桎梏中解脱了出来，利用汉字图像感知的统计识别方法，开辟了汉字识别的辉煌前景。

基于汉字图像感知的统计识别方法也得到我们提出的模式识别信息熵理论的支持。因为我们必须回答的问题是，利用图像感知的统计识别方法能否解决数量巨大、结构复杂、干扰严重的困难汉字识别问题？以及如何才能保证高性能的汉字识别的实现？为了回答这一基本问题，我们根据信息论的原理，分析了模式识别的信息过程，提出了模式识别信息熵理论。根据模式识别信息熵理论的分析，利用图像感知的统计识别方法，完全有可能从汉字图像上选取有效的鉴别特征，当有效鉴别特征获得满足汉字识别必需和必要的互信息熵的条件下，就能够保证实现高识别率的汉字识别需求。与此相反，如果仅利用对有限笔画进行结构分析的方法，提取的是有限数量不够稳定和可靠的汉字笔画或结构基元特征，因为无法获得实现汉字识别必要的互信息熵，当然就不可能解决对数量巨大、结构复杂、变化多端的汉字的高性能识别问题了。

这种基于汉字图像感知的统计模式识别的汉字识别方法一开始不仅用于单字体印刷体汉字的识别，而且，在多字体汉字识别的应用上也获得了极大的成功。实践和理论都说明，这种识别方法具有相当大的适应模式样本变化的能力，具有较强的鲁棒性。

但是，如何面对和解决摆在我们面前的比印刷体汉字识别困难得多的手写体汉字的识别问题呢？因为不同人在不同时间、不同场合书写的手写体汉字，其差别和变化实在太大，几乎难以进行任何直接的比对。人们还总希望从笔画的抽取和特有的笔画结构的相似性分析中求得对手写汉字识别问题的解决。但结果仍然困难重重，成效甚微。经过长期艰苦的探索和试验发现,尽管不同个人书写汉字笔画有着巨大的变化,但是,同一个汉字的图像却包含着有别于其他汉字图像的基本的相似点,人们可以借此来区别不同的汉字。问题是如何在预处理、特征处理和辨识阶段减少不同人书写汉字间的差异,而增加不同人书写同一汉字间的一致性。这就是利用统计模式识别方法来解决脱机手写汉字识别需要解决的问题。通过实践证明,充分发挥统计模式识别方法对于模式样本统计分析和统计分类方法的优点,在相当程度上顺利解决了脱机手写汉字识别的问题。

诚然,和人类认知的抽象能力相比,计算机只能在纯粹数值计算上来逼近人类的类比认知。人类视觉在大小、远近、旋转、变形上的强大抽象能力,是视觉思维的潜力所在,是和任何计算机辨识识别能力不可同日而语的;当然,也是统计模式识别方法无法达到的。对于结构上的细微差异,统计模式识别往往也是无法顾及的,但这却是结构识别方法所具有的突出优点。因此如何在统计识别的基础上结合结构识别的优点,是摆在我们研究工作者面前的新的研究课题。

理论和实验结果表明,模仿视觉感知,直接利用字符图像全局信息进行的汉字统计识别方法,解决了文字识别的抗干扰的鲁棒性识别问题,也为文字识别的实际应用打下了坚实的基础。

基于信息论,利用模式的概率建模对统计模式识别的分析,建立了模式识别信息熵理论[5,15],揭示了模式识别的信息过程本质,对汉字识别和其他模式识别问题给出了有力的支持。

基于模式识别信息熵理论和汉字图像感知统计识别方法使我们突破迷茫,找到了克服困难的实用汉字识别途径和方法,有效和成功地解决了各式各样的汉字和其他文字的识别问题。我们顺利并成功地研究和开发了完整的汉字识别算法和系统,包括多字体的印刷汉字识别、中日韩文档识别、脱机手写汉字识别、联机手写汉字识别以及民族文字(蒙藏维哈柯)识别理解系统等。这些成功的实践也更验证了理论和方法的正确性,我们将在本书中逐一加以介绍。

1.8 关于本书

本书的撰写,是一个必须完成的使命。清华大学电子工程系智能图文研究室研究团队,从事和坚持图像识别的研究和探索,特别是30余年对汉字和文档识别的开拓研究,其中有吴佑寿院士的开拓和支持,有近60学生和教工参与,并做出了重要贡献;经历了从突破汉字识别壁垒、开辟汉字识别和其他文字识别的新天地,到研发出覆盖多种文字识别算法和应用领域,开发多种文字识别的应用系统,以及其在国民经济各行各业乃至在全球市场的推广和应用。本书对所有这些努力和成绩的总结和汇总,是对参加工作的所有同学们、同事们、合作者们,以及用户们付出的努力的感谢。

丁晓青负责本书的编撰,主要内容源于研究室工作的总结,相当部分源于同学们的硕士和博士论文,凝聚了老师和同学们的心智和贡献。由于篇幅所限,本书只能选择部分具有代表性的篇章内容,在具体的章节中均有注释说明。

本书希望能够对从事和希望了解文字和文档识别的教师、学生和科技工作者有所帮助,通过对本书的研读,能够对相关问题有较深入和全面的了解;本书也希望从事模式识别和计算机视觉的研究和开发者能从中获得有益的启发和借鉴;本书还希望初学者或感兴趣的年轻学者,能够从书中获得一定的帮助,因为文字识别,特别是汉字识别,可以说是模式识别、人工智能、计算机视觉领域少有的取得较大成效和广泛应用的课题。我们愿以此奉献给读者,拳拳之心,切切心意,尽在文字中。由于内容的发展和延续,本书也可作为我们1992年高等教育出版社出版的专著《汉字识别:原理、方法与实现》[15]的续集。

参考文献

[1] Govindan V K. Character recognition—a review. Pattern Recognition. 1990,23(7): 671-683.

[2] Arica N, Yarman V F T. An overview of character recognition focused on off-line handwriting. IEEE Trans on Systems, Man, and Cybernetics—Part C: Application and Review. 2001,31(2): 216-233.

[3] Bokser M. Omnidocument technologies. Proceedings of the IEEE. 1992,80(7): 1066-1078.

[4] Mori S, Suen C Y, Yamamoto K. Historical review of OCR research and development. Proceedings of the IEEE. 1992,80(7): 1029-1058.

[5] 吴佑寿,丁晓青. 汉字识别:原理、方法与实现. 北京:高等教育出版社,1992.

[6] Tsukumo J. Handprinted Kanji OCR development—what was solved in handprinted Kanji character recognition? IEICE Trans on Information and System. 1996,E79-D(5): 411-416.

[7] Umeda M. Advances in recognition methods for handwritten Kanji characters. IEICE Trans. on Information and Systems. 1996, E79-D(5): 401-411.

[8] Plamandon R and Srihari S N, On-line and off-line handwriting recognition: A comprehensive survey. IEEE Trans on Pattern Analysis and Machine Intelligence. 2000, 22(1): 63-84.

[9] Suen C Y, Mori S, Kim S H, et al. Analysis and recognition of Asian scripts—the state of the art. Proc of International Conference on Document Analysis and Recognition. Edinburgh, Scotland: IEEE Computer Society, 2003: 866-878.

[10] Plamondon R, Lorette G. Automatic signature verification and writer identification—the state of the art. Pattern Recognition, 1989, 22(2): 107-13.

[11] 钱学森. 关于思维科学. 上海: 上海人民出版社, 1986.

[12] 丁晓青. 汉字识别研究的回顾. 电子学报, 2002, 30(9): 1374-1378.

[13] Arnheim R. Visual Thinking. Berkeley: University of California Press, 1969.

[14] Marr D. Vision: A computational investigation into the human representation and processing of visual information. San Francisco: W. H. Freeman and Company, 1982.

[15] 丁晓青, 吴佑寿. 模式识别统一信息熵理论. 电子学报, 1993, 21(8): 2-9.

[16] Vapnik V N. The nature of statistical learning theory. 2nd ed. New York: Springer-Verlag Inc., 2000.

[17] 丁晓青, 李昕, 等. 计算机笔迹鉴别与验证的理论与方法. 北京: 清华大学出版社, 2012.

[18] 王华. 主要少数民族文字OCR技术研究. 北京: 清华大学电子工程系博士学位论文, 2006.

第 2 章　模式识别和模式识别信息熵理论

2.1　引言：模式与模式识别

　　模式识别在人类生活中几乎无所不在，无时不有。人类通过视觉观测辨识出汽车、火车、飞机、行人、猫、狗等不同的物体；通过识别看懂印刷或书写的成千上万不同文字的文本内容；通过听觉听懂不同的人说话的内容，分辨出说话人的身份；通过触摸可以了解材料的材质、物体的形体等；通过嗅觉可以闻出物体的气息，嗅出香味判断香蕉或苹果等。人们通过视觉、听觉、触觉、味觉、嗅觉等器官获得对物体属性的观测传感信息，如图像、语音、与触嗅觉相关的其他信号等，经过大脑对检测信息进行复杂的感知处理，获得对物体的属性分析，以及最后获得对观测物体的模式类别或概念标志的识别和认知，完成和实现对于自然观测目标的模式识别。由此可见，模式识别在人类的智能感知和认知过程中起着关键的作用，也就是说，模式识别在人类的智能活动中起着不可或缺的重要作用。

　　随着计算机技术的迅速发展，人们开始研究和探索利用计算机实现原来由人所能完成的智能活动，特别是人所能完成的模式识别智能感知活动，促进了人工智能、计算机智能信息处理的迅速发展。模式识别的研究，就是研究让计算机学会如何像人一样，通过观察周围的环境，检测和识别周围世界中的事物。例如可以利用计算机检测和辨识周围的人和不同人的人脸；可以识别书本上或环境中不同的文字，以及阅读文档中的内容；可以听懂从周围环境中传来的声音所代表的语意，即能够自动进行语音的识别；能够将感兴趣的对象从其背景中检测出来，并对它们的类别做出合理的判决，由此进行后续决策等。由于模式识别的对象千变万化，模式识别的目的和要求也千差万别，模式识别算法和技术丰富多彩，使得与模式识别相关的研究如雨后春笋般得以蓬勃发展。本书的目的就是借助对最基本、最典型的文字和文档识别的模式识别问题的分析和研究，使读者对模式识别有较为深入的了解。

模式识别是通过对目标的观测对目标内在的模式类别的属性内涵进行分类判决的过程。例如对"汽车"的模式识别，即对"汽车"模式的判定问题。从对"汽车"的观测开始，具体观测到的汽车可以是有各种型号、各种大小、不同颜色的，观测可以是从前方或从侧面不同角度进行的，观察到汽车的不同图像的表象，而对模式"汽车"的各式各样的观测即形成了模式"汽车"的众多模式样本，而模式"汽车"则是一个对各种四轮驱动机车辆的类别总称和抽象概念。模式样本是人们通过观测可以获取到的模式表象信号，是模式识别研究的具体对象。

我们可以这样来定义一个模式及其模式样本：模式，是人们在一定条件环境下，根据一定的需要，对自然事物观测的一种抽象的分类概念；而模式样本，则是对自然界的具有一定分类类别的具体事物的观测信号，具有一定的类别特性，它是抽象模式的可观测表象的具体体现。也就是说，模式寓于模式样本之中，模式通过模式样本得以具体体现。而模式与其模式样本间存在密切的内在关联，模式样本不仅具有模式外在的可观测特性，还具有模式内在内涵的类别属性。因此，我们将模式样本的外在可观测特性称为其第 2 属性，而它在所论域中内涵的类别属性称为第 1 属性。模式识别的基本目标就是根据对模式样本的第 2 属性的外在观测特性对其内涵的类别第 1 属性模式类别所进行的分类判决。模式识别是人类的基本智能，也是计算机模式识别研究的目的。

我们将模式样本的这两重属性表示为 (X_i, ω_i)，其中，X_i 表示对 ω_i 类模式样本的观测，或对模式样本的外在观测特征描述；ω_i 为模式样本所内涵的类别标记。在所论域中由所有的类别标记构成模式的类别空间，或模式类别标志集合 Ω，即

$$\Omega = \{\omega_i, \omega_2, \cdots, \omega_n\} = \{\omega_i\}, \quad i = 1, 2, \cdots, n$$

在统计模式识别中，模式样本的观测 X_i 往往是由 N 维特征向量表示，即

$$X_i = (x_{i1}, x_{i2}, \cdots, x_{iN})^{\mathrm{T}}$$

模式识别中，模式样本的特征 X_i 是对类别 i 的模式样本的可观测到的外部表象，而模式样本的类别 i 是其潜在的内涵属性。二者之间存在着的相互关联性往往是复杂且随机不确定的。这种复杂和不确定性，造成了模式识别问题的复杂和困难，即难以从模式样本的观测，准确判断出其内在类

别。从大量模式样本的观测对与其潜在模式类别间的复杂相关依赖关系进行学习、训练和估计,这就是机器学习领域研究的重大课题。

显然,模式识别的关键是获得模式样本观测和类别属性间的相关关系。由于样本观测和模式类别间关系的复杂不确定性和随机的统计分布,比较有效的方法是利用概率统计方法将这种相关关系用联合概率密度函数或条件概率密度函数加以描述。即必须通过对大量模式样本观测的学习来了解和寻求样本观测与其类别间的这种随机统计内在的相关关系。就是要通过观测数据挖掘这种潜在的依赖关系,即根据已知其类别属性的大量观测学习样本,估计出二者之间的联合概率或条件概率密度对应关系。

在识别过程中,依据在学习过程中已经获得的观测与模式类别的对应相关关系,实现对未知模式样本进行其模式类别的辨识。由对未知模式样本观测特征求得对样本类别属性的最优估计,实现未知样本的类别辨识。

这里存在着一个普遍的、关键的问题是,学习过程依赖的是已知类别学习样本的特征分布,而学习样本特征分布却往往会遇到与在识别过程中的未知类别识别样本的特征分布相似或发生较大差异的不同情况。前者使学习鉴别函数能够很好地适应于识别过程,获得较好的所期望的识别结果,这是我们希望发生的情况。但如果是后者,则会使得由已知类别的学习样本中挖掘的特征与类别的相关分布较大地区别于识别样本的观测特征与其识别类别间的耦合相关关系。也就是说,学习过程所获得的特征与类别相关关系,并由此获得的分类器鉴别函数往往不具有对于识别样本的泛化性能,亦即,学习过程对于识别过程来说,缺乏有效性。这时,由学习设计的分类器,在识别过程中因其有效依据的缺失而使识别性能大为下降。由于客观世界中经常出现的不稳定变化,模式样本观测会随之有较大的改变,使得学习样本特征分布与测试识别样本观测的特征分布差异成为复杂模式识别问题经常遇到的极大困难,是大量实际模式识别的理论和实践中均需刻意花力气解决的重要问题。

上述学习过程是在对大量已知类别学习样本的有"教师"指导样本类别属性的条件下进行的,称为监督学习或有教师指导下的学习。还有一种在未知样本类别属性条件下,利用"物以类聚"原则,将观测或特征相近的样本聚成一类,给以一定的类别标志的方法,称为非监督或无教师指导下的学习方法,也称作聚类。这两种方法会依条件的不同分别加以选用。

在计算机模拟人的认知过程的智能信息处理领域,模式识别受到研究者的极大关注,得到普遍的研讨和极其广泛的应用。目前许多新开辟的智能信息处理领域几乎无一例外地和模式识别密切相关,甚至往往会是依赖或基于模式识别的应用,例如,数据挖掘(data mining)、文本分类、多媒体检索和查询、生物身份验证等。目标(如文字、人脸、车辆等)的检测和识别、图像的理解、视频监控等典型模式识别问题的研究具有重要的理论意义和应用价值,这使得模式识别成为信息学科发展的重要基础学科,受到越来越多的重视和关注。

识别和辨识是人类智能的基础功能,模式识别研究成为人工智能研究的重要基础之一。迫切需要对模式识别进行更为深入的分析和研究,揭示模式识别的内在规律:如什么是决定模式识别性能的决定因素,如何设计出最优的分类器等,这些都成为模式识别研究的热点。

文字识别是最为典型和重要的模式识别问题之一,由于文字识别的迫切需求和成功的研究和开发应用,使其对模式识别的深入理解和研究极具启发作用,这也是本书研究的出发点之一。

2.2　基于贝叶斯统计决策的模式识别

模式识别是依据对事物的观测和对事物潜在属性进行判定研究的学科。贝叶斯(Bayes)决策理论为解决模式分类和模式识别提供了坚实的理论基础和灵活有效的基本方法。利用统计决策的方法,能够较好地适应和解决实际问题的随机性和不确定性。其基本出发点是对于模式样本的观测和类别的相关出现规律利用概率统计方法来加以描述和推理,通过概率密度关系来描述对样本观测和类别间的相关关系,利用概率和统计判决形式来描述模式类别的决策问题[8]。

利用概率统计的理论和方法来揭示模式样本观测与其类别属性间的随机变化相关关系,进行模式识别的分析,不仅在理论上,而且在实践上,也是迄今最为有效和最为便利的方法,以此奠定了较为完整的统计模式识别的理论基础。贝叶斯决策理论是统计模式识别方法中分类器设计的基础。

设样本观测 X 的潜在类别属于 n 个已知模式类别 $\omega_1, \omega_2, \cdots, \omega_n$ 之一,属于相同 ω_i 类的样本观测 X 的概率分布为 $P(X/\omega_i), i=1,2,\cdots,n$,已知样本观测 X 属于 ω_i 类的后验概率为 $P(\omega_i/X), i=1,2,\cdots,n$,依据最大后验准则对于未知样本的类别判决,给出了未知样本类别的最小错误概率的贝叶斯判决,即

$$\omega(X) = \underset{i=1,2,\cdots,n}{\arg\max}\, p(\omega_i | X) \tag{2.1}$$

根据贝叶斯定理,各类别后验概率 $P(\omega_i/X), i=1,2,\cdots,n$ 可由类先验概率 $P(\omega_i), i=1,2,\cdots,n$ 和由学习过程获得的样本条件概率 $P(X/\omega_i), i=1,2,\cdots,n$ 获得,即

$$P(\omega_i/X) = \frac{P(X/\omega_i)P(\omega_i)}{P(X)}$$

最大后验判决则可表示为

$$\omega(X) = \arg\max_{i=1,2,\cdots,n} P(\omega_i)p(X|\omega_i) \tag{2.2}$$

字符识别中的先验概率一般可以假设为各类相同,或通过统计字频获取,分类器设计所要解决的问题就是利用训练样本获得各类条件概率密度。

假设已知符合样本特征分布的条件概率密度形式,则只需用极大似然方法或贝叶斯估计方法对其中的参数进行参数估计,就可以设计出模式识别的参数分类器。

1. 模式识别的基本框架

基于贝叶斯判决的统计模式识别流程的基本框架,如图 2.1 所示。

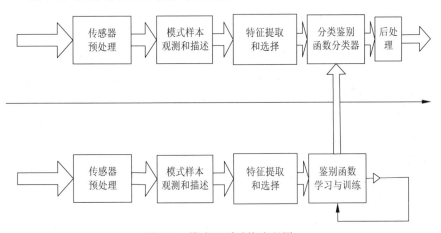

图 2.1　模式识别系统流程图

图 2.1 所示的模式识别的流程图,其中包括:

传感器和预处理:通过传感器获得模式样本的观测,以及对模式样本观测很有必要的预处理(噪声过滤,模式样本位置、大小、取向、形状的规一化等);

模式样本观测的特征提取和特征选择:对预处理后的样本观测提取对识别具有必要性的原始特征,进而对于原始特征的特征压缩和最优鉴别特

征进行选择；

模式识别分类器：根据模式样本的鉴别特征，利用模式分类鉴别函数实现对模式样本的分类判决；

模式识别后处理：利用模式前后文相关信息，或其他模式类别相关信息，对分类器判别结果进行修正判决。

模式识别结果取决于对模式样本特征进行判决的模式分类鉴别函数。如何获得最优识别结果的分类鉴别函数就成为模式识别分类器设计的关键，这也就是需要通过模式识别学习训练达到的目标。

模式识别学习过程的流程图（如图 2.1 下部分所示），除了和识别过程（如图 2.1 上部分所示）有同样的传感器和预处理、样本的特征提取和特征选择模块外，关键在于对鉴别函数的学习与训练模块。利用足够数量已知类别的学习样本，估计并获得特征与类别的潜在相关关系，并据此"设计出"优化的鉴别函数，使其在已知类别的学习样本上获得最好的分类结果。这时的学习鉴别函数可以是对已知类别学习样本分类的最佳"拟合"，或最佳"逼近"。也就是利用有限数量的观测样本来寻求对于表征模式样本类别和其观测依赖关系的最佳鉴别函数。学习获得的鉴别函数对于学习训练样本往往都能达到尽可能小的错误判决和尽可能好的识别性能。

在模式识别的识别过程中，利用学习训练得到的鉴别函数，针对未知类别测试样本的类别进行识别判决。对测试样本所获得的类别判决结果的识别性能不仅取决于训练鉴别函数的好坏，而且还取决于测试样本与训练样本分布的接近程度。对于与训练样本分布不尽相同的测试样本也能够获得较好的识别性能，则称此鉴别函数具有较强的泛化能力。这对于模式识别系统是十分重要的性能要求。

由此可知，模式识别的学习和训练不仅要求获得对于训练样本具有良好的鉴别分类特性，更重要的是对于和训练样本分布不尽相同的大量实际测试样本，也具有高性能的识别性能，也就是说，要求训练而得的鉴别分类函数具有很强的泛化能力，能够适应实际模式样本的各种变化。

综上，模式识别的学习训练是模式识别的灵魂。尤其是在只有少量学习样本的情况下，往往难以获得模式样本的实际概率分布，而且更难以获得学习样本以外的其他测试识别样本的概率分布，这对获得具有高泛化能力的鉴别学习是极具有挑战性的学习问题。许多研究者对此开展了深入的研究工作，Vapnik 的统计学习理论[9]可以说为此奠定了坚实的理论基础。

尽管模式识别的过程十分复杂，但其本质上也只是一个复杂的信息过程,是一个从输入样本观测信息获得样本类别输出信息的特殊的信息过程。其特殊性在于它不仅包括模式观测信号的信息过程,而且还包括与其相关的内在的模式类别的信息过程,以及二者之间的相互作用和转换。为了使我们对于模式识别有深刻的理解和认知,揭示和研究模式识别内在复杂的信息过程本质,就变得十分重要了。

2. 模式识别的基本要素和关键问题

我们知道,模式识别的 3 个基本要素为:

(1) 模式样本内在的模式类别集合,包括模式样本内涵的所有模式类别,用符号标志集合表示。在文字识别过程中,即为识别文字的全部字符集合,例如,汉字就是 4 000~8 000 的汉字集合。

(2) 模式样本的观测信号特性,可以用观测向量或特征向量表示;汉字识别时就是汉字字符样本图像的特征描述。

(3) 根据样本观测对样本的内在类别进行判定的鉴别函数,可以通过机器学习获得;汉字识别中,汉字识别分类器就是这类鉴别函数。

模式识别所涉及的模式类别分类问题是首先需要关注和确定的问题,而当识别问题的模式类别集合确定后,模式样本的特征提取和分类器鉴别函数的学习和设计便成为模式识别的两大关键问题。

以汉字识别为例,需要识别的汉字类别集合可以为国标 GB 2312 一级汉字 3 755 个汉字,或国标一级和二级 6 763 汉字,或达数万字的更多繁简体汉字集合。字符模式样本的观测就是以 $N \times N$ 点阵表示的汉字字符图像 $f(m,n)$,如图 2.2 所示。如何在汉字字符图像观测上提取汉字识别特征,以及训练汉字识别的鉴别函数就是关键的两大问题了。

图 2.2 汉字图像

根据以上分析,利用贝叶斯判决理论解决模式识别问题,似乎只要依据最大后验概率分布准则(式(2.1)或式(2.2)),就可以顺利解决模式识别问题,就可以获得当前条件下最优分类器和当前条件下最小误差的最优识别结果了。

然而,实际情况并不尽然,因为获得真正满足实际需求、达到性能尽可能最优的模式识别分类器才是我们所追求的。利用贝叶斯判决理论可以获得当前条件下最小错误的最优识别结果,但并不等于可能获得了真正的最优识别结果。因此,我们还必须更深入地研究,是什么限定了当前的"最优"识别性能,即,是什么限定了当前所获得的最小错误概率的贝叶斯判决分类器的性能?亦即是什么因素限定了当前贝叶斯最小误差概率?如何才能提高贝叶斯最优分类器的性能以及如何进一步提高分类器最小错误概率极限?如何才能设计出一个性能更加良好、鲁棒性更强的识别系统等?这些都是我们极为关注和必须深究的极其重要的问题。

为了对模式识别过程有更深入的研究,探索获取更高性能的模式识别系统的途径,必须对模式识别这一特殊的信息过程有更深入的分析和了解。因为信息论不仅是通信学科的灵魂,推动了通信学科和技术的蓬勃发展,而且对其他许多学科也多有奠基性的贡献。由于模式识别本质上是一个更为复杂的信息过程,完全有理由相信,在揭示模式识别过程的信息过程本质的基础上,信息论的理论和思想同样能够指导和推动模式识别学科的进步和发展。

我们将信息论与贝叶斯判决理论相结合,提出了模式识别统一信息熵理论,利用信息论分析模式识别的各个信息过程的本质,对模式识别的深入研究具有十分重要的意义。

2.3 模式识别统一信息熵理论

信息论在通信领域的研究发展中发挥了极其重要的作用[5],对信号通信过程中信息传输的信息本质分析,尤其是对通信传输中所能够达到的无损压缩和有损压缩性能极限的分析,解答了通信理论中的两个基本问题,即临界压缩和通信容量的问题,为通信领域的发展给出了最根本的指导,极大地促进了通信事业的发展。

模式识别本质上也是一个信息获取、信息处理、信息传递和信息转换的过程,不同于通信过程,由于除噪声外还包括有两个潜在的相关信息源,是一个比包含信号和噪声的通信过程更为复杂的信息过程和更为复杂的信息系统。因此,利用信息论分析和研讨模式识别中的关键问题,就是研究和揭示模式识别过程中,除噪声外,观测和类别相关信息源间的信息转换和传输的实质,这些对我们认识复杂的模式识别过程,探索解决复杂的模式识别问题之道,以及对模式识别理论和技术发展及开拓发挥重要作用。曾经有许多研究者利用信息论对模式识别问题进行了许多研究工作[11,16-28],但由于缺乏对模式识别整体信息过程的分析和研究,难以获得对模式识别信息过程全面和本质的揭示,这恰恰是我们着重研究的内容[8,12-14]。

为此,我们首先必须要建立模式识别中的各种信息源的信息熵及模式识别的信息熵系统。

2.3.1 特征和类别及其相关信息熵

为了利用信息论分析和揭示模式识别中的信息过程,首先需要了解模式识别过程中的各种随机变量的信息熵,以及其相互间(特征与类别间)关联的互信息等。

模式样本的原始观测丰富多彩、千变万化,有的是一维语音信号,而有的是二维图像信号,3D 信号,等等。模式识别首先是在模式样本原始观测的基础上,提取为易于计算机数值处理、更能反映样本本质的特征向量。显然,样本观测的特征向量能够反映目标样本观测的关键特征。依问题的复杂程度,特征向量往往是维数较高、具有一定概率分布的随机矢量 X,这是模式识别首先必须面对的重要随机信息源。

模式样本的内在类别也是一个随机信息源。例如,汉字识别的类别可以随机分布于国标一级汉字 3 755 类别集合之中(或国标两级 6 763 类别集合,或简体和繁体汉字总计 1.3 万余字集合等之中),在人脸、笔迹等生物特征身份验证时,类别可以随机分布于真伪两类之中,而身份识别时的类别则可能分布于成千上亿个类别之中。模式样本潜在的类别标志是模式识别的第 2 个随机信息源。

模式识别观测信息源和模式识别类别信息源这两大信息源之间是潜在相关的。两大随机信息源的存在,以及相互不同的相关性,构成了模式识别过程的复杂特性。

1. 特征信息熵和类别系统熵

我们知道,一个模式样本同时具有两重模式特性,即模式的观测特性和模式的类别特性。设模式样本 ξ 具有的观测特征和潜在类别特征的两重随机属性可表示为 $\{X,\omega\}$,其中,$\omega \in \Omega$ 为模式样本 ξ 的模式类别随机变量的符号表示,属于模式类别符号集合 $\Omega = \{\omega_1, \omega_2, \cdots, \omega_n\}$ 之中,n 为模式集合中的类别数;X 为模式样本 ξ 的观测随机特征向量,$X=(x_1,x_2,\cdots,x_N)^T$,N 为特征维数。

模式类别概率空间 E 为由模式类别集合 Ω 和其上的概率分布 $P(\omega_i)$ 所构成,即模式类别概率空间可表示为 $E=\{\omega_i,P(\omega_i);i=1,2,\cdots,n\}$。

其中,模式类别集合:$\Omega=\{\omega_1,\omega_2,\cdots,\omega_n\}$,$n$ 为模式类别总数。

模式类别集合相应的各类别的概率分布为

$$P(\omega_i),\ i=1,2,\cdots,n,\quad \sum_{i=1}^{n} P(\omega_i)=1$$

定义 1 在模式类别概率空间 $E=\{\omega_i,P(\omega_i);i=1,2,\cdots,n\}$ 上的系统熵 $H(E)$ 定义为

$$H(E)=-\sum_{i=1}^{n}P(\omega_i)\log P(\omega_i) \tag{2.3}$$

系统熵 $H(E)$ 表示模式类别随机变量分布具有的不确定性,又可称为识别系统熵容量,表示识别系统对于类别分类信息量的需求。例如,汉字识别系统熵是由识别汉字的类别数 n 和各类的频度 $P(\omega_i)$ 所决定。一般识别的模式类别越多,系统熵 $H(E)$ 越大,系统不确定性越大,分类以消除系统不确定的信息量负担也越大,识别也越困难。

当类别数为 n 的识别系统其各模式类的概率分布相同时,系统熵最大。即当 $P(\omega_i)=\dfrac{1}{n}$,$i=1,2,\cdots,n$ 时,有 $H_{\max}(E)=\log_2 n$。所以,

$$H(E)\leqslant \log_2 n$$

如对万余汉字的汉字识别,系统熵 $H(E)\approx 15\text{db}$。因为汉字数量如此巨大,汉字系统的不确定系统熵巨大,使得汉字识别成为最困难的模式识别问题之一。

模式识别系统的另一重要特征信息源,其特征概率空间 F 由 N 维随机特征向量 X 和其上的概率分布所构成,特征概率空间表示为 $F=\{X,p(X)\}$。

其中,X 为模式样本 ξ 的 N 维观测特征向量,$X=(x_1,x_2,\cdots,x_N)^T$。

$p(X)$ 为特征向量 X 的联合概率密度函数:

$$p(X)=p(x_1,x_2,\cdots,x_N)$$

满足:$\int_{R^N} p(X)\mathrm{d}X=1$。

定义 2 在特征概率空间 $F=\{X,p(X)\}$ 上的特征信息熵 $H(F)$ 定义为

$$H(F)=-\int_{R^N} p(X)\log p(X)\mathrm{d}X \tag{2.4}$$

其中,$p(X)=p(x_1,x_2,\cdots,x_N)$ 为特征观测矢量 X 的概率密度分布函数。

特征信息熵 $H(F)$ 表示目标观测特征矢量 X 所包含的总信息量,是对 N 维特征向量 X 概率分布发散不确定程度的测度。

特征信息熵 $H(F)$ 是识别系统模式鉴别的信息来源,在一般情况下,获得大量有效的特征信息熵是有益于模式识别的。

这里需要说明的是,式(2.4)定义的连续概率分布的信息熵 $H(F)$ 实为信息熵率 $h(F)$,离散概率分布定义的信息熵与连续信息熵熵率,存在下列关系[5]:

$$H(F^\Delta) = h(F) - \log\Delta = H(F) - \log\Delta \tag{2.5}$$

对于 n 比特量化的连续随机变量 X 的离散信息熵近似为 $h(F)+n$。为简化计,在后面的讨论中,将以信息熵率 $h(F)$ 代替信息熵 $H(F)$。可以证明,这将不会影响后面讨论的正确性。

推论 当 X 是相互统计独立的 N 维随机矢量时,X 的特征信息熵为其各维信息熵之和。即

$$p(X) = p(x_1, x_2, \cdots, x_N) = \prod_{i=1}^{N} p(x_i)$$

其特征熵为

$$H(F) = \sum_{i=1}^{N} H(F_i) = -\sum_{i=1}^{N} \int_{R^N} p(x_i) \log p(x_i) dx_i$$

特征矢量的维数增加,将增大特征矢量中携带的信息熵,有利于模式识别的进行。为了获得足够多的信息量,针对复杂图像等模式识别问题,特征矢量往往高达数千,乃至上万。

2. 特征和类别间相关条件信息熵

样本观测特征与样本类别间的潜在相互关联是影响模式识别性能最为关键的因素。这种关键因素可以通过样本观测特征与样本类别间的特征条件熵和后验条件熵表示,也可以通过特征与类别联合信息熵和互信息两种相关熵表示,它们对模式识别过程起着重要作用。其定义分别表示如下:

(1) 特征条件熵

定义 3 模式识别系统的特征条件熵 $H(F|E)$ 定义为

$$H(F|E) = -\sum_{i=1}^{n} \int_{R^N} p(X, \omega_i) \log_2 p(X|\omega_i) dX \tag{2.6}$$

因为

$$p(X,\omega_i) = p(X|\omega_i)P(\omega_i)$$

$$H(F|E) = \sum_{i=1}^{n} P(\omega_i)\left[-\int_{R^N} p(X|\omega_i)\log_2 p(X|\omega_i)\mathrm{d}X\right]$$

$$= \sum_{i=1}^{n} P(\omega_i)h(F|\omega_i)$$

其中,$h(F|\omega_i) = -\int_{R^N} p(X|\omega_i)\log_2 p(X|\omega_i)\mathrm{d}X$,称 $h(F|\omega_i)$ 为类条件熵,表示模式类别在某个确定 ω_i 时样本特征所具有的不确定性。

特征条件熵 $H(F|E)$ 表示系统在给定模式类别条件下的平均条件特征熵,是在类别确定条件下特征发散程度的度量。样本特征和类别间的相关性越强,则特征条件熵 $H(F|E)$ 越小,表示一旦类别确定,特征也被基本确定下来。因此,特征条件熵 $H(F|E)$ 越小,越有利于类别的辨识,它是对特征分布优劣的一种度量。

特征条件熵由模式特征的条件概率密度决定,通过对已知类别样本特征的统计训练,获得对样本特征的类条件概率分布的估计,从而得到系统的条件熵。

可以证明,特征条件熵小于或等于特征信息熵,即,$H(F|E) \leqslant H(F)$。等号出现在当特征 X 与模式类别集合 Ω 统计独立(观测特征不包含任何类别信息)时,即

当 $p(X|\omega_i) = p(X)$,$i = 1,2,\cdots,n$ 时,有 $H(F|E) = H(F)$

(2) 系统后验熵

定义 4 系统后验信息熵 $H(E|F)$ 定义为

$$H(E|F) = -\sum_{i=1}^{n}\int_{R^N} p(X,\omega_i)\log_2 p(\omega_i|X)\mathrm{d}X$$

$$= \int_{R^N} p(X)\left[-\sum_{i=1}^{n} p(\omega_i|X)\log_2 p(\omega_i|X)\right]\mathrm{d}X$$

$$= \int_{R^N} p(X)h(E|X)\mathrm{d}X \tag{2.7}$$

其中,$h(E|X) = -\sum_{i=1}^{n} p(\omega_i|X)\log_2 p(\omega_i|X)$ 称为局部后验熵。

后验信息熵 $H(E|F)$ 表达的是在确定样本观测特征后所存在的局部后验熵的平均,也就是观测样本确定、由观测确定类别的识别判决后所残留的类别平均不确定信息熵。因此,后验熵应该是与误识概率密切相关的信息熵。这种关联的正确性将在其后得到严格的验证,即,它与模式识别的误识概率密切相关,决定了误识率的上限。

推论 可以证明,后验熵小于或等于系统熵,即,$H(E|F) \leqslant H(E)$。等号出现在当特征 X 与模式类别集合 Ω 统计无关(观测特征不提供任何类别识别有用信息)时,即

当 $P(\omega_i|X) = P(\omega_i)$,$i = 1, 2, \cdots, n$ 时,有 $H(E|F) = H(E)$。

3. 特征与类别间的联合相关信息熵

特征与类别的联合信息熵 $H(E,F)$ 以及互相关信息熵 $I(E,F)$ 和 $I(F,E)$ 定义如下。

(1) 联合信息熵

定义 5 在两个概率空间 E 和 F 上定义的联合信息熵 $H(E,F)$ 为

$$H(F,E) = -\sum_{i=1}^{n} \int_{R^N} p(X,\omega_i) \log_2 p(X,\omega_i) \mathrm{d}X \qquad (2.8)$$

推论 当模式类别概率空间 E 和样本特征概率空间相互无关、统计独立时,$P(\omega_i, X) = P(\omega_i)p(X)$,$i = 1, 2, \cdots, n$,联合信息熵等于系统熵与特征信息熵之和,即满足 $H(E,F) = H(E) + H(F)$,此时相关信息熵为 0,特征无任何类别识别能力。

一般情况下,满足 $H(E,F) \leqslant H(E) + H(F)$。

推论 由于有 $p(X, \omega_i) = p(\omega_i|X)P(X)$ 及 $p(X, \omega_i) = p(X|\omega_i)P(\omega_i)$,则联合信息熵 $H(E,F)$ 可以表示为

$$H(E,F) = H(E) + H(F|E)$$
$$H(F,E) = H(F) + H(E|F)$$

(2) 相关互信息

定义 6 在模式类概率空间 E 和样本特征概率空间 F 之间的相关互信息 $I(E,F)$ 和 $I(F,E)$ 分别定义为

$$\left. \begin{array}{l} I(F,E) = -\displaystyle\sum_{i=1}^{n} \int_{R^N} p(X,\omega_i) \log_2 \dfrac{p(X|\omega_i)}{p(X)} \mathrm{d}X \\[2mm] I(E,F) = -\displaystyle\sum_{i=1}^{n} \int_{R^N} p(X,\omega_i) \log_2 \dfrac{p(\omega_i|X)}{P(\omega_i)} \mathrm{d}X \end{array} \right\} \qquad (2.9)$$

或等效地将识别系统的有效互信息熵定义为

$$I(E,F) = I(F,E) = -\sum_{i=1}^{n} \int_{R^N} p(X,\omega_i) \log_2 \frac{p(X,\omega_i)}{P(\omega_i)p(X)} \mathrm{d}X \qquad (2.10)$$

推论 互信息可以表示为

$$I(E,F) = H(E) - H(E|F) \qquad (2.11)$$

$$I(F,E) = H(F) - H(F|E) \tag{2.12}$$

互信息 $I(E,F)$ 表示了类别概率空间 E 和特征概率空间 F 之间的相关熵。联合信息熵和有效互信息间的关系有

$$\left.\begin{array}{l} H(E,F) = H(E) + H(F) - I(F,E) \\ I(F,E) = H(F) + H(E) - H(F,E) \end{array}\right\} \tag{2.13}$$

互信息 $I(E,F)$ 表示模式空间 E 中包含样本特征空间 F 的信息量，或者是样本特征空间 F 中包含模式空间 E 的信息量。互信息 $I(E,F)$ 表示了模式空间 E 与样本特征空间 F 互相关联的信息熵，表示了模式类别与模式特征间的相关程度。最重要的是，它表示了模式识别的潜在能力。

互信息相关熵表达了特征和类别两个空间之间共有的相互关联信息，它的存在表明了特征和类别两个空间可以相互传递的信息量，也就是，模式识别中从学习过程在特征空间获得的互信息量，可以转换为在识别过程借以实现识别的类别空间的互信息，这是模式识别有别于其他信息过程所特有的互信息表现形式，互信息也因此表达了当前识别系统所包含的模式鉴别能力，将影响当前条件下识别性能的上限。

图 2.3 利用文氏图（Venn diagram）形象地表示了模式识别系统中各种信息熵，以及这些信息熵之间的相互关系：即特征熵 $H(F)$、特征条件熵 $H(F|E)$、系统熵 $H(E)$、系统后验熵 $H(E|F)$、互信息 $I(E,F)$ 和联合信息熵 $H(E,F)$。

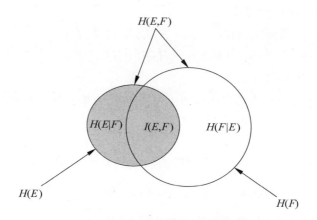

图 2.3　模式识别信息熵系统的文氏图表示

2.3.2　后验熵：最优贝叶斯分类器误识率的上限

从式(2.7)系统后验熵的定义可以看到，后验熵代表了待识样本观测确

定后识别系统仍然存留的不确定性,这一不确定性应当和识别误差密切相关。

但是,**后验熵和分类器错误概率的密切关联**这一点还需要我们严格验证。这一验证将有助于对模式识别信息熵理论分析的佐证,也有利于信息熵理论的进一步分析和利用。

我们知道,利用最大后验贝叶斯分类器可以获得最小的错误概率的分类器,其识别分类最小错误概率为

$$P_{eX} = 1 - \max_i P(\omega_i/X)$$

而最大后验贝叶斯分类器误差平均概率 P_e 为

$$P_e = E_X\{1 - \max_i P(\omega_i/X)\} = 1 - E_X\{\max_i P(\omega_i/X)\} \qquad (2.14)$$

$$P_e = \int_X p(X)\{1 - \max_i P(\omega_i/X)\}\mathrm{d}X = 1 - \int_X p(X)\{\max_i P(\omega_i/X)\}\mathrm{d}X$$

由于下述不等式的成立[6,7]:

$$1 - \max_i P(\omega_i/X) \leqslant 1 - \sum_{i=1}^n P^2(\omega_i/X)$$

因为,

$$\sum_{i=1}^n P^2(\omega_i/X) \leqslant \left[\max_i P(\omega_i/X)\right]\left[\sum_{i=1}^n P(\omega_i/X)\right] = \max_i P(\omega_i/X)$$

又因为,

$$1 - \sum_{i=1}^n P^2(\omega_i/X) \leqslant -\frac{1}{2}\sum_{i=1}^n P(\omega_i/X)\log P(\omega_i/X)$$

$$1 - \max_i P(\omega_i/X) \leqslant -\frac{1}{2}\sum_{i=1}^n P(\omega_i/X)\log P(\omega_i/X)$$

上述两式左右同时对 X 取数学期望,最后得到

$$P_e \leqslant \frac{1}{2}H(E|F) \qquad (2.15)$$

或

$$P_e \leqslant \frac{1}{2}H(E|F) = \frac{1}{2}\{H(E) - I(E,F)\} \qquad (2.16)$$

上式说明,后验熵 $H(E|F)$ 给出了误识概率 P_e 的上限,决定了贝叶斯分类器的平均误识率上限。后验熵 $H(E|F)$ 给出了误识概率 P_e 的上限的结论,验证了后验熵表示识别后识别系统残留的不确定性论断的正确性,从而也证明了模式识别统一信息熵理论分析的正确性和可信性。

后验熵表示了贝叶斯最优分类器的误识概率的上限。但是,对于实际的模式识别系统,分类器往往会偏离最优的贝叶斯分类器。实际情况下,其误识率 ε 可以表示为由两部分组成,即

$$\varepsilon = P_e + P_{\bar{e}} \qquad (2.17)$$

这是因为,识别错误概率 ε 有

$$\varepsilon = 1 - P(\omega_i | X)$$
$$= 1 - \max_i P(\omega_i | X) + \{\max_i P(\omega_i | X) - P(\omega_i | X)\}$$
$$= P_e + P_{\bar{e}}$$
$$P_{\bar{e}} = \max_i P(\omega_i | X) - P(\omega_i | X)$$

其中,P_e 表示与特征向量匹配的贝叶斯最大后验分类器的误识概率;$P_{\bar{e}}$ 表示由于实际的分类器在偏离贝叶斯分类器时所增加的误识概率。

由此,要获得良好的分类结果,必须从两方面着手。一方面是优化分类器的设计,使设计的分类器逼近贝叶斯分类器,这可以使偏离最优分类器的误识概率 $P_{\bar{e}}$ 趋于 0。另一方面是尽可能地减小最大后验贝叶斯误识概率 P_e。除设计贝叶斯最优分类器外,如何减小 P_e 是我们重要的努力方向。由后面的分析可以看到,选择优化识别特征是减少贝叶斯误识概率 P_e 的重要一步。必须采取优化特征选择和匹配分类器设计双管齐下的策略,才能获得实际最优的识别系统。

2.3.3 模式识别的学习与识别信息过程

模式识别过程由学习过程和识别过程组成。前者利用已知类别的训练样本通过学习过程完成对系统分类器判决函数的设计,后者利用分类器实现对待识别样本的模式类别的判定。我们还需要分析学习和识别过程中的信息过程,揭示学习和识别过程中互信息的决定作用。

(1) 学习信息过程

在模式识别的学习训练过程中,是根据已知类别的样本观测来估计模式样本特征的类条件概率密度函数,或基于最大似然/贝叶斯估计方法,估计出参数表示的样本特征类条件概率分布函数 $p(X|\omega_i), i=1,2,\cdots,n$,它们是分类鉴别的依据。

从信息论的观点来看,学习过程获得类条件概率分布的特征空间,获得类条件信息熵以及平均条件信息熵,比全局概率分布的全局特征空间信息

熵 $H(F)$ 要有所减少。特征空间信息熵的减少量 $\{H(F)-H(F|E)\}$ 称为学习熵减,是学习过程由于引入类别信息而获得的模式识别的信息熵减,其大小恰好等于特征互信息 $I(F,E)=H(F)-H(F|E)$。学习熵减越大,获得的互信息越大,识别能力越强。

显然,通过学习过程,可以获得模式样本特征与类别的学习互信息。互信息越大,越有利于模式识别获得优良的识别性能。

(2) 识别信息过程

在识别过程中,由待识样本的观测特征矢量 X,按照最大后验概率准则获得待识样本类别的判定。

按照最大后验概率判决函数 $G(X)$ 进行待识模式样本的类别判决,获得最小误差的判决,即

$$\omega(X) = \arg\max_i P(\omega_i|X) = \arg\max_i \{p(X|\omega_i)P(\omega_i)\}$$

由信息论分析可知,在获得模式类别的最大后验概率后,识别系统类别的不确定性从类别空间信息熵 $H(E)$ 降低为最后残留的后验熵 $H(E|F)$,实现了类别空间等于互信息的识别熵减,$\{H(E)-H(E|F)\}=I(E,F)$。识别熵减等于互信息,是来源于学习过程的学习熵减。这是从学习过程获得的在特征空间和类别空间之间可以转移的互信息。也就是说,只有利用从学习过程传递转移过来的互信息熵,才可能实现识别熵减,从而达到识别的目的。

模式识别信息过程框架如图 2.4 所示。

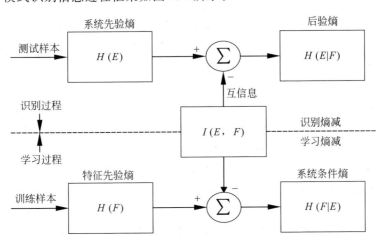

图 2.4　模式识别信息过程框架图

2.3.4　互信息：决定模式识别性能的鉴别熵

如何获得更加优化的贝叶斯分类器始终是提高模式识别性能研究的重要目标，从模式识别信息熵理论的分析可知，其关键在于提高识别系统互信息熵。

从互信息的定义可以看到，互信息是特征空间与类别空间交空间 $E \cap F$ 的相关信息的度量，

$$I(F,E) = -\sum_{i=1}^{n} \int_{R^N} p(X,\omega_i) \log_2 \frac{p(X,\omega_i)}{P(\omega_i)p(X)} \mathrm{d}X$$

$$I(F,E) = H(F) + H(E) - H(F,E)$$

以及，

$$学习熵减 = I(F,E) = H(F) - H(F|E)$$
$$识别熵减 = I(E,F) = H(E) - H(E|F)$$

我们可以看到：

(1) 互信息是模式样本观测及其潜在类别的相关信息熵。

(2) 模式识别包括学习和识别两个特殊的信息过程，学习过程中从特征空间获得的学习熵减等于互信息，在识别过程中类别空间的识别熵减也等于源自学习过程的互信息，即互信息保证了模式辨识的实现。

(3) 互信息 $I(E,F)$ 是模式识别特有的信息特性，它是可以从特征空间向类别空间转移的特殊信息熵，这一特性保证了学习过程在特征空间获得的学习熵减信息，能够转移到类别空间，作为解决识别所需要的类别空间识别熵减信息，从而保证了模式识别的实现。

(4) 互信息是决定识别性能的鉴别信息熵，因为它决定了识别后验熵 $H(E|F)=\{H(E)-I(E,F)\}$ 的大小，从而也决定了最优贝叶斯分类器误识率的上限，即决定了识别性能(式(2.15))。要想提高识别性能，减小误识率，可行之道只有提高互信息。

(5) 特征的选择决定了互信息，因为 $I(F,E)=H(F)-H(F|E)$，就是说特征选择决定了互信息，也最终决定了贝叶斯最优模式识别性能，揭示了特征选择在模式识别中所起到的决定性的重要作用。

(6) 选择具有高互信息的优质特征是提高识别性能的关键，办法是可以从提高总体特征熵 $H(F)$ 和选取高聚类低条件熵 $H(F|E)$ 的特征着手，大数据深度学习也是一种有效途径。

(7) 可以将互信息作为特征选择的优良测度，将其作为鉴别特征抽取的准则。

总之，选取对类别稳定的具有高鉴别能力的特征，使特征具有类聚集性，减少特征条件熵 $H(F|E)$，提高互信息 $I(F,E)$，与设计匹配的贝叶斯最优分类器相结合，是提高模式识别性能的关键问题。

推论 1 互信息不受可逆特征变换的影响。

即若随机向量 Y 是随机向量 X 的一一对应函数，$Y=f(X)$，则两个随机向量的密度函数间的关系为 $p_Y(Y)\mathrm{d}Y=p_X(X)\mathrm{d}X$，或 $p_Y(Y)=p_X(X)/|J|$，其中，$|J|$ 是雅可比行列式。则，变换后的互信息与变换前的互信息间的关系，可以分析为

$$I_Y(F,E)=-\sum_{i=1}^{n}\int_{R^N}p(Y,\omega_i)\log_2\frac{p(Y,\omega_i)}{P(\omega_i)p(Y)}\mathrm{d}Y$$

$$=-\sum_{i=1}^{n}\int_{R^N}p(X,\omega_i)\log_2\frac{p(X,\omega_i)}{P(\omega_i)p(X)}\mathrm{d}X=I_X(F,E)$$

即

$$I_Y(F,E)=I_X(F,E)$$

推论 2 高维特征互信息等于其分割的特征子空间的互信息之和。

设 n 维特征 X 可以分割为 d 维子空间 F_d 和其互补 $n-d$ 维子空间 F_{N-d}，

$$F_d\bigcap F_{N-d}=\varnothing$$

以及 $F_d\bigcup F_{N-d}=F$，则，可以导出，

$$I(F,E)=-\sum_{i=1}^{n}\int_{R^N}p(X,\omega_i)\log_2\frac{p(X,\omega_i)}{P(\omega_i)p(X)}\mathrm{d}X$$

$$=-\int_{R^d}h(E|X)p(X)\mathrm{d}X-\int_{R^{N-d}}h(E|X)p(X)\mathrm{d}X$$

$$=I(F_d,E)+I(F_{N-d},E)$$

2.4　正态分布条件下的模式识别信息熵系统

基于产生式模型对模式识别的研究，对于模式样本的特征概率分布 $p(X)$ 往往都假设为正态分布的。一方面是因为正态分布的确是大量实际概率分布的绝好近似，另一方面是因为正态分布具有完全可微的良好解析性质。例如，从对于汉字识别问题的研究可以发现，尽管汉字的模式样本变化多端，但其模式样本特征的分布往往近似于高斯分布，或者换句话说，利用高斯分布模型处理汉字的统计分布，会得到很好的结果，只有针对无约束

书写,需要进一步提高识别性能的时候才会专门讨论其偏离高斯分布的情况及其影响。在后面的分析中,除非特别说明,基本上都采用了特征正态分布的假设。故此,我们将首先对正态分布条件下的模式识别信息熵系统予以讨论,这些讨论将极有助于文字识别的研究。

1. 正态分布特征信息熵

当特征为 N 维特征矢量时,特征矢量 X 的正态密度分布函数 $p(X)$ 为

$$p(X) = \frac{1}{(2\pi)^{\frac{N}{2}} |\Sigma_X|^{\frac{1}{2}}} \exp\left\{-\frac{1}{2}(X-M_X)^T \Sigma_X^{-1}(X-M_X)\right\} \quad (2.18)$$

其中,
$$X = (x_1, x_2, \cdots, x_N)^T$$

特征期望矢量 $\quad M = E_X\{X\} = (m_1, m_2, \cdots, m_N)$

特征协方差矩阵 $\quad \Sigma_X = E_X\{(X-M)(X-M)^T\}$

特征的正态密度分布函数 $p(X)$ 可以从对所有训练样本特征的均值和协方差的参数估计中获得。

设 L 个样本的特征矢量的矩阵表示为

$$\boldsymbol{X} = [X_1, X_2, \cdots, X_L]$$

特征期望矢量可以从学习样本估计出,为

$$\hat{M} = \frac{1}{L} \sum_{i=1}^{L} X_i$$

特征协方差矩阵可以估计为

$$\hat{\boldsymbol{\Sigma}}_X = \frac{1}{L} \boldsymbol{X}\boldsymbol{X}^T - \hat{M}\hat{M}^T$$

正态分布的总特征熵为

$$H(F) = -\int_{R^N} p(X) \log p(X) dX$$

$$H(F) = E_X\{\log P(X)\}$$

$$= -\frac{1}{\ln 2} E_X\{\ln P(X)\}$$

$$= \frac{1}{2\ln 2}[N + \ln|\Sigma_X| + N\ln 2\pi] \quad (2.19)$$

从式(2.19)可见,高斯分布特征维数 N 越高,总体协方差 $|\Sigma_X|$ 增加,总体特征信息熵 $H(F)$ 越大。也就是说,当一定类别特征的变化范围较宽时,特征信息熵变大。

需要说明的是,上述分析是针对正态分布的信息熵计算的结果。实际上,目标观测的特征分布并不可能完全满足高斯分布。相对于具有相同协方差的其他特征分布,正态分布具有最大的信息熵,即[5]

$$\max_{\Sigma_X = E(XX^T)} h(F) = \frac{1}{2}\log(2\pi e)^N |\Sigma_X|, \text{with equality iff } X \in N(M_X, \Sigma_X)$$
(2.20)

也就是说,对于具有相同协方差的实际概率分布,其信息熵可能会相当程度地小于根据上式对标准高斯分布计算得到的信息熵。这一点,在处理实际问题时需加以注意。

2. 正态分布特征条件熵

又设,对某一模式类 ω_i 的随机特征矢量 X_i,其条件概率密度函数 $p(X|\omega_i)$,$i=1,2,\cdots,n$,也是正态分布的,即条件概率密度函数为

$$p(X|\omega_i) = \frac{1}{(2\pi)^{\frac{N}{2}} |\Sigma_i|^{\frac{1}{2}}} \exp\left\{-\frac{1}{2}(X-M_i)^T \Sigma_i^{-1}(X-M_i)\right\}, i=1,2,\cdots,n$$
(2.21)

其中,模式类 ω_i 均值矢量 $M_i = E_X\{X|\omega_i\}$,全局特征均值矢量 $M = \sum_{i=1}^{n} P(\omega_i) M_i$。

模式类 ω_i 方差 $\Sigma_i = E\{(X_i - M_i)(X_i - M_i)^T\}$。

样本特征的条件概率密度 $p(X|\omega_i)$,$i=1,2,\cdots,n$,可以从已知类别的训练样本特征矢量估计获得,设已知类为 i,样本数为 iL,其类样本特征矩阵为

$$\boldsymbol{X}_i = [X_{i1}, X_{i2}, \cdots, X_{iL}], \quad i=1,2,\cdots,n$$

类别 i 的特征期望矢量可以从学习样本估计,为

$$\hat{M}_i = \frac{1}{L_i} \sum_{j=1}^{L_i} X_{ij}, \quad i=1,2,\cdots,n$$

各类别 i 的特征协方差矩阵可以从学习样本估计,为

$$\hat{\boldsymbol{\Sigma}}_i = \frac{1}{L} \boldsymbol{X}_i \boldsymbol{X}_i^T - M_i M_i^T, \quad i=1,2,\cdots,n$$

由此,正态分布的类条件特征熵为

$$h(F|\omega_i) = \frac{1}{2\ln 2}[N + N\ln 2\pi + \ln|\Sigma_i|], \quad i=1,2,\cdots,n$$

正态分布的特征平均条件熵为

$$H(F|E) = \sum_{i=1}^{n} P(\omega_i) \ h(F|\omega_i) = -\sum_{i=1}^{n} P(\omega_i) E_X \{\log p(X \mid \omega_i)\}$$

$$= \frac{1}{2\ln 2} \Big[N + N\ln 2\pi + \sum_{i=1}^{n} P(\omega_i) \ln |\Sigma_i| \Big]$$

(2.22)

若类协方差 $|\Sigma_i|$ 减少,说明类聚集性高,使特征条件熵下降,有利于识别。

3. 特征正态分布的互信息

特征矢量 X 提供给识别系统的互信息为

$$I(F,E) = H(F) - H(F|E)$$

$$= \frac{1}{2\ln 2} \Big[\ln |\Sigma_X| - \sum_{i=1}^{n} P(\omega_i) \ln |\Sigma_i| \Big] \quad (2.23)$$

当在各模式类别先验概率相等的条件下,即 $P(\omega_i) = \dfrac{1}{n}$,则有

$$\left. \begin{aligned} I(F,E) &= \frac{1}{2\ln 2} \Big[\ln |\Sigma_X| - \frac{1}{n} \sum_{i=1}^{n} \ln |\Sigma_i| \Big] \\ I(F,E) &= \frac{1}{2\ln 2} \ln \frac{|\Sigma_X|}{\prod_{i=1}^{n} |\Sigma_i|^{\frac{1}{n}}} \end{aligned} \right\} \quad (2.24)$$

当所有类别的类内协方差相等时,即 $\Sigma_i = S_w$,以及 $\Sigma_X = S_t = S_b + S_w$ 时,则有

$$\left. \begin{aligned} I(F,E) &= \frac{1}{2\ln 2} \ln \frac{|\Sigma_X|}{|\Sigma_i|} = \frac{1}{2\ln 2} \ln \frac{|S_t|}{|S_w|} \\ I(F,E) &= \frac{1}{2} \log_2 \frac{|S_t|}{|S_w|} = \log_2 \Big(\frac{|S_w + S_b|}{|S_w|} \Big)^{\frac{1}{2}} \end{aligned} \right\} \quad (2.25)$$

在特征矢量 X 为 N 维独立随机变量时,其特征协方差矩阵均为对角阵,因此,

$$|\Sigma_X| = \prod_{k=1}^{N} \sigma_{Xk}^2, \quad |\Sigma| = \prod_{j=1}^{N} \sigma_j^2$$

此时,特征矢量 X 的互信息为

$$I(E,F) = \frac{1}{\ln 2} \sum_{j=1}^{N} \ln \frac{\sigma_{jX}}{\sigma_j} = \sum_{j=1}^{N} \log_2 \frac{\sigma_{jX}}{\sigma_j} \quad (2.26)$$

正态分布特征条件下的特征互信息(公式(2.25)),为利用最大互信息准则进行最优特征选择和压缩提供了理论基础和实施条件。

2.5 最大互信息鉴别分析（互信息鉴别子空间模式识别）

提取具有高互信息的特征，为获得高识别性能的分类器打下了坚实的基础。如果能在保持获得在最大互信息准则下的维数压缩，即互信息子空间特征压缩，则将是最优的模式识别特征压缩。在保留特征的最大鉴别互信息准则下实现特征维数的压缩，可以保证实现模式的最佳分类。这样不仅能够很好地解决高维特征遇到的"维数危机"问题，还可以保证有最佳的识别性能，并能极大地减少噪声干扰的影响。

2.5.1 最大互信息子空间线性鉴别分析方法

如何在特征提取后选择出维数降低又具有高鉴别能力的特征，是在特征提取基础上最关键的特征维数压缩问题。对于提取特征的互信息为

$$I(F,E) = \log_2 \left(\frac{|S_w + S_b|}{|S_w|} \right)^{\frac{1}{2}} = \log_2 \left(|S_w^{-1} S_t| \right)^{\frac{1}{2}} \quad (2.27)$$

其中，矩阵 $S_w^{-1}S_t$ 为互信息鉴别矩阵 $S_w^{-1}S_t$。

我们提出对特征压缩的优化准则是最大互信息优化准则，选择获取具有最大互信息的特征的条件下进行维数压缩，这是能保证获得具有最高鉴别能力的压缩特征和优秀识别性能的特征维数压缩方法。

以最大互信息为优化准则的线性变换鉴别分析方法就是利用 $n \times m$ 的线性变换矩阵，将原始特征从 n 维变换得到 m 维的变换特征，$Y = U^T X$，该变换矩阵 U 为互信息鉴别矩阵 $S_w^{-1}S_t$ 的最大 m 个本征值对应的本征向量列向量构成，并由这些最大互信息本征向量张成 m 维最大互信息线性子空间，变换特征将为在此最大互信息特征子空间中的 m 维特征向量。

我们利用 $n \times m$ 最大互信息变换矩阵 U，将特征 X 投影到 m 维最大互信息子空间，获得具有最大互信息的 m 维压缩特征，保证了在一定维数压缩 m 维条件下的最大互信息，即最佳 m 维鉴别特征，以保证能够获得最优的识别性能。其中，特征总体协方差矩阵为

$$S_t = E_X\{(X-M)(X-M)^T\} \quad (2.28)$$

特征总体期望矢量

$$M = E_X\{X\} = (m_1, m_2, \cdots, m_N)$$

类内协方差矩阵

$$S_w = \sum_i P(\omega_i) \hat{\Sigma}_i$$

类间协方差矩阵

$$\left.\begin{array}{l} S_b = \sum P(\omega_i)[(M-m_i)(M-m_i)^{\mathrm{T}}] \\ S_t = S_w + S_b \end{array}\right\} \quad (2.29)$$

互信息类鉴别矩阵 $S_w^{-1}S_t$ 是由两个 Hermitian 矩阵组成,以互信息最大的特征压缩优化准则进行线性变换,即以 $\mathrm{Je}=\log_2|S_w^{-1}S_t|$ 作为类别可分性准则,建立 $S_w^{-1}S_t$ 矩阵的特征方程 $(S_w^{-1}S_t)(AB)=(AB)\mu_m$,获得其本征向量矩阵 (AB) 及其对应的对角化本征值矩阵 μ_m[1]。将由其上 $m<n$ 个最大本征值对应的本征向量张成了 m 维的鉴别子空间。

特征向量 X 投影在由互信息鉴别矩阵 $S_w^{-1}S_t$ 的 m 维鉴别子空间,实现特征 X 的 m 维鉴别特征压缩,$Y=(AB)^{\mathrm{T}}X$,可以获得最大互信息的线性鉴别分析,并在此基础上,实现最大鉴别性能的模式识别。

基于最大互信息线性鉴别分析,能够达到保留极大互信息特征鉴别能力条件下的维数压缩。

2.5.2 最大互信息线性鉴别分析与线性鉴别分析 LDA

上述基于最大互信息的线性鉴别分析,形式上与 Fukunaka[1] 提出的可分性准则 $J\left(\dfrac{|S_t|}{|S_w|}\right)$ 相同,和后文 4.2 节推导的线性鉴别分析 LDA 相一致,同样取得很好的特征线性鉴别分析结果和识别结果。所不同的是,前者不仅表示类内聚集和类间发散的直观特征优化含义,最重要的是,包含了更深层次的最大互信息最优分类的内涵,满足最优鉴别分类的特征压缩的统计准则。换句话说,利用 Fukunaka 优化准则 $J\left(\dfrac{|S_t|}{|S_w|}\right)$,或 $J\left(\mathrm{tr}\dfrac{S_t}{S_w}\right)$ 进行线性鉴别分析,源自于类内聚集和类间发散的直观特征优化含义。完全可以相信,这一传统线性鉴别分析 LDA 能够在实践中取得良好的鉴别分析结果和良好的识别性能,也是因为其同时具有和利用了最大互信息的优化准则所致。

图 2.5 所示为对于书写汉字识别的网格方向线索特征(DEF)和梯度特征(Grad)的互信息在线性鉴别分析 LDA 时其互信息随压缩维数的变化曲线,由图可见,互信息将随压缩维数的增加而增加,在相同压缩维数条件下,梯度特征互信息高于方向线索特征互信息,足见梯度特征的识别性能优于方向线索特征。

第 2 章 模式识别和模式识别信息熵理论

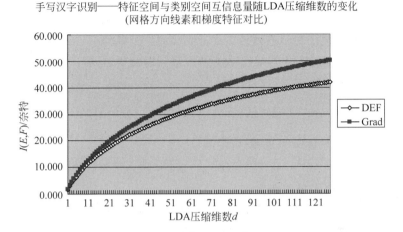

图 2.5 手写汉字识别互信息随 LDA 压缩维数的变化

由图 2.5 也可以看到,网格方向线素特征获得的互信息,远远超过汉字识别所必要的互信息(2.8 节),从而证明了方向线素特征对汉字识别的有效性。

2.6 特征选择的信息熵准则

如何选择对识别最有效的特征成为模式识别最基本和最重要的问题之一。基本的特征有效性准则有两种:一种是依据该特征实现分类的错误概率来计算的,但会遇到多维概率密度积分难以解决的困难;另一种是基于对模式类别的可分性作为有效性的准则,有代表性的是有效互信息熵准则,也包括已被提出的多种距离测度来作为类别可分性准则等。模式识别信息熵理论对上面两种准则给出了简要的说明[15]。

2.6.1 基于错误概率的类别可分性准则

模式识别以最小的误识率为其最重要的性能追求,因此,计算错误概率成为最直接的特征有效性准则。但是,错误概率的计算却往往遇到数学上的问题。

式(2.15)已经证明,最大后验贝叶斯分类误差概率 P_e 的上界满足:

$$P_e \leqslant \frac{1}{2} H(E|F)$$

即后验熵 $H(E|F)$ 给出了误识概率 P_e 的上限。这说明后验熵表示经识别后系统残留的不确定性,代表了误识概率的大小。因此,用后验熵作为与误识概率大小有关的特征有效性量度准则是完全正确的。

和错误概率有关的特征有效性测度除后验熵外,还有:

(1) 贝叶斯距离[5]

$$B(E|F) = E_X\left\{\sum_{i=1}^{n} p^2(\omega_i|X)\right\} \tag{2.30}$$

(2) Bhattacharuua 系数[5]

$$\rho(E|F) = E_X\left\{|P(\omega_1|X) - P(\omega_2|X)|\right\}^{\frac{1}{2}} \tag{2.31}$$

(3) 科尔莫戈罗夫距离

$$G_X = E_X\{|P(\omega_1|X) - P(\omega_2|X)|\} \tag{2.32}$$

(4) 利萨克-傅京孙(Lissak-Fu)距离

$$G_e = E_X\{|P(\omega_1|X) - P(\omega_2|X)|^\beta\} \tag{2.33}$$

(5) Toussaint 多类可分性距离[5]

$$M_K(E|F) = E_X\left\{\sum_{i=1}^{n}\left[P(\omega_i|X) - \frac{1}{n}\right]^{\frac{2(k+1)}{2k+1}}\right\} \tag{2.34}$$

其中,第 2～第 4 类距离是在两类间定义的,而后验熵准则和第 1 类、第 5 类距离则可适用于多类情况。相应的作者都对其所提出的距离推导了相关的误识概率上下界估计,各类距离的共同之处是,它们和后验熵准则一样,都是由各模式类的后验概率所决定的,并和误识概率的上下界有关。值得提出的是,由 P. A. Devijver 提出的贝叶斯距离,给出了与最大后验贝叶斯分类误识概率 P_e 最紧密的上下界,可适用于各种概率分布和任何多类的模式识别问题。

$$\frac{1}{2}(1 - B(E|F)) \leqslant P_e \leqslant (1 - B(E|F)) \leqslant \frac{1}{2}H(E|F)$$

2.6.2 基于有效互信息的类别可分性准则

显然,特征有效互信息可作为另一种类别可分性和特征有效性准则。

特征有效互信息的选择准则:如上分析,以识别系统互信息 $I(F,E)$ 作为特征优劣的评估准则,称为特征有效互信息选择准则。

特征的有效互信息 $I(F,E)$ 不是孤立地取决于特征本身,它还和识别的模式类别有关,是模式样本特征和模式类别之间相关性的量度。根据模式识别统一熵理论,可以得到:

$$I(F,E) = H(F) - H(F/E)$$
$$I(E,F) = H(E) - H(E/F)$$
$$I(E,F) = I(F,E)$$

由此可知，模式识别有效互信息是模式可分性的度量，也是对特征有效性的度量。

有效特征互信息准则的重要性还在于，互信息熵准则和模式识别的错误概率紧密地联系着：$P_e \leqslant \frac{1}{2}[H(E) - I(E,F)]$。

特征的有效信息熵 $I(F,E)$ 还可以表示为

$$I(E,F) = -\sum_{i=1}^{n}\int_{R^N} p(X,\omega_i)\log\frac{p(X/\omega_i)}{p(X)}\mathrm{d}X$$

或

$$I(E,F) = -\sum_{i=1}^{n}\int_{R^N} p(X,\omega_i)\log\frac{P(\omega_i/X)}{P(\omega_i)}\mathrm{d}X$$

或

$$I(E,F) = -\sum_{i=1}^{n}\int_{R^N} p(X,\omega_i)\log\frac{P(\omega_i/X)}{p(X)P(\omega_i)}\mathrm{d}X$$

其中，X 为 R^N 空间上 N 维特征向量，ω_i 为模式类集合 Ω 中的第 i 个模式类 $i=1,2,\cdots,n$。

特征有效互信息越大，则特征越有效于可以获得较大的识别熵减，最终使识别系统误识率减小。举两个极端的例子。

当有效互信息熵 $I(F,E)=0$ 时，表明 $H(F)=H(F|E)$ 即特征 X 与模式类别 ω_i 完全无关，学习熵减为 0，识别熵减也为 0。特征矢量 X 的观测和抽取对样本的模式分类不提供任何信息，因此对样本模式分类是毫无价值的。

当有效互信息 $I(F,E)$ 达到最大值，即逼近系统熵 $H(E)$ 时，可以得到趋于最小的后验熵 $H(F,E)$。这时，特征 X 对待识样本模式分类的信息是有效和充分的，可以达到最小的误识概率。

总之，有效互信息越大，误识概率将越小。

早前，也曾经有作者提出过有效信息熵的概念，如 Lindley[2] 在 1956 年曾经提出过特征的有效信息度量的概念，他提出的有效信息度量 I 为

$$I = -\sum_{k=1}^{K}\int_{R^N} P(\omega)p(X/\omega_i)\log\frac{p(\omega_i/X)}{p(\omega_i)}\mathrm{d}X$$

上面的表达式恰好等于互信息 $I(F,E)$ 的一种表达式。

另外，P. M. Lewis 等人[3,4] 在 1962 年、1973 年提出有关特征品质度量的转换信息概念，其表达式为

$$G^{\mathrm{T}} = -\sum_{k=1}^{K}\int_{R^N} P_k p(C/\Omega_k) \log \frac{p(C/\Omega_k)}{p(c)} \mathrm{d}C \qquad (2.35)$$

对上式作符号变换，即 $C \to X, \Omega_R \to \omega_i, K \to n, k \to i$，不难看出，变换后的结果为 $I(F,E)$ 的另一种表达形式。

我们用互信息 $I(F,E)$ 作为特征有效性的信息量度，不仅将 Lindley 和 Lewis 的准则统一起来，而且赋予特征有效互信息熵以明确的物理含义。它是模式识别过程由特征传递给系统的信息熵减、模式识别学习过程所获取的信息熵减，也是对模式识别实现的有效的信息熵。

2.7 从信息熵分析看提高识别性能的途径

模式识别信息熵理论的分析，为我们分析和改进识别性能提供了有益的指导。最关键的是增加有效特征互信息 $I(E,F)$，使其尽可能地逼近系统熵 $H(E)$。其手段是选择互信息高的优良特征以提高互信息，$I(F,E) = H(F) - H(F/E)$。可以从如下几方面入手。

1. 减小条件熵 $H(F|E)$

减少 $H(F|E)$：减小一定类别模式样本的变化，选取对模式样本特征具有类别稳定的特征。例如，对于汉字识别系统的特征选取：
(1) 特征抽取应与笔画宽度等尽可能地无关。
(2) 特征抽取应与字符的位置无关，位置规一化是必要的。
(3) 特征抽取应与字符的大小无关，尺寸规一化是必要的。
(4) 特征抽取应与字符的笔画断裂和粘连关系较小。

2. 增加 $H(F)$：在增加 $H(F)$ 的同时，可使 $I(E,F)$ 增加

以各种形式增加大量学习数据并增大特征维数，是提高识别性能的直接而有效的途径，尤其是在当今大数据和高速计算机应用的时代。例如，目前取得识别性能突破的 Deep Learning 算法。
(1) $H(F)$ 的最小极限是 $H(E)$，如果 $H(F)$ 小于 $H(E)$，则识别是不可能实现的。

对汉字识别，最小的特征熵为 $\min H(F) = 13\mathrm{bit/chr}$。

由此可见，以少量的笔画基元特征，如数十最多上百个特征基元，因其特征信息及互信息的不足，是无法解决数千实际汉字的识别问题的。

对英文字符的识别，最小特征熵为 $\min H(F) = 7\text{bits/chr}$，可放宽对特征的要求。

（2）理论上，增加特征维数 N 可以得到较大的 $H(F)$，以提高识别性能。但在实际的模式识别问题中，这一结论受到学习样本数量不足的挑战，即受到"维数危机"的挑战。实际特征的维数与识别性能的关系如图 2.6 所示。

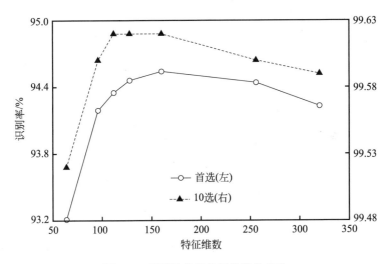

图 2.6　识别性能随特征维数的变化

如果有足够数量的样本，在满足样本数量大于 10 倍特征维数的条件下，我们可以获得分析的结果。

3. 多种特征融合方法

多种特征的组合可用以增加 $H(F)$ 和有效信息熵 $I(E,F)$。
各特征空间为 $F_1, F_2, \cdots, F_K$，则组合特征空间 F 为

$$F = F_1 \bigcup F_2 \bigcup \cdots \bigcup F_K = \bigcup_{k=1}^{K} F_k$$

如果 $F_i \bigcap F_j = 0$，则 $H(F) = \sum_{k=1}^{K} H(F_k)$。

$$H(F|E) = \sum_{k=1}^{K} H(F_k|E)$$

且

$$I(E, F) = \sum_{k=1}^{K} I(E, F_k)$$

因为 $I(E,F_k) = H(F_k) - H(F_k|E)$,

$$I(E,F) = \sum_{i=1}^{k} I(E,F_i)$$

$$I(E,F_1,F_2,\cdots,F_k) = \sum_{i=1}^{k} I(E,F_i)$$

多重特征融合所获取的有效特征互信息大大高于各单个特征的有效特征互信息,因而应使多种特征融合方法广泛应用于实际模式识别系统中。

2.8 汉字集合和汉字文本的信息熵

在研究汉字识别和汉字文档识别之始,需要对汉字字符集合和汉字文档的系统信息熵有所分析,借以了解汉字字符和文档识别问题的困难程度,以对解决汉字和汉字文档识别问题的算法和策略有所考虑。

2.8.1 汉字集合的信息熵

设常用汉字字符集合为 Ω, $\Omega = (\omega_1, \omega_2, \cdots, \omega_n)$ 中 ω_i 表示第 i 类汉字字符的标记,n 为集合的字符总数,即汉字模式类别总数。在汉字识别中,这些常用汉字字符的集合是需要识别的模式类别的集合。其中,不同模式类别的汉字在汉字文本中出现的频率(以及不同汉字同时出现的同现概率)往往是不同的,因此所论模式都是模式类别汉字和汉字模式类别 ω_i 的出现概率 $P(\omega_i)$ 之间的两重对应关系 $\{\omega_i, P(\omega_i)\}$。

常用汉字字符集合 Ω 所含的不确定性可以用汉字集合的类别信息熵 $H(E)$ 来表示。

汉字字符集合的信息熵描述了汉字字符集合中众多不同汉字包含的不确定性,它也表征了利用这些汉字字符可以表达信息的能力。根据信息熵的定义,汉字字符集合的信息熵 H 为常用汉字字符集合的平均信息量。

单个汉字的信息熵为

$$H_0 = -\sum_i P(\omega_i) \log_2 P(\omega_i)$$

其中,$P(\omega_i)$ 表示第 i 类汉字字符 ω_i 的出现频率。

当不考虑每一个汉字不同的使用频度时,假设汉字的出现概率 P_i 可近似相等为 $P_i = \frac{1}{n}$。由此,汉字集合的信息熵可以近似为

$$H_{\max} = \log_2 n$$

以常用汉字 $n=4\,000$ 来计算，$H_{\max}=12$ 比特；而当 $n=10\,000$ 时，$H_{\max}=13.28$ 比特。当 $n=40\,000$ 汉字时，$H_{\max}=16.28$ 比特。

考虑到汉字使用的不同频度，实际汉字集合的信息熵要减少。有人曾对实际汉语文本中汉字容量 $n=12\,366$ 时进行过统计和计算，得到汉字的信息熵 $H_0=9.65$ 比特。

以上对汉字集合信息熵的计算是单个汉字的信息熵，没有考虑汉字字符出现前后文之间的相互关联和影响。

根据汉字的信息熵，给出了汉字识别所要求的最低特征信息熵或最低互信息，即 $H(F)$ 的最小极限是 $H(E)$，如果特征信息熵 $H(F)$ 小于系统熵 $H(E)$，则汉字的识别是不可能的。

对汉字识别而言，最小的特征熵为 $\min H(F)=13\text{bits/chr}$。

由此我们可以清楚地看到，企图以少量的笔画基元特征，如数十最多上百个特征基元（信息熵仅 6~7 比特），是无法获得汉字识别起码的特征信息熵和必要的互信息的，当然也就根本无法满足汉字识别的需要，更无法解决有大量干扰和噪声的实用汉字识别这一困难问题。

对英文字符识别而言，最小特征熵为 $\min H(F)=7\text{bits/chr}$，也存在类似的情况。但是，由于英文字符数少，信息熵低，一些基于笔画及其投影等特征往往能够发挥一定的作用，但却无法解决汉字识别的困难问题。

识别特征信息熵需要远远超过系统熵 $H(E)$。当特征信息熵达到 $H(E)$ 时，仅仅在汉字编码条件下可以满足要求。

由图 2.4 所示，汉字的网络方向线素特征和梯度特征所获得的识别互信息大大超过了汉字识别必需的最小系统熵，足以满足实际汉字识别的需要，是对达到高性能汉字识别的保证。

2.8.2　汉字文本的信息熵和汉字的极限熵

实际文本是具有上下文语言约束关系的，首先有构成特定词的字符间的紧密关系，有句子中词与词之间的密切关系，还有文本中字符间的上下文相关关系，即前面的语言符号对后面的语言符号出现概率的影响。

设自然语言中的句子是由 N 个字符构成的序列，前面的汉字字符串 $u_1, u_2, \cdots, u_N$ 对后面的汉字字符 u_0 的出现概率产生影响。因此，一个长为 N 的句子 $(u_1, u_2, \cdots, u_N)$ 所包含的信息量为

$$H_N = -\sum_{u_0}\sum_{u_1}\cdots\sum_{u_N} P(u_0, u_1, \cdots, u_N) \log_2 P(u_0, u_1, u_2, \cdots, u_N)$$

对于 N 阶马尔可夫模型,称 H_N 为汉字字符集合的 N 阶熵,或称 N 阶条件熵为

$$H_N = -\sum_{u_0}\sum_{u_1}\cdots\sum_{u_N} P(u_0, u_1, \cdots, u_N) \log_2 P(u_0 | u_1, u_2, \cdots, u_N)$$

不考虑汉字字符出现前后文之间的相互关联和影响的汉字集合信息熵称为一阶熵:

$$H_0 = -\sum_{u_0} P(u_0) \log_2 P(u_0)$$

用一阶马尔可夫模型描述的上下文关系,其信息熵用一阶条件熵表示:

$$H_1 = -\sum_i \sum_j P(u_i, u_{i+1}) \log_2 P(u_i | u_{i+1})$$

用二阶马尔可夫模型描述的上下文关系,其信息熵表示为二阶条件熵:

$$H_2 = -\sum_i \sum_j \sum_k P(u_i, u_{i+1}, u_{i+2}) \log_2 P(u_i | u_{i+1}, u_{i+2})$$

可以证明,高阶熵小于低阶熵,$H_0 \geqslant H_1 \geqslant \cdots \geqslant H_{N-1} \geqslant H_N = H_{N+1} = \cdots = H_\infty$。由于越多地考虑了上下文约束关系,使高阶信息熵逐渐减小。

当信息熵 H_N 中的 N 趋于无穷时,称为汉字字符的极限熵,记为 H_∞,是汉字文本中汉字所具有的最小信息熵。

由于考虑到前面的汉字字符对后面的汉字字符出现概率的影响,也就是考虑到上下文之间的关系,汉语文本的信息熵将会减少,而且上下文之间的联系越紧密,联系范围越长,汉语文本的信息熵将越小,并逼近其极限熵 H_∞。信息熵的减少,说明文本识别不确定性的降低。如果考虑了文本上下文间联系约束关系,将会减少文本识别的困难程度。换句话说,文本上下文约束关系将提供给识别系统以附加的上下文语言信息,以帮助识别性能的提高。对此,我们将在第 8 章中加以更具体的研讨。

对于英文字母:英文字母 26 个,加上空格,是 27 个字母类别。忽略标点和字母大小写的差别。英文字母的出现频率是很不均匀的,西方学者通过香农的猜字和博弈估计方法得到英语极限熵为 1.3~1.34 比特/字符。大多数西方学者研究并求出一个英语字母的极限信息熵大约在 0.929 6 比特到 1.560 4 比特之间,其平均值为 1.245 比特。

英文字母的数目以及英文的极限熵都要远远小于汉字的字符数目和汉字的极限熵,由此看来,英文及其文本的识别要远比汉字及其文本的识别容易得多。一般情况下确实如此。但是,由于英文字符本身笔画简单,信息量不足,而且字符间的差异较小,甚至极为相似,使得我们较难以从英文字母图像中获得更充分的信息,即使利用了英文词语和上下文信息,有利于识别

印刷体的英文文档,但是对于英文手写文档,由于手写的巨大变化和严重粘连,更难以获得足够的克服英文字符不确定性的互信息,极大地阻碍了英文识别性能的提高。

汉字文本信息熵的实际计算首先需要测定汉字在文本中各种组合情况下的条件概率,工作量之大,令人望而生畏。冯志伟先生根据汉英文本字符容量的对比间接地推算出汉字的极限熵的估计值为 4.046 2,这种方法很巧妙但其精确度缺乏保证。之后清华大学计算机系孙茂松等人利用计算机在大的语料库($10^6 \sim 10^7$)上进行统计和计算,估算出汉字的极限熵为 5.31 比特/汉字,这是目前大家所公认的最好结果。

对识别系统来说,需要正确地识别和判定每一个待识字符。识别过程就是消除每一个待识文字的不确定性的过程,也就是将每一个待识文字的信息熵减小到趋于 0 的过程。显然,在不考虑上下文关系且不考虑字频的情况下识别系统的系统熵是 13.28 比特。

在不考虑上下文关系但考虑字频时其汉字字符的熵是 9.65 比特;在考虑高阶上下文关系时的平均系统熵的情况下,计算得到汉字极限熵的平均值为 4.046 2 比特或 5.31 比特/汉字。

由以上分析可见,孤立的汉字字符的信息熵约为 13.28 比特/汉字,在仅考虑字频后汉字的信息熵降为 9.65 比特/汉字,而在考虑高阶上下文时的汉字极限熵降为 4~5.31 比特/汉字,即随着与汉字相关约束条件的增加,汉字的信息熵将不断减小。也意味着汉字识别系统为了克服汉字的不确定性,所必需的特征互信息将可以大大减小,使识别变得容易,有益于提高文字识别的识别性能,这成为提高识别性能重要的手段和出路。但是,从另一方面来看,为了利用文本的上下文约束关系,在相同识别条件下提高和改进识别的性能,当然就需要大量的、复杂而困难的文本语言信息处理、上下文语言建模统计工作和复杂的上下文最优识别路径的选择。在网络和大数据应用蓬勃发展的今天,这些困难看来是有望得以解决的。这一部分的内容将在汉字识别后处理章节中加以研究。

2.9 本章小结

模式识别是人类智能最核心的一环,因此,用计算机模拟人类智能的人工智能研究将把对模式识别的研究放在突出而重要的地位。

本章基于信息论的观点,对模式识别进行了全面而深入的分析,提出了模式识别统一信息熵理论。探讨了模式识别系统中,特征和类别信源熵及其相关互信息。揭示了通过互信息将学习过程的学习熵转换为识别过程识别熵减。证明了后验熵确定了贝叶斯最优分类的误差概率上限,揭示了残留的不确定性限制了识别率的极限。文中分析证明了模式识别中起核心作用的是特征和类别的相关互信息。因此,提高模式识别性能的关键在于优化选择识别特征以提高特征的互信息,以及设计匹配的贝叶斯最优分类器。

根据信息熵理论分析,可以利用互信息或后验熵作为特征选择的信息准则,寻求选取优良特征,获取最优识别性能的途径和方法。文中还提出了利用最大互信息准则进行特征的最大互信息线性鉴别分析,实现最佳鉴别特性的特征维数压缩。

对于汉字识别问题,分析计算了汉字集合和汉字文档的信息熵,对汉字识别和利用上下文进行文档识别给出了有益的指引。

参考文献

[1] Fukunaga K. Introduction to statistical pattern recognition. 2nd ed. 1990, Academic Press, Inc.

[2] Lindley D V. On a measure of information provided by an experiment. Ann Math Stat, 1956, 27(4): 986-1005.

[3] Lewis P M. The character selection problem in recognition systems. IRE Trans on Information Theory, 1962, IT-8(2): 171-178.

[4] Vilmansen T R. Feature evaluation with measures of probabilistic dependence. IEEE Trans on Computers, 1973, C-22(4): 381-388.

[5] Cover T M, Thomas J A. Elements of information theory. New York: John Wiley & Sons, Inc., 2006.

[6] Devijver P A. On a new class of bounds on Bayes risk in multihypothesis pattern recognition. IEEE Trans on Computers, 1974, C-23(1): 70-80.

[7] Hellman M E, Raviv J. Probability of error, equivocation, and the Chernoff bound. IEEE Trans Inf Theory, 1970, IT-16(4): 368-372.

[8] Ding Xiaoqing, Wu Youshou. Unified information theory in pattern recognition. ACTA Electronica Sinica, 1993, 21(8): 1-8.

[9] 边肇祺,张学工,等. 模式识别. 北京:清华大学出版社,1999.

[10] Vapnik V. The nature of statistical learning theory. Springer, 1995.

[11] Maes F, Vandermeulen V, Suetens P. Medical image registration using mutual

information. Proceeding of IEEE, 2003, 91(10): 1699-1722.

[12] Ding Xiaoqing, Chen Li, Wu Tao. Character independent font recognition on a single Chinese character. IEEE Trans on Pattern Recognition and Machine Intelligence, 2007, 29(2): 195-204.

[13] Ding Xiaoqing. Information theory application in pattern recognition, '93' National Conference on Communication Theory and Information Theory, Yichang, Hubei. 1993.

[14] Ding Xiaoqing. Pattern recognition integrated entropy theory based on information theory. NJC_ACTAI'91, Proceedings of NJC_ACTAI'91, Beijing, China. 1991: 339-344.

[15] Ding Xiaoqing. Pattern recognition feature & information entropy principal of feature selection. Software Transaction, Special Issue for Intelligent Computer Term of 863 High-Tech Plan, 1996: 394-400.

[16] Escolano F, Suau P, Bonev B. Information theory in computer vision and pattern recognition. New York: Springer, 2009.

[17] Ding Shifei, Shi Zhongzhi. Studies on incidence pattern recognition based on information entropy. Journal of Information Science, 2005, 31(6): 497-502.

[18] Ding Shifei, Zhang Yongping, et al. Research on a principal components decision algorithm based on information entropy. Journal of Information Science, 2009, 35(1): 120-127.

[19] Das K, Nenadic Z. Approximate information discriminant analysis: a computationally simple heteroscedastic feature extraction technique. Pattern Recognition, 2008, 41(5): 1548-1557.

[20] Keysers D, Och F J, Ney H. Efficient maximum entropy training for statistical object recognition. Informatiktage 2002 der Gesellschaft fur Informatik, 2002: 342-345.

[21] Keysers D, Och F J, Ney H. Maximum entropy and Gaussian models for image object recognition. Proceedings of the 24th DAGM Symposium on Pattern Recognition, Zurich, Switzerland, 2002: 498-506.

[22] Normandin Y. Hidden Markov models, maximum mutual information estimation, and the speech recognition problem. Doctoral Thesis, McGill University, Montreal, Que., Canada, 1992.

[23] Matton M, Wachter M De, Van Compernolle D, Cools R. Maximum mutual information training of distance measures for template based speech recognition. Proc International Conference on Speech and Computer, Patras, Greece, 2005: 511-514.

[24] Ho-Yon Kim, Jin H. Kim. Minimum entropy estimation of hierarchical random graph parameters for character recognition. ICPR 2000, 2000: 6050-6053.

[25] Ta M, DeBrunner V. Minimum entropy estimation as a near maximum-likelihood method and its application in system identification with non-Gaussian noise. 2004 IEEE International Conference on Acoustics, Speech, and Signal Processing, 2004: Ⅱ. 545-548.

[26] Wang Q R, Suen C Y. Analysis and design of a decision tree based on entropy reduction and its application to large character set recognition. IEEE Trans on Pattern Analysis and Machine Intelligence. 1984, 6(4): 406-417.

[27] Tong C S, Shing Y M. Two-stage entropy-enhanced Chinese character recognition. Proceedings of ICCLC2000, 2000: 163-167.

[28] Zhu S C, Wu Y N, Mumford D. Minimax entropy principle and its application to texture modeling. Neural Computation, 1997, 9(8): 1627-1660.

第 3 章 汉字识别的特征提取

3.1 引言

为了实现计算机对模式样本的模式识别,首先需将观测到"自然"的模式信息转化成为可供机器处理的数学描述,这种数学描述就是"特征(feature)"。将模式样本从物理空间映射到特征空间,这个映射过程称为特征抽取。特征抽取从技术实现的角度通常又可以分为特征提取和特征选择。模式识别或模式分类的基本问题就是对模式类别未知的样本的特征进行模式分类或模式判定,即模式识别是在模式的特征数值空间和类别解释空间之间找到一种映射关系。由模式识别信息熵理论的分析可见,从样本观测中提取或选择出的特征决定了模式识别准确率的上限,因此,特征提取和选择是模式识别不可或缺的关键一环。

汉字识别作为一种特殊的图像识别问题,之所以能成为模式识别的典型问题,是由汉字的特点决定的。一方面,由于汉字识别关系到汉字的计算机自动输入这一对汉字信息化极端关键的重要问题,最早就得到研究者们的重视和研究。另一方面,汉字类别数目极其巨大(数千乃至数万),不同类别汉字的结构差异巨大,从最少的一个笔画到最多的几十个笔画。另外,汉字本身变化多端,每个汉字类别都有多达数百种不同印刷字体变化、不同书写人不同时空状态书写的无限变形、字符书写和应用于从古至今无所不在的环境和场合,等等。由于汉字的这些特点,使汉字识别这一最重要、最经常需要和遇到的模式识别问题,成为最典型的模式识别问题。汉字识别的研究也几乎覆盖了模式识别领域所面临的各种难题,因此,汉字识别的研究对模式识别领域中的其他问题也具有重要的借鉴意义。

从信息熵理论的分析可知,汉字识别要获得足够高的识别性能,其首要条件是高质量的特征抽取,即抽取的特征要具有足够高的互信息。而长期以来,在模式识别和机器学习领域,特征抽取也一直是研究人员关注的重点和热点。经过几十年的发展,特征抽取由"人工设计"的特征抽取,发展到基于机器学习的"自动"特征抽取。前者基于研究者的经验设计获得,计算量小;后者则从分类器的角度自动抽取有鉴别性的特征,计算量大。近几年来,深度学习(deep learning)在特征自动抽取的技术和应用上都取得了重大进展。

在汉字识别中,首先要将单个字符的模拟图像通过扫描仪或数码相机进行数值转换,将"自然"的字符图像转化成为一个数值矩阵,这个矩阵就是数字化的字符图像,这个矩阵的行列大小由设备的分辨率决定。直接用这种字符图像矩阵作为"特征",由于其不确定性的变形及不能集中体现汉字的类别等因素,并不能取得很好的识别效果。首先,第一步,需要针对字符图像进行尺寸、方向等必要的预处理后的特征抽取,获得比字符图像更加紧致的数值表示,这些数值称为"原始特征"。一个好的原始特征,不仅要基本包括字符图像信息,而且希望它具有尽可能大的互信息,以保证达到最优识别性能的潜在可能。为此,字符图像经过特征提取获得的原始特征应具有类别集聚性和类间发散性,即相同类别特征不变性和不同类别特征间的差异性。这种具有高互信息的原始特征,才能保证其后经维数压缩、分类器设计,获得高性能识别的可能。因此,原始特征的提取是模式识别的第一步,也是最重要和关键的一步。

在汉字识别的原始特征提取过程中,首先需要通过汉字图像的规一化处理,包括尺寸大小、字符方向、手写体字形等的规一化预处理,其目的是为了尽可能地减小字符图像变化对其类别识别的不良影响。

印刷体和手写汉字识别的主要差别在于字符字形变化的大小。手写汉字字形变化的不确定性决定了手写汉字识别比印刷汉字识别更具有挑战性,因此,我们的研究将集中面对手写汉字识别问题,由此展开对汉字识别的讨论。鉴于不同文种文字识别问题有诸多特殊性,对其他文种文字识别的研究,将在汉字识别的探讨之后再行展开。本章将首先介绍不可或缺的汉字字符图像的规一化处理问题,进而回顾和分析比较一些常用的汉字识别特征和识别算法,最后较为详细地介绍鲁棒的汉字识别特征、算法及其识别性能。

3.2　汉字字符图像规一化预处理

字符图像的预处理是汉字特征抽取前非常重要的一步,因为实际的汉字图像可能在大小、取向、位置和字形扭曲等方面具有不同的变化。为了得

到所谓的"集中成簇"特征,首先要对字符图像进行处理,使得在图像层面上同类别字符尽可能地相同或相近(减少同类字符图像的形变),不同类别字符尽可能地相异(保持不同类别字符图像的可区分性)。由于产生字符图像变形的原因多种多样,难以找到真正能够消除畸变的处理算法,作为必要的逼近算法,采用在汉字字符图像上进行必要的线性或非线性的字符图像规一化预处理,以减小汉字字符图像在位置、大小、取向、字形等方面与字符种类无关的差异和变化,缓解不同印刷、手写字符变形,缩小同一类别的不同样本之间的差异。这种必要的字形规一化预处理极大地减小了规一化后字符图像上类内模式样本上提取特征的差异,从信息熵理论的分析来看,其目的是减少特征的条件熵 $H(F|E)$,以保证互信息的提取,这是汉字识别中较为关键的一步。

汉字字符的预处理简单分为由线性规一化和非线性规一化两个步骤完成[44]。线性规一化用于缓解字符位置和大小的形变,例如有效的"重心-中心规一化"方法。而非线性规一化则用于缓解字符局部笔画的较不规则的形变问题,为此介绍了"整体密度均衡"方法。

3.2.1 线性规一化

汉字点阵的位置规一化方法主要有两种:一是重心规一化,二是外框规一化。重心规一化是在计算出汉字点阵的中心后将重心移到汉字点阵的规定位置,如中心位置上。外框规一化是将汉字点阵的外框移到点阵的规定位置上。因为重心计算是全局性的,因此抗干扰能力强;各边框搜索是局部性的,易受干扰影响。而大多数汉字笔画上、下、左、右分布得比较均匀,汉字的重心和汉字字形的中心相差不多,重心规一化不会造成字形失真,但对个别汉字,如"乎、于、丁"等,上下分布不均,重心规一化会使字形向下移动,以致字形下端尾部超出点阵范围而造成失真。因此,通常将二者结合起来使用,扬长避短。

为了得到统一大小的汉字点阵,通常要对汉字点阵进行大小规一化处理。常用的大小规一化方法是根据汉字点阵的外围边框进行的,先判断汉字点阵的上、下、左、右外围边框,然后按比例将汉字线性放大或缩小成规定大小的点阵。显然,大小规一化受外围边框的确定影响较大,为减小外围边框受干扰破坏的敏感性,可以用由外向内的累加笔画像素点数达到一定阈值(如 3~5 个像素)来判定外围边框的位置,这种改进的外围边框确定方法,有效地避免了随机干扰点的影响,保证了大小规一化的相对稳定。

1. 重心-中心规一化算法

在手写汉字的线性规一化处理过程中,通常将位置规一化和大小规一化结合起来进行,即重心-中心规一化算法[1]。

设 $f(i,j)$ 是汉字的二维点阵图形,原始汉字点阵大小为 $W \times H$,规一化后的汉字点阵大小为 $N \times N$,坐标原点 O 位于汉字点阵左上角,如图 3.1 所示。

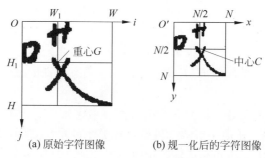

(a) 原始字符图像　　(b) 规一化后的字符图像

图 3.1 重心-中心规一化示例

$$f(i,j) = \begin{cases} 1, & \text{黑像素} \\ 0, & \text{白像素} \end{cases}$$

则原始汉字点阵的重心 $G(G_I, G_J)$ 的坐标计算如下:

$$G_I = \frac{\sum_{i=1}^{W}\sum_{j=1}^{H} i \times f(i,j)}{\sum_{i=1}^{W}\sum_{j=1}^{H} f(i,j)}, \quad G_J = \frac{\sum_{i=1}^{W}\sum_{j=1}^{H} j \times f(i,j)}{\sum_{i=1}^{W}\sum_{j=1}^{H} f(i,j)} \tag{3.1}$$

所谓重心-中心线性大小规一化,就是以原始汉字点阵的重心 G 为基准,进行水平和垂直分割,将原始汉字点阵分割成大小不等的 4 个区域,如图 3.1(a)所示,然后再将每一个小区域线性放缩为 $\frac{N}{2} \times \frac{N}{2}$ 大小的对应区域,如图 3.1(b)所示。例如,将图 3.1(a)中左上角小区域 $W_1 \times H_1$ 线性放缩成图 3.1(b)中左上角小区域 $\frac{N}{2} \times \frac{N}{2}$ 的计算公式如下:

$$\left. \begin{aligned} x &= \text{int}\left(\frac{i \times \frac{N}{2}}{W_1}\right), \ x = 0, 1, \cdots, \frac{N}{2}; \ i = 0, 1, \cdots, W_1 \\ y &= \text{int}\left(\frac{j \times \frac{N}{2}}{H_1}\right), \ y = 0, 1, \cdots, \frac{N}{2}; \ j = 0, 1, \cdots, H_1 \end{aligned} \right\} \tag{3.2}$$

其中,(i,j)是原始汉字点阵坐标,(x,y)是变换后的规一化汉字点阵坐标,函数 int(·)表示取整。

不难看出,基于重心-中心的线性大小规一化方法可部分地纠正汉字点阵的重心偏向上、下、左、右某一边的情形,实现初步的矫形效果,在一定程度上缩小了同一类别的不同样本之间的差异,即解决了部分手写变形的问题。

然而,这种规一化方法对于某些特殊类型的字符,如字符"一",或"I"等,因字符的长(H)宽(W)比例较大而难以保持,会带来严重的失真,需要对它们进行特殊处理。为此可以采用宽高比自适应的字符大小规一化算法。即,为了提高抽取得到的字符特征的鲁棒性,在大小规一化环节中采用宽高比自适应的映射方法[40,41]。

2. 宽高比自适应的字符大小规一化算法

设大小规一化前,字符图像的实际宽度和高度分别为 W_1 和 H_1,其宽高比 R_1 定义为

$$R_1 = \begin{cases} W_1/H_1, & W_1 \leqslant H_1 \\ H_1/W_1, & 其他 \end{cases} \tag{3.3}$$

大小规一化后,字符图像的实际宽度和高度分别变为 W_2 和 H_2,其宽高比 R_2 定义为

$$R_2 = \begin{cases} W_2/H_2, & W_1 \leqslant H_1 \\ H_2/W_2, & 其他 \end{cases} \tag{3.4}$$

设大小规一化后的标准图像大小为 $H \times H$,规一化后的实际字符图像并非完全充满这个 $H \times H$ 图像,而是满足 $\max(H_2, W_2) = H$,$\min(H_2, W_2)$ 则通过 $\max(H_2, W_2)$ 和下式中的几种宽高比映射函数计算得到:

$$\begin{aligned} &F_0: R_2 = 1, \quad &F_1: R_2 = R_1, \\ &F_2: R_2 = \sqrt{R_1}, \quad &F_3: R_2 = \sqrt[3]{R_1} \end{aligned} \tag{3.5}$$

式(3.5)中的不同映射函数如图 3.2 所示。

计算得到规一化后的实际字符宽度 W_2 和高度 H_2 后,用重心-中心对齐的规一化方法得到规一化图像。设原始字符图像的重心为 (x_C, y_C),规一化后的图像中心 $(x'_C, y'_C) = (H/2, H/2)$,则规一化后的字符图像 $f(x', y')$ 由下式给出:

$$\left.\begin{aligned} x' &= \frac{W_2}{W_1}(x - x_C) + x'_C \\ y' &= \frac{H_2}{H_1}(y - y_C) + y'_C \end{aligned}\right\} \tag{3.6}$$

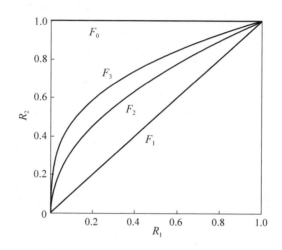

图 3.2　不同大小规一化方法的宽高比映射函数

下面以手写数字识别中的实例来进行说明。F_0 映射函数强制规一化后的字符高宽比为 1，由于字符图像难免存在一定的倾斜现象，不同倾斜方向的同类字符在规一化之后的差异会变得更大，如图 3.3(b) 中所示的字符 "1" 的情况，这样显然不利于后续字符的识别。F_1 映射函数则保持了规一化前后的字符宽高比，但对极扁或极窄的字符，这种做法会浪费规一化图像的空间，如图 3.3(c) 所示，同样不利于识别。F_2 和 F_3 这两种宽高比自适应的映射函数对应的规一化方法折中考虑了上述两种因素所产生的影响，得到的字符图像如图 3.3(d)、(e) 所示，其实际宽高比介于 F_0 和 F_1 之间。

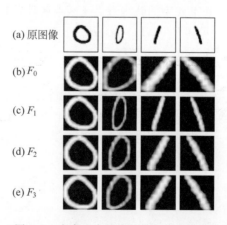

图 3.3　宽高比自适应的规一化示意图

在 MNIST 手写数字样本库上进行实验,分别采用上述 4 种不同的高宽比映射函数进行大小规一化,抽取 12 个方向,$n=588$ 维的梯度特征,用 PCA 变换压缩到 $d=160$ 维,分类器为 MQDF 分类器,截断维数 $k=60$。训练集和测试集上的识别率如表 3.1 所示。

表 3.1 不同大小规一化方案对识别率的影响(MNIST 库) %

识别率	大小规一化方案			
	F_0	F_1	F_2	F_3
训练集	99.05	98.95	99.09	99.10
测试集	99.07	98.96	99.11	99.19

从表中可以看到,保持字符高宽比的规一化方法 F_1 以及强制将高宽比变为 1 的规一化方法 F_0 都不能取得最好的识别效果,折中方法 F_2 和 F_3 的识别率更高,而 F_3 又好于 F_2。在文献[2,3]中,还研究了用更为复杂的函数作为高宽比映射函数的可能性,如正弦函数,但其对识别性能继续提升的作用已经非常有限,因此在我们的实验研究中,字符图像的大小规一化中均采用了 $R_2 = \sqrt[3]{R_1}$ 的宽高比自适应映射函数。

3.2.2 非线性规一化

上述线性规一化可以表示为

$$x = a_1 i + a_2 j + a_3$$
$$y = a_4 i + a_5 j + a_6$$

其中,$a_1, a_2, a_3, a_4, a_5, a_6$ 为常数。可见,线性规一化的变换函数为线性函数,线性规一化方法仅能解决位置和大小的变化,但是,在手写汉字变形中,还存在着笔画倾斜(inclination)、笔画形状扭曲(shape distortion)等其他变形,由于后者的不规则性(irregularities)和局部变化特性(localities),使得线性规一化方法不能解决这种手写汉字变形问题。因此,人们提出了多种非线性形状规一化方法,简称非线性规一化。本节在回顾并分析比较已有的非线性规一化方法[4-10]的基础上,提出了一种新的非线性规一化方法,称为基于整体密度均衡的非线性规一化。

由于手写变形所造成的上述不规则性及局部变化特性,在汉字点阵图像上主要表现为笔画密度分布过分地不均匀,有些地方笔画的分布过密,而有些地方笔画分布又很稀少。各种非线性规一化方法的共同点在于,它们都是基于密度均衡来解决上述手写变形问题的,而其区别在于对笔画密度的描述各有不同。

设 $f(i,j)$ 表示非线性规一化之前的汉字点阵 $I\times J$，$i=1,2,\cdots,I$；$j=1,2,\cdots,J$。$G(m,n)$ 表示非线性规一化之后的汉字点阵 $M\times N$，$m=1,2,\cdots,M$；$n=1,2,\cdots,N$。$d(i,j)$ 表示汉字点阵 $I\times J$ 中各点处的笔画密度函数，$H(i),V(j)$ 分别表示密度函数在水平和垂直方向上的密度投影，即

$$\left.\begin{aligned}H(i)=\sum_{j=1}^{J}[d(i,j)+\alpha_H(i,j)],\quad i=1,2,\cdots,I\\V(j)=\sum_{i=1}^{I}[d(i,j)+\alpha_V(i,j)],\quad j=1,2,\cdots,J\end{aligned}\right\} \quad (3.7)$$

通常，$\alpha_H(i,j),\alpha_V(i,j)$ 为常数。

基于密度均衡的各种非线性规一化方法的通用均衡表达式如下：

$$m=\sum_{k=1}^{i}H(k)\times\frac{M}{\sum_{k=1}^{I}H(k)},\quad n=\sum_{l=1}^{j}V(l)\times\frac{N}{\sum_{l=1}^{J}V(l)} \quad (3.8)$$

其中，$i=1,2,\cdots,I$；$j=1,2,\cdots,J$；$m=1,2,\cdots,M$；$n=1,2,\cdots,N$。

在式(3.8)中，若令 $H(i)=1,V(j)=1$，则有

$$m=i\times\frac{M}{I},\quad n=j\times\frac{N}{J}$$

可见，线性规一化是非线性规一化的特例。

3.2.3 基于整体密度均衡的非线性规一化

通过对各种非线性规一化方法的分析可知，由于手写变形的不规则性和局部性，在非线性规一化时对密度函数的描述应考虑局部特性，由于汉字点阵是二维的，故密度函数应能反映出二维特性。由对各种非线性规一化方法的性能分析可见，采用基于笔画的线密度均衡的非线性规一化方法的效果较好。进一步分析可见，汉字点阵中不同的像素点应该具有不同的密度，这样笔画密度的描述才更为合理，非线性规一化后的笔画分布才更趋均匀。另一方面，汉字点阵的周边含有较为丰富的信息，而且手写汉字的四周较为稳定，为了使非线性规一化后的汉字周边信息不失真，笔画密度函数的描述必须考虑将周边像素点的密度加强。据此，我们提出了一种新的非线性规一化方法，称为基于整体密度均衡的非线性规一化。该方法同时考虑了笔画像素点和背景空白像素点，使得不同的像素点具有不同的笔画密度，密度函数的描述具有二维特性，且规一化后的汉字周边信息能得到较好的保持。

1. 密度函数

如图 3.4 所示,首先定义水平方向密度函数。

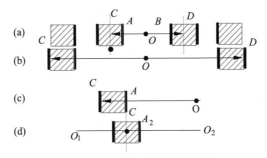

图 3.4 笔画间隔定义示意图

(1) 情形(a)和情形(b)

设 O 点坐标为 (i,j),D 点坐标为 (i_D,j_D),C 点坐标为 (i_C,j_C),点 C、D 之间的线段长度为 $|CD|$,则水平方向密度定义为

$$d_X(i,j) = \frac{1}{\frac{1}{2}|CD|+1} + \alpha_{BFH}(i,j)$$

$$d_X(i^n,j) = \frac{1}{\frac{1}{2}|CD|-|i^n-i|+1} + \alpha_{BFH}(i^n,j), \quad \begin{matrix} i \leqslant i^n \leqslant i_D \\ i_C \leqslant i^n \leqslant i \end{matrix}$$

其中,

$$\alpha_{BFH}(i,j) = \begin{cases} \alpha_{H_1}, & (i,j)\text{ 为背景空白像素点} \\ \alpha_{H_2}, & (i,j)\text{ 为汉字笔画像素点} \\ \alpha_{H_3}, & (i,j)\text{ 为汉字周边像素点} \end{cases}$$

通常 $\alpha_{H_3} > \alpha_{H_2} > \alpha_{H_1}$,且均为常数。

(2) 情形(c)

$$d_X(i,j) = \frac{1}{|OC|+1} + \alpha_{BFH}(i,j)$$

$$d_X(i^n,j) = \frac{1}{|OC|-|i^n-i|+1} + \alpha_{BFH}(i^n,j), \quad i_C \leqslant i^n \leqslant i$$

(3) 情形(d)

设 O_1 点的坐标为 (i_1,j_1),O_2 点的坐标为 (i_2,j_2),C 点的坐标为 (i_C,j_C),其中,$j_1=j_2=j_C$,则水平方向密度定义为

$$d_X(i_1,j_1) = \frac{1}{|O_1C|+1} + \alpha_{BFH}(i_1,j_1)$$

$$d_X(i_1^n, j_1) = \frac{1}{|O_1C| - |i_1^n - i_1| + 1} + \alpha_{BFH}(i_1^n, j_1), \quad i_1 \leqslant i_1^n \leqslant i_C$$

$$d_X(i_2, j_2) = \frac{1}{|O_2C| + 1} + \alpha_{BFH}(i_2, j_2)$$

$$d_X(i_2^n, j_2) = \frac{1}{|O_2C| - |i_2^n - i_2| + 1} + \alpha_{BFH}(i_2^n, j_2), \quad i_C \leqslant i_2^n \leqslant i_2$$

同理,可以定义垂直方向的密度函数 $d_Y(i,j)$,则点 (x,y) 处的密度函数定义为

$$d(i,j) = \max[d_X(i,j), d_Y(i,j)]$$

2. 投影函数

由式(3.7)可知其投影函数为

$$H(i) = \sum_{j=1}^{J} d(i,j) + \alpha_H, \quad i = 1, 2, \cdots, I$$

$$V(j) = \sum_{i=1}^{I} d(i,j) + \alpha_V, \quad j = 1, 2, \cdots, J$$

其中 α_H, α_V 为常数。

3. 分析

由上述密度函数的定义可见,该方法同时考虑了背景空白像素点和笔画像素点,但权重不同,对于汉字点阵中不同的像素点赋予不同的密度,使得密度函数的描述更加合理,汉字周边像素点的密度较大,有利于保持规一化后汉字点阵中的周边信息不失真;另一方面,该方法对密度函数的描述是局部的、二维的。通过对比上述几种非线性规一化方法不难看出,基于整体密度均衡的非线性规一化方法具有较好的字形矫形效果,如图3.5所示。

(a) 原始点阵

(b) 重心-中心规一化

(c) 整体密度均衡非线性规一化

图 3.5 几种规一化方法示例

3.3 汉字识别中的特征抽取

在长期的对汉字识别的探索中,研究者们在寻找适用于字符识别的特征的核心问题研究方面进行了大量的研究[11-13],获得了多种识别特征。对

优良的汉字识别特征的探索过程基本上记录和反映了人们对汉字识别研究的探索过程。对汉字识别特征提取研究的简单回顾,有益于我们加深对于汉字识别研究历史的了解。

由于汉字识别研究起步很早,提出的汉字特征主要依靠人工参与。研究人员在尝试提取各种特征方法的过程中,总结出的指导思想是希望特征一方面要能够区分不同的类别,表示特征具有的鉴别特性;另一方面要具有一定的稳定性,即在当实际样本变化时能获得比较稳定的特征,以提高识别的适应性,或识别的鲁棒性。

汉字识别研究中所提出的识别特征基本上可以分为结构特征和统计特征两大类,下面分别加以介绍。

3.3.1 结构特征

人们最早认识到汉字是由笔画结构组成,因此从汉字的笔画结构出发,研究汉字识别的结构特征的提取。汉字的结构特征反映的是汉字的结构信息,如汉字的特征点、笔段、笔画、部件等。

特征点包括端点、折点、歧点、交点等,它们都是笔画上的点。汉字背景上的若干关键点也可以成为一个汉字的特征点,这些关键点用来区分不同的汉字。如图3.6所示。

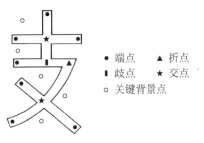

图3.6 汉字的特征点示例

比特征点高一个层次的结构信息是笔段,把笔段分成 一、丨、丿、㇏这四种,它们相当于基本笔画的横、竖、撇、捺。笔画又比笔段高一个层次,一般将笔画分成基本笔画和复合笔画两类。比笔画再高一个层次的结构是部件。特征点、笔段、笔画、部件和整字之间的关系如图3.7所示。

以结构特征为基础的识别方法有很多,常见的有笔画分析综合法(Analysis-by-Synthesis),简称 A-b-S 法[14,15]、笔画有序列识别法(Ordered Sequence of Strokes)[16-18]、属性关系图(Attributed Relational Graph)与图

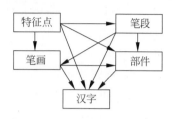

图 3.7 汉字的构造关系图

匹配(Graph Matching)[19-21]、轮廓特征与松弛迭代匹配法(Relaxation Matching Method)[22-24]等。

在基于上述结构特征的识别方法中,无一例外地首先需要提取特征点、笔段、笔画等基元,而提取这些结构基元通常需要进行细化处理,但是细化算法会带来相当大的不确定性和失真,从而反过来又影响到稳定基元的提取,况且基元的提取还会受到噪声、笔画的粘连与断裂等因素的影响,这些是结构法的困难所在。有些学者尝试不经过细化而直接从输入汉字点阵中提取基元[25,26,39],但仍然困难重重,效果不太理想。另外,基于少量结构基元的结构特征,难以获得高的特征熵和足够的互信息,无法确保汉字识别的性能。

3.3.2 统计特征

在统计特征的研究中,从开始将汉字作为全局图像提取特征的方法,如常用的统计特征有正交变换特征、不变矩特征[27,28]等,这些统计特征实质上是基于汉字的图像(或其变换)的直接匹配进行分类,它们包含汉字字符图像的全部变化,无论是笔画相对位置、形状、长短或粗细变化等,这种字符图像的直接匹配方法虽然在单字体和单字模的汉字识别研究中取得良好的成绩[29],但终因其适应字符变化的能力太弱,完全无法适应汉字图像的频繁变化,而无法解决实际中多变的汉字识别问题。

汉字识别进一步的研究表明,因为汉字笔画是每个汉字的基本特征,需要在汉字的笔画图像上下功夫,在汉字图像的笔画结构上提取统计特征。在汉字识别研究的历史上,曾提出过许多有价值的汉字笔画结构统计特征,如笔画密度特征、笔画方向特征、背景特征、细胞特征、地形特征[49]、相补特征[30]、方向线素特征、Gabor 特征[31]、四角特征[32]等。

(1) 正交变换特征(orthogonal expansion feature)

正交变换特征是指对输入汉字点阵进行各种正交变换,获取变换后的系数作为特征。常用的正交变换有 Fourier 变换、Walsh 变换、K-L 变换等。这些特征在单字体印刷汉字字符图像上比较稳定,因此在单字体印刷汉字识别上曾取得一定的良好结果[29],但由于这些特征拘泥于图像本身,而忽略了汉字图像的笔画结构,使得这些特征不能适应经常遇到的在一定笔画结构下,笔画图像因汉字字体、字形改变而发生变化的情况,甚至连相同字体不同字模的改变也难以适应,因此,对于实际的汉字识别需求没有获得良好的结果。

(2) 笔画密度特征(stroke density function,SDF)

这种特征主要有 2-SDF 和 4-SDF 两种,前者只在 X 和 Y 两个方向上提取该方向上的笔画密度(笔画数目),后者则在 4 个方向上提取,通常取水平、垂直、撇、捺 4 个扫描方向。在字符图像上获取的笔画密度特征如图 3.8 所示。

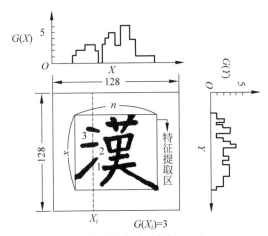

(a) X 和 Y 方向的笔画密度 2-SDF

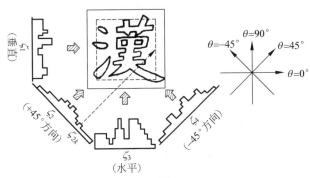

(b) 四方向笔画密度特征 4-SDF

图 3.8 笔画密度特征

笔画密度特征虽然关注了汉字图像的笔画结构,但是,由于所选笔画密度特征不能充分表述汉字内部细微的笔画结构,往往也未能准确表述笔画的位置特性等,而使所获得的特征信息量不足以满足高性能的汉字识别之需,从而识别性能也有所缺失。

根据特征提取区域的不同,笔画密度特征又可分为全局笔画密度特征和局部笔画密度特征两种,前者是将整个汉字点阵作为研究对象,在每一根扫描线上进行全局笔画数目的统计,而后者则是先将整个汉字点阵进行粗网格划分,然后再在每一个小网格内统计笔画密度。网格的划分有线性均匀划分和非线性划分两种。一般认为,对手写汉字识别来说,非线性的网格划分方法比线性的网格划分方法的效果要好。图 3.9(b)所示为依据汉字点阵的重心来进行非线性网格划分的示意图。

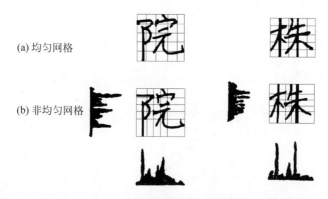

图 3.9 网格的划分示意图

(3) 笔画方向特征(stroke direction contributivity density,S-DCD)

笔画方向特征的提出方法如图 3.10 所示,笔画方向量化为图 3.10(b)所示的 8 个方向,首先以汉字点阵图像的每一个黑像素 P 为中心,分别求

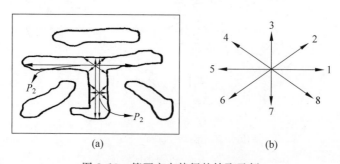

图 3.10 笔画方向特征的抽取示例

该点沿 8 个量化方向至笔画边缘的距离 L_i,然后将相反两个方向的距离 L_i 和 L_{i+4} 相加,求出规一化距离值 d_i。

$$d_i = \frac{L_i + L_{i+4}}{\sqrt{\sum_{i=1}^{4}(L_i + L_{i+4})}}, \quad i = 1, 2, 3, 4$$

按照上述定义求得的在笔画上某一点 P 的方向特征 D 是一个四元组 $D = (d_1, d_2, d_3, d_4)$。可以看出,这种特征大体上反映了在某一像素点上笔画的走向以及笔画之间的连接关系。

根据特征提取区域的不同,可以分为全局笔画方向特征(G-DCD)、局部笔画方向特征(L-DCD)和周边笔画方向特征(PDC)3 种。

(4) 背景笔画特征(background feature distribution)

从汉字点阵的背景着手进行分析所提取的特征称为背景特征。

通常选取背景空白部分的若干关键特征点求取笔画密度,如四方向背景笔画密度特征、修正的四方向背景笔画密度特征、四方向背景笔画斜率特征等,如图 3.11 所示。

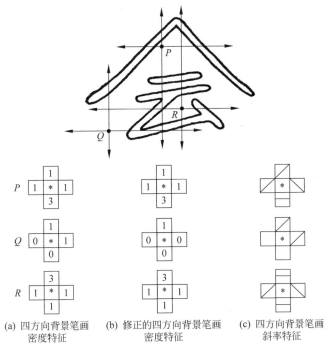

(a) 四方向背景笔画密度特征　(b) 修正的四方向背景笔画密度特征　(c) 四方向背景笔画斜率特征

图 3.11　背景笔画密度特征抽取示例

不难看出，这种特征是以汉字点阵的背景空白点作为研究对象，各个细胞的特征值基本上反映了该背景点处的笔画分布和走向，与前面介绍的笔画分布特征具有较好的互补性。然而，这种特征的抽取过程十分烦琐而复杂。

3.4 汉字识别特征提取研究的发展历程

3.4.1 基于图像变换的印刷汉字识别特征和系统

王庆人在 20 世纪 80 年代提出了一套基于傅里叶变换特征的印刷体汉字识别算法和系统[29]，在单字体印刷汉字识别上取得了成功，其特点是在单字体和单字模印刷文本识别上取得好成绩，而且识别速度很快。但是，由于识别特征取自汉字字符图像的变换系数，特征强烈依赖于汉字字符图像本身，因而当汉字字体、甚至字模发生变化将导致字符图像的变化，从而造成特征的变化，极大地影响了识别性能，造成识别误差的发生。特征的不稳定变化使得该识别算法难以适应汉字的字体变化等实用性要求，更不用说对手写汉字的识别了。

3.4.2 基于形态学汉字结构分析的两级印刷汉字识别特征和系统

我们也曾提出过一种无须进行笔画细化的汉字结构识别方法[33]，以笔画的轮廓线段作为结构基元。朱夏宁在不损失点阵结构信息的条件下，利用数学形态学方法提取汉字的结构特征，使基元抽取较为可靠[34]。该方法根据汉字构造的基本规律，从提取汉字笔画基元特征到局部特征(字根)和边框特征(部首)，用于描述整个汉字的结构特征。这种特征的提取和优选，所取得的特征在多文体印刷体汉字的识别上取得良好的结果。在对传真机输入的 6 763 个二级汉字的识别实验中，正确识别率达到 95.2%[34,35]。

这种基于数学形态学方法提取的笔画基本结构特征，包括横、竖、撇、捺笔画，各种端节点，以及在汉字不同边缘位置上的部件特征，构成了以结构匹配为基础的一、二两级印刷汉字识别实验系统，这也是我国最早实现的一、二两级印刷汉字识别实验系统，如图 3.12 所示。

然而，利用数学形态学方法对结构基元的提取要求结构基元的完整匹配，受噪声干扰的影响极大，难以适应实际应用中的笔画断裂、笔画变化、字形改变和干扰存在的复杂情况。由于无法解决汉字识别中的实际问题而无

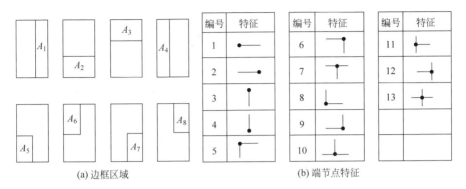

图 3.12 利用数学形态学方法提取的汉字结构特征

法推广应用,最终被基于笔画微结构的统计特征方法所取代。

一般来说,在基于结构特征的识别方法中,轮廓特征与松弛迭代匹配法是最为成功的,但耗时严重,难以实用。并且,当汉字笔画发生模糊和断裂时,轮廓的稳定抽取和折线近似会遇到很大的困难。因此,人们将目光转向了抗干扰、抗噪声能力强的基于笔画微结构的统计特征和统计识别方法的研究中来。

3.4.3 汉字笔画密度微结构全局特征及多字体汉字识别系统

为了解决数量极大、字形变化多端、干扰严重的汉字识别问题,选取特征必须能全面地反映汉字笔画结构的本质。因此,我们也曾提出过一种新型的笔画密度特征,称为汉字笔画密度微结构全局特征(图 3.13),它们是以逐行逐列随机分布的特征点为中心,上下左右 4 个方向抽取的笔画密度特征顺序构成的高维特征向量。由于其从随机抽取汉字所有扫描行中提取了互不冗余的 4 个方向上的笔画密度特征,保证有足够高的特征维数,包含有足够充分的字符笔画结构信息,可以提供汉字识别必需的互信息。这样的特征向量关注于笔画结构全局分布,具有充分的冗余互信息,可以克服字符的字体变化、笔画断裂和噪声干扰等。基于这种汉字笔画密度微结构全局特征,我们研发成功了最早面市的、具有高鲁棒性、可实用以解决汉字识别实际应用中问题的高识别率多字体的汉字识别系统,以此为基础,进而带来 THOCR 实用多字体汉字识别系统的成功推广和应用。这也是汉字识别技术解决实际印刷汉字识别问题的令人欣喜和鼓舞人心的第一步,且的确也为汉字识别的实际推广应用开辟了十分重要和切实的第一步。

这种改进型的字符随机分布特征点的笔画密度特征,在汉字字符内部选取行列不重叠分布的随机特征点,以此特征点为中心,获得其上下左右4个方向的笔画密度特征,如图3.13所示。例如,$N \times N$ 的印刷体字符,可以获得汉字内部最多 N 个内部行列互不重叠的随机特征点,由于这些特征点逐行逐列随机布满分布于汉字结构内部,再基于每个特征点产生总计 $4N$ 维的四方向笔画密度特征,那么,以 48×48 的印刷体图像点阵为例,汉字的笔画密度特征维数大约为190维,以每维2比特的量化数值表示,这样提取的高维汉字笔画密度微结构全局特征可以从汉字中提取字符内部笔画分布的足够多的信息,获得足够多的汉字识别互信息,使得识别系统还可以适应印刷字符字体和字形的一定程度的变化。

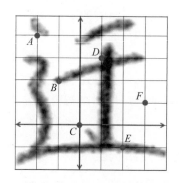

图3.13 汉字笔画密度微结构全局特征示意图

注:所示为随机抽取特征点 A,B,C,D,E,F 及其四方向笔画密度特征(1301,0122,2111,1312,2132,0120)。

这种分布特征点的笔画密度特征极大地优于前面介绍的两方向2-SDF和四方向4-SDF笔画密度特征,后二者无法表述汉字内部的笔画结构。而且,更重要的是,分布式笔画密度特征的维数足够高,可获得足够多的互信息,使得汉字识别达到了印刷汉字识别最初的有实用性的优良识别结果,一定程度上解决了多字体实用印刷汉字识别的问题。

当然,由于这种上下左右四方向笔画密度特征关注的是笔画的全局分布,而对汉字笔画的局部位置的描述还是不够精确,互信息也不充分,因而难以区分相似字符的细微差异,尤其是当出现笔画粘连时,会产生较大的笔画密度特征偏差现象,影响了识别性能的提高,因此还不能完美地解决实际汉字识别问题。对于复杂多变的手写汉字识别,更由于特征描述能力的局限性,还完全无法达到必要的性能要求。困难和问题推动人们进一步研究开发更优秀的特征,特别是在能够精确表述关键汉字笔画分布的特征的开拓上。

3.4.4　基于汉字笔画方向网格特征的鲁棒汉字识别系统

可以看到,整个汉字识别研究的发展过程,也就是如何从汉字字符图像中提取汉字识别的有效特征的探索过程。长期的探索使我们最终体会到,汉字图像信号的底层的笔画结构信息往往比上层结构信息更为稳定和可靠。这体现在:

(1) 汉字笔画的方向分布具有一定的稳定性;

(2) 汉字笔画在图像中的位置分布也具有一定的稳定性。

这些汉字笔画方向在汉字中的分布特征成为确定某类汉字与其他类汉字区分开来的内在本质。对于笔画方向、位置和分布特征,可以通过笔画的轮廓边缘来加以描述和检测。

汉字识别特征的提取必须解决两大问题:第一是必须解决汉字笔画方向结构信息的提取问题;第二是必须解决该笔画方向结构信息的位置分布信息的提取和表述问题,即从汉字图像中提取汉字笔画方向结构信息,及其在全局图像上位置分布的全局统计特征。这类特征具有能够区别不同汉字字符的识别特征的充分信息和重要特点,也是决定汉字识别成败的特征提取的关键所在。

从实际应用来看,在对汉字识别特征提取和汉字识别方法的研究中,识别的高性能鲁棒性成为汉字识别研究追求的目标,也是汉字识别研究的核心和关键。这就是说,汉字识别的算法不能只是适应于一种式样的字体和字形。实际应用中,汉字的字体、字形的变化是极其巨大的。对于印刷体汉字,有多达数百种字体,我们根本不可能就不同的字体设计出不同的识别算法;再加上手写体汉字,不同人书写的同一汉字字形和笔画可能极为不同,即使同一人,在不同时期和环境下书写的汉字也会有相当大的变化。我们不可能针对某一种字体、某一个书写者设计出各种不同的识别系统。唯一的出路就是研发能够适应巨大的字体、字形变化的印刷体汉字识别算法和系统,以及研发出能够适应不同人书写的字形、笔画结构变化的手写汉字的识别算法和系统。

因此,汉字识别算法的研究,就是集中于研究和解决适应于汉字字形和笔画结构巨大变化的鲁棒汉字识别问题。

我们知道,汉字是由特殊的笔画结构构成的,其表象是汉字笔画构成的汉字图像。笔画结构是汉字的本质信息，如何容易和有效地从汉字的图像表象中提取和表述汉字笔画结构信息成为汉字识别的关键。对笔画的描述曾经设法通过直接刻画线条的方式来实现，也曾经通过笔画密度来描述，进而转向刻画笔画的轮廓边缘信息，这是因为边缘中包含了字符的完整笔画及其位置的特征信息。但是，逐点地完整提取描述字符笔画边缘的特征既无必要，也无优势。逐点描述不仅数据量过大，而且难以消除笔画位移、噪声和变形的影响。因为，特征提取是以获得满足汉字识别必要的互信息、具有高鉴别能力的稳定特征为目标的。

为此，人们摒弃了汉字特征的笔画逐点提取和描述，发展了以一定的网格结构获取和表述汉字内部足够精细的笔画结构的特征提取方法，通过提取足够高维数的笔画特征，以获得能够满足汉字识别的足够高的鉴别能力和足够高的识别互信息。因此，我们以网格结构特征出现的位置作为特征顺序的标定，而以网格内部特征的平均作为该位置特征的表征，不仅一定程度地消除了噪声的干扰，而且也足以能够满足对于鉴别特征稳定性的高度要求。二者结合的汉字网格笔画方向特征，可以较好地满足提取到稳定的、高鉴别特征的要求。

因此汉字网格笔画方向特征提取包括两个部分，一是汉字局部笔画结构特征的提取，二是汉字笔画特征位置的网格化全局特征的提取和表述，二者缺一不可。汉字局部笔画方向特征有方向线索特征、Gabor 特征、梯度特征等。基于不同的局部笔画微结构特征，构成不同微结构的全局网格特征，如方向线素网格特征、Gabor 网格特征，以及梯度特征网格特征等，成为实现汉字识别的整体特征描述。

下面我们以方向线素微结构特征为例加以说明。首先，将经过大小规一化后的字符图像分块网格化，即将字符划分成若干网格方块；然后，对出现在每一网格子块内的各个方向的字符笔画进行统计平均，将各网格块的方向特征统计平均数值描述作为其笔画微结构特征；最后，将所有子块各方向的微结构特征顺序排列起来构成整个汉字图像的特征向量，这种特征向量统称为笔画方向特征。

将大小规一化后的字符图像网格化，采用以各网格笔画特征提取代替逐点笔画特征提取，即利用网格中笔画像素点特征的平滑所提取的特征，顺序排列的整个网格特征向量代表汉字图像模式的汉字识别统计特征。这样不仅提高了字符特征的稳定性，而且合理地降低了字符特征的维数（数据量）。例如，对于网格特征的提取是：在 $N \times N$ 像素字符点阵图像中，划分

成 $M\times M$ 个网格,每个网格大小为 $N/M\times N/M$ 像素,网格分布的汉字四方向全局统计特征的维数将为 $4\times M\times M$。作为每一种特殊的汉字网格统计特征,需要研究的是局部微结构(关系到笔画轮廓和方向)特征的提取方法、网格的切分方法(即网格大小的选择),以及为减少网格位移对特征的影响,采取了各网格特征的交叠排列模糊网格提取方法等。

大量研究和实验证明,这种基于网格分布的汉字全局统计特征,由于其优良的识别鉴别能力和识别稳定性,成为汉字识别研究的主要识别特征,不仅对于多字体印刷体汉字识别,而且对于手写汉字识别,均发挥了重要作用。我们将在后文中对汉字的方向特征,如方向线索、Gabor、梯度等的网格化特征逐一加以仔细研究。

这里需要说明的是,由于汉字与西方文字有着巨大的区别,使得汉字识别与西方文字的识别方法产生很大的差异。汉字具有复杂的笔画结构,具有复杂的笔画纹理,并具有成千上万的巨大字符集合,汉字的识别要求识别特征具有很大的互信息(需要 16 比特以上)才能够满足识别的需要。而西方文字的字符集合小(数十种字符类别),而且西方文字的字符笔画少、笔画简单,但是笔画结构的变动却很大。西方字符识别要求的特征互信息虽然较小(大约 5 比特),但是由于西方文字字形变化的不确定性,字符内聚性差,特征条件熵很大,导致互信息的获取也是困难重重,因而使识别的困难程度大为增加。

由于西方文字的字符图像的笔画简单,所构成的字符图像相对也就比较简单,比较容易提取和表征西方文字的内部结构,例如采取不同方向的投影等特征就可以表述整个字符图像,从而提取到西文识别足够的特征和信息量。这与汉字有着极大的不同之处。因此,许多在西方文字识别中成功地对特征进行提取和识别方法,在数量巨大、结构复杂的汉字识别中却无能为力。

但是,西方文字字符虽然简单但却变动巨大,这为西方文档识别中文字的切分带来巨大的困难。可以看到,这使得在解决了汉字识别的困难问题后,印刷和手写汉字文档识别取得了优于西方文档的识别性能,并在实践中得到较好的应用。

在长期的汉字识别研究中,理论和实践均证明,利用网格笔画微结构全局特征抽取的方法,可以获得满足汉字识别要求的特征提取,再辅之以统计学习和最优分类器设计,即可达到极高的印刷/手写汉字识别的性能。加之汉字文档的字符切分相较西方文档的字符切分更容易实现,使得汉字识别,不仅是单字识别,乃至汉字字符串和汉字文档篇章识别均有可能达更好的识别结果。

下面我们将介绍几种在实践中取得巨大成效的汉字特征及其提取方法。

3.5 笔画方向线素特征

方向线素特征是提取汉字笔画精细微结构特征的一种重要特征,最早由日本学者于20世纪80年代在汉字识别的研究中提出[36,37],由于它大致反映出汉字字符的横、竖、撇、捺等基本笔画的局部分布的微结构特点,因而在汉字识别中收到了很好的效果[3],并进而广泛应用于整个字符识别领域。

3.5.1 方向线素特征的形成方法

方向线素特征的形成方法如图3.14所示。

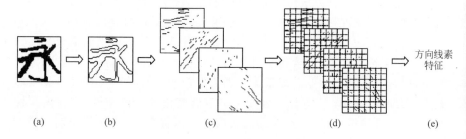

图3.14 方向线素特征示意图

由图3.14可见,利用二值字符图像(如图3.14(a)所示)形成方向线素特征的主要步骤如下:

(1) 提取字符的边缘轮廓(如图3.14(b)所示);当白像素与黑像素在上、下、左、右方向相邻时,则认为黑像素是轮廓边缘像素;

(2) 将每个边缘像素进行4维的矢量编码:每维矢量的取值对应着该像素在局部区域内与领域边缘像素在4个方向上(即$0°、45°、90°、135°$)的连接强度值(在0、1之间);将4维矢量分解成分别代表像素不同方向属性的4幅图像(如图3.14(c)所示);

(3) 再将每幅方向属性图像按网格分块(如图3.14(d)所示)。

最后将每个分块中所含像素的取值(背景像素取值为0)求和。将4幅图像中全部分块的统计值顺序排列在一起所构成的向量即是该字符图像的方向线素特征。

图3.15以汉字"永"为例,示意了字符轮廓图像在4个方向属性平面上的分解结果。

(a) 规一化二值字符图像　　　　(b) 字符轮廓图像

(c) 分解后的4个方向属性平面

图 3.15　方向线素特征中方向属性平面的获得

其中,将每个边缘像素进行 4 维矢量编码时,通常考虑其 3×3 邻域局部区域。

在 3×3 局部范围内,中心点是待编码的边缘像素,它的周围有 8 个邻域像素。因此,待编码的像素与领域像素的连接关系共有 256 种,我们根据中心点与领域点的连接方向分别为矢量按表 3.2 赋值。于是可以得到一个 256 行 4 列的表格。然后通过查表的方式得到每种连接方式下中心像素的 4 维矢量。

表 3.2　方向线素编码示例

	0°	90°	45°	135°
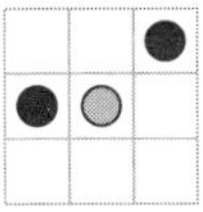	0.5	0	0.5	0
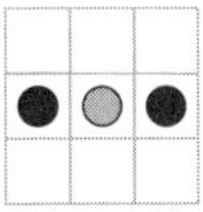	1	0	0	0
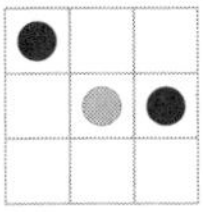	0.5	0	0	0.5
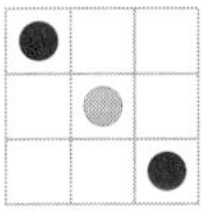	0	0	0	1
⋮				

为了更精确地刻画字符笔画,还可以进一步地对字符轮廓的上边缘和

下边缘、左边缘和右边缘进行区分。这样,4个方向属性平面可以扩展到8个属性平面。

如图3.16所示:如果只考虑4个方向属性,则图3.16(a)和图3.16(b)的方向矢量相同,都是[0.5,0,0.5,0]。而当进行上下边缘8方向分解时,上面两个图像的结果则完成不同,分别是[0.5,0,0.5,0,0,0,0,0]和[0,0,0,0,0.5,0,0.5,0]。同理,在8方向线素特征中所有组合的8方向矢量结果也可以由人工预先定义好256行8列的表格。

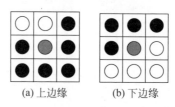

图3.16 字符轮廓上下边缘示意图

当更精确地刻画字符笔画的位置,将4个方向属性平面扩展到8个属性平面时,如上所述的方向线素的特征维数也随之增加1倍,变为$n=8N^2$。

3.5.2 网格化方向线素特征

为了从字符图像中抽取识别所必需的信息,需要对整个字符的笔画分布加以特征抽取和描述,但并不需要逐像素地进行特征的抽取。我们可以采用对图像进行网格分块和分块特征抽取方法[38,43],将字符图像分成一定大小的方块进行网格分割,然后在每一方块中进行特征的提取。最后,字符的特征向量是将各个方块特征按照位置顺序串联而成。每个方块的大小或最终方块数的多少,取决于对特征维数的要求,或文字识别对于特征信息熵的要求。这种分块特征抽取的方法,不仅可以大大减少特征的数据量,降低特征的维数,而且还能够极大地提高抽取特征的稳定性。

另一方面,由于方向线素特征的形成过程必须对图像进行网格分块,笔画边缘点可能由于位移形变而落入不同的分块中,会因此导致特征的突变。为了减少这种突变,即减少特征的类内差别,提高特征的稳定性,研究者们提出了模糊分块,即允许相邻的网格分块之间有部分重叠的加权叠加改进方法。

如图3.17所示,阴影区域即是模糊区域,阴影灰阶表示加权大小。可见,在分块交界处,加权值是渐变的,越远离分块中心,权重越低。图3.17

第 3 章 汉字识别的特征提取

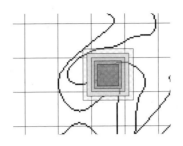

图 3.17 字符图像的模糊分块

所示的模糊区域是叠加权重梯形变化区域,相当于在每个分块内对方向属性按梯形窗进行加权求和[44,45]。

在实践中,也可以采用其他窗函数加权,比如高斯窗[46]等。经验证,采用这种模糊分块的特征可以取得更好的分类性能。

模糊分块方法是研究人员从直观分析的角度提出来的,并尝试了不同的窗函数,通过实验也证实,采用不同窗函数特征的分类性能也各有不同。那么,从模式分类的原理出发,如何理解模糊分块的改进?除了所尝试的途径之外,是否有理论可以指导我们选择更好的窗函数?我们从信号处理和模式分类的原理出发,对这个问题进行了分析。

设规一化后的二值汉字图像为 $f(m,n)$,大小为 64×64。

首先,将原轮廓边缘图像分解为分别代表不同方向属性的 4 幅图像 $f_k(m,n), k=1,2,3,4$。再将各方向属性图像分别进行 8×8 分块,并计算每个分块中黑像素数量的加权和。该过程可以表示为方向属性图像与分块窗口卷积,继而进行横、竖两个方向的亚采样,用下式表示:

$$(f_k(m,n) \otimes w_{\text{DE}}(m,n)) \downarrow 8 \downarrow 8 \qquad (3.9)$$

其中,$w_{\text{DE}}(m,n)$ 是方向线素特征的窗函数。不同的窗函数即对应了不同的模糊分块方法,若窗函数为矩形窗,相当于没有进行模糊化,即产生普通方向线素特征,如图 3.18(a)所示。若窗函数为高斯窗或梯形窗,则分别产生高斯窗模糊或梯形窗模糊方向线素特征,如图 3.18(b)、图 3.18(c)所示。

高斯滤波器的冲激响应函数为

$$g(x,y) = \frac{1}{2\pi\sigma_x^2}\exp\left\{-\frac{x^2+y^2}{2\sigma_x^2}\right\} \qquad (3.10)$$

其中,σ_x 为高斯滤波器的尺度参数。频域转移函数为

$$G(u,v) = \exp\left\{-\frac{u^2+v^2}{2\sigma_u^2}\right\} \qquad (3.11)$$

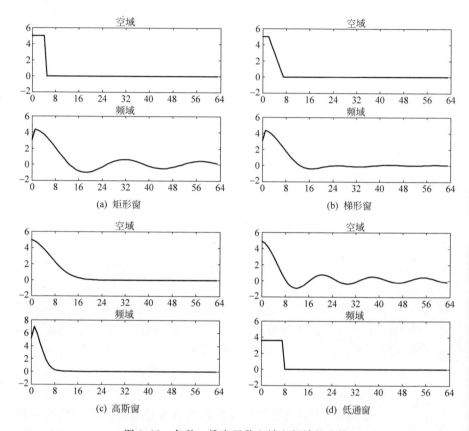

图 3.18 各种一维窗函数空域和频域的比较

滤波器的频域带宽 $\sigma_u = 1/(2\pi\sigma_x)$。

根据模式识别理论:对特征进行任何正交变换不改变特征的可分性,所以对方向线素特征进行 DCT 变换并不改变特征的可分性。

根据信号处理理论:在 DCT 变换中,空域卷积对应着频域乘积;空域亚采样将造成频域的周期延拓,并发生交叠。因此,方向线素特征在频域中,可以分别表示为

$$\text{DCT}((f_k(m,n) \otimes w_{DE}(m,n)) \downarrow 8 \downarrow 8)$$
$$= \frac{1}{64} \sum_{y=0}^{7} \sum_{x=0}^{7} F_k(i+8x, j+8y) \cdot W_{DE}(i+8x, j+8y) \quad (3.12)$$

由上式显见,方向线素特征在空域上可表示为字符图像与某种窗函数先卷积再进行亚采样;在频域上,则是对图像进行低通滤波。

从变换域的角度可以更好地理解模糊分块提高特征可分性的本质原因。

在 DCT 变换的频域中,上述特征都是字符的变换图像与窗函数的变换图像相乘积,再进行周期延拓,见式(3.12)。并且由图 3.18(a)~图 3.18(c)可知,这些窗函数在频域中也均表现为低通,但它们的低通性能不同。其中,矩形窗的低通性能最差,保留了大量的高频成分;梯形窗、高斯窗的低通性能有一定的改善,留下了较少的高频成分,造成频率交叠;而图 3.18(d)所示低通窗的低通性能最好,完全去掉了高频成分。

KL 变换在均方误差意义下可以实现最优的能量压缩,而 DCT 变换又是对 KL 变换很好的近似。因此,上述特征中字符的变换图像通过低通滤波的过程实际上是对原字符图像进行了能量压缩。从该角度看,保留低频成分,去掉高频成分,可以在压缩后最大限度地保留原图像信息。在字符识别中,分块字符低频图像更多地保留了原图像信息,包含了最充分的分类信息,因而具有了较好的类别可分性。

另外,在低频图像进行周期延拓之后,其中的高频成分与低频成分之间会出现交叠。一方面,低频成分与高频成分进行叠加将造成原图像信息的失真。另一方面,如上面所说,低频成分中更多地保留了原图像信息,更具分类能力,而高频成分的分类能力较差。图 3.19 所示是"本"、"正"和"平"3 个手写汉字的原图像及其低频图像和高频图像,这 3 个字符图像在结构

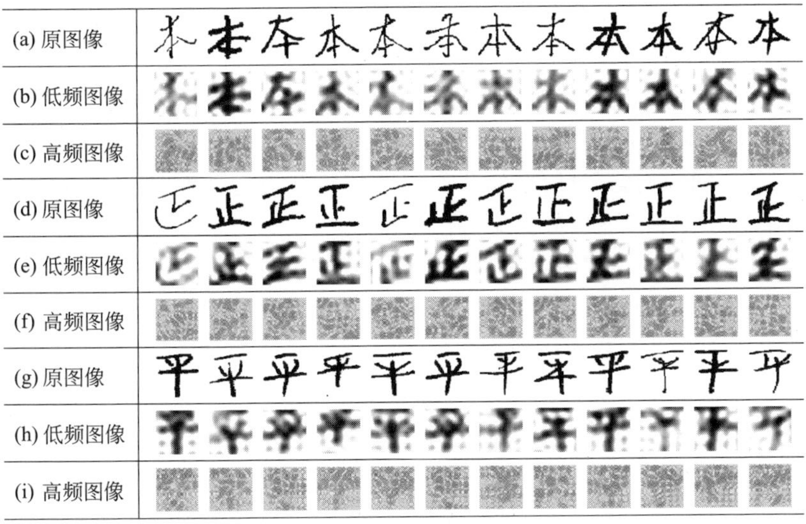

(a) 原图像	
(b) 低频图像	
(c) 高频图像	
(d) 原图像	
(e) 低频图像	
(f) 高频图像	
(g) 原图像	
(h) 低频图像	
(i) 高频图像	

图 3.19 不同手写字符的原图像、低频图像和高频图像

上相差很大,可分性较强,在识别中几乎不发生混淆。由图 3.19 显见,从它们的低频图像中可以很容易地发现同类别的共性和不同类别的差别,即低频图像的可分性较强;但从它们的高频图像中却很难找到同类别的共性和不同类别的差别,即高频图像的可分性较差。如果可分性较差的高频成分与低频成分交叠相加,也必将造成叠加的特征可分性下降。

模糊分块所采用的梯形窗(如图 3.18(b)所示)和高斯窗(如图 3.18(c)所示)比起矩形窗(如图 3.18(a)所示)都能显著地减少高频成分,可以有效地减少交叠中的高频成分对低频成分的影响。这正是模糊分块可以提高特征可分性的本质原因。

3.5.3 对原模糊分块方法的改进——低通采样方向线素特征

根据上述分析,既然减少交叠中的高频成分能够提高特征的可分性,那么选择图 3.18(d)所示的低通窗作为模糊分块的窗函数显然是最好的方案。

为此,一方面,因原方向线素特征中将字符轮廓分解成 4 种方向属性的做法符合字符图像的特点,有利于字符之间的分类,而予以保留;另一方面,改进原方向线素特征中的模糊分块方法,将式(3.9)中的窗函数 $w_{DE}(m,n)$ 用图 3.18(d)中的空域窗函数 $w_{DCT}(m,n)$ 来替换。由于 $w_{DCT}(m,n)$ 的表达式比较复杂,为了简化计算,可以采用类似 DCT 变换特征的方法。在原图像进行了方向线素分解之后,先计算各图像 $f_k(m,n)$ 的 DCT 变换 $F_k(i,j)$;然后截断高频成分,保留低频成分,$F_k(i,j) \cdot W_{DCT}(i,j)$。事实上,如此得到的低频成分即可作为特征。但考虑到该特征中各维数值的尺度不统一,会给应用欧氏距离分类器带来一定困难。因此,还需要对低频成分 $F_k(i,j) \cdot W_{DCT}(i,j)$ 进行 DCT 反变换,得到低频图像 $f'_k(m,n)$;最后对 $f'_k(m,n)$ 进行 8×8 的等间隔均匀采样,采样值所组成的特征被定义为"低通采样方向线素特征"。该特征的形成过程可用下式表示:

$$(f_k(m,n) \otimes w_{DE}(m,n)) \downarrow 8 \downarrow 8 \quad (3.13)$$

由于 DCT 变换具有相应的快速算法,所以尽管低通采样方向线素特征的运算时间比原模糊分块方向线素特征有所增加,但对识别系统整体运算时间的增加并不显著。

3.5.4 实验和结果

为了验证上述观点及"低通采样方向线素特征"的类别可分性,我们进行了如下实验。

实验采用脱机手写汉字 THU-HCD 库的样本，并利用欧氏距离分类器。分别测试了矩形窗（无模糊）方向线素特征、梯形窗模糊方向线素特征、高斯窗模糊方向线素特征和低通采样方向线素特征的识别结果，结果如表 3.3 所示，其中需要说明的是：工整训练样本和工整测试样本的手写风格基本相当，而自由训练样本比自由测试样本的书写更加潦草，因此实验结果中表现为自由训练样本识别率低于自由测试样本。由表 3.3 可见，梯形窗模糊方向线素特征和高斯窗模糊方向线素特征的识别率基本相当，但比无模糊分块的矩形窗方向线素特征的结果有明显的提高；而低通采样方向线素特征的识别率是所有特征中最高的，其错误率比梯形窗模糊方向线素特征和高斯窗模糊方向线素特征下降了约 5%，从而可以反映出该特征的类别可分性得到了提高（注：该实验只是用于验证和比较不同模糊分块的分类性能，仅采用欧氏距离分类器，而非高性能分类器，识别性能不具比较性）。

表 3.3　不同模糊分块方向线素特征（256 维）的识别率比较　　%

	样本集	矩形窗	梯形窗模糊	高斯窗模糊	低通采样
训练集	工整 HCD1-3	84.72	90.13	90.63	91.11
	自由 HCD5-8、10	48.77	56.03	56.15	58.59
测试集	工整 HCD4	82.30	88.22	88.60	89.16
	自由 HCD9	51.29	58.83	57.76	60.85

由此可以认为，方向线素特征是由图像描述和信息压缩两个过程组成。其中，压缩过程是许多特征形成方法中所普遍采用的，而把字符图像按轮廓分成 4 种方向属性平面的图像描述方法是方向线素特征最重要的贡献。

由于低通采样方向线素特征只是模糊分块方法的改进，因此不可能奢望对特征的可分性带来很大改善。低通采样方向线素特征的重要意义在于揭示出了模糊分块的本质，使得我们可以更深入地认识方向线素特征。

方向线素特征抽取速度快，但它的明显缺点是只适用于二值字符图像的识别，对于灰度字符图像，只能先进行字符图像二值化再进行特征抽取，这样就不可避免地损失了有用的图像信息，还可能引入二值化误差。即便是二值字符图像上的方向线素特征抽取，也会因大小规一化等预处理而在字符笔画边缘上引入噪声。字符识别技术应用的发展要求我们能在灰度图像上直接抽取识别特征，这样既可避免图像二值化的损失，在规一化预处理中也可使用双线性插值等方法降低字符图像变形，下面介绍的 Gabor 特征和梯度特征就适应了这种要求。

无论是方向线素特征、Gabor 特征还是梯度特征等,在将字符图像的局部边缘方向结构特征分解为各方向属性平面后,下一步都要在各个平面上进行网格分块,或模糊网格分块,然后在每个网格块内统计数值特征,再按照位置顺序将特征基元排列,形成全局笔画方向特征向量,即网格化的方向像素特征。

3.6 基于 Gabor 滤波器的高性能汉字识别方向特征

字符的底层特征,特别是基于字符图像边缘的方向线素特征,具有表述汉字的底层笔画结构的特点,所以相对稳定和可靠,在对一般质量的二值文本图像识别时获得了巨大的成功。但是,在低质量的灰度图像中,成功地抽取字符笔画的边缘却是一件非常困难的工作:一方面,图像中的干扰可能会产生强烈的边缘信号,而与笔画边缘混淆;另一方面,当低质量图像中字符的笔画非常模糊(即笔画像素点到背景像素点的亮度变化非常平缓)时,很难提取其边缘并进一步确定边缘的位置和方向。

这样,如何在低质量的灰度图像中发现具有抗干扰能力,同时又符合字符结构特点的底层特征,是研究的关键所在。本节基于人类视觉原理和信号处理理论,提出了基于 Gabor 滤波器组的高性能特征抽取方法[39,40],有利于解决上述问题。

本节利用 Gabor 滤波器抽取字符图像局部空间中最重要和稳定的笔画方向信息,根据字符图像的统计信息,解决了 Gabor 滤波器组参数的优化设计问题,保证了较优的识别性能;同时使用修正的 Sigmoid 函数进行非线性后处理,使笔画方向信息对图像亮度变化、笔画模糊、断裂、背景干扰等都具有很强的抑制能力,极大地增强了识别特征的鲁棒性;在分块特征提取时,分别对 Gabor 滤波器组实部输出中的正值和负值计算特征,提高了对细节的分辨能力。

3.6.1 Gabor 变换理论分析

通过对人类视觉的研究可以发现,其视觉的一个重要特点在于抽取了图像(或景物)的局部空间中最基本的线条和边缘信息。

1946 年 Gabor 提出一种同时在时域和频域表示一个非平稳信号的 Gabor 变换方法。半个世纪后,Morlet 和 Daugman 将 Gabor 变换的应用扩展到二维信号的处理上[47]。对 Gabor 变换的研究发现,Gabor 变换具有良好的频率选择性和方向选择性。

二维 Gabor 滤波器的冲激响应函数一般采取如下的形式:

$$h(x,y;\lambda,\varphi,\sigma_x,\sigma_y) = \exp\left\{-\frac{1}{2}\left[\frac{R_1^2}{\sigma_x^2}+\frac{R_2^2}{\sigma_y^2}\right]\right\} \cdot \exp\left[i\cdot\frac{2\pi R_1}{\lambda}\right]$$

其中,$R_1 = x \cdot \cos\varphi + y \cdot \sin\varphi$,$R_2 = -x \cdot \sin\varphi + y \cdot \cos\varphi$。

Gabor 滤波器具有很优秀的时频聚集性,这里,重点考察其空间局域性、空间抽样间隔以及频率选择性(线条宽度和方向的选择性)。

1. 空间局域性及空间抽样间隔

如图 3.20(a)所示,设 Gabor 滤波器在空域中的标准有效带宽为 Δx 和 Δy(分别对应在方向 R_1 和 R_2 上),则有

$$(\Delta x)^2 = \frac{\int_{-\infty}^{+\infty} h \cdot h^* \cdot (R_1)^2 \cdot \mathrm{d}(R_1)}{\int_{-\infty}^{+\infty} h \cdot h^* \cdot \mathrm{d}(R_1)}$$

$$(\Delta y)^2 = \frac{\int_{-\infty}^{+\infty} h \cdot h^* \cdot (R_2)^2 \cdot \mathrm{d}(R_2)}{\int_{-\infty}^{+\infty} h \cdot h^* \cdot \mathrm{d}(R_2)}$$

这里,$h(x,y;\lambda,\phi,\sigma_x,\sigma_y)$简记为 h,其共扼为 h^*。计算可得

$$\Delta x = \sigma_x/\sqrt{2}, \quad \Delta y = \sigma_y/\sqrt{2} \tag{3.14}$$

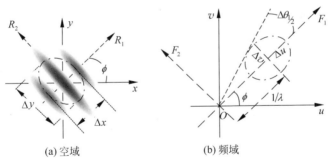

(a) 空域   (b) 频域

图 3.20 二维 Gabor 滤波器 2 在(a)空域上和(b)频域上
(对称于原点的另一部分没有画出)的俯视图

Δx 与 Δy 是 Gabor 滤波器在两个对称轴方向上的最小分析尺度。因此,可以按照一定的空间间隔 Dx、Dy 对图像进行抽样,而不损失有用的信息。从图 3.21 可见,空间抽样间隔 Dx、Dy 对特征提取性能有决定性的影响。但是,这个问题在过去的研究中[43,50]没有得到足够的重视,空间上的

欠抽样严重降低了 Gabor 滤波器的性能。

2. 频率选择性

同样可以定义 Gabor 滤波器在频域中的标准有效带宽为 Δu 和 Δv。

$\Delta u = 1/(2\sqrt{2}\pi\sigma_x)$, $\quad \Delta v = 1/(2\sqrt{2}\pi\sigma_y)$

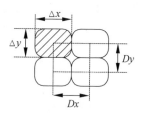

图 3.21 空间抽样间隔

Gabor 滤波器的频率选择性在图像中表现为对线条宽度和方向的选择。

在图 3.22 中,我们对图 3.20(a)所示的 Gabor 滤波器在 R_1 方向投影,显然,对于图像中的线条信号,只有当它们的方向与 Gabor 滤波器的方向相差 90°,且周期为 λ,线条的宽度相应的为 $\phi/2$ 时,Gabor 滤波器才会给出最大输出(这里,用 Gabor 滤波器实部输出中的最大值代表 Gabor 滤波器的输出)。

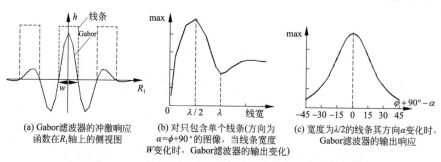

(a) Gabor 滤波器的冲激响应函数在 R_1 轴上的侧视图
(b) 对只包含单个线条(方向为 $\alpha=\phi+90°$)的图像,当线条宽度 W 变化时,Gabor 滤波器的输出变化
(c) 宽度为 $\lambda/2$ 的线条其方向 α 变化时,Gabor 滤波器的输出响应

图 3.22 Gabor 滤波器对线条宽度、方向的选择性示意图

如图 3.22(b)和图 3.22(c)所示,Gabor 滤波器对于线条的宽度和方向具有很强的选择性。

如图 3.20(b)所示,我们可以定义方向带宽 $\Delta\theta_{1/2}$ 为

$$\Delta\theta_{\frac{1}{2}} \approx \arcsin\left(\frac{\Delta v/2}{1/\lambda}\right) = \arcsin\left(\frac{\lambda}{4\sqrt{2}\pi\sigma_y}\right) \quad (3.15)$$

所以,滤波器能够分析方向约在 $(90°+\phi-\Delta\theta_{1/2}, 90°+\phi+\Delta\theta_{1/2})$ 范围内的线条信息。由上述分析可见,Gabor 滤波器具有空间局域性和方向选择性的特点;与梯度或梯度过零点的笔画边缘提取方法相比,具有对线条宽度和方向的选择性,抗干扰能力强。

而字符图像,尤其是汉字图像,具有下列突出的特点(如图 3.23 所示):

(1) 大小规一化后的字符图像,其笔画的宽度基本一致;对于相同的字符,其笔画位置和间隔也相对稳定;

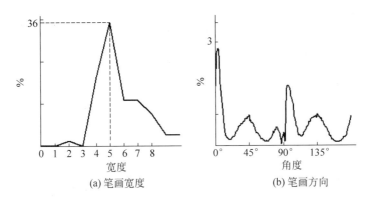

图 3.23 对手写汉字(64pixel×64pixel)的笔画宽度以及方向分布的统计结果

(2) 字符笔画方向集中分布在几个特定的方向附近;

(3) 笔画的模糊、断裂以及噪声干扰在空间尺度上一般小于字符笔画;背景亮度变化的空间尺度一般大于字符笔画。字符笔画与这些干扰在频域上具有可分性。

这样,由于字符图像在空间上具有局域性和方向性;在频域上,字符笔画与干扰具有可分性,所以可以利用 Gabor 滤波器组进行特征抽取,以解决劣质字符图像的识别问题。

方向线素特征和梯度特征关注的是字符笔画的轮廓。Gabor 滤波器对笔画宽度较为敏感,字符图像即使经过大小规一化,仍然有粗细不同的笔画。因此,Gabor 滤波器的尺度参数一旦挑选不合适,性能会下降很多。

3.6.2 适用于汉字识别的 Gabor 滤波器组设计及实验验证

对于大小规一化的字符图像,可以获得字符图像的下列统计信息:①字符笔画的平均宽度 W;②字符笔画的最小分辨率 S;③笔画方向的分布 $\{\theta_k\}_{k=1,2,\cdots,K}$。如果 Gabor 滤波器组的参数与字符图像的上述统计信息相匹配,则能获得字符图像的稳定特征。

1. 根据字符图像的统计信息确定 Gabor 滤波器组的初始参数

(1) 空间局域性:Gabor 滤波器组应该具有分辨字符图像中最靠近的笔画的能力,即

$$\Delta x \leqslant S, \quad \Delta y \leqslant S$$

因为各个方向的笔画分布相近,所以可以设定 $\Delta x = \Delta y$。代入式(3.14),

即有

$$\sigma_x = \sigma_y = \sigma \leqslant \sqrt{2} \cdot S \qquad (3.16)$$

为了避免图像信息损失,Gabor 滤波器组在空间上的抽样间隔 D_x、D_y 也应该满足:

$$D = D_x = D_y \leqslant \Delta x = \Delta y = \sigma/\sqrt{2}$$

(2) 线条宽度选择性:Gabor 滤波器组对宽度为 $\lambda/2$ 的线条最敏感,所以有

$$W = \lambda/2, \quad 即 \quad \lambda = 2W$$

(3) 线条方向选择性:参数 ϕ 与滤波器所能抽取线条的方向有 90°的相差,所以有

$$\{\phi_k\}_{k=1,2,\cdots,K} = \{\theta_k - 90°\}_{k=1,2,\cdots,K}$$

同时,还应该保证每个 Gabor 滤波器在方向上互不重叠,则方向带宽应该有

$$2 \cdot (2 \cdot \Delta\theta_{\frac{1}{2}}) \leqslant 360°/K, \quad 即 \quad \Delta\theta_{\frac{1}{2}} \leqslant \beta = 90°/K$$

代入式(3.15),可得:$\sigma \geqslant \dfrac{\lambda}{4\sqrt{2} \cdot \pi \cdot \sin\beta} = a\sigma \geqslant \dfrac{\lambda}{4\sqrt{2} \cdot \pi \cdot \sin\beta} = a$。再考虑式(3.16),则有

$$a \leqslant \sigma \leqslant \sqrt{2} \cdot S = b \qquad (3.17)$$

2. 使用最小平均熵相关系数 ECC 准则确定 Gabor 滤波器组 σ 的取值

ECC(Entropy Correlation Coefficient)[51]是一种使用互信息来刻画两幅图像匹配相似度的方法,其仅依赖于两幅图像对应像素点的亮度分布的统计量,与具体的亮度差别无关,所以对于图像匹配具有更优越的性能。对于两幅图像 A 和 B,其熵分别为 $H(A)$、$H(B)$,互信息为 $I(A,B) = H(A) + H(B) - H(A,B)$,则

$$ECC(A,B) = 2 \times I(A,B)/(H(A) + H(B))$$

我们利用 Gabor 滤波器组的目的,是将字符图像分解为多个方向上尽量不相关的子图像。在 λ、D、$\{\phi_k\}$ 已经确定时,在上述 σ 的取值范围内,一定存在一个合适的 σ^*,使得滤波器组输出$\{F_k\}_{k=1,2,3,4}$之间的平均熵相关系数$\overline{ECC}$最小或者小于一个给定的阈值。

$$\overline{ECC} = \frac{1}{C_K^2} \sum_{i=1}^{K} \sum_{j=1, j>i}^{K} ECC(F_i, F_j)$$

对脱机手写汉字样本的$\overline{ECC}$随 σ 的变化进行统计,图 3.24 给出了平均

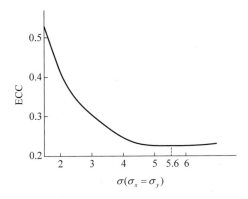

图 3.24　平均的熵相关系数随 σ 的变化曲线

熵相关系数 $\overline{ECC}$ 随 σ 的变化曲线。可以看出,在式(3.17)中给定的范围内,存在一个 σ^*,当 $\sigma=\sigma^*$ 时,$\overline{ECC}$ 取极小值;而且在 $\sigma \geqslant \sigma^*$ 时,$\overline{ECC}$ 的变化非常小。所以,由此可以确定最优的 Gabor 滤波器组参数 σ 和空间抽样间隔 D。

3. Gabor 滤波器组参数选择的实验验证

对于规一化的汉字图像,通过上述方法可以求得最优的 Gabor 滤波器组参数为 $\lambda=10, K=4, \{\phi_k\}_{k=1,2,3,4}=\{-90°, -45°, 0°, 45°\}, \sigma=5.6, D \leqslant 4$。下面的实验可验证其性能。

(1) 印刷汉字样本的识别实验(实验条件见 3.6.5 节中的实验 a):字符集仅取国标一级汉字的前 1 000 字。图 3.25 和图 3.26 给出了测试识别率随 λ 和 σ 的变化曲线(选定 $D=1$,分别限定 $\sigma=5.6, \lambda=10$),从中可以发现,在选定参数附近,识别系统稳定在一个最高的识别率上。

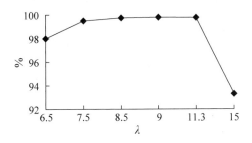

图 3.25　测试识别率随 λ 的变化曲线

(2) 空间抽样间隔 D 对识别系统的性能影响:使用 500 套书写较规范的脱机手写汉字样本(具体条件见 3.6.5 节中的实验 c)进行了识别实验。

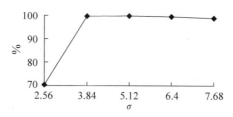

图 3.26 测试识别率随 σ 的变化曲线

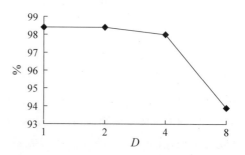

图 3.27 识别率随空间抽样间隔的变化曲线

测试识别率随 D 的变化曲线如图 3.27 所示,在 $D\leqslant 4$ 时,识别率稳定在最优值附近,而当 $D>4$ 后,识别率剧烈下降。

上述实验结果证明了我们的分析,即根据字符图像统计信息来设计 Gabor 滤波器组参数,可以获得优异的识别性能。

如图 3.28 所示,当上述参数选定后,Gabor 滤波器组的实部输出已经准确地刻画了字符图像中笔画的位置和方向信息。所以在本文的讨论中,仅取 Gabor 滤波器组的实部输出来计算识别特征。

图 3.28 灰度字符图像经 Gabor 滤波器组分析后的结果

注:最左边是低分辨率字符图像插值的结果,随后是 Gabor 滤波器组实部输出的结果(ϕ 依次取 $-90°,-45°,0°,45°$)。

3.6.3 对 Gabor 滤波器组输出的非线性变换

因为不同的光照环境或者图像摄取过程,图像的亮度、对比度都是不同的,即使在同一字符图像中,各笔画也可能因不均匀光照而亮度不同;而且,图像中的干扰仍然会产生一定的干扰输出。因此,必须通过对滤波器组输出的后处理来进一步抑制亮度变化和干扰输出。

在 Jain 的研究[52]中,使用了 Sigmoid 函数 $\phi(t)$(文献[52]中式(16))来对 Gabor 滤波器组输出的幅值进行非线性变换。Sigmoid 函数(如图 3.29 所示)对大输入的抑制作用可以补偿图像各部分亮度的差异,但对小输入的放大作用会带来新的问题:①放大了干扰输出,破坏 Gabor 滤波器对线条宽度的选择性;②增强了由于 Gabor 滤波器的冲激响应函数的旁瓣造成的"伪"条状输出。

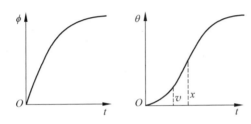

图 3.29 Sigmoid 函数及修正后函数图示

为了解决上述缺点,本文对 Sigmoid 函数进行了修正 $\theta(t)$(见式(3.18)),既维持了在大输入时的饱和特性,又在小输入时表现出抑制特性。下面以对滤波器输出中的正值的处理为例,对这种自适应变换进行分析;对于负值,可以取 $\theta(t)$ 的奇对称形式。$\phi(t)$ 和 $\theta(t)$ 定义为

$$\left. \begin{array}{l} \phi(t) = \tanh(\alpha t) = (e^{2\alpha t} - 1)/(e^{2\alpha t} + 1) \\ \theta(t) = \tanh(\alpha(t-\chi)) + \beta \end{array} \right\} \quad (3.18)$$

上式中,t 是规一化后的输入,其范围为$[0,1]$,当输入 $t<v$ 时,$\theta(t)$ 的输出被抑制,则可以限定:

$$\left. \frac{d\theta}{dt} \right|_{t=v} = 1, \quad v < \chi, \text{且 } \theta(0) = 0 \quad (3.19)$$

因为获得背景干扰的分布统计非常困难,所以这里以消除滤波器组输出中的"伪"条状物来进行讨论,得到的结果对降低背景干扰同样有效。式(3.19)中,$v(v<\chi)$ 必须对区分背景和笔画位置上 Gabor 滤波器组的输出具有最佳的效果,这样才能实现对背景(背景干扰)的抑制。在图 3.30 中,我们对 Gabor 滤波器组输出中的局部极大值(分布在条状输出的中线上)进行了统计,可见,在 $t=0.36$ 时,区分背景和笔画具有最小的错误率。所以,取 $v=0.36$。

不同的 α 值给出不同的 $\theta(t)$ 函数,对 Gabor 滤波器的线条宽度选择性

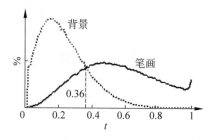

图 3.30 在字符图像的背景和笔画位置上,Gabor 滤波器组输出中局部极大值的分布

(如图 3.31(b)所示)有不同的影响。而为了实现干扰抑制,这种影响应尽可能地小。我们定义了一个指标 error(α) 来刻画这种影响。设原始的线条宽度选择性曲线为 $S(w)$,变换后的选择性曲线为 $S_a(w)$,则有

$$\text{error}(\alpha) = \sum_{w=0}^{\lambda} \left[S(w) - S_a(w) \right]^2$$

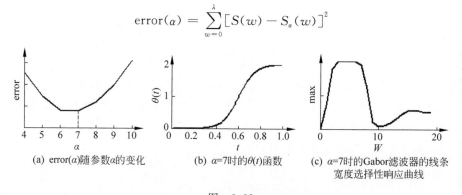

(a) error(α)随参数α的变化　　(b) α=7时的$\theta(t)$函数　　(c) α=7时的Gabor滤波器的线条宽度选择性响应曲线

图 3.31

图 3.31(a)中显示,在[4,10]区间内,$\alpha=7$($v=0.36$,再代入式(3.19)中可以确定 $x=0.59,\beta=1.00$)时,error(α) 取最小值。图 3.31(b) 和图 3.31(c) 分别给出了此时的 $\theta(t)$ 函数和 Gabor 滤波器对线条宽度的选择性响应曲线。

上述非线性变换,就高质量的图像而言,对识别率的影响很小;而对于质量较差的字符图像,却明显抑制了干扰或者亮度变化的影响,可以提高系统的识别性能。

3.6.4　分块特征的抽取

我们对传统的分块特征抽取方法[38,43]进行了改进,以提高对字符细节的分辨能力。在 Gabor 滤波器冲激响应函数的中心两旁存在两个较大的

负旁瓣,这样在笔画位置上输出规则的负-正-负"三条纹"分布,这种分布比较准确地描述了笔画的位置及其分布范围,所以使用滤波器输出的正实部值和负实部值分别计算特征,可以提高识别特征的分辨能力。

经过自适应变换后的 Gabor 滤波器组的输出,可以按照图 3.32 所示的方式,将 4 个 $N×N$ 的输出平面分割为 $M×M$ 个互相交叠的区域(边长为 L),在每个区域 $r(x,y)$ 中,分别求实部输出的正值和负值的高斯加权和 $\text{Sum}^+(x,y)$、$\text{Sum}^-(x,y)$。这里简记方向为 ϕ_k 的 Gabor 滤波器的输出为 $F_k(x,y)$。

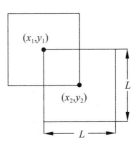

图 3.32 分块示意图

$$\text{Sum}^+(x,y) = \sum_{(m,n)\in r(x,y)} G(m-x,n-y) \times \max(0, F_k(m,n))$$

$$\text{Sum}^-(x,y) = \sum_{(m,n)\in r(x,y)} G(m-x,n-y) \times \min(0, F_k(m,n))$$

这里,$G(x,y)=\exp\{-(x^2+y^2)/(2\tau^2)\}/(2\pi\tau^2)$,其中 τ^2 是高斯抽样函数 $G(x,y)$ 的方差,它控制抽样函数在空间上的作用范围,一般可以取 $\tau=L/2$。

这样,对于每个方向的 Gabor 滤波器输出,可得到 $2M^2$ 维特征矢量,M 一般可以取为 8。将 4 个方向上的特征矢量合并成一个维数为 $8M^2$ 维的矢量,即特征矢量 V。特征矢量 V 可以直接输入统计分类器进行分类,也可以对其使用线性鉴别分析或者主分量分析等方法进行特征压缩,使其在统计上更符合高斯分布的假设,提高分类器的性能。

3.6.5 实验及结果

分别对不同劣化条件下的印刷汉字图像样本、脱机手写汉字样本以及实际的身份证样本进行了识别实验,使用了下面几种识别特征。

以我们的方法得到的 Gabor 特征,简记为 GAB;
GAB-1:取 Gabor 滤波器组输出实部的绝对值计算特征,其他同 GAB;
GAB-2:取 Gabor 滤波器组输出的能量计算特征;
GAB-3:分别使用 Gabor 滤波器组输出的实部和虚部的正、负值计算特征;
DCT 特征[48]:基于灰度字符图像,简记为 DCT;
Hamamoto 采用的 Gabor 特征[43]:基于二值图像,简记为 HGAB;

四方向线素特征:广泛使用的基于二值图像的识别特征,简记为DH。

在实验中,使用文献[38]给出的改进的马氏距离分类器进行训练和识别。

1. 识别低分辨率字符图像的实验

训练样本是 200 套包含国标一级汉字的常用字体,如宋、仿、黑、楷、隶及圆等样本。测试样本包含了 582 套宋、仿、黑、楷和隶书样本,图像是以 75~300dpi,不同的亮度、对比度分别扫描得到的。在以 75dpi 扫描图像中,汉字字符的大小约为 15pixel×15pixel。

从表 3.4 可以看出,在低分辨率下,GAB 特征都取得了最高的识别率。这说明,GAB 特征在抵抗低分辨率扫描产生的笔画模糊、断裂方面,具有非常突出的性能。

表 3.4　不同分辨率的字符图像的识别率　　　　　　　　%

	分辨率/dpi	GAB	DCT	DH
宋体	75~100	99.28	98.96	97.71
(仿宋)	150~200	99.87	99.87	99.59
(黑体)	250~300	99.82	99.91	99.82
楷体	75~100	96.70	86.61	89.47
	250~300	99.40	98.31	99.75
	75~100	74.41	55.87	47.45
隶书	150~200	95.60	85.37	86.55
	250~300	98.18	93.74	95.74

2. 识别加噪字符图像的实验

对包含 11 688 个汉字的印刷文本,以 300dpi 扫描为灰度图像,并加入不同的噪声:①形式为 $N(0,\sigma^2)$ 的加性高斯噪声;②加性椒盐噪声;③均值为 0 的乘性散斑噪声。图 3.33 给出了加噪图像的例子。这里使用实验 1 中产生的识别库进行识别,结果显示在表 3.5 中。

(a) 原始图像;(b)~(e) 高斯噪声:(b) $N(0, 2.5)$;(c) $N(0, 12.5)$;(d) $N(0, 25)$;
(e) $N(0,38.3)$;(f) 比率为 20% 的椒盐噪声;(g) 均值为 0,方差为 38.3 的散斑噪声

图 3.33　加噪图像示例

表 3.5 加噪图像的识别率   %

噪声参数	原图	高斯噪声（均值=0）				椒盐噪声				散斑噪声（均值=0）			
	—	2.5	12.5	25	38.3	5	10	15	20	2.5	12.5	25	38.3
GAB	99.44	98.92	98.38	96.56	92.53	99.26	98.81	97.93	95.07	99.07	98.69	98.21	97.17
DCT	99.33	98.00	95.54	86.11	71.65	99.09	98.57	96.53	89.99	98.14	96.80	91.11	84.05
DH	99.55	92.05	72.90	30.85	8.28	99.32	98.33	89.04	43.16	94.59	84.65	55.91	31.39

实验表明，GAB 特征在识别被噪声劣化的字符图像时，具有极佳的鲁棒性。

3. 识别脱机手写汉字的实验

对 500 套书写较规范的脱机手写汉字样本进行识别实验。从其中随机选出 370 套作为训练样本，剩下的 130 套作为测试样本。使用上述特征进行识别的结果如表 3.6 所示。脱机手写汉字样本示例如图 3.34 所示。

表 3.6 对脱机手写汉字测试样本的识别率   %

	首位	前 10 位
GAB	98.46	99.85
GAB-1	97.63	99.58
GAB-2	96.53	99.51
GAB-3	98.30	99.80
DH	98.39	99.79
HGAB	95.27	99.43
DCT	94.89	98.02

图 3.34 脱机手写汉字样本示例（汉字"埃"的不同样本）

可以看出：① 分别使用 Gabor 滤波器实部输出的正值和负值计算特征，具有更好的识别性能；② 在识别脱机手写字符时，GAB 特征的识别性能与传统方法中性能最好的四方向线素特征（DH）相当，大大优于 Hamamoto 提出的 Gabor 特征（HGAB）以及 DCT 特征。这说明，GAB 特征具有优秀的抗字符形变的性能。

4. 身份证字符识别的实验

如图 3.35 典型的身份证图像的姓名(a)和证号(b)区域所示，实验中采

(a) 姓名　　　　　　(b) 证号

图 3.35　典型的身份证图像的姓名和证号区域

集了 41 张各种质量的印刷体身份证图像,采用 GAB 特征对其中的姓名区域和证号区域进行了识别,识别库中包含姓名中常见的 4 399 个汉字以及 10 个数字。实验中,如果一张身份证的姓名或者证号识别错误,则整张身份证识别错误;使用两种方法:① 对 Gabor 滤波器组的输出进行简单的规一化处理;② 采用修正的 Sigmoid 函数 $\theta(t)$ 进行处理。表 3.7 的识别结果表明,采用 $\theta(t)$ 进行处理,可以减少识别错误数量。

表 3.7　身份证识别结果

		身份证	汉字	数字
	总数	41	104	633
识别错误	规一化	6	2	4
	$\theta(t)$	3	3	0

从上面的一系列实验可以得到这样的结论,基于 Gabor 变换的识别方法能够同时对二值和灰度字符图像进行识别,既具有优秀的抗噪声、干扰以及其他图像劣化的能力,又具有优秀的抗字符变形的能力。

理论分析和实验结果表明,上文提出的基于 Gabor 变换的识别特征充分反映了笔画结构在空间上的局域性,笔画的方向性以及在频域上笔画与干扰的可分性等重要的特性,从而使抽取得到的分块特征在抵抗图像噪声、干扰、图像亮度变化以及字符形变等诸多方面都具有优秀的性能,较好地解决了实际应用中各种低质量字符图像的识别问题,具有极大的通用性。

3.7　汉字识别梯度方向特征抽取方法

3.7.1　梯度方向特征

由于梯度特征是既可以在灰度字符图像上抽取,又可以在二值字符图像上抽取的一种方向特征(二值图像可先转化为伪灰度图像),因此,梯度特征是方向线素特征的一种更为泛化的形式。与方向线素特征中对笔画方向的链码表示不同,梯度特征的计算采用 Robert 或 Sobel 等算子,减少了方向线素的量化误差,使得梯度特征能够对字符的笔画方向和强度作更为精确的刻画。以 Sobel 算子(如图 3.36 所示)为例,字符图像 $f(x,y)$ 在 (x,y) 处水平和垂直两个方向上的灰度梯度分量分别为

$$g_x(x,y) = f(x+1,y-1) + 2f(x+1,y) + f(x+1,y+1) \\ - f(x-1,y-1) - 2f(x-1,y) - f(x-1,y+1)$$

$$g_y(x,y) = f(x-1,y+1) + 2f(x,y+1) + f(x+1,y+1) \\ - f(x-1,y-1) - 2f(x,y-1) - f(x+1,y-1)$$

–1	–2	–1
0	0	0
1	2	1

–1	0	1
–2	0	2
–1	0	1

图 3.36　用于提取梯度特征的 Sobel 算子

从 $g_x(x,y)$ 和 $g_y(x,y)$ 可以计算出该点灰度梯度向量 $\boldsymbol{g}=g_x\boldsymbol{x}+g_y\boldsymbol{y}$ 的模和幅角:

$$\|\boldsymbol{g}\| = \sqrt{g_x^2 + g_y^2}$$

$$\theta = \arg \boldsymbol{g}$$

然后将幅角 θ 的取值范围 $[0, 2\pi]$ 均匀量化为 s 个区间,每个幅角区间的大小为 $2\pi/s$。按照幅角所属不同的幅角区间,可将灰度梯队的幅值图像分解为 s 个方向属性平面[53,54]。

3.7.2　梯度方向特征的快速算法

为了使梯度方向特征抽取的过程更为快捷,近年来,刘成林等人又提出了一种梯度特征的快速计算方法[2]:在判断梯度向量属于某一个幅角范围 $[n\theta_0, (n+1)\theta_0], \theta_0 = 2\pi/s$,之后,不再计算梯度模值,而是直接将梯度向量以平行四边形法则分解投影到相邻的 $n\theta_0$ 和 $(n+1)\theta_0$ 两个预设方向上,记录投影长度 g_n 和 g_{n+1} 的大小,如图 3.37 所示,$g_n(x,y), n=1,2,\cdots,s$ 就形成了 s 个方向属性平面上的梯度分量图像。

$$\begin{bmatrix} g_n\cos n\theta_0 \\ g_n\sin n\theta_0 \end{bmatrix} + \begin{bmatrix} g_{n+1}\cos(n+1)\theta_0 \\ g_{n+1}\sin(n+1)\theta_0 \end{bmatrix} = \boldsymbol{g} = \begin{bmatrix} g_x \\ g_y \end{bmatrix}$$

由上式可以得到:

$$g_n = \frac{\sin(n+1)\theta_0}{\sin\theta_0}g_x - \frac{\cos(n+1)\theta_0}{\sin\theta_0}g_y$$

$$g_{n+1} = -\frac{\sin n\theta_0}{\sin\theta_0}g_x + \frac{\cos n\theta_0}{\sin\theta_0}g_y$$

上式中 g_x, g_y 前的系数可以事先算好,这样就可以快速、方便地计算在每个

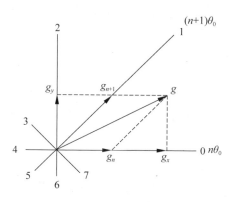

图 3.37 抽取梯度特征的快速计算方法 $\left(以\ s=8, \theta_0=\dfrac{\pi}{4}, n=0\ 为例\right)$

预设方向属性平面上的梯度分量,在每个预设方向平面上得到一个梯度子图像。图 3.38 示意了"永"字在 8 个方向上的梯度方向属性平面的分解,其中幅角范围正好相差 π 的两个方向属性平面显示在一张子图像上,并以黑白两色加以区分。

图 3.38 梯度特征中的方向属性平面分解 $\left(s=8, \theta_0=\dfrac{\pi}{4}\right)$

得到字符图像的方向属性分解后,梯度特征后续的形成方法即与方向线素完全相同,即采用高斯滤波器进行空间亚采样,这里不再赘述。

3.8 不同笔画方向特征的识别性能实验比较

为了考察 3 种笔画方向提取的特征对于识别性能的影响,我们进行了对方向线素特征、Gabor 特征和梯度特征 3 种笔画方向特征的识别性能的实验比较研究[4]。

我们分别在 MNIST、ETL9B 和 HCL2000 这 3 个手写字符样本库上进行实验,以比较方向线素特征、Gabor 特征和梯度特征 3 种笔画方向特征的识别性能。3 种特征的方向量化的数目均取为 8 个,分别以 DEF-8、Gabor-8 和 Grad-8 来表示。各样本库中的原始二值字符图像首先采用重心-中心对齐的大小规一化变为 65×65 的图像。对手写汉字识别,进一步使用

Yamada 的非线性规一化方法[7]来均衡笔画密度。需要说明的是,方向线素特征提取中的整个规一化过程均在二值图像上进行,而对 Gabor 特征和梯度特征,规一化后的图像成为灰度图像。Gabor 滤波器的尺度参数取为 $\lambda_0=10, \sigma_x=\sigma_y=5.6$。3 种特征的粗分块网格参数均取为 $N_1=13$,亚采样间隔 $t_s=2$,亚采样网格参数均取为 $N_2=7$。这样,最终得到的特征维数 $n=8\times7\times7=392$。作为对照,我们在实验中还尝试了 12 个方向,幅角量化间隔为 $\theta_0=\pi/6$ 的梯度特征 Grad-12,其特征维数为 $n=12\times7\times7=588$。

对于得到的原始字符识别特征,在 MNIST 库的手写数字识别中采用 PCA 变换压缩到 $d=160$ 维,而在 ETL9B 和 HCL2000 库的手写汉字识别中采用 LDA 变换压缩到 $d=160$ 维。均使用 MQDF 分类器进行识别,MQDF 分类器的截断维数取为 $k=60$。

各样本库测试集上的识别率列于表 3.8 中。首先比较相同方向分辨率下的 DEF-8、Gabor-8、Grad-8 这 3 种特征的性能:可以看到,在 MNIST 手写数字库上,Gabor 特征的识别率好于方向线素特征;而在手写汉字库上,Gabor 特征的识别率还略低于方向线素特征,这主要是单尺度 Gabor 滤波器组对手写汉字笔画宽度的敏感性所致。在所有的实验样本库上,梯度特征都取得了最高的测试识别率。其次,可以看到,Grad-12 的识别性能较之 Grad-8 又有所提升,说明进一步的增加方向属性平面数可以提高梯度特征的识别性能。由于梯度特征抽取迅速、识别效果好,在本实验研究中,基本使用 Grad-8 或 Grad-12 作为原始字符识别特征。

表 3.8 不同笔画方向特征的识别率比较　　　　　　　　　　%

测试集	特征(维数)			
	DEF-8 ($n=392$)	Gabor-8 ($n=392$)	Grad-8 ($n=392$)	Grad-12 ($n=588$)
MNIST	98.90	98.99	99.04	99.19
ETL9B	98.85	98.75	99.11	99.17
HCL2000	97.80	97.60	98.27	98.35

这里需要说明的是,通过增加尺度的数目,Gabor 特征的识别率可以得到一定的提高,但是滤波器组的数目以及得到特征的维数也会成倍地增加,所以我们只考虑单尺度的 Gabor 特征。比较 DEF-8、Gabor-8、Grad-8 这 3 种特征的识别率,可以看到,在同样的笔画方向分辨率下,梯度特征表现出了最好的性能。Grad-12 的识别率更高于 Grad-8,说明进一步增加方向分

辨率可以给识别性能带来更大的提高。当然,比较是在一定数据库和一定条件下进行的,也未必能够反映不同算法的全部性能差异。

3.9 本章小结

关于本章的研究和介绍,有如下几点说明:

(1) 从字符图像中提取识别所必需的特征,即原始特征提取,或简称特征提取,是汉字识别最核心的问题。因为经特征提取所提取的原始特征中包含了决定模式识别性能的特征互信息,它决定了字符识别所能够达到的性能极限。即利用所提取的特征通过 LDA 实现维数压缩、鉴别特征提取以及模式识别所能达到的性能极限,也就是说,所提取的原始特征的好坏,基本上决定了模式识别的优劣和成败,其重要性可见一斑。

(2) 汉字识别的探索研究过程基本上就是汉字特征提取方法的探索研究过程。经过长时间的探索和研究,从结构到统计,从局部到全局,从笔画密度到方向线素,千万次实验,深入的理论分析,最终寻找到能够解决数量巨大、结构复杂、变化多端、噪声干扰严重且能够实际应用于实际文档识别的最佳识别特征。

(3) 笔画方向网格特征能获取稳定高效的互信息,被证明具有较好的性能。一般情况,方向线素网格特征,以及进而发展的梯度方向网格特征在实验中取得最好性能。它们不仅能够提取到文字笔画本质特征信息的强度方向,而且能够有控制地提取笔画的位置信息,也就是说,基本上可以全面、精确地刻画出文字的笔画本质信息,以供分析和识别之需。

(4) 汉字的复杂笔画结构虽然为汉字识别带来一定的困难,但也为汉字高性能的识别奠定了良好的基础,再加上梯度方向网格特征提供了良好的算法,使得汉字识别性能良好,为汉字识别取得优于其他西方文字更优越的识别性能打下良好的基础。

近来发展的大数据深度学习在文字识别上取得良好成绩,也源自于从学习中获得优良识别特征。

参考文献

[1] 胡家忠. 手写印刷体汉字的笔段抽取及偏旁识别. 中文信息学报,1993,7(3).
[2] Liu C L, Nakashima K, Sako H, et al. Handwritten digit recognition: investigation of

normalization and feature extraction techniques. Pattern Recognition, 2004, 37(2): 265-279.

[3] Liu C L, Koga M, Sako H, et al. Aspect ratio adaptive normalization for handwritten character recognition. Proc International Conf on Multimodal Interfaces. Berlin: Springer, 2000: 418-425.

[4] Yamashita Y, et al. Classification of handprinted Kanji characters by the structured segment matching method. Pattern Recognition Letters, 1983, 1(5-6): 475-479.

[5] Yamada H, Saito T, Yamamoto K. Line density equalization: a nonlinear normalization for correlation method. Trans IECE, 1984, 167-D(11): 1379-1383.

[6] Tsukumo J, Tanaka H. Classification of handprinted Chinese characters using nonlinear normalization and correlation methods. In: Proc of 9th ICPR, Rome, Itlay, Nov. 1988.

[7] Yamada H, et al. A nonlinear normalization method for handprinted Kanji character recognition: line density equalization. Pattern Recognition, 1990, 23(9).

[8] Lee S W, Park J S. Nonlinear shape normalization methods for the recognition of large-set handwritten characters. Pattern Recognition, 1994, 27(7): 895-902.

[9] 苟大银. 非特定人限定性手写汉字识别研究. 北京:清华大学电子工程系博士学位论文,1995.

[10] Gou Dayin, Ding Xiaoqing, Wu Youshou. A handwritten Chinese character recognition method based on image shape correction. In: Proc. of 1st National Conf. on Multimedia and Infomation Networks(CMIN'95), Beijing, Mar. 1995: 254-259.

[11] Mori S, Yamamoto I, Yasuda M. Research on machine recogntion of handprinted characters. IEEE Trans on Pattern Analysis and Machine Intelligence, 1984, 6(4): 386-405.

[12] Cheng Fang-Hsuan, Hsu Wen-Hsing, Chen Mei-Ying. Recognition of handwritten Chinese characters by modified Hough transform techniques. IEEE Trans on Pattern Analysis and Machine Intelligence, 1989, 11(4).

[13] Lee S W, Park J S. Nonlinear shape normalizaiton methods for the recognition of large set handwritten characters. Pattern Recognition, 1994,27(7): 895-902.

[14] 吴佑寿,丁晓青. 汉字识别:原理、方法与实现. 北京:高等教育出版社,1992.

[15] Yoshida M, Eden M. Handwritten Chinese character recognition by A-B-S method. IJCPR, 1973: 197-204.

[16] 张昕中. 汉字识别技术. 北京:清华大学出版社,1992.

[17] Zhang X, Xia Y. The automatic recognition of handprinted Chinese characters: a method of extracting an ordered sequence of strokes. Pattern Recognition Letters, 1983,1(4): 259-265.

[18] 张昕中,夏莹. 限制性手写汉字中笔画的抽取、分析和合成. 计算机学报,1987.

[19] Chen Ling-Hwei, Lieh June-Rong. Handwritten character recognition using a 2-layer random graph model by relaxation matching. Pattern Recognition, 1990, 23(11): 1189-1205.

[20] Si Wei Lu, Ying Ren, Ching Y. Suen. Hierahchical attributed graph representation and recognition of handwritten Chinese characters. Pattern Recognition, 1991, 24(7): 617-632.

[21] Wong Andrew K C, You Manlai. Entropy and distance of random graphs with application to structural pattern recognition. IEEE Trans on Pattern Analysis and Machine Intelligence, 1985, 7(5).

[22] Yamamoto K. Recognition of handprinted Kanji Characters by relaxation matching. IEICE, 1982, 165-D(9): 1167-1174.

[23] Sekita I, et al. Feature extraction of handwritten Japanese characters by spline functions for relaxation matching. Pattern Recognition, 1988, 21(1): 9-17.

[24] Cheng Fang-Hsuan, Hsu Wen-Hsing, Kuo Ming-Chuan. Recognition of handwritten Chinese characters via stroke relaxation. Pattern Recognition, 1993, 26(4): 579-593.

[25] 周根林,曾庆凯,王绪龙. 多字体印刷汉字识别中笔段直接抽取算法研究. 计算机学报,1990,(4).

[26] Babaguachi N, et al. A method of direction segments extractions from character pattern without thinning process. IEICE, 1982, 165-D(7): 874-881.

[27] Belkasim S O, Shridhar M, Ahmadi M. Pattern recognition with moment invariants: a comparative strudy and new results. Pattern Recognition, 1991, 24(12): 1117-1138.

[28] Flusser J, Suk T. Affine moment invariants: a new tool for character recognition. Pattern Recognition Letters, 1994, 15: 433-436.

[29] Wang Qing Ren, Suen Cheng Y. Analysis and design of decision tree based on entropy reduction and its application to large character set recognition. IEEE Trans on Pattern Analysis and Machine Intelligence, 1984, PAMI-6(4).

[30] Yasuda M, et al. An improved correlation method for character recognition: handprinted Chinese character recognition in a reciprocal feature field. IEICE, 1985, J68-D(3): 353-360.

[31] Hamamoto Y, et al. Gabor feature for handprinted Chinese character recognition. IEICE, 1996, J79-D-II(2): 202-209.

[32] 陈学德,陈玲,曾碚凯. 一个基于神经网络的手写文字分类/识别模型. 中文信息学报,1993,7(3).

[33] 刘今辉. 结构验证式手写印刷体汉字识别的研究,北京:清华大学电子工程系博士学位论文,1996.

[34] 吴佑寿,丁晓青,朱夏宁. 试验性6763个印刷体汉字识别系统. 电子学报,1987, 15(5):1-7.

[35] 朱夏宁,吴佑寿,丁晓青. 一种提取印刷体汉字部首的新方法. 计算机学报, 1988,11(11):684-691.

[36] Huang K, Yan H. Off-line signature verification based on geometric feature extraction and neural network classification. Pattern Recognition. 1997, 30(1): 9-17.

[37] Naito S, Komori K, Yodogowa E. Stroke density feature for handprinted Chinese character recognition. IEICE Transaction, 1981, J64-D(8): 757-764.

[38] Zhang J Y, et al. Multi-scale feature extraction and nested-subset classifier design for high accuracy handwritten character recognition. In: Proc. ICPR'2000. Barcelona: IAPR, 2000.

[39] 王学文. 高鲁棒性的字符识别技术研究. 北京:清华大学电子工程系博士学位论文,2003.

[40] 王学文,丁晓青,刘长松. 基于Gabor变换的高鲁棒汉字识别新方法. 电子学报,2002,30(9):1317-1322.

[41] 张睿. 基于统计方法的脱机手写字符识别研究. 北京:清华大学电子工程系博士学位论文,2002.

[42] 刘海龙. 基于描述模型和鉴别学习的脱机手写字符识别研究. 北京:清华大学电子工程系博士学位论文,2006.

[43] Hamamoto Y, et al. A Gabor filter-based method for recognizing handwritten numbers. Pattern Recognition, 1998, 31(5): 395-400.

[44] 陈友斌. 脱机手写汉字识别研究. 北京:清华大学电子工程系博士学位论文,1997.

[45] 马少平,夏莹,朱小燕. 基于模糊方向线素特征的手写体汉字识别. 清华大学学报,1997,37(3):42-45.

[46] Kimura F, Shridhar M. Handwritten numeral recognition based on multiple algorithms. Pattern Recognition, 1991, 24(10): 969-983.

[47] Daugman J G. Uncertainty relation for resolution in space, spatial frequency, and orientation optimized by two-dimensional visual cortical filters. J. Opt. Soc. Am. A, 1985, 2(7): 1160-1169.

[48] Wang X W, et al. A gray-scale image based character recognition algorithm to low quality and low resolution images. Document Recognition and Retrieval Ⅷ, Electronic Imaging 2001. San Jose: IS&T/SPIE, 2001.

[49] Wang L, Pavlidis T. Direct gray-scale extraction of features for character recognition. IEEE Trans. on PAMI, 1993, 15(10): 1053-1066.

[50] Deng D, et al. Handwritten Chinese character recognition using spatial Gabor filters and self-organizing feature maps. Proceedings, IEEE International Conf on Image Processing (ICIP-94), Vol. 3. Austin: IEEE Signal Processing Society, 1994.
[51] Pluim J P W, et al. Mutual information matching in multiresolution contexts. Image and Vision Computing, 2001, 19: 45-52.
[52] Jain A K, et al. Unsupervised texture segmentation using Gabor filters. Pattern Recognition, 1991, 24(12): 1167-1186.
[53] Meng S, Fujisawa Y, Wakabayashi T, et al. Handwritten numeral recognition using gradient and curvature of gray scale image. Pattern Recognition. 2002, 35(10): 2051-2059.
[54] Srikantan G, Lam S W, Srihari S N. Gradient-based contour encoder for character recognition. Pattern Recognition. 1996, 29(7): 1147-1160.

第 4 章 特征的鉴别分析和分布整形

4.1 引言

为了实现模式识别,首先需要从对目标的模式样本观测中提取需要的特征。因为对目标的观测信号往往会具有巨大的数据量,特别是通过对多变的图像目标的观测,从其上提取的原始观测特征,往往是具有相当高维数的原始观测矢量。如果直接由这种高维数观测矢量进行模式类别判决,不仅运算量极其巨大,同时由于原始观测中不仅包含大量与类别无关的冗余信息,而且还包含相当数量的干扰和噪声,这些冗余和干扰噪声会严重影响到模式类别判决的准确度,因此,如何消除噪声和干扰,如何从众多的原始特征中遴选出真正对识别有用或特别有利于鉴别的特征来,格外重要的一步就是特征的鉴别过滤和分析。

在对模式识别进行统计分析的过程中,特征所包含的鉴别信息决定了系统识别性能的上限。通常特征维数越高,特征所包含的信息量越大。分类器参数的数量往往随着特征维数的增加成倍地增长,在有限样本条件下,往往会遇到维数危机的问题,训练得到的分类器容易出现过学习现象。根据分类器设计的一般经验,训练样本数要求至少在特征维数的 10 倍以上[1,2]。因此,为了能够充分提取特征中的鉴别信息,缓解有限样本条件下分类器的过学习,在特征提取过程中引入特征的鉴别分析和维数压缩。该方法能够在一定压缩维数的条件下得到具有最高鉴别能力的特征,达到最优分类的目的,这是模式识别系统设计的关键一步。本章主要介绍汉字识别特征鉴别分析及汉字识别特征的统计整形方法,具体包括线性鉴别分析(linear discriminant analysis,LDA)、正则化鉴别分析(regularized discriminant analysis,RDA)[20]、异方差鉴别分析(heteroscedastic linear discriminant analysis,HLDA)[21]和特征统计整形变换方法[20]等。

4.2 线性鉴别分析

4.2.1 优化准则

在对特征进行优化线性鉴别分析的过程中,实践中被广泛采用并证明行之有效的方法是用特征的类内和类间散度矩阵来作为类别可分性优化的度量[3]。

考虑 c 类模式集合 $\Omega = \{\omega_1, \omega_2, \cdots, \omega_c\}$ 的分类问题。类别 ω_i 的类内散度矩阵 Σ_i 定义为

$$\Sigma_i = E[(x - \mu_i)(x - \mu_i)^\mathrm{T} \mid \omega_i] \tag{4.1}$$

上式表示来自 ω_i 的各样本围绕它们的类期望矢量 μ_i 的散布。基于各类的类内散度矩阵可以定义如下的平均类内散度矩阵 S_w:

$$S_w = \sum_{i=1}^{m} P(\omega_i) \Sigma_i \tag{4.2}$$

另外,定义类间散度矩阵 S_b 为

$$S_b = \sum_{i=1}^{M} P(\omega_i)(\mu_i - \mu_g)(\mu_i - \mu_g)^\mathrm{T} \tag{4.3}$$

其中,μ_g 代表混合样本分布的期望矢量

$$\mu_g = \sum_{i=1}^{M} P(\omega_i) \mu_i \tag{4.4}$$

从这些散度矩阵的定义可以看出,它们都具有坐标平移不变性。

为了确切地表示各种类别的可分性,必须从这些散度矩阵导出一个数值度量,以此进行对于样本的优化过滤和选择。当类内散度较小或类间散度较大时,得到的度量值应该较大。为此,Fukunaga[3] 给出了 4 种基于散度矩阵的类别可分性度量的定义。其中,有两种定义具有在任何非奇异变换下的不变性,它们分别是

$$\left. \begin{array}{l} J_1 = \mathrm{tr}(S_w^{-1} S_b) \\ J_2 = |S_w^{-1} S_b| \end{array} \right\} \tag{4.5}$$

4.2.2 变换形式和最优解

利用 $n \times m$ 的线性变换矩阵 U,可以从 n 维原始特征 x 中得到选择出来的 m 维变换特征 $y = U^\mathrm{T} x$。这时,变换后 y 的散度矩阵可以表示为

$$S_{wm} = U^\mathrm{T} S_w U, \quad S_{bm} = U^\mathrm{T} S_b U \tag{4.6}$$

而变换后 y 所在的 m 维线性子空间中的 J_1 和 J_2 可分性度量分别为

$$J_1(m) = \text{tr}(S_{wm}^{-1}S_{bm}), \quad J_2(m) = |S_{wm}^{-1}S_{bm}| \tag{4.7}$$

在给定了变换特征的维数 m 后，线性鉴别分析的目的就是要找到某个线性变换矩阵 U，使得在 m 维变换空间中的类别分离性测度 $J_1(m)$ 或 $J_2(m)$ 达到最大，作为优化选择的目标函数。可以证明[3]，使 $J_1(m)$ 或 $J_2(m)$ 达到最大的线性变换矩阵 U 是由矩阵 $S_w^{-1}S_b$ 的前 m 个最大本征值对应的本征矢量组成。这种变换称为线性鉴别分析 LDA（linear discriminate analysis）。

为了求得 LDA 最优线性变换矩阵 U，需要对矩阵 $S_w^{-1}S_b$ 进行本征分解，即

$$S_w^{-1}S_b W = W\Lambda \tag{4.8}$$

其中，W 的列元素由 $S_w^{-1}S_b$ 的本征矢量构成，而 Λ 是相应本征值组成的对角阵。虽然 S_w 和 S_b 均为对称阵，两者的乘积却是非对称的。另外，$S_w^{-1}S_b$ 的本征分解可以转化为对 S_w 和 S_b 同时进行对角化的过程，而式(4.8)的解 W 满足如下两个方程：

$$W^T S_w W = I, \quad W^T S_b W = \Lambda \tag{4.9}$$

4.2.3 变换的分解形式

式(4.6)表示了 LDA 最优变换 U 所需满足的条件。实际应用中，可以方便地使用各种数值计算软件来求解该矩阵方程。但是，方程本身并没有直接告知应该如何理解方程解的含义。下面利用式(4.2)、式(4.3)所定义的类内和类间散度矩阵同时对角化的概念，推导出 LDA 最优变换 U 的一种分解形式。它直观地说明了 LDA 特征抽取的物理过程，从而有助于对该算法局限性的理解。

LDA 最优线性变换可以分解为 3 步来完成。

第 1 步，白化类内散度 S_w。首先引入旋转变换 R_1，使得 S_w 对角化

$$R_1^T S_w R_1 = \Lambda = \text{diag}(\lambda_1, \lambda_2, \cdots, \lambda_n) \tag{4.10}$$

其中，R_1 的列向量由 S_w 的本征矢量组成，而 Λ 是相应本征值构成的对角阵。然后引入伸缩变换，使得类内散度从超椭球变为超球

$$\Lambda^{-1/2} R_1^T S_w R_1 \Lambda^{-1/2} = I \tag{4.11}$$

令 $S_1 = R_1 \Lambda^{-1/2}$，上面的表达式可以写成

$$S_1^T S_w S_1 = I \tag{4.12}$$

最后，将白化变换 S_1 同时也作用于类间方差阵，得到 $S_1^T S_b S_1$。

第 2 步，对角化 $S_1^T S_b S_1$。只需引入旋转变换 R_2，
$$R_2^T \Lambda^{-1/2} R_1^T S_b R_1 \Lambda^{-1/2} R_2 = \varGamma = \mathrm{diag}(\gamma_1, \gamma_2, \cdots, \gamma_n) \quad (4.13)$$
其中，R_2 的列向量由 $S_1^T S_b S_1$ 的本征矢量组成，而 $\varGamma$ 是相应本征值构成的对角阵。由于 R_2 是标准正交阵，故该旋转变换保持白化后的类内散度矩阵不变。
$$R_2^T \Lambda^{-1/2} R_1^T S_w R_1 \Lambda^{-1/2} R_2 = I \quad (4.14)$$
综合式(4.13)和式(4.14)可以发现，此时已经构造出了使 S_w 和 S_b 同时对角化所需的变换 S，它可以分解为两个旋转阵和一个放缩阵的乘积：
$$S = R_1 \Lambda^{-1/2} R_2 \quad (4.15)$$
第 3 步，进行维数截取。LDA 最优变换 U 是一个 $n \times m$ 的矩阵，其列向量由 $S_w^{-1} S_b$ 的最大 m 个本征值所对应的本征矢量组成。它可以通过首先对 S 的列矢量按照相应本征值进行降序排列，然后施以单位阵 I 的前 m 个列向量构成的截断阵 F 得到。
$$U = R_1 \Lambda^{-1/2} R_2 F \quad (4.16)$$
图 4.1 描绘了 LDA 作用于具有等协方差阵的 3 类问题的变换效果。其中，图 4.1(a)通过实(虚)椭圆形等概率线描述了变换前的原始类内(间)分布。第 1 个变换（R_1）的效果是去掉特征间的相关性(如图 4.1(b)所示)。

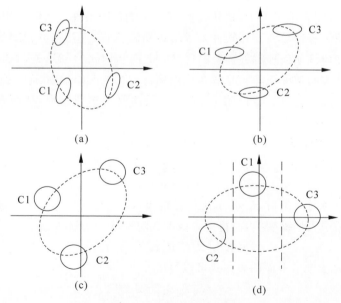

图 4.1 LDA 的变换效果

紧接着通过一个放缩变换对类内分布进行白化(如图 4.1(c)所示),使得椭圆形的等概率实线变成了圆形。最后一步(如图 4.1(d)所示),假设各类中心围绕所有样本的数据中心呈正态分布,并引入第 2 个旋转变换(R_2)。它将特征空间旋转到一定角度,以便在某些坐标轴方向上获得最大的类间分离度。

4.2.4 启发式讨论

1. 算法的理论基础和局限性

LDA 的局限性表现在基于散度的可分性准则和线性映射形式两方面。后者的局限性问题是显而易见的,因此下面重点分析可分性准则。

对于模式分类,理想的准则是最小贝叶斯错误率。贝叶斯错误率的增加构成了维数降低时相关信息损失的度量。因此,变换空间中的贝叶斯错误率是评价投影特征可分性的理想准则。于是,LDA 在实际分类问题中的有效性,很大程度上就取决于采用的 J_1(或者 J_2)类别可分性度量与错误概率的相关近似程度。但是,对于一般的任意分布,在它们之间不存在直接的对应关系。

然而在某些特殊条件下,可以建立 LDA 可分性度量和贝叶斯错误概率的某种联系。这些特殊条件决定了 LDA 的有效适用范围。直观上容易猜想,基于散度矩阵的可分性度量更适合于团状分布的情形。而在 LDA 最优变换的分解过程中,用到了如下 3 个假设:

(1) 每类可以用一个多维正态分布来表示,相应的类内协方差矩阵为 Σ_i;

(2) 所有类别的类内协方差矩阵完全相同,即 $\Sigma_i = \Sigma$;

(3) 所有的类中心也能够用一个多维正态分布表示,并且类间协方差矩阵为 S_b。

利用模式识别的信息熵原理(见本书 2.3 节),能够更为严格地说明上述 3 个正态性先验假设对 LDA 的重要性。

可以证明[4,5],对于一般的多类分类问题,后验条件熵 $H(y|x)$ 构成了贝叶斯错误概率的如下上界:

$$\partial \leqslant \frac{1}{2} H(y|x) = \frac{1}{2} | H(y) - I(\boldsymbol{x},y) | \tag{4.17}$$

其中,$\boldsymbol{x}$ 表示随机观测特征矢量,y 是相应的类别标记随机变量,而 ∂ 表示平均分类错误率。

对固定的模式集 Ω 来说，$H(y)$ 为常数。从式(4.17)可以看出，增加特征空间和模式集的互信息 $I(x,y)$ 能够得到错误率的更低上界。因此，有理由通过使得互信息熵准则 $J=I(x,y)$ 达到最大来进行维数降低。

进一步可以证明[5]，在前述 3 个正态性先验假设的正态分布条件下，互信息熵准则和线性鉴别分析准则完全等价，于是，式(4.17)给出了这时 LDA 准则和理想贝叶斯分类器极限性能的直接约束关系。也就是说，如果 3 个正态性先验假设准确成立，则这时最大化 $J_1(m)$ 或 $J_2(m)$ 能够得到错误率的更低上界。

2. 可能的改进

如果抛弃线性映射的限制条件，则可以使用非线性函数来代替 LDA 中的线性变换矩阵 U。比如，Cruz 等人在文献[6]中提出了这样一种非线性鉴别分析方法，它以 J_2 为优化准则，利用多层前向感知网络来实现映射函数的非线性，并推导出了网络参数的梯度下降优化算法。遗憾的是，这种思路导致的优化问题的复杂程度使得它在超大模式集问题中似乎还很不可行。

在线性映射的范围内，也有几种途径可以对 LDA 进行扩展。最简单的一种方法是使用加权的类间散度矩阵。设 $\nu_{ij}=\mu_i-\mu_j, \hat{d}=\|U^T\nu_{ij}\|$，则加权的类间散度矩阵定义为

$$S_b = \sum_{i=1}^{M}\sum_{j=1}^{M} w(\hat{d}_{ij}) \nu_{ij}\nu_{ij}^T \quad (4.18)$$

其中，$w(\hat{d}_{ij})$ 一般取单调递减函数，比如 $\hat{d}_{ij}^{-n}$。

还有一种自适应的线性鉴别分析[7]。在各类遵循多维正态分布且协方差阵为单位阵的假设下，该方法以平均两两混淆贝叶斯错误率来近似多类分类的贝叶斯错误率，得到如下准则：

$$J = \frac{2}{\sqrt{2\pi}} \sum_{i=1}^{M}\sum_{j=i+1}^{M} \int_{\hat{d}_{ij}/2}^{\infty} \exp(-t^2/2) dt \quad (4.19)$$

通过梯度下降法求解

$$\frac{\partial J}{\partial U} = -\frac{1}{\sqrt{2\pi}} \sum_{i=1}^{M}\sum_{j=i+1}^{M} \frac{1}{\hat{d}_{ij}} \exp(-\hat{d}_{ij}^2/8) \nu_{ij}\nu_{ij}^T U \quad (4.20)$$

于是得到 U 的修正公式

$$U^{(t+1)} = U^{(t)} + \eta \left[\sum_{i=1}^{M}\sum_{j=i+1}^{M} \frac{1}{\hat{d}_{ij}} \exp(-\hat{d}_{ij}^2/8) \nu_{ij}\nu_{ij}^T \right] U^{(t)} \quad (4.21)$$

为了保证 U 的正则性,每次修正后对 $U^{(t+1)}$ 作 Gram-Schmidt 正交化处理。这种算法的复杂度在脱机手写汉字识别中是可以接受的。我们也进行过一些实验研究。从实验结果看,其调整效果并不理想。这可能是因为模式类别过于巨大,使得式(4.19)定义的准则非线性过强,从而难以得到最优解。

4.2.5 实验与结果

为了考察线性鉴别分析在脱机手写汉字识别中的应用,基于 HCD2 的 500 套样本设计了如下 3 个实验。HCD2 的样本划分为:450 套用于训练,50 套用于测试。所有实验都采用 392 维改进方向线素特征[8]作为 LDA 的原始输入。

第 1 个实验的设计是为了选择合适的特征压缩维数 m。识别系统采用最近距离分类器(minimum distance classifier,MDC),在不同的 LDA 压缩维数设置下分别进行训练和测试。图 4.2 绘制了首选和十选识别率随 m 的变化曲线。可以发现,在压缩比较低时,识别率随着压缩维数的增加而迅速增加。这是因为 LDA 过分压缩使用时,不可避免地带来部分鉴别信息的损失。另外,首选和十选识别率两条曲线都在 $m=168$ 左右达到峰值。峰值现象是"维数危机"问题的典型表现。随着维数的增加,越发凸显的学习样本不足使识别率逐渐下降。在我们提出的脱机手写汉字识别系统中,根据性能代价比采用了 $m=128$ 的设置。

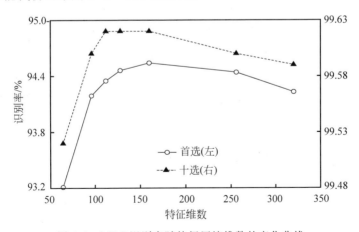

图 4.2 MDC 识别率随特征压缩维数的变化曲线

第 2 个实验的目的是说明线性鉴别分析对提高识别率的帮助。实验比较了 MDC、线性距离分类器(linear distance classifier,LDC)和改进二次鉴别函数(modified quadratic discriminant function,MQDF)[9] 3 种分类器在进行 $m=128$ 的 LDA 特征压缩前后的识别率,并将结果总结于表 4.1 之中。由于在进行特征白化后 LDC 和 MDC 完全等价,因此不难解释为什么表 4.1 给出的这两种分类器在压缩特征上的测试结果完全相同。可以看到,LDA 使得 MDC 和 LDC 的测试集错误率分别降低了 20.1% 和 5%。

表 4.1　不同分类器的识别率在特征压缩前后的比较　　　　%

分类器	压缩前		压缩后	
	训练集	测试集	训练集	测试集
MDC	93.95	91.30	95.42	93.05
LDC	95.25	92.71	95.42	93.05
MQDF	—	—	99.25	97.33

第 3 个实验的目的是证明线性鉴别分析对分类器输入特征的正态性所起到的改善作用。实验假设输入特征维数很高并且各维之间相关性较弱。根据中心极限定理,在输入空间中远离各坐标轴的任何方向上的边际分布近似正态。远离坐标轴意味着各加项分量比较平均。原始特征点经过线性鉴别分析后,被投影到 U 的列向量张成的 m 维子空间中。m 越小,则该子空间和各坐标轴相交的可能性就越小。这种情况下可以认为子空间中任何方向上的边际分布(即 m 个压缩特征的任意线性组合的分布)近似正态,因此 m 维压缩特征近似联合正态。上述推理说明,LDA 输出的压缩特征分布的正态性有可能比原始特征要好。

实验考察了指定不同特征压缩维数时 LDA 输出特征的多维正态性,并和原始特征的正态性进行了比较。为了使得不同维数的压缩特征之间具有可比性,对于给定的压缩维数 m,定义如下的 n 维 LDA 增强特征 $\bar{x}$:

$$\bar{x} = (\mathbf{S}^\mathrm{T})^{-1}\mathbf{G}\mathbf{S}^\mathrm{T}x \tag{4.22}$$

其中,G 通过将 $n \times n$ 的单位阵的后 $n-m$ 个对角线元素置为 0 得到。从该式定义可以看出,增强特征实际上就是 LDA 压缩特征在原始坐标空间中的表示。

以"啊"字为例,可以直观地说明 LDA 对特征正态性所起到的改善作用。图 4.3 中各子图分别对应了 $m=392,256,128$ 和 64 时该字增强特征的峰偏图(式(4.62))。通过对 4 幅子图的比较可以发现:压缩比越大,峰偏度散点偏离标准中心(3,0)的程度越小,从而说明 LDA 增强特征的正态性也越好。还可以对峰度统计量 b_k 和偏度统计量 b_s 单独进行考察。图 4.4(a)、(b)分

第 4 章 特征的鉴别分析和分布整形

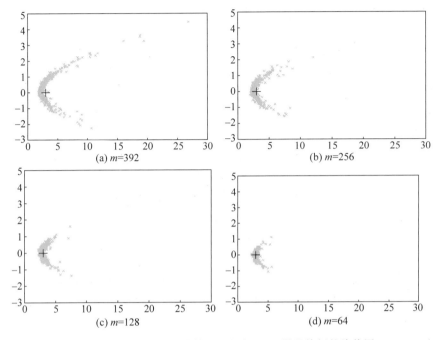

图 4.3 不同特征压缩维数下"啊"字 LDA 增强特征的峰偏图

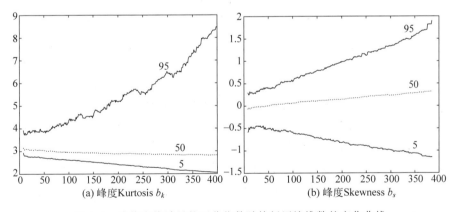

图 4.4 峰偏度统计量的百分位数随特征压缩维数的变化曲线

别绘制出了它们的百分位数随特征压缩维数 m 的变化曲线。其中,横坐标对应了 m,3 条曲线分别对应了 392 个增强特征的峰度(偏度)统计量的 5、50 和 95 百分位数。从这些曲线的走势同样可以看出 LDA 对分类器输入特征的正态性所起到的改善作用。

4.2.6 小结

本节给出了类内散度矩阵和类间散度矩阵的定义,在此基础上给出了两种线性鉴别分析 LDA 准则的定义,并说明了这些准则下的最优线性变换矩阵的求解方法。然后,利用矩阵的同时对角化,推导出了 LDA 最优变换的一种分解形式。它直观地说明了 LDA 特征抽取的物理过程。接着对算法的局限性进行了分析,重点强调了基于散度矩阵的 LDA 准则有效性对 3 个正态性先验假设的依赖,同时也讨论了一些可能的改进方法。最后,对算法在脱机手写汉字识别中的应用进行了实验研究。实验结果证明,LDA 能够提高分类器的识别能力,并且改善分类器输入特征的正态性。

4.3 正则化线性鉴别分析

LDA 可以从原始特征中提取最具可分性的特征,但 LDA 变换需要估计类内散度矩阵和类间散度矩阵。当样本数目与特征维数相比很小时(如笔迹鉴别),这些散度矩阵的估计会引入非常大的误差,而且散度矩阵可能奇异,导致 LDA 变换失效。因而,有必要改进协方差矩阵的估计方法,减小协方差阵的估计误差,以改善 LDA 的性能。

4.3.1 小样本带来的问题

各类的真实协方差矩阵往往是无法知道的,通常采用极大似然估计的方法,利用样本协方差矩阵来估计真实协方差阵。对于某个类别 $i(1\leqslant i\leqslant C)$,可以利用极大似然估计方法得到真实协方差阵的无偏估计为 $\hat{\Sigma}_i$。

由式(4.1)和式(4.2)关于协方差矩阵的估计 $\hat{\Sigma}_i$ 和 $\hat{S}_w$ 表示为下面两式。可以看出,$\hat{\Sigma}_i$ 的秩最大不超过 N_i-1,当样本数目 N_i 小于特征维数 n 时,$\hat{\Sigma}_i$ 奇异,另外可知,$\hat{S}_w$ 的秩不超过 N_i+C。如果样本数目非常少,导致 $N_i+C<n$,此时 S_w 也奇异,因而 $S_w^{-1}S_b$ 无法计算,导致 LDA 变换无法计算。

$$\hat{\Sigma}_i = \sum_{k=1}^{N_i}(x_{ik}-\mu_i)(x_{ik}-\mu_i)^\mathrm{T}$$

$$\hat{S}_w = \sum_{i=1}^{C}P(\omega_i)\hat{\Sigma}_i$$

另外一个由小样本估计协方差阵带来的问题是不稳定性。为了说明这

种情况,将 $\hat{\boldsymbol{\Sigma}}_i$ 按谱分解如下:

$$\hat{\boldsymbol{\Sigma}}_i = \boldsymbol{\Phi}_i \boldsymbol{\Lambda}_i \boldsymbol{\Phi}_i^{\mathrm{T}} = \sum_{k=1}^{N_i} \lambda_{ik} \boldsymbol{\phi}_{ik} \boldsymbol{\phi}_{ik}^{\mathrm{T}} \qquad (4.23)$$

这里,λ_{ik} 是 $\hat{\boldsymbol{\Sigma}}_i$ 的第 k 个本征值,$\boldsymbol{\phi}_{ik}$ 则是相应的本征向量。从而有

$$\hat{\boldsymbol{\Sigma}}_i^{-1} = \sum_{k=1}^{n} \frac{\boldsymbol{\phi}_{ik} \boldsymbol{\phi}_{ik}^{\mathrm{T}}}{\lambda_{ik}} \qquad (4.24)$$

可见,小本征值和相应的本征向量对应的方向对 $\hat{\boldsymbol{\Sigma}}_i^{-1}$ 加权比大本征值和相应的本征向量对 $\hat{\boldsymbol{\Sigma}}_i^{-1}$ 的加权要大得多[10]。实际上,由极大似然估计的 $\hat{\boldsymbol{\Sigma}}_i$ 计算出来的本征值是有偏差的,最大的几个本征值通常其偏差较大,而最小的几个本征值则偏差较小。因而,对 $\hat{\boldsymbol{\Sigma}}_i$ 的有误差或不可靠的估计会扩大小本征值及其本征向量对判别结果的影响。

作为一般的指导性结论,Jain[2] 指出,为了得到较好的估计结果,样本数目至少应该是特征维数的 5~10 倍。然而,在实际中这种条件是很难满足的。特别是在笔迹鉴别中,每个特征字往往只有几个样本,这种条件根本无法满足。

为了减小估计误差,克服小样本的影响,许多学者[10,12,13] 提出了不同的改进的协方差阵估计方法,以期得到更可靠的估计结果。一种改进方法是定义一个损失准则(loss criteria),选择协方差阵的合适估计使这个损失函数最小;另一种改进方法是利用正则化(regularization)方法。在这里介绍 Friedman[10] 的正则化方法来改进协方差阵的估计。

4.3.2 利用正则化估计协方差阵

正则化技术被广泛用来求解各种病态(ill-posed)问题。通常,当待估计的参数与观测样本数目相接近或者大于观测样本数目时,该参数估计问题就是病态的。直接求解病态问题得到的参数是很不稳定的,会有很大的方差。使用正则化方法,可以减小估计的方差,从而改善估计的性能。在样本数目远小于特征维数时,Friedman 建议采用如下所述正则化方法来改进协方差阵的估计。

$$\hat{\boldsymbol{\Sigma}}_i(\lambda) = \frac{\boldsymbol{S}_i(\lambda)}{N_i(\lambda)}, \quad i = 1, 2, \cdots, C \qquad (4.25)$$

其中,$\boldsymbol{S}_i(\lambda)$ 和 $N_i(\lambda)$ 分别是

$$\left. \begin{array}{l} \boldsymbol{S}_i(\lambda) = (1-\lambda) N_i \hat{\boldsymbol{\Sigma}}_i + \lambda N \boldsymbol{S}_t \\ N_i(\lambda) = (1-\lambda) N_i + \lambda N \end{array} \right\} \qquad (4.26)$$

S_t 为总的散度矩阵,只是其值采用其极大似然估计值代替,即

$$S_t = \frac{1}{N}\sum_{i=1}^{C}\sum_{j=1}^{N_i}(x_{ij}-\mu_g)(x_{ij}-\mu_g)^{\mathrm{T}} \quad (4.27)$$

其中,$N = \sum_{i=1}^{C}N_i$。上式中的 λ 为正则化参数,其取值范围为 $0 \leqslant \lambda \leqslant 1$,控制各类的协方差矩阵与总的散度矩阵的相似程度。若 $\lambda=0$,则不正则化,各类的协方差阵使用自己的估计值;若 $\lambda=1$,则最大正则化,表示各类的协方差阵均采用总的散度矩阵代替;不同的 λ 值控制不同的正则化程度。

式(4.26)能够改善协方差矩阵估计性能的原因在于,虽然各类协方差估计存在很大误差,但总的散度矩阵的估计误差却要小得多。这是因为总的散度矩阵使用了所有类别的样本,总的样本数目比各类各自的样本数目要大得多,因而在相同的待估计参数情况下(协方差阵的参数为 $n(n+1)/2$ 个),总的散度矩阵的估计误差比各类的协方差阵的估计误差要小。

虽然式(4.26)可以改善协方差阵的估计,但仍然存在问题。首先,上述方法的正则化程度可能仍然不够。如果总的样本数目 N 小于特征的维数 n,那么即使是总的协方差阵,其估计也是病态的,同样会引入很大误差。其次,用各类的协方差阵与总的协方差阵进行加权求和来进行正则化也许并不一定是最有效的正则化方法。例如,如果各类真实协方差阵均是单位阵与某个(不同)常数的乘积的形式,则采用上述方法进行正则化会引入很大的偏差;相反地,如果采用各类协方差阵的本征值的平均值($\mathrm{tr}(\hat{\Sigma}_i)/n$)乘上单位阵得到的矩阵与各自的协方差阵的加权和进行正则化,则几乎不引入什么偏差。为此,可以将协方差阵进一步正则化如下:

$$\hat{\Sigma}_i(\lambda,\gamma) = (1-\gamma)\hat{\Sigma}_i(\lambda) + \frac{\gamma}{n}\mathrm{tr}(\hat{\Sigma}_i(\lambda))I \quad (4.28)$$

这里,I 为单位阵,$\hat{\Sigma}_i(\lambda)$ 由式(4.25)确定。$\gamma(0 \leqslant \gamma \leqslant 1)$ 为正则化因子,控制协方差阵向对角阵($\mathrm{tr}(\hat{\Sigma}_i(\lambda))I/n$)偏移的程度。这种正则化方法可以有效地减小大本征值,增大小本征值,因而可以克服直接利用极大似然方法估计的协方差阵中小本征值对性能带来的影响。

在假定各类服从正态分布的情况下,采用式(4.28)作为各类的协方差阵的估计公式,利用贝叶斯准则可以得到如下的判别函数:

$$d_i(x) = (x-\mu_i)^{\mathrm{T}}\hat{\Sigma}_i^{-1}(\lambda,\gamma)(x-\mu_i) + \ln|\hat{\Sigma}_i(\lambda,\gamma)| - 2\ln P_i \quad (4.29)$$

采用上述判别函数设计分类器的方法就是正则化鉴别分析 RDA 方法。正则化参数 $\lambda、\gamma$ 可以采用交叉验证的方法来确定。

第4章 特征的鉴别分析和分布整形

对于样本数非常少的模式识别问题,例如在笔迹鉴别中样本数目非常少的情况,对此不用上述二次分类器的设计方法,而是使用上述协方差阵的估计方法来改善平均类内散度矩阵的估计。采用如下的正则化方法来估计协方差矩阵:

$$\hat{\Sigma}_i(\gamma) = (1-\gamma)\hat{\Sigma}_i + \frac{\gamma}{n}\mathrm{tr}(\hat{\Sigma}_i)I \tag{4.30}$$

根据式(4.30),可得类内散度矩阵的估计式为

$$S_w(\gamma) = (1-\gamma)S_w + \frac{\gamma}{n}\mathrm{tr}(S_w)I \tag{4.31}$$

采用 $S_w(\gamma)$ 作为 LDA 变换中的类内散度矩阵,相应地,优化准则选择为 $J_1(\gamma) = \mathrm{tr}(S_w^{-1}(\gamma)S_b)$,由此得到的最优变换作为 LDA 变换的变换矩阵。称这种 LDA 变换为正则化线性鉴别分析(regularized linear discriminant analysis,RLDA)。正则化参数 γ 的选择原则为可使验证集具有最小的鉴别错误率。

4.3.3 实验结果

本节的 RLDA 方法在笔迹鉴别样本集 Th-writer01 上进行验证。对 Th-writer01 样本集上每个书写者的每个特征字,每种方法均选择相同的 10 个样本用于训练,余下 6 个样本用于测试。采用的对比实验方法如表 4.2 所示。

表 4.2 对比实验中所采用的笔迹鉴别方法

实验方法编号	实验方法简介
方法(a)	PCA+欧氏距离分类器
方法(b)	PCA+LDA+欧氏距离分类器
方法(c)	PCA+LDA+加权欧氏距离分类器
方法(d)	PCA+LDA+修正马氏距离分类器
方法(e)	PCA+RLDA+欧氏距离分类器
方法(f)	PCA+RLDA+相关系数分类器

除了方法(a)和方法(c)外,原始特征经 PCA 变换和 LDA 变换得到笔迹鉴别特征后,再采用不同的分类器分类判决所得到的平均单字鉴别正确率均比直接利用原始笔迹特征设计欧氏距离分类器进行分类判决时的平均单字鉴别正确率(为 90.77%)要高。说明 LDA 变换的确可以提取最具鉴别性的笔迹特征。

方法(a)的平均单字鉴别正确率为 89.57％，比直接利用原始特征的鉴别正确率要低。这是因为，虽然 PCA 变换可以对原始特征降维，抑制噪声干扰，但 PCA 变换是通过计算所有类别样本的总体协方差阵的本征向量得到变换矩阵的，没有考虑各类别间的可分性，因而无法保证经 PCA 变换后的特征能够有效地提取各类别间的鉴别信息。也就是说，PCA 变换是表达意义上的最优，而不是鉴别意义上的最优。因而，其性能受到限制。

虽然方法(a)的性能比直接利用原始特征的鉴别正确率要低，但在本文的笔迹鉴别算法中仍然首先使用 PCA 变换对原始笔迹特征降维，然后再利用 LDA 变换提取鉴别特征。这是由于笔迹鉴别中可获取的样本数目很少，导致类内散度矩阵奇异，使得 LDA 变换失效。另外，由于 PCA 变换具有最小均方重构误差的特征，可以保证经 PCA 变换后的特征保持原始笔迹特征的绝大部分信息。鉴于此，在 LDA 变换前端使用 PCA 变换对原始特征降维。

方法(c)的平均单字鉴别正确率为 89.94％，也比直接利用原始特征的鉴别正确率要低。虽然 LDA 变换可以提取最具鉴别性的笔迹特征，但 LDA 变换后的特征并不适合利用加权欧氏距离分类器进行分类判决[11]。这是因为 LDA 变换假定各类服从正态分布且等协方差，而 LDA 变换阵的求解过程要求先白化平均类内散度矩阵，也就是说，平均类内散度矩阵变成了单位阵。基于此，欧氏距离分类器是 LDA 变换的最优分类器，采用加权欧氏距离分类器，性能上会受到影响。

方法(b)～方法(d)的原始特征前端均采用 PCA 变换降维、LDA 变换特征选择，但采用简单欧氏距离分类器的方法(b)却具有最好的平均单字鉴别正确率，采用 MQDF 的性能反而较差。考虑到笔迹鉴别是小样本问题，在这种小样本情况下估计修正马氏距离分类器的参数会引入很大误差，这些误差会影响笔迹鉴别的性能。

方法(b)和方法(e)两者一个采用 LDA 变换，另一个采用 RLDA 变换。小样本情况下进行正则化可以改善协方差阵的估计性能，从而提高鉴别正确率。方法(e)的平均单字鉴别正确率为 93.33％，高于方法(b)的平均单字鉴别正确率 92.28％。

方法(e)与方法(f)对原始特征均先利用 PCA 降维并采用 RLDA 进行特征选择，只是两者所使用的分类器不同。其中，方法(e)使用欧氏距离分类器，方法(f)使用相关系数进行分类判决。由于相关系数分类器计算相关系数需对幅度进行规一化，这可能会降低其鉴别性能。另外，相关系数分类器的扇形分界面也可能会影响鉴别性能。

Th-writer01 上采用不同方法的笔迹鉴别正确率列表可见表 4.3。

表 4.3 Th-writer01 上采用不同方法的笔迹鉴别正确率 %

方法	特征字							
	生	的	无	难	别	花	成	但
方法(a)	82.72	95.68	85.19	95.68	91.36	91.98	95.68	92.59
方法(b)	86.42	98.77	91.36	98.77	96.91	93.83	96.91	95.68
方法(c)	84.57	96.91	91.98	98.15	93.83	93.83	95.06	93.21
方法(d)	85.80	98.15	88.27	97.53	95.68	93.21	96.30	94.44
方法(e)	88.89	99.38	92.59	98.77	95.68	94.44	96.91	97.53
方法(f)	87.65	96.91	90.12	98.15	95.06	94.44	96.91	93.21
方法	特征字							
	月	此	去	为	中	有	天	不
方法(a)	88.89	93.83	95.68	91.36	85.19	90.12	87.04	95.68
方法(b)	91.98	93.21	93.83	90.12	87.65	95.68	90.74	93.83
方法(c)	91.36	88.89	90.12	81.48	88.27	93.83	87.65	91.36
方法(d)	90.74	93.21	91.98	90.12	86.42	93.21	88.89	88.89
方法(e)	93.21	96.30	95.06	91.98	89.51	95.68	91.36	96.30
方法(f)	92.59	95.06	91.98	86.42	87.04	93.83	89.51	91.98
方法	特征字							
	是	和	在	人	平均正确率			
方法(a)	88.89	94.44	96.91	52.47	89.57			
方法(b)	94.44	93.83	97.53	64.20	92.28			
方法(c)	93.21	89.51	95.06	60.49	89.94			
方法(d)	92.59	93.21	98.77	62.96	91.02			
方法(e)	93.83	94.44	98.77	66.05	93.33			
方法(f)	94.44	94.44	95.68	66.67	91.60			

4.4 异方差鉴别分析

在不同的识别应用中,LDA 受到各种局限中的主要问题也不尽相同。本节重点针对 LDA 同方差性假设的局限,将异方差线性鉴别分析方法引入到字符识别中。

首先，以手写数字为例，对字符特征分布中的各类异方差性进行说明。将图 4.5 中每个数字模式的二维特征分布(以样本点分布表示)分别用高斯分布来近似，并将每个高斯分布的协方差用特征平面上的一个椭圆来反映，结果显示在图 4.5 所示的字符特征分布中的各类异方差性上(以手写数字为例说明)。不同数字模式的高斯分布对应椭圆的大小和主轴方向都有显著差别，说明字符特征的实际分布存在着强烈的各类异方差性。如果在求取最优特征变换的过程中考虑异方差分布的因素，那么就能从原始特征中提取出更多的分类信息，进而改善识别性能。

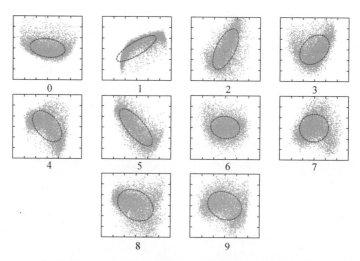

图 4.5　字符特征分布中的各类异方差性(以手写数字为例说明)

4.4.1　基于极大似然估计的异方差线性鉴别分析

Campbell 在文献[14]中证明：假如各类特征分布为高斯分布且协方差矩阵相同，且类别间的全部鉴别信息集中于 n 维原始特征空间的一个 d 维子空间中，那么由类可分性准则得到的 LDA 变换在极大似然意义下是最优的。此后，Hastie 又证明该结论在特征分布为混合高斯的情况下依然成立[15]。这样，可以把 LDA 变换看作同方差约束条件下的极大似然解。在这个结论的基础上，Kumar 去掉了各类同方差分布的约束，在极大似然估计框架下推广得到了异方差线性鉴别分析的变换矩阵的求解方法[16]，称为 **ML-HLDA**。

设 $y = W^T x$ 是从 n 维特征空间 X 到 n 维特征空间 Y 的一个非奇异线性变换，其变换矩阵 W 可分成两部分 $[W_d W_{n-d}]$，W_d 和 W_{n-d} 分别由 W 的前 d

列和后 $n-d$ 列组成。变换后的特征空间 Y 也相应分成 Y^d 和 Y^{n-d} 两个子空间，假定与 W_d 对应的 d 维变换子空间 Y^d 中包含了类别间的全部鉴别信息，而与 W_{n-d} 对应的 $n-d$ 维变换子空间 Y^{n-d} 中不含任何鉴别信息，且 Y^d 与 Y^{n-d} 在统计上不相关。$y^d = W_d^T x$ 是最终要得到的从原始 n 维特征空间到 d 维特征空间的特征压缩变换。设原始特征空间中 ω_k 类的均值和协方差矩阵分别为 m_k 和 S_k，平均类内散度矩阵为 S_W，所有类样本的总体均值和总体散度矩阵分别为 μ_0 和 S_T，变换特征空间中 ω_k 类的均值和协方差矩阵分别为 μ_k 和 Σ_k，它们之间则应有以下的关系：

$$\left.\begin{aligned} \mu_k &= W^T m_k \\ \Sigma_k &= W^T S_k W \end{aligned}\right\} \tag{4.32}$$

高斯分布的统计特性完全由其一、二阶统计量决定，因而在 $n-d$ 维子空间 Y^{n-d} 中不含鉴别信息即意味着该子空间中各类别的均值和协方差相同。式(4.32)又可以进一步表示为

$$\mu_k = \begin{bmatrix} \mu_k^d \\ \mu_0^{n-d} \end{bmatrix} = \begin{bmatrix} W_d^T m_k \\ W_{n-d}^T m_0 \end{bmatrix} \tag{4.33}$$

$$\Sigma_k = \begin{bmatrix} \Sigma_k^{d \times d} & 0 \\ 0 & \Sigma_0^{(n-d) \times (n-d)} \end{bmatrix} = \begin{bmatrix} W_d^T S_k W_d & 0 \\ 0 & W_{n-d}^T S_T W_{n-d} \end{bmatrix} \tag{4.34}$$

μ_0^{n-d} 和 $\Sigma_0^{(n-d) \times (n-d)}$ 为所有类别共享的部分，而 μ_k^d 和 $\Sigma_k^{d \times d}$ 为各类不同的部分。某个样本 x 属于 ω_k 类的条件概率可以表示为

$$\begin{aligned} p(x|\omega_k) &= p(y|\omega_k)|J| \\ &= \frac{1}{(2\pi)^{n/2} |\Sigma_k|^{1/2}} \exp\left\{-\frac{1}{2}(y-\mu_k)^T \Sigma_k^{-1}(y-\mu_k)\right\} \|W\| \\ &= \frac{\|W\|}{(2\pi)^{n/2} |W_d^T S_k W_d|^{1/2} |W_{n-d}^T S_T W_{n-d}|^{1/2}} \exp\left\{-\frac{1}{2}(x-m_k)^T S_k^{-1}(x-m_k)\right\} \end{aligned}$$
$$\tag{4.35}$$

其中，$|J| = \partial y/\partial x$ 为雅可比矩阵。

设全部训练样本为 $\{x_i, i=1, 2, \cdots, N\}$，其中属于 ω_k 类的样本数有 N_k 个。用 $\omega_{g(i)}$ 表示样本 x_i 所属类别，那么整个训练样本集上的对数似然函数为

$$\begin{aligned} L_X(W) &= \sum_{i=1}^{N} \ln p(x_i|\omega_{g(i)}) \\ &= -\frac{N}{2}\ln|W_{n-d}^T S_T W_{n-d}| - \sum_{k=1}^{C} \frac{N_k}{2}\ln|W_d^T S_k W_d| \\ &\quad + N\ln\|W\| - \frac{Nn}{2}(1+\ln 2\pi) \end{aligned} \tag{4.36}$$

极大似然意义下的最优特征变换矩阵为 W^*，

$$W^* = \arg\max_{W} L_X(W) \tag{4.37}$$

由 W^* 的前 d 列组成的矩阵就是最优 ML-HLDA 变换矩阵。

下面对变换特征空间中各类方差 Σ_k 的具体形式进行讨论。

(1) 如果各类的 Σ_k 为相同的对角阵，由式(4.37)可以得出：

$$W^* = \arg\max_{W} \left\{ -\frac{N}{2}\ln|W_{n-d}^{\mathrm{T}} S_T W_{n-d}| - \frac{N}{2}\ln|W_d^{\mathrm{T}} S_W W_d| + N\ln\|W\| \right\} \tag{4.38}$$

Kumar 证明了 $S_W^{-1} S_T$ 的本征矩阵恰好满足式(4.38)中 W^* 的条件[16]，这说明 LDA 变换是同方差约束下的极大似然解。

(2) 如果各类的 Σ_k 为各不相同的对角阵，由式(4.37)可得：

$$\begin{aligned} W^* = \arg\max_{W} \bigg\{ & -\frac{N}{2}\ln|\mathrm{diag}(W_{n-d}^{\mathrm{T}} S_T W_{n-d})| \\ & -\sum_{k=1}^{C}\frac{N_k}{2}\ln|\mathrm{diag}(W_d^{\mathrm{T}} S_k W_d)| + N\ln\|W\| \bigg\} \end{aligned} \tag{4.39}$$

这种情况下，若再有 $d=n$，即对原始特征不降维只旋转，则得到的 ML-HLDA 变换称为 MLLT 变换(maximum likelihood linear transform)。在语音识别中，通常先使用 LDA 变换对特征降维，再用 MLLT 变换来使特征与对角方差的 GMM 模型相匹配[17]。

(3) 一般情况下，式(4.37)不存在简单闭式解，只能通过数值优化算法来求解。

对式(4.36)求导，可得对数似然函数 $L_X(W)$ 的梯度为

$$\begin{aligned} \frac{\mathrm{d}L_X(W)}{\mathrm{d}W} = & -N(W_{n-d}^{\mathrm{T}} S_T W_{n-d})^{-1} W_{n-d}^{\mathrm{T}} S_T \\ & -\sum_{k=1}^{C} N_k (W_d^{\mathrm{T}} S_k W_d)^{-1} W_d^{\mathrm{T}} S_k + N W^{-1} \end{aligned} \tag{4.40}$$

用梯度下降方法来迭代优化特征变换矩阵 W，使得对数似然函数达到最大，如下式所示：

$$W^{(i+1)} = W^{(i)} - \varepsilon^{(i)} \frac{\mathrm{d}L_X(W)}{\mathrm{d}W} \tag{4.41}$$

其中，$\varepsilon^{(i)}$ 为步长，W 的初始值 $W^{(0)}$ 可取为 LDA 变换矩阵。在特征维数较高的情况下，这种数值优化算法的复杂度会非常高，因此只适合在特征维数较小的问题中加以应用[16]。

4.4.2 基于 Chernoff 准则的异方差线性鉴别分析

为了使异方差鉴别分析具备更高的计算可行性，以便用于特征维数很高的字符识别问题，本节介绍在解决实际问题时采用的与 ML-HLDA 不同的另外一种 HLDA 变换方法——基于 Chernoff 准则的异方差线性鉴别分析(Chernoff based HLDA，C-HLDA)，该方法的思路主要基于类间散度矩阵的分解，以及两个类别间有向距离矩阵(directed distance matrix，DDM)的形式推广。DDM 矩阵的本征值反映了两个模式类中心间的距离，而相对应的本征向量则反映出该距离存在于特征空间的哪个投影方向上[18]。

为讨论方便，首先假设平均类内散度矩阵为单位阵，即 $S_w = I$。

(1) 先考虑各模式类特征符合同方差高斯分布，即 LDA 变换的假设成立的情形。根据类间散度矩阵 S_b 的分解形式，

$$S_b = \sum_{i=1}^{C-1} \sum_{j=i+1}^{C} p(w_i) p(w_j) (m_i - m_j)(m_i - m_j)^T \quad (4.42)$$

LDA 类可分性度量也可以分解成两两类别可分性度量的加权和：

$$\begin{aligned} J_F(W) &= \mathrm{tr}[(W^T S_w W)^{-1}(W^T S_b W)] \\ &= \sum_{i=1}^{C-1} \sum_{j=i+1}^{C} p(\omega_i) p(\omega_j) \mathrm{tr}[(W^T W)^{-1}(W^T S_{Eij} W)] \end{aligned} \quad (4.43)$$

上式中的 S_{Eij} 即定义为同方差条件下 ω_i 类和 ω_j 类间的 DDM 矩阵：

$$S_{Eij} = (m_i - m_j)(m_i - m_j)^T \quad (4.44)$$

容易知道，该矩阵只有一个非零本征值 λ，其大小等于两类中心间的欧氏距离 $d_{Eij} = (m_i - m_j)^T(m_i - m_j)$，而 λ 本征值对应的本征向量 φ 的方向恰为两类间 LDA 变换的最优投影方向。ω_i 类和 ω_j 类的特征分布只在 φ 方向上存在差异，而在 S_{Eij} 其他零本征值对应本征向量的投影方向上，两个类别的特征分布完全重合。DDM 矩阵 S_{Eij} 与欧氏距离 d_{Eij} 之间存在着简单的矩阵迹关系 $\mathrm{tr}(S_{Eij}) = d_{Eij}$，$\mathrm{tr}(\cdot)$ 为矩阵的迹。

(2) 再考虑各模式类特征分布异方差的情形。设 ω_i 类和 ω_j 类分别符合高斯分布 $N(m_i, S_i)$ 和 $N(m_j, S_j)$，$S_i \neq S_j$。此时，两个类别在特征空间中将不再仅有一个鉴别投影方向。Loog 提出，在这种情况下用如下的 Chernoff 距离 d_{Cij} 取代欧氏距离 d_{Eij} 作为两类中心间的距离度量：

$$\begin{aligned} d_{Cij} &= -\ln \int p^\alpha(x|\omega_i) p^{1-\alpha}(x|\omega_j) dx \\ &= (m_i - m_j)^T S_{ij}^{-1}(m_i - m_j) + \frac{1}{\alpha(1-\alpha)} \ln \frac{|S_{ij}|}{|S_i|^\alpha |S_j|^{1-\alpha}} \end{aligned}$$
$$(4.45)$$

其中，$S_{ij} = \alpha S_i + (1-\alpha)S_j$，$\alpha$ 为 $[0,1]$ 间的一个常数。根据矩阵迹的关系，可以得到对应于 d_{Cij} 的两类间的 DDM 矩阵应为

$$S_{Cij} = S_{ij}^{-1/2}(m_i - m_j)(m_i - m_j)^T S_{ij}^{-1/2}$$
$$+ \frac{1}{\alpha(1-\alpha)}\{\ln S_{ij} - \alpha \ln S_i - (1-\alpha)\ln S_j\} \quad (4.46)$$

因为它满足 $\mathrm{tr}(S_{Cij}) = d_{Cij}$。

用新的 DDM 矩阵 S_{Cij} 替代式(4.43)中的 S_{Eij}，就将同方差分布下的 Fisher 类可分性准则 J_F 推广为异方差分布下的 Chernoff 类可分性准则 J_C。

$$J_C(W) = \sum_{i=1}^{C-1}\sum_{j=i+1}^{C} p(\omega_i)p(\omega_j)\mathrm{tr}[(W^TW)^{-1}(W^T S_{Cij}W)] \quad (4.47)$$

在图 4.6 所示的类可分性度量从同方差分布到异方差分布的推广示意图中，更清楚地表示了从 Fisher 准则推广到 Chernoff 准则的完整过程。

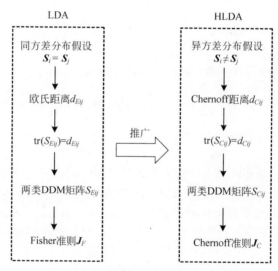

图 4.6 类可分性度量从同方差分布到异方差分布的推广示意图

上述讨论中，都假定了类内散度矩阵 $S_w = I$，如果 $S_w \neq I$，则需要先使用一个白化变换 $y = S_w^{-1/2}x$ 对原始特征进行白化。白化后的各类均值和协方差矩阵为

$$m_i' = S_w^{-1/2} m_i, \quad S_i' = S_w^{-1/2} S_i S_w^{-1/2}, \quad i = 1, 2, \cdots, C \quad (4.48)$$

白化后，ω_i 类和 ω_j 类间的 DDM 矩阵为

$$S_{Cij}' = S_{ij}'^{-1/2}(m_i' - m_j')(m_i' - m_j')^T S_{ij}'^{-1/2}$$
$$+ \frac{1}{\alpha(1-\alpha)}\{\ln S_{ij}' - \alpha \ln S_i' - (1-\alpha)\ln S_j'\} \quad (4.49)$$

其中，$S'_{ij} = \alpha S'_i + (1-\alpha) S'_j$。由式(4.47)首先得到白化特征空间中的 HLDA 特征变换矩阵，然后再使用白化变换的逆变换 $x = S_w^{1/2} y$ 即可得到原始空间中 HLDA 特征变换矩阵。利用类可分性准则在非奇异变换下的不变性，可以得到未经白化的原始特征空间中的 Chernoff 准则。

$$J_C(\boldsymbol{W}) = \sum_{i=1}^{C-1} \sum_{j=i+1}^{C} p(\omega_i) p(\omega_j) \operatorname{tr}\left[(\boldsymbol{W}^\mathrm{T} \boldsymbol{S}_w^{1/2} \boldsymbol{S}_w^{1/2} \boldsymbol{W})^{-1} (\boldsymbol{W}^\mathrm{T} \boldsymbol{S}_w^{1/2} \boldsymbol{S}'_{Cij} \boldsymbol{S}_w^{1/2} \boldsymbol{W})\right] \tag{4.50}$$

使 $J_C(\boldsymbol{W})$ 最大的 HLDA 变换矩阵 $\boldsymbol{W}^*$ 由

$$\boldsymbol{S}_W^{-1} \left(\sum_{i=1}^{C-1} \sum_{j=i+1}^{C} p(\omega_i) p(\omega_j) \boldsymbol{S}_w^{1/2} \boldsymbol{S}'_{Cij} \boldsymbol{S}_w^{1/2} \right) \tag{4.51}$$

矩阵的最大 d 个本征值对应的本征向量组成。与 ML-HLDA 方法相比，基于 Chernoff 准则的 HLDA 变换方法保持了 LDA 变换计算简单的优点，因此只需要进行广义特征值问题的求解即可。

4.4.3 基于 Mahalanobis 准则的异方差线性鉴别分析

本节介绍一种新的对应于 Mahalanobis 距离的 DDM 矩阵，并得到基于 Mahalanobis 准则的 HLDA 变换方法 M-HLDA，这是对基于 Chernoff 准则的 HLDA 变换方法的一种改进。

分析式(4.45)中所示的 Chernoff 距离的形式，可以看到它由两部分组成，第 1 部分是两类中心 m_i 和 m_j 之间的马氏距离

$$d_{Mij} = (\boldsymbol{m}_i - \boldsymbol{m}_j)^\mathrm{T} \boldsymbol{S}_{ij}^{-1} (\boldsymbol{m}_i - \boldsymbol{m}_j) \tag{4.52}$$

第 2 部分的对数项则刻画了两类协方差矩阵 $\boldsymbol{S}_i$ 和 $\boldsymbol{S}_j$ 之间的差异。由于不同类别对 $\{\omega_i, \omega_j\}$ 所对应的 $\boldsymbol{S}_{ij}$ 各不相同，马氏距离项事实上已经引入了异方差分布的因素，因而可以省略掉剩余的对数项来节省运算量，并避免计算上的不稳定性。在后面的实验中，也将看到这种舍弃并未带来识别性能的损失。另一方面，Chernoff 准则计算中的和式共有 $C(C-1)/2$ 项，与类别数目的平方成正比，在手写汉字识别这样类别数目巨大的问题中，会因运算复杂度过高导致 Chernoff 准则无法使用。如果将两两类间计算距离改为对每个类别中心和全局类中心计算距离，则可将运算量从 $O(C^2)$ 节省为 $O(C)$。

仍首先假设平均类内散度矩阵 $\boldsymbol{S}_w = \boldsymbol{I}$，可将各类特征同方差分布条件下的 Fisher 准则表示为

$$\begin{aligned} J_F(\boldsymbol{W}) &= \operatorname{tr}\left[(\boldsymbol{W}^\mathrm{T} \boldsymbol{S}_w \boldsymbol{W})^{-1} (\boldsymbol{W}^\mathrm{T} \boldsymbol{S}_b \boldsymbol{W})\right] \\ &= \sum_{i=1}^{C} p(\omega_i) \operatorname{tr}\left[(\boldsymbol{W}^\mathrm{T} \boldsymbol{W})^{-1} (\boldsymbol{W}^\mathrm{T} \boldsymbol{S}_{Ei0} \boldsymbol{W})\right] \end{aligned} \tag{4.53}$$

其中，S_{Ei0} 为 ω_i 类与全局类中心间的 DDM 矩阵

$$S_{Ei0} = (m_i - m_0)(m_i - m_0)^T \tag{4.54}$$

它与欧氏距离 $d_{Ei0} = (m_i - m_0)^T(m_i - m_0)$ 之间通过 $\text{tr}(S_{Ei0}) = d_{Ei0}$ 相联系。

考虑各类特征分布异方差的情况，将欧氏距离 d_{Ei0} 推广为马氏距离 $d_{Mi0} = (m_i - m_0)^T S_{i0}^{-1}(m_i - m_0)$，对应的 DDM 矩阵也从 S_{Ei0} 推广为

$$S_{Mi0} = S_{i0}^{-1/2}(m_i - m_0)(m_i - m_0)^T S_{i0}^{-1/2} \tag{4.55}$$

因为它满足 $\text{tr}(S_{Mi0}) = d_{Mi0}$ 的矩阵迹关系。式(4.55)中 $S_{i0} = \alpha S_i + (1-\alpha)I$，$\alpha = p(\omega_i)/[p(\omega_i) + p_0]$，$p_0 = 1/C$。

这样，用 S_{Mi0} 取代式(4.53)的 Fisher 准则中的 DDM 矩阵 S_{Ei0}，就得到新的 Mahalanobis 准则。

$$J_M(W) = \sum_{i=1}^{C} p(\omega_i) \text{tr}[(W^T W)^{-1}(W^T S_{Mi0} W)] \tag{4.56}$$

再来考虑 $S_w \neq I$ 的情况。首先利用白化变换 $y = S_w^{-1/2} x$ 对原始特征进行白化，白化后的各类均值和协方差矩阵为

$$\left.\begin{array}{l} m'_i = S_w^{-1/2} m_i, \quad S'_i = S_w^{-1/2} S_i S_w^{-1/2}, \quad i = 1, 2, \cdots, C \\ m'_0 = S_w^{-1/2} m_0 \\ S'_{i0} = \alpha S'_i + (1-\alpha) I \end{array}\right\} \tag{4.57}$$

白化后，ω_i 类与全局类中心间的 DDM 矩阵为

$$S'_{Mi0} = S'^{-1/2}_{i0}(m'_i - m'_0)(m'_i - m'_0)^T S'^{-1/2}_{i0} \tag{4.58}$$

利用白化变换的逆变换以及类可分性准则在非奇异变换下的不变性，可以得到未经白化的特征空间中的 Mahalanobis 准则为

$$J_M(W) = \sum_{i=1}^{C} p(\omega_i) \text{tr}[(W^T S_w^{1/2} S_w^{1/2} W)^{-1}(W^T S_w^{1/2} S'_{Mi0} S_w^{1/2} W)] \tag{4.59}$$

使 $J_M(W)$ 最大的 HLDA 变换矩阵 W^* 由

$$S_w^{-1}\Big(\sum_{i=1}^{C} p(\omega_i) S_w^{1/2} S'_{Mi0} S_w^{1/2}\Big) \tag{4.60}$$

的最大 d 个本征值对应的本征向量组成。

4.4.4 实验结果

为了考察 HLDA 变换与传统 LDA 变换相比，对特征可分性和系统识别性能的影响情况，分别在不同字符集大小的手写字符识别问题中进行了实验。

对小模式类识别问题,选用 NIST SD-19 数据库来验证 HLDA 变换的性能。NIST SD-19(Special Database 19)由美国标准计量局(American National Institute of Standards and Technology)于 1995 年采集并发行,其中包含 0～9,A～Z,a～z 共计 62 种手写字符。SD-19 的所有样本数据分为 hsf_0～hsf_8 共 9 个集合,本节使用其中的 hsf_4,hsf_6 和 hsf_7 这 3 个样本集。在本节的研究实验中,将 hsf_6 作为训练集,而将 hsf_4 和 hsf_7 作为两个独立的测试集。由于该样本库中包含了手写数字、手写大写英文、手写小写英文,将 3 种字符集的样本分开来进行实验。在字符图像上提取 8 个方向 $n=392$ 维的梯度特征,然后分别采用 LDA、C-HLDA 和 M-HLDA 这 3 种不同的特征变换方法压缩至 d 维。由于传统 LDA 方法能够抽取的有效特征维数 $d_{max} \leqslant C-1$,因此,为了进行统一比较,设定了 $d=C-1$,这样,对数字识别问题,$d=9$,而对大写英文和小写英文识别问题,$d=25$。实验中采用 MQDF 分类器进行分类,将 3 种特征变换方法对应的训练集和测试集上的识别率分别列于表 4.4 中进行比较。

表 4.4　LDA、C-HLDA、M-HLDA 三种特征变换方法的识别率比较(%)(NIST-SD19 库)

	样本集	LDA	C-HLDA	M-HLDA
手写数字 ($d=9$)	Hsf_6(训练集)	98.53	**98.78**	98.77
	Hsf_4(测试集 1)	96.18	96.44	**96.56**
	Hsf_7(测试集 2)	98.74	98.92	**98.92**
手写 大写英文 ($d=25$)	Hsf_6(训练集)	96.33	**97.37**	97.37
	Hsf_4(测试集 1)	95.47	95.47	**95.65**
	Hsf_7(测试集 2)	96.63	96.68	**97.12**
手写 小写英文 ($d=25$)	Hsf_6(训练集)	91.74	91.93	**93.19**
	Hsf_4(测试集 1)	87.78	86.43	**88.28**
	Hsf_7(测试集 2)	91.08	89.74	**91.36**

由表 4.4 可见,在特征变换中增加对各类方差差异中鉴别信息的考虑,确实能够提高系统识别性能。在两种异方差线性鉴别分析方法中,M-HLDA 的性能更好于 C-HLDA。由于异方差鉴别分析方法需要计算每个类别的协方差矩阵,对样本数目的要求比只考虑平均类内散度矩阵的 LDA 要高,因此采用 C-HLDA 这样高复杂度的变换矩阵计算方法,在个别测试集上的识别性能较 LDA 有所下降,M-HLDA 相对 C-HLDA 虽然对 DDM

矩阵的计算进行了一定简化，但却可以稳定地在每个样本集上获得比 LDA 更高的识别率。

为了进一步验证异方差线性鉴别分析在大模式类识别问题中的性能，分别在 HCL2000 和 THU-HCD 两个手写汉字样本库上进行实验。HCL2000 (Handwritten Character Library 2000)测试集是由北京邮电大学收集的不同年龄、职业和文化程度的人书写的 1 600 套汉字样本，每套样本包含 GB-2312 中 3 755 个汉字字符图像。这里采用其常用的 700 套训练集（xx001-xx700）和 300 套测试集（hh001-hh300）。其字符样本如图 4.7 所示。

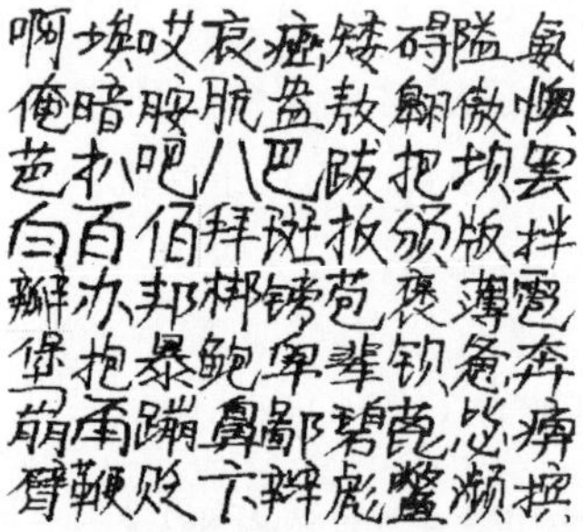

图 4.7　HCL2000 字符集示例

两个样本库的字符集为全部一级简体汉字，类别数 $C=3\,755$。显然，C-HLDA 因计算代价太高已难以使用，因此在实验中仅比较使用 M-HLDA 和 LDA 的识别性能。原始字符特征仍取为 8 方向 $n=392$ 维的梯度特征，而分类器则使用 EDC 和 MQDF 两种。在 HCL2000 库上，通过 LDA 或 M-HLDA 特征变换将原始特征分别压缩到 $d=64、96、128、160$ 维，而在 THU-HCD 库上，压缩后的特征维数取为 $d=128$ 维。两个样本库的训练集和测试集上的首选识别率分别列于表 4.5 和表 4.6 中。

表 4.5　LDA 和 M-HLDA 两种特征变换方法的识别率比较（%）（HCL2000 库）

样本集	分类器	特征变换方法	压缩特征维数 d			
			64	96	128	160
训练集	EDC	LDA	93.85	94.66	94.94	95.06
		M-HLDA	**94.49**	**95.30**	**95.57**	**95.65**
	MQDF	LDA	98.45	98.74	98.84	98.87
		M-HLDA	**98.62**	**98.89**	**98.96**	**98.98**

续表

样本集	分类器	特征变换方法	压缩特征维数 d			
			64	96	128	160
测试集	EDC	LDA	94.30	95.06	95.28	95.35
		M-HLDA	**94.90**	**95.61**	**95.83**	**95.89**
	MQDF	LDA	97.58	98.00	98.12	98.16
		M-HLDA	**97.79**	**98.18**	**98.28**	**98.29**

表 4.6 LDA 和 M-HLDA 两种特征变换方法的识别率比较(%)
(THU-HCD 库压缩特征维数 $d=128$)

样本集	分类器	特征变换方法	
		LDA	M-HLDA
训练集 HCD1,2	EDC	97.83	**98.15**
	MQDF	99.55	**99.61**
训练集 HCD3,5,6,7	EDC	95.29	**95.93**
	MQDF	98.81	**98.95**
训练集 HCD8,10	EDC	71.60	**74.25**
	MQDF	87.13	**88.76**
测试集 HCD4	EDC	95.17	**95.77**
	MQDF	98.15	**98.30**
测试集 HCD9	EDC	75.45	**78.51**
	MQDF	89.45	**91.37**

从表 4.5 和表 4.6 所示结果可见,在大模式类分类问题中异方差鉴别分析对识别性能的改善效果更加明显。无论识别分类器采用 EDC 还是 MQDF,使用 M-HLDA 特征变换取代 LDA 变换后,测试集上的识别率都得到了显著的改善。

4.4.5 小结

本节对于在分析传统线性鉴别分析方法的局限性问题上,如何去除各类特征同方差分布这种与实际情况往往不相符的假设,引出异方差线性鉴别分析方法。为了得到 HLDA 特征变换矩阵,分别对基于极大似然估计的 HLDA 方法和基于类间散度矩阵推广的 HLDA 方法进行了理论研究,并在后者框架上，对基于 Chernoff 准则的 HLDA 进行改进，提出了新的基于 Mahalanobis 准则的 HLDA 变换方法，以降低运算代价，适应大模式类的分类问题。在多个字符样本库上的实验结果均已证明，用新的 HLDA 变换取代 LDA 变换，能够有效地提高识别率。

4.5 特征统计分布整形变换

4.5.1 特征分布的整形

多元正态分布的突出优点是从数学上易于分析和处理。而对于其他分布，情况往往不是这样。即使撇开正态分布理想的数学性质，仍然有两个原因促使它被广泛应用于实际之中。首先，在许多情况下，正态分布确实能够作为真实总体的分布；其次，根据中心极限定理，如果总体是受大量的、相互独立的、微小的随机因素影响而得到的随机变量，那么它的分别是近似正态分布的。

由于脱机手写汉字识别规模巨大，针对它的许多统计技术，包括特征的线性鉴别分析和修正二次鉴别函数，都直接或者间接地依赖于对特征分布的多元正态性假设。然而，实际抽取的字符特征绝对不会严格地服从多元正态分布的。当正态分类模型达到一定复杂程度以后，模型的误差（即正态假设的合理性）就成为进一步提高系统分类性能的关键因素。

一种解决方法是寻找比正态分布更为合适的概率分布模型。可惜的是，在高维特征空间中，能够选择的分布形式少得可怜。另一种方法是采用混合分布或者非参数技术进行回避，比如高斯混合分布、k-近邻规则、神经网络甚至支持向量机等。非参数技术原则上似乎不需要具有分布的任何先验知识。但是在超大模式集分类问题中，这类方法的实际应用却遇到了许多的困难，比如计算量和储存量过大、训练样本不足以及泛化能力难以控制等。

于是在企图建立高性能脱机字符识别系统时，不得不又局限于简单的 QDF 正态分类模型。幸运的是，这种情况下仍然存在一些能够缓解非正态性问题的途径，包括：

(1) 直接改善特征分布的正态性；
(2) 改进正态概率模型的参数估计方法。

本节将围绕第 1 种思路进行讨论。第 2 种思路将在第 6 章中加以探讨。

事实上，借助于某些简单的整形变换，能够将样本特征重新映射得更近似于正态分布。这种映射没有带来任何鉴别信息的损失,同时又间接地减小了分类模型的偏差。整形变换可以理解为置于分类系统前端的匹配器或者偏差补偿器,它使得数据具有对该分类系统来说更好的表达形式。至于如何来设计所需的变换,可以从特征本身及其抽取过程的物理意义出发,也可以利用某些探索性的数据分析技术[25]。

基于上述考虑,我们引入了统计学中常用的 Box-Cox 幂方变换,并将该技术用来对特征进行整形。特征整形的直接效果是加强了正态分类模型和实际数据分布的匹配,它具体表现在两个方面:改善方向线素特征的对称性和稳定不同字符类内分布的方差。

4.5.2 正态性检验

为了评价分布与多元正态的接近程度,必须首先建立一些检验方法,能够根据已有的观测数据给出正态性假定是否成立的判断。下面结合在字符识别方面的需要作一些必要的介绍。对正态性检验更为一般性的说明,可以参见文献[22,23]。

1. 一维边缘分布的正态性评价

对于一维边缘分布正态性的验证,可以使用通用的检验方法,如 χ^2 拟合优度检验、柯尔莫哥洛夫检验,或者专用于检验正态性的方法,如 W 检验、D 检验、偏峰度检验等。另外,还可以采用直方图或者 Q-Q 图等简单的直观方法。这里重点介绍偏度和峰度的概念。

设随机变量 $x \approx N(\mu, \sigma)$,其 k 阶中心矩 μ_k 定义为

$$\mu_k = E[(x-\mu)^k] = \begin{cases} 0, & k \text{ 为奇数} \\ 1 \cdot 3 \cdot 5 \cdot \cdots \cdot (k-1)\sigma^k, & k \text{ 为偶数} \end{cases} \quad (4.61)$$

于是 x 的偏度 β_s 和峰度 β_k 分别定义为

$$\beta_s = \frac{\mu_3}{\sigma^3}, \quad \beta_k = \frac{\mu_4}{\sigma^4} \quad (4.62)$$

偏度反映了分布的对称性。对正态分布来说,$\beta_s = \mu_3/\sigma^3 = 0$。实际中经常遇到连续的、单峰的、不对称的密度函数曲线,它在众数(密度函数在这一点达到最大值)的一边形成长尾,另一边形成短尾。如果长尾是在正的一边,那么 $\beta_s = \mu_3/\sigma^3 > 0$,并称该分布具有正的偏度。反之,如果长尾是在负的一边,则 $\beta_s = \mu_3/\sigma^3 < 0$,并称该分布具有负的偏度。

峰度反映密度函数曲线在众数附近"峰"的陡峭程度。对正态分布来

说，$\beta_k = \mu_4/\sigma^4 = 3$。在说明一个分布的峰度时，通常以正态分布的峰度为标准。如果 $\beta_k = \mu_4/\sigma^4 > 3$，则称该分布具有过度的峰度。反之，则称具有不足的峰度。另外可以证明[24]，混合正态分布的峰度 $\beta_k = \mu_4/\sigma^4 > 3$。

利用给定的 L 个样本 $x_1, x_2, \cdots, x_L$，可以构造如下的偏度和峰度统计量：

$$\beta_k = \frac{\mu_4}{\sigma^4} = \frac{\sqrt{L}\sum_{i=1}^{L}(x_i-\bar{x})^4}{\left[\sum_{i=1}^{L}(x_i-\bar{x})^2\right]^2}, \quad \beta_s = \frac{\mu_3}{\sigma^3} = \frac{\sqrt{L}\sum_{i=1}^{L}(x_i-\bar{x})^3}{\left[\sum_{i=1}^{L}(x_i-\bar{x})^2\right]^{3/2}} \tag{4.63}$$

可以证明，当总体服从正态分布且样本容量 L 相当大时，统计量 β_s 和 β_k 近似服从正态分布，且有

$$\begin{aligned} E(\beta_s) &\approx 0, \quad \text{Var}(\beta_s) \approx \frac{6}{L} \\ E(\beta_k) &\approx 3, \quad \text{Var}(\beta_k) \approx \frac{24}{L} \end{aligned} \tag{4.64}$$

所谓偏峰度检验，就是依据 β_s 和 β_k 分别偏离标准值 0 和 3 的大小来对正态假设成立的可能性做出判断。

2. 多元正态性评价

根据正态分布的性质，正态变量的所有线性组合都是正态变量，多元正态密度的等高线是椭球，因此，对于多元正态性的检验，可以提出下述问题[34]：

(1) X 的边缘分布像是正态的吗？几个分量的线性组合的分别又是怎样的？

(2) 每两个分量的观测值的散点图具有二元正态总体样本的那种椭圆形状吗？

(3) 有没有可疑的奇异观测需要进一步检验？

不难想象，当维数大于 2 时，要构造多元正态的一个"好"的检验是十分困难的。当然，若注意力只放在一维或二维观测值的边缘正态性检测上是要付出代价的，因为可能漏掉一些只有在高维才能显示出来的特征。然而，许多类型的非正态性往往还是反映在它们的边缘分布和散点图上。

本节各项实验中，采用了峰值图来对字符条件分布的多元正态性进行直观评价。考虑来自某字符的 N 个特征矢量 $x_n = (x_{n1}, x_{n2}, \cdots, x_{nd})$，其中 d 表示特征维数。根据式(4.63)，计算出所有第 i 维特征分量构成的标量

数据集合 $\{x_{ni}|1\leqslant n\leqslant N\}$ 的偏度统计量 $b_s^{(i)}$ 和峰度统计量 $b_k^{(i)}$。于是,对于 d 维特征总共可以得到 d 对峰度偏度统计量 $\{b_k^{(i)},b_s^{(i)}|1\leqslant i\leqslant d\}$。将它们以散点形式绘在二维平面上,就构成了该字符分布所对应的峰偏图。根据峰偏检验原理,d 个散点偏离标准中心(3,0)的程度,即反映了该字符条件分布的非正态性。

4.5.3 Box-Cox 变换

如果正态性是一种不能成立的假设,那么可以考虑对数据进行变换,使非正态数据变为更接近正态。此时,正态理论分析就可以对经过适当变换的数据来进行。在许多情况下,采用何种变换来改进正态性的近似程度并不是很显然的。这时的原则是让数据建议所需的变换。就这个目的而言,Box-Cox 幂变换族被证明是简单而有效的。

Box-Cox 变换特别适合于总量或者计数数据,它往往能够促进数据的对称性、稳定展布、直线性或加性结构[25]。在许多实际的数据分析问题中,Box-Cox 变换已经得到了成功的应用,比如寿命数据分析[26]、洪水频度估计[27]、神经学测量[28]等。

1. 幂变换族的定义

Box 和 Cox[19] 提出了幂变换族的如下形式:

$$y = \psi_\lambda(x) = \begin{cases} \dfrac{x^\lambda - 1}{\lambda}, & \lambda \neq 0 \\ \ln x, & \lambda = 0 \end{cases} \quad (4.65)$$

其中,x 是正变量,λ 是任意实数。选择不同的幂变换参数 λ 可以得到不同的变换结果,其中包括了在统计学中经常使用的倒数变换、平方根变换以及对数变换等。这种定义形式从数学角度来看有 4 条优点:

(1) 曲线是单调递增的,所以对每个 λ,$y=\psi_\lambda(x)$ 保持被变换数据的次序;
(2) 对所有 λ,诸曲线有一个公共点 $(1,0)$;
(3) 曲线在 $(1,0)$ 点共享一条公共的切线;
(4) 对于每个固定的 x,$y(\lambda,x)=\psi_\lambda(x)$ 是 λ 的连续函数,它的任意阶导数也是 λ 的连续函数。

2. 参数的估计

很多文献中已经提出了许多方法来帮助从一组有限样本选择合适的变换参数 λ,其中使用最为广泛的就是最大似然估计。给定 L 个正值观测 x_1,

$x_2,\cdots,x_L$,该方法给出的最优估计值 $\hat{\lambda}$ 使得如下的似然指标达到最大:

$$L(\lambda) = -\frac{L}{2}\ln\left[\frac{1}{L}\sum_{i=1}^{L}(y_i-\bar{y})^2\right] + (\lambda-1)\sum_{i=1}^{L}\ln x_i \qquad (4.66)$$

其中,$\bar{y}$ 是变换后数据的算术平均值,根据式(4.65)可表达如下:

$$\bar{y} = \frac{1}{L}\sum_{i=1}^{L}y_i = \begin{cases} \dfrac{1}{L}\sum_{i=1}^{L}\left(\dfrac{x_i^{\lambda}-1}{\lambda}\right), & \lambda \neq 0 \\ \dfrac{1}{L}\sum_{i=1}^{L}\ln x_i, & \lambda = 0 \end{cases} \qquad (4.67)$$

下面对式(4.66)的推导过程进行说明。假设 L 个观测经过 $y=\psi_\lambda(x)$ 变换后得到的数据 $y_1,y_2,\cdots,y_L$ 服从正态分布 $N(\mu,\sigma^2)$。根据式(4.65),x 的密度分布有如下形式:

$$p(x) = \frac{x^{\lambda-1}}{\sqrt{2\pi}\sigma}\exp\left\{-\frac{(y-\mu)^2}{2\sigma^2}\right\} \qquad (4.68)$$

于是所要做的就是对 x 的分布参数 μ,σ,λ 同时求最大似然估计。为此,需要计算所有样本的联合对数似然:

$$\begin{aligned}L(\mu,\sigma,\lambda) &= \sum_{i=1}^{L}\ln p(x_i) \\ &= (\lambda-1)\sum_{i=1}^{L}\ln x_i - \frac{1}{2}\ln\left[\sum_{i=1}^{L}\frac{(y_i-\mu)^2}{\sigma^2}\right] - \frac{L}{2}\ln\sigma^2 - \frac{L}{2}\ln(2\pi)\end{aligned}$$
$$(4.69)$$

对于确定的 λ 容易求得 μ 和 σ^2 的最大似然估计分别为

$$\hat{\mu} = \frac{1}{L}\sum_{i=1}^{L}y_i, \quad \hat{\sigma}^2 = \frac{1}{L}\sum_{i=1}^{L}(y_i-\hat{\mu})^2 \qquad (4.70)$$

将上式中的 $\hat{\mu}$ 和 $\hat{\sigma}^2$ 代入式(4.69),并略去不含 λ 的常数项后,便可以得到式(4.66)给出的似然指标。

为了求取 $\hat{\lambda}$,可以采用如下的解析方法。将 $L(\lambda)$ 对 λ 进行微分,有

$$\frac{\partial L(\mu,\sigma,\lambda)}{\partial \lambda} = \sum_{i=1}^{L}\ln x_i - \frac{1}{\lambda^2 s^2}\sum_{i=1}^{L}(y_i-\bar{y})[(1-\lambda y_i)\ln(1+\lambda y_i) - \lambda y_i]$$
$$(4.71)$$

其中,

$$s^2 = \frac{1}{L}\sum_{i=1}^{L}(y_i-\bar{y})^2$$

于是,求取 λ 的最优解就等价于寻找导数方程 $\partial L/\partial \lambda = 0$ 的根。而方差求根问题可以利用牛顿法或者插值法来解决。

如果对 λ 解的精确度要求不高,也可以使用简单的逐步扫描法。采用足够小的步长,直接计算出不同的 λ 值所对应的 $L(\lambda)$,并绘制出 $L(\lambda)$ 曲线。在该曲线的帮助下,可以直接选择合适的幂变换参数。

一般来说,从使 $L(\lambda)$ 达到最大而获得的变换往往可以改进正态的近似程度。然而,即使选择了最合适的 λ,也不能保证变换后的数据能够充分地接近于正态分布。因此,有时候还需要对变换后的数据的正态性作进一步的检测。

3. 多元形式的推广

前面给出的一元 Box-Cox 变换很容易被推广到多元的情形[30]。给定 d 维随机矢量 $X=(x_1,x_2,\cdots,x_d)^T$,最简单的多元变换形式是对 X 的每个分量分别采用式(4.65)定义的一元变换。令 $\Lambda=[\lambda_1,\lambda_2,\cdots,\lambda_d]^T$ 表示这 d 个分量变换所对应的幂方参数,则变换后的 d 维矢量 Y 表示为

$$Y = (y_1, y_2, \cdots, y_d)^T = [\phi_{\lambda_1}(x_1), \phi_{\lambda_2}(x_2), \cdots, \phi_{\lambda_d}(x_d)]^T \quad (4.72)$$

给定 L 个正值观测矢量 $X_1, X_2, \cdots, X_L$。为了选择合适的变换参数 Λ,假设变换后的矢量 $Y_1, Y_2, \cdots, Y_L$ 服从 d 维正态分布 $N_d(\mu, \Sigma)$。类似式(4.66),多维情形下幂方参数的最大似然估计使得下面的似然指标 $L(\lambda)$ 达到最大:

$$L(\lambda) = \frac{L}{2}\ln|S| + \sum_{k=1}^{d}(\lambda_k - 1)\sum_{i=1}^{L}\ln x_{ik} \quad (4.73)$$

其中,x_{ik} 表示第 i 个观测矢量的第 k 个分量,S 是变换矢量的散度矩阵。

$$S = \frac{1}{L}\sum_{i=1}^{L}(Y_i - \bar{Y})(Y_i - \bar{Y})^T \quad (4.74)$$

求解使式(4.73)达到最大的 Λ 等价于寻找导数方程组 $\partial L(\Lambda)/\partial \Lambda = 0$ 的根。该非线性方程组原则上可以采用如下数值算法求解:首先选取真实根附近的某初始近似解,然后将非线性方程组围绕该近似解展开,略去二阶以上各项后得到一组线性方程,最后利用该线性方程组反复迭代。然而,当维数 d 很大时,直接对式(4.73)进行优化是十分困难的,而且也不一定就能得到不寻常的好结果。

因此,实际中常常将多元变换近似为 d 个独立的一元变换。这时,λ_k 由下式取得最大来得到:

$$L(\lambda_k) = \frac{L}{2}\ln\left[\frac{1}{L}\sum_{i=1}^{L}(y_{ik} - \bar{y}_k)^2\right] + (\lambda_k - 1)\sum_{i=1}^{L}\ln x_{ik} \quad (4.75)$$

其中,$\bar{y}_k$ 是 $y_{1k},y_{2k},\cdots,y_{Lk}$ 的算术平均值。上述做法等价于使每个边缘分布近似正态。尽管边缘分布正态不是联合分布正态的充分条件,但实际上它有可能是相当有效的。

4.5.4 方向线素及梯度特征的整形

1. 形式定义与参数估计

本节使用多元 Box-Cox 变换对脱机手写汉字识别中常用的方向线素和梯度特征进行整形。给定 d 维方向线素特征 x,根据式(4.72)的定义可以得到幂方整形后的特征 y。一般情况下,需要利用来自各种字符类别的训练样本同时选取 d 个合适的幂变换参数 $\Lambda=[\lambda_1,\lambda_2,\cdots,\lambda_d]^T$。但是,由于方向线素和梯度特征各维分量的性质完全相同,因此,有理由假设各维特征的最优变换具有相同形式。这时,各维特征的最优变换之间满足约束条件 $\lambda_k=\lambda(1\leqslant k\leqslant d)$。

显然,上面定义的对特征的整形变换与字符类别完全无关。为了产生需要的整形效果,对于第 k 维特征来说,相应的幂方变换必须能够使各类的第 k 维条件边际分布的正态性同步得到改善。考虑到特征矢量 x 是来自于 C 类字符所构成的混合分布,这时的参数估计不能直接套用前一小节介绍的方法。下面基于式(4.75)给出整形参数的修正估计准则。

设 $x_1^{(m)},\cdots,x_{L_m}^{(m)}$ 是来自第 m 类字符的 N_m 个观测特征矢量。定义第 m 类的 k-边际似然指标为

$$L_k^{(m)}(\lambda_k) = \frac{L_m}{2}\ln\left[\frac{1}{L_m}\sum_{i=1}^{L_m}(y_{ik}^{(m)}-\bar{y}_k^{(m)})^2\right]+(\lambda_k-1)\sum_{i=1}^{L_m}\ln x_{ik}^{(m)} \quad (4.76)$$

定义所有类别的平均 k 边际似然指标 $L_k(\lambda_k)$ 为

$$L_k(\lambda_k) = \frac{1}{M}\sum_{m=1}^{M}L^{(m)}(\lambda_k) \quad (4.77)$$

定义总的平均似然指标为

$$L(\lambda) = \frac{1}{d}\sum_{k=1}^{d}L(\lambda_k) \quad (4.78)$$

于是可以给出如下的设计准则:

(1) 对于简化变换,有 $\lambda_k=\lambda$,则式(4.78)定义的总平均似然指标 $L(\lambda)$ 达到最大时给出各维特征的共同变换参数 λ 的最大似然解。

(2) 一般情况下,式(4.77)定义的平均 k 边际似然指标 $L_k(\lambda_k)$ 达到最

大值时给出 λ_k 的最大似然解。

基于 LDA 和 MQDF 的方法希望不同类别的条件分布尽量保持相同的类内方差。这种性质一般被称为**稳定方差**。对稳定方差的要求具体表现为：

(1) LDA 隐式地假设各类具有相同的类内散度矩阵。

(2) MQDF 以常数代替所有类别的偏小本征值，因此其总鉴别距离中有一部分是欧氏距离，而欧氏距离的最优性要求各类协方差阵为单位阵的倍数。

幸运的是，幂方变换经常能够同时在对称性和稳定方差两方面改进方向线素和梯度特征的行为。虽然这种幸运效应不是由数学法则所保证，但是它可以从特征的物理性质得到解释。从方向线素和梯度特征的抽取过程可以看到，其每一维分量都是空间某点附近区域内的总量计数。由于原点的界限效应，使得总量和计数数据通常同时表现出右偏性以及方差随均值的增加而增加。为稳定方差而变换，必定对于大值比小值有更多的压缩尺度。为对称而变换，也将对于大值比小值有更多的压缩尺度。因此，不论是为稳定方差还是为对称性，幂方变换通常能帮助方向线素和梯度特征同时走向这两个目标。

2. 稳定方差的最优变换

在以下讨论中，假设稳定方差是进行特征整形的唯一目的。可以证明，如果各维方向特征是离散泊松随机变量，则平方根变换在理论上是近似的最优变换。为此，有必要首先对方差稳定化原理进行启发式的说明[31-33]。

方差稳定化原理：令 X 是一个连续随机变量，有均值 μ 与方差 $\sigma_X^2(\mu)$。对于任何常数 c，定义如下变换：

$$\varphi(x) = c\int \frac{1}{\sigma_X(x)} \mathrm{d}x \quad (4.79)$$

则随机变量 $Y=\varphi(X)$ 有方差 σ_Y^2，它（近似地）不依赖于 μ_Y。变换后的随机变量 Y 称为有稳定方差。

严格地说，X 将表示多个随机变量，每个有自己的均值。如果把这些随机变量想作 $X_1, X_2, \cdots, X_k$ 且有均值 $\mu_1, \mu_2, \cdots, \mu_k$，则它们构成了在 K 个不同水平的 K 个数据批的基础。对于总量数据的几个批，方差常常是均值的增函数。

方差稳定化原理可以简单地证明如下。假设函数存在各阶导数，并且泰勒级数对所有 x 均收敛，它在 μ 处有泰勒展开：

$$\varphi(X) = \varphi(\mu) + (X-\mu)\varphi'(\mu) + \frac{(X-\mu)^2}{2!}\varphi''(\mu) + \cdots \quad (4.80)$$

取级数的一阶近似 $\varphi(X) \approx \varphi(\mu) + (X-\mu)\varphi'(\mu)$.
$$\mathrm{Var}[\varphi(X)] = E[(X-\mu)\varphi'(\mu)]^2 = [\varphi'(\mu)]^2 \sigma_X^2(\mu) \quad (4.81)$$
为追求与均值无关的恒常方差,置 $\mathrm{Var}[\varphi(X)] = c^2 (c>0)$。于是得到:
$$\varphi'(\mu) = \frac{c}{\sigma_X(\mu)} \quad (4.82)$$
对上式两边进行积分即得到式(4.79)定义的方差稳定化变换。
设 X 是离散泊松随机变量,有概率函数
$$f_X(k) = \frac{\mathrm{e}^{-\mu}\mu^k}{k!}, \quad k = 0,1,2,\cdots \quad (4.83)$$
X 的均值和方差都是 μ。将 $\sigma(\mu) = \mu^{1/2}$ 代入式(4.79),可导出
$$\varphi(x) = c\int \frac{1}{x^{1/2}}\mathrm{d}x = c_1 x^{1/2} + c_2 \quad (4.84)$$

上式说明,如果假设各维方向特征服从泊松分布,那么平方根变换是理论上近似的最优变换。易知,此时对应的特征整形参数为1/2。

根据式(4.65)选择不同的幂变换常数 λ,可以得到不同的整形结果。理论上,λ 可以通过最大似然方法训练得到,且每维特征分量的 λ 可以取为不同值,为了简化起见,在字符识别中也可对每维特征分量使用同样的幂方变换 $y = x^u$,而 u 的值也可以直接通过识别性能来确定。

4.5.5 实验与结果

为了验证整形算法的效果,本节在脱机手写汉字识别上采用方向线素特征和梯度特征进行实验研究。

1. 方向线素特征

HCD2 和 HCD4 分别用于训练和测试。首先,考虑简化变换形式中参数 λ 的估计。由于对精度要求不高,采用了简单的逐步扫描法求解。以0.1为步长,根据式(4.78)直接计算出不同的 λ 值所对应的 HCD2 样本上的总平均似然 $L(\lambda)$,并绘制出 $L(\lambda)$ 曲线,如图4.8所示。该曲线表明,$L(\lambda)$ 在 $\lambda = 0.2$ 左右时达到全局最大值。在后续汉字识别的各项实验中,均采用 $\lambda = 0.2$ 的单特征简化变换形式。

为了验证简化形式的合理性,又根据式(4.77)分别独立求得了各维特征变换参数的估计,并绘在图4.9中。可以发现,所有的 d 个估计都小于1.0,而且大部分变换参数都集中在0.2附近。它们对应的整形效果是放大

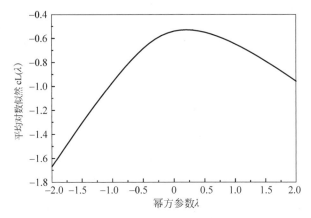

图 4.8 汉字样本的总平均似然随幂方参数 λ 的变化曲线

小值特征而压缩大值特征。该现象证明了方向线素特征在正态性方面存在的系统性偏差。

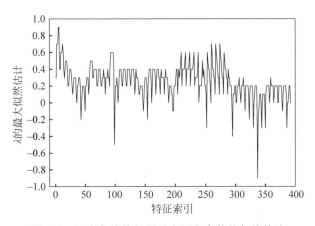

图 4.9 汉字各维特征所对应幂方参数的似然估计

以"座"字为例,可以直观地说明整形对特征分布正态性的改善效果。图 4.10 利用该字的所有样本绘制了其特征分布在整形前后的峰偏图。从图 4.10(a)可以发现,原始线素特征明显正偏,并伴随过度的峰度。幂方整形后(如图 4.10(b)所示),偏峰度与相应标准值的绝对偏差范围明显减小,而且在正负两个方向上得到了平衡。

利用 HCD2 包含的 500 套字符样本训练的一个实验识别系统,将该系统对 HCD4 中的 100 套样本进行了两次测试。其中,前一次使用了特征整形算法,而后一次去除了该算法模块。图 4.11 以累计识别率的形式分别给

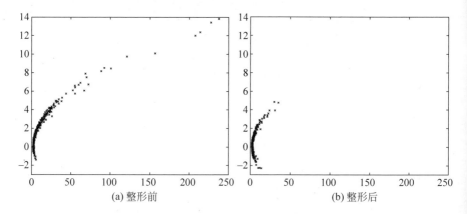

图 4.10 "座"字特征的峰偏图在整形前后的比较

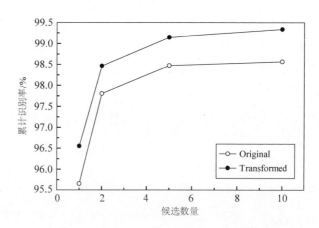

图 4.11 整形前后的汉字累计识别率曲线

出了两次测试的结果。对两条识别率曲线进行比较后可以发现,整形变换使得识别系统的首选和十选错误率分别降低了 20% 和 55%。

2. 梯度特征

对在 HCL2000 手写汉字样本库上的字符样本,提取其梯度特征上进行实验,各维特征变量简单地采用幂方变换 $y = x^u$ 进行整形,u 分别取 0.2~1.0 的数值。整形后的特征向量经 LDA 变换压缩至 128 维,并用 MQDF 分类器进行识别。测试集上识别率随幂方系数 u 的变化如图 4.12 所示。

可以看到,当 $u=0.4$ 或 0.5 时,识别率最高。一般识别系统中的特征

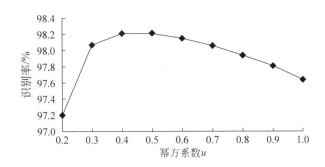

图 4.12　特征整形对提高识别性能的影响

变换取 $u=0.5$ 即可,即在特征向量提取完毕后对各维变量进行开方处理。

从上述分析可见,对于不同特征的不同特征分布,最佳幂方系数可以根据样本特征的不同来选取。

4.6　本章小结

通过特征变换来选择提取具有鉴别能力的特征,降低原始特征的维数,增强特征的可分性,是统计模式识别中关系到识别性能的重要环节。本章首先回顾了传统的、行之有效的线性鉴别分析的方法,然后在讨论和分析其局限性的基础上,为了克服缺乏足够的样本造成矩阵奇异的问题,提出了正则化线性鉴别分析方法;为了去除各类异方差实际分布的局限,引入多种异方差鉴别分析方法及其改进算法,提高和改进鉴别分析的性能。对于实际特征分布未必满足正态分布要求的局限,引入了统计学中的 Box-Cox 幂方整形变换,提高特征鉴别分析和与分类器的匹配所需的随机分布的正态性。作为原始特征与分类器之间的线性鉴别分析和特征整形变换的重要环节,上述方法有效地提高了识别性能。

参考文献

[1] Fukunaga K, Hayes R R. Effects of sample size in classifier design. IEEE Trans. Pattern Analysis and Machine Intelligence, 1989, 11(8):873-885.
[2] Jain A K, Chandrasekaran B. Dimensionality and sample size considerationsin pattern recognition practice. In: Krishnaiah P R, Kanal L N, eds. Handbook of Statistics, volume 2. Amsterdam: North-Holland, 1982: 835-855.

[3] Fukunaga K. Introduction to statistical pattern recognition. 2nd ed. New York: Academic Press, 1990.

[4] Ding X Q. Information entropy theory in pattern recognition. Acta Electronica Sinica, 1992, 21(8): 2-8.

[5] 吴佑寿,丁晓青. 汉字识别——方法原理与实现. 北京:高等教育出版社,1992.

[6] Cruz J R S, Dorronsoro J R. A nonlinear discriminant algorithm for feature extraction and data classification. IEEE Trans. Neural Networks, 1998, 9(6):1370-1376.

[7] Lotlikar R, Kothari R. Adaptive linear dimensionality reduction for classification. Pattern Recognition, 2000, 33(2):185-194.

[8] Zhang J, Ding X. Multi-scale feature extraction and nested-subset classifier design for high accuracy handwritten character recognition. In: Proc. 15th ICPR,volume 2. Barcelona, Spain, Sept. 2000: 581-584.

[9] Kimura F, Takashina K, Tsuruoka S, et al. Modified quadratic discriminant functions and its application to Chinese character recognition. IEEE Trans. on Pattern Analysis and Machine Intelligence, 1987, 9(1): 149-153.

[10] Friedman J H. Regularized discriminant analysis (in theory and methods). Journal of the American Statistical Association, 1989, 84(405): 165-175.

[11] Kittler J, Li Y P, Matas J. On matching scores for LDA-based face verification. Proc. British Machine Vision Conference, 2000, 1: 42-51.

[12] Thomaz C E, Gillies F, Feitosa R Q. A new covariance estimate for Bayesian classifiers in biometric recognition. IEEE Trans. Circuits and Systems for Video Techonlogy, 2004, 14(2): 214-223.

[13] Hoffbeck J P, Landgrebe D A. Covariance matrix estimation and classification with limited training data. IEEE Trans. Pattern Anal. Machine Intel. , 1996, 18: 763-767.

[14] Campbell N. Canonical variate analysis: a general formulation. Australian Journal of Statistics. 1984, 26: 86-96.

[15] Hastie T, Tibshrani R. Discriminant analysis by Gaussian mixtures. Techical Report. AT&T Bell Laboratories, 1994.

[16] Kumar N. Investigation of silicon auditory models and generalization of linear discriminant analysis for improved speech recognition [PhD Thesis]. John Hopkins University, 1997.

[17] Juang B H, Katagiri S. Discriminative learning for minimum error classification. IEEE Trans. on Signal Processing, 1992, 40: 3043-3054.

[18] Loog M, Duin R P W, Haeb-Umbach R. Non-iterative heteroscedastic linear dimension reduction for two-class data: From Fisher to Chernoff. In: Proc. of Joint IAPR International Workshops SSPR 2002 and SPR 2002. 2002: 508-517.

[19] Box G E P, Cox D R. An analysis of transformation. J. R. Statsitical Society,

1964,26(Series B):211-243.
- [20] 张嘉勇.基于统计的超大模式集分类及其在脱机字符识别中的应用.北京:清华大学电子工程系硕士学位论文,2001.
- [21] 刘海龙.基于描述模型和鉴别学习的脱机手写字符识别研究.北京:清华大学电子工程系博士学位论文,2006.
- [22] Gnanadesikan R. Methods for statistical data analysis of multivariate observations. 2nd ed. New York: Wiley, 1997.
- [23] Mardia K V. Test of univariate and multivariate normality. In: Krishnaiah P R, ed. Handbook of Statistics, volume 1. Amsterdam: North-Holland, 1980.
- [24] 梁小筠.正态性检验.北京:中国统计出版社,1996.
- [25] Hoaglin D C, Mosteller F, Tukey J W. Understanding robust and exploratory data analysis. New York: Wiley, 1983.
- [26] Hinkle A, Emptage M. Analysis of fatigue life data using the Box-Cox transformation. Fatigue and Fracture of Engineering Materials & Structures, 1991, 14(5): 591-600.
- [27] Lye L M. Technique for selecting the Box-Cox transformation in flood frequency analysis. Canadian J. of Civil Engineering, 1993, 20(5): 760-766.
- [28] Lirio R B, Sosa P A V, Marqui R D P, et al. Multivariate Box-Cox transformations with applications to neurometric data. Computers in Biology and Medicine, 1989, 19(4): 263-267.
- [29] Box G E P, Cox D R. An analysis of transformations(with discussion). J. Royal Statistical Soc. (B), 1964, 26(2): 211-252.
- [30] Andrews D F, Gnanadesikan R, Warner J. Transformations of multivariate data. Biometrics, 1971, 27(4): 825-840.
- [31] Bartlett M S. Square-root transformation in analysis of variance. J. Royal Statistical Soc., Supplement, 1936, 3: 68-78.
- [32] Bartlett M S. The use of transformations. Biometrics, 1947, 3: 39-52.
- [33] Snedecor G W, Cochran W G. Statistical methods. 7th ed. Iowa State University Press, Ames, Iowa, 1980.
- [34] Johnson R A, Wichern D W. Applied multivariante statistical analysis. 3rd ed. Englewood cliffs, N J: Prentice Hall, 1992.

第 5 章　模式识别分类器设计／统计模式分类方法

5.1　引言

统计和结构方法是模式识别最基本的两种方法，二者最为本质的区别在于模式的表示。结构方法的模式表示是基于模式观测的结构特征的符号表示，例如，文字字符的笔画结构基元的符号表示。而统计方法将模式观测表示成为高维空间中的特征向量，在文字字符识别中是将文字字符图像用高维特征向量来表示。同一类别的样本的特征向量在特征向量空间占据了一定的区域分布。这个同一类别样本所占的区域分布具有一定的紧致性，样本特征在特征空间的分布及其紧致性直接奠定了分类系统的理论基础和实际上所能达到的分类性能。

统计模式识别过程是利用统计决策理论对样本的模式类别进行判决的过程。由于类别判决依据的是特征向量在特征空间的概率分布，因此，统计方法的显著特点就是对训练样本的依赖。这是由于在实际问题中，模式类别的概率分布需要通过对大量的训练样本的特征向量估计而获得。对于参数概率分布分类器需要从样本训练得到对参数的估计，非参数分类器更需要使用大量样本估计概率分布，构成判决函数。利用训练样本进行学习训练，获得特征向量的概率分布，减少了分类器设计者的人为因素对系统造成的影响，从而避免了大量规则的制定和使用。对于产生模式变化的来源基本上不作区分，这种变化吸收了特殊的特征形成过程，模式的变化表现在高维特征空间的概率分布的数学描述形式之中。一般来说，统计方法并没有完成对模式内部结构的"理解"，而仅仅是对模式整个实体类别的一种经验性的估计和猜测。统计方法提供了在一定的理论指导下通过训练建立这种先验经验的途径。

正是由于统计方法对训练样本的依赖，在实际中往往是根据有限的训练样本获得样本特征概率分布的估计和分类器的设计的。由于实际训练样本数量的不足,对样本特征概率分布估计的影响,从而对模式分类造成的影响,需要加以认真研究。在统计模式识别方法中,分类器设计是除特征提取之外另一个决定识别性能的关键环节。同时,分类器设计也是统计模式识别领域中一个重要的研究课题,其目标是在满足期望风险最小的条件下对特征空间实行某种划分。在识别过程中,即可根据待识别特征在特征空间中所处的划分区域来判决该特征所归属的模式类别。分类器设计工作通常包含两方面内容:分类器结构设计和分类器参数获取。研究人员对此已经开展了大量的工作,在两类识别问题中,分类器在特征空间的分类面可以很容易地通过显式进行表达,这给理论研究提供了极大的便利,取得了很多显著的成果。但在多类识别问题中,分类器设计的难度则远远高于两类识别问题。其中一种解决思路是将多类识别问题转化为一系列的两类识别问题,这在类别数量较少的情况下,如数字识别中,尚可以实施。但对于类别数量较多的情况,如汉字识别,这种方法往往会在特征空间中产生大量的不确定区域,反而造成分类器性能的严重下降。

汉字识别是一个超大规模和超多类的模式识别问题,识别的模式类别数可达数千,乃至数万,模式样本形态的变化异常巨大,不仅有不同的人,在不同情况下的不同书写习惯,而且,即使是印刷文本的识别,由于字体、字号和印刷质量的不同,同一汉字的变化也是非常巨大的,可达数百种以上。因此,汉字识别是最困难的模式识别问题之一。汉字识别的问题不仅应从特征的提取和选择方面,而且还应从分类器的设计、分类器和样本特征的结合等诸方面认真、仔细地加以研究。

从模式识别信息熵理论的分析也可以知道,特征选择得不好,即使设计再好的分类器(例如贝叶斯分类器)也不可能获得好的识别结果;但是,反过来,虽然有了优良的特征选择,但没有很好的分类器与之匹配,也得不到良好的识别结果。即尽管特征的选择决定和提供了识别的潜在能力,但是,识别潜力的实现还必须通过优化的分类器才能获得最好的识别结果。因此,分类器设计始终是模式识别理论研究的重要内容。

从信息熵理论对误识概率的分析也可知道,实际分类器的误识概率可以包括两部分,即 $\varepsilon = P_e + P_e$,第 1 部分是在贝叶斯分类器条件下由于特征选择的限制所产生的误识概率 P_e,第 2 部分 P_e 则是由于分类器设计不当,不能与特征的概率分布相适应、相配合,偏离了最优贝叶斯分类器所引起的误识概率。由此可见,除了选择优良的特征以外,设计优良的分类器同样具有极为重要的意义。

本节将主要从获得最小错误概率的最优分类器出发,研究分类器的学习和设计。由于汉字识别问题是超多类的模式识别问题,因此,在以后的讨论中将只考虑多类分类问题,而两类问题只是多类问题的简化特例而已。

5.2 贝叶斯判决理论

由于模式识别过程是依据特征向量在特征空间的概率分布,利用统计决策理论对样本的模式类别进行分类的判决过程,因此,我们首先介绍作为统计决策理论基础的贝叶斯判决理论。

在假定已知样本概率分布的情况下,即已知样本的先验概率 $P(\omega_i)$,$i=1,2,\cdots,n$,及已知类条件概率 $p(X|\omega_i)$,$i=1,2,\cdots,n$ 的条件下,按照贝叶斯定理,可以得到后验概率:

$$P(\omega_i|X) = \frac{p(X|\omega_i)P(\omega_i)}{p(X)} \tag{5.1}$$

其中特征的概率分布为

$$p(X) = \sum_{i=1}^{n} p(X|\omega_i)P(\omega_i) \tag{5.2}$$

最小错误误差概率的贝叶斯判决准则为:设 $X=(x_1,x_2,\cdots,x_N)^T$ 为一待识样本的观测特征向量,其内涵的真实的类别为 $\omega_j \in \Omega$,$\Omega=\{\omega_1,\omega_2,\cdots,\omega_n\}$ 为模式类别集合。根据样本特征向量 X,对未知样本的类别进行判决。判决为 $\omega_i \in \Omega$。当 $j=i$ 时,识别正确;当 $j\neq i$ 时,识别错误。显然,误识率可表示为

$$\varepsilon = 1 - P(\omega_i|X) \tag{5.3}$$

由此可见,后验概率决定了识别判决的错误概率。

按照最大后验概率准则进行判决,即判决 $\omega_i \in \Omega$ 满足

$$\omega_i = \arg\max_{i} P(\omega_i|X) \tag{5.4}$$

当获得最大后验概率 $\max_{i} P(\omega_i|X)$ 时,相当于获得了最小错误概率 P_e。

$$P_e = 1 - \max_{i} P(\omega_i|X) \tag{5.5}$$

一般情况下,分类的错误概率包括由特征决定的贝叶斯最小错误概率 P_e 和由分类器偏离最佳贝叶斯分类器产生的错误概率 $P_{\bar{e}}$ 之和。

$$\begin{aligned}
\varepsilon &= 1 - P(\omega_i|X) \\
&= 1 - \max_i P(\omega_i|X) + \{\max_i P(\omega_i|X) - P(\omega_i|X)\} \\
&= P_e + P_{\bar{e}} \\
P_{\bar{e}} &= \max_i P(\omega_i|X) - P(\omega_i|X)
\end{aligned} \quad (5.6)$$

则平均错误概率为

$$\begin{aligned}
E(\varepsilon) &= \int_X p(X)[1 - P(\omega_i|X)]\mathrm{d}x = E(P_e) + E(P_{\bar{e}}) \\
E(\varepsilon) &= E(P_e) + E(P_{\bar{e}})
\end{aligned} \quad (5.7)$$

其中,最小平均错误概率 $E(P_e)$ 为

$$E(P_e) = \int_X P(X)(1 - \max_i P(\omega_i|X))\mathrm{d}X \quad (5.8)$$

分类器偏离最佳贝叶斯分类器产生的平均错误概率 $E(P_{\bar{e}})$ 为

$$E(P_{\bar{e}}) = \int_X P(X)(\max_i P(\omega_i|X) - P(\omega_i|X))\mathrm{d}X \quad (5.9)$$

定义 5.1 根据最小错误概率的准则进行模式类别的判决,称为贝叶斯判决准则。在(0-1)损失函数情况下,显然,最小错误概率的准则也即最大后验概率的判决准则,可表示为

$$\omega_i = \arg\max_i P(\omega_i|X) \quad (5.10)$$

其中,$\omega_i = \omega(X) \in \Omega, \Omega = \{\omega_1, \omega_2, \cdots, \omega_n\}$。

即当满足 $P(\omega_i|X) > P(\omega_j|X)$, $i \neq j$, $i,j = 1,2,\cdots,n$ 时,特征向量为 X 的待识样本的模式类别被判决是 $\omega_i = \omega(X) \in \Omega$。按照贝叶斯准则,最大后验概率准则判决也可表示为

$$\omega_i = \arg\max_i [p(X|\omega_i)P(\omega_i)] \quad (5.11)$$

即,

$$\text{If } P(\omega_i|X) \geqslant P(\omega_j|X), \quad \text{for all } i \neq j \Rightarrow \omega(X) = \omega_i$$

同样可以用鉴别函数的形式来描述模式识别的分类问题。

定义 5.2 在多类模式的分类识别问题中,多类模式识别的鉴别函数,满足:

$$\text{If } g_i(X) \geqslant g_j(X), \quad \text{for all } i \neq j \Rightarrow \omega(X) = \omega_i \quad (5.12)$$

定义 5.3 最大后验贝叶斯分类器的鉴别函数为

$$g_i(X) \equiv f(P(\omega_i|X))$$

$f(\cdot)$ 为单调增函数,或 $g_i(X) = P(\omega_i|X)$,满足:

$$g_i(X) \geqslant g_j(X) \quad \text{for all } i \neq j \Rightarrow \omega(X) = \omega_i$$

根据贝叶斯定理，$P(\omega_i|X)=\{P(X|\omega_i)P(\omega_i)\}/P(X)$，$P(X)$ 与类别鉴别无关。因此，最大后验概率判决准则也可表示为

$$\omega_i = \arg\max_i\{P(X|\omega_i)P(\omega_i)\} \tag{5.13}$$

由此，鉴别函数也可表示为

$$g_i(X) = \ln P(X|\omega_i) + \ln P(\omega_i) \tag{5.14}$$

最大后验贝叶斯分类器的关键是模式特征条件概率分布的估计，一般情况下，概率估计还是一个难以实现的困难问题。在许多实际的统计模式识别问题中，特征数据的正态分布假设往往是比较符合实际情况的合理近似。尤其是随机变量是由许多独立变量之和形成时，中心极限定理给出了其具有的正态分布特性的理论根据，更由于正态分布函数具有的良好分析性能，因此，有理由将以正态分布假设作为以后特征分析的基础，作为对实际模式识别问题较好的近似。

5.3 正态分布下的贝叶斯分类器

统计决策理论已经证明，贝叶斯决策在使期望风险或错误概率最小的意义上是最优的。如果采用 0-1 损失函数，则贝叶斯决策将简化为最大后验分类器。为得到后验概率，必须知道每一类别的先验概率和条件概率密度。因此，传统的分类器设计往往都是围绕着对概率密度的估计展开研究。由于实际样本的概率密度分布的形式并不可知，为此，经常假设密度分布的某种参数形式，例如，高斯分布在一定的条件下逼近样本的实际分布。利用概率分布的参数形式来逼近实际概率分布，则概率分布的估计变成参数估计，这种方法的最大好处在于只需估计有限个分布参数，使分类器的设计大为简化。

5.3.1 正态分类模型

在模式特征具有高斯分布的条件下，建立实际上广泛应用的正态分类模型。

假设来自类别 ω_i 的样本观测由 N 维特征向量 $X=(x_1,x_2,\cdots,x_N)^T$ 表示，该特征向量的类条件概率分布是期望向量为 M_i 和协方差矩阵为 Σ_i 的 N 维正态概率分布 $P(X|\omega_i)$，$i=1,2,\cdots,n$。

$$p(X|\omega_i) = \frac{1}{(2\pi)^{\frac{N}{2}}|\Sigma_i|^{\frac{1}{2}}}\exp\left\{-\frac{1}{2}(X-M_i)^T\Sigma_i^{-1}(X-M_i)\right\}$$

$$\tag{5.15}$$

其中,
$$M_i = E\{X|\omega_i\}, \quad \Sigma_i = E\{(X-M_i)(X-M_i)^{\mathrm{T}}|\omega_i\} \quad (5.16)$$
正态概率分布的贝叶斯分类判决准则为
$$\omega_i = \arg\max_i \left\{ -\frac{1}{2}(X-M_i)^{\mathrm{T}}\Sigma_i^{-1}(X-M_i) - \frac{1}{2}\ln|\Sigma_i| + \ln P(\omega_i) \right\}$$
$$(5.17)$$
同样,正态分布条件下的最小误差贝叶斯分类器的鉴别函数可表示为
$$g_i(X) = -\frac{1}{2}(X-M_i)^{\mathrm{T}}\Sigma_i^{-1}(X-M_i) - \frac{1}{2}\ln|\Sigma_i| + \ln P(\omega_i)$$
$$(5.18)$$

对各类别的协方差矩阵 $\Sigma_i(i=1,2,\cdots,n)$,当引入不同的约束条件时,可以得到一系列具有不同复杂度的正态分类模型。表 5.1 列举了几种常用的鉴别函数形式及其相应的协方差阵约束条件,并且按照复杂度递增的顺序排列。

表 5.1 具有不同复杂度的正态分类模型

分类器	Σ 约束	鉴别函数	Σ 参数数目
MDC	$\Sigma_i = \sigma^2 I$	$g_i(X) = \|X-M_i\|^2$	0
LDF	$\Sigma_i = \Sigma_0$	$g_i(X) = -A_i^{\mathrm{T}}X + b_i$, $A_i = \Sigma_0^{-1}M_i$, $b_i = \frac{1}{2}M_i^{\mathrm{T}}\Sigma_0^{-1}M_i$	$N(N+1)/2$
QDF	$\Sigma_i = \Sigma_i$	$g_i(X) = -\frac{1}{2}(X-M_i)^{\mathrm{T}}\Sigma_i^{-1}(X-M_i) - \frac{1}{2}\ln|\Sigma_i|$	$N(N+1)n/2$

从该表可以看出,最小距离分类器 MDC 实际上是各种正态分类模型中最为简单的一种。由于假设了不同类别具有完全相同的协方差矩阵,而且不同特征之间互不相关,因此 MDC 的设计仅需对各类别的特征期望均值做出估计。

较 MDC 最小距离分类器更为复杂的是线性距离分类器(linear distance classifier,LDC),LDC 假设不同类别具有完全相同的协方差矩阵,因此涉及的协方差参数的数目很少,并且可以通过将来自所有类别的训练样本汇集起来进行估计。不过,LDC 的分类边界限制在线性平面。

进一步提高分类器的识别能力,需要增加分类器的复杂程度,可以有选择地鉴别函数形式有二次鉴别函数(quadratic discriminant function,QDF)。QDF 在各种正态分类模型中具有最为一般的形式。利用经典的最

大似然方法，可以很容易地估计出不同类别的均值和协方差矩阵参数。而且，QDF 能够实现二次型的分类边界。因此，QDF 应该是取代 MDC 的理想选择。由上述分析可知，由于模式样本的特征向量有各种不同的概率分布，与其不同的正态概率分布所对应和匹配的贝叶斯分类器也会有所不同。

对于各模式类特征概率分布的不同，需要设计不同的分类器获得最小错误概率的贝叶斯分类器。例如，在各类协方差矩阵是相同的对角阵的情况下，贝叶斯分类器退化为最小距离分类器，利用最简单的最小距离分类器，就能获得最小误差的识别结果。又如，当各类协方差矩阵是任意和各不相同的情况，要获得最小的错误概率，就需要利用基于一阶和二阶统计量的二次分类器进行分类，例如计算 Mahalanobis 距离的分类器等。

换句话说，分类器的设计需要根据特征条件的概率分布与之相匹配，才能获得最好的识别结果。反之，对于不同的分类器，有其适合解决的一类分类问题。例如，简单的最小距离分类器，适合解决的分类问题是具有每维特征相互独立且方差相等的概率分布的分类问题，对于复杂的各类概率分布情况，利用简单的最小距离分类器，就会由于分类器偏离最优贝叶斯分类器而使第 2 项识别误差大为增加，导致识别结果变坏。因此，在分类器设计中，重要的是要准确地估计出样本特征的概率分布情况，设计与其概率分布相适应、相匹配的最优分类器，以获得最佳识别性能的结果。

5.3.2　最小距离分类器 MDC

当特征向量 $X=(x_1,x_2,\cdots,x_N)^\mathrm{T}$ 的各维特征相互统计独立，以及每维特征有相同的方差 σ^2 时，协方差矩阵是对角阵，且各类别的协方差矩阵均相等，则其协方差矩阵均为对角阵，即

$$\Sigma_i = \sigma^2 I,\ i=1,2,\cdots,n,\ 且，|\Sigma_i| = \sigma^{2N},\ \Sigma_i^{-1} = \frac{1}{\sigma^2}I,\ i=1,2,\cdots,n$$

此时的贝叶斯分类器，其鉴别函数为

$$g_i(X) = -\frac{1}{2\sigma^2}(X-M_i)^\mathrm{T}(X-M_i) + \ln P(\omega_i) \tag{5.19}$$

将上式展开，略去和类别无关的平方项 $X^\mathrm{T}X$，将会发现鉴别函数是线性的，即判决边界是超平面。

$$g_i(X) = W_i^\mathrm{T}X + w_{i0} \tag{5.20}$$

其中，

$$W_i = \frac{1}{\sigma^2}M_i,\quad w_{i0} = -\frac{1}{2\sigma^2}M_i^\mathrm{T}M_i + \ln P(\omega_i) \tag{5.21}$$

当假设各类先验概率相等时，鉴别函数进一步简化为

$$g_i(X) = M_i^T X + \frac{1}{2} M_i^T M_i \tag{5.22}$$

或表示为

$$g_i(X) = \|X - M_i\|^2 \tag{5.23}$$

此时贝叶斯分类器退化为一个线性的最小距离分类器，即最为普遍应用的最小欧氏距离分类器。最小欧氏距离分类器是最简单和最普遍应用的分类器，它是在比较待识样本特征 X 与各类模式样本特征的类中心 M_i 的欧氏距离，并寻求其中的最小者所代表的类别作为待识样本的模式类别。此时，各类模式样本特征的类中心 M_i 作为相应类别的代表。

$$g_i(X) = \|X - M_i\|^2 = (X - M_i)^T (X - M_i) \tag{5.24}$$

最小距离分类器的设计比较简单，需要估计的仅仅是参数为每一类的特征平均向量 M_i。这在超多类的汉字识别计算机存储容量和计算时间受限的情况下，是经常采用的。尤其是对于模式变化较小的印刷体汉字识别而言，采用最小距离分类器，一般情况下也可以达到良好的识别结果。

但是，最小距离分类器是用等距超平面描述各分类边界的，对分类边界的描述能力非常有限的，远远不能适应实际多体多变的低质量印刷文本的识别要求，更不能适应脱机手写汉字所表现的强烈的书写变形。因为，此时各类模式样本的类条件概率分布较相等对角协方差矩阵的分布要复杂得多。因此，增加分类器的复杂程度，加强分类器对复杂分类边界的描述能力，就成为进一步提高模式识别系统分类能力的有效手段。

5.3.3 线性距离分类器 LDC

假设不同的类别、不同的特征平均向量 M_i，却具有相同的协方差矩阵，且为非各维独立的对角矩阵，即有

$$\Sigma_i = \Sigma_0, \quad i = 1, 2, \cdots, n \tag{5.25}$$

鉴别函数可简化为

$$g_i(X) = -\frac{1}{2}(X - M_i)^T \Sigma_0^{-1}(X - M_i) + \ln P(\omega_i) \tag{5.26}$$

同样，将上式展开，略去和类别无关的平方项 $X^T \Sigma_0^{-1} X$，将会发现鉴别函数也是线性的。即判决边界是一个超平面。

$$g_i(X) = W_i^T X + w_{i0} \tag{5.27}$$

其中，

$$W_i = \Sigma_0^{-1} M_i, \quad w_{i0} = -\frac{1}{2} M_i^\mathrm{T} \Sigma_0^{-1} M_i + \ln P(\omega_i) \quad (5.28)$$

此时的贝叶斯分类器退化为线性距离分类器,当各类先验概率相等时,其鉴别函数为

$$g_i(X) = A_i^\mathrm{T} X + b_i, \quad i = 1, 2, \cdots, n \quad (5.29)$$

$$A_i = \Sigma_0^{-1} M_i, \quad b_i = -\frac{1}{2} M_i^\mathrm{T} \Sigma_0^{-1} M_i \quad (5.30)$$

线性距离分类器需要估计的参数除每类的特征平均向量 M_i 外,所涉及的估计协方差的参数就很少。仅仅需要估计的是平均的类协方差矩阵,所需估计的参数量为 $N(N+1)/2$,这可以通过将来自所有类别的训练样本汇集起来进行估计,从而达到克服训练样本不足带来的巨大困难的目的。

但是,线性距离分类器的分类界面仍然限制在线性超平面,因此,LDC 对分类界面的描述能力仍然有限。

5.3.4 二次鉴别函数分类器 QDF

在特征向量的协方差矩阵 Σ_i 为任意的一般高斯多维概率分布的情况下,不同类别的协方差矩阵各不相同。此时的鉴别函数是基于各类均值向量 M_i 和协方差矩阵 Σ_i 的二次鉴别函数 QDF。

$$g_i(X) = -\frac{1}{2}(X - M_i)^\mathrm{T} \Sigma_i^{-1}(X - M_i) - \frac{1}{2}\ln|\Sigma_i| + \ln P(\omega_i) \quad (5.31)$$

此时的分类器是二次的非线性分类器,分类界面是任意形式的超二次表面。

在高斯分布模型的分类器中,二次鉴别函数分类器 QDF 具有最一般的形式。利用经典的最大似然方法,可以容易地估计出不同类别的特征均值向量和不同的协方差矩阵参数。同时,QDF 能够实现二次型的分类边界描述,极大地改进了分类器的设计,提高了模式识别的性能。

在各类先验概率相等时,二次鉴别函数分类器 QDF 的鉴别函数可表示为

$$g_i(X) = (X - M_i)^\mathrm{T} \Sigma_i^{-1}(X - M_i) + \log|\Sigma_i|, \quad i = 1, 2, \cdots, n \quad (5.32)$$

二次鉴别函数分类器 QDF 需要估计的参数除每类的特征平均向量 M_i 外,还需要估计各类的协方差矩阵 $\Sigma_i, i = 1, 2, \cdots, n$,所需估计的参数量为 $n(N(N+1)/2)$,这个参数估计量是线性距离分类器 LDC 的 n 倍。需要利

用来自所有不同类别的各个不同类别的训练样本,分别估计所有不同类别各自的协方差矩阵参数。要达到必要的估计精度,每类训练样本的数目至少应达到 $10N$ 个,对于 n 类模式分类问题,训练样本的数目至少应达到 $10N \times n$ 个的量级。

5.3.5 二次鉴别函数

在高斯分布的假设条件下,每种类别特征的条件概率密度函数呈多维高斯分布,由二次鉴别函数构成的贝叶斯分类器是最优的最小误差分类器。但是,考虑到实际模式识别问题中,训练样本的不足造成利用最大似然法进行的参数估计的估计误差,使二次鉴别函数的贝叶斯分类器性能严重劣化。为此引入的修正二次鉴别函数技术,将有效地降低在实际模式识别问题中,例如汉字识别中,实现二次分类器所需要的巨大储存空间和计算时间,同时有效地缓解在高维特征和小样本情况下,由于参数估计误差所引起的系统性能下降。

在许多实际的模式识别问题中,尤其是在解决手写汉字识别的问题中,虽然直接利用由二次鉴别函数构成的贝叶斯分类器是最优的最小误差分类器 QDF,但却遇到一定的困难。

(1) 对于超大模式集合的模式识别问题,同时,更为了区分大量复杂的和形状强烈变化的模式样本,汉字识别,特别是手写汉字识别,往往需要提取非常高维(高达数百维)的特征向量,以提供保证识别所需要的互信息量。而实际样本的采集往往难度极大,使实际可获得的训练样本的数目相对很小。在进行 QDF 分类器的设计时,涉及各类别特征均值向量和协方差矩阵两项参数的估计。而在高维特征和小训练样本情况下,传统的最大似然方法给出的协方差矩阵参数估计将表现出很大的估计误差,由此将引起分类器性能的严重恶化。

(2) QDF 的计算需要大量的时间和存储空间。对于 N 维空间的 n 类分类问题,其存储空间和计算复杂度均达到 $O(N^2 n)$。在 $N > 100$,$n > 3\,000$ 的情况下,即使在目前最先进的硬件技术条件下,QDF 的直接实现也是很困难的。

由于计算机性能的不断提高,对于空间和计算的复杂度可以暂不考虑,以下将重点分析 QDF 参数估计的误差问题,从而研究如何加以修正的解决办法。

5.3.6 QDF 误差分析

由于涉及的参数估计方法对于不同的类别来说是完全独立和相似的，因此，以下的分析将略去所有变量和函数的类别下标。

设 QDF 定义为

$$g(X) = (X-M)^T \Sigma^{-1}(X-M) + \log|\Sigma| \tag{5.33}$$

上述定义涉及两组参数，即均值 M 和协方差矩阵 Σ。给定 L 个观测样本，$X_1, X_2, \cdots, X_L$，利用其作为训练样本估计所得的均值和协方差矩阵的最大似然估计量分别记为 $\hat{M}$ 和 $\hat{\Sigma}$。

$$\hat{M} = \frac{1}{L}\sum_{i=1}^{L} X_i, \quad \hat{\Sigma} = \frac{1}{L}\sum_{i=1}^{L}(X_i - M)(X_i - M)^T \tag{5.34}$$

由于统计量估计 $\hat{M}$ 和 $\hat{\Sigma}$ 与真实参数的偏离，都将引起鉴别函数 $g(X)$ 的计算误差。一般情况下，认为由于样本数不足造成的 $\hat{M}$ 估计误差所引起的 $g(X)$ 的误差，与协方差矩阵 $\hat{\Sigma}$ 估计误差相比较可以略而不计。因此，以下将集中讨论协方差矩阵 $\hat{\Sigma}$ 估计误差对鉴别函数 $g(X)$ 的影响。

利用协方差矩阵的本征向量基谱分解：

$$\Sigma \Phi = \Phi \Lambda, \quad \Phi = [\phi_1 \ \cdots \ \phi_N], \quad \Lambda = \begin{bmatrix} \lambda_1 & 0 & 0 \\ 0 & \ddots & 0 \\ 0 & 0 & \lambda_N \end{bmatrix} \tag{5.35}$$

$$\Sigma = \sum_{j=1}^{N} \lambda_j \phi_j \phi_j^T \tag{5.36}$$

QDF 的鉴别函数可以重新表示为

$$g(X) = \sum_{j=1}^{N} \frac{1}{\lambda_j}[\phi_j^T(X-M)]^2 + \ln \prod_{j=1}^{N} \lambda_j \tag{5.37}$$

其中，λ_j 是 Σ 的第 j 个本征值（$\lambda_1 \geqslant \lambda_2 \geqslant \cdots \geqslant \lambda_N$），而 ϕ_j 是相应的本征向量。

由于协方差矩阵与其本征分解具有一一对应的关系，协方差矩阵的最大似然估计 $\hat{\Sigma}$ 相对应的本征值和本征向量的估计为 $\hat{\lambda}_j$ 和 $\hat{\phi}_j$，协方差矩阵最大似然估计 $\hat{\Sigma}$ 的误差也将影响由 $\hat{\Sigma}$ 计算得到的本征值 $\hat{\lambda}_j$ 和本征向量 $\hat{\phi}_j$ 的估计误差。因为不论是协方差矩阵的估计 $\hat{\Sigma}$，还是本征值和本征向量的估计 $\hat{\lambda}_j, \hat{\phi}_j$，都分别是随机矩阵、随机变量和随机向量的估计，并且都是训练样本的函数。文献[1]证明了 $\hat{\lambda}_j$ 和 $\hat{\phi}_j$ 分别是 λ_j 和 ϕ_j 的近似无偏估计，并给出了估计方差的近似公式。

$$\operatorname{var}[\hat{\lambda}_j] \approx \frac{2}{N}\lambda_i^2 \tag{5.38}$$

$$\operatorname{var}[\hat{\phi}_j] \approx \frac{1}{N}\sum_{\substack{j=1\\j\neq i}}^{N}\frac{\lambda_i\lambda_j}{(\lambda_i-\lambda_j)^2} \tag{5.39}$$

上述近似公式的推导过程要求协方差矩阵的估计误差很小。但应用在汉字识别等实际模式识别问题时，这一条件是很难达到的。所以，直接利用上述公式来进行 QDF 的误差分析意义不大，比较现实的办法是利用实际数据的计算机模拟和分析。

Takeshita 在文献[2]中定义了马氏距离的另一种表达式：

$$d_j = \frac{1}{\lambda_j}[\phi_j^{\mathrm{T}}(X-M)]^2, \quad j=1,\cdots,N \tag{5.40}$$

容易证明，在样本数目足够大的条件下，

$$\hat{d}_j = \frac{1}{\hat{\lambda}_j}[\hat{\phi}_j^{\mathrm{T}}(X-M)]^2, \quad j=1,\cdots,N \tag{5.41}$$

在理论上的期望值都趋于 1。文献[2]利用有限数目的样本，对各分量估计值 $\hat{d}_j(j=1,\cdots,N)$ 与相应理论值之间的偏差进行了实验模拟。实验模拟得到的一个重要结论是，相应于小本征值的距离分量和理论期望的偏差要远大于相应于大本征值的距离分量。而且，如果将小本征值用一个更大的常数来代替的话，可以观察到总的马氏距离及其理论期望之间的偏差会明显减小。

上述实验模拟的结果说明，在高维特征和小训练样本集条件下，QDF 性能恶化的主要原因来自协方差矩阵的小本征值的估计误差。

5.4 改进二次鉴别函数分类器 MQDF

改进二次鉴别函数分类器 MQDF 的提出意在既能尽可能地利用 QDF 的强大描述能力，又能克服协方差矩阵的小本征值估计误差对 QDF 性能恶化的影响，因而引入了对 QDF 修正形式。

5.4.1 修正二次鉴别分类 MQDF

Kimura 等人[3]最早提出了 QDF 的一种修正形式，并称之为 MQDF。修正后的鉴别函数为

$$g(X) = \sum_{j=1}^{k} \frac{1}{\lambda_j} [\phi_j^T(X-M)]^2 + \sum_{j=k+1}^{N} \frac{1}{h^2} [\phi_j^T(X-M)]^2 + \ln\left[h^{2(N-k)} \prod_{j=1}^{k} \lambda_j\right] \tag{5.42}$$

其中，M 取均值向量的最大似然估计，λ_j 和 ϕ_j 由协方差矩阵的最大似然估计 $\hat{\Sigma}$ 计算而得。两个参数 k 和 h^2 需要通过实验进行确定。对于 h^2 有几种简单而常用的确定方法，例如，取所有类别的 $k+1$ 个本征值估计量 $\hat{\lambda}_{k+1}$ 的均值，或者取第 k 项以后的所有本征值估计量 $\hat{\lambda}_j(j>k)$ 的均值。

可以看到，上述 QDF 的修正形式实际上是直接利用常数 h^2 来代替第 k 项以后的所有偏小本征值。如前面对 QDF 误差来源的分析，这样做的结果将能够有效地缓解小本征值估计误差所带来的系统性能下降。

另外，根据恒等关系：

$$\sum_{j=k+1}^{N} [\phi_j^T(X-M)]^2 = \|X-M\|^2 - \sum_{j=1}^{k} [\phi_j^T(X-M)]^2 \tag{5.43}$$

修正后的鉴别函数还可表示为

$$g(X) = \frac{1}{h^2}\left\{\|X-M\|^2 - \sum_{j=1}^{k}\left(1-\frac{h^2}{\lambda_j}\right)[\phi_j^T(X-M)]^2\right\} + \ln\left[h^{2(N-k)} \prod_{j=1}^{k} \lambda_j\right] \tag{5.44}$$

利用修正形式进行鉴别函数的计算，仅涉及前 k 个本征值和相应的本征向量 h^2。因此，所需要的计算时间和存储空间复杂度均降为 $O(N)$。

其他文献还提出一些本质上和式(5.42)相似的修正形式，例如，

$$g(X) = \sum_{j=1}^{k} \frac{1}{\lambda_j} [\phi_j^T(X-M)]^2 + \sum_{j=k+1}^{N} \frac{1}{\lambda_{k+1}} [\phi_j^T(X-M)]^2 \tag{5.45}$$

$$g(X) = \sum_{j=1}^{N} \frac{1}{\lambda_j + h^2} [\phi_j^T(X-M)]^2 \tag{5.46}$$

$$g(X) = \sum_{j=1}^{k} \frac{1}{\lambda_j + h^2} [\phi_j^T(X-M)]^2 + \sum_{j=k+1}^{N} \frac{1}{h^2} [\phi_j^T(X-M)]^2 + \ln\left[h^{2(N-k)} \prod_{j=1}^{k}(\lambda_j + h^2)\right] \tag{5.47}$$

5.4.2 QDF 修正形式的贝叶斯估计推导

数学上分析，从待估参数的先验概率分布出发的贝叶斯估计方法会得到比最大似然估计更为严谨的结果。下面将利用协方差矩阵的贝叶斯估计推导出上节引入的 QDF 的修正形式。

考虑在给定 L 个观测样本，$\xi = \{X_1, X_2, \cdots, X_L\}$，以估计参数密度分布

$p(X)$ 的问题。训练样本的作用可以用条件概率 $p(X|\xi)$ 来表示。假定 $p(X)$ 可以由一组有限参量集合 Θ 完全确定,于是条件概率密度函数 $p(X|\xi)$ 可由下式给出:

$$p(X|\xi) = \int p(X|\Theta) p(\Theta|\xi) d\Theta \qquad (5.48)$$

上式涉及了参量集合 Θ 的条件概率密度函数 $p(\Theta|\xi)$。给定 Θ 的初始分布 $p(\Theta)$ 后,$p(\Theta|\xi)$ 可以通过反复应用下式得到:

$$p(\Theta|X_1, X_2, \cdots, X_L) = \frac{p(X_L|X_1, \cdots, X_{L-1}, \Theta) p(\Theta|X_1, \cdots, X_{L-1})}{p(X_L|X_1, \cdots, X_{L-1})} \qquad (5.49)$$

其中,分母有如下计算式:

$$p(X_L|X_1, X_2, \cdots, X_{L-1})$$
$$= \int p(X_L|X_1, X_2, \cdots, X_{L-1}, \Theta) p(\Theta|X_1, X_2, \cdots, X_{L-1}) d\Theta \quad (5.50)$$

下面考虑 QDF 的参数的贝叶斯估计问题。为简化计,假设均值向量 M 已知,或假设直接利用其最大似然估计 $\hat{M}$。

已知来自高斯分布的样本的协方差矩阵统计量服从 Wishart 分布。因此,从推导样本协方差矩阵的分布 $p(\Sigma|\Sigma_0, L_0)$ 角度出发,其中,Σ_0 是真实协方差矩阵的初始猜想,而 L_0 为样本的数目,并可看作为关于 Σ_0 初始猜想的置信常数。进而,计算和 $p(\Sigma|\Sigma_0, L_0)$ 等价的 $p(K|\Sigma_0, L_0)$,其中 $K = \Sigma^{-1}$。这样做的目的是由于高斯分布中协方差矩阵总是以其逆矩阵的形式出现。于是,$p(K|\Sigma_0, L_0)$ 具有如下形式:

$$p(K|\Sigma_0, L_0)$$
$$= c(N, L_0) |L_0 \Sigma_0 / 2|^{(L_0-1)/2} |K|^{(L_0-N-2)/2} \cdot \exp\left[-\frac{1}{2} \text{tr}(L_0 \Sigma_0 K)\right] \qquad (5.51)$$

其中,c 为正则化常数。

$$c(N, L_0) = \left\{ \pi^{N(N-1)/4} \prod_{i=1}^{N} \Gamma\left[\frac{L_0 - i}{2}\right] \right\}^{-1} \qquad (5.52)$$

用式(5.51)作为 $p(\Theta)$ 并反复应用式(5.49),会发现 $p(K|X_1, X_2, \cdots, X_L)$ 也服从 Wishart 分布,并且参数 Σ_0 和 L_0 分别修正如下[4]:

$$\Sigma_L = \frac{\left[\frac{1}{L}\sum_{i=1}^{L}(X_i - M)(X_i - M)^T\right] + \left(\frac{L_0}{L}\right)\Sigma_0}{1 + L_0/L} \qquad (5.53)$$

$$L_L = L_0 + L \qquad (5.54)$$

通过将 $p(X|K)$ 和 $p(K|\Sigma_0,L_0,\xi)$ 代入式(5.48)并进行积分可以得到, $p(X|\xi)$ 服从具有 L_L-1 个自由度的多维 t-分布。

$$p(X|\xi) = [(L_L-1)\pi]^{-N/2} \frac{\Gamma[(L_L+N-1)/2]}{\Gamma[(L_L-1)/2]}$$
$$\cdot |\Sigma_L|^{1/2} \left[1+\frac{(X-M)^T\Sigma_L^{-1}(X-M)}{L_L-1}\right]^{-(L_L+N-1)/2}$$

(5.55)

对上式取负对数,并略去不同类别间的公共项,得到如下协方差矩阵的高斯分布的贝叶斯鉴别函数:

$$g(X) = (L_L+N-1)\ln\left[1+\frac{(X-M)^T\Sigma_L^{-1}(X-M)}{L_L-1}\right] + \ln|\Sigma_L|$$

(5.56)

当 $L_L \gg N$ 时,上式简化为

$$g(X) = (X-M)^T\Sigma_L^{-1}(X-M) + \ln|\Sigma_L| \quad (5.57)$$

它和 QDF 具有相同的函数形式,只是协方差矩阵不同。这是由于自由度趋于无穷时的 t-分布逼近高斯分布所致。

式(5.53)给出的协方差矩阵的估计 Σ_L 是真实协方差矩阵的贝叶斯估计,它由真实协方差矩阵的初始猜想及其最大似然估计的加权和组成。

$$\Sigma_L = (1-\alpha)\hat{\Sigma} + \alpha\Sigma_0 \quad (5.58)$$

其中,加权系数为 $\alpha = L_0/(L_0+L)$。一般情况下,对协方差矩阵的先验知识是很少的,因此可以假设 $\Sigma_0 = \sigma^2 I$。于是,当 $L_0 \ll L$ 时, Σ_L 可以简化为如下准贝叶斯估计:

$$\Sigma_L = \hat{\Sigma} + \alpha\sigma^2 I = \hat{\Sigma} + h^2 I \quad (5.59)$$

其中,

$$h^2 = \alpha\sigma^2 = \frac{L_0}{L_0+L}\sigma^2 \quad (5.60)$$

将式(5.59)代入式(5.57)直接得到:

$$g(X) = \sum_{i=1}^{N} \frac{1}{\hat{\lambda}_i+h^2}[\hat{\phi}_i^T(X-\hat{M})]^2 + \ln\prod_{i=1}^{N}(\hat{\lambda}_i+h^2) \quad (5.61)$$

假设对于 $\forall i>k$ 有 $h^2 \gg \hat{\lambda}_i$,上式可以近似为

$$g(X) = \sum_{i=1}^{k} \frac{1}{\hat{\lambda}_i+h^2}[\hat{\phi}_i^T(X-\hat{M})]^2$$
$$+ \sum_{i=k+1}^{N} \frac{1}{h^2}[\hat{\phi}_i^T(X-\hat{M})]^2 + \ln\left[h^{2(N-k)}\prod_{i=1}^{k}(\hat{\lambda}_i+h^2)\right]$$

(5.62)

可以发现,此式和前述的 QDF 修正式(5.47)完全相同。利用恒等式(5.43)关系,上式可以转化为如下计算形式:

$$g(X) = \frac{1}{h^2} \left\{ \|X - \hat{M}\|^2 - \sum_{i=1}^{k} \frac{1}{\hat{\lambda}_i + h^2} [\hat{\phi}_i^{\mathrm{T}}(X - \hat{M})]^2 \right\}$$
$$+ \ln\left[h^{2(N-k)} \prod_{i=1}^{k} (\hat{\lambda}_i + h^2) \right] \quad (5.63)$$

如果假设对于 $\forall i \leqslant k$ 有 $h^2 \ll \hat{\lambda}_i$,则由式(5.62)可以近似得到式(5.42)给出的修正形式及其相应的计算式(5.44)。

$$g(X) = \frac{1}{h^2} \left\{ \|X - M\|^2 - \sum_{j=1}^{k} \left(1 - \frac{h^2}{\lambda_j}\right) [\phi_j^{\mathrm{T}}(X - M)]^2 \right\} + \ln\left[h^{2(N-k)} \prod_{j=1}^{k} \lambda_j \right]$$
$$(5.64)$$

5.4.3 实验与结果

为了考察 MQDF 在脱机手写汉字识别中的应用,基于 HCD2 和 HCD4 共 600 套样本设计了如下两个实验。所有实验都采用 392 维改进方向线素特征,并利用 LDA 进行特征压缩。对给定的 k,MQDF 参数 h^2 取所有类别的第 $(k+1)$ 个本征值估计量 $\hat{\lambda}_{k+1}$ 的均值。

第 1 个实验的设计是为了选择合适的主子空间维数 k。采用 LDA 得到的 128 维压缩特征作为 MQDF 分类器的输入。HCD2 的 500 套样本用于训练,HCD4 的 100 套样本用于测试。图 5.1 绘制了 MQDF 在测试集上的首选识别率随主子空间维数 k 的变化曲线。从该图可以发现,分类器在 $k=64$ 左右时达到最优性能,而当 $k<32$ 时识别率随 k 的增加而迅速提高。在提出的脱机手写汉字识别系统中,根据性能代价比采用了 $k=32$ 的设置。

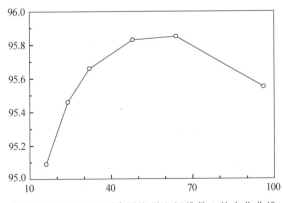

图 5.1 MQDF 识别率随主子空间维数 k 的变化曲线

第 2 个实验的目的是说明 MQDF 对提高识别率的帮助。实验比较了 MDC、PDM 和 MQDF 这 3 种分类器。这里有必要对 PDM 作简要说明。投影分类器(projection distance method,PDM)的鉴别函数定义为

$$g(X) = \|X-M\|^2 - \sum_{i=1}^{k}[\phi_i^T(X-M)]^2 \qquad (5.65)$$

与 MQDF 类似,PDM 也能得到二次分类曲面。它通过计算特征矢量到每个模式类别的 k 维主子空间的距离来进行分类。由于只利用了协方差阵的前 k 个主本征矢量,因此避免了小本征值估计误差带来的负面影响。与 MDC 相比,PDM 舍弃了主子空间内的部分距离。由于沿主分量方向的特征方差最大,因此该做法能够减小不稳定特征的干扰。另一方面,虽然被舍弃的部分距离不够稳定,但是仍然含有一定的鉴别信息。

实验利用了 HCD1 的 500 套样本。样本具体划分为:450 套用于训练,50 套用于测试。利用 LDA 得到 64 维压缩特征作为分类器输入。PDM 和 MQDF 中的主子空间维数均取为 16。表 5.2 总结了 3 种分类器的测试结果。从该表可以看出,3 种分类器的识别性能按 MDC、PDM、MQDF 的顺序逐渐改善。其中,PDM 和 MQDF 均考虑了特征分布的二次相关性,它们和 MDC 相比,在测试集上的首选错误率分别降低了 21% 和 70%。另外,由于在本实验中分类器使用的特征维数很低,因此 MQDF 表现出了明显优于 PDM 的性能。与 PDM 相比,MDQF 在测试集上的首选错误率减少了 39%。

表 5.2　脱机手写汉字识别中不同分类器识别率的比较　　　　　%

分类器	首选	五选
MDC	91.55	98.60
PDM	93.55	99.19
MQDF	96.06	99.25

5.5　系统实现与应用

模式识别的研究具有较强的实践性。一种有效分类方法的提出,很难摆脱对具体模式特点的依赖。由于脱机手写汉字识别问题的巨大规模和困难程度,在建立一个高性能识别系统时,就更有必要对汉字模式本身的特点进行充分的利用。图 5.2 给出了基于统计方法的实用脱机手写汉字识别系

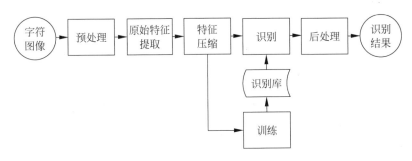

图 5.2 脱机手写汉字识别系统框架

统框架。需要说明的是,本节的识别系统是针对单个字符的识别,因此在系统输入端如何通过版面分析、行字切分等步骤得到独立的字符图像,以及在系统输出端如何依靠语言模型进行后处理,提高文本识别率,并不在本节的研究范围内。

在图 5.2 给出的汉字识别系统中,共使用了 7 项技术:滤波、基于线密度的非线性规一化、改进的方向线素特征或梯度特征、基于 Box-Cox 变换的特征整形、LDA、MQDF 或矫正学习等。其中,前 3 种技术偏重模式分析,并直接对字符模式的物理观测(即二值图像点阵)进行处理。由于和汉字模式的特点紧密相关,因此很难被移植到超大模式集分类问题的其他应用中。后 4 种技术偏重数据分析,且以多维特征矢量作为处理对象。从物理观测抽取的特征矢量在很大程度上摆脱了对具体应用领域的依赖,因此数据分析技术的推广或移植相对来说要容易得多。

图 5.2 的识别系统框架在以下两个层次上表现出了一定的通用性:

(1) 虽然系统的提出直接针对非限定脱机手写汉字识别这一具体应用,但是无论在识别性能还是时空复杂度上,该系统都同样适合于其他多种脱机字符识别问题,包括手写数字,多字体印刷中文、日文和韩文的识别等。

(2) 由于研究重点是在数据分析方面,因此引入或者提出的绝大部分方法并不依赖于字符识别这一特定领域。有理由相信,该系统对超大模式集分类问题的其他应用也具有相当大的借鉴意义。

5.5.1 非限定脱机手写汉字识别系统

按照图 5.2 的识别系统框架,我们构建了非限定脱机中文单字符识别系统。各个模块参数及详细结构设计如图 5.3 所示。

在该系统中,字符图像经过预处理后被分解为 12 个方向平面。在每个

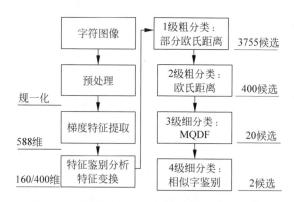

图 5.3 脱机手写中文单字符识别系统流程图

方向平面上分别提取 49 维梯度特征,共计 588 维梯度特征。在识别时,系统继承了之前识别系统的级联识别结构,并增加了 1 级相似字符鉴别分类器。原始梯度特征经过 HLDA 鉴别分析后压缩至 160 维,供前 3 级分类器使用。通过相似模式鉴别分析(similar pattern discriminant analysis,SPDA)[10]后获得 400 的特征向量用于相似字符的鉴别,即第 4 级分类。首先通过部分欧氏距离将识别候选数量从 3 755 降低至 400 个。然后,通过全部的欧氏距离对这 400 个候选再进行鉴别排序输出前 20 个候选。MQDF 分类器识别给出前两个候选的识别结果。相似字鉴别部分根据 MQDF 识别结果的广义置信度确定是否进行相似字鉴别。虽然识别系统采用的是多级的识别结构,但实际上识别系统共使用了两个 MQDF 分类器。第 1 个 MQDF 分类器采用基于重要性采样进行鉴别学习,样本重要性权重采用基于 MCE 估计的方法。第 2 个 MQDF 分类器主要用于鉴别相似字符,采用最大似然估计方法训练。在分类器训练时,HCL2000 样本库上采用 xx001-xx700 共 700 套样本作为训练集;THU-HCD 样本库上采用 HCD1-3、5-8、10 共计 1 877 套样本作为训练样本。两个样本库字符集均包含 3 755 个简体汉字字符类。

系统性能的比较主要分为两个部分:一部分是实验室不同时期建立的单字符识别系统之间的比较;另一部分是在公开字符集上与已发表的算法和识别系统的比较。首先,表 5.3 中给出了实验室已有识别系统在 HCL2000、HCD4 和 HCD9 上的识别性能。

表 5.3 中 DEF(directional element feature)为方向线素特征,CT(correct training)为校正学习,LDP(local discriminant projection)为局部

鉴别投影，MIL（mirror image learning）为镜像学习，CMF（compound mahalanobis function）为复合马氏距离。

表5.3　脱机手写中文单字符识别系统的识别率

识别系统	方法概要				测试集识别率/%		
	特征	特征压缩	分类器	鉴别学习	HCL2000	HCD4	HCD9
张嘉勇[5]	DEF	LDA	MQDF	CT	—	97.58	91.35
张睿[6]	DEF	LDA	OGMM	MCE	—	97.80	91.74
王学文[7]	Gabor	LDA	MQDF	—	—	97.86	87.83
刘海龙[8]	Gradient	HLDA	MQDF	MIL+CMF	98.58	98.53	93.13
付强[9]	Gradient	HLDA	MQDF	Boosting	98.86	98.33	93.08
王言伟[10]	Gradient	HLDA+SPDA	MQDF	SIW	99.09	99.05	94.41

该系统与目前能查到的在HCL2000公开字符集上发表的文献中的识别系统或算法也进行了比较，HCL2000测试集的识别率对比如表5.4所示。

表5.4　识别系统在HCL2000字符集测试集上的识别率

作者	特征压缩	分类器	识别率/%
Liu X B[11]	—	Matching	＞92.00
Long T[12]	LDA	MQDF	98.12
Zhang H G[13]	LDP	Nearest Neighbor	97.53
王言伟[10]	HLDA+SPDA	MQDF	99.09

表5.3和表5.4的测试结果表明，单字符识别系统对书写规整的HCL2000和THU-HCD中的HCD4两个测试集的识别率均达到了99%以上。在HCL2000和THU-HCD的3个测试集上，本节改进的单字符识别系统的识别率是所比较系统中最高的。系统对自由书写风格的字符集HCD9的识别率相对较低，仅为94.41%。这说明，该识别系统在自由书写风格字符的识别上还需要进一步加以改进。该系统测试CPU主频为3.16GHz，识别速度为6.94ms/字符，基本上能够满足实际应用的需求。

图5.4中给出了各个字符测试集上识别错误的部分样本示例。

图5.4中的示例显示，对于规整的字符集HCL2000和THU-HCD的HCD4，识别错误主要来自相似字之间的混淆。造成字符之间相似的原因可总结为两个：一是部分字符类之间原本就很相似，如"狼"和"狠"；二是小

(a) HCL2000样本集误识样本示例

阿→防岸→芹 傲→敖 芭→邑 白→败 双→般→船
伴→件 榜→傍谤→涝 包→甩 杯→权 卑→单 贝→只
本→木 毕→昇 标→林 兵→乒 曹→曾 柴→柒 长→犬

(b) HCD4样本集误识样本示例

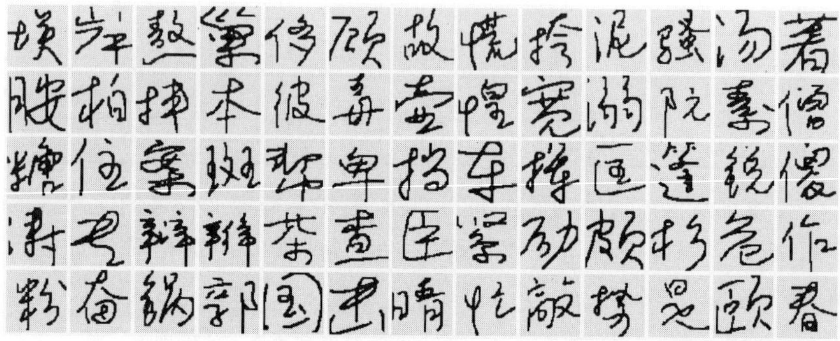

拔→拨 八→入 板→扳 闸→闹 话→活 半→丰 进→进
菜→莱 卜→广 仓→仑 察→蔡 敞→敞臣 王城→诚
驰→驰 尺→天 丑→日 传→估 寸→才 旦→且 刀→刁

(c) HCD9自由手写样本示例

(d) HCD9样本集误识样本示例

芭→琶 踩→踪 厂→丁 垫→蛰 吊→昂 洱→河 范→厄 火→欠 科→种 啃→唱
份→伤 干→平 各→吝 闺→闽 莱→菜 来→束 立→之 榴→描 沧→论 麦→袁
扭→担 泣→江 伤→佟 绅→伸 挞→抠 桃→挑 王→五 稀→烯 兴→尖 巳→巴

图 5.4 测试样本集上误识样本示例

部分字符由于字符笔画断裂等造成字符之间的相似。对于自由书写风格的 HCD9 字符集,错误主要来自于书写形变导致的字符之间的混淆。一方面,部分字符样本带有行书的写法,这类字符图像有些在训练集中是没有的。另一方面,部分字符形变和练笔过于夸张,即使人也较难在短时间内辨别。因此在后续的字符识别研究中,应主要集中于解决字符形变过大的问题。一方面,应对相似字的鉴别以及字符形状的矫正等进行更深入的研究;另一方面,可以尝试对多种书写风格的字符进行搜集以用于训练更加鲁棒的分类器。利用多种风格的训练样本"教会"分类器识别自由书写的字符,或者研究在线的分类器学习方法,提高分类器对字符形变的适应能力。

5.5.2 多字体印刷中、日、韩文识别系统

在将识别框架应用到印刷体识别问题时,由于存在更为苛刻的时空复杂度限制,引入了如下若干简化或改进措施:
(1) 简化了特征的抽取过程,并删除了不必要的预处理环节;
(2) 提高了特征压缩的比率;
(3) 采用了多级串行分类结构;
(4) 采用了置信度门限控制的加速策略;
(5) 使用了由 MDC 和 MQDF 构成的混合型分类器;
(6) 多信息、多层次、多次迭代的字符切分算法;
(7) 以字符切分为中心的文本识别框架;
(8) 统计和规则结合的中、日、韩文语言模型后处理。

在此框架下实现了中(繁简)日韩东方文字的识别系统,具体信息如表 5.5 所示。

表 5.5 中、日、英、韩文文字系统信息

文种	相应内码	字符集	样例
简体中文	GB2312	6763+ASCII+常用中文符号	中文简体
繁体中文	BIG5	13053+ASCII+常用中文符号	中文繁體
日文	SJIS	6524+ASCII+常用日文符号	あア亜熙
韩文	KSC5601	7238+ASCII+常用韩文符号	가깅伽誥
英文	ASCII	94	_Az09,.!?

表 5.6 按字体列出了多字体中日韩文识别系统在多体汉字上的识别性能。这些数据一定程度上反映了系统对多体的鲁棒性和适应性。

表 5.6 多体印刷汉字识别系统对字体变化的鲁棒性

字体 CJK	宋体	黑体	楷体	隶书	圆体	仿宋	魏碑	行楷
识别率/%	99.852	99.461	99.971	99.799	99.789	99.970	99.752	96.697

图 5.5 所示为日文原型系统中部分识别错误的字符。从日文识别错误样例上看,识别错误主要分布在相似字图像以及模糊、断裂等退化字符图像上。这些错误可以通过上下文的语义信息进一步降低。

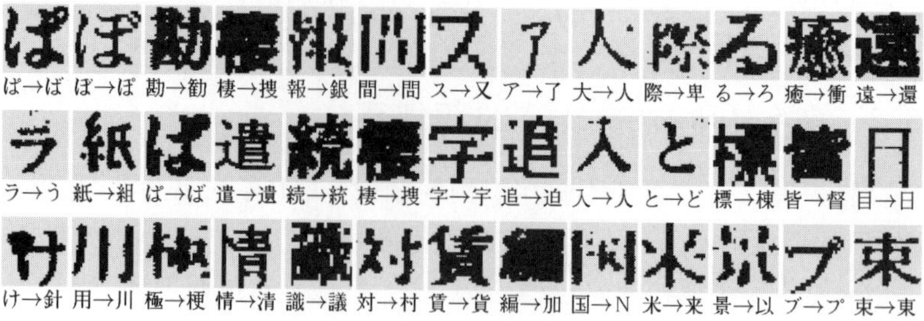

ば→ば ぼ→ぼ 勘→勤 棲→搜 報→銀 間→間 ス→又 ア→了 大→人 際→卑 る→ろ 癒→衝 遠→還
ラ→う 紙→組 ば→ば 遣→遺 続→統 棲→搜 字→宇 追→迫 入→人 と→ど 標→棟 皆→督 目→日
け→針 用→川 極→梗 情→清 識→議 対→村 貸→貸 編→加 国→N 米→来 景→以 ブ→プ 束→東

图 5.5　日文识别原型系统的错误样例

表 5.7 给出了我们建立的多字体中、日、韩文印刷体识别系统的识别性能，给出系统在测试集上的识别率。该测试集是通过对大量实际文本的扫描图像进行切分，然后利用标准文本标记类别而得到。由于扫描图像的质量较差，因此样本中包含了一定数量的切分和标记错误。

表 5.7　多字体中、日、韩文识别系统在测试集上的识别性能

语言	测试字符集数	识别率/%
简体汉字文档	47 615	99.27
繁体汉字文档	30 191	97.86
日文文档	71 541	96.55
韩文文档	46 840	95.55

表 5.8 给出中、日、韩文多体印刷体识别系统的识别性能，其识别性能由美国知名 Nuance 公司为国际竞标评测所测得，所测试的样本由测试第三方提供的各种印刷出版物的扫描图像。在被测试的中国、日本、比利时及中国台湾地区的 OCR 系统中，THOCR 系统的识别错误率最低。并因此被授权给微软公司使用于 Office 2000 中（图 5.7(f)）。图 5.6 给出了中、日、韩文的字符图像样例。图 5.7 给出 THOCR 2000 英、日、韩及中文简繁汉字识别系统用户界面示意。

表 5.8　印刷体中、日、韩文识别系统识别性能（由美国 Nuance 公司为国际投标评测）

语种	识别率/%	字符集	测试样本数
中文简体	96.53	6 848	58 267
中文繁体	96.93	5 525	66 966
日文	96.47	6 660	56 976
韩文	94.24	7 397	61 053

第 5 章 模式识别分类器设计/统计模式分类方法

(a) 多字体中文

(b) 多字体日文

(c) 多字体韩文

图 5.6 中、日、韩文识别的多体字符图像样例

(a) 简体汉字识别系统

(b) 繁体汉字识别系统

(c) 日文识别系统

(d) 韩文识别系统

(e) 英文识别系统

(f) 微软Office2003中TH-OCR版权声明

图 5.7 THOCR 2000 英、日、韩、简繁汉字识别系统用户界面图示及应用

5.6 分类器的置信度分析

分类器输出的原始度量信息可以有多种表现形式:对前向神经网络是对应各类别的神经元输出,对最近邻分类器是待识模式与各类代表样本的最近距离。直观上这种度量信息反映了待识模式属于各类别的可能性。例如,在前向神经网络中,当某个类别的神经元输出远比其他神经元输出大时,那么输入样本就非常可能属于这个类别;在最近邻分类器中,当输入样本距某类代表样本的最近距离远比距其他代表样本的最近距离小时,输入样本也就非常可能属于这个类别。

如何定量地估计分类结果的可信程度具有重要的研究意义。它能为基于度量层次信息的多分类器集成提供依据,是各种降低系统误识率算法的重要参考。另外,对于除希望识别率高外还希望误识率尽可能低的应用场合,通过拒识样本来实现时,该如何确定拒识的样本? 文献[14,15]给出了针对具体问题的经验化研究。本节将从理论上讨论分类器的置信度[28],并阐明它在字符识别中的重要应用价值。

5.6.1 分类器的置信度和广义置信度

定义 5.4 设有一模式分类器 S,x 为特征空间内的一点,S 对 x 的判决为 $e_s(x)$(为 N 个类别之一),在 x 处的样本的真实类别为 $w(x)$,则定义 $e_s(x)$ 正确的概率为

$$c_s(x) = P(w(x) = e_s(x)) \tag{5.66}$$

为 S 在 x 处的置信度。

在上式中,对特征空间中给定的一点 x,分类器 S 对它的判决是一个确定的类别 $e_s(x)$,$w(x)$ 是一个随机变量,即:不同类别的样本(如字符的原始图像),经过特征抽取后会落在特征空间内的同一点 x 处,从而使 $w(x)$ 表现出不确定性。

上面的定义与模式识别理论中常讨论的后验概率有着密切的联系,也就是说当一个样本落在特征空间中 x 处时,它属于 $e_s(x)$ 的后验概率,即

$$c_s(x) = P(e_s(x) | x)$$

需要指出的是,置信度与识别正确率之间是局部与整体的关系,即:置信度反映的是分类器 S 在特征向量空间某点的判决可信度,而识别正确率是置信度在 x 定义域上的统计平均值,下面给出的定义明确指出了这一点。

定义 5.5 若存在函数 $f_s(x)$ 和一个单调递增函数 $g(\cdot)$,使得:

$$f_s(x) = g(c_s(x)) \tag{5.67}$$

则称 $f_s(x)$ 为 S 的广义置信度。

显然,置信度 $c_s(x)$ 是广义置信度的一个特例,一个分类器的置信度是唯一的,广义置信度不是唯一的,因为只要将任何一个单调递增函数作用在置信度上就可以得到一个广义置信度。可以说,置信度是一种值域在 $[0,1]$ 上的绝对的概率度量,而广义置信度则是一种相对度量,即:如果 $f_s(x_1) > f_s(x_2)$,说明该分类器 S 在 x_1 处比在 x_2 处更可靠些,尽管并不知道分类器在两点判决正确的概率。

根据上述定义,下面给出关于置信度(或广义置信度)的两个定理:

定理 5.1 对于模式分类器 S,给定拒识率 P_r,选择不同的拒识区域时,当拒识区域为 $R=\{x|c_s(x)<\mathrm{TH}(P_r)\}$ 时,分类器误识率 P_e 达到最低,其中 $\mathrm{TH}(P_r)$ 是与 P_r 有关的一个置信度门限值。

证明:设 x 的整个定义域为 A,有另一个不同于 R 拒识区域 D,使得拒识率仍为 P_r,即

$$\int_{x\in D} p(x)\mathrm{d}x = \int_{x\in R} p(x)\mathrm{d}x = P_r$$

其中 $p(x)$ 为样本在 x 处的概率密度。

采用下列记号:

D 与 R 的交集为 $D\bigcap R=\{x|x\in R \text{ 且 } x\in D\}$,

D 中不与 R 相交的部分 $D/R=\{x|x\in D \text{ 且 } x\notin R\}$,

R 中不与 D 相交的部分 $R/D=\{x|x\in R \text{ 且 } x\notin D\}$。

令不拒识时的误识率为:$P_e(A) = \int_{x\in A} p(x)(1-c_s(x))\mathrm{d}x$

选择 D 为拒识区域时的误识率

$$\begin{aligned}
P_e(D) &= \int_{x\notin D} p(x)(1-c_s(x))\mathrm{d}x \\
&= P_e(A) - \int_{x\in D} p(x)(1-c_s(x))\mathrm{d}x \\
&= P_e(A) - \int_{x\in D\bigcap R} p(x)(1-c_s(x))\mathrm{d}x - \int_{x\in D/R} p(x)(1-c_s(x))\mathrm{d}x \\
&\geqslant P_e(A) - \int_{x\in D\bigcap R} p(x)(1-c_s(x))\mathrm{d}x - (1-\mathrm{TH}(P_r))\int_{x\in D/R} p(x)\mathrm{d}x
\end{aligned}$$

(因为 $x \notin R$ 时,$c_s(x) > \mathrm{TH}(P_r)$)

类似可推出：

选择 R 为拒识区域时的误识率

$$P_e(R) = \int_{x \notin R} p(x)(1 - c_s(x)) \mathrm{d}x$$

$$= P_e(A) - \int_{x \in R} p(x)(1 - c_s(x)) \mathrm{d}x$$

$$\leqslant P_e(A) - \int_{x \in D \cap R} p(x)(1 - c_s(x)) \mathrm{d}x - (1 - \mathrm{TH}(P_r)) \int_{x \in R/D} p(x) \mathrm{d}x$$

又因为：

$$\int_{x \in D/R} p(x) \mathrm{d}x = \int_{x \in D} p(x) \mathrm{d}x - \int_{x \in D \cap R} p(x) \mathrm{d}x = P_r - \int_{x \in D \cap R} p(x) \mathrm{d}x$$

$$= \int_{x \in R} p(x) \mathrm{d}x - \int_{x \in D \cap R} p(x) \mathrm{d}x = \int_{x \in R/D} p(x) \mathrm{d}x$$

所以，$P_e(D) \geqslant P_e(R)$。即选择 R 为拒识区域时的误识率最小。

推论 5.1 若 $f_s(x)$ 是广义置信度，对于模式分类器 S，给定拒识率 P_r，选择不同的拒识区域时，拒识区域为 $R = \{x \mid f_s(x) < \mathrm{TH}(P_r)\}$ 能使分类器误识率 P_e 达到最低。

考虑到 $f_s(x)$ 与 $c_s(x)$ 有着相同的变化趋势，上述推论是显然的。

定理 5.2 分类器在给定样本集上的测试识别率的期望值是它在这个样本集上置信度的平均值。

证明：设测试样本集有 C 个样本：$x_1, x_2, x_3, \cdots, x_C$，分类器在这个样本集上的测试识别率是 $P_a = \dfrac{\text{正确识别样本数}}{C}$，则 P_a 的期望 $E\{P_a\} = \dfrac{E(\text{正确识别样本数})}{C}$。

定义随机变量：

$$\theta_i = \begin{cases} 1, & \text{正确识别 } x_i, \\ 0, & \text{误识 } x_i, \end{cases} \quad i = 1, 2, \cdots, C$$

则正确识别样本数 $N_r = \sum\limits_{i=1}^{C} \theta_i$。

正确识别样本数的统计平均为

$$E\{N_r\} = E\left\{\sum_{i=1}^{C} \theta_i\right\} = \sum_{i=1}^{C} E\{\theta_i\} = \sum_{i=1}^{C} P(\omega(x_i) = e_s(x_i)) = \sum_{i=1}^{C} c_s(x_i)$$

即

$$E\{P_a\} = \frac{\sum_{i=1}^{C} c_s(x_i)}{C} \tag{5.68}$$

定理 5.1 和推论 5.1 说明了用置信度（或广义置信度）做拒识门限，可以获得最优拒识区域的选择；定理 5.2 说明了用置信度能估计在某一测试样本集上的识别率。

为了在实际中应用置信度分析，首先需要找到置信度的估计方法。第 1 步，针对分类器的不同种类，用不同的公式估计广义置信度，这里主要讨论两种在字符识别中常见的分类器：基于距离的分类器和前向神经网络分类器；第 2 步，在统计的基础上建立从广义置信度到置信度的映射关系，用统一的算法通过广义置信度求出置信度。本书把这种置信度的估计方法称作"自适应置信度变换（adaptive confidence transform，ACT）"。

5.6.2 基于距离的分类器的广义置信度估计

基于距离的模式识别分类器有着非常广泛的应用，主要包括最近邻分类器[16]和自组织特征映射分类器（SOFM）[17]等。这种分类器的判决准则十分直观：未知样本应同与其距离最近的代表样本属于同一个类别。确切定义如下：

在一个有 N 个类别 $\omega_1, \omega_2, \cdots, \omega_N$ 的模式识别问题中，ω_i 类有标明类别的样本 C_i 个：$x_i^1, x_i^2, \cdots, x_i^{C_i}$，对于特征空间内一点 x，规定 ω_i 类的判别函数为

$$d_i(x) = \min \|x - x_i^k\|, \quad k = 1, 2, \cdots, C_i$$

若 $d_j(x) = \min_i d_i(x), i = 1, 2, \cdots, N$，则决策：$e_s(x) = \omega_j$。

文献[16]中证明，当训练样本充分大时，最近邻分类器的条件错误率为

$$P(e|x) = 1 - \sum_{i=1}^{N} P^2(\omega_i|x)$$

所以，S 在 x 处的置信度是

$$c_s(x) = 1 - P(e|x) = \sum_{i=1}^{N} P^2(\omega_i|x)$$

当类别数 $N = 2$ 时，上式即转换为

$$c_s(x) = (1 + \rho^2(x))/(1 + \rho(x))^2$$

其中，$\rho(x) = [P(w_1)p(x|w_1)]/[P(w_2)p(x|w_2)]$ 是两类在 x 处的概率密度比。

如果能得到各类的后验概率 $P(w_i|x)$，就能直接算出 $c_s(x)$。在只有 C 个训练样本的条件下，可以获得的观测量是 x 与这些样本的距离。为了达到估计 $c_s(x)$ 的目的，只能采取一种间接的思路：先找出一个能反映 $c_s(x)$ 的量，即广义置信度 $f_s(x)$，然后再把它映射为 $c_s(x)$。对这类分类器，未知样本与各类代表样本的距离显然与广义置信度有着密切的联系，因此在工程实际中，常用下面一些与距离有关的公式来估计 $f_s(x)$。

下面一些公式是广义置信度估计可能的选择[14,17]：

$$f_1(x) = t_1(x) \tag{5.69}$$

$$f_2(x) = t_2(x) - t_1(x) \tag{5.70}$$

$$f_3(x) = 1 - t_1(x)/t_2(x) \tag{5.71}$$

$$f_4(x) = \frac{e^{-\frac{t_i(x)}{\sigma}}}{\sum_{j=1}^{Q} e^{-\frac{t_j(x)}{\sigma}}} \tag{5.72}$$

其中，$t_1(x)$ 是未知样本 x 与最近的代表样本的距离，即

$$t_1(x) = d_j(x) = \min_i d_i(x), \quad i = 1, 2, \cdots, N$$

$t_2(x)$ 是次近距离，即

$$t_2(x) = \min_{i \neq j} d_i(x), \quad i = 1, 2, \cdots, N$$

σ 为识别候选距离的标准差。$f_4(x)$ 是用于度量 MQDF 分类器的广义识别置信度，常用于文本行识别中，这里不再赘述，详见文献[18]。

尽管 $f_1(x), f_2(x), f_3(x)$ 在直观上都似乎有一定的道理，其中哪个更准确呢？从理论和实践两个方面进行分析得出，式(5.71)是一个较理想的选择。

1. 理论分析

在训练样本充分多、特征维数为1、类别数 $N=2$ 的情况下，式(5.71)的数学期望是一种广义置信度，式(5.69)和式(5.70)的数学期望都不是广义置信度。

(1) $E(f_1(x))$

当训练样本数 $C = C_1 + C_2$ 很大时，根据大数定理，可以认为有 $C_1 = P(\omega_1)C, C_2 = P(\omega_2)C$。由于这些样本独立，所以 $f_1(x) > v$ 的概率为

$$P(f_1(x) > v) = P(\min(d_1(x), d_2(x)) > v)$$
$$= P(d_1(x) > v \text{ 且 } d_2(x) > v)$$

$$= P(d_1(x) > v) P(d_2(x) > v)$$

$$= \prod_{k=1}^{C_1} P(\|x_1^k - x\| > v) \prod_{k=1}^{C_2} P(\|x_2^k - x\| > v)$$

令

$$P_1(y_1, y_2) = \int_{y_1}^{y_2} p(y|\omega_1) \mathrm{d}y, \quad P_2(y_1, y_2) = \int_{y_1}^{y_2} p(y|\omega_2) \mathrm{d}y$$

则

$$\begin{aligned} P(\|x_1^k - x\| > v) &= 1 - P(\|x_1^k - x\| \leqslant v) \\ &= 1 - P(x - v \leqslant x_1^k \leqslant x + v) \\ &= 1 - P_1(x - v, x + v) \end{aligned}$$

类似地有，

$$P(\|x_2^k - x\| > v) = 1 - P_2(x - v, x + v)$$

所以，

$$P(f_1(x) > v) = (1 - P_1(x - v, x + v))^{C_1} (1 - P_2(x - v, x + v))^{C_2}$$

当 v 很小时，

$$\begin{aligned} P(f_1(x) > v) &= \exp(C_1 \ln(1 - P_1(x - v, x + v)) \\ &\quad + C_2 \ln(1 - P_2(x - v, x + v))) \\ &\approx \exp(-C_1 P_1(x - v, x + v) - C_2 P_2(x - v, x + v)) \\ &\approx \exp(-2v C_1 p(x|\omega_1) - 2v C_2 p(x|\omega_2)) \end{aligned}$$

所以，$f_1(x)$ 的概率密度为

$$\begin{aligned} q(v) &= \mathrm{d}P(f_1(x))/\mathrm{d}v \\ &= 2(C_1 p(x|\omega_1) + C_2 p(x|\omega_2)) \exp(-2v C_1 p(x|\omega_1) \\ &\quad - 2v C_2 p(x|\omega_2)) \end{aligned}$$

$$\begin{aligned} E(f_1(x)) &= \int_0^{+\infty} v q(v) \mathrm{d}v \\ &= 1/(2C_1 p(x|\omega_1) + 2C_2 p(x|\omega_2)) \\ &= 1/(2CP(\omega_1) p(x|\omega_1) + 2CP(\omega_2) p(x|\omega_2)) \end{aligned}$$

由于 x 处样本概率密度是

$$p(x) = P(\omega_1) p(x|\omega_1) + P(\omega_2) p(x|\omega_2)$$

所以，

$$E(f_1(x)) = 1/(2Cp(x))$$

需要说明一点的是，在推导 $q(v)$ 的表达式时，假设 v 要很小，而上述积分中，v 的范围是 $[0, +\infty]$，这样做的根据是：当 C 充分大时，$q(v)$ 随 v 的增大迅速减小，使得积分结果基本都由 v 很小时的函数值贡献。

(2) $E(f_2(x))$

$$q_1(x) = 2C_1 p(x|\omega_1)\exp(-2vC_1 p(x|\omega_1)),$$
$$q_2(x) = 2C_2 p(x|\omega_2)\exp(-2vC_2 p(x|\omega_2))$$

$$E(f_2(x)) = \int_0^{+\infty}\int_0^{+\infty} |v_1 - v_2| q_1(v_1) q_2(v_2) dv_1 dv_2$$
$$= \int_0^{+\infty}\left[\int_0^{v_2}(v_2 - v_1)q_1(v_1)q_2(v_2)dv_1\right]dv_2$$
$$+ \int_0^{+\infty}\left[\int_0^{v_1}(v_1 - v_2)q_1(v_1)q_2(v_2)dv_2\right]dv_1$$

令 $s = 2C_1 p(x|\omega_1), t = 2C_2 p(x|\omega_2)$，则有

$$\int_0^{v_1}(v_1 - v_2)q_2(v_2)dv_2 = \int_0^{v_1}(v_1 - v_2)t\exp(-tv_2)dv_2$$
$$= v_1 - \frac{1}{t} + \frac{\exp(-tv_1)}{t}$$

$$\int_0^{+\infty}\left[\int_0^{v_1}(v_1 - v_2)q_1(v_1)q_2(v_2)dv_2\right]dv_1$$
$$= \int_0^{+\infty}\left[v_1 - \frac{1}{t} + \frac{\exp(-tv_1)}{t}\right]s\exp(-sv_1)dv_1 = \frac{t}{s(s+t)}$$

类似地，

$$\int_0^{+\infty}\left[\int_0^{v_2}(v_2 - v_1)q_1(v_1)q_2(v_2)dv_1\right]dv_2 = \frac{s}{t(s+t)}$$

所以，

$$E(f_2(x)) = \frac{s}{t(s+t)} + \frac{t}{s(s+t)}$$

即

$$E(f_2(x)) = \frac{1}{2Cp(x)}\left(\rho(x) + \frac{1}{\rho(x)}\right)$$

(3) $E(f_3(x))$

$$E(f_3(x)) = \int_0^{+\infty}\left[\int_0^{+v_2}(1 - v_1/v_2)q_1(v_1)dv_1\right]q_2(v_2)dv_2$$
$$+ \int_0^{+\infty}\left[\int_0^{+v_1}(1 - v_2/v_1)q_2(v_2)dv_2\right]q_1(v_1)dv_1$$

$$\int_0^{+\infty}\left[\int_0^{+v_1}(1 - v_2/v_1)q_2(v_2)dv_2\right]q_1(v_1)dv_1$$
$$= \int_0^{+\infty}\left[1 - \frac{1}{tv_1} + \frac{\exp(-tv_1)}{tv_1}\right]s\exp(-sv_1)dv_1 = 1 - \frac{s}{t}\ln\frac{s+t}{s}$$

这里用到一个积分技巧:

$$\int_0^{+\infty} \frac{\exp(-ax)-\exp(-bx)}{x}\mathrm{d}x = \int_0^{+\infty}\int_a^b \exp(-yx)\mathrm{d}y\mathrm{d}x$$
$$= \int_a^b\left[\int_0^{+\infty}\exp(-yx)\mathrm{d}x\right]\mathrm{d}y$$
$$= \int_a^b \frac{1}{y}\mathrm{d}y = \ln\frac{b}{a}$$

同理,

$$\int_0^{+\infty}\left[\int_0^{+v_2}(1-v_1/v_2)q_1(v_1)\mathrm{d}v_1\right]q_2(v_2)\mathrm{d}v_2 = 1-\frac{t}{s}\ln\frac{s+t}{t}$$

所以,

$$E(f_3(x)) = \left(1-\frac{s}{t}\ln\frac{s+t}{s}\right)+\left(1-\frac{t}{s}\ln\frac{s+t}{t}\right)$$
$$= 2-\rho(x)\ln\left(1+\frac{1}{\rho(x)}\right)-\frac{1}{\rho(x)}\ln(1+\rho(x))$$

即

$$E(f_3(x)) = 2-\rho(x)\ln\left(1+\frac{1}{\rho(x)}\right)-\frac{1}{\rho(x)}\ln(1+\rho(x))$$

根据上面的推导,可以评估这 3 个式子。$E(f_1(x))$ 只与 x 处的样本的总概率密度有关,与两类样本在 x 处的概率密度比并无直接关系,因而它不是 $c_s(x)$ 的单调函数。$E(f_2(x))$ 与各类样本在 x 处的概率密度比直接相关,但它仍然与概率密度的绝对大小有关,所以,比第 1 个式子好一些,但不是最优的。而 $E(f_3(x))$ 只与两类概率密度的比值有关,通过数值计算可以得到 $E(f_3(x))$ 和 $c_s(x)$ 的关系曲线(如图 5.8 所示),它们确实有着相同的变化趋势,符合广义置信度的要求,可以说,$f_3(x)$ 在数学期望的意义上更符合广义置信度的要求。

2. 数值模拟

为了验证上述推导的正确性,我们做了一个模拟实验。实验条件是:
(1) $P(\omega_1)=1/3, P(\omega_2)=2/3, C=1\,000$
(2) $p(x|\omega_1)=p(x|\omega_2)=\begin{cases}1, & 0\leqslant x\leqslant 1\\ 0, & 其他\end{cases}$

用蒙特卡罗法求数学期望 $E(f_1(x)), E(f_2(x))$ 和 $E(f_3(x))$。表 5.9 列出了模拟结果和理论值,两者基本是一致的。

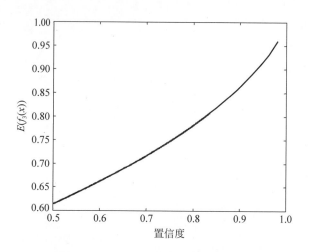

图 5.8 $E(f_3(x))$ 与置信度关系曲线

表 5.9 模拟结果与理论值的比较

	$E(f_1(x))$	$E(f_2(x))$	$E(f_3(x))$
理论值	0.000 5	0.001 25	0.64
实验值	0.000 485	0.001 27	0.63

上面的推导是在特征维数为 1、类别数为 2、样本充分多的简化条件下得到的,当这些条件不满足时,严格的理论分析将很困难。

文献[14]指出在用最近邻分类器进行手写数字识别的实验中,用参数优化的方法求广义置信度的表达式,得到的就是式(5.71);文献[17]在用自组织特征映射作手写数字识别时,通过实验比较也认为式(5.71)是广义置信度估计的好方法。

综合以上的理论分析和应用实践,对基于距离的分类器,用式(5.71)作广义置信度估计是一种有理的选择。

5.6.3 多层前向神经网络分类器广义置信度估计

M. D. Richard 证明[19],使用均方误差或库尔贝克鉴别熵作代价函数时,多层前向神经网络(如 BP 网络、RBF 网络、高阶多项式网络等)输出的期望值是各个类别的后验概率。设 o_i 是与 ω_i 类对应的神经网络的输出,则有

$$E\{o_i\} = P(\omega(x) = \omega_i)$$

判决时取与最大输出对应的类别,因此,$c(x)=E\{\max o_i\}$,人们可以用神经网络的最大输出作置信度。在实际中,有时会遇到两个输出都很接近1的情况,所以一般用最大输出和次大输出的差来估计广义置信度。

5.6.4　从广义置信度求置信度的方法

尽管使用广义置信度就可以获得最佳拒识区域,但在识别率估计、不同分类器的集成中,置信度是无法由广义置信度替代的。所以,需要一种从广义置信度求置信度的方法。因为单调函数一定存在逆函数,由广义置信度的定义可得:$c_s(x)=g^{-1}(f_s(x))$,只要能找到 $g^{-1}(\cdot)$,问题就解决了。为此,这里提出一种基于统计的实用方法。

设广义置信度 $f_s(x)$ 的值域是 T,对任意 $y\in T$,取 y 附近的一个小区间 $[y-\delta, y+\delta]$,取一个充分大的测试集 S_t,则可用下面公式估计 $g^{-1}(y)$:

$$\hat{g}^{-1}(y) = \frac{\text{count}(\{x|x\in S_t\text{ 且 }f_s(x)\in[y-\delta,y+\delta]\text{ 且 }e_s(x)=\omega(x)\})}{\text{count}(\{x|x\in S_t\text{ 且 }f_s(x)\in[y-\delta,y+\delta]\})}$$

(5.73)

其中,count($\cdot$)用来统计集合中元素的个数。

式(5.73)的含义是:分子是广义置信度落在小区间 $[y-\delta, y+\delta]$ 中被正确识别的样本的数目,分母是广义置信度落在小区间 $[y-\delta, y+\delta]$ 样本的总数,两者的比值为广义置信度为 y 时系统的正确识别率,即 $f_s(x)=y$ 时系统的置信度,也就是 $g^{-1}(y)$。

在实际计算时,要注意两点:若 δ 取得太小,广义置信度落在小区间 $[y-\delta, y+\delta]$ 内的样本太少,$g^{-1}(y)$ 估值不准;若 δ 取得太大,$g^{-1}(y)$ 变成了在一个大范围内的平均值,估值也不准。所以,δ 应取合适大小,一般保证分母为 $10\sim 100$。另外,可以在 T 内取 m 个离散点:$y_1, y_2, \cdots, y_m$,用式(5.73)求出在这些点的 $g^{-1}(y)$,y 取其他值时,可以用在这些离散点处的函数值内插来近似求得。

5.6.5　使用 ACT 估计后验概率

前面讨论的分类器置信度,实际上对应的是首选类别的后验概率。而在基于度量层次信息的分类器集成中,往往需要知道各个类别的后验概率,即:$p(\omega_1|X),\cdots,p(\omega_N|X)$,而不仅仅是最大的一个后验概率。为了解决这个问题,本书将扩展前面提出的概念和方法。

如果存在函数 $c(\omega_i|X)$ 和一个单调递增函数 $g(\cdot)$,满足:

$$c(\omega_i|X) = g(p(\omega_i|X))$$

则把 $c(\omega_i|X)$ 称为"X 属于 ω_i 的广义置信度",它与式(5.67)中定义的"分类器广义置信度" $f_s(X)$ 的联系是：

$$f_s(X) = \max_{1 \leqslant i \leqslant N} c(\omega_i|X)$$

相应地,把式(5.71)稍加修改即可用于基于距离的分类器的 $c(\omega_i|X)$。

$$c(\omega_i|X) = 1 - \frac{d_i(X)}{\min\limits_{k \neq i}(d_k(X))}$$

对前向神经网络分类器,则更简单：

$$c(\omega_i|X) = o_i$$

类似地,如果能求出 $g(\cdot)$,则 $p(\omega_i|X)$ 可用下式估计：

$$p(\omega_i|X) = g^{-1}(c(\omega_i|X))$$

$g^{-1}(\cdot)$ 的估计也类似于式(5.73)。

$$g^{-1}(y) = \frac{\sum_{i=1}^{N} \text{count}(\{X|X \in S_t \text{ and } c(\omega_i|X) \in [y-\delta, y+\delta] \text{ and } X \in \omega_i\})}{\sum_{i=1}^{N} \text{count}(\{X|X \in S_t \text{ and } c(\omega_i|X) \in [y-\delta, y+\delta]\})}$$

(5.74)

这样,就把自适应置信度变换扩展到后验概率的估计当中,其算法流程可概括为如图 5.9 所示。

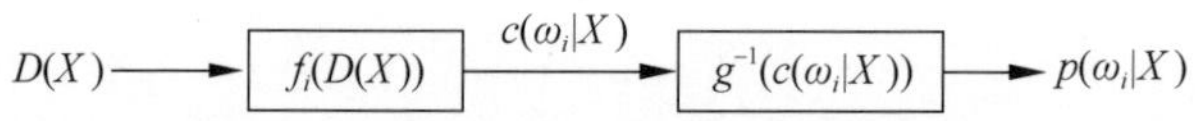

$$D(X) \longrightarrow \boxed{f_i(D(X))} \xrightarrow{c(\omega_i|X)} \boxed{g^{-1}(c(\omega_i|X))} \longrightarrow p(\omega_i|X)$$

图 5.9　基于 ACT 的后验概率估计

5.6.6　置信度分析在字符识别中的应用

本节将通过手写数字识别和脱机手写汉字识别说明置信度分析在字符识别中的应用。手写数字识别的样本选自美国国家标准技术局的 NIST 数据库[20],训练集有 12 000 字,测试集有 3 000 字,抽取 288 维统计特征,分类器采用自组织特征映射(SOFM)分类器;手写汉字识别的样本由实验室自行收集,包括国标一级汉字,训练 50 套,测试 3 套,识别采用了两种独立的方法：基于方向线素的统计方法(简称"统计方法")[21]和基于汉字轮廓结构模型引导的结构分析方法(简称"结构方法")[22],两种分类器均给出距离度量。由于这些分类器都基于距离度量,因此可以用式(5.71)估计广义置信度,然后再用式(5.73)求出绝对置信度。

1. 用广义置信度决定拒识区域

一个识别系统在给定的测试样本集上的性能可以用 3 个指标来反映：识别率(P_a)、误识率(P_e)和拒识率(P_r)，这 3 个指标的定义如下。

设待测文字的总量为 N，经过识别系统后结果正确的文字数量为 N_a，系统对识别结果有疑问而予以拒识的文字数量为 N_r，识别后系统并未标识成"可疑"但识别结果错误的文字数量是 N_e，$N=N_a+N_r+N_e$，那么，

$$P_a = \frac{N_a}{N} \times 100\%, \quad P_r = \frac{N_r}{N} \times 100\%,$$

$$P_e = \frac{N_e}{N} \times 100\%, \quad P_a + P_e + P_r = 100\%$$

当拒识率为 0 时，系统能获得最高的识别率，但这时误识率也最高，对于有些应用系统不拒识时的误识率往往是不能接受的。最典型的是与手写数字识别有关的应用，往往要求极低的误识率，如 10^{-4} 或更低；在我国的出版行业标准中也规定错误率要低于 10^{-4}。为了实现这样的目标，一条途径就是通过拒识一部分样本来降低误识率。这里就存在一个拒识区域选择的问题，由定理 5.1 给出的识别置信度（或广义置信度）来作拒识门限，能在给定的拒识率下使得误识率降至最低。下面，将给出在手写数字识别中的应用实例。

有一个样本数目为 N 的手写数字样本测试集 S_t，取一个拒识门限 TH，则拒识率 P_r 和误识率 P_e 都是 TH 的函数，即

$$P_r(\text{TH}) = \frac{\text{count}(\{x \mid x \in S_t, c_s(x) < \text{TH}\})}{N} \times 100\%$$

$$P_e(\text{TH}) = \frac{\text{count}(\{x \mid x \in S_t, c_s(x) > \text{TH}, \omega(x) \neq e_s(x)\})}{N} \times 100\%$$

当 TH 从 0（不拒识）变化到很大（拒识很多样本）时，就能在 P_e-P_r 组成的二维平面上得到一条曲线。图 5.10 就是对一个含有 10 000 个样本的手写数字样本集进行实验得到的 P_e-P_r 曲线：线 A 是采用式(5.71)作广义置信度函数时得到的 P_e-P_r 曲线，实线上方的线 B 和 C 是采用式(5.69)、式(5.70)估计广义置信度函数时得到的。显然，在相同的拒识率下，A 的误识率最低，这就进一步证明：对基于距离的分类器式(5.71)确实是对广义置信度的很好估计。通过这条 P_e-P_r 曲线，可以根据实际的需要决定拒识门限：

（1）有些应用明确给出了对误识率的限制，即：要求 $P_e < P_{\min}$。这时，可以找出直线 $P_e = P_{\min}$ 与 P_e-P_r 曲线的交点，并以此点对应的 TH 作为拒识门限（如图 5.10 中虚线所示）；

(2) 在第 1 届和第 2 届日本 IPTP 手写数字识别竞赛中采用了一种基于惩罚因子的指标[23]：

$$\text{Index} = aP_e + P_r (a > 1)$$

这个式子的含义是很清楚的：误识一个字带来的损失是拒识它的 a 倍，在 IPTP 竞赛中 a 取 10。在这种指数下，使 Index 最小自然成为拒识门限的一个选择标准，这时同样可以从 P_e-P_r 曲线上找到最优拒识门限：找出与 P_e-P_r 曲线相切且斜率为 $1/a$ 的直线，切点对应的 TH 即为最优拒识门限（如图 5.10 中点线所示）。

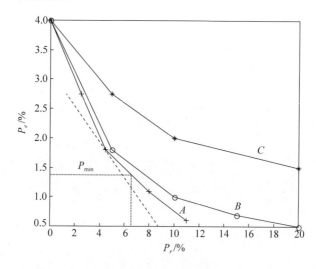

图 5.10 P_e-P_r 关系曲线

总之，通过由按照置信度确定的 P_e-P_r 曲线，人们可以灵活地决定各种准则下的最优拒识门限。

2. 用置信度估计识别率

毫无疑问，识别率是各种模式识别应用中最重要的一个指标，人们始终在为提高这个指标做着不懈的努力。但长期以来，人们只能通过有监督的测试来给出识别率。而根据提出的概念和方法，可以在不知道测试样本正确类别的情况下就对识别率给出比较准确的估计。估计的步骤是：

(1) 根据分类器类别给出广义置信度估计公式；

(2) 用式(5.73)决定广义置信度到置信度的映射函数 $g^{-1}(\cdot)$；

(3) 对测试集，用式(5.68)估计识别率。

表 5.10、表 5.11 是通过上述步骤对手写数字和手写汉字识别率估计的结果,其中估计识别率一栏就是通过上述 3 个步骤得到的结果。可以看出,这种估计方法有相当高的准确程度,估计的识别率与实测识别率相差均小于 2%。这是一个很有趣的结果:竟然可以在不知道"答案"的情况下就给分类器"打分"。实际上,当对每个识别结果的可靠性都可以比较准确估计时,求出在整个测试集的平均置信度(即常说的识别率)也就在情理之中了。

表 5.10 手写数字识别率估计的结果

编号	样本来源	样本数	估计识别率/%	实测识别率/%
1	NIST	2 969	95.25	95.25
2	ETL	6 804	97.18	97.95
3	自备 1	10 000	95.23	95.10
4	自备 2	7 937	97.50	98.80

表 5.11 手写汉字识别率估计的结果(方向线素方法)

编号	样本质量	样本数	估计识别率/%	实测识别率/%
1	低	3 755	87.92	86.34
2	中等	3 755	94.39	95.89
3	高	3 755	96.98	98.48

3. 在分类器集成中的应用

分类器集成是本文论述的一个核心内容,后面几节将对此系统地加以论述。这里,通过一个简单的例子来说明置信度分析在分类器集成中的潜在价值。

脱机手写汉字是一个极为困难的模式识别问题,人们在多年研究的基础上,提出了很多方法。这些方法大致分为两类:①基于统计特征的方法;②基于结构特征的方法。它们各有优缺点。总体上说,现有统计方法因其较高的识别率和易自学习的特点成为了主流;但是,统计方法对细节辨认不清的缺点却始终无法得到根本性的解决。所以,在脱机手写汉字识别界基本上有这样一种共识:在高识别率的统计方法的基础上辅之以结构方法,才能使识别性能获得进一步的提高。我们选用了两种方法:一种是基于方向线素的统计方法[21],另一种是基于汉字轮廓结构模型引导的结构分析方法[22],它们的识别率列在表 5.12 中。这里,做多方案集成的有利条件是:两种方法的相关性很小,可以认为是独立的;不利条件也是明显的:两种方法的性能相差很大,统计方法的识别率要明显高于结构方法,这就要求必须能准确把握两种方法的互补之处,才能进一步提高识别率。这里,置信度分析可以发挥重大作用。

表 5.12　脱机手写汉字识别性能比较(识别率:%)

方法 \ 测试样本	第 1 套	第 2 套	第 3 套
统计方法	86.34	95.89	98.48
结构方法	70.09	84.13	94.73
集成方法	87.70	96.35	98.83
识别率相对统计方法的增益	1.36	0.46	0.35

图 5.11 给出了两种方法从广义置信度到置信度的映射函数 $g^{-1}(\cdot)$。从图 5.11 可以看到两点:①统计方法总体上置信度很高(0.85 以上),结构方法的置信度则很少超过 0.8;②另一方面,有易混淆的相似模式,当 d_1 和 d_2 相差很小时,统计方法的置信度只有约 0.5,而结构方法是 0.6,比前者高了 0.1。这实际上从定量角度说明了这样的常识:尽管总体上往往统计方法有着更高的识别率,但结构方法在辨别相似字时却比统计方法要优越。

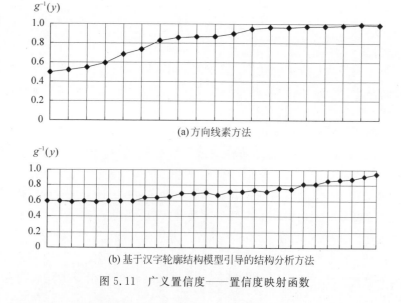

(a) 方向线素方法

(b) 基于汉字轮廓结构模型引导的结构分析方法

图 5.11　广义置信度——置信度映射函数

针对以上特点，采用一种简单的集成思想：对于未知样本 x，采用对它识别置信度高的分类器的分类结果。两个分类器为 S_1 和 S_2，对未知模式 x 的判决分别为 $e_1(x)$ 和 $e_2(x)$，识别置信度分别为 $c_1(x)$ 和 $c_2(x)$。集成系统的判决为

$$e(x) = \begin{cases} e_1(x), & c_1(x) > c_2(x) \\ e_2(x), & c_2(x) > c_1(x) \end{cases}$$

从表 5.12 可以看出，通过集成这两种方法，识别率在统计方法的基础上又有了新的提高，尤其可贵的是，在统计方法的识别率高于 98% 时，集成后识别率仍提高了零点几个百分点。

5.6.7 小结

本节定义了分类器的置信度，提出了广义置信度的概念，证明了基于置信度(或广义置信度)的最优拒识区域选择定理，给出了置信度与识别率的关系。另外，还给出了几种常用分类器的广义置信度的估计方法，提出了一种根据广义置信度求置信度的实用算法——自适应置信度变换(ACT)，并把这种方法推广到后验概率的估计。在此基础上，本节讨论了置信度分析在拒识区域选择、识别率估计、多分类器集成等方面的各种可能应用。

5.7 分类器集成

分类器的集成是提高分类器性能的重要一步，对于各种文字识别问题，单一的方法往往难以获得完全令人满意的识别率。由于识别问题的复杂性，不同的分类器分类依据的特征不同、鉴别函数的不同，分类器参数的不同等，使得分类结果互有差异。在充分优化单元分类器的基础上所进行的分类器的集成，就成为识别性能提高的捷径[1]。当然，集成信息熵的提高也证明了这一点。

5.7.1 集成的 3 个层次

从广义上说集成包括使用各种特征和各种分类器，通过多个步骤实现模式分类的一切方法。从这个意义上看，很多算法和过程都能归为多分类器的集成，我们可以按照由低到高的层次把集成分为 3 类。

(1) 特征层次的集成

在这个层次上，我们从原始图像上抽取各种类型样本的特征，然后把它

们作为一个整体送入分类器。这样做实际上是把所有的问题都交给分类器来完成。当各种类型的特征一致性比较好,对分类所起作用比较均衡时,分类器比较容易设计(比如直接用最近邻分类器);当各种特征性质差异很大或各组特征的维数已经很高时,分类器就难以构造了,或者不能充分表现出各种特征的作用。

(2)"任务分解"式集成

这种做法最典型的例子是在汉字识别这种大字符集的问题中为提高识别速度而采取的粗分类器与细分类器协同工作的模式[26];对一个输入样本,首先用粗分类大致确定它可能属于的若干类别,然后再用细分类器最终决定模式的类别。对于类别数比较少的情况也可以采用这种思路,显然,这样操作不是为了提高速度,而是为了提高识别率。如:赵明生提出把多类问题转化为若干个两类问题,对每一个两类问题可以容易地构造前向神经网络,然后综合这些网络的输出实现判决[27]。上述两种情况有一点是共同的:各分类器是一种"紧密协同"的关系,单独的分类器都不能完成整个分类任务,只有通过综合各个分类器的结果,才能决定输入模式的类别。

(3)在决策层次集成

在这个层次的集成中,各个分类器是一种"松散耦合"的关系,它们分别训练,而且都能完成整个识别任务,集成器的输入是各个分类器的输出。图 5.12 是这种集成的示意图:输入图像被送到各个分类器 $e_1, e_2, \cdots, e_M$ 中分别识别,每一个分类器都给出判决结果 $D_1(X), D_2(X), \cdots, D_M(X)$,集成器 H 综合这些判决向量给出最后结果。

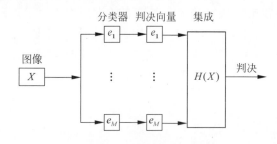

图 5.12 分类器集成的示意图

前两个层次的集成一般都是与问题相关的,反映了问题的"特殊性",很难脱离具体的识别任务做一般的讨论。而第 3 个层次的集成,是一个有"普遍性"的课题,是近年来人们研究的重点,也是我们研究的核心。集成器 $H(\cdot)$ 按照 $D_i(X)$ 的形式可以分为 3 种类型[30]。

(1) 符号层次(abstract level)的集成：这时，判决向量是一维的，就是分类器 e_i 认为 X 所属类别的编号，记为 $e_i(X)$。投票法是最典型的符号层次的集成方法[29,32]。

(2) 排序层次(rank level)的集成：这时，判决向量是 N 维的(N 是类别数)，是分类器按输入模式属于各类别的可能性大小给出所有类别编号的一个排序：$L_i(X) = [l_{i1}(X), \cdots, l_{iN}(X)]^T$，利用排序层次信息的方法有 Borda 计数法和逻辑回归[33]。

(3) 度量层次(measurement level)的集成：这时，判决向量是 N 维的，每维是分类器给出反映输入模式属于各类别可能性的某种度量：$S_i(X) = [s_{i1}(X), \cdots, s_{iN}(X)]^T$。不失一般性，我们可以设首选类别对应的度量最大[28]。

需要指出的是，集成器 H 的输出也可以是上面 3 种形式之一，而且可以与输入的形式不同，如：基于符号层次信息的集成可以以度量形式输出结果(参见后面的贝叶斯方法)。在应用中我们通常希望集成器输出度量形式的结果，因为这样有利于：文本分析系统的其他处理环节(如字符切分和后处理)，并且有利于给出拒识。

在这 3 个层次中，度量层次提供最多的信息，符号层次信息最少，度量层次的判决向量可以退化成前两个层次的判决向量，排序层次也可以退化到符号层次。它们的相互关系可以表达为

$$e_i(X) = \omega_{\arg \max_{1 \leq n \leq N} (S_{in}(X))} \tag{5.75}$$

$$e_i(X) = l_{i1}(X) \tag{5.76}$$

$$l_{in}(X) = \omega_{\arg \operatorname{order}(S_i(X), n)} \tag{5.77}$$

其中，order(·)是排序函数，可以取出向量中第 n 大分量。

我们还可以根据方法的适用性分类。有时人们针对一个特定的问题和几个特定的分类器专门设计了一套集成方法[34,35]，显然，这样的方法是专用的，很难应用到其他问题当中。而其他一些方法，对参与集成的各个分类器不做什么限制或限制很少，因而适用于多个模式识别任务，我们可以把它们称作通用的方法。

根据集成方法是否要用到除去各分类器的度量信息之外的其他控制信息，可以分为静态集成和动态集成两类。图 5.13 是动态集成的示意图，与图 5.12 中的静态集成的区别在于：它从输入模式中提取专门的控制参量 F_c 来影响集成器的行为。动态集成的思路在于，把整个模式空间划分成若

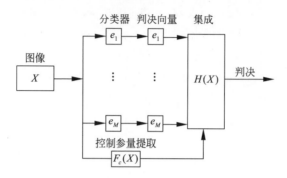

图 5.13 动态分类器集成的示意图

干个子空间,根据各分类器在子空间上性能的差异动态地选择最适合输入样本的分类器,或者对不同的分类器赋予不同的权重,从信息论的角度来看,控制参量为判决提供了额外的信息,有助于识别率的提高。动态集成在实际中有各种各样的具体做法。

郭宏在印刷体汉字识别中提出一种综合识别方法[34],其中的一个环节就是根据笔画密度把输入样本分成几组,对每一组的样本采取不同的集成策略;征荆在联机手写汉字识别中通过提取的"性能预测特征"(performance prediction feature, PPF)动态地决定应该参与集成的分类器[36]。以上的两个例子中,F_c 都是根据识别问题的具体特性人为选择的。此外,人们还提出了一些一般性方法:Dar-Shyang Lee 提出一种基于神经网络的"动态分类器选择网络"(dynamic classifier selection network, DCSN),通过自学习的方法实现控制参量的提取[37]。Jacobs 提出"局部专家混合"(adaptive mixtures of local expert)的想法[38]。把整个样本空间分割成若干部分,每一个部分由一个分类器集中训练,识别时,除了把样本送入各分类器外,还要通过一个"闸门网络"(gating network)决定每个分类器对这个样本的适应程度,给不同分类器赋予不同的权重。

5.7.2 基于线性回归的多分类器集成

模式分类器的两个关键环节是:特征提取和分类器设计。分类器集成设计中可以把分类器集成分为以下两种类型:

(1) 基于不同特征的分类器的集成;

(2) 基于同种特征的不同分类器的集成。

本节着重研究分析第 2 种类型的分类器集成方法:在选取特征相同的

情况下,用不同类型的分类器、或不同规模和初始化条件下形成的同种类型的神经网络分类器的集成。这种集成提高识别率的机理与第 1 种情况不同。前者是各个分类器利用了输入模式不同的信息,而后者实际上是通过在同一特征空间对后验概率的多次估值提高估计的准确度,因此很多基于方法独立性假设的集成方法(Dempster-Shafer 证据理论[29]、贝叶斯准则[30])是不适用于这种类型的集成的。

在神经网络的热潮兴起前,由于传统的模式分类方法比较有限,第 2 种类型的集成并不普遍。从 20 世纪 80 年代开始,人们对神经网络的研究日益深入,提出了各种网络结构,对于某个分类问题,完全有可能在同样的特征下设计出不同类型神经网络分类器,或在不同规模和初始条件下训练出多个同种类型的神经网络。一种做法是:在这些分类器中选出性能最好的一个,其他的分类器则丢弃掉;另一种策略则是探索如何将这些分类器的结果综合起来。直观上第 2 种策略应该能获得更高的识别率,很多研究工作者给出的理论和实践结果[31,32]也证明了这一点。

本节将从后验概率估计准确度的角度分析基于同种特征的多分类器集成的机理,提出一种利用线性回归进行多分类器集成的方法,这种方法能根据各分类器的性能、分类器间的相关程度对每个分类器的后验概率估计赋予不同的权值,通过加权平均提高后验概率估计的准确程度,从而提高识别率。

5.7.3 利用线性回归提高后验概率估计的准确性

设待分类对象有 N 个模式类别($\omega_1,\omega_2,\cdots,\omega_N$),$M$ 个分类器,对输入样本提取的特征向量为 x,其真实的后验概率为 $q(\boldsymbol{x})=[p_1(x),p_2(x),\cdots,p_N(x)]^\mathrm{T}$,第 i 个分类器后验概率估计为 $q_i(\boldsymbol{x})=[p_{i1}(x),p_{i2}(x),\cdots,p_{iN}(x)]^\mathrm{T}$,$i=1,2,\cdots,M$。由于训练样本的不充分、训练时的局部极小等原因,造成估计的后验概率 $p_{ij}(x)$ 有误差 $\varepsilon_{ij}(x)$。

$$p_{ij}(x) = p_j(x) + \varepsilon_{ij}(x) \tag{5.78}$$

基于这样的考虑,可以用统计中"多次平均降低测量误差"的思路,取各个网络后验概率估计的加权和,减小估计误差。这里对不同网络给予不同权值是考虑到它们各自性能的差异和彼此相关程度的不同。设各个分类器的权重为 $w_i,i=1,2,\cdots,M$,则有

$$\hat{q}(x) = \sum_{i=1}^{M} w_i q_i(x) \tag{5.79}$$

权值选择的原则是使 $E\{|q(x)-\hat{q}(x)|^2\}$ 达到最小,即

$$\frac{dE\{|q(x)-\hat{q}(x)|^2\}}{dw_k} = 0, \quad k=1,2,\cdots,M \tag{5.80}$$

由于 $E\{|q(x)-\hat{q}(x)|^2\} = \sum_{j=1}^{N} E\left\{\left(p_j(x)-\sum_{i=1}^{M} w_i p_{ij}(x)\right)^2\right\}$,可以推出:

$$\sum_{i=1}^{M} w_i \sum_{j=1}^{N} E\{p_{ij}(x)p_{kj}(x)\} = \sum_{j=1}^{N} E\{p_j(x)p_{kj}(x)\}, \quad k=1,2,\cdots,M$$

令:

$$a_{ik} = \sum_{j=1}^{N} E\{p_{ij}(x)p_{kj}(x)\}, \quad b_k = \sum_{j=1}^{N} E\{p_j(x)p_{kj}(x)\}$$

$$W = \begin{bmatrix} w_1 \\ w_2 \\ \vdots \\ w_M \end{bmatrix}, \quad A = \begin{bmatrix} a_{11} & a_{12} & \cdots & a_{1M} \\ a_{21} & a_{22} & \cdots & a_{2M} \\ \vdots & \vdots & & \vdots \\ a_{M1} & a_{M2} & \cdots & a_{MM} \end{bmatrix}, \quad B = \begin{bmatrix} b_1 \\ b_2 \\ \vdots \\ b_M \end{bmatrix}$$

则式(5.79)等价于:

$$AW = B \tag{5.81}$$

所以,

$$W = A^{-1}B \tag{5.82}$$

可求出,此时,

$$E\{|q(x)-\hat{q}(x)|^2\} = \sum_{j=1}^{N} E\{p_j^2(x)\} - B^T A^{-1} B$$

因为 $a_{ik}=a_{ki}$,所以 A 是一个对称矩阵,由于 a_{ik} 实际反映的是第 i 个和第 k 个分类器后验概率估计的相关性,被称为"分类器互相关矩阵"(inter-classifier correlation matrix,ICCM)。b_k 是第 k 个分类器后验概率估计与真实后验概率之间的相关性,反映的是各分类器的准确性,称 B 为"分类器准确性向量"(classifier accuracy vector,CAV)。W 是权向量,其各分量是各网络的加权系数。根据式(5.82),W 是由分类器互相关矩阵和分类器准确性矩阵共同决定的,与一开始提出的加权平均的考虑是完全一致的。

在实际中,A 和 B 都是通过统计估计得到的:取 C 个训练样本 $x_1,x_2,\cdots,x_C$,则有

$$\hat{a}_{ik} = \frac{1}{MC} \sum_{n=1}^{C} \sum_{j=1}^{M} p_{ij}(x_n)p_{kj}(x_n) \tag{5.83}$$

$$\hat{b}_k = \frac{1}{MC} \sum_{n=1}^{C} \sum_{j=1}^{M} p_j(x_n) p_{kj}(x_n) \tag{5.84}$$

以上的算法实际上是在寻找真实后验概率与几个神经网络的估计后验概率之间的线性关系,就是统计中的多元线性回归[39],式(5.81)即为回归中的正规方程。但这种做法与经典的回归稍有不同:①把变量之间的线性关系扩展为向量之间的线性关系;②在回归线性表达式中去掉了常数项。

5.7.4 后验概率的估计误差与误识率的关系

在前面的讨论中,线性回归的目标是减小后验概率的估计误差,而字符识别的最重要指标是识别率,那么,降低后验概率的估计误差是否就意味着提高识别率或降低误识率呢?它们之间有什么样的定量关系?事实上,这是一个很有普遍意义的问题,人们在将神经网络(BP网络、RBF网络等)用于单个分类器的设计时,基本上也是以均方误差作为目标函数,这样的目标函数是连续可导的,可以方便地采用各种最优化算法。对这样一个基本的问题,K. Tumer 进行了一定的理论分析[40],他从后验概率估计误差对各类别判决面的影响这个角度出发,在一定的条件下,①特征向量为一维;②后验概率估计误差符合高斯分布(后验概率在判决面附近线性单调)得到一个很简洁的关系:

$$p_e(\text{MSE}) = p_e^* + k\text{MSE} \tag{5.85}$$

其中,p_e^* 是贝叶斯错误率,k 是一个常数。

这个式子说明,通过减少后验概率估计的均方误差,就能够线性地降低误识率,当 MSE 趋向 0 时,误识率也逼近贝叶斯错误率。由于上面这个结论是在一系列前提下才得到的,需要通过实验结果来验证它的可靠性。

在脱机手写汉字识别实验中,选取了 5 套样本,均用方向线素法识别,对每个识别结果通过置信度分析得到后验概率估计,从而计算出在每套样本上的后验概率估计均方误差,同时测出在每套样本上的误识率,得到下面如图 5.14 所示的曲线。

可以看出,p_e 与 MSE 确实具有接近线性的关系。

这样就有理由相信,减少后验概率估计的均方误差就等价于降低误识率,因而对各分类器的后验概率估计进行线性回归,可以达到降低误识率的目的,因此,本节及后续各章介绍的集成方法中无一例外地均以 MSE 为目标函数。

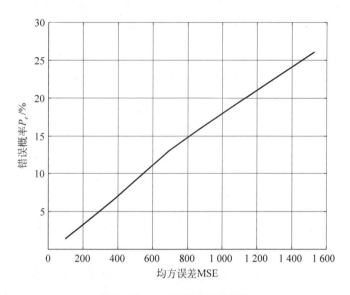

图 5.14 p_e 与 MSE 关系曲线

5.7.5 实验结果

本节将通过手写数字识别说明基于线性回归的分类器集成的理论和方法。手写数字识别的样本选自美国国家标准技术局的 NIST 数据库[20]，把数据分为 3 部分：单个分类器的训练集(简称 TR 集)有 16 000 字，用于训练每个分类器；集成系统的训练集(简称 OV 集)有 16 000 字，用于统计相关矩阵，求解各分类器权值；测试集(简称 TE 集)有 10 000 字，用于比较单个分类器和各种集成方法的识别率。各种分类器均基于同样的 288 维统计特征。

1. 各分类器介绍

采用了 3 种神经网络分类器。

第 1 类是 PCA+BP 网络：对 288 维原始特征向量通过主分量分析，提取 M 维主分量送入有一个隐层的前向神经网络。网络的训练采用标准的 BP 算法。训练了两个不同规模的网络：第 1 个网络，M 取 32，隐层有 80 个神经元(简记为 32-80-10 结构)；第 2 个网络，M 取 64，隐层有 100 个神经元(简记为 64-100-10 结构)。

第 2 类是 SOFM+LVQ 网络：将 288 维特征向量送入自组织特征映射分类器进行分类，特征映射平面大小为 20×20，训练采用文献[17]中给出的步骤:先进行无监督的自组织特征映射,再用学习向量量化 LVQ1、LVQ2 细调。在不同的初始化条件下训练了 3 个网络。

第 3 类是"随机猜测网络"(RND),它对输入的特征向量随机猜测类别。显然,这样的网络是没有实际价值的,引入它完全是为了做一些分析,因而构造了一个这样的网络。

这样,有 6 个神经网络分类器,其在 TE 集上的识别率列在表 5.13 中,除"随机猜测网络"外,其他网络的识别率大体相当。

表 5.13 各分类器性能比较

编号	名称	说明	规模	识别率(拒识率=0)/%
1	SOFM1	大小为 20×20 的自组织映射网络	20×20	95.10
2	SOFM2	大小为 20×20 的自组织映射网络	20×20	94.95
3	SOFM3	大小为 20×20 的自组织映射网络	20×20	95.43
4	BP1	规模为 32-80-10 的 PCA+BP 网络	32-80-10	95.02
5	BP2	规模为 64-100-10 的 PCA+BP 网络	64-100-10	94.83
6	RND	随机猜测网络		9.97

2. 多分类器的线性集成

集成系统的框图如图 5.15 所示,通过第 2 章提出的"自适应置信度变换"(ACT)把各个分类器的输出映射为后验概率估计。下一步就是要得到加权系数,在 OV 集上,用式(5.83)统计得到这 6 个分类器的互相关矩阵(分类器按表 5.13 各分类器性能比较中的顺序排列),用式(5.84)得到准确性矩阵。在计算中要用到的真实后验概率 $p_j(x_k)$ 按下式取值:

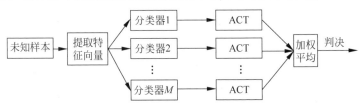

图 5.15 基于线性回归的多分类器集成

$$p_j(x_k) = \begin{cases} 0, & x_k \notin \omega_j \\ 1, & x_k \in \omega_j \end{cases} \tag{5.86}$$

统计的结果为

$$A = \frac{1}{10} \begin{bmatrix} 0.929\,438 & 0.916\,049 & 0.916\,768 & 0.883\,993 & 0.882\,818 & 0.104\,302 \\ 0.916\,049 & 0.931\,861 & 0.919\,461 & 0.884\,013 & 0.884\,124 & 0.104\,210 \\ 0.916\,768 & 0.919\,461 & 0.934\,276 & 0.886\,921 & 0.887\,478 & 0.103\,767 \\ 0.883\,993 & 0.884\,013 & 0.886\,921 & 0.915\,534 & 0.905\,708 & 0.101\,278 \\ 0.882\,818 & 0.884\,124 & 0.887\,478 & 0.905\,708 & 0.919\,252 & 0.100\,614 \\ 0.104\,302 & 0.104\,210 & 0.103\,767 & 0.101\,278 & 0.100\,614 & 1.000\,000 \end{bmatrix}$$

$$B = \frac{1}{10} \begin{bmatrix} 0.926\,745 \\ 0.926\,903 \\ 0.930\,840 \\ 0.915\,767 \\ 0.914\,956 \\ 0.099\,700 \end{bmatrix}$$

上面得到的 A 和 B 确实有前面分析的物理意义:前 3 个分类器均为同样规模的 SOFM 分类器,它们之间的相关性比较大,体现在它们之间的 a_{ij} 系数明显居高;而 RND 网络与其他网络之间的 a_{ij} 很小,这正是因为 RND 网络与其他网络无关性的体现。再看 B,b_j 的大小顺序与表 5.13 中的识别率高低是基本一致的,反映了各分类器的准确性。

对以上网络,采用了包括线性回归、等权平均和多数表决等方法在内的多种集成策略,结果见表 5.14,其中的识别率是在 TE 集上得到的。从中看出以下几点:

(1) 提出的方法加权时确实考虑了每种方法的识别性能。在第 2 种集成策略中,"随机网络"的权重约为 0,对集成系统的结果几乎不产生影响,这正是由其极差的识别性能决定的。

(2) 在单个分类器识别性能大致相当时,与其他方法相关性大的方法权重小,与其他方法相关性小的方法权重大。在第 3 种集成方案中,3 个分类器各自的识别率基本相当,SOFM1 与 BP1、BP2 的相关性小,而 BP1 和 BP2 之间的相关性大,因而 SOFM1 要比 BP1 和 BP2 的权重大。而且,这时取不同权重确实可以提高集成系统的识别率;第 4 种集成方案中,3 个网络等权,识别率比以前要低。

表 5.14　各种集成策略比较

方案	选用的分类器	集成方案	权重	识别率/%
1	SOFM1	线性回归	0.191 8	96.85
	SOFM2		0.111 9	
	SOFM3		0.251 5	
	BP1		0.260 6	
	BP2		0.209 7	
2	SOFM1	线性回归	0.192 1	96.87
	SOFM2		0.112 1	
	SOFM3		0.251 4	
	BP1		0.260 7	
	BP2		0.209 7	
	RND		−0.005 6	
3	SOFM1	线性回归	0.466 1	96.74
	BP1		0.299 8	
	BP2		0.258 8	
4	SOFM1	等权平均	333	96.44
	BP1		0.333	
	BP2		0.333	
5	SOFM1	多数表决	—	96.43
	BP1			
	BP2			
6	SOFM1	线性回归	0.560 3	96.41
	BP1		0.459 2	
7	SOFM1 SOFM2	线性回归	0.538 1	95.50
			0.465 7	

　　本节的方法比简单表决性能要好。第 5 种集成方案采用简单表决方式,识别率比第 3、4 种集成方法都要低。更重要的一点是:表决是无法用于两个分类器集成的,而根据本节的方法,用两种不同网络就可以大大提高识别率;第 6 种策略将 BP1 和 SOFM1 相结合,集成系统的识别率有明显提高。此外,通过本节的方法,集成系统给出的仍是后验概率的估计,有明确的物理意义,可以用于衡量集成系统的识别置信度;而用表决法,最后得到

的只是离散取值的"票数",无法比较细致地估计集成系统的识别置信度。

在单个分类器性能相似的前提下,将不同结构的分类器集成,识别率的增益比将同种结构的分类器集成要明显。在第6种集成方案中,选用了两种不同类型的分类器:BP和SOFM,使识别率提高了1.6%;在第7种集成方案中,选用了同种类型的两个分类器,最后识别率仅提高了0.6%。

当分类器的数目很多时,集成系统性能的改善趋向饱和。在第6、第3、第1种集成方案中,依次添加了更多的网络,识别率的改善幅度越来越小,如图5.16所示。这是可以理解的:在给定特征的情况下,错误率的下限是贝叶斯错误率,因而在这种情况下,识别率是有上限的。为了进一步提高识别率,就应该抽取其他特征,采用前面提到的第1类集成方法。

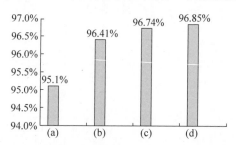

图5.16 随着网络数目的增加,识别率的增长越来越慢
(a) SOFM1;(b) SOFM1+BP1;(c) SOFM1+BP1+BP2;(d) SOFM1+SOFM2+SOFM3+BP1+BP2

5.7.6 小结

本节主要研究的是基于同种特征的不同分类器的集成,明确指出这种集成的实质是提高后验概率估计的准确度,提出了用线性回归做多分类器集成的方法,这种集成方法可根据各分类器的性能和各分类器的相关程度选择权值。

另外,通过在手写数字识别中的应用结果得到一些指导性的结论:①用不同类型的分类器能更显著地提高识别率;②当分类器数目很多时,识别率的增益越来越微小。

5.8 本章小结

本章主要介绍了模式识别分类器设计和统计分类方法的基本理论,详细介绍了贝叶斯判决理论及典型的贝叶斯分类器在汉字识别中的应用。改进二次鉴别函数即 MQDF 方法识别性能优良,物理意义清晰,是手写汉字识别中应用较为广泛的分类器。实际应用中一些因素的限制,如训练样本有限等,使得单个分类器难以达到令人满意的识别性能。因此,本章还着重介绍了分类结果的可信程度估计方法,它能为基于度量层次信息的多分类器集成提供依据,是系统降低误识率的重要参考。最后,在置信度分析的基础上介绍了分类器的集成方法及实验结论。

参考文献

[1] Fukunaga K. Introduction to statistical pattern recognition. 2nd ed. New York: Academic Press, 1990.

[2] Takeshita T, Nozawa S, Kimura F. On the bias of Mahalanobis distance due to limited sample size effect. In: Proc. 2nd ICDAR, 1993: 171-174.

[3] Kimura F, Takashina K, Tsuruoka S, Miyake Y. Modified quadratic discriminant functions and the application to Chinese character recognition. IEEE Trans on Pattern Analysis and Machine Intelligence, 1987, 9(1): 149-153.

[4] Keehn D G. A note on learning for Gaussian properties. IEEE Trans. on Information Theory, 1965, IT-11: 126-132.

[5] 张嘉勇. 基于统计的超大模式集分类及其在脱机字符识别中的应用. 北京:清华大学电子工程系硕士学位论文, 2001.

[6] 张睿. 基于统计方法的脱机手写字符识别研究. 北京:清华大学电子工程系博士学位论文, 2003.

[7] 王学文,丁晓青,刘长松. 基于 Gabor 变换的高鲁棒汉字识别新方法. 电子学报, 2002, 30(9): 1317-1322.

[8] 刘海龙. 基于描述模型和鉴别学习的脱机手写字符识别研究. 北京:清华大学电子工程系博士学位论文, 2006.

[9] 付强. 非限制脱机手写汉字字符及字符串识别研究. 北京:清华大学电子工程系博士学位论文, 2008.

[10] 王言伟. 脱机手写中文文本行识别中的关键问题研究. 北京:清华大学电子工程系博士学位论文, 2013.

[11] Liu Xiabi, Jia Yunde, Tan Ming. Geometrical-statistical modeling of character structures for natural stroke extraction and matching. International Workshop on Frontiers in Handwriting Recognition, 2006.

[12] Long Teng, Jin Lianwen. Building compact MQDF classifier for large character set recognition by subspace distribution sharing. Pattern Recognition. 2008, 41(9): 2916-2925.

[13] Zhang Honggang, Yang jie, Guo Jun, et al. Handwritten Chinese character

recognition using local discriminant projection with prior information. Proceedings of International Conerence on Pattern Recognition,2008:1-4.

[14] Smith S J, et al. Handwritten character classification using nearest neighbor in large database. IEEE. Trans PAMI,1994,16(9):915-919.

[15] Soulie F F, Viennet E. Multi-modular neural network architectures: applications in optical character and human face recognition. Advances in Pattern Recognition Systems Using Neural Network Technologies, Singapore: World Scientific, 1993:77-111.

[16] Cover T M, Hart P E. Nearest neighbor pattern classification. IEEE Trans. on Inform. Theory,1967. IT-13,21-27.

[17] Teuvo Kohonen. The self-organizing map. Proc. of IEEE,1990,78(9):1464-1480.

[18] Liu C L, Masaki N. Precise candidate selection for large character set recognition by confidence evaluation. IEEE Trans. on Pattern Analysis and Machine Intelligence,2000,22(6):636-642.

[19] Richard M D, Lippmann R P. Neural network classifiers estimate Bayesian a posteriori probabilities. Neural Computation,1991,3:461-483.

[20] Garris M D, Blue J L, Candela G T, et al. NIST form-based handprint recognition system. National Institute of Standards and Technology, June 1994.

[21] 陈友斌. 非特定人脱机手写汉字识别方法的研究. 清华大学工学博士学位论文,1997.

[22] 刘今晖. 基于汉字轮廓结构模型引导的手写汉字识别方法研究. 清华大学工学博士学位论文,1997.

[23] Matsui T, Noumi T, Yamashita I, et al. State of the art of handwritten numeral recognition in Japan. In: Proc. 2nd ICDAR, Tsukuba Science City, Japan, Oct. 20-22,1993:391.

[24] 苏辉. 基于神经网络的手写数符识别系统研究与实现. 清华大学工学博士学位论文,1996.6.

[25] Oja E. Principal components, minor components, and linear neural networks. Neural Networks,1992,5:927-935.

[26] 吴佑寿,丁晓青. 汉字识别——原理、方法与实现. 北京:高等教育出版社,1992.

[27] Zhao Mingsheng, Wu Youshou, Ding Xiaoqing. Classification for multiclass problems based on modular neural networks of two-class problems. Proc. of ICONIP'95, Beijing, China,1995.

[28] 林晓帆. 字符识别的置信度分析及多方案集成的理论和应用. 北京:清华大学电子工程系博士学位论文,1998.

[29] Rogova G. Combining the results of several neural network classifiers. Neural Networks,1994,7(5):777-781.

[30] Lei Xu, Krzyzak A, Suen C Y. Methods of combining multiple classifiers and their applications to handwritten recognition. IEEE Trans. on System, Man and Cybernetics, 1992, 22(3): 418-435.

[31] Hansen L K, Salamon P. Neural network ensembles. IEEE Trans. on PAMI, 1990, 12(10): 993-1001.

[32] Battiti R, Colla A M. Democracy in neural nets: voting schemes for classification. Neural Networks, 1994, 7(4): 691-707.

[33] Ho T K, Hull J J, Srihari S N. Decision combination in multiple classifier systems. IEEE Trans. on PAMI, 1994, 16(1): 66-75.

[34] Guo Hong, Ding Xiaoqing, Guo Fanxia, et al. Comprehensive recognition method for improving the robustness of recognition of printed Chinese characters. Proc. of the 1st Inter. Conf. on Multimodal Interface, Beijing, China, 1996: 221-226.

[35] Stringa L. Efficient classification of totally unconstrained handwritten numeral with a trainable multilayer network. Pattern Recognition Letters, 1989, 10: 273-280.

[36] Zheng Jing, Ding Xiaoqing, Wu Youshou. Dynamic classifier combination method based on minimum cost criterion. Proc. ICMI'99, Hongkong, 1999.

[37] Dar-Shyang Lee. A theory of classifier combination: the neural network approach. Ph. D. Thesis, SUNY at Buffalo, Apr. 1995.

[38] Jacobs R A, Jordan M I. Adaptive mixtures of local experts. Neural Compuatation, 1991, 3: 79-87.

[39] Weisberg S. Applied linear regression. John Wiley & Sons Inc., 1985.

[40] Tumer K, Ghosh J. Analysis of decision boundaries in linearly combined neural classifiers. Pattern Recognition, 1996, 29(2): 341-348.

第6章　无约束手写汉字识别分类器鉴别学习

6.1　引言

在统计模式识别中,分类器设计的目标是实现分类器期望风险最小化。对于字符识别问题,设计的目标是实现期望错误率最小化。贝叶斯决策理论是产生式分类器设计的基础,但贝叶斯决策理论只有在获得各模式类 ω_i 的先验概率 $P(\omega_i)$ 和类条件概率 $P(x|\omega_i)$ 的前提下,才能实现分类器设计的目标。而在实际应用中我们往往只掌握了先验概率和有限数量的样本,类条件概率密度 $P(x|\omega_i)$ 仍然是未知的。

为了实现最优贝叶斯分类,一种分类器设计方法就是根据所掌握的样本对类条件概率密度进行估计,其中包括两个过程:指定类条件概率密度的函数形式和估计类条件概率密度的参数。函数形式通常是根据样本的分布情况采用常见的简单函数进行近似,例如高斯函数或正交混合高斯模型等;参数估计通常采用极大似然估计方法。该方法的优点是算法比较简单,易于实现,所以应用也比较广泛。但是该方法也存在着明显的缺点:一方面,所假设的类条件概率密度的函数形式只是对真实分布的近似,与真实分布仍然存在着差异;另一方面,在参数估计过程中,通常孤立地以各类别样本的联合概率密度函数来分别定义似然函数,并没有直接反映出类别间的差别,而模式识别从根本上最关注的恰恰是类间的差别。由此可见,这种分类器设计方法并不能保证具有最小的错误率。而且,即使随着训练样本数量的逐渐增加,极大似然估计的渐近有效性在这里也不能导致分类错误率逐渐趋于最小化。基于最大似然估计的分类器设计方法是从"形式"上实现了贝叶斯决策理论,把实现贝叶斯决策理论转化成为类条件概率密度的估计问题。但是这种做法从原理上并不能保证所设计的分类器实现最小错误率,而且"当样本数有限时,概率密度函数估计问题本身就是一个比分类器设计问题更困难的一般性问题,试图通过解决这个更难的一般性问题来实现分类器设计显然是不合理的[1,2]。"

鉴别式模型不需要依赖特定的概率分布假设,而是直接通过样本来构建类别间的分类界面。代表方法有神经网络(neural network,NN)[3]、支持向量机(support vector machine,SVM)[4]、Adaboost[5]等。这类方法能够在特征空间中实现复杂的分类界面,但与产生式模型一样也存在过训练的问题。在小规模分类问题上已有成功的应用,如数字识别[6]等。近几年来,鉴别学习方法也开始在大规模分类问题中有相应的研究。文献[7]设计了快速 SVM 方法并应用于汉字识别中,实验结果显示在 3 755 个类共 2 144 489 个训练样本上,训练时间为 644 个小时,计算复杂度仍然比较大。

虽然鉴别式模型在大规模分类中应用其计算量受到限制,但利用鉴别式模型的思路对分类器参数进行鉴别式的调整仍然属于鉴别学习方法的范畴。根据 Vapnik 统计学习理论[8],

$$R(\Theta) \leqslant R_{\text{emp}}(\Theta) + \Phi(N/h) \tag{6.1}$$

其中,Θ 表示分类器参数,$R(\Theta)$ 为期望风险,$R_{\text{emp}}(\Theta)$ 为经验风险,$\Phi(N/h)$ 为分类器推广性的界。在训练样本总数 N 固定的条件下,$\Phi(N/h)$ 的大小取决于分类器的复杂程度 h,h 越小,则 $\Phi(N/h)$ 越小。由此可见,在控制一定的分类器复杂度的条件下实现经验风险最小化,是降低期望风险的有效途径,这也是鉴别学习方法的理论依据。可以说,基于鉴别学习的方法是从"结果"上来实现贝叶斯决策理论,并将分类器设计问题转化成求解准则函数极值的最优化问题。与基于极大似然估计的方法相比,基于鉴别学习的方法更加符合分类器设计的要求,具有明显的优势。

鉴别学习在原理上不需要对模型准确性的先验假设,它通过直接调整参数来减小分类器的经验错误率,因此可能获得比最大似然或者贝叶斯方法更好的参数估计。根据优化准则的不同,鉴别学习的实现有多种形式。鉴别学习的具体方法大致可分为两类:一类方法是将某种鉴别性准则,如最小分类错误率(minimum classification error,MCE)[25,30,31]、最大互熵(maximum mutual information,MMI)[32,33]、鉴别信息(minimum discrimination information,MDI)[35]等作为目标函数,对分类器的参数进行调整。另一类则属于启发式学习方法,如样本加权学习、矫正学习(corrective training,CT)[20]、镜像学习(mirror image learning,MIL)[21]、学习矢量量化(learning vector quantization,LVQ)[22-24]等,这一类算法的收敛性没有很严格的理论保证,但是思路直观,更易于使用。

正态分类模型涉及的主要参数为均值和协方差矩阵。针对超大模式集分类问题已经提出的一些鉴别性学习方法,大部分都局限在对均值的调整上[11,12],或者对协方差矩阵作了对角化的假设[13-15]。而同时对均值和非简化协方差矩阵进行调整的做法大多出现在无监督聚类的研究中[16-19]。

根据字符集规模和分类器复杂程度的不同,本章在脱机手写字符识别中,利用了上述两种鉴别学习方法。首先介绍最小错误率学习的基本原理及其应用于多模板距离分类器的参数优化,以及小字符集条件下的 MQDF 分类器的参数优化方法。对于第 2 类启发式方法,首先提出了 MQDF 参数的一种矫正学习算法(corrective for MQDF,CT-MQDF),利用分类边界附近的样本对模式类的正态分布参数进行有监督的自适应调整,以及研究在大字符集识别中,用镜像学习方法对 MQDF 分类器的参数优化[44]和样本重要性加权鉴别学习方法[9]。

6.2 基于最小错误率的鉴别学习

6.2.1 最小错误率学习

最小错误率(minimum classification error,MCE)学习方法最早由 Juang 和 Katagiri 在语音识别问题中提出[26,27],它可以用于各种形式分类器的参数学习。该方法包括两个核心内容:①定义了一个连续可导的错误率度量作为目标函数,将待学习的分类器参数都表示为该目标函数中的变量。②提供了一种广义概率下降(generalized probability decent,GPD)的参数优化方法,以此调整分类器参数,使得错误率目标函数最小。

6.2.1.1 连续错误率度量

设 x 为训练集上的一个样本,$h_m(x,\boldsymbol{\theta}_m)$ 为分类器对第 m 模式类的鉴别函数,$\boldsymbol{\Theta}=\{\boldsymbol{\theta}_1,\boldsymbol{\theta}_2,\cdots,\boldsymbol{\theta}_C\}$ 为全体分类器参数的集合。对 x 的判决准则为

$$C(x)=\omega_i, \quad i=\underset{1\leqslant m\leqslant C}{\arg\min}\, h_m(x,\boldsymbol{\theta}_m)$$

如果 x 所属的真实类别为 ω_n,我们可以定义对 x 的 0-1 误识代价函数为

$$l_n(x,\boldsymbol{\Theta})=\begin{cases}1, & h_n(x,\boldsymbol{\theta}_n)-\underset{1\leqslant m\leqslant C,m\neq n}{\min}h_m(x,\boldsymbol{\theta}_m)\geqslant 0\\ 0, & h_n(x,\boldsymbol{\theta}_n)-\underset{1\leqslant m\leqslant C,m\neq n}{\min}h_m(x,\boldsymbol{\theta}_m)<0\end{cases} \quad (6.2)$$

式(6.2)意味着正确识别 x 的代价为 0,错误识别 x 的代价为 1,这样,整个训练集上的误识率,即经验误识率为

$$L(\boldsymbol{X},\boldsymbol{\Theta}) = \frac{1}{N}\sum_{i=1}^{N}\sum_{n=1}^{C}l_n(\boldsymbol{x}_i,\boldsymbol{\Theta})I(\boldsymbol{x}_i \in \omega_n) \quad (6.3)$$

其中,N 为训练样本的总数,$I(l)$ 为指示函数

$$I(l) = \begin{cases} 1, & l \text{ is true} \\ 0, & l \text{ is false} \end{cases} \quad (6.4)$$

我们希望通过梯度下降的优化方法来求得由使经验误识率最小的参数 $\boldsymbol{\Theta}$,但由式(6.3)所定义的误识率的取值范围为 $\{0,1/N,2/N,\cdots,1\}$,是一个离散的函数,无法直接进行导数运算。为了解决这个问题,Juang 等人提出构造一个连续的错误率函数来逼近经验误识率。

首先假定各类别鉴别函数满足 $h_m(\boldsymbol{x},\boldsymbol{\theta}_m)>0, m=1,2,\cdots,C$,如若不然,可通过为所有鉴别函数加上相同正常数的方法来满足该条件,而不至于影响判别结果。

定义一个误识测度 $d_n(\boldsymbol{x},\boldsymbol{\Theta})$ 来衡量样本 $\boldsymbol{x}$ 被错误识别的程度。

$$d_n(\boldsymbol{x},\boldsymbol{\Theta}) = h_n(\boldsymbol{x},\boldsymbol{\theta}_n) - \bar{h}_n(\boldsymbol{x},\bar{\boldsymbol{\theta}}_n,\eta) \quad (6.5)$$

式中第 2 项称为竞争鉴别函数,它是除了正确类别 ω_n 外所有其他类别的判别函数的一种加权平均。

$$\bar{h}_n(\boldsymbol{x},\bar{\boldsymbol{\theta}}_n,\eta) = \left(\frac{1}{C-1}\sum_{1\leqslant m\leqslant C, m\neq n} h_m(\boldsymbol{x},\boldsymbol{\theta}_m)^{-\eta}\right)^{-\frac{1}{\eta}} \quad (6.6)$$

$\eta>0$ 为正常数,在 $\eta \to \infty$ 的极限情况下,

$$\lim_{\eta \to \infty} \bar{h}_n(\boldsymbol{x},\boldsymbol{\Theta},\eta) = \min_{1\leqslant m\leqslant C, m\neq n} h_m(\boldsymbol{x},\boldsymbol{\theta}_m) \quad (6.7)$$

然后,将误分测度 $d_n(\boldsymbol{x},\boldsymbol{\Theta})$ 经由一个 Sigmoid 函数映射到 $(0,1)$ 区间。

$$s_n(\boldsymbol{x},\boldsymbol{\Theta}) = \frac{1}{1+\exp(-\gamma(d_n(\boldsymbol{x},\boldsymbol{\Theta})))} \quad (6.8)$$

其中,$\gamma>0$ 为正常数。这样我们就得到了一个连续的误识代价函数 $s_n(\boldsymbol{x},\boldsymbol{\Theta})$,在 $\eta \to \infty, \gamma \to \infty$ 时,该连续函数就收敛为 0-1 误识代价函数。

$$\lim_{\eta \to \infty, \gamma \to \infty} s_n(\boldsymbol{x},\boldsymbol{\Theta}) = l_n(\boldsymbol{x},\boldsymbol{\Theta}) \quad (6.9)$$

采用新的误识代价函数后,整个训练集上的误识率即为

$$S(\boldsymbol{X},\boldsymbol{\Theta}) = \frac{1}{N}\sum_{i=1}^{N}s(\boldsymbol{x}_i,\boldsymbol{\Theta}) \quad (6.10)$$

在 $\eta \to \infty, \gamma \to \infty$ 的极限情况下,$S(\boldsymbol{X},\boldsymbol{\Theta})$ 就收敛于经验误识率。

$$\lim_{\eta \to \infty, \gamma \to \infty} S(\boldsymbol{X},\boldsymbol{\Theta}) = L(\boldsymbol{X},\boldsymbol{\Theta}) \quad (6.11)$$

6.2.1.2 广义概率下降算法

用来优化分类器参数 $\boldsymbol{\Theta}$ 的 GPD 算法[25]是一个逐步迭代的过程,它可以表示为

$$\boldsymbol{\Theta}_{t+1} = \boldsymbol{\Theta}_t - \varepsilon_t \nabla s(\boldsymbol{x}_t, \boldsymbol{\Theta}_t) \tag{6.12}$$

t 表示迭代次数,ε_t 为参数调整的步长,满足 $\sum_{t=1}^{\infty}\varepsilon_t = \infty$,$\sum_{t=1}^{\infty}\varepsilon_t^2 < \infty$,$\varepsilon_t \geqslant 0$,一般可取为线性递减序列。

$$\varepsilon_t = \varepsilon_0(1 - \frac{t}{T_{\max}}) \tag{6.13}$$

其中,ε_0 为初始步长,$T_{\max}$ 为总迭代次数。分类器的初始参数 $\boldsymbol{\Theta}_0$ 由极大似然估计的结果给出,在每次迭代过程中,仅使用一个训练样本 $\boldsymbol{x}_t$ 来调整分类器参数 $\boldsymbol{\Theta}$,使得该样本的误识代价函数 $s_n(\boldsymbol{x}_t, \boldsymbol{\Theta}_t)$ 沿其梯度方向下降。可以证明[27],序贯输入训练样本进行迭代,当 $T_{\max} \to \infty$ 时,经验误识率 $S(\boldsymbol{X}, \boldsymbol{\Theta})$ 就收敛性于一个局部极小值。

根据函数求导的法则,误识代价函数 $s_n(\boldsymbol{x}, \boldsymbol{\Theta})$ 对各类鉴别函数参数 $\boldsymbol{\theta}_i$,$i=1,2,\cdots,C$ 的导数可以分解为如下 3 个导数项的乘积:

$$\frac{\partial s_n(\boldsymbol{x}, \boldsymbol{\Theta})}{\partial \boldsymbol{\theta}_i} = \frac{\partial s_n(\boldsymbol{x}, \boldsymbol{\Theta})}{\partial d_n(\boldsymbol{x}, \boldsymbol{\Theta})} \cdot \frac{\partial d_n(\boldsymbol{x}, \boldsymbol{\Theta})}{\partial h_i(\boldsymbol{x}, \boldsymbol{\theta}_i)} \cdot \frac{\partial h_i(\boldsymbol{x}, \boldsymbol{\theta}_i)}{\partial \boldsymbol{\theta}_i} \tag{6.14}$$

(1) 第 1 项是误识代价函数对误识测度的导数,可称为全局调整度函数。

$$A(\boldsymbol{x}, \boldsymbol{\Theta}) = \frac{\partial s_n(\boldsymbol{x}, \boldsymbol{\Theta})}{\partial d_n(\boldsymbol{x}, \boldsymbol{\Theta})} = \gamma s_n(\boldsymbol{x}, \boldsymbol{\Theta})(1 - s_n(\boldsymbol{x}, \boldsymbol{\Theta}))$$

$$= \gamma \frac{\exp(-\gamma d_n(\boldsymbol{x}, \boldsymbol{\Theta}))}{(1 + \exp(-\gamma d_n(\boldsymbol{x}, \boldsymbol{\Theta})))^2} \tag{6.15}$$

图 6.1 示意了 $A(\boldsymbol{x}, \boldsymbol{\Theta})/\gamma$ 随误识测度 $d_n(\boldsymbol{x}, \boldsymbol{\Theta})$ 变化的函数曲线,可以看到,它是一个单峰对称函数,在 $d_n(\boldsymbol{x}, \boldsymbol{\Theta}) = 0$ 处取得最大值 0.25,向左右两侧衰减的速度取决于 γ 的值。从物理含义上来理解,$d_n(\boldsymbol{x}, \boldsymbol{\Theta}) = 0$ 恰好对应了分类面的位置。落在分类面附近的训练样本是鉴别学习主要关注的对象,它们对于分类器参数调整的意义最为重要,因而对应的调整度也最大;远离分类面的样本要么极易识别,要么极难识别,对于分类器参数调整的意义较小,因而对应的调整度也就较小。

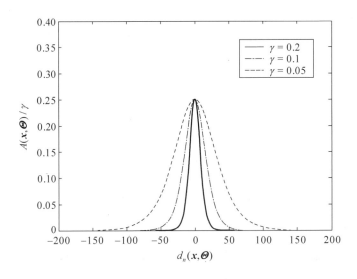

图 6.1　全局调整度函数

(2) 第 2 项为误识测度对各类鉴别函数的导数。

$$R_n^i(\boldsymbol{x},\boldsymbol{\Theta},\eta)=\frac{\partial d_n(\boldsymbol{x},\boldsymbol{\Theta})}{\partial h_i(\boldsymbol{x},\boldsymbol{\theta}_i)}=\begin{cases}-\dfrac{1}{C-1}\left(\dfrac{\bar{h}_n(\boldsymbol{x},\bar{\boldsymbol{\theta}}_n,\eta)}{h_i(\boldsymbol{x},\boldsymbol{\theta}_i)}\right)^{\eta+1},&i\neq n\\1,&i=n\end{cases}\quad(6.16)$$

对于样本 x 所属真实类别 ω_n，R 函数值为 +1，而对其他类别 R 函数值为负。这说明，鉴别学习对正确类别 ω_n 和其他类别的参数调整方向是相反的。以对类中心的调整为例，正确类别的中心将被拉向样本 x，而其他类别的中心将被推远，离开样本 x。从式(6.16)还可以看到，在所有非 ω_n 类的鉴别函数中，易与 ω_n 相混淆的类别(即鉴别函数 $h_i(\boldsymbol{x},\boldsymbol{\theta}_i)$ 值较小者)的参数调整幅度，要大于不易与 ω_n 相混淆的类别(即鉴别函数 $h_i(\boldsymbol{x},\boldsymbol{\theta}_i)$ 值较大者)的参数调整幅度。经过鉴别学习后，样本 x 的误识测度将趋向变小，若 x 原来被识别错误，在参数调整后则可能被正确识别，若样本 x 原来就被识别正确，在参数调整后则将进一步远离分类面。

(3) 第 3 项是各类鉴别函数对具体分类器参数的导数由分类器的形式决定。事实上，MCE 鉴别学习方法提供了一个分类器参数优化的通用框架，它可以与几乎任意的分类器相结合。如与 LVQ 分类器相结合成为广义学习矢量量化(generalized learning vector quantization，GLVQ)方法[28]，与 MQDF 分类器结合成为学习二次鉴别函数(learning quadratic discriminant function，LQDF)[29]，还可用于子空间分类器[30]、混合高斯模型[31]的参数学习。

6.2.2 基于 MCE 的多模板距离分类器参数鉴别学习

由于同一个字符的写法往往有几种不同风格,可以采用多个模板反映这些不同的风格,即使用多模板欧氏距离分类器(multi-template euclidean distance classifier,MEDC)来进行分类。设共有 C 个字符类别 $\omega_1,\cdots,\omega_C$, 其中的 ω_i 类有 M_i 个模板 $\boldsymbol{\mu}_i^{(1)},\boldsymbol{\mu}_i^{(2)},\cdots,\boldsymbol{\mu}_i^{(M_i)}$,待识样本 x 到其中的第 k 个模板 $\boldsymbol{\mu}_i^{(k)}$ 的欧氏距离为

$$D(\boldsymbol{x},\boldsymbol{\mu}_i^{(k)}) = \|x - \boldsymbol{\mu}_i^{(k)}\|^2, \quad i=1,2,\cdots,C;\ k=1,2,\cdots,M_i \quad (6.17)$$

MEDC 分类器中,ω_i 类的鉴别函数就定义为这 M_i 个欧氏距离中的最小值。

$$\begin{aligned} h_i(\boldsymbol{x},\boldsymbol{\theta}_i) &= \min_{k=1,2,\cdots,M_i} D(\boldsymbol{x},\boldsymbol{\mu}_i^{(k)}) \\ &= \min_{k=1,2,\cdots,M_i} \|x - \boldsymbol{\mu}_i^{(k)}\|^2, \quad i=1,2,\cdots,C \end{aligned} \quad (6.18)$$

其中,$\boldsymbol{\theta}_i = \{\boldsymbol{\mu}_i^{(1)},\boldsymbol{\mu}_i^{(2)},\cdots,\boldsymbol{\mu}_i^{(M_i)}\}$。MEDC 分类器对特征空间进行分段线性的划分,它对待识样本 x 的判决准则为

$$\omega(\boldsymbol{x}) = \min_{i=1,2,\cdots,C} h_i(\boldsymbol{x},\boldsymbol{\theta}_i) \quad (6.19)$$

各模板的初始值由训练样本通过 C-均值聚类算法得到,然后通过 MCE 鉴别学习进行调整。如果直接使用式(6.18)的鉴别函数 $h_i(\boldsymbol{x},\boldsymbol{\theta}_i)$,那么在每次 GPD 迭代中,每个类别只有距样本 x 最近的一个模板能够得到调整。为了让所有模板都能得到调整,构造样本 x 到 ω_i 类的 M_i 个模板的"加权距离"。

$$h_i(\boldsymbol{x},\boldsymbol{\theta}_i,\zeta) = \left(\frac{1}{M_i}\sum_{k=1}^{M_i} D(\boldsymbol{x},\boldsymbol{\mu}_i^{(k)})^{-\zeta}\right)^{-1/\zeta}, \quad \zeta > 0 \quad (6.20)$$

其中,ζ 为正常数,$h_i(\boldsymbol{x},\boldsymbol{\theta}_i,\zeta)$ 在 $\zeta\to\infty$ 时收敛于 $h_i(\boldsymbol{x},\boldsymbol{\theta}_i)$。用 $h_i(\boldsymbol{x},\boldsymbol{\theta}_i,\zeta)$ 来替代 $h_i(\boldsymbol{x},\boldsymbol{\theta}_i)$,式(6.14)中的第 3 项导数就变为

$$\begin{aligned} \frac{\partial h_i(\boldsymbol{x},\boldsymbol{\theta}_i,\zeta)}{\partial \boldsymbol{\mu}_i^{(k)}} &= \frac{\partial h_i(\boldsymbol{x},\boldsymbol{\theta}_i,\zeta)}{\partial D_k(\boldsymbol{x},\boldsymbol{\theta}_i)} \cdot \frac{\partial D_k(\boldsymbol{x},\boldsymbol{\theta}_i)}{\partial \boldsymbol{\mu}_i^{(k)}} \\ &= \frac{2}{M_i}\left(\frac{h_i(\boldsymbol{x},\boldsymbol{\theta}_i,\zeta)}{D_k(\boldsymbol{x},\boldsymbol{\theta}_i)}\right)^{1+\zeta}(\boldsymbol{\mu}_i^{(k)} - \boldsymbol{x}) \end{aligned} \quad (6.21)$$

这样即求得连续代价函数 $s_n(\boldsymbol{x},\boldsymbol{\Theta})$ 对各模板的导数为

$$\frac{\partial s_n(\boldsymbol{x},\boldsymbol{\Theta})}{\partial \boldsymbol{\mu}_i^{(k)}} = \frac{2}{M_i}A(\boldsymbol{x},\boldsymbol{\Theta})\,R_n^i(\boldsymbol{x},\boldsymbol{\Theta},\eta)\left(\frac{h_i(\boldsymbol{x},\boldsymbol{\theta}_i,\zeta)}{D_k(\boldsymbol{x},\boldsymbol{\theta}_i)}\right)^{1+\zeta}(\boldsymbol{\mu}_i^{(k)} - \boldsymbol{x}) \quad (6.22)$$

第6章 无约束手写汉字识别分类器鉴别学习

由式(6.22)可用 GPD 迭代算法来调整各类模板 $\mu_i^{(k)}$。

为检验 MCE 学习对 MEDC 分类器识别性能的改善,我们在 THU-HCD 手写汉字样本库上进行了实验。取 HCD1,2,3,5,6,7,8,10 作为训练集,而 HCD4 和 HCD9 作为测试集。在字符图像上抽取 8 个方向 $n=392$ 维的梯度特征作为原始识别特征,经 M-HLDA 特征变换压缩至 $d=128$ 维,每个字符均取 4 个模板,即 $M_i=4, i=1,2,\cdots,C$。GPD 算法的初始迭代步长取为 $\varepsilon_0=0.2$,幂常数 η 和 ζ 分别设置为 $\eta=9, \zeta=9$。对于 Sigmoid 函数参数 γ,我们分别尝试了 $\gamma=0.05,0.1,0.2,0.4$ 几种不同的取值,根据实验结果,最后确定为 $\gamma=0.2$。在 GPD 算法的迭代中,每个训练样本都可以被重复使用多次,我们将所有训练样本顺序迭代一遍称为一个迭代轮次,两个测试集 HCD4 和 HCD9 上的识别率随迭代轮次的变化情况如图 6.2 所示。

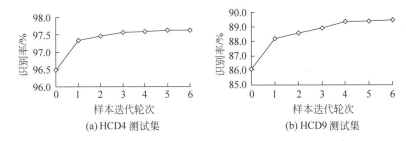

(a) HCD4 测试集 (b) HCD9 测试集

图 6.2 MEDC 分类器的识别率随 MCE 学习中样本迭代轮次的变化

表 6.1 比较了 MCE 鉴别学习前后,MEDC 分类器在 THU-HCD 库两个测试集上的识别率。从表中可以看到,鉴别学习对首选和十选识别率提高的效果都非常显著,工整书写风格的测试集 HCD4 上的首选误识率下降了 34%,自由书写风格的测试集 HCD9 上的首选误识率也下降了 24%。

表 6.1 MCE 鉴别学习前后 MEDC 分类器的识别率比较   %

	HCD4		HCD9	
	首选识别率	十选识别率	首选识别率	十选识别率
MCE 学习前	96.48	99.64	86.05	98.50
MCE 学习后	**97.66**	**99.77**	**89.38**	**98.85**

经过 MCE 鉴别学习的多模板距离分类器,在保持存储计算量小的优点的同时,识别率得到了很大提高,非常适用于对识别库大小和识别速度有严格限制的应用上,如应用于各种便携式 OCR 设备中。此外,它还可以作为高效的粗分类器在更为复杂的二次分类器的前端使用。

6.2.3 基于 MCE 的 MQDF 分类器参数鉴别学习

使用 MCE 鉴别学习方法,同样也可对 MQDF 分类器的参数进行优化。MQDF 分类器鉴别函数的形式为

$$h_i(\boldsymbol{x},\boldsymbol{\theta}_i) = \sum_{j=1}^{k} \frac{1}{\lambda_j}[\boldsymbol{\varphi}_{ij}^{\mathrm{T}}(\boldsymbol{x}-\boldsymbol{\mu}_i)] + \sum_{j=k+1}^{d}\frac{1}{\sigma^2}[\boldsymbol{\varphi}_{ij}^{\mathrm{T}}(\boldsymbol{x}-\boldsymbol{\mu}_i)] + \ln\prod_{j=1}^{d}\lambda_{ij} \tag{6.23}$$

其中,ω_i 类鉴别函数的参数集合为 $\boldsymbol{\theta}_i = \{\boldsymbol{\mu}_i,\lambda_{ij},\boldsymbol{\varphi}_{ij},j=1,2,\cdots,d\}$,$\boldsymbol{\mu}_i$ 为 ω_i 类的均值,λ_{ij} 和 $\boldsymbol{\varphi}_{ij}$ 分别为 ω_i 类协方差矩阵 $\boldsymbol{\Sigma}_i$ 的第 j 个本征值及其对应的本征向量,k 为 MQDF 分类器的截断维数。为了方便计算鉴别函数对分类器参数的导数 $\partial h_i(\boldsymbol{x},\boldsymbol{\theta}_i)/\partial \boldsymbol{\theta}_i$,首先对参数 $\boldsymbol{\mu}_i$ 和 λ_{ij} 进行如下的变换:

$$\tau_{ij} = \begin{cases} (\log\lambda_{ij})/2, & j \leqslant k \\ \log\sigma, & j > k \end{cases} \tag{6.24}$$

$$\boldsymbol{m}_{ij} = \mathrm{e}^{-\tau_{ij}}\boldsymbol{\varphi}_{ij}^{\mathrm{T}}\boldsymbol{\mu}_i$$

这样,鉴别函数的形式变为

$$h_i(\boldsymbol{x},\boldsymbol{\theta}_i) = \sum_{j=1}^{d}(\mathrm{e}^{-\tau_{ij}}\boldsymbol{\varphi}_{ij}^{\mathrm{T}}\boldsymbol{x}-\boldsymbol{m}_{ij})^2 + 2\sum_{j=1}^{d}\tau_{ij} + H \tag{6.25}$$

上式右端加入了正常数 H 以保证 $h_i(\boldsymbol{x},\boldsymbol{\theta}_i) > 0$。$h_i(\boldsymbol{x},\boldsymbol{\theta}_i)$ 对 τ_{ij} 和 $\boldsymbol{m}_{ij}$ 的导数为

$$\left.\begin{aligned}\frac{\partial h_i(\boldsymbol{x}_n,\boldsymbol{\theta}_i)}{\partial \boldsymbol{m}_{ij}} &= -2(\mathrm{e}^{-\tau_{ij}}\boldsymbol{\varphi}_{ij}^{\mathrm{T}}\boldsymbol{x}-\boldsymbol{m}_{ij}) \\ \frac{\partial h_i(\boldsymbol{x}_n,\boldsymbol{\theta}_i)}{\partial \tau_{ij}} &= -2\mathrm{e}^{-\tau_{ij}}\boldsymbol{\varphi}_{ij}^{\mathrm{T}}\boldsymbol{x}(\mathrm{e}^{-\tau_{ij}}\boldsymbol{\varphi}_{ij}^{\mathrm{T}}\boldsymbol{x}-\boldsymbol{m}_{ij})+2\end{aligned}\right\} \tag{6.26}$$

这样,MCE 学习中连续误识代价函数 $s_n(\boldsymbol{x},\boldsymbol{\Theta})$ 对 τ_{ij} 和 $\boldsymbol{m}_{ij}$ 的导数可表示为

$$\left.\begin{aligned}\frac{\partial s_n(\boldsymbol{x}_n,\boldsymbol{\theta}_i)}{\partial \boldsymbol{m}_{ij}} &= -2A(\boldsymbol{x},\boldsymbol{\Theta})\,R_n^i(\boldsymbol{x},\boldsymbol{\Theta},\eta)(\mathrm{e}^{-\tau_{ij}}\boldsymbol{\varphi}_{ij}^{\mathrm{T}}\boldsymbol{x}-\boldsymbol{m}_{ij}) \\ \frac{\partial s_n(\boldsymbol{x}_n,\boldsymbol{\theta}_i)}{\partial \tau_{ij}} &= -2A(\boldsymbol{x},\boldsymbol{\Theta})\,R_n^i(\boldsymbol{x},\boldsymbol{\Theta},\eta)[\mathrm{e}^{-\tau_{ij}}\boldsymbol{\varphi}_{ij}^{\mathrm{T}}\boldsymbol{x}(\mathrm{e}^{-\tau_{ij}}\boldsymbol{\varphi}_{ij}^{\mathrm{T}}\boldsymbol{x}-\boldsymbol{m}_{ij})-1]\end{aligned}\right\} \tag{6.27}$$

进而可以通过 GPD 迭代算法对 τ_{ij} 和 $\boldsymbol{m}_{ij}$ 进行调整。理论上,特征向量 $\boldsymbol{\varphi}_{ij}$ 也可以用同样的方式进行优化,但由于特征向量需要满足单位正交的约束,因此若要调整 $\boldsymbol{\varphi}_{ij}$ 就需要在每步迭代后进行额外的施密特正交化处理,运算过于复杂,因而这里采取了保持 $\boldsymbol{\varphi}_{ij}$ 不变的策略。

在 MNIST 手写数字样本库上进行实验,在字符图像上抽取 12 个方向 $n=588$ 维的梯度特征,经 PCA 变换后压缩至 $d=160$ 维,并用 MQDF 分类器进行识别,截断维数取为 $k=55$。MCE 学习参数分别取为 $\eta=9, \zeta=9, \gamma=0.2, \varepsilon_0=0.2$。MNIST 训练集和测试集上的误识率随训练样本迭代轮次的变化情况如图 6.3 所示。

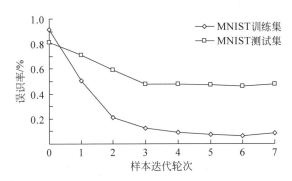

图 6.3　MCE 鉴别学习对 MQDF 分类器的性能改善

经 MCE 鉴别学习后,MNIST 训练集上的最低误识率可达 0.06%,而测试集上的最低误识率可达 0.46%。图 6.4 中列出了 MNIST 测试集上所有的误识字符样本图像,其中的部分图像人眼也难以正确识别。我们将本章方法与其他文献方法在 MNIST 库上的识别率的比较列于表 6.2 中。MNIST 上目前已经报道的最低误识率为 0.44%,由 Virtual SVM 分类器

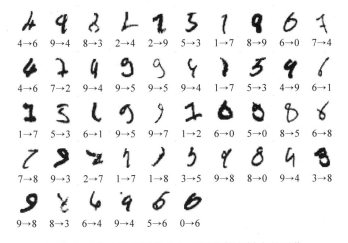

图 6.4　MNIST 测试集上所有误识数字样本的图像

给出[7],我们的结果 0.46% 非常接近于这一数值。Virtual SVM 的训练过程中使用了大量的虚拟样本,训练的时空复杂度都很高,而我们的算法则显然要简单得多。

表 6.2　MNIST 样本库上各种识别算法的性能比较

分类器	测试集误识率/%
改进 V-SVM[44]	0.44
MQDF+MCE	**0.46**
不变性 SVM[6]	0.60
变形模板匹配[38]	0.63
Boosted LeNet-4 神经网络[39]	0.70
LeNet-5 神经网络[39]	0.80
k-近邻+Tangent 距离[40]	1.10

此外,我们还在 MQDF 分类器的不同截断维数 k 下比较了 MCE 学习对识别性能的改进效果,结果列于表 6.3 中。经 MCE 学习后的 MQDF 分类器倾向于在截断维数 k 较小的情况下就达到比较高的识别率。由于 MQDF 进行识别需要的计算存储量为 $O(dk)$,这一结果说明,MCE 学习在提高 MQDF 分类器识别率的同时,也能带来降低计算存储量的好处。

表 6.3　MQDF 分类器取不同截断维数时 MCE 学习后的误识率(%)(MNIST 测试集)

截断维数 k	30	35	40	45	50	55	60
MQDF	0.98	0.91	0.90	0.88	0.84	0.81	0.83
MQDF+MCE	0.53	0.48	0.48	0.49	0.48	0.46	0.48

6.2.4　基于 MCE 的正交混合高斯模型的鉴别学习

基于正交混合高斯模型设计的分类器能够在特征空间中比以前欧氏距离分段线性分类器以及二次鉴别函数分类器构造出更复杂的分类面,具有更强的分类能力;同时还可以通过选择正交混合模型的阶数,合理控制正交混合高斯的复杂度,以保证分类器具有更好的推广能力。因此正交混合高斯模型是一种灵活的模型,是字符识别分类器的一种适宜的结构形式。因此,我们将 MCE 鉴别学习算法应用于正交混合高斯模型,以进一步提高该分类器的性能[56]。

6.2.4.1 正交混合高斯模型

混合高斯模型能够渐进地逼近任意的概率分布[41,42],因此可以采用混合高斯模型来更准确地表示字符特征的类条件概率分布,尤其是在当实际的字符模式的类条件概率分布往往存在着多峰和非对称等现象时。如图 6.5 所示为数字 0～9 特征分布的二维显示。由图 6.5 清楚可见,各数字类别在特征空间中的分布均存在着多峰或非对称情况,显然无法用单峰且对称的高斯分布来准确地加以描述。

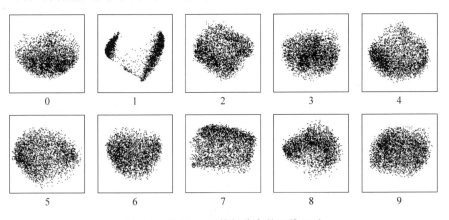

图 6.5 数字 0～9 特征分布的二维显示

混合高斯模型能够渐近地逼近任意的概率分布,因此可以采用混合高斯模型来更准确地表示字符特征的类条件概率分布。

混合高斯模型是多个简单高斯分布的线性组合,表示为

$$p(x/\theta) = \sum_{k=1}^{M} p_k g(x/\mu_k, R_k)$$

其中,x 是特征向量,维数是 d;M 是高斯分量的个数,定义为混合模型的"模型阶数";$p_k, k=1,2,\cdots,M$ 是混合模型中各高斯分量的权值,满足:

$$p_k \geqslant 0$$

$$\sum_{k=1}^{M} p_k = 1$$

$g(x/\mu_k, R_k), k=1,2,\cdots,M$,是混合模型中第 k 个分量的高斯概率密度函数。

$$g(x/\mu_k, R_k) = \frac{\exp\left(-\frac{1}{2}(x-\mu_k)^\mathrm{T} R_k^{-1}(x-\mu_k)\right)}{(2\pi)^{d/2} |R_k|^{1/2}}$$

$\boldsymbol{\theta} = \{p_k, \boldsymbol{\mu}_k, \boldsymbol{R}_k, k=1,2,\cdots,M\}$ 表示混合高斯模型的全体参数,其中,p_k、$\boldsymbol{\mu}_k$ 和 $\boldsymbol{R}_k$ 分别表示第 k 个高斯分量的权值、均值向量和协方差矩阵。

由混合高斯模型的定义可见,尽管混合高斯模型比高斯模型具有更强的描述能力,但混合高斯模型所需要的参数也比高斯模型成倍地增加。尤其是协方差矩阵 $\boldsymbol{R}_k$ 成倍地增加,既造成了运算时间和空间消耗的加大,又为其参数估计带来困难。

正交混合高斯分布模型:于是,在应用混合高斯模型的过程中,通常对其协方差矩阵施加某种约束以减少模型的复杂度。其中之一便是要求协方差矩阵为对角阵,即每个高斯分量的各维特征之间统计不相关。这即为正交混合高斯模型。这种简化有利于解决复杂概率分布的实际模式识别问题。

正交混合高斯模型协方差矩阵为对角阵,但各高斯分量的协方差可以不同,即

$$\boldsymbol{R}_k = \begin{bmatrix} \sigma_{k1}^2 & & & \\ & \sigma_{k2}^2 & & \\ & & \ddots & \\ & & & \sigma_{kd}^2 \end{bmatrix}, \quad \sigma_{ki} > 0, i=1,2,\cdots,d$$

为了进一步验证正交混合高斯模型的识别性能,利用 NIST 库为实验对象,将本文的正交混合高斯模型分类器与 MQDF 分类器以及 NIST 技术报告中的多层感知器方法(multi layer perceptron,MLP)的识别率进行了比较[43]。其中采用的是 30 阶的正交混合高斯模型(OGMM30),并且与 MQDF 采用了完全相同的方向线素特征,而 MLP 的识别结果则是 1994 年美国国内各识别系统评测中所获得的最高识别率[44]。实验中采用了与评测 MLP 完全相同的训练集和测试集。如表 6.4 所示,在测试样本集上,正交混合高斯模型比 MQDF 和 MLP 的识别率分别提高了 0.53% 和 3.72%,错误率分别下降了 17.04% 和 59.05%。

表 6.4　NIST 样本几种识别方法的识别率比较　　　　%

识别率	MLP	MQDF	OGMM30
训练集	97.3	98.87	99.18
测试集	93.7	96.89	97.42

在本实验特征维数 $d=160$ 的情况下:在矩阵相乘上,MQDF 和 OGMM30 都是 25 600 次加法和 25 600 次乘法,二者相同;在高斯函数求解上,OGMM30 比 MQDF 增加了 29 次,即增加 $2d \times 29 = 9\ 280$ 次加减法、

9 280 次乘法、4 640 次除法和 29 次指数运算。可见,尽管 OGMM30 的模型阶数高达 MQDF 的 30 倍,但由于二者采用了相同的变换矩阵,因此 OGMM30 运算量远达不到 MQDF 运算量的 30 倍。

因此,我们将 MCE 鉴别学习算法应用于正交混合高斯模型,以进一步提高该分类器的性能。

6.2.4.2 MCE 正交混合高斯模型鉴别函数

为了更好地适应 MCE 算法,首先需要将原正交混合模型分类器的概率型鉴别函数 $p(x/\boldsymbol{\theta}_j)$ 改变成如下的形式:

$$h_j(x,\boldsymbol{\theta}_j) = \ln p(x/\boldsymbol{\theta}_j) + H = \ln\Big(\sum_{k=1}^{M(j)} p_{jk} g(\Omega_j^T x/\boldsymbol{\mu}_{jk}, R_{jk})\Big) + H \tag{6.28}$$

其中,$\boldsymbol{\theta}_j = \{\Omega_j, p_{jk}, \mu_{jki}, \sigma_{jki}, k=1,2,\cdots,M(j), i=1,2,\cdots,d\}$ 是描述第 j 个模式类别正交混合高斯模型的参数,于是分类器的全体参数为 $\boldsymbol{\Theta} = \{\boldsymbol{\theta}_1, \boldsymbol{\theta}_2, \cdots, \boldsymbol{\theta}_N\}$。$H$ 是与模式类别无关的正常数,以保证鉴别函数对任意的 x 和参数 $\boldsymbol{\theta}_j, j=1,2,\cdots,N$ 始终满足 $h_j(x,\boldsymbol{\theta}_j) > 0$。$h_j(x,\boldsymbol{\theta}_j) > 0$,是应用 MCE 算法的前提条件。可以看出,用式(6.28)的鉴别函数 $h_j(x,\boldsymbol{\theta}_j)$ 来替代 $p(x/\boldsymbol{\theta}_j)$ 进行分类并不会影响分类器的判决结果。

6.2.4.3 参数变换

需要注意的是,广义概率下降算法只适用于求解无约束的最优化问题,而正交混合高斯模型却存在约束条件,因此无法直接将广义概率下降算法应用于正交混合高斯模型。可采用如下参数变换的方法,将约束问题转化成无约束问题:

$$p_{jk} \Leftrightarrow \tilde{p}_{jk} \begin{cases} p_{jk} = \dfrac{\exp(\tilde{p}_{jk})}{\sum_{k=1}^{} (\tilde{p}_{jk})} \\ \tilde{p}_{jk} = \ln p_{jk} + A \end{cases} \tag{6.29}$$

$$\sigma_{jki} \Leftrightarrow \tilde{\sigma}_{jki} \begin{cases} \sigma_{jki} = \exp(\tilde{\sigma}_{jki}) \\ \tilde{\sigma}_{jki} = \ln(\sigma_{jki}) \end{cases} \tag{6.30}$$

$$\mu_{jki} \Leftrightarrow \tilde{\mu}_{jki} \begin{cases} \mu_{jki} = \tilde{\mu}_{jki}\sigma_{jki} = \tilde{\mu}_{jki}\exp(\tilde{\sigma}_{jki}) \\ \tilde{\mu}_{jki} = \dfrac{\mu_{jki}}{\sigma_{jki}} \end{cases} \tag{6.31}$$

经过这些参数变换,变换后的新参数 $\tilde{\boldsymbol{\theta}}_j = \{\Omega_j, \tilde{p}_{jk}, \tilde{\mu}_{jki}, \tilde{\sigma}_{jki}, k=1,2,\cdots,$

$M(j), i=1,2,\cdots,d\}$ 取消了约束条件。

6.2.4.4 梯度公式

正交混合高斯模型分类器的全体参数是 $\boldsymbol{\Theta}=\{\boldsymbol{\theta}_j, j=1,2,\cdots,N\}$，在 MCE 鉴别学习迭代开始前先进行参数变换 $\boldsymbol{\theta}_j \Rightarrow \tilde{\boldsymbol{\theta}}_j$；然后在每次迭代中，对变换后的参数 $\widetilde{\boldsymbol{\Theta}}=\{\tilde{\boldsymbol{\theta}}_j, j=1,2,\cdots,N\}$ 沿负梯度方向进行调整，再将调整后的参数进行反变换 $\tilde{\boldsymbol{\theta}}_j \Rightarrow \boldsymbol{\theta}_j$；循环往复，直至迭代过程结束。

参数的调整是根据梯度 $\nabla s(\boldsymbol{x}, \widetilde{\boldsymbol{\Theta}})$ 进行的。考虑到模型性能主要由参数 $p_{jk}, \mu_{jki}, \sigma_{jki}$ 所决定，而参数 $\boldsymbol{\Omega}_j$ 在模型中的作用是将 $\boldsymbol{x}$ 在特征空间中进行旋转，约束条件是 $\|\boldsymbol{\Omega}_n\|=1$。另外，$\boldsymbol{\Omega}_n$ 包含的自由变量数也很多。于是，对 $\boldsymbol{\Omega}_n$ 进行调整的运算较为复杂，而对模型性能的影响又不明显，因此可以不对 $\boldsymbol{\Omega}_n$ 进行调整，则待求梯度为

$$\nabla s(\boldsymbol{x}, \widetilde{\boldsymbol{\Theta}}) = \left\{ \frac{\partial s_n(\boldsymbol{x}, \boldsymbol{\Theta})}{\partial \tilde{p}_{jk}}, \frac{\partial s_n(\boldsymbol{x}, \boldsymbol{\Theta})}{\partial \tilde{\mu}_{jki}}, \frac{\partial s_n(\boldsymbol{x}, \boldsymbol{\Theta})}{\partial \tilde{\sigma}_{jki}}, j=1,2,\cdots,N; \right. \\ \left. k=1,2,\cdots,M(j); i=1,2,\cdots,d \right\}$$

经过推导，得到梯度公式为

$$\frac{\partial s_n(\boldsymbol{x}, \boldsymbol{\Theta})}{\partial \tilde{p}_{jk}} = A(\boldsymbol{x}, \boldsymbol{\Theta}) R_n^j(\boldsymbol{x}, \boldsymbol{\Theta}, \eta) p_{jk} \left(\frac{g_{jk}(\boldsymbol{\Omega}_j^T \boldsymbol{x})}{p(\boldsymbol{x}/\boldsymbol{\theta}_j)} - 1 \right) \tag{6.32}$$

$$\frac{\partial s_n(\boldsymbol{x}, \boldsymbol{\Theta})}{\partial \tilde{\mu}_{jki}} = A(\boldsymbol{x}, \boldsymbol{\Theta}) R_n^j(\boldsymbol{x}, \boldsymbol{\Theta}, \eta) \frac{p_{jk} g_{jk}(\boldsymbol{\Omega}_j^T \boldsymbol{x})}{p(\boldsymbol{x}/\boldsymbol{\theta}_j)} \left(\frac{\boldsymbol{\Omega}_{ji}^T \boldsymbol{x} - \mu_{jki}}{\sigma_{jki}} \right) \tag{6.33}$$

$$\frac{\partial s_n(\boldsymbol{x}, \boldsymbol{\Theta})}{\partial \tilde{\sigma}_{jki}} = A(\boldsymbol{x}, \boldsymbol{\Theta}) R_n^j(\boldsymbol{x}, \boldsymbol{\Theta}, \eta) \frac{p_{jk} g_{jk}(\boldsymbol{\Omega}_j^T \boldsymbol{x})}{p(\boldsymbol{x}/\boldsymbol{\theta}_j)} \left(\frac{\boldsymbol{\Omega}_{ji}^T \boldsymbol{x}(\boldsymbol{\Omega}_{ji}^T \boldsymbol{x} - \mu_{jki})}{\sigma_{jki}^2} - 1 \right) \tag{6.34}$$

其中，

$$A(\boldsymbol{x}, \boldsymbol{\Theta}) = \gamma s_n(\boldsymbol{x}, \boldsymbol{\Theta})(1 - s_n(\boldsymbol{x}, \boldsymbol{\Theta})) \tag{6.35}$$

$$R_n^j(\boldsymbol{x}, \boldsymbol{\Theta}, \eta) = \begin{cases} \frac{1}{N-1} \left(\frac{h_j(\boldsymbol{x}, \boldsymbol{\theta}_j)}{\bar{h}_n(\boldsymbol{x}, \boldsymbol{\Theta}, \eta)} \right)^{\eta-1}, & j \neq n \\ -1, & j = n \end{cases} \tag{6.36}$$

$$\bar{h}_n(\boldsymbol{x}, \boldsymbol{\Theta}, \eta) = \left(\frac{1}{N-1} \sum_{m=1,2,\cdots,n}^{N} h_m(\boldsymbol{x}, \boldsymbol{\theta}_m)^\eta \right)^{\frac{1}{\eta}} \tag{6.37}$$

6.2.4.5 分类器参数初值的选择

1. 分类器参数初值的选择

由于广义概率下降算法只能实现局部极小值，而鉴别学习的目标是达

到全局最小值,因此选择分类器参数的初值对能否能得到"好"的极值至关重要。考虑到正交混合高斯模型分类器包含大量参数,很难得到有效的初值。出于实用及保守的考虑,本文以 EM 算法的结果作为 MCE 鉴别学习的初值。这样虽然不能保证得到最好的结果,但至少可以保证调整参数后的分类器在性能上比未经过鉴别学习的有所提高。

2. 控制参数的选择

为实现 MCE 鉴别学习算法,需要预先指定算法中控制参数 ε_0、η 和 λ 的具体取值。而且有些参数对 MCE 鉴别学习的效果也起着举足轻重的作用,所以选择合适的控制参数也是 MCE 鉴别学习算法中一个重要的环节。

在工程实践中,一个可行的方法是:在参数的取值范围内抽出一组数值,再分别利用这些参数进行实验并比较结果,最后从中确定一个最佳的参数。在本文的算法中,参数 ε_0、η 和 λ 的取值范围没有约束,均是$(0, +\infty)$。在全体正数的范围内,很难通过实验的方法确定参数。因此,可以先结合具体问题缩小参数的取值范围,再经过实验确定最佳的参数。

ε_0 的选择

控制参数 ε_0 是 MCE 鉴别学习中迭代过程的初始步长,广义概率下降算法在理论上需要进行无限次的迭代,所以对初始步长也没有要求。而在实际应用中,只能进行有限次的迭代,这时初始步长通常会影响收敛的速度。ε_0 的值太小,则收敛速度会很慢,反之,则可能造成振荡不稳定。

考虑到 MCE 鉴别学习是一个对分类器参数进行调整的过程,为了兼顾学习过程的收敛速度和稳定,应该限制每次参数调整时参数变化的幅度。从而可以反推出初始步长大致的取值范围。

调整过程中参数变化的幅度如下:

$$\frac{\Delta \sigma_{jki}}{\sigma_{jki}} = \exp\left(\varepsilon_0 \frac{\partial s_n(x, \boldsymbol{\Theta})}{\partial \tilde{\sigma}_{jki}}\right) - 1 \tag{6.38}$$

$$\frac{\Delta \mu_{jki}}{\mu_{jki}} = \frac{\Delta \sigma_{jki}}{\sigma_{jki}} + \frac{\varepsilon_0}{\mu_{jki}} \frac{\partial s_n(x, \boldsymbol{\Theta})}{\partial \tilde{\mu}_{jki}} (\sigma_{jki} + \Delta \sigma_{jki}) \tag{6.39}$$

$$\begin{cases} \frac{\Delta p_{jk}}{p_{jk}} \geq \exp\left(\varepsilon_0 \frac{\partial s_n(x, \boldsymbol{\Theta})}{\partial \tilde{p}_{jk}} - \max_k \varepsilon_0 \frac{\partial s_n(x, \boldsymbol{\Theta})}{\partial \tilde{p}_{jk}}\right) - 1 \\ \frac{\Delta p_{jk}}{p_{jk}} \leq \exp\left(\varepsilon_0 \frac{\partial s_n(x, \boldsymbol{\Theta})}{\partial \tilde{p}_{jk}} - \min_k \varepsilon_0 \frac{\partial s_n(x, \boldsymbol{\Theta})}{\partial \tilde{p}_{jk}}\right) - 1 \end{cases} \tag{6.40}$$

根据上述公式,推算出 ε_0 的大致范围为$(0.004, 0.1)$。然后从中分别指定了 $\varepsilon_0 = \{0.004, 0.02, 0.04, 0.06, 0.08, 0.1\}$进行实验,利用 NIST 库作

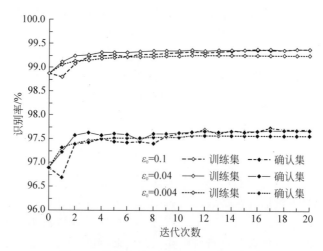

图 6.6 控制参数 ε_0 在鉴别学习中的作用

为实验对象,部分实验结果如图 6.6 所示。由图可见,取值 0.004 的收敛速度较慢,而取 0.1 出现了振荡,最终,ε_0 取值为 0.04。

η 的选择

控制参数 η 在 MCE 鉴别学习中的作用体现在梯度公式中,梯度公式(6.32)~公式(6.34)的 $R_n^j(\boldsymbol{x},\boldsymbol{\Theta},\eta)$ 项包含了 η,这里定义 $R_n^j(\boldsymbol{x},\boldsymbol{\Theta},\eta)$ 为"混淆度"。在 MCE 鉴别学习的一次迭代过程中,根据输入的 C_n 类训练样本 $\boldsymbol{x}$ 分别对各模式类鉴别函数 $h_j(\boldsymbol{x},\boldsymbol{\theta}_j)$ 的参数 $\boldsymbol{\theta}_j$ 进行调整。根据经验可以推断,样本 $\boldsymbol{x}$ 对不同类鉴别函数参数调整的作用也应该是不同的:一方面,对 $\boldsymbol{x}$ 所属的 C_n 类和非 C_n 类鉴别函数其参数调整的方向应该是相反的;另一方面,在非 C_n 类的鉴别函数中,对那些与 C_n 类易混淆类的鉴别函数的参数调整幅度应该大于那些不易混淆的类别,在极端情况下,对那些根本不会与 C_n 类发生混淆的类,该类鉴别函数的参数可以不作调整,即参数调整的幅度为 0。

在正交混合高斯模型分类器中,易混淆的类别即是 $h_j(\boldsymbol{x},\boldsymbol{\theta}_j),j\neq n$,取值大的类别。由式(6.36)可见,只要 $\eta>1$,则混淆度 $R_n^j(\boldsymbol{x},\boldsymbol{\Theta},\eta)$ 在梯度公式中的作用恰好实现了上述的经验推断。而且

$$\lim_{\eta\to\infty} R_n^j(x,\Theta,\eta) = \begin{cases} 1, & j = \arg\max\limits_{\substack{1\leqslant i\leqslant N \\ i\neq n}} h_i(x,\theta_i) \\ -1, & j = n \\ 0, & \text{其他} \end{cases} \quad (6.41)$$

式(6.41)说明,在 $\eta \to \infty$ 的情况下,输入一个 C_n 类训练样本 x,只会对 C_n 类鉴别函数以及最易与 C_n 类混淆类鉴别函数的参数进行调整,其他类鉴别函数的参数均不作调整。

于是可知,η 的取值范围为 $(1,\infty)$。考虑到计算机可表达的数值范围,为防止数值运算溢出,我们分别指定了 $\eta=\{1.2,1.5,2,3,5,7,9,11\}$ 进行实验,利用 NIST 库作为实验对象,实验结果如图 6.7 所示。由图可见,只要满足 $\eta>1$ 的条件,η 的取值对 MCE 鉴别学习的影响很小。相比而言,η 的取值为 5 时结果稍好。

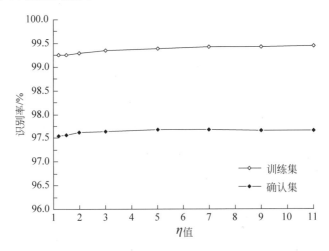

图 6.7　控制参数 η 在鉴别学习中的作用

γ 的选择

控制参数 γ 在 MCE 鉴别学习中的作用体现在 $A(x,\Theta)$ 项中,该项在梯度公式中以加权的形式直接影响着参数调整中梯度的取值,这里定义 $A(x,\Theta)$ 为"调整度"。式(6.15)表明,$A(x,\Theta)$ 是误分测度 $d_n(x,\Theta)$ 的函数。

首先分析误分测度 $d_n(x,\Theta)$ 的意义,可得:

$$\lim_{\eta \to \infty} d_n(x,\Theta) = -h_n(x,\theta_n) + \max_{\substack{1 \leqslant i \leqslant N \\ i \neq n}} h_i(x,\theta_i) \tag{6.42}$$

上式表明,$d_n(x,\Theta)$ 描述了以 Θ 为参数的分类器对样本 x 的识别结果。具体包含两个方面:其一,$d_n(x,\Theta)$ 的符号代表了识别的正确与否,$d_n(x,\Theta)<0$ 表示识别正确,$d_n(x,\Theta)>0$ 表示识别错误,而 $d_n(x,\Theta)=0$ 表示样本 x 刚好位于分类面上;其二,$d_n(x,\Theta)$ 的绝对值反映了样本 x 与分类面的距离,在一定程度上代表了识别的置信度,也就是说,样本 x 距分类面越近,则该样本的识别结果越不可靠,反之,距分类面越远,则越可靠。

对应于上述两个方面,提高分类器的性能也就要求:①减少识别错误的样本;②扩大样本与分类面的距离。

再分析 $A(x,\Theta)$ 的意义。由图 6.8 中虚线所示,$A(x,\Theta)$ 是单峰对称函数,以 $d_n(x,\Theta)=0$ 为对称轴且在该处取最大值。反映到梯度公式上,即是输入的样本距离分类面越远,对分类器参数调整所起的作用也越小。这包含了两种情况:识别正确的样本距分类面远说明分类器对该样本的识别性能已经很好,识别错误的样本距分类面远说明分类器对该样本的识别性能太差。可见,在 MCE 鉴别学习中,分类器参数调整时不把识别性能太好和太差两个极端的样本作为主要参照,而是以分类面附近的样本为主,距离分类面越近的样本对分类器参数调整所起的作用越大。于是,MCE 鉴别学习的结果不仅能够使错分样本分类正确,而且使已经正确分类的样本更加远离分类面。这是 MCE 鉴别学习算法的一个特点。

$A(x,\Theta)$ 函数单峰的宽度由参数 γ 控制,γ 值越大,单峰的宽度越小。于是可知,γ 具体的取值范围应保证 $A(x,\Theta)$ 的宽度使之作用在分类面附近的样本上。如图 6.8 所示,其中实线是全部样本 X 取 $d_n(x,\Theta)$ 值的分布,绝大多数样本分布在 $d_n(x,\Theta)<0$ 的区域,这些样本识别正确,极少数样本分布在 $d_n(x,\Theta)>0$ 的区域,这些样本识别错误。如果 γ 取值太大,则对调整参数起作用的样本数量过少,而且样本与分类面的间隙过小;反之,许多不应该对调整参数起作用的样本也发挥了作用。这两种情况都不利于

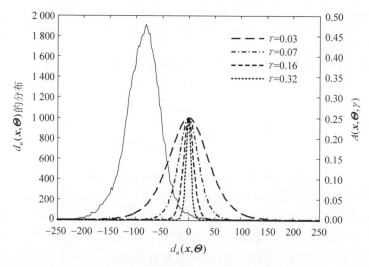

图 6.8 控制参数 γ 的选择方法

MCE 鉴别学习取得更好的结果,因此 γ 取值应该适中。

由图 6.8 可知,根据 $d_n(x,\Theta)$ 值的分布曲线,我们可以看出 $A(x,\Theta)$ 函数宽度的适中范围,从而估算出 γ 的有效取值范围大约为 $(0.04, 0.32)$。然后,再从中分别指定了 $\gamma = \{0.04, 0.06, 0.08, 0.12, 0.16, 0.32\}$ 进行实验,利用 NIST 库为实验对象。实验结果如图 6.9 所示,由图可见,γ 取值对 MCE 鉴别学习的分类器性能影响较大,γ 是比较重要的控制参数,最终取值为 0.08。

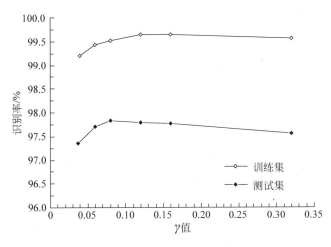

图 6.9 控制参数 γ 在鉴别学习中的作用

6.2.4.6 实验和结果

为了验证基于 MCE 鉴别学习的正交混合高斯模型的分类性能,将其在 NIST 库上进行了实验。实验结果如图 6.10 所示,这是 1 阶正交混合高斯模型在 MCE 鉴别学习过程中识别率的变化曲线。可见,随着迭代次数的增加,训练集和测试集上的识别率均表现为稳定的、单调递增的趋势。

同样,在 30 阶正交混合高斯模型(OGMM30)上也进行了同样的实验。两个实验结果一并列于表 6.5 中。可以看到,经过 MCE 鉴别学习后的分类器性能均有明显改善。其中,1 阶正交混合高斯模型(OGMM1)在训练集上的识别率提高了 0.46%,错误率下降了 40.71%;在测试集上的识别率提高了 0.72%,错误率下降了 23.15%。

另外,还可以发现,OGMM30 在 MCE 鉴别学习之前,在训练集和测试集上的识别率均高于 OGMM1;经过鉴别学习之后,虽然训练集的识别率还

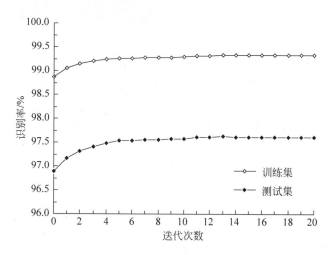

图 6.10　MCE 鉴别学习过程中识别率的变化

是高于 OGMM1,但测试集的识别率几乎与 OGMM1 相同,这反映出 OGMM30 出现了过学习现象。

表 6.5　OGMM1(MQDF)和 OGMM30 在鉴别学习前后的识别率

识别率/%	OGMM1	OGMM1+MCE	OGMM30	OGMM30+MCE
训练集	98.87	99.33	99.18	99.54
测试集	96.89	97.61	97.42	97.62

6.3　基于启发式的鉴别学习方法

6.3.1　矫正学习

本节提出了 MQDF 参数的一种矫正学习算法(corrective training for MQDF,CT-MQDF)。在鉴别性准则的指导下,该算法利用分类边界附近的样本对各模式类的正态分布参数进行有监督的自适应调整[45]。

6.3.1.1　样本加权分布

训练样本上的加权分布是提出的矫正学习算法的核心概念。本节首先给出加权矩阵的定义,并说明该矩阵与 MQDF 参数的等价关系。

考虑 M 类模式集合 $\Omega=(\omega_1,\omega_2,\cdots,\omega_M)$ 的分类问题。给定 R 个训练样本的特征矢量 $x_1,x_2,\cdots,x_R$,相应的类别标记为 $W_1,W_2,\cdots,W_R$。定义大

小为 $R \times M$ 的实值矩阵 $\Lambda = [\alpha_{rm}]$,并称其为样本加权矩阵。

记第 m 类的正态分布参数 $\theta_m = (\mu_m, \Sigma_m)$,其中,$\mu_m$ 和 Σ_m 分别表示均值矢量和协方差矩阵。记 QDF 的参数集合 $\Theta = (\theta_m, 1 \leqslant m \leqslant M)$。下述计算公式定义了 Λ 和 Θ 之间的对应关系:

$$\mu_m = \frac{\sum_{r=1}^{R} \alpha_{rm} x_r}{\sum_{r=1}^{R} \alpha_{rm}}, \quad \Sigma_m = \frac{\sum_{r=1}^{R} \alpha_{rm} (x_r - \mu_m)(x_r - \mu_m)^{\mathrm{T}}}{\sum_{r=1}^{R} \alpha_{rm}} \quad (6.43)$$

根据上式定义,样本加权矩阵元素 α_{rm} 可以理解为第 r 个训练样本 x 对第 m 组正态分布参数 θ_m 的贡献。

MQDF 鉴别函数定义为

$$\begin{aligned} g_m(x) = &\sum_{i=1}^{k} \frac{1}{\lambda_{mi}} [\varphi_{mi}^{\mathrm{T}} (x - \mu_m)]^2 + \sum_{i=k+1}^{N} \frac{1}{h^2} [\varphi_{mi}^{\mathrm{T}} (x - \mu_m)]^2 \\ &+ \ln \Big[h^{2(n-k)} \prod_{i=1}^{k} \lambda_{mi} \Big] \end{aligned} \quad (6.44)$$

其中,λ_{mi} 和 ϕ_{mi} 是协方差阵 Σ_m 的本征值和相应本征矢量,k 和 h^2 为设计参数。假定主子空间维数 k 已经指定,而 h^2 始终取所有类别的第 $(k+1)$ 个本征值 λ_{k+1} 的均值。这时,根据定义式(6.43),加权矩阵 Λ 和 MQDF 参数 Θ 之间也具有一一对应的关系。具体来说,由 Λ 计算 MQDF 参数 Θ 的过程为:

(1) 依据式(6.43)得到 λ_m 和 Σ_m;

(2) 对 Σ_m 进行本征分解,得到 λ_{mi} 和 ϕ_{mi};

(3) 计算所有类别的第 $(k+1)$ 个本征值的均值作为 h^2;

(4) 依据式(6.44)设计 MQDF 鉴别函数。

6.3.1.2 最优样本加权

矫正学习算法的核心任务就是,利用 R 个训练样本来选择一组合适的样本加权 Λ,使得相应的 MQDF 分类器在测试集上达到最小可能的识别错误。在介绍矫正学习算法以前,首先考察几种常用训练准则对应的最优加权矩阵估计。

记第 m 类的先验概率和条件分布分别为 $p(\omega)$ 和 $p(x|\omega)$,并且假设各类具有相同的先验概率,$p(x|\omega)$ 取正态分布形式。另外,定义如下的指标函数:

$$I(A) = \begin{cases} 1, & A \text{ 为真} \\ 0, & \text{其他} \end{cases}$$

可以证明，如果不考虑协方差阵 Σ_m 的正定约束，则 QDF 参数集合 Θ 在最大似然、最大互熵和最小错误率准则下的最优估计 $\hat\Theta$ 分别按照定义式(6.43)对应了某个特殊的样本加权矩阵 $\hat\Lambda$。

1. 最大似然准则（ML）

ML 优化准则定义为[10]

$$f_{\text{MLE}} = \sum_{r=1}^{R} \log p(x_r | W_r) P(W_r) \tag{6.45}$$

众所周知，该准则下均值 λ_m 和协方差矩阵 Σ_m 的最优估计量为

$$\hat\mu_m = \frac{\sum_{r=1}^{R} I(W_r = \omega_m) x_r}{\sum_{r=1}^{R} I(W_r = \omega_m)}, \quad \hat\Sigma_m = \frac{\sum_{r=1}^{R} I(W_r = \omega_m)(x_r - \hat\mu_m)(x_r - \hat\mu_m)^{\text{T}}}{\sum_{r=1}^{R} I(W_r = \omega_m)}$$

容易看出，它们对应了如下样本加权矩阵估计 $\hat\Lambda$：

$$\hat\alpha_{rm} = \begin{cases} 1, & W_r = \omega_m \\ 0, & \text{其他} \end{cases}$$

2. 最大互熵准则（MMI）

MMI 对分类器在训练样本上给出的后验概率进行最大化[34]。其优化准则有如下形式：

$$f_{\text{MMI}} = \sum_{r=1}^{R} \log p(W_r | x_r) = \sum_{r=1}^{R} \log \frac{p(x_r | W_r) P(W_r)}{\sum_{\omega \in \Omega} p(x_r | \omega) p(\omega)}$$

将准则对 θ_m 求导：

$$\frac{\partial f_{\text{MMI}}}{\partial \theta_m} = \sum_{r=1}^{R} \left[\frac{\partial \log p(x_r | W_r)}{\partial \theta_m} - p(\omega_m | x_r) \frac{\partial \log p(x_r | \omega_m)}{\partial \theta_m} \right]$$

利用多元正态分布的参数求导公式，可以进一步得到：

$$\frac{\partial f_{\text{MMI}}}{\partial \mu_m} = \sum_{r=1}^{R} [I(W_r = \omega_m) - p(\omega_m | x_r)] \Sigma_m^{-1}(x_r - \mu_m) \tag{6.46}$$

$$\frac{\partial f_{\text{MMI}}}{\partial \Sigma_m^{-1}} = \frac{1}{2} \sum_{r=1}^{R} [I(W_r = \omega_m) - p(\omega_m | x_r)][\Sigma_m - (x_r - \mu_m)(x_r - \mu_m)^{\text{T}}] \tag{6.47}$$

MMI 准则下的最优参数估计 $\hat\Theta$ 使得 f_{MMI} 达到最大，因此满足如下必

要条件：

$$\left.\frac{\partial f_{\text{MMI}}}{\partial \mu_m}\right|_{\Theta=\hat{\Theta}} = 0, \quad \left.\frac{\partial f_{\text{MMI}}}{\partial \Sigma_m^{-1}}\right|_{\Theta=\hat{\Theta}} = 0$$

结合式(6.46)和式(6.47)并经过简单变换，可以得到如下恒等关系：

$$\hat{\mu}_m = \frac{\sum_{r=1}^{R}[I(W_r=\omega_m) - p(\omega_m|x_r)]x_r}{\sum_{r=1}^{R}[I(W_r=\omega_m) - p(\omega_m|x_r)]}$$

$$\hat{\Sigma}_m = \frac{\sum_{r=1}^{R}[I(W_r=\omega_m) - p(\omega_m|x_r)](x_r-\mu_m)(x_r-\mu_m)^{\text{T}}}{\sum_{r=1}^{R}[I(W_r=\omega_m) - p(\omega_m|x_r)]}$$

将上述恒等关系和式(6.43)对比后可以发现，MMI 准则的最优参数估计 $\hat{\Theta}$ 对应了如下样本加权矩阵估计 $\hat{\Lambda}$：

$$\alpha_{rm} = \begin{cases} 1 - \hat{p}(\omega_m|x_r), & \text{if } W_r = \omega_m \\ -\hat{p}(\omega_m|x_r), & \text{otherwise} \end{cases}$$

3. 最小分类错误准则(MCE)

MCE 对分类器在训练样本上的错误率的某种近似进行最小化[54]，其准则有多种具体形式可以选择。这里采用如下定义：

$$f_{\text{MDC}} = \sum_{r=1}^{R} l(x_r, W_r) = \sum_{r=1}^{R} \frac{1}{1+e^{-\xi d(x_r, W_r)}}$$

其中，

$$d(x_r, W_r) = -g(x_r, W_r) + \log\left\{\frac{1}{M-1}\sum_{\omega\in\Omega, \omega\neq W_r}^{R} e^{\eta g(x_r, W_r)}\right\}^{\frac{1}{\eta}}$$

$$g(x_r, \omega) = -\log p(x_r|\omega)$$

通常将 $l(x_r, W_r)$ 称作第 r 个样本的误分测度，而 f_{MDC} 取各样本误分测度的代数平均。将 $l(x_r, W_r)$ 对 θ_m 求导，有

$$\frac{\partial l(x_r, W_r)}{\partial \theta_m} = v_r\left[-\frac{\partial \log p(x_r|W_r)}{\partial \theta_m} + \frac{g_r^{-\eta}}{M-1}\sum_{\omega\in\Omega, \omega\neq W_r} p^{\eta}(x_r|\omega)\frac{\partial \log p(x_r|W_r)}{\partial \theta_m}\right]$$

(6.48)

其中，

$$v_r = l(x_r, W_r) \cdot [1 - l(x_r, W_r)] \cdot \xi$$

$$g_r = \left\{\frac{1}{M-1}\sum_{\omega\in\Omega, \omega\neq W_r}^{R} e^{\eta g(x_r, W_r)}\right\}^{1/\eta}$$

如果 $W_r = \omega_m$，式(6.48)化简为

$$\frac{\partial l(x_r, W_r)}{\partial \theta_m} = -v_r \frac{\partial \log p(x_r | W_r)}{\partial \theta_m}$$

相应地，对 λ_m 和 Σ_m 的导数分别为

$$\frac{\partial l(x_r, W_r)}{\partial \mu_m} = -v_r \Sigma_m^{-1}(x_r - \mu_m)$$

$$\frac{\partial l(x_r, W_r)}{\partial \Sigma_m^{-1}} = -\frac{1}{2} v_r [\Sigma_m - (x_r - \mu_m)(x_r - \mu_m)^T]$$

如果 $W_r \neq \omega_m$，式(6.48)化简为

$$\frac{\partial l(x_r, W_r)}{\partial \theta_m} = -v_r K_{rm} \Sigma_m^{-1}(x_r - \mu_m)$$

其中，

$$K_{rm} = \frac{1}{M-1} \left(\frac{p(x_r | \omega_r)}{q_r} \right)^\eta$$

相应地，对 λ_m 和 Σ_m 的导数分别为

$$\frac{\partial l(x_r, W_r)}{\partial \mu_m} = -v_r K_{rm} \Sigma_m^{-1}(x_r - \mu_m)$$

$$\frac{\partial l(x_r, W_r)}{\partial \Sigma_m^{-1}} = -\frac{1}{2} v_r K_{rm} [\Sigma_m - (x_r - \mu_m)(x_r - \mu_m)^T]$$

与 MMI 的情况完全类似，可以证明 MCE 准则的最优参数估计 Θ 对应了如下的样本加权矩阵估计 $\hat{\Lambda}$：

$$\hat{\alpha}_{rm} = \begin{cases} \hat{v}_r, & W_r = \omega_m \\ -\hat{v}_r \hat{K}_{rm}, & \text{其他} \end{cases}$$

上述对 ML、MMI 和 MCE 这 3 种准则的分析结果已经归纳在表 6.6 之中。根据关系式 $f = \sum_{r=1}^{R} l(x_r, W_r)$，可以由所列优化指标分量 $l(x_r, W_r)$ 得到各准则对应的完整的优化指标。

表 6.6 几种常用准则对应的最优加权矩阵估计

优化准则	$l_r = l(x_r, W_r)$	$\hat{\alpha}_{rm}$	
		$W_r = C_m$	$W_r \neq C_m$
ML	$\log p(x_r | W_r)$	1	0
MMI	$\log p(W_r | x_r)$	$1 - \hat{p}(C_m | x_r)$	$-\hat{p}(C_m | x_r)$
MCE	$[1 + e^{\xi d(x_r, W_r)}]^{-1}$	$\hat{l}_r [1 - \hat{l}_r] \cdot \xi$	$-\hat{l}_r [1 - \hat{l}_r] \cdot \xi \hat{K}_{rm}$

通过对该表的仔细分析可以发现若干值得注意的结果,它们构成了提出启发式加权调整规则的主要线索。

(1) 鉴别性准则 MMI 和 MDC 导致了非零(负)交叉项的出现,即当 $W_r \neq \omega_m$ 时,有 $\hat{\alpha}_{rm} < 0$。

(2) MMI 准则下,在计算 θ_m 时 R 个训练样本的权重并不平均。而且,错误概率 $1 - p(W_r | x_r)$ 越大,该样本的权重绝对值就越大。

(3) MCE 从很多角度来看都类似于 MMI。而其区别在于,MCE 通过 Sigmoid 函数的使用,对训练样本上的错误概率进行了窗口加权,窗口的中心在 $\hat{l}_r = 0.5$,而窗口宽度由参数控制。这种做法能够有效地避免那些混淆度过大的样本对鉴别训练所产生的负面影响。

6.3.1.3 矫正学习算法

MQDF 参数的矫正学习算法利用启发式规则,迭代地对样本加权矩阵 Λ 进行调整。记第 t 次迭代后样本加权矩阵为 $\Lambda(t)$,其元素为 $\alpha_{rm}(t)$。另外,算法还用到如下定义的恒正的修正马氏距离测度 $d(x, \omega_m)$。

$$d(x, \omega_m) = \sum_{i=1}^{k} \frac{1}{\lambda_{mi}} [\varphi_{mi}^{\mathrm{T}}(x - \mu_m)]^2 + \sum_{i=k+1}^{n} \frac{1}{h^2} [\varphi_{mi}^{\mathrm{T}}(x - \mu_m)]^2 \tag{6.49}$$

CT-MQDF 算法流程

输入:训练集 T,验证集 V;

输出:加权矩阵 Λ 及相应的 MQDF 参数。

算法步骤:

S1. 置迭代计数器 $t=0$。初始化 $\Lambda(0)$ 如下:

$$\alpha_{rm}(0) = \begin{cases} 1, & W_r = \omega_m \\ 0, & \text{其他} \end{cases} \tag{6.50}$$

依据 $T(0)$ 更新 MQDF 参数,并测得在确证集 V 上的错误率 $E(0)$。

S2. 顺序考察 $|T|$ 个训练样本。对于第 r 个样本,设 MQDF 给出的前两个候选类的标记分别为 ω_i 和 ω_j。依照下述规则更新加权矩阵:

  a. 如果分类正确,即 $\omega_i = W_r$,则有

$$\alpha_{ri}(t+1) = [1 + \eta(t)] \cdot \alpha_{ri}(t) + \eta(t) \cdot u(x_r, \omega_i, \omega_j, t)$$

  b. 如果分类错误,并且 $\omega_j = W_r$,则有

$$\alpha_{rj}(t+1) = [1 + \eta(t)] \cdot \alpha_{rj}(t) + \eta(t) \cdot u(x_r, \omega_i, \omega_j, t)$$

$$\alpha_{ri}(t+1) = [1 + \eta(t)] \cdot \alpha_{ri}(t) - \eta(t) \cdot u(x_r, \omega_i, \omega_j, t)$$

c. 如果 $\omega_i \neq W_r$ 且 $\omega_j \neq W_r$，则不作处理。

上述更新规则中，

$$u(x_r, w_1, w_2, t) = \left[\frac{d(x_r, w_1)}{d(x_r, w_2)}\right]^{\xi(t)}$$

$$\xi(t) = a + b \cdot t$$

$$\eta(t) = \frac{1}{c + d \cdot t}$$

S3. 处理完所有训练样本后，利用 $\Lambda(t+1)$ 更新 MQDF 参数，并测得在确证集 V 上的错误率 $E(t+1)$。

S4. 如果 $E(t+1) < E(t)$，置 $t = t+1$ 并转入 S2；否则，停止迭代过程，输出 $\Lambda(t)$ 及相应的 MQDF 参数。

6.3.1.4 实验与结果

为了验证矫正学习算法的效果，分别在脱机手写数字识别和手写汉字识别两个相差悬殊的分类问题中对其进行实验研究。各项实验使用了相同的 392 维方向线素特征。

1. 手写数字识别

数字实验使用了 NIST SD19 样本集，其中，hsf_{6,7,4} 这 3 个分区分别用于训练、验证和测试。分类器输入为 LDA 输出的 160 维压缩特征。为了简化讨论，指定调整规则中参数 $b = 3.0, c = 1.0, d = 6.0$。

首先，考虑初始窗口宽度参数 a 的选择。图 6.11 给出了不同 a 值下矫正算法在验证集 hsf_7 上的学习曲线。其中，横坐标表示迭代次数 t，而纵坐标表示识别错误率 $E(t)$（%）。仔细观察该图可以发现：

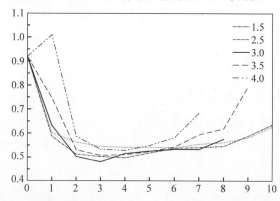

图 6.11 不同窗口初始宽度参数下 CT-MQDF 在验证集上的学习曲线

(1) 几乎所有曲线在 $t<3$ 以前都迅速下降,之后在相当长的迭代次数内表现出比较稳定的变化趋势;

(2) 如果初始窗口宽度选得过窄(即 a 值过大),则学习容易出现发散,比如 $a=3.5$ 和 $a=4.5$ 的两条曲线;

(3) 所对应的学习曲线在 $t=3$ 时取得了验证集上的最小错误率。

在以下实验中,均采用 $a=3.0$ 的初始宽度设置。图 6.12 单独给出了该参数设置下矫正算法分别在 hsf_\{6,7,4\} 上的学习曲线。可以看到,验证曲线和测试曲线表现出的变化趋势非常相似,并且当 $t=3$ 时两条曲线同时达到相应的最小值。而训练曲线在较长迭代时间后收敛到某个非零常数。

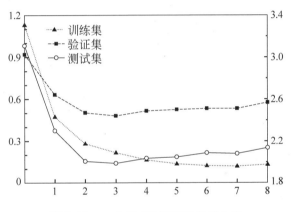

图 6.12 $a=3$ 时 CT-MQDF 学习曲线

然后,考察矫正学习对分类边界附近样本的调整作用。给定真实类别为 W 的观测样本 x,定义如下的 Margin 统计量:

$$m = \frac{d_2 - d_1}{d_2 + d_1}$$

其中,

$$d_1 = d(x, W), \quad d_2 = \min_{\omega \in \Omega, \omega \neq W} d(x, \omega)$$

而 $d(x, \omega)$ 由式(6.49)定义。该统计量取值范围限制在[−1,1]范围内。如果 $m>0$,则对 x 的分类正确;如果 $m<0$,则对 x 的分类错误。统计量的绝对值表示了样本到分类边界的距离。而矫正学习所感兴趣的,是落在 $m=0$ 附近区域内的样本。图 6.13 给出了[−0.2,0.2]区间内的 Margin 累计分布曲线。随着迭代次数的变化,曲线逐渐向右下方靠拢。可以看到,矫正学习不仅对落在[−1,0]区间内的那些错误样本进行调整,而且试图还

增大原来落在[0,0.1]区间内的正确样本的 Margin。经过调整,大部分样本的 Margin 都超过了 0.1。

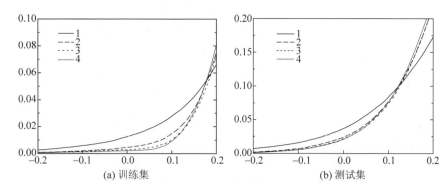

图 6.13　不同迭代次数后的 Margin 累计分布曲线

最后,将 CT-MQDF 和其他 5 种分类器设计方法进行了比较,并将结果列于表 6.7 之中。

表 6.7　NIST SD19 上的错误率比较

分类器	hsf_6	hsf_4
MLP	2.70	6.30
MQDF	1.13	3.11
OGMM32	0.46	2.58
AdaBoost	0.16	2.43
MCE-OGMM4	0.66	2.31
CT-MQDF	0.22	1.99
Human	—	1.50

对该表有以下几点需要说明:

(1) MLP 为多层前向感知器,其实现与测试结果由 NIST SD19 数据库提供。

(2) MQDF 中主子空间维数 k 取 64。

(3) OGMM32 表示 32 阶的正交高斯混合模型。

(4) AdaBoost 是提高任何学习算法分类能力的一种方法[36,37]。通过对序贯性训练得到的若干分类器进行集成,可以获得任意复杂的分类边界。本实验采用了 AdaBoost.M1 算法,并将 MQDF 分类器作为算法中的

WeakLearn。图 6.14 给出了其学习曲线,其中,横坐标为参加集成的分类器个数。可以发现,训练曲线很快就收敛到了 0 错误率。但是,由于 hsf_6 训练集含有小部分噪声样本,因此测试曲线表现出了明显的过学习现象。

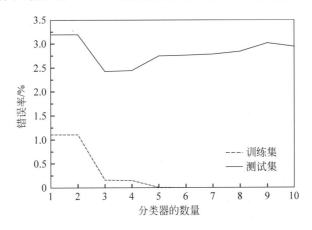

图 6.14　AdaBoost 在 NIST SD19 上的学习曲线

(5) MCE-OGMM4 为经过 MCE 准则鉴别学习后的 4 阶正交高斯混合模型。

从该表可以发现,CT-MQDF 表现出了好于其他方法的测试集识别率。与采用最大似然和贝叶斯估计的 MQDF 相比,测试集错误率降低了 36%。

2. 手写汉字识别

汉字实验比较了 4 种识别系统设计方案。所有方案全部采用 $k=32$ 的 MQDF 分类器,并且最后一种方案利用了矫正学习算法。第 1 种方案使用较为工整的训练样本。第 2 种方案使用较为自由的训练样本。而第 3 种方案同时使用了前两种方案的所有训练样本,采用工整样本集 HCD4 和自由样本集 HCD9 分别进行测试。4 种方案的比较结果列于表 6.8 中。从该表可以发现:

(1) 仅利用工整样本训练,对自由样本的识别效果较差。
(2) 仅利用自由样本训练,在工整手写上的识别性能有所下降。
(3) 同时利用工整和自由训练样本,对自由手写的识别效果还是不够理想。
(4) 利用矫正学习算法后,无论对工整还是自由手写都接近最好水平。

表 6.8 几种 MQDF 设计方案在手写汉字识别中的比较

分类器		训练集		测试集	
		HCD	总套数	HCD4/%	HCD9/%
方案 1	MQDF	1-2,5-7	1 500	97.67	81.97
方案 2	MQDF	3,8,10	379	95.02	91.61
方案 3	MQDF	1-3,5-8,10	1 879	97.65	88.44
方案 4	CT-MQDF	1-3,5-8,10	1 879	97.58	91.35

6.3.2 镜像学习方法

从鉴别能力的角度考虑,特征空间中位于分类面边缘的训练样本,要比靠近类中心的训练样本更具有训练价值。设法利用分类面边缘的这些样本,对各字符模式类鉴别函数的参数进行调整,就可望达到降低分类器误识率的目的。具体的实施方法有很多种,例如在分类器训练的过程中对训练样本的权重进行自适应调整[41],以及 Kawatani 针对二次鉴别函数提出的鉴别学习算法[13-15]。本文引入了 Wakabayashi 等人在手写数字识别中提出的镜像学习(mirror image learning,MIL)方法[21],用分类面边缘样本的镜像映射得到竞争类别的虚拟样本,通过多次迭代逐步调整分类面。

6.3.2.1 基本原理

如图 6.15 所示,假设已设计好分类器对 d 维特征空间(图中以 $d=2$ 示例)完成了划分。x 为 ω_1 类的训练样本,由于它位于 ω_1 类和 ω_2 类间的分类面靠近 ω_2 类的一侧,因而会被分类器误识为 ω_2 类。设 μ_1 和 μ_2 分别为 ω_1 类和 ω_2 类的中心,$\{\varphi_{11},\varphi_{12},\cdots,\varphi_{1k}\}$ 及 $\{\varphi_{21},\varphi_{22},\cdots,\varphi_{2k}\}$ 分别为 ω_1 类和 ω_2 类的散度矩阵 Σ_1 和 Σ_2 的前 k 个本征向量。y_1 和 y_2 分别为 x 在 ω_1 类和 ω_2 类的主特征向量方向上的 KL 展开(图中以 $k=1$ 示例),即

$$y_1 = \sum_{i=1}^{k}[\varphi_{1i}^{T}(x-\mu_1)]\varphi_{1i} + \mu_1$$

$$y_2 = \sum_{i=1}^{k}[\varphi_{2i}^{T}(x-\mu_2)]\varphi_{2i} + \mu_2$$

在特征空间中以 y_2 为对称中心,可以得到 x 的镜像样本 x',

$$x' = 2y_2 - x$$

对原始样本 x 和镜像样本 x' 的位置作平滑处理(平滑系数为 β),分别

得到虚样本 x_1 和 x_2。

$$x_1 = \beta x + (1-\beta) y_1$$
$$x_2 = \beta x' + (1-\beta) y_2, \quad 0 \leqslant \beta \leqslant 1$$

将 x_1 加入 ω_1 类的训练样本中，同时为保持分类面两侧样本的平衡，将 x_2 加入 ω_2 类的训练样本中。由于这些虚样本的加入，ω_1 类和 ω_2 类间的分类面在新的一轮训练中将向 ω_2 类一侧移动（如图 6.15 中箭头所示），而使得分类器正确识别样本 x 的可能性提高。

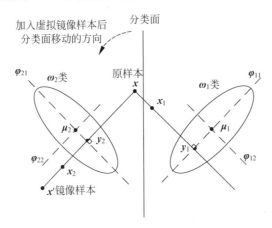

图 6.15　产生镜像样本的示意图

6.3.2.2　算法流程

整个镜像学习算法的流程如图 6.16 所示。首先判定哪些训练样本位于分类面边缘，即属于易混淆的样本。设 x 为 ω_i 类的训练样本，ω_j 为分类器识别 x 样本时除 ω_i 类外候选距离最小的类别，即竞争类别，$h_k(x)$ 表示第 k 类的鉴别函数，则可将

$$\alpha(x) = \frac{h_i(x) - h_j(x)}{h_i(x) + h_j(x)} = \frac{h_i(x) - \min_{k \neq i} h_k(x)}{h_i(x) + \min_{k \neq i} h_k(x)}$$

作为对 x 分类可靠程度的一种度量。α 取值范围区间为 $[-1,1]$，其值为负说明分类正确，且负值越大说明 x 在特征空间中越接近于正确类别 ω_i 的中心，α 值为正则表示分类错误。这样，设定一个门限 t，若 $\alpha(x)$ 高于该门限，即认为 x 容易被分类器混淆。

对所有易混淆的训练样本产生虚拟样本，就得到了新的经过扩充的训

练样本集,在其上对分类器参数重新进行极大似然估计,形成新的分类界面。这样的学习过程可以一直迭代进行下去,直到训练集上的错误率不再下降,或者迭代次数超过预设值时为止。

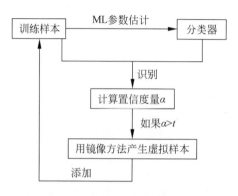

图 6.16　镜像学习算法的流程

6.3.2.3　实验结果

在 HCL2000 手写汉字库上进行实验,提取 12 个方向 $n=588$ 维的梯度特征,经 M-HLDA 特征变换压缩到 $d=128$ 维。训练 MQDF 分类器,截断维数取为 $k=32$,并用镜像学习方法调整 MQDF 参数。我们分别实验了置信度门限 t 和平滑参数 β 的 4 组不同取值,将测试集识别率随镜像学习迭代次数 n 的变化示于图 6.17 中。图中,$n=0$ 的点对应着的测试集识别率为 98.14%,代表未进行镜像学习的基准识别率。随着镜像学习的进行,

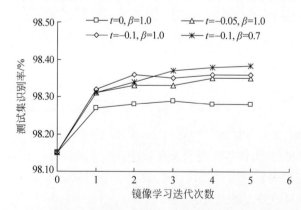

图 6.17　镜像学习方法对 MQDF 分类器性能的改进(HCL2000 库)

测试集上的识别率逐渐提高并在若干次迭代后趋于稳定。在 $t=-0.1,\beta=1.0$ 这组参数下,镜像学习的效果最好,测试集识别率可达 98.38%。

6.3.3 样本重要性加权学习方法

借鉴鉴别学习的思路,调整产生式模型的参数是弥补产生式模型鉴别性不足的一种有效方法。MQDF 识别性能优异且识别复杂度相对较低,利用鉴别学习的方法提高其识别性能是一项重要的研究内容。在大规模分类中需要同时考虑分类方法的复杂度和分类性能。本节介绍了基于重要性采样的鉴别学习框架,在该框架下给出了 MQDF 分类器的鉴别学习方法并引入拒绝采样、Boosting 和 MCE 这 3 种方法对样本的重要性权重进行估计。该方法的主要思路是在训练阶段提高分类器识别错误和易识别错误样本的权重,降低分类器容易识别正确的样本的权重。

6.3.3.1 重要性采样

重要性采样[46]是对如下连续积分进行逼近的一种离散方法。

$$E(\phi(x)) = \int_{x \in R} \phi(x) p(x) \mathrm{d}x \qquad (6.51)$$

其中,x 为连续随机变量,$p(x)$ 表示随机变量 x 的概率分布,$\phi(x)$ 表示以 x 为自变量的任意函数。通常情况下,$p(x)$ 的分布未知或比较复杂,很难直接对其进行随机采样。为了利用离散求和来逼近上述公式中的连续积分,最简单和直接的方法是采用均匀分布对变量 x 进行离散采样,于是得到 n 个彼此独立的离散样本 $(x_1,x_2,\cdots,x_n)$。那么 $E(\phi(x))$ 的蒙特卡罗估计为

$$\tilde{\phi}_n(x) = \frac{1}{n}\sum_{j=1}^{n}\phi(x_j) \qquad (6.52)$$

由大数定律可知,对于任意小的 ε 有

$$\lim_{n\to\infty} P(|\tilde{\phi}_n(x) - E(\phi(x))| \geqslant \varepsilon) = 0$$

上式表明,只要样本数 n 足够大,那么该估计值 $\tilde{\phi}_n(x)$ 就能够无限地接近 $\phi(x)$ 期望。

为了保证离散求和对连续积分的逼近精度,要求样本数或者采样点数随着状态向量维数的增加呈指数增加,因此,这种采样方式的效率非常低。在没有获得任何先验信息时,均匀采样是最为稳妥的方法。为提高采样的效率和准确度,则希望贡献大的样本出现的概率大,而贡献较小的样本出现的概率小[47]。重要性采样方法是达到上述目标的有效方法,在计算机视觉

方法中广泛被采用。该方法通过一个已知的分布 $q(x)$ 采样来实现，$q(x)$ 通常称为采样函数。假设 $q(x)$ 概率分布满足 $\int_{x \in R} q(x) \mathrm{d}x = 1$，则通过新的采样方法，有

$$\begin{aligned}E_p(\phi(x)) &= \int_{x \in R} \phi(x) p(x) \mathrm{d}x \\ &= \int_{x \in R} \phi(x) \underbrace{\frac{p(x)}{q(x)}}_{\pi(x)} q(x) \mathrm{d}x \\ &= E_q[\pi(x)\phi(x)]\end{aligned} \quad (6.53)$$

其中，$\pi(x)$ 称为重要性权重。通过新的采样函数 $q(x)$ 对加权的样本进行采样，$E_p(\phi(x))$ 的估计转换为下式的估计：

$$E_q\left(\frac{\phi(x)p(x)}{q(x)}\right) \quad (6.54)$$

通过蒙特卡罗方法对上式估计得到：

$$E_{\tilde{q}_n}(\phi_q(x)) = \frac{1}{n}\sum_{j=1}^{n}\frac{p(x_j)}{q(x_j)}\phi(x_j) \quad (6.55)$$

该估计是无偏的[46]，也即

$$E(E_{\tilde{q}_n}(\phi_q(x))) = E_p(\phi(x))$$

实际上，$p(x)$ 是未知的，但可以求得与其成正比例的函数值 $\tilde{p}(x)$，则 $p(x) = \tilde{p}(x)/Z_p$，其中，$\tilde{p}(x)$ 是容易估计的，Z_p 是未知的规一化常数。同理，$q(x) = \tilde{q}(x)/Z_q$。其中，Z_q 是规一化常数。样本集上 Z_p/Z_q 估计如下[48]：

$$\frac{Z_p}{Z_q} = \frac{1}{Z_q}\int \tilde{p}(x)\mathrm{d}x = \int \frac{\tilde{p}(x)}{\tilde{q}(x)} q(x) \mathrm{d}x = \frac{1}{n}\sum_{j=1}^{n}\frac{\tilde{p}(x_j)}{\tilde{q}(x_j)} \quad (6.56)$$

结合式(6.53)、式(6.55)和式(6.56)可得

$$\begin{aligned}E_p(\phi(x)) &= \frac{1}{n}\sum_{j=1}^{n}\frac{p(x_j)}{q(x_j)}\phi(x_j) \\ &= \frac{1}{n}\frac{Z_q}{Z_p}\sum_{j=1}^{n}\frac{\tilde{p}(x_j)}{\tilde{q}(x_j)}\phi(x_j) \\ &= \sum_{j=1}^{n}\pi_j\phi(x_j)\end{aligned} \quad (6.57)$$

其中，样本重要性权重系数(sample importance weight, SIW) π_j 满足

$$\pi_j = \frac{\tilde{p}(x_j)/\tilde{q}(x_j)}{\sum_m \tilde{p}(x_m)/\tilde{q}(x_m)}$$

6.3.3.2 基于重要性采样的鉴别学习框架

重要性采样方法可以容易地推广到高维特征空间[49]。假设随机特征向量 $\boldsymbol{x}=[x_1,x_2,\cdots,x_d]\in R^d$，其联合概率分布为 $p(\boldsymbol{x})$。对应的采样函数也为 d 维的分布 $q(\boldsymbol{x})$，则经过重要性加权的蒙特卡罗估计为

$$E(\phi(x_1,x_2,\cdots,x_d)) = \widetilde{E}\left(\phi(x_1,x_2,\cdots,x_d)\cdot\frac{p(\boldsymbol{x})}{q(\boldsymbol{x})}\right)$$

基于重要性采样的鉴别学习在本章中是指在样本重要性权重估计过程中，从样本分类的角度引入鉴别信息对样本重要性权重进行估计的方法。样本重要性权重主要用于描述样本对分类器训练贡献的大小。在贝叶斯准则下，分类的结果是根据最大后验概率决定的。设样本 $\boldsymbol{x}$ 属于 C 个已知模式类 $w_1,w_2,\cdots,w_C$ 之一，则在最大后验概率准则下分类结果为

$$w(\boldsymbol{x}) = \underset{i=1,2,\cdots,C}{\arg\max}\, p(w_i|\boldsymbol{x}) \tag{6.58}$$

其中，$w(\boldsymbol{x})$ 为识别结果，是某个类的类别标号。由贝叶斯公式知：

$$p(w_i|\boldsymbol{x})p(\boldsymbol{x}) = p(w_i)p(\boldsymbol{x}|w_i)$$

在未获得任何先验知识的条件下，类先验概率 $p(w_i)$ 一般取等概分布。$p(\boldsymbol{x})$ 与类别无关，因此，式(6.58)的优化等价于

$$w(\boldsymbol{x}) = \underset{i=1,2,\cdots,C}{\arg\max}\, p(\boldsymbol{x}|w_i)$$

鉴别学习过程中对训练样本 $\boldsymbol{x}\in w_i$ 的识别，可以分解为两步。

第1步，确定候选识别结果中非真值标记的最大条件概率 $p(\boldsymbol{x}|w_{so})$，其中，w_{so} 由下式确定：

$$w_{so} = \underset{j=1,2,\cdots,C,j\neq i}{\arg\max}\,(p(\boldsymbol{x}|w_j))$$

第2步，确定分类结果。样本 $\boldsymbol{x}\in w_i$ 分类正确与否取决于 $p(\boldsymbol{x}|w_{so})$ 和 $p(\boldsymbol{x}|w_i)$ 的比值 $L(\boldsymbol{x})$。

$$L(\boldsymbol{x}) = \frac{p(\boldsymbol{x}|w_{so})}{p(\boldsymbol{x}|w_i)}$$

在分类时，

$$\begin{cases} L(\boldsymbol{x})<1, & w_i=i \\ L(\boldsymbol{x})\geqslant 1, & w_i\neq i \end{cases}$$

分类错误多发生在 $L(\boldsymbol{x})$ 趋于 1 时，即 $p(\boldsymbol{x}|w_{so})\approx p(\boldsymbol{x}|w_i)$ 时。原因有二，一是由于在有限样本条件下参数估计误差导致的分类错误。二是样本的非高斯分布造成的错误。某些样本已经深入到其他类别分布中，并与其样本混淆在一起。当 $0\leqslant L(\boldsymbol{x})<1$ 时，该样本在当前模型下的分类结果是

正确的。$L(x)$越大，越容易识别为w_{so}。样本越接近w_{so}和w_i类的分类边界，其对分类器的贡献越大。样本x离分类边界越近，其重要性权重也应该越大；相反，$L(x)$越小，则样本被识别正确的置信度越大，即x对分类的贡献越小；$L(x)=1$时，该样本处于分类的边界上，分类结果则是随机的；$L(x)>1$时，该样本被错识别为w_{so}，该样本已经越过分类边界，此时，该样本的权重也应该越大。上述分析表明，$L(x)$与样本对分类器训练的贡献是一种单调的函数关系。在重要性采样鉴别学习中，定义训练样本的重要性权重为

$$\pi(\boldsymbol{x}) = L(\boldsymbol{x}) = \frac{p(\boldsymbol{x}|w_{so})}{p(\boldsymbol{x}|w_i)}$$

在基于重要性采样的鉴别学习中，参数估计$E^{\mathrm{IS}}(\phi_i(x))$和规一化的样本重要性权重分别为

$$E^{\mathrm{IS}}(\phi_i(x)) = \sum_{j=1}^{N_i} \pi_{ij} \phi(\boldsymbol{x}_{ij})$$

$$\pi_{ij} = \frac{\tilde{p}(\boldsymbol{x}_{ij}|w_{so})/\tilde{q}(\boldsymbol{x}_{ij}|w_i)}{\sum_{im} \tilde{p}(\boldsymbol{x}_{im}|w_{so})/\tilde{q}(\boldsymbol{x}_{im}|w_i)}$$

6.3.3.3 MQDF 分类器的鉴别学习

均值和协方差是高斯分布的充分统计量，二者均可表示为期望的形式。高斯分布的均值和协方差矩阵对应的函数$\phi(x)$分别为x和$(x-E(x))^2$。因此，MQDF 分类器参数可以通过重要性采样和蒙特卡罗方法进行估计。MQDF 分类器的识别距离为

$$d_i(\boldsymbol{x}) = \sum_{j=1}^{k} \frac{1}{\lambda_j} [\boldsymbol{\varphi}_{ij}^{\mathrm{T}}(\boldsymbol{x}-\boldsymbol{\mu}_i)]^2 + \sum_{j=k+1}^{n} \frac{1}{\sigma^2} [\boldsymbol{\varphi}_{ij}^{\mathrm{T}}(\boldsymbol{x}-\boldsymbol{\mu}_i)]^2$$
$$+ \ln \prod_{j=1}^{k} \lambda_{ij} + (n-k)\ln \sigma^2 \tag{6.59}$$

高斯分布的条件概率与 MQDF 识别距离$d_i(\boldsymbol{x})$满足以下等价关系：

$$p(x|w_i) \propto \mathrm{e}^{-d_i(x)/2}$$

通过上式，式(6.59)中的概率度量可以转化为 MQDF 距离的度量。为推导方便，省略$d_i(\boldsymbol{x})$中的特征项$\boldsymbol{x}$，并引入控制参数η调整这种等价变换带来的误差。样本的重要性权重为

$$\left(\frac{\mathrm{e}^{-d_2/2}}{\mathrm{e}^{-d_1/2}}\right)^{\eta} = \mathrm{e}^{\frac{d_2-d_1}{2/\eta}} = \mathrm{e}^{\frac{1-d_1/d_2}{2/\eta d_2}} = \mathrm{e}^{-RC/\sigma'}$$

第 6 章　无约束手写汉字识别分类器鉴别学习

$RC=1-d_1/d_2$ 为样本的广义识别置信度[52],是识别结果的一种有效的度量,$RC=0$ 对应类 w_{so} 和 w_i 两个类的分类界面。$\sigma'=2/\eta d_2$,反映了样本置信度分布的差异。训练样本 x 被识别正确时,$RC\in[0,1]$ 表示该样本被识别正确的程度。训练样本被识别错误时,即 $1-d_1/d_2<0$,此时样本容易与其他类别的样本混淆,识别过于困难。为避免这类样本对鉴别学习带来负面影响,将其调整至分类界面上,即其广义识别置信度修正为 0。对样本 $x\in w_i$ 的广义识别置信度进行正则化,得到扩展的广义识别置信度为

$$RC = \begin{cases} 1-d_1/d_2, & w(x)=i \\ 0, & \text{其他} \end{cases}$$

若无特殊说明,本章后续的广义识别置信度均指正则化后的广义识别置信度。样本重要性函数定义为

$$\pi(RC) = e^{-RC/\sigma'}, \quad RC \in [0,1]$$

它是识别置信度单调递减函数。$RC=0$ 时,样本位于分类边界,此时样本获得的权重是最大的;$RC=1$ 时,表明识别结果正确且其首选识别距离为 0,此时识别置信度最高,权重最小。样本重要性权重为

$$\pi_w(RC) = \frac{1}{Z} e^{-RC/\sigma'}$$

其中,Z 为规一化常数。训练样本的收集看作是采样得到的。本章在有限样本条件下,利用重要性采样和引入鉴别信息的方法估计样本的分布参数。对于一个有 C 类的分类系统,类 i 的 MQDF 分类器参数估计可统一表示为

$$E^{IS}(\phi_i(\boldsymbol{x})) = \sum_{j=1}^{N_i} \pi_{ij} \phi(\boldsymbol{x}_{ij})$$

其中,样本重要性权重为

$$\pi_{ij} = \frac{e^{-RC_{ij}/\sigma'}}{\sum_{im} e^{-RC_{im}/\sigma'}}$$

上式中,RC_{ij} 为样本 $\boldsymbol{x}_{ij}$ 的广义识别置信度。在获得样本重要性权重后,根据式(6.57),MQDF 分类器均值和协方差矩阵的估计如下:

$$\boldsymbol{\mu}_i = \sum_{j=1}^{N_i} \pi_{ij} \boldsymbol{x}_{ij}$$

$$\boldsymbol{\Sigma}_i = \sum_{j=1}^{N_i} \pi_{ij} (\boldsymbol{x}_{ij} - \boldsymbol{\mu}_i)(\boldsymbol{x}_{ij} - \boldsymbol{\mu}_i)^T$$

MQDF 分类器鉴别学习过程中,样本重要性权重函数中的广义识别置

239

信度可以通过 MQDF 识别的输出距离计算得到。需要估计的参数为 σ'，下面引入 3 种方法对此参数进行估计。

6.3.3.4 基于拒绝采样的鉴别学习

拒绝采样(rejection sampling)是重要性采样的一种特殊情形[50]，它通过某个条件来判断是否拒绝一个采样得到的样本。从相反的角度看，拒绝采样机制实际上也是一种样本选择机制。在本章中通过广义识别置信度来判断一个样本是否被选择或拒绝。即拒绝采样的方法为：当一个样本的广义识别置信度低于阈值 Th 时，该样本被选择；否则，该样本被拒绝。在拒绝采样机制下，参数的估计 $E^{IS}(\phi_i(x))$ 结果为

$$E^{RS}(\phi_i(\boldsymbol{x})) = \frac{1}{K}\sum_{j=1}^{K}\phi(\boldsymbol{x}_{ij}) = \sum_{j=1}^{n}\pi_{ij}\phi(\boldsymbol{x}_{ij}), \quad n \geqslant K \quad (6.60)$$

其中，重要性权重 π_{ij} 为

$$\pi_{ij} = \begin{cases} 1/K, & 0 \leqslant RC \leqslant Th \\ 0, & 其他 \end{cases}$$

K 为所选择样本的数量，n 为总样本数，重要性权重一般在采样完成后规一化得到。Th 越大，选择得到的样本数越多；反之，得到的样本数越少。相对于最大似然估计，被选择的样本的重要性权重由原来的 $1/n$ 提高到 $1/K$。而被拒绝的样本的权重由 $1/n$ 降低为 0。样本重要性权重函数中 σ' 相当于取值为正无穷大，即 $\sigma' \rightarrow \infty^+$。有限样本数条件下，$Th$ 的大小选择与所训练的分类器有关。产生式分类器在训练样本数过少时，分类器性能会有不同程度的劣化现象。拒绝采样准则下，MQDF 鉴别学习的方法记为 rSIW。

6.3.3.5 基于 Boosting 的鉴别学习

Boosting 鉴别学习的基本思想是通过不断的迭代改变样本的权重分布，在不同的样本权重分布下训练有不同侧重点的分类器。最终将这些分类器集成起来，期望通过不同分类器之间的互补性来提高识别性能。汉字识别中集成大量的 MQDF 分类器是不现实的，其计算量决定此类方法将无法达到实用。但是 Boosting 自适应地对样本权重进行估计和更新的方法可以引入到样本重要性权重的估计中来。

Real Adaboost[51]中样本权重更新主要依赖于样本识别的正确与否。识别正确的样本在下一轮迭代中，权重降低；识别错误的样本则权重升高。

第6章 无约束手写汉字识别分类器鉴别学习

本节借鉴 Real Adaboost 的思想,通过不断地迭代来估计样本的重要性权重,算法如图 6.18 所示。

输入:训练集 $\{x_i\}_{i=1}^C$;
输出:基于样本重要性鉴别学习得到的 MQDF 分类器。
Step 1:基于最大似然估计训练 MQDF(0)分类器
Step 2:for $t=1$:T
  MQDF($t-1$)对训练集进行识别,如果识别率满足:
$$(CR_t = \max_{j=1,2,\cdots,t}(CR_j)) \quad 且 \quad ((CR_t - CR_{t-1}) < S_{th})$$
鉴别学习结束,输出 MQDF($t-1$);否则,计算样本识别置信度,根据置信度更新样本重要性权重
$$\pi_{ij}(t+1) = \frac{\pi_{ij}(t)}{Z_t} \times \begin{cases} \exp[-RC_t(x_{ij})], & 正确 \\ \exp[RC_t(x_{ij})], & 其他 \end{cases}$$
更新分类器参数,训练新 MQDF(t):
$$\mu_i \leftarrow \sum_{j=1}^{N_t} \pi_{ij} x_{ij}, \quad \Sigma_i \leftarrow \sum_{j=1}^{N_t} \pi_{ij}(x_{ij}-\mu_i)(x_{ij}-\mu_i)^T$$
end

图 6.18 基于 Boosting 估计样本重要权重算法

MQDF(t)为第 t 次鉴别学习得到的 MQDF 分类器。CR_t 为与 MQDF($t-1$)对应的训练集的识别率,S_{th} 为常数阈值。$R_t(x_{ij})$ 为字符类 i 的第 j 个训练样本的广义识别置信度。鉴别学习结束的准则为迭代至 T 次结束或训练集识别率满足[53]:
$$(CR_t = \max_{j=1,2,\cdots,t}(CR_j)) \quad 且 \quad (CR_t - CR_{t-1} < S_{th})$$

在不断迭代的过程中,样本的重要性权重 $\pi_{ij}(t+1)$ 不断地得到更新,忽略样本的下角标,则样本重要性权重函数估计过程可近似为
$$\frac{1}{Z}e^{-RC/\sigma'} \approx \frac{1}{Z_b}e^{\sum_{t=1}^{t_o}(-1)^I RC_t}$$

其中,t_o 为鉴别学习结束时的迭代次数。I 为指示性函数,当前样本识别正确时取值为 1,否则取值为 0。

需要说明的是,从分类器训练的结果来看,该方法得到的分类器与文献[53]中改型 Boosting 的汉字识别方法类似,但二者的出发点不同。首先,改型 Boosting 方法是为了通过不同分布的训练样本得到不同的分类器,并将这些分类器进行融合得到最优的分类性能。本章则借助于 Boosting 思想和方法来估计样本重要权重。其次,在 Boosting 迭代学习的

终止原则也不同。改型 Boosting 方法迭代完成 T 轮后终止。若最优元分类器不是最后一次迭代得到的,那么将会浪费很多的计算量。本章以最小经验风险作为迭代终止准则,以防止过学习。在最差的情况下,迭代 T 次后结束。最后,改型 Boosting 方法中直接继承 Boosting 方法中的指数形式的权重。该指数形式是更新样本权重的一种映射函数。在本章中,该指数形式是从贝叶斯分类准则推导而来。置信度采用扩展的广义置信度缓解 outlier 样本对鉴别学习的影响。

6.3.3.6 基于 MCE 估计样本重要性权重

鉴别式学习方法的目的是通过一定的准则,建立参数与识别错误率之间的关系,并通过该准则获得最优的参数估计结果。最小分类错误率(minimum classification error,MCE)准则是较为常用的方法。本节通过 MCE 准则来估计样本的重要性权重。

基于 MCE 估计样本重要性权重

样本重要性权重函数 $\pi(RC) = e^{-RC/\sigma'}$ 在不同 σ' 下的形状变化如图 6.18 所示。

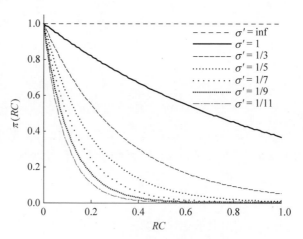

图 6.18 样本重要性函数曲线

$\pi(RC)$ 的分布形状完全由 σ' 决定。在鉴别学习过程中,只有 σ' 一个参数是需要估计的。首先定性分析以下几种关系。

σ' 与样本权重区分性的关系:在利用样本重要性加权样本时,需要能够明显区分样本对分类器训练贡献的不同。即贡献大的样本其权重要相对较大;反之,应该较小;在 $\sigma' \to \infty$ 的极限情况下,各个样本的权重相等,为 $1/Z$。样本重要性加权的方法退化为最大似然估计,不能达到鉴别学习的目的。

σ' 与有效训练样本数的关系:不同特征维数下,样本广义识别置信度 RC 的分布图 $G(RC)$ 如图 6.19 所示。

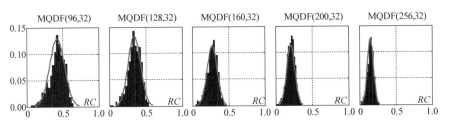

图 6.19 字符"啊"识别置信度分布

图 6.19 中,横坐标为样本的广义识别置信度 RC,纵坐标 $G(RC)$ 为样本数与总体样本数的比值。字符的广义识别置信度的分布很难用一个确定的概率分布来加以描述,但其分布相对固定,与高斯分布接近。如图 6.19 所示,轮廓线是拟合得到的高斯分布曲线。样本重要性权重函数与广义识别置信度分布之间的函数关系如图 6.20 所示。两条曲线的相互关系表明,对固定的样本置信度分布 $G(RC)$,较小的 σ'(见图 6.18)将导致样本权重集中在少数样本中。那么在 MQDF 鉴别学习时,参加训练的有效样本数较少。训练样本的数量与分类器的泛化性能有着密切的联系,当训练样本不足时,由于参数估计误差较大,导致分类器泛化性能下降。当 $\sigma' \to 0$ 时,只有当样本的广义识别置信度 RC 也趋近于 0 时,样本的权重才不至于接近于 0。通过上述的分析得知,参数 σ' 与分类器的识别性能是密切相关的。

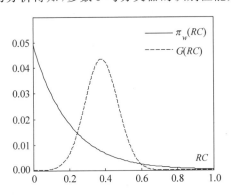

图 6.20 样本重要性权函数与字符识别置信度分布曲线之间的关系

本章通过 MCE 准则对参数 σ' 进行优化：
$$\sigma'_\circ = \arg\min_{\sigma'} (S(\boldsymbol{x}, \boldsymbol{\Theta}))$$

其中，$S(\boldsymbol{x}, \boldsymbol{\Theta})$ 为经验误识率，是误识代价的函数，误识代价定义为
$$s_n(\boldsymbol{x}, \boldsymbol{\Theta}) = \begin{cases} 1, & d_n(\boldsymbol{x}, \boldsymbol{\theta}_n) - \bar{d}_m(\boldsymbol{x}, \boldsymbol{\theta}_m) \geqslant 0 \\ 0, & d_n(\boldsymbol{x}, \boldsymbol{\theta}_n) - \bar{d}_m(\boldsymbol{x}, \boldsymbol{\theta}_m) < 0 \end{cases}$$

即样本被识别错误时，$S(\boldsymbol{x}, \boldsymbol{\Theta}) = 1$；样本被识别正确时，$S(\boldsymbol{x}, \boldsymbol{\Theta}) = 0$。其中，$\bar{d}(\boldsymbol{x}, \boldsymbol{\theta}, \eta)$ 为对样本 $\boldsymbol{x}$ 识别的竞争距离，定义如下：
$$\bar{d}_m(\boldsymbol{x}, \boldsymbol{\theta}_m) = \min_{1 \leqslant m \leqslant C, m \neq n} d_m(\boldsymbol{x}, \boldsymbol{\theta}_m)$$

则经验误识率定义为
$$S(\boldsymbol{x}, \boldsymbol{\Theta}) = \frac{1}{N} \sum_{i=1}^{C} \sum_{j=1}^{N_i} s_n(\boldsymbol{x}_i, \boldsymbol{\Theta}) I(\boldsymbol{x}_i \in w_i)$$

$I(s)$ 为指示函数
$$I(s) = \begin{cases} 1, & s \text{ 为真} \\ 0, & \text{其他} \end{cases}$$

采用梯度下降搜索损失函数 $S(\boldsymbol{x}, \boldsymbol{\Theta})$ 的极小值时，记 $\varepsilon(t)$ 为学习步长，参数 σ' 的更新公式为
$$\sigma'(t+1) = \sigma(t) - \varepsilon(t) \frac{\Delta S_{t,t-1}}{\Delta \sigma'_{t,t-1}}, \quad \frac{\Delta S_{t,t-1}}{\Delta \sigma'_{t,t-1}} = \frac{\Delta S(x, \sigma'(t)) - \Delta S(x, \sigma'(t-1))}{\Delta \sigma'(t) - \Delta \sigma'(t-1)}$$

6.3.3.7 实验结果

原始特征为 392 维梯度特征，采用 LDA 进行降维。在 HCL2000 和 THU-HCD 两个样本集上，验证了基于 MCE 估计样本重要性权重的鉴别学习方法，记为 iSIW。并与基于最大似然估计的 MQDF 分类器 (aSIW)、基于拒绝采样学习得到的 MQDF(rSIW)、鉴别性分层高斯模型[55] (cSIW)、Boosting 方法 (bSIW) 进行了比较。两个测试集上的实验结果分别如表 6.9 和表 6.10 所示。表中，$MQDF(m, k)$ 中 m 为 LDA 变换后特征维数，k 为 MQDF 截断维数。

表 6.9　HCL2000 上鉴别学习方法性能比较　　　　　　　　%

分类器	aSIW	rSIW	cSIW	bSIW	iSIW
MQDF(96,32)	98.35	98.52	98.49	98.55	98.53
MQDF(128,32)	98.53	98.65	98.69	98.76	98.68
MQDF(160,32)	98.60	98.65	98.66	98.80	98.76
MQDF(200,32)	98.58	98.58	98.59	98.79	98.80
MQDF(256,32)	98.49	98.49	98.50	98.71	98.75

表 6.10　THU-HCD 上鉴别学习方法性能比较　　　　　%

测试集	分类器	aSIW	rSIW	cSIW	bSIW	iSIW
HCD4	MQDF(96,32)	98.05	97.97	98.20	98.08	98.09
	MQDF(128,32)	98.14	98.21	98.35	98.33	98.26
	MQDF(160,32)	98.18	98.31	98.37	98.38	98.34
	MQDF(200,32)	98.19	98.33	98.34	98.38	98.41
	MQDF(256,32)	98.15	97.39	98.24	98.34	98.38
HCD9	MQDF(96,32)	88.89	92.17	92.12	91.56	92.17
	MQDF(128,32)	89.29	92.33	92.12	92.09	92.73
	MQDF(160,32)	89.59	92.70	92.25	92.38	93.18
	MQDF(200,32)	89.88	91.88	91.64	91.61	92.57
	MQDF(256,32)	89.29	90.33	90.41	90.73	91.26
HCDex1	MQDF(96,32)	87.23	88.89	88.93	88.71	88.98
	MQDF(128,32)	87.71	89.46	89.46	89.38	89.59
	MQDF(160,32)	87.93	89.64	89.48	89.46	89.79
	MQDF(200,32)	87.89	89.41	89.15	89.30	89.70
	MQDF(256,32)	87.66	88.51	88.41	88.88	89.22
HCDex2	MQDF(96,32)	78.37	85.25	89.46	88.01	88.20
	MQDF(128,32)	79.24	86.06	88.58	87.58	89.02
	MQDF(160,32)	79.56	86.12	86.88	86.68	89.11
	MQDF(200,32)	79.61	85.16	84.68	85.49	87.54
	MQDF(256,32)	79.37	82.31	82.01	84.01	85.55

　　HCL2000 测试集上特征维数为 96,128,160 时,基于 bSIW 方法的识别率最高,与基于 iSIW 的方法的识别率相差不大。特征维数为 200 和 256 时,基于 iSIW 的鉴别学习方法识别率最高,比较 aSIW 方法相对错误率分别降低了 15.49% 和 18.54%。在整个 HCL2000 测试集上的最高识别率为 98.80%,分别为基于 bSIW 的方法在 160 维特征和基于 iSIW 的方法在 200 维特征时获得。识别结果表明,HCL2000 样本集上 iSIW 的方法与 bSIW 的方法相差不大。

　　此外,表 6.9 的识别结果表明,rSIW 方法对识别率提升相对较少。主要原因在于,相对于 bSIW 和 iSIW,rSIW 方法对样本的重要性权重的估计是粗糙的,它是由 aSIW 方法向更精细化估计样本重要性权重的一个过渡。

　　表 6.10 中的识别结果表明,规整书写的 HCD4 样本集上,鉴别性分层

高斯模型 cSIW 在较低的特征维数上识别率较高。在 HCD9、HCDex1 和 HCDex2 等书写较差的样本上，基于 iSIW 方法的分类器中除个别分类器外，识别率均是所比较方法中最高的。识别结果表明，iSIW 方法更适合于对自由书写样本的识别。

大规模分类方法中除了考虑识别准确率外，算法复杂度也是衡量算法性能的一个重要指标。本节中涉及的字符识别方法均以 MQDF 分类器为基础。记 MQDF 训练复杂度为 O_{tr}，识别复杂度为 O_{ts}。实验中所比较方法的训练复杂度和识别复杂度可进行粗略的估计，结果如表 6.11 所示。

表 6.11　MQDF 鉴别学习复杂度比较

方法	训练复杂度	识别复杂度
aSIW	O_{tr}	O_{ts}
c/rSIW	$2O_{tr}+O_{ts}$	$2O_{ts}$
bSIW	$xO_{tr}+xO_{ts}$	O_{ts}
iSIW	$xO_{tr}+xO_{ts}$	O_{ts}

表中基于 Boosting 估计样本权重方法 bSIW 和基于 MCE 估计样本权重的鉴别学习方法 iSIW 与参数初始化、步长以及迭代终止原则有关。本节中特征采用 128 维压缩特征时，两种方法迭代次数分别为 $x=9$ 和 $x=5$。即基于 Boosting 和 MCE 估计样本重要性权重的训练复杂度分别为 $9O_{tr}+9O_{ts}$ 和 $5O_{tr}+5O_{ts}$。识别复杂度仅与在识别时所采用的 MQDF 分类器的数量有关。鉴别性分层高斯模型 cSIW 在识别时，采用两个 MQDF 分类器识别并将识别结果进行融合，其识别复杂度为 $2O_{ts}$。其他方法在识别时均使用一个分类器，因此识别复杂度均为 O_{ts}。

实验中所比较的 MQDF 学习方法都可以归结为基于样本重要性加权的一类方法。图 6.21 给出了样本重要性权重函数示例。这些方法的不同点主要在于权重函数模型的选择和权重函数的估计方法。表 6.12 给出所比较方法对应的样本重要性权重函数的性质及加权的方法。

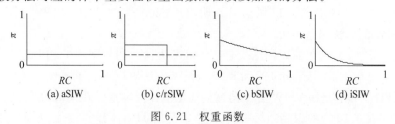

图 6.21　权重函数

表 6.12 鉴别学习方法总结

方法	权重函数性质	加权方法
aSIW	线性,解析	各个样本的权重相等
c/rSIW	线性,解析	非重要样本权重为 0,重要样本权重相等
bSIW	非线性,解析	通过迭代的方法不断地调整样本重要性权重函数的参数
iSIW	非线性,解析	基于 MCE 估计样本重要性函数,然后通过权重函数直接进行加权

6.4 本章小结

鉴别学习不需要依赖特定的概率分布假设,而直接通过样本构建类别间的分类界面,可以缓解有限样本条件概率密度估计的困难,获得有限样本条件下的最优分类界面。对于解决非约束奇异变化手写汉字识别具有特别重要的意义。本章主要探讨了汉字识别中产生式模型分类器的鉴别学习方法,此类方法通过借鉴鉴别式学习方法的思路,引入鉴别信息直接或间接地对分类器的参数进行校正,达到提高分类性能的目的。鉴别学习方法的主要意义在于,其建立了参数估计与分类性能之间的关系,使得学习到的模型能够更加精确地对数据进行描述。这也启示我们,在模式识别过程中的任何一个环节(特征提取、特征压缩、分类器参数训练等)引入分类器的鉴别信息都将有利于提高识别性能。

参考文献

[1] 边肇祺,张学工,等. 模式识别. 2 版. 北京:清华大学出版社,2000.
[2] Vapnik V N. 统计学习理论的本质. 张学工,译. 北京:清华大学出版社,2000.
[3] España-Boquera S, Castro-Bleda, M J, Gorbe-Moya J, et al. Improving offline handwritten text recognition with hybrid HMM/ANN models. IEEE Trans. on Pattern Analysis and Machine Intelligence,2011,33(4):767-779.
[4] Cortes C, Vapnik V. Support vector networks. Machine Learning,1995,20(3):273-297.
[5] Friedman J, Hastie T, Tibshirani R. Additive logistic regression:a statistical view of boosting. Annals of Statistics,2000,28(2):337-407.
[6] Decoste D, Schölkopf B. Training invariant support vector machines. Machine Learning,2002,46(1-3):161-190.

[7] Dong J X, Krzyzak A, Suen C Y. Fast SVM training algorithm with decomposition on very large datasets. IEEE Trans. on Pattern Analysis and Machine Intelligence, 2005, 27(4): 603-618.

[8] Vapnik V. The nature of statistical learning theory. New York: Springer, 1995.

[9] 王言伟. 脱机手写中文文本行识别中关键问题的研究. 北京:清华大学电子工程系博士学位论文,2013.

[10] Duda R O, Hart P E. Pattern classification and scene analysis. New York: John Wiley & Sons, 1973.

[11] Song H-H, Lee S-W. LVQ combined with simulated annealing for optimal design of large-set reference models. Neural Networks, 1996, 9(2): 329-336.

[12] Song H-H, Lee S-W. Self-organizing neural tree for large-set pattern classification. IEEE Trans. on Neural Networks, 1998, 9(3): 369-380.

[13] Kawatani T. Handprinted numeral recognition with the learning quadratic discriminant function. In: Proc. 2nd ICDAR, 1993: 14-17.

[14] Kawatani T, Shimizu H. Handwritten Kanji recognition with the LDA method. In: Proc. 14th ICPR, volume 2, 1998: 1301-1305.

[15] Kawatani T, Shimizu H, McEachern M. Handprinted numeral recognition with the improved LDA method. In: Proc. 13th ICPR, volume 3, 1996: 441-446.

[16] De Baker S, Scheunders P. A competitive elliptical clustering algorithm. Pattern Recognition Letters, 1999, 20(11-13): 1141-1147.

[17] Kosmatopoulos E B, Christodoulou M A. Convergence properties of a class of learning vector quantization algorithms. IEEE Trans. on Image Processing, 1996, 5(2): 361-368.

[18] Hwang W-J, Ye B-Y, Lin C-T. A novel competitive learning algorithm for the parametric classification with Gaussian distributions. Pattern Recognition Letters, 2000, 21(5): 375-380.

[19] Mao J, Jain A K. Self-organizing network for hyper ellipsoidal clustering(HEC). IEEE Trans. on Neural Networks, 1996, 7(1): 16-29.

[20] Bahl L, Brown P, de Souza P, Mercer R. A new algorithm for the estimation of hidden Markov model parameters. In: Proc. ICASSP'88, volume 1, 1988: 493-496.

[21] Wakabayashi T, Meng S, Ohyama W, et al. Accuracy improvement of handwritten numeral recognition by mirror image learning. In: Proc. of International Conference on Document Analysis and Recognition. Seattle, USA: IEEE Computer Society, 2001: 338-343.

[22] Kohonen T. Improved versions of learning vector quantization. In: Proc. IJCNN,1990, 1: 545-550.

[23] Kohonen T. The self-organizing map. Proc. IEEE, 1990, 78(9): 1464-1480.

[24] Kohonen T. Self-organizing maps. New York: Springer, 1995.

[25] Juang B H, Katagiri S. Discriminative learning for minimum error classification.

IEEE Trans. on Signal Processing, 1992, 40: 3043-3054.
[26] Juang B H, Chou W, Lee C H. Minimum classification error rate methods for speech recognition. IEEE Trans. on Speech and Audio Processing, 1997, 5(3): 257-265.
[27] Katagiri S, Juang B H, Lee C H. Pattern recognition using a family of design algorithms based upon the generalized probability descent method. Proceedings of the IEEE, 1998, 86(11): 2345-2373.
[28] Sato A, Yamada K. Generalized learning vector quantization. Adavances in Neural Information Processing systems. Cambridge, MA: MIT Press, 1995: 423-429.
[29] Liu C L, Sako H, Fujisawa H. Discriminative learning quadratic discriminant function for handwriting recognition. IEEE Trans. on Neural Networks. 2004, 15(2): 430-444.
[30] Watanabe H, Katagiri S. Subspace method for minimum error pattern recognition. IEICE Trans. on Information and System, 1997, E80-D(12): 1095-1104.
[31] Zhang R, Ding X Q, Zhang J Y. Offline handwritten character recognition based on discriminative training of orthogonal Gaussian mixture model. In: Proc. of International Conference on Document Analysis and Recognition. Seattle, WA: IEEE Computer Society, 2001: 221-225.
[32] Bahl L, Brown P, Souza P, et al. Maximum mutual information estimation of hidden Markov model parameters for speech recognition. In: Proc. of International Conferenceon Acoustics, Speech, and Signal Processing. 1986, 1: 49-52.
[33] Normandin Y. Hidden Markov models, maximum mutual information estimation, and the speech recognition problem. PhD Thesis, Department of Electrical Engineering, McGill University, Montreal, Mar. 1991.
[34] Valtchev V. Discriminative methods in HMM-based speech recognition. PhD Thesis, University of Cambridge, Mar. 1995.
[35] Ephraim Y, Dembo A, Rabiner L R. A minimum discrimination information approach for hidden Markov modeling. IEEE Trans. on Information Theory, 1989, 35(5): 1001-1013.
[36] Schapire R E. A brief introduction to boosting. In: Proc. 16th IJCAI, 1999.
[37] Schapire R E, Freund Y, Bartlett P, Lee W S. Boosting the margin: a new explanation for the effectiveness of voting methods. Annals of Statistics, 1998, 26(5): 1651-1686.
[38] Belongie S, Malik J, Puzicha J. Matching shapes. In: Proc. of International Conferenceon Computer Vision. Vancouver, Canada: IEEE Computer Society, 2001: 454-461.
[39] LeCun Y, Bottou L, Bengio Y, et al. Gradient-based learning applied to document recognition. Proceedings of the IEEE. 1998, 86(11): 2278-2324.

[40] Oja E. Subspace methods of pattern recognition. Letchworth: Research Studies Press, 1983.
[41] Jain A K, Robert P W, Mao J C. Statistical pattern recognition: a review. IEEE Trans. Pattern Analysis and Machine Intelligence, 2000, 22(1): 4-37.
[42] Reynolds D, Rose R C. Robust text-independent speaker identification using Gaussian mixture speaker models. IEEE Trans. Speech and Audio Processing, 1995, 3(1): 72-83.
[43] Garris M D, Blue J L, Candela G, et al. NIST form-based handprinted recognition system (release 2.0) NISTIR 5959, U.S. Department of Commerce Technology Administration: National Institute of Standards and Technology, 1997.
[44] 刘海龙. 基于描述模型和鉴别学习的脱机手写字符识别研究. 北京:清华大学电子工程系博士学位论文,2006.
[45] 张嘉勇. 基于统计的超大模式集分类及其在脱机字符识别中的应用. 北京:清华大学电子工程系硕士学位论文,2001.
[46] Anderson Eric C. Monte Carlo methods and importance sampling. Lecture Notes for Stat 578C, Statistical Genetics, 20 October, 1999.
[47] 茆诗松,王静龙,濮晓龙. 高等数理统计. 2版. 北京:高等教育出版社,2007:420.
[48] Bishop C M. Pattern recognition and machine learning. New York: Springer-Verlag, 2006.
[49] Sigman K. Rare event simulation and importance sampling. http://www.columbia.edu/~ks20/4703-Sigman/4703-07-Notes-IS.pdf.
[50] Chen Yuguo. Another look at rejection sampling through importance sampling. Statistics & Probability Letters, 2005, 72: 277-283.
[51] Schapire R E, Singer Y. Improved Boosting algorithms using confidence rated predictions. Machine Learning. 1999, 37(3): 297-336.
[52] Lin Xiaofan, Ding Xiaoqing, Chen Ming, et al. Adaptive confidence transform based classifier combination for Chinese character recognition. Pattern Recognition Letters, 1998,19(10): 975-988.
[53] Fu Qiang, Ding Xiaoqing, Liu Changsong. A new AdaBoost algorithm for large scale classification and its application to Chinese handwritten character recognition. In: Proc. of International Conference on Frontiers in Handwriting Recognition. 2008.
[54] Hwang W-J, Ye B-Y, Lin C-T. A novel competitive learning algorithm for the parametric classification with Gaussian distributions. Pattern Recognition Letters, 2000, 21(5): 375-380.
[55] Fu Qiang, Ding Xiaoqing, Li Tongzhi, et al. An effective and practical classifier fusion Strategy for improving handwritten character recognition. Proc. of International Conference on Document Analysis and Recognition. 2007: 1038-1042.
[56] 张睿. 基于统计方法的脱机手写字符识别研究. 北京:清华大学电子工程系博士学位论文,2002.

第 7 章 联机手写汉字识别

7.1 引言

　　计算机最基本的输入工具——键盘,是西方人发明的,它并不适合于数量巨大(常用字有数千)的汉字的输入。要使用键盘输入汉字,必须对汉字进行编码,这就要求人们掌握一定的编码规则,如音码要求拼音规则,形码要求字符拆分规则,无疑增加了使用计算机的难度。能否不通过键盘就把汉字输入计算机呢? 这是计算机能否真正为普通中国人接受的一个关键问题。另外,随着科技的进一步发展,掌上型电脑,如个人数字助理(PDA)、手机将会日益普及,这就要求我们必须有非键盘输入手段。

　　联机手写汉字识别,就是计算机通过一种数字化仪实时地对人的笔迹进行采样,然后对所得数据进行自动识别输入的一种技术。该技术使人可以利用熟悉的写字方法把汉字输入计算机,无须用户记忆任何规则,也无须掌握键盘的使用,因此更适合于普通人进行汉字输入[1]。这种方式具有光明的应用和市场前景,也为在数字时代里继续发扬中华民族的文化起到举足轻重的作用。

　　联机手写汉字识别技术与脱机汉字识别技术的主要不同之处在于字符输入过程中已包含有笔迹的轨迹和时间信息,比较容易提取对字符识别起重要作用的结构信息和特征;联机手写输入模式中还含有大量的时间信息,虽然笔迹的时间信息因不同人的不同笔顺习惯对于字符识别并不稳定,但是如何合理地利用时间信息仍然值得探讨。联机手写汉字识别技术与脱机汉字识别技术都必须面对和解决书写笔迹具有巨大变化的识别问题[28]。本章将对联机手写汉字识别的特殊问题进行研究和探讨。

　　下面对联机手写汉字识别的方法进行一个简单的综述。

7.1.1 联机手写汉字识别方法回顾

以下是我们对联机手写汉字识别经常采用的方法的简单回顾。

大多数联机手写汉字识别系统的识别过程可以粗分为3步:预处理、粗分类和细分类[1-3]。预处理主要的功能是对代表笔迹的坐标序列进行平滑、去噪声、大小规一化等,以减少输入设备噪声和部分手写变化的影响。粗分类则是根据全部或部分输入笔迹的特征,通过比较简单、快速的算法从全部识别字符集中找出一个子集,使其尽可能包含正确的识别结果。后续的细分类将从这个子集(称为粗分类候选集)中找到最终的识别结果。因此,细分类在系统中是最重要的,下面就来简要综述一下文献调查的情况。

细分类所采用的方法主要可以分为结构方法和统计方法两类。结构方法为20世纪80年代至90年代中期被大量采用和研究的方法,而统计方法中基于隐含马尔可夫模型(HMM)的方法则是90年代后期才开始引起人们极大关注的方法。可以说,联机手写汉字识别在方法上的变化是比较大的。一方面是计算机技术飞速发展,但更重要的是,人们对识别技术性能的不懈追求。具体地说,就是要使算法具有更强的鲁棒性,容忍更多连笔、笔顺变化和笔画变形,从而对用户的限制更少。

1. 结构方法

所谓模式识别的结构方法,就是抽取模式的基本结构特征(也就是基元)和这些特征之间的相互关系,组成基本模式基元及其相互关系的一个字符基元串、一棵树或一个图,并以此作为结构分类器或语法分析器的输入,实行决策分类或语法分析,从而得到识别结果或模式的结构描述。

结构模式识别方法的优点在于,它利用简单的模式基元及其关系来描述复杂的模式,并可以将模式的结构信息充分地显示出来。这一点十分类似于自然语言中由有限的几个字母构成成千上万条复杂句子的情况。甚至结构识别也常被称为句法模式识别[1]。

在一个典型的结构模式识别方法中,一个模式类用一组产生式所代表的语法规则(这些产生式及其使用的符号被称为文法)来描述。一个待识模式被判决为该类别的充分必要条件是该待识模式经过基元提取后形成的句子(一般是一个字符基元串,或一棵树,一个图)仅可以由上述语法规则产生。判决句子是否或如何由语法规则产生的过程称为句法分析。

在联机手写汉字识别中所说的结构方法是指以结构匹配为基础的方

法。从文献上看,有代表性的主要有以下几类。

(1) 串匹配方法

因为表示结构的最简单方法是字符串,对于工整的楷书汉字,其笔画类别很有限,一般可以定义为几种到十几种[1,3]。因此,根据抬笔/落笔信息可以对每个输入的汉字进行笔画分割,判定每个笔画的类别,然后按书写顺序将其排列成字符串。笔画判别可以采用动态规划、自动机、模糊集和神经网络等方法[2-5]。将这个字符串与识别字典进行比较,则可以得到识别结果。另外,在工整书写的情况下,汉字的笔画具有横平竖直的特点,容易将这些笔画拆分成更小的直线段作为结构基元,这些小的直线段称为笔段[2,3]。笔段的类别一般根据其方向分为 8~16 类,其判别方法较笔画简单。同样,汉字也可以用根据笔顺形成的笔段串来描述。

串匹配所用的方法中最具代表性的是通过动态规划方法(dynamic programming)计算字符串之间的 Levenshtein 距离,但是,由于 Levenshtein 距离没有考虑字符串元素顺序颠倒的影响,因此难以克服笔顺变化的问题。

刘迎健等人提出根据汉字的空间结构信息在启发式模板的引导下对笔段进行重新排序[6],使排序结果完全与笔顺无关。这种做法增加了对汉字空间特征稳定性的要求,连笔、笔锋等造成的多余笔段也较难处理。

C. K. Lin 等人提出一种笔顺的偏差扩展模型[9],通过"扩展"该模型可以得到所有"可能"的笔顺。他们还提出一种动态规划算法,将输入的模式与所有"可能的"笔顺形成的笔段串进行匹配。夏莹等人提出一种汉字表达式,将一些可以预知的常见笔顺变化用表达式反映,并通过专门的句法分析方法进行识别[10]。这种做法虽然在一定程度上利用了笔顺信息,但存在这样的问题:如果允许集过大,则笔顺信息起的作用很小;但如果允许集太小,则笔顺限制又太严。

连笔问题是串匹配算法的另一个难题[8]。连笔造成笔画种类大幅度增加,甚至无法预先定义笔画集,类别太多、笔画太复杂也造成笔画判别困难;连笔也会造成一些多余的笔段,影响笔段串匹配。文献[7,8]中解决这个问题的方法主要有两类:一类称为"伪笔段法",这类方法的最大问题在于笔顺变化。因为伪笔段的形态与模板的笔顺有关。另一类方法称为"连接规则"法,即通过一些规则将模板的笔画主动连接起来,成为连笔模板,再与输入模式匹配。该方法的问题在于规则不好确定:计算量将无法承受。总之,由于串匹配方法中用于模式表达的一维串的描述能力有限,使其很难兼顾连笔和笔顺变化的情况。

(2) 图匹配方法

为了充分表示汉字二维结构,人们又提出汉字的属性关系图描述[11-13]。属性关系图 ARG 则是关系图的一个扩展,它是由 W. H. Tsai 和 K. S. Fu 在 1979 年提出的一种从统计和结构两个角度描述模式的工具。清华大学电子工程系董弘在其博士论文中研究了 ARG 在印刷体汉字识别中的应用[55],征荆博士提出一种模糊属性关系图 FARG,用以描述联机手写汉字,并取得过好的结果[11-13]。但由于存在属性关系图对图相似性度量或距离测度的定义往往缺乏统计依据等问题,关系图只能描述基元间的"二元关系",而且图的匹配算法复杂,抗干扰能力仍有欠缺,训练困难。

在文献[11]~[13]中,征荆博士曾提出一种模糊属性关系图 FARG 来描述联机汉字。图的节点表示汉字的笔画,边表示笔画间的空间和时间关系。征荆采用一种松弛匹配方法在模板的引导下动态地对输入笔迹进行拆分匹配,从而解决了一定的连笔问题。由于基于图描述,这种方法在本质上不倚赖于笔顺。这种方法在对于工整的字和比较规矩的连笔字(如行楷)方面具有较好的效果。但由于相似性度量没有概率依据,难以通过大量样本的训练改进识别率。当然,匹配运算量大也是这种方法的不足之处。

(3) 变形模板方法

变形模板可以较好地描述模式内部的某些不变性,从而给出比固定模板的方法更好的距离测度,并能给出较好的相似度度量,从而反映出手写汉字内在的不变性[14-16]。其中有代表性的是局部仿射变换(LAT)方法[15,16]。通过弹性匹配可以把模板逐步变形,贴近输入模式,最终给出比较合理的距离度量。但它并没有真正把握汉字的特点,因此效率不会很高。另外,LAT 方法是一种迭代方法,运算量很大。

变形模板采用的匹配方法一般是弹性匹配方法[36],具有比较大的计算量,变形模板的距离测度也缺乏严格的概率依据。

结构模式识别的优点在于,它可以比较充分地反映事物的结构信息,语法规则可以描述模式的变化情况。但是,也有很大的弱点,主要是:

(a) 模式描述和句法分析基于符号而非数值,抗干扰能力太差。

(b) 语法规则难以获得,特别是难以通过机器自动训练获得。

(c) 句法分析较为复杂,运算量大,特别是高维文法的情况(如图文法)。

对于这些问题,人们已经提出了很多改进方法,但大量问题仍然存在。属性文法[17]提供了一种将统计方法和结构方法混合使用的途径,但是,由于句法分析仍然基于符号匹配,它并不能完全克服抗干扰能力差的缺点。

问题(b)仍然是结构识别方法的一大难题。从训练样本自动构造文法的过程称为文法推断[17]。与句法分析正好相反,它是一个综合过程,非常复杂,且非计算机所擅长。而由 Gold 和 Feldmann 的结论,一种无穷语言一般不可能由一个有穷的样本集构造的文法恰好产生[17]。总的来说,文法推断比统计训练难度大得多。

句法分析是采用结构方法进行识别分类的基础[18,19]。而对于前后文有关文法以及高维文法,特别是图文法,句法分析往往非常复杂、耗时,而且对基元提取错误特别敏感,抗干扰能力很差。

事实上,直接把模式类用一些有代表性的句子(指字符串、树或图)来描述,而通过考虑模式畸变和相似度度量以及健壮的匹配算法来解决模式分类问题,可能比复杂的文法会取得更好的效果。例如,字符串的 Levenshtein 距离(常被称为编辑距离)及相应的动态规划算法就经常被用来解决大量模式识别问题。

2. 统计方法

统计模式识别是基于全局结构模式分析的典型方法,其思想是用 m 维特征空间中的一个数值特征向量描述模式,并以模式在特征空间中的分布为依据,运用决策理论做出分类判决[35]。这种模式处理方法具有较强的数学理论基础,并且对任何类型的汉字样本,其特征抽取和匹配分类的算法复杂度都是相同的;而且特征处理以及分类器的设计和训练都有一整套行之有效的理论和方法,所以,相比结构方法,统计分类器在系统实现上要方便得多。

(1) 隐含马尔可夫模型(HMM)

HMM 被非常成功地应用于语音识别,因为它能非常有效地描述时间信息[20]。由于联机手写字符识别中也可以大量利用时间信息,人们也开始把目光投向这种方法[21,22-26]。HMM 是概率模型,易于训练,且有着成熟的理论基础和经典算法。用于联机字符识别时,不必在识别之前进行基元分割提取,因此非常适合识别连笔字。目前,文献上报导的方法主要是基于左右型 HMM 的方法,与语音识别中的声学模型类似。H-J Kim 等人还提出利用韩文的构造特点,把全部韩文用通过网络连接起来的小型 HMM 描述[25,26]。但 HMM 用于联机手写汉字识别有一些明显的弱点,主要表现在:HMM 中很难描述汉字的空间结构特征,从而造成基于 HMM 的汉字识别方法往往过于依赖时间信息的稳定性,很难适应不同的书写笔顺。其根本原因在于,汉字的书写轨迹并非真正的隐含马尔可夫过程,因此用 HMM 描述不够精确,并对识别造成影响。在 7.3 节将仔细地加以讨论。为此,必须进行一定的改造,将其与其他方法结合,以描述汉字的结构特征。

(2) 变换系数法

变换系数法是一种提取统计特征的方法,这种方法对笔迹坐标分量随时间变化的一维函数波形进行某种变换,如 Fourier 变换、AR 变换等[27,37,38],选择变换所得的某些系数作为识别特征进行分类判决[35]。

根据 H. Arakawa 等人的实验结果,这种方法较为适用于笔画数较少和曲弧形笔画的字符,如英文数字和日文假名等,但对于笔画较多的汉字,效果欠佳。另外,汉字书写还存在笔顺变化的问题。由此可以看出,汉字识别有其自身的特点,与其他文字,如英文、数字的识别,不应采用同样的方法。

(3) 基于联机手写字形的统计识别方法

此类方法强调全局字符属性,在模型描述中不存在结构分解的思想,除了整个字符之外没有结构层次的概念。局数值特征在获取方式上往往会比较多样化,一般说来,多种不同来源的综合特征能够更充分地描述汉字[41],进而从中抽取出在特征空间中具有较好可分性的有效特征。

综上所述,结构方法的最大问题是鲁棒性问题,而人们解决这个问题的方向是将结构方法与统计方法相结合。前面所介绍的一些方法是在符号描述的基础上进行改进,增加一些数值属性,设定相似性度量准则,以增强其描述能力和鲁棒性。在后面的章节中,我们将结合联机手写汉字识别的具体应用,讨论能否进一步把概率论和结构方法的思想结合起来,从统计的角度对结构进行建模,从而达到在理论上得到最优相似性度量,并且易于训练的目的。

7.2 描述结构的统计模型——SSM

统计识别方法虽然具有很多优点,但为了取得较好的模式分类能力,对于复杂的模式识别问题(如汉字识别),往往采用的特征维数很高,而这必然要求大量的训练样本,否则难以取得很好的推广性。目前大量的统计方法假设特征的概率分布为高斯分布,甚至大部分方法假设特征之间具有独立性,然而,这些假设并不符合实际情况。此外,传统的统计方法对模式的局部特征的描述精确性比较差。而且传统的统计方法不易于利用人类所掌握的知识,有时难以区分特别相似的模式,因为计算机很难自动地把注意力集中在细微的差别上。

统计识别的某些缺点有可能用结构识别的优点来弥补,例如,结构识别方法的设计很大程度上是依赖人对于问题的知识,一般不需要大量的训练样本(有时甚至完全不需要训练样本),理论上更容易区分模式间的细微差别。然而,结构识别最大的问题在于,由于采用符号描述鲁棒性太差,且不易于训练,为了将结构识别与统计识别结合起来,一些人提出用模式的属性关系图(ARG)来描述:图的节点一般代表模式的基元,而边则代表两个基元之间的关系。另外,还可以用数值属性来描述这些基元或基元关系的难以用符号描述的属性特征。这样,属性关系图便比一般的图具有更强的描述能力,进而具有更好的鲁棒性。

在传统的 ARG 上,人们还做过一些改进。征荆将模糊集引入 ARG,提出了模糊属性关系图[11-13],在联机手写汉字识别中得到了较为成功的应用。

然而,属性关系图描述的结构关系只能是一些基元对之间的"二元关系",而且,属性关系图是一种统计和结构的混合方法,没有严格的概率基础,难以从理论上定义最优的距离测度,并且难以进行统计训练。

据此,本节提出一种描述结构的统计模型——SSM(statistical structure model)。把模式分解成结构基元,每个基元用一个低维数特征向量描述。因此,对于每个基元而言,无须大量的样本进行训练。当然,基元的分割仍然是一个难题。而基元间关系的描述是本章的主要贡献之一。

7.2.1 基元间关系的描述

与 ARG 方法的思想相同,我们把一个模式分解成一些结构基元,通过描述基元及基元之间的关系来描述整个模式。每个基元用一个维数为 K 的特征向量来表示。由于基元比较简单,因此 K 不必很大。设一个模式由 N 个基元构成。那么,这个模式可以用 N 个 K 维特征向量描述,或者说,用一个 $N \times K$ 维的特征向量来描述。

那么,能否直接利用这个 $N \times K$ 维的特征向量用类似子空间的方法进行常规的统计识别和训练呢?我们认为不可以。由于结构基元之间存在着相关性,各个特征向量不独立,而且也很难认为是高斯分布。这样,用通常的方法,难以对其进行识别和训练,因为其概率分布过于复杂。

然而,通过建模的方法,有可能使问题得到简化。$N \times K$ 维特征任意维的值由两部分相加组成:一部分称为结构分量,不同基元的结构分量之间满足一定的约束关系,这种约束关系是模式结构的体现;另一部分则是局部随机干扰噪声,它与其他基元的特征无关,可以看成是 0 均值的高斯噪声,因此可以得到下式:

$$x_{ij} = n_{ij} + x'_{ij} \tag{7.1}$$

其中,x_{ij} 表示第 i 个基元的第 j 个特征,n_{ij} 表示局部高斯干扰噪声,其均值为 0,x'_{ij} 表示特征中的结构分量。因此有 $m_{ij} = E(x_{ij}) = E(x'_{ij})$,这里,$m_{ij}$ 表示 x_{ij} 的统计平均值。

显然,n_{ij} 的统计特性仅仅用其方差就可以刻画,下面考虑如何对结构分量 x'_{ij} 建模。由于结构的存在,不同基元的特征中结构分量满足一定的约束关系,从而造成这些结构分量相对于其均值的变化具有一定的协同性。同样,这种协同变化性反过来又从一个侧面反映了约束关系,从而反映了模式的结构。例如,在不考虑噪声干扰的前提下,两条直线段满足这样的约束关系:它们保持固定的夹角。因此,如果一条直线段方向的结构分量比方向均值相差了 Δ,则另一条直线段方向的结构分量也势必与其方向的均值相差同样的 Δ。因此,对于两个直线段的方向角 θ_i 而言,它们满足这样的参数方程:

$$\theta_i = \bar{\theta}_i + \Delta \tag{7.2}$$

其中,$\bar{\theta}_i$ 为两个直线段的方向均值,Δ 为可变参数,$i = 1, 2$。以上约束关系带来了结构分量变化的协同性。反之,如果两条直线段满足上面的方程,也能推出这两个直线段保持固定夹角的约束关系。

推而广之,可以利用某些基元的特征中结构分量在某个特定的特征子集上的协同变化性来描述这些基元之间的某种约束关系,从而描述模式的结构,而这种协变性又可用一组参数线性方程来表示。下面,给出这样一个描述 n 个基元间结构的所谓 n 元结构关系的模型的定义。

一个 n 元结构关系($n \geqslant 2$) r 可以定义为一个 5 元组 $r = (EI, FI, A, B, p)$,其中:

- EI 为 r 所涉及的基元指标集合,$|EI| = n$,显然 $n \leqslant N$;
- FI 为 r 所涉及的特征的指标集合,设 $|FI| = k$,显然 $k \leqslant K$;
- A, B 为线性方程的系数,其中,A 为 $k \times k$ 的矩阵,B 为 k 维列向量,它们既可以含有可变参数,又可以含有常数。且对于任何实际的特征值,存在一组实际的参数值,使 A, B 满足

$$f'_i = AM_i + B, \quad \forall i \in EI \tag{7.3}$$

其中，$f'_i \stackrel{\text{def}}{=} [x'_{ij_1}, \cdots, x'_{ij_k}]^T$，为第 i 个基元的 k 个特征结构分量所组成的列向量。$M_i \stackrel{\text{def}}{=} [m_{ij_1}, \cdots, m_{ij_k}]^T$，为第 i 个基元的 k 个特征均值所组成的列向量。

- p 为 A 和 B 中可变参数的联合概率密度函数。它反映了各基元特征的结构性变化（即协同变化）发生的概率。这里，A,B 中的各个可变参数之间未必是独立的，也不一定是高斯性的，但由于可变参数的个数一般比较少，人们可以根据自己的知识得到其概率密度函数的形式。

如上定义的一个 n 元结构关系 r，是由 EI, FI 以及 A 和 B 的具体形式决定的。所谓 A 和 B 的形式，是指 A 和 B 中哪些系数是常数，而哪些系数是变参。通过改变 A 和 B 的形式，可以对同样的基元和特征集合定义不同的关系。这种关系的具体应用将在 7.2.3 节给出详细论述。

7.2.2 结构统计模型 SSM 的定义及概率分析

一个模式的结构统计模型 SSM 可以定义为一个 6 元组

$$\Gamma = (N, K, M, \Sigma, R, P) \tag{7.4}$$

这里，

- N 是基元的个数；
- K 是每个基元的特征维数；
- M 是所有基元的所有特征的均值构成的向量（含 $N \times K$ 个元素）

$$M = [m_{11}, m_{12}, \cdots, m_{1K}, \cdots, m_{N1}, m_{N2}, \cdots, m_{NK}]$$

- Σ 为所有局部高斯噪声 n_{ij} 方差构成的向量

$$\Sigma = [\sigma_{11}, \sigma_{12}, \cdots, \sigma_{1K}, \cdots, \sigma_{N1}, \sigma_{N2}, \cdots, \sigma_{NK}]$$

- R 为模型中所有多元结构关系的集合，关系的定义见 7.2.1 节；
- P 为各个基元存在概率构成的向量

$$P = [P_1, P_2, \cdots, P_N]$$

其中，P_i 为第 i 个基元的存在概率（设各基元的存在与其他基元无关）。

实际上，SSM 是从这样的角度描述一个模式：它把一个模式用构成它的一组基元的数值特征来描述。为了对这样一个高维模式进行概率分析，SSM 模型把每个特征值（是一个随机变量）分解为均值为 0 的一维局部高斯噪声与一个结构分量之和。对于局部高斯噪声，用它的方差值就可以完全描述；而结构分量则用 7.2.1 节定义的多元结构关系来描述。对于不被任何多元结构关系涉及的特征，令其结构分量恒为特征均值。当然，这样的模型只是一种假设，但在实际应用中发现它确实能够有效地描述模式。模型设计者的任务是决定用什么基元和特征来描述模式，以及有哪些多元结构关系和多元关系的形式。定义多元结构关系的目的在于从互相关联的高维特征中找出隐含的独立因素，使概率分析能够进行。这是定义 SSM 模型的出发点。显然，结构关系的定义是以模式的发生原理为基础的。结构关系定义得越准确、完备，模型就越能反映模式的实际情况，就越能获得更好的效果。

在基于属性关系图的方法中，必须确定相似度度量准则，即给出一个能够反映待识模式与属性关系图的相似程度的参量。同样，也必须为基于 SSM 的方法解决这个问题。幸运的是，SSM 的定义让我们有可能比较严格地从概率意义上给出相似度度量。

首先考虑**没有基元丢失**的情况。

设经过匹配，从待识模式中找到了所有 SSM 中定义的基元，并获得了其实际特征值向量 $X=[x_{11},x_{12},\cdots,x_{1K},\cdots,x_{N1},x_{N2},\cdots,x_{NK}]$。

显然，如果知道了每个特征的结构分量，或等价地知道了所有多元结构关系中可变参数的实际值的集合 Λ，对于式(7.4)所定义的 Γ，可以得到：

$$p(X\mid\Lambda,\Gamma)=\prod_{i=1}^{N}\left(P_i\prod_{j=1}^{K}\frac{1}{\sqrt{2\pi}\sigma_{ij}}\exp\left\{-\frac{(x_{ij}-x'_{ij})^2}{2\sigma_{ij}^2}\right\}\right) \quad (7.5)$$

这里，P_i, σ_{ij}, x_{ij} 已经分别在式(7.4)和式(7.1)中给出定义，如果 x_{ij} 被某个结构关系涉及，x'_{ij} 的值可以由式(7.3)决定；否则，$x'_{ij}=m_{ij}$。

根据贝叶斯公式，有 $p(X,\Lambda\mid\Gamma)=p(\Lambda\mid\Gamma)p(X\mid\Lambda,\Gamma)$，这里，$p(\Lambda\mid\Gamma)$ 是根据 Γ 中各关系的概率密度函数确定的，即 $p(\Lambda\mid\Gamma)=\prod_{r\in R}p(A_r,B_r\mid r)$，其中，$R$ 为 Γ 的关系集，r 则是 R 中的多元关系。因此得到：

$$p(X,\Lambda\mid\Gamma)=\prod_{r\in R}p(A_r,B_r\mid r)\times\prod_{i=1}^{N}\left(P_i\prod_{j=1}^{K}\frac{1}{\sqrt{2\pi}\sigma_{ij}}\exp\left\{-\frac{(x_{ij}-x'_{ij})^2}{2\sigma_{ij}^2}\right\}\right)$$
$$(7.6)$$

一般来说，

$$p(X\mid\Gamma)=\int p(X,\Lambda\mid\Gamma)\mathrm{d}\Gamma \quad (7.7)$$

是最好的相似度定义。然而，上式过于复杂，无法计算。可以根据一定的准则，确定在某种意义下最优的一个 Λ^*，利用

$$p^* = p(X, \Lambda^* | \Gamma) \tag{7.8}$$

作为相似度的定义。

在实践中采用的是最大条件概率准则,即

$$\Lambda^* = \arg\max_\Lambda p(X | \Lambda, \Gamma) \tag{7.9}$$

也即,使关系中的变参能够最好地描述实际的 X。

对于式(7.9)的求解,显然可以利用拉格朗日乘子法。事实上,对式(7.5)取对数,式(7.9)可以转化为求

$$\sum_{i=1}^{N}\sum_{j=1}^{K}\frac{(x_{ij}-x'_{ij})^2}{\sigma_{ij}^2} \tag{7.10}$$

在 R 中所有多元关系约束下的极小值以及对应的 Λ^* 和各个 x'_{ij}。

根据式(7.3),一个多元关系所带来的约束条件可以用 $n\times k$ 个带参数的一次方程来表示,其中,n 为所涉及的基元数,k 为所涉及的特征数。我们可以把 R 中所有的关系用参数一次方程写出,利用拉格朗日乘子法,很容易求出式(7.10)的条件极值。注意,由于式(7.10)是一个凸函数,因此,条件极值只有一个,就是全局最小值。

当然,式(7.9)可能有无解情况,那是因为结构关系定义得不得当。容易得到这样的结论:如果每个基元至多被一个结构关系所涉及,那么式(7.10)必然存在唯一解。

在实际问题中,有时必须考虑**基元丢失**的情况。

假设匹配算法仅仅从待识模式中找到 N' 个基元($N'\leqslant N$)。这时得到的关于基元的特征集合 X 中仅含有 $N'\times K$ 个特征。这 N' 个基元的指标集用 E' 来表示,$|E'|=N'$。对于 Γ 中的每一个关系 $r=(EI,FI,A,B,p)\in R$,做如下处理:

(1) 如果 $|EI\cap E'|\geqslant 2$,则用关系

$$r' = (EI \cap E', F, A, B, p) \tag{7.11}$$

代替原来的关系 r。称 r' 为关系 r 在 E' 上的投影。

(2) 如果 $|EI\cap E'|<2$,则把关系 r 从 R 中删除,因为所谓关系应该至少涉及两个基元。我们将这样得到的新的关系集合 R' 称为 R 在指标集 E' 上的投影。这样有

$$p(X,\Lambda|\Gamma) = \prod_{r'\in R'} p(A_{r'}, B_{r'} | r') \times \prod_{i\in E_I}\left\{P_i \prod_{j=1}^{K}\frac{1}{\sqrt{2\pi}\sigma_{ij}}\exp\left[-\frac{(x_{ij}-x'_{ij})^2}{2\sigma_{ij}^2}\right]\right\}$$

$$\times \prod_{i\notin E_I}(1-P_i) \tag{7.12}$$

通过最大条件概率准则，仍然可以求出 p^* 和 Λ^*。只不过在求解时，使用的是关系集 R'，而不是 R。

易于训练是 SSM 的最大优点之一。对于 SSM 而言，训练的过程实际上是参数估计的过程，也就是得到 M, Σ, P 和 R 的各个关系中可变参数的概率密度函数。训练的准则是对 SSM 描述的模式，使式(7.8)定义的 p^* 尽可能地大。

- 对于 M 的训练，方法是显然的，只需对所有样本求平均即可。
- 对于 P 的训练，需要统计每个基元的出现概率。
- 对于 Σ 的训练，需要在匹配的基础上进行。一开始，可以给 Σ 一个合适的初值(例如，对于各基元的同类特征给以相同的方差初值)。在对每个训练样本求出最优参数集合 Λ^* 时，可以得到每个特征的结构分量和局部噪声分量。对局部噪声分量，直接统计其均方值即可。
- 对于 R 中各关系的可变参数的概率密度函数的训练，完全可以仿效 Σ 的训练方法，对所有样本求出最优参数集合 Λ^*，然后统计概率密度函数。由于参数一般具有明确的物理意义，可以根据具体情况为其找到合适的概率模型，然后用参数估计的方法得到其概率密度函数。

SSM 用于识别的方法是一目了然的。对于每个模式类别，可以用一个或多个 SSM 来描述。在进行充分训练的基础上，可以得到比较好的能够反映该类模式变化情况的模板。对于一个待识模式，将其与识别字典中的各个 SSM 进行匹配，以 p^* 最大的那个 SSM 所对应的类别为识别结果。

7.2.3 SSM 应用于联机手写汉字识别

本节将讨论如何用 SSM 描述联机手写汉字。对于汉字而言，最常用的结构基元是笔段，也就是汉字笔画经折线化得到的小直线段。由于汉字笔画可以大致看成是由一些线段构成，通过检测转折点，将其比较稳定地分解成笔段。当然，在自由书写的情况下，由于很多笔画可能呈弧形，笔段的分割不够稳定，有时还可能丢失或增加一些笔段。这就要求匹配算法有较高的鲁棒性。在本节中，我们关心的是当匹配算法已经成功地把待识文字分解成笔段并找到了这些笔段与 SSM 中基元的对应关系后，如何给出一个有概率依据的相似度度量以衡量待识模式与 SSM 的符合程度。

7.2.3.1 联机手写汉字的 SSM 模型

对每个汉字而言,我们用所谓"标准笔段"作为其基元。标准笔段指的是工整书写的汉字所含有的笔段。自由书写的汉字,可以看成是将标准笔段用一些连笔笔段连接起来。当然,还有可能发生笔段丢失等情况。我们把连笔笔段等不在标准笔段范围内的笔迹称为插入噪声,匹配算法应该能够找到这些插入噪声并用相应的噪声模型给出概率值。这里只考虑在插入噪声已经去掉后如何给出相似度。

(1) 基元特征

每个基元,也就是每个标准笔段可以用该笔段的起点和终点坐标来描述,这样,一个笔段可以用四维特征来表示,即 (x_s, y_s, x_e, y_e)。对应于式(7.4)的定义,显然,$K=4$。而式(7.4)中的 N 即为汉字的标准笔段数。因此,模型中的 M 有 $N \times 4$ 个元素。

(2) 结构关系的定义

一个汉字由一些字根组成。所谓字根,是构成汉字的基本部件,人们书写汉字往往是一个字根一个字根地书写。因此,字根中笔段的相互关系比较稳定。那么,采用什么样的结构关系定义比较好呢?一个字根内的所有笔段特征(也即坐标)应该具有"放缩和平移不变性"。具体地说,就是在一个字根中所有笔段坐标(包括起点和终点的坐标)的结构分量应该可以通过一个只包含放缩和平移的仿射变换从其均值变换得到。这样的变换可以用下面的公式表达:

$$\begin{bmatrix} x' \\ y' \end{bmatrix} = \begin{bmatrix} a & 0 \\ 0 & b \end{bmatrix} \begin{bmatrix} x \\ y \end{bmatrix} + \begin{bmatrix} c \\ d \end{bmatrix} \quad (7.13)$$

其中,参数 a, b 应该满足:$a>0, b>0$。

在我们的问题中,一个结构关系 $r=(EI, FI, A, B, p)$ 应如下定义:

- EI 是一个字根所包含的所有笔段的指标集。这里,要求一个字根包含两个以上的笔段。对于单笔段字根,则不定义关系。
- FI 包含所有 4 个特征。
- A 和 B 的形式分别如下所示:

$$A = \begin{bmatrix} a & 0 & 0 & 0 \\ 0 & b & 0 & 0 \\ 0 & 0 & a & 0 \\ 0 & 0 & 0 & b \end{bmatrix}, \quad B = \begin{bmatrix} c \\ d \\ c \\ d \end{bmatrix} \quad (7.14)$$

也就是说,应该存在一个 A 和 B,对于一个字根内的任意一个笔段 i,其特征的结构分量应满足:

$$\begin{bmatrix} x'_{si} \\ y'_{si} \\ x'_{ei} \\ y'_{ei} \end{bmatrix} = \begin{bmatrix} a & 0 & 0 & 0 \\ 0 & b & 0 & 0 \\ 0 & 0 & a & 0 \\ 0 & 0 & 0 & b \end{bmatrix} \begin{bmatrix} m_{si} \\ m_{si} \\ m_{ei} \\ m_{ei} \end{bmatrix} + \begin{bmatrix} c \\ d \\ c \\ d \end{bmatrix} \qquad (7.15)$$

由上可知,A 和 B 中总共有 4 个可变参数,因此,p 实际上是 a,b,c,d 的联合概率密度函数,可以写为 $p(a,b,c,d)$。

在我们的问题中,a,b 可以认为是独立变量,而且为正数,表示放缩系数。可以认为 $\log a, \log b$ 满足普通的高斯分布。就 c 和 d 而言,它们各由两部分组成。一部分是字根的真正平移部分,它们也可以认为是独立变量;另一部分是为了补偿放缩变换以及坐标原点选择造成的"伪平移"。如果我们认为字根的参考点(也就是放缩变换的不动点,一般可以认为是质心)坐标为 x_0 和 y_0,那么,X 轴和 Y 轴的伪平移部分分别为

$$X:(1-a)x_0, \quad Y:(1-b)y_0$$

而真平移分量则分别为

$$X:c+(a-1)x_0, \quad Y:d+(b-1)y_0$$

因此,

$$p(a,b,c,d) = \frac{\exp\{-(\log a - m_a)^2/2\sigma_a^2\}}{\sqrt{2\pi}\sigma_a a} \times \frac{\exp\{-(\log b - m_b)^2/2\sigma_b^2\}}{\sqrt{2\pi}\sigma_b b}$$

$$\times \frac{\exp\{-(c+(a-1)x_0 - m_c)^2/2\sigma_c^2\}}{\sqrt{2\pi}\sigma_c}$$

$$\times \frac{\exp\{-(d+(b-1)y_0 - m_d)^2/2\sigma_d^2\}}{\sqrt{2\pi}\sigma_d}$$

其中,$m_a = E[\log a]$,$m_b = E[\log b]$,$m_c = E[c+(a-1)x_0]$,$m_d = E[d+(b-1)y_0]$,$\sigma_a = \text{var}[\log a]$,$\sigma_b = \text{var}[\log b]$,$\sigma_c = \text{var}[c+(a-1)x_0]$,$\sigma_d = \text{var}[d+(b-1)y_0]$。

如果 $a<0$ 或 $b<0$,令 $p(a,b,c,d)=0$。

因此,在训练时,只需要得到 m_a, m_b, m_c, m_d 和 $\sigma_a, \sigma_b, \sigma_c, \sigma_d$ 以及 x_0, y_0 的估计值即可。

(3) 模型的建立

一个字的模型 $\Gamma=(N,K,M,\Sigma,R,P)$ 应如下定义:
- N 为整个字的标准笔段数。

- 如前所述，$K=4$。
- M 和 Σ 分别为 $4\times N$ 个元素的集合，定义见(7.4)。
- R 中包含所有非单笔段字根所对应的关系，这里，关系的定义在上面已有所介绍。
- P 为每个标准笔段存在概率的集合。在一个汉字中，有些标准笔段在自由书写时经常被省略，因此 P 可以反映这种省略的情况。

下面以"碧"作为例子来进行说明。"碧"中有 16 个标准笔段，3 个字根"王""白""石"。因此，模型中 $N=16$，$K=4$，$|R|=3$(也即，有 3 个多元结构关系)。

在前文中，只考虑了平移和放缩不变性。事实上，还可以进一步考虑"仿射变换不变性"的问题。一个仿射变换可以写为

$$\begin{bmatrix}x'\\y'\end{bmatrix}=\begin{bmatrix}a & b\\c & d\end{bmatrix}\begin{bmatrix}x\\y\end{bmatrix}+\begin{bmatrix}e\\f\end{bmatrix} \tag{7.16}$$

其中，a,b,c,d 应满足：$\left|\begin{matrix}a\\c\end{matrix}\right|\neq 0$。

此时，可做如下的矩阵分解：

$$\begin{bmatrix}a & b\\c & d\end{bmatrix}=\begin{bmatrix}\cos\theta & \sin\theta\\-\sin\theta & \cos\theta\end{bmatrix}\begin{bmatrix}\alpha & 0\\0 & \beta\end{bmatrix}\begin{bmatrix}1 & \rho\\0 & 1\end{bmatrix} \tag{7.17}$$

其中，θ 为旋转角，α 和 β 为 X,Y 轴的放缩系数，而 ρ 则是错切变换系数。容易推出：

$$\theta=\begin{cases}\arctan\left(-\dfrac{c}{a}\right), & a\neq 0\\ \pi/2, & a=0\end{cases},\quad \rho=\dfrac{ab+cd}{a^2+c^2}$$

$$\alpha=\begin{cases}a/\cos\theta, & a\neq 0\\ 0, & a=0\end{cases},\quad \beta=\begin{cases}(d-a\rho)/\cos\theta, & a\neq 0\\ b/\sin\theta, & a=0\end{cases} \tag{7.18}$$

通过计算知道：

$$\left|\dfrac{\partial(a,b,c,d)}{\partial(\alpha,\beta,\theta,\rho)}\right|=a^2+c^2 \tag{7.19}$$

因此，有

$$p(a,b,c,d,e,f)=\dfrac{p(\alpha,\beta,\theta,\rho)p(e,f|a,b,c,d)}{a^2+c^2} \tag{7.20}$$

与前面相似，假设 $\log\alpha,\log\beta,\theta$ 和 ρ 为独立高斯分布，而 e 和 f 则必须分解考虑。假设字根的参考点坐标为 (x_0,y_0)，则 e 和 f 中包含的补偿旋转、放缩以及坐标原点选择因素的分量分别为 $(1-a)x_0-by_0$ 和 $(1-d)y_0-cx_0$。

因此有

$$p(a,b,c,d,e,f) = \frac{\exp\{-(\log\alpha - m_\alpha)^2/2\sigma_\alpha^2\}}{\sqrt{2\pi}\sigma_\alpha \alpha} \times \frac{\exp\{-(\log\beta - m_\beta)^2/2\sigma_\beta^2\}}{\sqrt{2\pi}\sigma_\beta \beta}$$

$$\times \frac{\exp\{-(\theta - m_\theta)^2/2\sigma_\theta^2\}}{\sqrt{2\pi}\sigma_\theta} \times \frac{\exp\{-(\rho - m_\rho)^2/2\sigma_\rho^2\}}{\sqrt{2\pi}\sigma_\rho}$$

$$\times \frac{\exp\{-[e + (a-1)x_0 + by_0 - m_e]^2/2\sigma_e^2\}}{\sqrt{2\pi}\sigma_e}$$

$$\times \frac{\exp\{-[f + (d-1)y_0 + cx_0 - m_f]^2/2\sigma_f^2\}}{\sqrt{2\pi}\sigma_f} \quad (7.21)$$

这样，除 x_0 和 y_0 外，还需要 12 个参数来描述 $p(a,b,c,d,e,f)$，即 m_α，m_β，m_θ，m_ρ，m_e，m_f 和 σ_α，σ_β，σ_θ，σ_ρ，σ_e，σ_f。它们分别是 $\log\alpha$，$\log\beta$，θ，ρ，$e+(a-1)x_0+by_0$ 和 $f+(d-1)y_0+cx_0$ 的均值和方差。

这样，关系定义中 A 和 B 的形式需要改为

$$A = \begin{bmatrix} a & b & 0 & 0 \\ c & d & 0 & 0 \\ 0 & 0 & a & b \\ 0 & 0 & c & d \end{bmatrix}, \quad B = \begin{bmatrix} e \\ f \\ e \\ f \end{bmatrix} \quad (7.22)$$

这样定义的结构关系已经能够反映出字根中各笔段坐标的"仿射变换不变性"。由于计算量比较大，虽然这样定义的关系在理论上可能更精确，但在实际中，还是采用式(7.13)中所引申出的汉字模型。

从前面例子可以看出，所提出的多元结构关系有很强的描述能力。它允许人们采用分析的手段，将复杂的、非高斯的高维特征空间中的概率分布转换成多个简单的、低维空间中的概率分布，从而便于计算和训练。模型的精确性决定于设计者的经验和技巧。实际上，正是由于人的知识的引入，该模型才能拥有比传统的统计模型更好的描述能力。

7.2.3.2 结构关系中参数的计算公式

在定义的 SSM 中，由于结构关系定义的特殊性，可以有一种简单的办法求解每个关系的参数。假设一个结构关系 r 描述一个字根内所有笔段的关系。设该字根含有 n 个笔段(因此该关系是一个 n 元结构关系)，其指标集合不妨设为 $EI = \{1, 2, \cdots, n\}$。当匹配完成后 $\{x_{si}, y_{ei}, x'_{si}, y'_{ei}\}$，$i=1,2,\cdots,n$，为已知时，可以如下计算参数 a,b,c 和 d 的最优值。

由于一个笔段只包含在一个字根之内，因此，每个结构关系所涉及的基元及其特征之间互不重叠。这样，可以逐个求出各结构关系中所含的参量

最优值。对于上面所说的结构关系 r, 可以直接根据 n 个笔段($i=1,2,\cdots,n$)的特征实际值求出。也即求

$$\sum_{i=1}^{n}\left[\frac{(x_{si}-x'_{si})^2}{\sigma_{xsi}^2}+\frac{(y_{si}-y'_{si})^2}{\sigma_{ysi}^2}+\frac{(x_{ei}-x'_{ei})^2}{\sigma_{xei}^2}+\frac{(y_{ei}-y'_{ei})^2}{\sigma_{yei}^2}\right] \quad (7.23)$$

在结构关系 r 约束下的条件极值。

将式(7.16)所对应的 $4 \times n$ 个方程代入式(7.23),然后对 a,b,c 和 d 求导,令各导数为 0,可以求出最优参数 $\Lambda^* = \{a^*, b^*, c^*, d^*\}$ 的具体值如下:

$$a^* = \frac{\overline{m_x x} - \overline{m_x} \cdot \overline{x}}{\overline{m_x^2} - (\overline{m_x})^2}, \quad c^* = \frac{\overline{x} \cdot \overline{m_x^2} - \overline{m_x} \cdot \overline{m_x x}}{\overline{m_x^2} - (\overline{m_x})^2}$$

$$b^* = \frac{\overline{m_y y} - \overline{m_y} \cdot \overline{y}}{\overline{m_y^2} - (\overline{m_y})^2}, \quad d^* = \frac{\overline{y} \cdot \overline{m_y^2} - \overline{m_y} \cdot \overline{m_y y}}{\overline{m_y^2} - (\overline{m_y})^2} \quad (7.24)$$

其中,

$$\begin{aligned}
\overline{x} &= \frac{1}{\lambda_x}\sum_{i=1}^{n}\left(\frac{x_{si}}{\sigma_{xsi}^2}+\frac{x_{ei}}{\sigma_{xei}^2}\right), & \overline{y} &= \frac{1}{\lambda_y}\sum_{i=1}^{n}\left(\frac{y_{si}}{\sigma_{ysi}^2}+\frac{y_{ei}}{\sigma_{yei}^2}\right) \\
\overline{m_x} &= \frac{1}{\lambda_x}\sum_{i=1}^{n}\left(\frac{m_{xsi}}{\sigma_{xsi}^2}+\frac{m_{xei}}{\sigma_{xei}^2}\right), & \overline{m_y} &= \frac{1}{\lambda_y}\sum_{i=1}^{n}\left(\frac{m_{ysi}}{\sigma_{ysi}^2}+\frac{m_{yei}}{\sigma_{yei}^2}\right) \\
\overline{m_x^2} &= \frac{1}{\lambda_x}\sum_{i=1}^{n}\left(\frac{m_{xsi}^2}{\sigma_{xsi}^2}+\frac{m_{xei}^2}{\sigma_{xei}^2}\right), & \overline{m_y^2} &= \frac{1}{\lambda_y}\sum_{i=1}^{n}\left(\frac{m_{ysi}^2}{\sigma_{ysi}^2}+\frac{m_{yei}^2}{\sigma_{yei}^2}\right) \\
\overline{m_x x} &= \frac{1}{\lambda_x}\sum_{i=1}^{n}\left(\frac{m_{xsi}x_{si}}{\sigma_{xsi}^2}+\frac{m_{xei}x_{ei}}{\sigma_{xei}^2}\right), & \overline{m_y y} &= \frac{1}{\lambda_y}\sum_{i=1}^{n}\left(\frac{m_{ysi}y_{si}}{\sigma_{ysi}^2}+\frac{m_{yei}y_{ei}}{\sigma_{yei}^2}\right)
\end{aligned} \quad (7.25)$$

这里,

$$\lambda_x = \sum_{i=1}^{n}\left(\frac{1}{\sigma_{xsi}^2}+\frac{1}{\sigma_{xei}^2}\right), \quad \lambda_y = \sum_{i=1}^{n}\left(\frac{1}{\sigma_{ysi}^2}+\frac{1}{\sigma_{yei}^2}\right) \quad (7.26)$$

按照式(7.24)~式(7.26),即可计算出参数的最优值。

以上考虑的是无基元丢失的情况,在发生基元丢失时,只需将式(7.23)~式(7.26)中的所有求和运算改在 $EI \cap E'$ 中进行即可。当所有关系中参数的最优值被确定时,根据式(7.9)、式(7.12)和式(7.21)即可求出 p^*。

7.2.4 实验与分析

实验 1 SSM 模型自动生成汉字样本

为了通过汉字的 SSM 模型自动生成汉字样本来检验 SSM 的有效性,

利用100个样本对每个字的模型进行训练,训练方法如前介绍。基元的提取采用基于路径可控HMM(PCHMM)方法(7.3.1节),训练完成后,通过高斯噪声发生器,对SSM中的随机变量进行赋值,从而得到一系列汉字的实例。受篇幅所限,实验只列出"伯""碧""器"3个汉字的骨架图形的实验结果,详情见文献[54]。

实验2 通过识别应用验证SSM的有效性

本实验将通过在识别方面的应用来检验SSM的有效性[54]。

将SSM模型与PCHMM结合形成识别器R-SSM,而退化的SSM形成识别器R-DSSM。可以识别3755个汉字,每类汉字用100个样本训练。

用5套完全独立的样本进行测试:每套含3755个字,即每个汉字类别一个样本。5套样本的质量不同:第1套很工整,第2、3套样本对书写限制较少,而第4、5套中则属于自由书写样本。测试结果如表7.1所示。

表7.1 测试结果   %

样本编号	R-SSM 首选识别率	R-SSM 十选识别率	R-DSSM 首选识别率	R-DSSM 十选识别率
1	99.10	99.79	98.17	99.73
2	96.80	99.04	95.38	98.72
3	94.78	99.12	93.01	98.78
4	87.02	95.02	84.70	94.73
5	87.00	96.46	85.38	96.09
平均	92.94	97.89	91.33	97.61

可见,SSM相对于退化的SSM对识别率有比较明显的好处,主要体现在分类能力增强。如第1套样本,误识率少了一半:0.9%对1.83%。这说明SSM对于汉字结构强大的描述能力有助于识别系统提高分类能力。

SSM模型作为一种统计模型,具有很好的抗干扰能力,而且易于进行大样本的训练,以得到精确的概率模型。另外,由于以概率为基础,它容易与其他统计方法(如PCHMM方法)相结合,本文中的实验就是这样做的。所有这些特点显然是传统结构方法所不具备的。

7.2.5 小结

汉字是一种结构化文字,结构(也就是构成汉字不同部分的空间关系)信息是汉字包含的稳定的、具有区分能力的信息。传统的结构方法虽然能够描述模式的结构,但由于采用的是符号系统,鲁棒性不强,难以通过训练方法改善既有的模式表达。本节针对这种情况,从统计的角度提出了一种描述结构的模型——SSM,部分地解决了这个问题。

SSM 与传统的结构方法相同,也是通过基元及其相互关系描述模式,但采用的却完全是统计方法。它把基元用一个特征向量来描述,并用线性参数方程组描述基元之间的关系。从而,基元特征向量以及关系方程中变参的概率分布可以用来描述模式的变化。通过一些合理的假设,可以很容易地给出一个具体模式由某个模型产生的概率分数,并进而得到该模型的训练和用于识别的方法。实践表明,将 SSM 用于描述联机手写汉字是成功的。这里还需要说明一点:SSM 比普通的属性关系图具有更准确的概率基础,因而可以给出更好的相似度度量,更容易训练,并且更适合同时描述多个基元之间的关系。

7.3 路径受控 HMM 和时空统一模型

在文字识别领域中,联机手写字符识别由于可以利用时间信息而在理论和方法上与众不同。而谈到时间信息的利用,就必然提到一个被广泛研究和利用的统计模型——隐含马尔可夫模型(HMM)。

隐含马尔可夫模型(HMM)的基本理论是 Baum 和他的同事于 20 世纪 60 年代晚期和 70 年代早期在一系列经典文章中提出来的。HMM 的基本思想是这样的:它把客观世界的信号用隐含马尔可夫过程来近似,该过程具有这样一种双重随机性。首先,该过程在任何时刻观察值的概率分布仅仅决定于该时刻系统的内部状态;其次,系统内部状态的变化在统计上具有一维马尔可夫链的性质:在 t 时刻的状态分布仅仅与 $t-1$ 时刻的状态有关。由于系统的内部状态不直接可见,故称为"隐含"马尔可夫过程。

一个隐含马尔可夫过程可以用隐含马尔可夫模型来描述。一个 HMM 有如下一些要素:

- 状态的数目 N。内部状态集合被记为 $\{S_1, S_2, \cdots, S_N\}$。
- 状态转移概率分布 $A=\{a_{ij}\}$。这里,$a_{ij}=P[q_{t+1}=S_j|q_t=S_i]$,$q_t$ 表示 t 时刻的状态。
- 观察值在给定状态时的条件概率分布或概率密度函数 $B=\{b_{S_j}(\cdot)\}$。在离散 HMM 情况下,由于在特征空间上进行矢量量化,观察序列可以用符号序列表示。而 $b_{S_j}(\cdot)$ 在状态 S_j 的条件下,观察值为各符号的概率分布。在连续 HMM 的情况下，$b_{S_j}(\cdot)$ 则用观察值的条件概率密度函数来表示，一般采用的是混合高斯型概率密度函数。

- 起始状态分布概率 $\pi = \{\pi_i\}$，其中，$\pi_i = P[q_1 = S_i]$。

如果上述要素已知，那么它所描述的隐含马尔可夫过程的统计特性就完全清楚了。一个隐含马尔可夫模型常被记作 $\lambda = (A, B, \pi)$，因为 A, B, π 的形式已经包含了状态数 N 的信息。

在实际应用中，HMM 又可以分成一些类别，例如：根据参数中 B 的形式，分成离散 HMM 和连续 HMM；根据 A 的形式，可以分成左-右型 HMM、遍历 HMM 等。这些 HMM 在不同的应用中各有优缺点。

HMM 在语音识别领域被广泛应用，并取得了巨大的成功[20]。人们又开始把它应用到文字识别等其他领域，尤其是联机手写字符识别，由于输入模式中包含了时间信息，特别适合于 HMM 方法。很多文献都报道了 HMM 在这些方面的应用[21]。

然而，HMM 也因为其固有的弱点而遭到大量的批评，例如，HMM 中的 Markov 假设以及观察值在给定状态时的条件独立性假设，往往并不符合事物的实际情况，并影响了 HMM 的实用性。人们提出很多改进，在 HMM 中加入显式的状态延续时间概率密度函数就是一个成功的例子[20]。这些改进是为了使 HMM 能够更加准确地描述事物，从而提高识别算法的性能。HMM/MLP 相结合的方法也是为了提高分类能力而提出的[29]。

在联机手写汉字识别这个问题上，HMM 就显得更加不足。首先，与语音识别技术相类似，发表的工作很多采用都是左-右型 HMM 来描述联机手写汉字[1,22-26]。但是，人们书写汉字又有着不同的笔顺，这是与语音十分不同的一点。不同笔顺的存在会严重削弱 HMM 的描述和分类能力，因为在每个时间段，笔顺变化造成观察值的概率分布非常分散。另外，为了体现汉字的结构特征，有人把一个汉字在书写过程中相邻的两个笔画头尾用所谓"伪笔段"连接起来，通过伪笔段的长度和方向反映相邻笔画之间的关系，而这进一步增加了对笔顺的敏感性。目前，主要依靠增加模板来解决这个问题，无疑是以速度、储容器为代价。直观想象，也许遍历 HMM 有利于解决笔顺问题。但由于汉字书写过程并不符合 Markov 假设，对联机手写汉字识别 OHCCR 来说，遍历 HMM 本身并不一定比左-右型 HMM 更为合适。本节的实验也证实了这一点。

另外，作为一种结构化文字，汉字的本质特征在于其结构，而结构主要反映在不同笔画和笔段的空间相关性上。然而,基于 HMM 的方法在利用结构特征上不太有利:一方面,HMM 关于观察值的条件独立性假设在理论上不允许对特征相关性直接利用;另一方面,在实践上,由于 Viterbi 搜索算法没有"长期记忆力",它不可能在匹配的过程中完成大范围空间特征相关的计算,比如说,汉字的不相邻笔画间的特征相关计算。

本节提出一种新的模型,其根本点在于对标准遍历 HMM 的状态转移进行限制,并用一个路径控制函数 $R(Q)$ 来描述被允许的状态序列集合。我们称这种模型为路径受控 HMM,简称 PCHMM。正是因为有了 $R(Q)$,PCHMM 能够比标准 HMM 更适合于描述汉字:一个汉字的不同笔段可以与一个 PCHMM 的不同状态唯一地相互对应。PCHMM 的转移矩阵描述的则是与笔顺和笔画长度有关的统计信息。由于对状态转移过程进行了限制,该 PCHMM 不会产生大量无效的状态序列,同时又可以描述多种笔顺,因而这种模型对汉字而言更加精确。这样做带来的问题是 Markov 假设被打破,Viterbi 搜索不再有效。本节提出了一套 A* 图搜索算法(我们称为 Z-算法),解决了这个问题,并给出了参数估计的方法。

PCHMM 的思想在某些方面与 Grammar 在语音识别中的应用类似,但有如下不同之处:首先,$R(Q)$ 被直接融合进 HMM 本身,因此不仅仅状态路径搜索时利用 $R(Q)$,而且在参数训练中也利用 $R(Q)$,而 Grammar 往往仅在搜索中起作用。另外,PCHMM 在文中直接对汉字本身建模,类似于语音识别中声学模型的作用,而非语言模型。

在本节中,PCHMM 被用于描述联机手写汉字。由于 PCHMM 的状态可以与汉字的笔段一一对应,它可以非常自然地与 SSM 结合起来,形成汉字的时空统一模型 STUM。该模型充分利用了联机手写汉字识别可以利用的各种信息,而经过改进的 Z-算法又为其提供了模型匹配方法,从而达到真正的实用,非常适合解决连笔和笔顺变化的问题。实验结果充分显示了该方法的有效性。

7.3.1 路径受控 HMM(PCHMM)

7.3.1.1 路径受控隐含类马尔可夫过程(PCHMP)

考虑这样一种情况。一个随机过程在 t 时刻的观察值 O_t 的概率分布仅仅与该时刻系统内部所出现的状态 $q_t \in \{S_1, S_2, \cdots, S_N\}$ 有关。在给定状态的情况下,O_t 是统计独立的。而且,状态序列仅仅发生在某一个集合内。

我们把这个集合称为状态序列允许集,记作 Q_p。它可以用一个关于状态序列的函数 $R(Q)$ 来描述：

$$R(Q) = \begin{cases} 1, & Q \in Q_p \\ 0, & Q \notin Q_p \end{cases} \tag{7.27}$$

并且,这个随机过程的状态转移规律满足类 Markov 性,即在序列长度固定的情况下,满足：

$$P(Q) = \begin{cases} \alpha_T P(q_1)P(q_2 \mid q_1)P(q_3 \mid q_2)\cdots P(q_T \mid q_{T-1}), & Q \in Q_p \\ 0, & Q \notin Q_p \end{cases} \tag{7.28}$$

其中,α_T 是一个仅与 T 有关的系数,且满足：

$$\alpha_T = \frac{1}{\sum_{\substack{Q \in Q_p \\ |Q|=T}} P(q_1)P(q_2|q_1)P(q_3|q_2)\cdots P(q_T|q_{T-1})} \tag{7.29}$$

这里,$|Q|$ 为状态序列 Q 的长度。

我们称这样的随机过程为路径受控隐含类马尔可夫过程 PCHMP。

PCHMP 的提出是出于这样的目的：我们研究的很多问题实际上并非是真正的隐含马尔可夫过程,然而,为了研究上的方便,把它们简化为一个隐含马尔可夫过程来处理,并用 HMM 进行描述。但是,由于模型的不准确,常常不能获得非常满意的效果。通过人的知识来改善模型的准确性是可能的。事实上,隐含马尔可夫过程的内部状态经常具有一定的物理意义,一个状态代表信号变化的一个阶段。如果我们对被研究的问题有一定的知识,知道何种状态转移可能发生。那么,就可以通过对 HMM 的状态转移进行限制,达到增加模型准确性的目的。事实上,左-右型 HMM 就是根据这种思想提出来的。它通过将转移概率矩阵的某些参数置 0,使 HMM 更适合于描述声音等信号。

然而有时我们对状态路径的限制要求随机过程具有长期记忆能力,这样的限制条件就可以通过 HMM 的参数设置来表达。但如果用 $R(Q)$ 进行所有被允许的状态序列,那么就可以用 PCHMP 更加精确地描述所研究的对象。实际上,PCHMP 已经不是真正意义上的隐含马尔可夫过程,而且在大多数情况下,状态转移的类马尔可夫性不能被严格满足,但是由于引入了人的知识,它可能对很多问题而言是一个比隐含马尔可夫过程更好的简化。PCHMM 联机手写汉字识别方面的应用证实了这一点。

7.3.1.2　路径受控 HMM(PCHMM)

一个 PCHMP 可以用路径受控 HMM 来描述。我们知道,对一个

PCHMP 而言,其内部状态集为 $\{S_1, S_2, \cdots, S_N\}$,观察序列 O 和状态序列 Q(设序列长度为 T)同时发生的概率为 $P(O,Q) = P(O|Q)P(Q)$。

根据观察值在给定状态的条件下相互独立的假设,有:

$$P(O|Q) = \prod_{t=1}^{T} b_{q_t}(O_t)$$

其中,$b_{q_t}(O_t) = P(O_t|q_t)$;

$$P(Q) = \alpha_T P(q_1) \left(\prod_{t=2}^{T} P(q_t|q_{t-1})\right) R(Q) \quad (7.30)$$

因此,有

$$P(O,Q) = \alpha_T P(q_1) b_{q_1}(O_1) \left(\prod_{t=2}^{T} P(q_t|q_{t-1}) b_{q_t}(O_t)\right) R(Q) \quad (7.31)$$

若定义:

$$\left.\begin{array}{l} A \stackrel{\text{def}}{=} \{a_{ij}\}_{N \times N} = P[q_t = S_j | q_{t-1} = S_i]_{N \times N} \\ B \stackrel{\text{def}}{=} \{b_{S_i}(\bullet)\}_{i=1,2,\cdots,N} \\ \pi \stackrel{\text{def}}{=} \{\pi_i\}_{i=1,2,\cdots,N} = \{P[q_1 = S_i]\}_{i=1,2,\cdots,N} \end{array}\right\} \quad (7.32)$$

则可以用 $\lambda^{PC} = (A, B, \pi, R)$ 来刻画这样一个 PCHMP,把 λ^{PC} 称为路径受控 HMM 模型,记作 PCHMM。根据式(7.32),有

$$P(O,Q|\lambda^{PC}) = \alpha_T \pi_{q_1} b_{q_1}(O_1) \left(\prod_{t=2}^{T} a_{q_{t-1}q_t} b_{q_t}(O_t)\right) R(Q) \quad (7.33)$$

由此可见,PCHMM 在形式上非常接近标准 HMM,但由于引入了 $R(Q)$,状态转移的过程已经不再具有 Markov 性,也就是说,t 时刻的状态不但与 $t-1$ 时刻状态有关,而且与前面所有的状态都有关。因此,对于 HMM 的一些经典算法,如 Viterbi 算法、Baum-Welch 算法,不能使用,我们必须有新的方法解决最佳路径搜索以及参数重估等问题。为了使这些问题便于解决,则要求 $R(Q)$ 满足一个约定:

$$R(q_1 q_2 \cdots q_T) = 1 \Rightarrow R(q_1 q_2 \cdots q_{T'}) = 1, \quad \forall T' \leqslant T \quad (7.34)$$

式(7.33)中的系数 α_T,在给定模型参数 A, B, π 和 R 时,可以根据式(7.28)计算它的大小。由于它对识别的意义并不是很大,也可以用简单一些的方法对其进行估计。

7.3.1.3 PCHMM 的基本问题

对于 PCHMM 而言,同样有 3 个基本问题:
A. 如何计算 $P(O|\lambda)$;

B. 如何根据给定的 O 和 λ 计算最优路径 Q^*；

C. 如何通过训练样本估计模型参数。

如前面所说的原因，我们这里必须为 PCHMM 寻找新的解决方案。

问题 A 的解决

对于问题 A，有

$$P(O|\lambda^{PC}) = \sum_{ALL\ Q} P(O,Q|\lambda^{PC}) \quad (7.35)$$

当然，这个问题很难求解。在实际中，用

$$P^* = \max_Q \{P(O,Q|\lambda^{PC})\} = P(O,Q^*|\lambda^{PC}) \quad (7.36)$$

作为 $P(O|\lambda^{PC})$ 的一种估计，这里

$$Q^* = \arg\max_Q \{P(O,Q|\lambda^{PC})\} \quad (7.37)$$

需要注意的是，这种处理在基于 HMM 的方法中很常见，虽然对于标准 HMM 而言，$P(O|\lambda)$ 由前向后向算法不难得到。

这样就归结到问题 B，即在给定 λ^{PC} 和 O，如何求得 Q^*？

问题 B 的解决

由于对状态转移路径做出了限制，无法利用 Viterbi 算法来求解。不过，可以求助于图搜索算法。下面给出的算法其作用是用来寻找 PCHMM 的最优状态转移路径。我们称其为 Z 算法，它属于 A^* 搜索算法。

算法 1：PCHMM 的 Z 算法

输入：观察序列 $O_t, t=1,\cdots,T$；模型 $\lambda^{PC}=(A,B,\pi,R)$；

输出：最优路径 $Q^* = q_1^* q_2^* \cdots q_T^*$ 以及 P^*。

1) 建立 OPEN 表，只含初始节点 s。这里需要声明的是，对于所有的节点 n，有这样一些属性：

(1) 估价函数值 $f(n)$，它可以写为 $f(n)=g(n)+h(n)$，其中，$g(n)$ 为从 s 到 n 最小代价的估计值，$h(n)$ 为从 n 到目标节点的最小代价估计值。显然，$g(s)=0$。令 $h(s)=0$。

(2) 节点 n 的深度 $d(n)$。这里，约定 $d(s)=0$。

(3) 父节点 $p(n)$。对于 $s, p(s)=$NIL(空集)。

(4) 它所代表的状态 $s(n)$。对于 $s, s(s)$ 无意义。

(5) 可行状态集 $Q(n)$，为下一个状态的所有可能值。$Q(s)$ 包含了 λ^{PC} 的全部状态。

2) 建立空 CLOSED 表。

3) LOOP：if OPEN=() then return FAIL；OPEN 表为空，失败。

4) 从 OPEN 表中取出第一个节点 n,将其放入 CLOSED 表。

5) if $d(n)=T$ then return Q^*,P^*;根据 $p(n)$ 属性,很容易得到 Q^* 和 P^*,只需

$$\left.\begin{aligned} & q_T^* = s(n), \quad n_T = n \\ & n_{t-1} = p(n_t) \\ & q_{t-1}^* = s(n_{t-1}), \quad t = T, T-1, \cdots, 2 \\ & P^* = a_T \exp\{-g(n)\} = a_T \exp\{-f(n)\} \end{aligned}\right\} \quad (7.38)$$

6) $M \leftarrow \text{expand}(n)$;扩展节点 n,建立集合 M,具体的操作如下:
对于 $\forall q \in Q(n)$,建立这样一个新节点 m,其属性为

$$s(m) = q, \quad d(m) = d(n)+1, \quad p(m) = n$$

类似 5),得到从 s 到 m 的状态序列 $q_1 q_2 \cdots q_{d(m)}$,令 $Q(m)$ 为

$$Q(m) = \{\text{ALL} \quad q | R(q_1 q_2 \cdots q_{d(m)} q) = 1\} \quad (7.39)$$

另外,$f(m)$ 计算如下:

$$\left.\begin{aligned} & g(m) = g(n) - \log(b_q(O_{d(m)})) - \begin{cases} \log(\pi_q), & d(n) = 0 \\ \log(a_{s(n)q}), & d(n) > 0 \end{cases} \\ & h(m) = -\sum_{t=d(m)+1}^{T} \log \max_{q \in Q(m)} (b_q(O_t)) \\ & f(m) = g(m) + h(m) \end{aligned}\right\} \quad (7.40)$$

7) 对于 $\forall m \in M$

 if $\exists m' \in$ OPEN 表,且 m' 与 m 的属性在节点深度、当前状态以及可行状态集方面都相等,then {

  if $f(m) < f(m')$ then 用 m 替换 OPEN 表中的 m'

  else 将 m 废弃

 }

 else 将 m 加入 OPEN 表。

8) 将 OPEN 表中的所有节点按估价函数值 $f(n)$ 从小到大排序。

9) 转 3) LOOP

对于上述算法,由于待搜索图有限,只要确实存在解,根据 A^* 搜索原理,则该算法一定能找到最优解 Q^* 和 P^*,满足式(7.37)。当然,为了节省时间,也可以采用集束搜索的技术。由此算法得到的 P^* 可以直接作为识别判决的依据。

有一点值得指出的是,在前面的分析中,我们的确利用了观察值的条件

独立性假设,从而得到式(7.38)的结果。然而,在实际问题中,如果能够得到 $P(O|Q)$ 的更好的估计,即使利用了观察值之间的大范围的相关,Z-算法也不需要太多调整就可以处理,因为它具有长期记忆力,能够记录"所发生过的一切"。

问题 C 的解决

对于参数重估问题,传统的 Baum-Welch 算法显然无法使用。但根据它的基本原理,我们提出这样的训练算法。这里先讨论离散 PCHMM 的情况,并假设有 N 个状态,M 种输出矢量。

对于 L 个训练样本 $O^{(l)}$,$l=1,2,\cdots,L$,以及初始的模型 $\lambda^{PC}=(A,B,\pi,R)$,可以反复进行如下步骤(以下是第 n 次循环情况):

1) 用 Z-算法,对每个 $O^{(l)}$ 找到最优序列 $Q_n^*(l)=q_1^{*(l,n)}\cdots q_{T_l}^{*(l,n)}$ 及 $P_n^*(l)$,计算

$$J_n \stackrel{\text{def}}{=\!=} -\frac{1}{L}\sum_{l=1}^{L}\log(P_n^*(l)) \tag{7.41}$$

如果 $J_n > J_{n-1} - \Delta$ 训练结束。这里,Δ 是预定的阈值。J_0 为一个充分大的数。

2) 统计在每个序列中

trans-counts(i,j,l,n):$Q_n^*(l)$ 中从状态 S_i 到 S_j 的转移次数;
state-counts(i,l,n):$Q_n^*(l)$ 中状态 S_i 出现的次数;
vect-counts(j,k,l,n):$Q_n^*(l)$ 中位于状态 S_j 且 $O_n^{(l)}$ 取值为第 k 个矢量的次数。

3) 按以下重估公式进行参数调整:

$$\left.\begin{aligned} a_{ij}^{n+1} &= \frac{\sum_{l=1}^{L}\text{trans-counts}(i,j,l,n)}{\sum_{l=1}^{L}\text{state-counts}(i,l,n)}, \quad 1\leqslant i,j\leqslant N \\ b_{jk}^{n+1} &= \frac{\sum_{l=1}^{L}\text{vect-counts}(j,k,l,n)}{\sum_{l=1}^{L}\text{state-counts}(j,l,n)}, \quad 1\leqslant j\leqslant N, 1\leqslant k\leqslant M \\ \pi_i^{n+1} &= \frac{1}{L}\sum_{l=1}^{L}\delta_i(q_1^{*(l,n)}), \quad 1\leqslant i\leqslant N \end{aligned}\right\} \tag{7.42}$$

其中,$\delta_i(q)\stackrel{\text{def}}{=\!=}\begin{cases} 1, & q=S_i \\ 0, & q\neq S_i \end{cases}$。

4) 计算或估计 α_T

显然,如果是连续 PCHMM,重估公式中只有 B 需做变动。对于混合高斯型概率密度函数

$$\left.\begin{array}{l} b_j(X) = \sum_{k=1}^{K} c_{jk} b_{jk}(X) = \sum_{k=1}^{K} c_{jk} N(X, \mu_{jk}, \Sigma_{jk}), \quad 1 \leqslant j \leqslant N \\ \sum_{k=1}^{K} c_{jk} = 1 \end{array}\right\} \quad (7.43)$$

有(式中,上标 n 代表第 n 次循环结果):

$$\left.\begin{array}{l} c_{jk}^{n+1} = \dfrac{\sum_{l=1}^{L} \sum_{t=1}^{T_l} \gamma_t^n(j,k,l)}{\sum_{l=1}^{L} \sum_{t=1}^{T_l} \xi_t^n(j,l)} \\ \mu_{jk}^{n+1} = \dfrac{\sum_{l=1}^{L} \sum_{t=1}^{T_l} \gamma_t^n(j,k,l) O_t^{(l)}}{\sum_{l=1}^{L} \sum_{t=1}^{T_l} \gamma_t^n(j,k,l)} \\ \Sigma_{jk}^{n+1} = \dfrac{\sum_{l=1}^{L} \sum_{t=1}^{T_l} \gamma_t^n(j,k,l)(O_t^{(l)} - \mu_{jk}^{n+1})(O_t^{(l)} - \mu_{jk}^{n+1})^{\mathrm{T}}}{\sum_{l=1}^{L} \sum_{t=1}^{T_l} \gamma_t^n(j,k,l)} \end{array}\right\} \quad (7.44)$$

这里,

$$\xi_t^n(j,l) = b_j^n(O_t^{(l)}) \delta_j(q_t^{*(l)}) = \delta_j(q_t^{*(l)}) \sum_{k=1}^{K} c_{jk}^n b_{jk}^n(O_t^{(l)})$$

$$\gamma_t^n(j,k,l) = c_{jk}^n b_{jk}^n(O_t^{(l)}) \delta_j(q_t^{*(l)})$$

注意,以上的训练必须在有比较多的样本时才有较好的结果,为了解决训练样本不足的问题,可以采用参数平滑的技术,这里不再细说。另外,初值的设定对训练结果也会有较大的影响,如果模型中的状态有比较明确的物理意义,则可以根据人的经验设置初值。对于连续 PCHMM,还可以用类似分段 K-均值方法进行训练。

7.3.2 PCHMM 在联机手写汉字识别中的应用

对于一般基于 PCHMM 的识别器,其原理与标准 HMM 的相似,可如图 7.1 所示。下面以联机手写汉字识别为例,介绍 PCHMM 的具体应用。

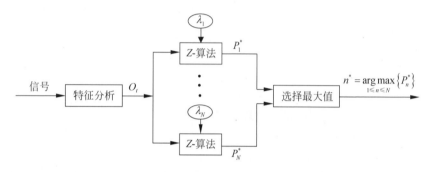

图 7.1 基于 PCHMM 的识别器工作流程

7.3.2.1 联机手写汉字的 PCHMM 模型

一个汉字可以看成是由一些笔段构成的,它们按照一定的方式组合起来,形成整个汉字。一般来说,汉字的结构特征,也即每个笔段的形态及它们之间的空间位置关系,是汉字最本质的特征。由于文化的影响和为书写方便,大部分中国人书写按照一定的笔顺,但笔顺并不稳定,只能说,具有一定的统计规律。笔顺信息,也即构成汉字的小线段在时间上的先后关系信息,如果能够被很好地利用,无疑对提高识别率大有好处。

对于联机手写汉字识别技术而言,识别算法所要处理的是对笔尖运动按时间采样所得到的一系列 (X,Y) 坐标点,每个坐标点还带有抬笔/落笔信息。根据抬笔/落笔信息,一个字的笔迹可以分解成几个笔画,每个笔画对应一段从落笔到抬笔期间笔尖所走过的轨迹。现在就产生这样的问题:怎样才能将汉字的笔画分割成笔段并与模板相匹配,从而进行识别?

传统方法是对笔画进行折线化,从而将其分割成笔段。然而,这种先分割再识别的方式有很多弊病:写得比较圆的笔画分割容易发生歧义。另外,连笔也会造成一些多余的笔段。近年来,很多人把注意力放在 HMM 方法上,由于这类方法的优点是在识别的过程中进行分割,具有很好的鲁棒性,特别是对连笔效果很好。在这类方法中,大多数是把汉字的每个笔段作为 HMM 的一个状态[22],这是因为笔段对应的实际笔迹具有方向一致性,从而把汉字的书写过程看成是一个隐含马尔可夫过程。

然而,标准 HMM 是否对联机手写汉字非常适合呢?正如在引言中所说,左-右型 HMM 对笔顺的要求很高,而遍历 HMM 并不能有效地描述汉字,因为汉字的每个笔段只能书写一次。因此,如果硬要把书写过程用标准的 HMM 描述,必然带来一些问题,这些问题是由于 HMM 不精确造成的。

利用 PCHMM 描述汉字,情况就会好得多。同样是把汉字笔段作为内部状态,则可以设计全连接型的转移矩阵。而通过对状态转移路径的控制,很容易确保每个对应笔段的状态仅仅进入一次。下面将详细介绍联机手写汉字的 PCHMM。

与大多数基于 HMM 的方法相同,用笔尖运动方向作为观察值,这个方向可以从相邻两个采样点的坐标求得。如图 7.2 所示。这样一个笔画可以表示为一个方向角序列。为了处理多笔画情况,我们在相邻笔画的方向角序列之间插入符号"|",它意味着状态转移必须发生。这样,一个 m 个笔画的联机汉字,其观察序列中会出现 $m-1$ 个"|"。注意,"|"并不是一个观察值,我们这样写是为了叙述方便。

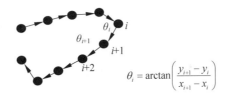

图 7.2 方向特征

设一个字的标准笔段有 n 个。所谓标准笔段就是在工整书写时应该具有的笔段,不包括由于连笔而造成的笔段。如图 7.3 所示,"王"和"乙"字各具有 4 个标准笔段。之所以利用标准笔段,是因为它们是汉字最本质的信息,通常的连笔字只是用多余的笔段将这些笔段连接起来。此时取模型状态数 $N=n+1$,其中,n 个状态与标准笔段一一对应,记作 $S_1 S_2 \cdots S_n$。观察值的密度函数采用混合高斯型连续观察概率密度函数,且取 $K=2$,见

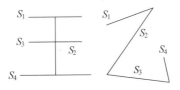

图 7.3 "王"和"乙"的标准笔段

式(7.43)。对于转移矩阵 A,所有元素的初值被置为正数,以允许任何笔顺出现,而 π 则表示每个标准笔段被最先写出的概率,其所有系数初值亦置为正。

剩下的那个状态,记作 S_0。这个状态是一个特殊状态,它表示所有的连笔,也就是那些在笔迹中确实存在、把标准笔段连接起来的那一部分笔迹。连笔在一个字中可能出现的次数随机性很大,而且情况随笔顺的变化而变化。如图 7.4 所示,"王"字的不同笔顺造成了不同的连笔。因此,我们不考虑对每个可能出现的连笔单独建模,而是将它们归为一类。在实际汉字书写中,连笔书写是为了节约时间,因此它们基本上是直线段,仅仅利用这一点就可以了。对于这个状态的概率密度函数,可以根据经验定出,而不必通过训练得到。

$$b_{S_0}(\theta_t) \stackrel{\text{def}}{=\!=} \frac{1}{\sqrt{2\pi}\sigma} \exp\left\{\frac{-(\theta_t - \bar{\theta}_t)^2}{2\sigma^2}\right\} \tag{7.45}$$

这里,σ 为一个经验值。

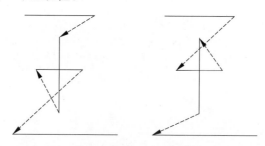

图 7.4　不同笔顺对应着不同的连笔

$\bar{\theta}_t$ 为此次进入连笔状态以后到 t 为止所有观测值方向角的平均值。即

$$\bar{\theta}_t = \frac{1}{t-\tau}\sum_{s=\tau+1}^{t}\theta_s \tag{7.46}$$

其中,τ 满足:$q_{\tau+1}=q_{\tau+2}=\cdots=q_t=S_0\neq q_\tau$。需要指出的是,求平均时要注意角度边界问题。

需要注意的是,虽然 S_0 的概率密度函数非平稳,但是对于 Z-算法来说,这是没有问题的。

下面可以确定 $R(Q)$,从而整个模型就完整了。如果把联机汉字看成是一个 PCHMP,那么,状态转移的最明显特点是,对应标准笔段的状态仅仅能够进入一次。换句话说,一旦离开一个对应于标准笔段的状态,以后就不能再次进入了。它的意思是,书写时,同一个笔段不会写两次。另外,在

遇到标志笔画结束的符号"|"时,如果目前正处于一个对应笔段的状态,那么下一步必然离开该状态。这是由于,一个笔段仅可能存在于一个笔画内。于是可以将 $R(Q)$ 设计为

$$R(Q) = \begin{cases} 0, & \text{条件 1 或条件 2 成立} \\ 1, & \text{其他} \end{cases} \quad (7.47)$$

这里,条件 1 为(设 Q 的长度为 T)

$$\exists t_0, t_1, t_2, \quad 1 \leqslant t_0 < t_1 < t_2 \leqslant T, \quad S_0 \neq q_{t_0} = q_{t_2} \neq q_{t_1} \quad (7.48)$$

条件 2 为

$$\exists t, 1 \leqslant t \leqslant T-1, \quad q_t = q_{t+1} \neq S_0 \text{ and } \exists \text{"|" between } \theta_t \text{ and } \theta_{t+1} \quad (7.49)$$

显然,$R(Q)$ 的定义满足(7.34)。

如果现在直接利用式(7.33)的定义,效果不会很好。因为所有连笔被当作一个状态进行考虑,因此,连笔态与实际笔段态的相互转移的统计规律没有什么意义。我们真正关心的是实际笔段状态之间的转移规律,也是书写笔顺的统计规律。因此,对式(7.33)进行了如下修正。

设 $Q = q_1 q_2 \cdots q_T$,则 $Q' = q_1' q_2' \cdots q_{T'}'$ 是从 Q 中将所有的 S_0 去掉以后的剩余序列。注意,Q' 中所有元素的顺序保持不变。显然 $T' \leqslant T$,则有:

$$P(O, Q | \lambda^{PC}) \stackrel{\text{def}}{=} \alpha_T (\rho^{T-T'} \pi_{q_1'} \prod_{t=2}^{T'} a_{q_{t-1}' q_t'}) \prod_{t=1}^{T} b_{q_t}(O_t) R(Q) \quad (7.50)$$

其中,$0 < \rho \leqslant 1$,是一个参数,反映连笔出现的概率。

这样就无须关心 S_0 与其他状态之间的转移概率了。而且,这里的转移矩阵 A 是一个 $(N-1) \times (N-1)$ 的矩阵,而非 $N \times N$ 矩阵。对此修正,Z-算法中只需对 $f(n)$ 的计算略进行调整即可。

到此为止,联机手写汉字的 PCHMM 模型就已经叙述完毕。它具有如下特点:首先,它是一个统计模型,并允许一个模型描述同一个汉字的各种笔顺,这是左-右型 HMM 所做不到的。但是,通过 $R(Q)$,人关于汉字的知识被加入模型之中,而且每个状态可以具有明确的物理意义,这为 PCHMM 方法与结构方法的结合打下了基础。

对于这个 PCHMM 的初值问题,由于各个状态的物理意义非常明显,可以利用人的知识为其设定初始值。我们可以先用工整书写的汉字来获得模型的状态数 N,其方法就是利用折线化技术,将汉字的笔画分解为多个直线段。由于工整书写的汉字笔画比较平直,分割一般没有歧义。然后,用工整书写的汉字各笔段的方向作为 B 中的正态分布的中心值 μ。由于有

$K=2$,取另一个 μ 为其相反的方向(因为这两个方向在视觉效果上是一样的)。对于 Σ 值,所有笔段状态取同一个经验参数即可。而 A 和 π,可以取各分量相等,也可以根据经验给出一个估计。这样,PCHMM 模型已经初始化完毕,可以用真实样本进行训练了。

7.3.2.2 PCHMM 的级联

在汉字的构成中,字根的作用是非常重要的。所谓字根,这里是指构成汉字的稳定的、出现频率较高的结构单元。人们在书写汉字时一般都是逐字根地书写,字根内笔画、笔段的结构关系相对字根间的也保持得更好。其次,成千上万的汉字是由数量少得多的字根构成的。对于国标一、二级 6 763 个汉字,仅仅用几百个字根就可以表示(当然,字根的选择与应用的目的有关,国家目前已经颁布了字根的规范,其主要目的在于规范汉字编码)。对于不同汉字中的同一个字根,它仍然保持固定的结构,这是汉字构成的一个重要特点。另外,即使在不同的字中,字根的书写习惯一般不变,也就是说,笔顺比较稳定。比如说,"口"是汉字中出现频度最高的字根,在 6 763 个汉字中,有 1 000 多字含有"口"的结构。图 7.5 列出了一些字根。

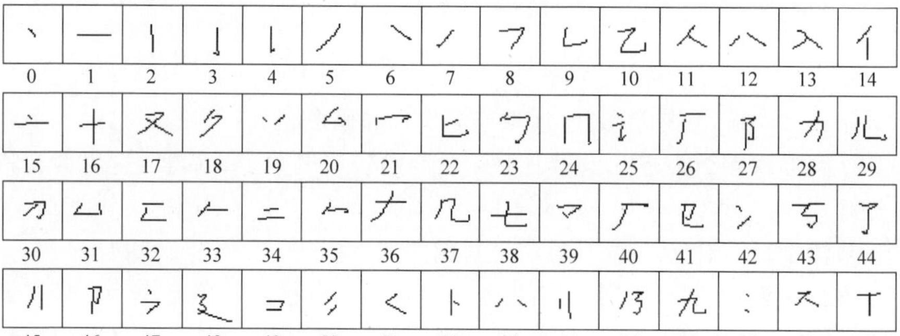

图 7.5 本文中使用的一些字根举例

由于汉字的这种构造特点,容易想到如果将每个字根用一个 PCHMM 描述,从而把一个汉字用 PCHMM 的级联网络来描述,比每个字对应一个单独 PCHMM 的方法能有效地减少参数的数量以及训练的难度。另外,这种做法对训练数据量的要求也比较低。

由于在汉字中字根的书写顺序是很稳定的,笔顺的变化一般发生在字根内部。因此,可以用一个字根串描述一个汉字,从而把各个描述字根的 PCHMM 组成一个大的描述汉字的 PCHMM。在这个汉字 PCHMM 中,其状态由所有字根 PCHMM 的状态组成,且各状态的观察概率密度函数不变(这是由于不同汉字内相同字根保持稳定的形态)。

需要特别考虑的是状态之间的转移。由于汉字是逐字根书写的,可以认为字根间的状态转移只能发生在相邻字根的状态间,且是由前一个字根状态转移到后一个字根的状态。为了使各字根 PCHMM 能够更好地组成汉字 PCHMM,字根 PCHMM 的结构与汉字 PCHMM 略有不同。设一个字根所含标准笔段数为 N,除了每个标准笔段作为一个状态以及一个特殊状态 S_0 以外,还增加一个状态:结束态 S_e,它不对应任何观察,引入它是为了使问题便于表述。这样,转移矩阵由 $N \times N$ 变成 $(N+1) \times (N+1)$,也就是说,任意一个笔段对应的状态 S_i 除了向其他笔段状态有转移概率以外,还有向结束态的转移概率,记作 π'_i,它表示该笔段作为字根中最后一个被写笔段的概率。这样,转移矩阵 A 具有下面的形式:

$$A = \begin{bmatrix} a_{11} & a_{12} & \cdots & a_{1N} & \pi'_1 \\ a_{21} & a_{22} & \cdots & a_{2N} & \pi'_2 \\ \vdots & \vdots & & \vdots & \vdots \\ a_{i1} & a_{i2} & \cdots & a_{iN} & \pi'_i \\ \vdots & \vdots & & \vdots & \vdots \\ a_{N1} & a_{N1} & \cdots & a_{NN} & \pi'_N \\ 0 & 0 & \cdots & 0 & 1 \end{bmatrix}$$

其中,$(\sum_{i=1}^{N} a_{ij}) + \pi'_i = 1$。

这样,在级联以后的字 PCHMM 中,字根内状态的转移(只考虑笔段间状态转移)的概率不变,字根间状态转移的状态则由下面公式得到。

在单模板的情况下,第 m 个字根的第 i 个笔段转移到第 $m+1$ 个字根第 j 个笔段的转移概率为

$$P_{m,m+1}(i,j) = \pi'^{(m)}_i \pi^{(m+1)}_j \tag{7.51}$$

当考虑每个字根多个模板情况时,例如一个字的第 m 个字根有 L_m 个模板对应 L_m 种不同的写法。设对第 m 个字根而言,其第 i 个模板也即第 i 种写法出现的概率为 $P_i^{(m)}$,应该有 $\sum_{i=1}^{L_m} P_i^{(m)} = 1$。这时,式(7.51)应被修正为

$$p_{m,m+1}(i,j) = P_i^{(m)} \pi_i^{\prime(m)} \pi_j^{(m+1)} \tag{7.52}$$

此时,字根 PCHMM 的级联可以如图 7.6 所示。

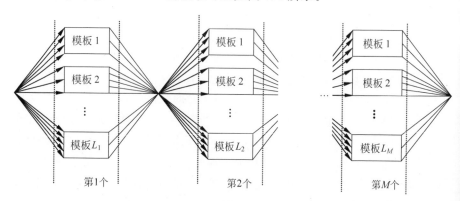

图 7.6 字根 PCHMM 的级联示意图

在图 7.6 中,一个字设由 M 个字根组成,各个字根则具有多个模板。每个模板是一个前面介绍的 PCHMM。从图中可以看出,级联的结果是形成了一个大的 PCHMM,它的 $R(Q)$ 如下定义:任何一个 Q,如果它是由各字根的某一个 PCHMM 模板的状态子序列依次衔接而成,且各模板的状态子序列使其相应的路径控制函数为 1,则 $R(Q)=1$;反之,$R(Q)=0$。这样,7.2 节提出的 Z-算法以及参数训练方法就可以在级联所得的 PCHMM 上使用。并且,各字根的训练不必分开进行,只需在级联 PCHMM 训练过程中将参数估计结果分解即可。

这里有一点需要说明,采用字根 PCHMM 级联来对汉字建模,固然具有前面所说的一些好处,但同时也带来一些问题:首先,它对字根定义的要求是比较高的。如果字根定义得不当,导致不同汉字内同一个字根形态差异太大,就会降低方法的效率。其次,字根 PCHMM 的级联要求字根顺序不能颠倒,使用者必须严格遵守逐字根书写的原则,否则就难以正确识别。最后,一些行书乃至草书写法难以建模,因为它突破了字根的框架。由于这些问题,我们在完成识别系统时采用两种方案相结合的办法:对于汉字的规范写法,用字根级联的 PCHMM 建模;而对一些常用的脱离字根框架的行

书、草书写法以及对识别率要求较高的常用汉字,采用整字 PCHMM 建模,并在识别中采用分类器集成的方案,可以有效地发挥两种方案的优点。这里补充一点:在本章后面的实验中,采用的是整字 PCHMM 方案。

7.3.3 联机手写汉字识别的时空统一模型——STUM

前面已经说过,一个汉字最本质的特征在于它的结构特征,简单地说,就是构成它的笔段的形态以及相互之间的空间关系。到目前为止,我们仍然只是利用了笔段的方向特征,它不能充分描述字的结构,特别是不能反映不同笔段之间的相互关系。一般来说,基于 HMM 的方法原理上只能利用局部特征,而结构特征恰恰属于某种全局特征。对于观察值的条件独立性假设妨碍了基于 HMM 的方法有效地利用全局特征。

但是,在这里,PCHMM 提供了一个好的解决方案。由于在 PCHMM 中通过控制状态的转移路径,能够让每个笔段唯一地与 PCHMM 的一个状态相对应(这一点是一般 HMM 做不到的)。因此,通过 Z-算法得到的最优状态序列进行解码,很容易对实际笔迹进行分割,并得到所有的标准笔段。然后,可以抽取这个汉字的结构特征并与结构特征字典进行比较。识别器给出的最后分数是 PCHMM 和结构方法得到的综合分数,这个分数比单独的 PCHMM 给出的分数具有更高的分类能力。

我们用来描述汉字的结构特征的是 7.2 节所述的 SSM 模型。从 7.2 节的介绍可以看出,汉字的 SSM 是以标准笔段作为基元的。这样,PCHMM 可以非常自然地与 SSM 结合起来。一个汉字的 PCHMM 中的每个状态,除了连笔态 S_0 以外,都与该字的 SSM 中的一个笔段相对应,因此每个字 C 可用一个联合模型:

$$\mathrm{ST}_C = (\lambda_C, \Gamma_C) \tag{7.53}$$

来描述,其中,λ_C 为 C 的 PCHMM,而 Γ_C 为 C 的 SSM,我们称该模型为联机手写汉字的时空统一模型(spatial temporal unified model,STUM)。

通过 PCHMM 的 Z-算法,不但能得到 PCHMM 的概率分数 p_λ^*,还可以从真实笔迹中抽取包含在其中的每个标准笔段,从而获得其相应的起点和终点坐标。这样,由 7.2 节的式(7.8)可以得到 SSM 的概率分数 p_Γ^*。由于 SSM 所用的结构特征与 PCHMM 中所利用的方向特征具有较强的独立性,我们给出时空统一模型的匹配综合分数为

$$p_{\mathrm{ST}}^* = p_\lambda^* \, p_\Gamma^* \tag{7.54}$$

这个分数表示,在最优路径下,输入模式与模板之间匹配的综合得分。

由于考虑了结构因素,这个分数比单纯 PCHMM 给出的分数具有更强的分类能力。

原来对最优路径的定义是单纯地以 PCHMM 为基础的。可以想象,如果改变最优路径的定义,使其对应最大的综合分数,必将取得更为满意的匹配效果。要做到这一点并不困难,只需对 Z-算法略加改动。

事实上,在 Z-算法的路径耗散估计值的计算中,可以加入当前节点所对应的状态路径解码所得各标准笔段的 SSM 得分的负对数值。也即,

$$f(m) = g(m) + h(m) - \log(p_\Gamma^*(m)) \tag{7.55}$$

这里,$p_\Gamma^*(m)$ 是节点 m 所对应的 SSM 得分。由于从开始节点到 m 的状态路径中只包含部分标准笔段,对于尚未匹配的标准笔段,按照基元丢失的情况处理,从而计算相应的 SSM 得分。需要指出的是,在 SSM 中定义的各基元出现概率不应为 1,否则,在计算 $p_\Gamma^*(m)$ 时应作一定处理。例如,将 $\log(0)$ 定义为一个充分大的负数,而非 $-\infty$。

按照这样修改后的 Z-算法就能找到最大的综合得分及其对应的最优路径。根据这个得分,可以进行分类判决。

$$C^* = \arg\max_C \{p_{ST_C}^*\} \tag{7.56}$$

这里,C^* 是识别结果。

需要强调一点的是,正是路径控制函数的使用,才能够把 PCHMM 的各个状态唯一地与一个标准笔段相对应,并与 SSM 结合形成时空统一模型 STUM。注意,对于标准 HMM,这一点是做不到的。设想用类似方法以标准 HMM 来描述联机汉字,由于笔顺的随机性,一个左-右型 HMM 中的一个状态必须对应多个笔段,而一个遍历型 HMM 根本无法控制状态与实际笔段的对应关系,因为每个状态可以重入多次。这说明了 PCHMM 相对标准 HMM 的优越性。另外,Z-算法的灵活性也使结构特征能被有效利用。

STUM 的训练过程,可以理解成对构成它的两个模型分别训练的过程。首先,根据标准样本(不带连笔的楷书样本)生成初始的 SSM 和 PCHMM 模型,从而得到 STUM 的初始模型。然后,根据上面所说的改进 Z-算法对训练样本进行匹配,统计得到 SSM 和 PCHMM 的参数即可。

7.3.4 实验与分析

实验 1 基于 STUM 的识别方法

基于前文中时空统一模型思想,我们实现了一个联机手写汉字识别器,它可以识别 3 755 个常用汉字。对于大多数汉字,一般用一个 STUM 进行

描述。对于少数写法变化大的字则采用多个模板。总共建立了 4 117 个模板来描述全部 3 755 类汉字。一个包含 375 500 个字的样本数据库(每字 100 个样本)被用于训练。在这些字中,既有工整字又有草体字。

训练样本首先经过预处理去掉噪声,比如锯齿噪声和孤立点噪声,然后进行等间距重采样以及大小规一化。训练遵循由易到难的原则,在建模以及开始训练时采用非常工整的样本,因为这些样本不包含连笔和严重变形。待系统比较稳定后,则采用整个样本集进行训练。训练的方法在前文已有介绍,这里不再赘述。

测试使用 7 套完全独立的样本,每套样本 3 755 个字,也即,每个字写 1 遍。这 7 套样本质量具有较大的差异,样本 1、2 为工整样本,样本 3~5 为比较自由的书写样本。而样本 6 与样本 7 是非常自由的样本。

本实验用 7 套测试样本进行了测试,各套样本的识别率情况如表 7.2 所示。表 7.2 给出了在全部样本集上的平均识别率,图 7.7 显示了在候选字数变化时的总识别率。

表 7.2　测试结果

样本	1	2	3	4	5	6	7	平均
首选识别率/%	99.23	98.33	94.17	97.6	95.74	88.23	86.54	94.26
十选识别率/%	99.95	99.87	98.3	99.36	99.17	97.10	96.00	98.54

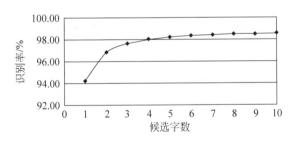

图 7.7　候选字数改变时识别率的变化

如表 7.2 所示,对于工整书写,识别器性能已经很好。如样本 1 已经达到 99.23% 的识别正确率。对于一般的字,如样本 2~4,识别率也达到 95% 左右。而对于非常自由的书写,首选识别率虽然比较低,仅 87%~88%,但是前十选仍然保持比较高的正确率(96% 左右),这对于一个使用系统是非常重要的。从图 7.7 可以看出,前 2 位候选字的识别率比第 1 位有明显提高,如果能够改进系统对相似字的区分能力,或者利用上下文信息,必将对系统识别率有很大改善。

为了更好地说明基于 STUM 的方法对不同笔顺和连笔的适应,以汉字"王"为例进行说明。"王"有 4 个标准笔段,因此,在它的 PCHMM 中有 5 个状态。中国人写"王"有两种习惯的笔顺,如图 7.8 所示。我们这里用同一个 PCHMM 模型,对两种写法建模。当识别图 7.8 所示的两个"王"字时,Z-算法给出两个最优状态序列 Q^*。根据 Q^*,可以在原来的笔迹中找到对应于各个状态(笔段)的部分,并在起始处用数字标记其状态。连笔则用虚线显示。比较两个结果可以发现,Z-算法确实能处理笔顺变化的情况。

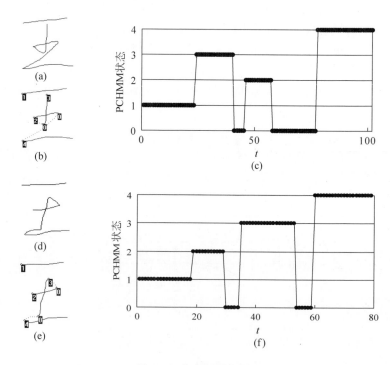

图 7.8 状态解码的例子

(a),(d) 两个不同笔顺的"王";(b),(e) 解码的结果;(c),(f) 由 Z-算法得到的状态路径

图 7.9 显示了测试数据中的一些例子。可以看出,基于 PCHMM 的算法具有很强的识别连笔字的能力。识别错误主要由两方面原因造成:一方面,有些汉字彼此太相似,分类器无法分辨。有时连笔也会增加相近字的分辨难度。另一方面,有些字过于潦草不能被识别器接受。为改善性能,引入区分性学习显然是一种很有希望但富于挑战的方法,我们将来的工作将集

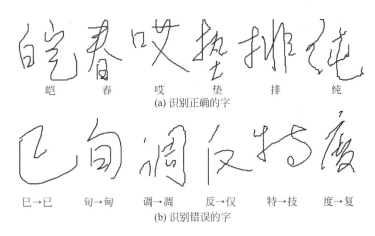

图 7.9 一些测试数据实例

中在这一方面。另外,增加一些描述常用草书写法的模型显然可以提高系统对草写字的识别能力。

实验 2 与其他识别方法的比较

下面的实验将把本节提出的方法与联机手写汉字识别的其他方法进行比较。在这些方法中,有些是基于标准 HMM 的方法,有的则是结构方法,下面分别予以介绍。

(1) 基于标准 HMM 的识别方法

根据 K. Takahashi 等人的文章,我们实现了一种基于离散左-右型 HMM 的识别方法。该方法把汉字的相邻笔画用直线段(也即"伪笔画")连接起来,经过等距离采样和 16 阶方向量化后一个字用一个观察序列表示,每个观察值包含其量化后的方向以及抬笔/落笔信息(用 0/1 表示)。在 HMM 的转移概率矩阵中规定

$$a_{ij} = 0, \quad i \neq j, j+1$$

HMM 的训练方法在文献[22]中有比较详细的描述。通过相似度检测,该方法可以在训练过程中自动地增加模板以描述不同的写法,尤其是不同的笔顺。自动增加模板的过程是靠一个参数进行控制的。

在实验中,同样用 375 500 字的训练集,通过参数控制,得到两个识别器,它们分别具有 5 820 和 9 647 个模板。两个识别器记做 C-HMM1 和 C-HMM2。

(2) 基于 Fuzzy Attributed Relational Graph(FARG)的识别方法

实验中采用的另一种方法是完全基于 FARG 的方法。这种方法以前

已经发表过,有兴趣的读者请参阅文献[11-13]。在该方法中,FARG 的每个节点表示汉字的一个标准笔画(指工整汉字具有的笔画),而边则表示笔画之间的相互关系。为了增加抗干扰能力,在属性描述中采用模糊集方法。一种松弛匹配的方法被用于寻找模板与目标模式之间的对应关系,它是一种笔顺无关的算法,且能解决一定的连笔问题。由于难以自动建模,该方法中所采用的 FARG 是手工建立的。

基于这种方法的识别器记作 C-FARG。

(3) 其他方法

为了更好地说明路径控制以及结构特征在本节方法中所起的作用,我们还设计了这样一个识别器。它是将所提方法中的路径控制和 SSM 去掉,而其他部分保持不变而得到的一个识别器。从某种意义上看,它类似于一个基于遍历 HMM 方法的识别器。我们没有为该方法设计专门的训练程序,而简单地利用了基于 STUM 方法的训练结果。尽管不能说这是一个非常完整的方法,但与之比较可以反映利用路径控制和结构特征的有效性。

基于这种方法的识别器记作 C-EHMM。另外,基于时空统一模型的识别器,记作 C-STUM。

对 4 个分类器分别用上述 7 套样本进行测试,识别结果如表 7.3 所示。另外,表 7.3 中还包含了 C-STUM 的结果。图 7.10 则显示了在不同候选字数情况下总识别率的变化曲线。

表 7.3 各分类器的性能比较

分类器	模板数	首选识别率/%	十选识别率/%	方法说明
C-STUM	4 117	95.52	98.56	STUM(PCHMM+SSM)
C-HMM1	5 820	86.64	98.32	Left-Right-HMM
C-HMM2	9 647	86.69	98.40	Left-Right-HMM
C-FARG	4 085	86.17	94.51	FARG
C-EHMM	4117	67.38	89.52	Similar to Ergodic HMM

从以上的图表可以看出,STUM 相对于其他方法来说具有明显的优越性。它的识别率最高,所用的模板数也几乎是最少的。从图 7.10 也可以看出,其随样本质量的波动也最小。这说明,PCHMM 与 SSM 相结合具有非常好的描述和分类能力,并具有很好的健壮性。有一点需要强调:只有 PCHMM 才能与 SSM 相结合,而标准 HMM 则不能。这里,没有单独用 PCHMM 来实现一个识别器,这是由于没有利用连笔提供的信息,因此汉

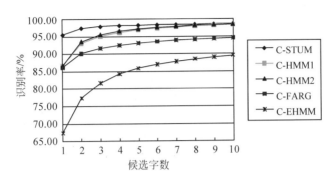

图 7.10　各识别器总识别率随候选字数变化曲线

字的结构特征完全依靠 SSM 描述。若去掉 SSM，则方法是不完整的。

C-HMM1 和 C-HMM2 前 10 位候选字的总识别率与 C-PCHMM 相差很小。但是对于首选识别率，它们明显地要低。主要原因有 3 点。首先，由于左-右型 HMM 对汉字的笔顺变化很敏感，而不同的人具有不同的书写习惯。这一事实对基于左-右型 HMM 的方法的性能有很大的影响。其次，由于缺乏对结构特征的有效利用，即使样本质量很好，它们的首选识别率也不太高（这从图 7.11 可以看出）。这说明，仅用左-右型 HMM 进行汉字描述的局限性。最后，当样本质量下降时，由于笔画畸变增加，方向特征不稳定，这对于识别率有着非常大的影响。

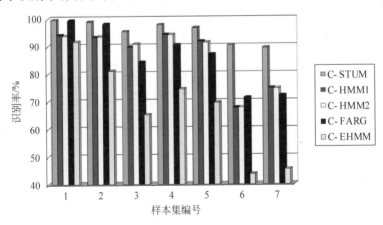

图 7.11　不同测试样本下各识别器的首选识别率

另一个有趣的现象是，尽管模板数从 5 820 增加到 9 647，但 C-HMM2 比 C-HMM1 仅有非常微小的提高。造成这种情况的原因可能在于左-右型

HMM 对于书写变化的适应能力较差，机器自动地增加模板的效率太低，即使增加少量模板，也难以使识别率发生明显改善。事实上，我们无法继续增加模板数，因为 9 647 个模板已经达到 25MB，机器已经难以承受了。

C-FARG 对于不同样本有非常不同的性能。从图 7.11 可以看出，对于样本 1 和样本 2，它的识别率几乎是最高的，可对于其他样本，其性能并不好。这主要是因为，该方法是基于结构匹配的。当样本质量不好、连笔多、噪声多、畸变明显时，对结构匹配，基元分割提取的影响比较大。当样本质量好时，由于结构特征的分类能力很强，其识别率非常高。但当质量下降时，识别率下降得也很快。这是一般结构识别方法的通病。另一个应注意的情况是，C-FARG 的第 1 位识别率与 C-HMM1/2 几乎一样，但前十位的识别率有明显差距，这是因为 C-FARG 的识别错误很多在于匹配失败。而一旦匹配成功，其分类能力还是不错的。

所有方法中识别率最差的是 C-EHMM。虽然它表面上看对笔顺应该不敏感，似乎应该有比较好的效果，但是，由于没有采用路径控制和结构特征，其分类能力显然太差了。虽然 C-EHMM 不是精工细作，其方法可能还有潜力可挖，但至少有一件事可以说明，路径控制和结构特征的确是本节方法成功的关键因素。

7.3.5 小结

联机手写汉字识别所处理的模式中包含着时间信息，时间信息的有效利用无疑会为提高识别率提供帮助。HMM 由于只是对模式的一种简化，其不精确性有时会对问题的解决造成影响，具体到联机手写汉字识别中，就是难以在 HMM 的框架下利用文字的结构信息，以及不易克服笔顺乱序的影响。本节提出了一种更精确的模型——PCHMM，把对状态转移路径的控制直接引入了模型之中，从而可以更准确地描述汉字。更重要的是，引入对状态转移路径的控制使我们可以将 PCHMM 的状态与汉字的标准笔段一一对应起来，而且不受笔顺变化的影响，这使得 PCHMM 与 SSM 相结合成为可能。

SSM 模型描述的是汉字的空间结构信息；而 PCHMM 则是从过程的角度描述汉字，描述了联机汉字中的时间信息。能否将二者结合起来，形成一个时空统一模型呢？答案是肯定的。首先，二者都是统计模型，有比较严格的概率意义；其次，两者利用的特征独立性很强，前者利用的是全局特征，后者利用的是局部特征；最后，联机手写汉字的 PCHMM 中除了描述连笔的状态以外，其他状态与标准笔段一一对应，而每个标准笔段可以作为 SSM 中的一个基元，因此可以很自然地将二者结合在一起；最后，将 Z-算法稍加改进，即可以得到这种时空统一模型的匹配算法。

本节采用时空统一模型对联机手写汉字进行描述，取得非常好的效果。经过实验可以证明，基于时空统一模型的方法相比一些传统的方法可以大大改善识别率，其原因在于对时间信息和空间信息充分而有效的利用。

7.4 基于全局模式分析的统计结构特征

联机手写汉字的笔迹数据一方面保留了汉字书写的整个过程，利用这些实时的时空变化信息，可以进行基于子结构分析的 HMM 模型描述和识别；但是在另一方面，其笔迹显示的结果又是一个在整体上相互约束的许多笔迹点构成的完整汉字字形，因此可以从字符模式的整体角度出发描述和利用字符信息。后者这种基于全局结构模式分析的统计方法，在模型描述中不需要进行子结构的解析和重构，尽管失去了显式的子结构形式的概念表达，但以整体字符为单位进行处理，更容易保留汉字内部的各种相关结构信息。

统计方法成功的关键在于统计特征集合的有效性，亦即取决于不同类别的模式能在多大程度上在特征空间分开。这就要求我们仔细设计代表样本的特征。设计统计分类特征，一般需要遵循以下原则[1]：有较强的分类能力，有较高的稳定性和抗干扰能力，容易提取，等等。在联机手写汉字识别中，要找到有效的统计数值特征用于分类，需要解决的问题是如何用统计数值特征表示出汉字中含有的丰富的结构信息。因此，本节研究工作的重点是从基于全局模式分析的角度出发，通过对联机汉字的结构分析，充分利用联机汉字的空间结构信息和联机书写信息，设计出相应的能反映联机汉字结构的统计结构特征[57]。

7.4.1 联机汉字笔迹的结构分析

7.4.1.1 笔迹点属性

联机汉字与基于二维图像点阵的汉字在数据记录方式上有较大的差别，一个联机汉字的笔迹实际上是一系列从时间上依序排列的点坐标：

$$P(x_1,y_1), P(x_2,y_2), \cdots, P(x_n,y_n), \cdots, P(x_{n+1},y_{n+1})$$

$$P(x_1,y_1), P(x_2,y_2), \cdots, P(x_n,y_n), (\text{break}), P(x_{n+1},y_{n+1}), \cdots$$

这是计算机通过数字化仪实时地对书写时笔尖的移动轨迹进行采样得到的,(break)代表两个自然笔画间的中断。也就是说,除汉字笔画的准确空间位置外,这种笔迹数据还记录了书写笔画的走向、先后顺序等时间信息。

因此,根据以上信息,设定联机汉字的笔迹点为具有空间位置和方向两种属性的有向点:$P(x,y,\theta)$。这个设定是合理的:空间属性(x,y)为笔迹点的空间坐标,而方向属性用方向值θ表示。方向值的计算方法如下:

假设代表联机汉字的一系列笔迹点为$P_1,P_2,\cdots,P_i$,任取一点P_i(除最后一点外)都有至少一个后继点$P_j(j>i)$,把从P_i指向P_j的有向线段的方向作为P_i点的方向值θ,如图7.12所示。

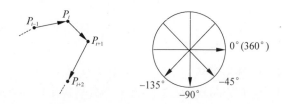

图7.12　笔迹点方向值的计算示意图

严格来说,空间属性和方向属性之间不是完全独立的,因为方向属性的计算反映了时间上先后点之间的空间关系,所以既蕴含了部分时间信息,也包含着空间信息。

当然,联机手写汉字笔迹中包含的结构信息不是只能用笔迹点的坐标位置和方向表示。除了这两者之外,也可以从不同的角度为笔迹点设计增添其他的属性,以突出某种结构性质。这些新属性往往从空间和方向属性中演化出来,并使用更复杂的定义,比如使用边缘属性描述笔迹点在汉字中所处位置的边缘特性。从理论上说,笔迹点的属性定义越多,就能从越多的角度描述联机汉字的结构,越有利于识别。但在实践中,大多数属性定义对分类没有多少实际性帮助。

7.4.1.2　空间属性的结构特性

联机手写汉字笔迹点的空间属性中包含着字符样本最基本也是最完整的空间结构信息。在日常生活中,汉字认字过程主要根据汉字图像的空间视觉认知,说明汉字的空间结构中包含了足够的识别信息,所以依据空间属性的结构特性进行联机汉字的分类特征设计是一个最重要的原则。在基于二维图像的汉字识别技术中,汉字空间图像更是提取特征时所能够获取和利用的唯一信息。

汉字的空间结构反映在汉字的每一个笔画和它们之间的相对空间关系上,而笔画又是由若干个笔迹点和它们的相对空间位置关系决定的。可以这样说,所有笔迹点之间固定的相对空间位置关系就是空间结构的本质。但是,这种相对关系是非常难以用数值直接描述的,只能由笔迹点的空间属性间接而隐含地表示出来。此外,在不同空间部位的笔迹点具有不同的重要性:从人类认知心理实验的结果来看,在人们辨认汉字字形时,汉字的首、尾、边、外框、轮廓,以及构成字的骨架的突出笔画或部件往往最先被识别[32,42]。研究者已经提出了许多从汉字字形空间结构上提取分类特征的方法[1,56,39,40,43,44],如网格特征、边框特征、笔画密度特征、背景特征等,获得了相当不错的分类效果,在此不一一列举。设计联机汉字的分类特征时,对笔迹点空间属性的利用可以充分借鉴这些研究成果,使我们以较小的代价完成联机特征的设计工作。

7.4.1.3 方向属性的结构特性

联机汉字笔迹点的方向属性具有很强的结构化特性。众所周知,汉字的基本笔画是横竖撇捺。这些基本笔画都具有相对固定的书写方向和顺序,这也是汉字书写的重要结构特点。图 7.13 统计了 200 套 6 763 字集的联机自由手写汉字的笔段方向分布直方图,把 0°~360°按顺时针方向等分为 128 个小区域。图 7.13(a)累计每个方向上出现的汉字笔段的数目。从图中可以清楚地看到相应笔画方向的笔段数目分布形成了若干峰值。横和竖方向的峰非常明显,而撇和捺方向则比较离散。当不考虑笔迹点出现的先后顺序这种时间信息时,方向的顺逆无法区分,也就只能计算从 0°~180°的方向值,脱机图像中计算方向就是如此。图 7.13(b)是在此前提下的统计结果,即把图 7.13(a)中的 180°~360°方向区域的统计值依序叠加到 0°~180°区域上。显然,不考虑时间信息时,有相当多的笔段之间(如横与撇)会变得难以区分。此外,由于各笔段的长短不一,其中长笔段的方向稳定性更好,所以图 7.13(c)和图 7.13(d)又累计了每个方向包含的笔迹点的数目。笔迹点数目分布比笔段数目分布的曲线要更加平滑、清晰。

图 7.13(a)和图 7.13(b)累计每个方向的笔段数目;图 7.13(c)和图 7.13(d)累计每个方向的笔迹点数目;图 7.13(a)和图 7.13(c)累计从

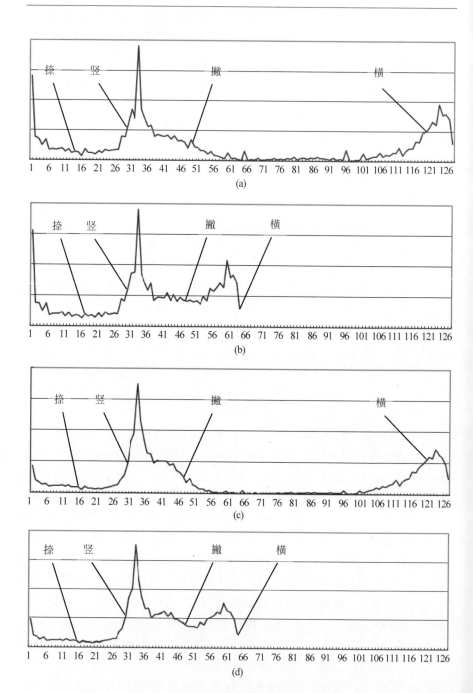

图 7.13　笔迹书写方向统计分布直方图

0°～360°各方向的统计值;图 7.13(b)和图 7.13(d)累计从 0°～180°的各方向的统计值。

从图 7.13 可以看到,汉字的大多数笔画都集中在若干方向上,而且各个标准笔画的方向稳定性也不同。竖笔画的方向稳定性最好,横笔画次之,再次是撇和捺。据此不仅可以将不同的笔画结构分开,而且可以从中筛选出较稳定、有效的分类特征。例如,连笔的方向一般与正常标准笔画方向有较大差别,根据这个差别,能够把连笔笔段这个不稳定的因素与标准笔段分离,提取分类特征时就可以得到更稳定的结果。

这里还要指出的是,与二维图像相比,联机汉字笔迹具有一些独特的优势。例如,不需要进行二值化,也很少出现断裂和点噪声;联机汉字的笔画具有精确的轨迹坐标,不需要细化;可以从笔顺上区分空间重叠的笔画,等等。这些特点使我们更容易对联机汉字的字形结构进行分析,从而能设计出有效的分类特征。在本章后续部分提出的特征提取方法中,这些优势都融合在具体的操作和计算过程里,文中不再特别说明。

7.4.2 联机手写汉字分类特征的分析与提取

本节根据上文对联机汉字笔迹的结构分析,通过对笔迹点空间属性和方向属性的研究,提出联机手写汉字几种分类特征的提取方法。

7.4.2.1 方向属性特征

联机手写汉字的笔迹点属于最基本的汉字结构描述方式,虽然包含了全部的字符信息,但数据量过大且识别信息也不太稳定,不适合直接作为分类特征送入分类器。因此,需要把这种最底层的识别信息进行提炼浓缩,形成适于分类的数值特征。对于这种要求,最常用的方法是网格化,它实际上是对信号的一个亚取样过程,能够将局部空间中底层的识别信息进行浓缩,突出其中的有效部分,以利于得到稳定的分类特征[45]。

在基于二维图像的汉字识别方法中,像素属性为二维空间坐标 $P(x,y)$,网格化的通常做法是从二维空间上把整个汉字图像划分为 $k \times k$ 个网格,分别累计在各网格内的黑像素数量(或其他像素统计量),每个小网格的统计值作为一维特征,最后构成一个 $k \times k$ 维的特征向量。

这里,进一步拓展二维图像网格分块的思想,使其对象空间从像素的二维坐标空间拓展到笔迹点的 n 维属性空间,每一维属性既可以是空间坐标,也可以是笔迹点的其他属性(如方向),空间分块结果从二维网格变成了 n

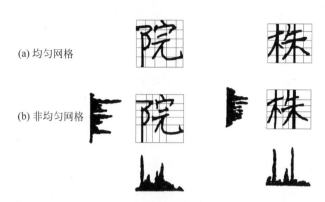

图 7.14 网格的划分示意图

维网格:$k_1 \times k_2 \times \cdots \times k_n$,同时在每个子网格内累计笔迹点数目作为一维分类特征,最后构成一个 $k_1 \times k_2 \times \cdots \times k_n$ 维的特征向量。这样的网格化方法就成为一个更一般化的汉字特征提取方法。例如,当作为底层结构的笔迹点 $P(x,y,\theta)$ 除了二维空间属性之外,还包含一维方向属性时,$n=3$。若笔迹点具有更多的属性,则 n 取更大的数值。

在上述网格化方法的定义中没有对各维属性的网格划分方法做出具体的规定。为了得到有效的特征,实际进行网格化时,需要视各属性的具体结构特性以及提取的目标结构而采取不同的做法。比如笔迹点的空间属性和方向属性在结构特性上有较大不同,因此它们的网格划分方法也需要分别考虑。空间属性的网格化可以借鉴二维图像的方法,已经有比较成熟的结果,所以下面主要讨论方向属性的网格化方法。

笔迹书写方向的统计分布表现出较强的结构特性,但受计算方向值的定义影响很大。而方向属性值域的网格划分方法则决定了分类特征对结构特性的利用程度。因此设计分类特征时,对方向属性的处理可以从方向值的定义及网格划分方法两个方面来考虑。

笔迹点的方向值是通过直接计算两个时间上先后出现的笔迹点之间的笔段方向得到的,是一个实数型的数值,其值域范围为 $[0°,360°)$。这个定义反映了时间上先后点之间的空间关系,因为时间相关性与空间相关性互相独立,所以其中包含的空间信息和时间信息也是互补的。

但是,也有研究者认为,在汉字的空间结构中已经包含了足够多的识别信息,提出可以无须利用联机书写的时间信息这一概念。此时,联机汉字笔迹点的数据结构将退化为脱机的二维图像点阵。这样的像素点虽然也能计算方向,但只能利用模板算子检测相邻像素点的方法,方向值域被减少到只有少数几个数值可供选择。而且由于相反方向书写的笔段不能分开,导致有相当多的笔段之间(如横与撇)会变得难以区分。更糟的是,方向值的计算还会受不同笔画间书写位置的干扰,比如对笔画交叉处的点的方向的判定。因此,不利用联机书写的时间信息计算方向值而提取到分类特征,显然其有效性会有所下降。为了与综合利用空间信息和时间信息的特征性能对比,本章实验中也实现了这种方案,称为脱机方案 A。

计算方向值时另一个需要考虑的问题是稳定性。在方向值定义中,没有规定计算方向的两个笔迹点 P_i 和 P_j 的出现时间有多大间隔。一种较直观的做法是设定在相邻两个笔迹点间计算方向,即 $j=i+1$。这种做法的好处是能够反映出细微的笔迹方向变化,缺点是当笔迹颤动时,提取的方向会产生较大的偏差,如图 7.15 所示。所以,为了提高稳定性,可以考虑在更大的时间间隔范围内利用较远的笔迹点计算方向,用多点平均来克服笔迹颤动,希望这种得到的方向值的抗干扰能力会更高。但同时又要注意两个笔迹点的间隔不能太大,将字迹中汉字结构本身特有的笔画转折也平滑掉。

图 7.15 笔迹颤动对相邻点方向的影响
(右图中的虚线表示相邻拐点 P_i,P_j 间的有向线段)

在笔迹点序列中,能够较好满足这两个条件的方向计算方法是利用拐点,即前后的方向变化剧烈的点。判断拐点时通常利用一定时间间隔内的多个相邻点,只要阈值合适,就可以克服绝大多数的笔迹颤动,同时又保留笔画转折之处的笔迹点。从概念上来说,拐点之间的方向就代表了汉字结构中基本笔段的实际书写方向。但是需要指出的是,拐点只是一个较理想化的概念,无论何种拐点提取方法,都无法保证一定能够满足以上两个条件。尤其是对圆弧笔画提取拐点时,提取的位置极不稳定,极大地影响了相关笔迹点的方向判定。因此,理论上可以预期相邻拐点会有比较好的表现,实践中反而不如相邻笔迹点的效果好。

考虑到两种方向值计算方法的优缺点,将两者一起使用并从中筛选出较稳定的特征应该是一个更好的选择。实验结果证明这个做法是有效的。

与空间属性的分布不同,联机汉字的笔迹书写方向的统计分布表现出很明显的结构特性。方向属性值域网格划分的原则是尽量利用这种结构特性，将不同的笔画结构分开，并保持它们的相对稳定，以利于从中筛选出较稳定、有效的分类特征。比如，根据人们日常书写汉字的经验和笔段方向分布特点，首先设定整个方向属性值域分为横竖撇捺这 4 个主要方向区域，即 $k=4$。

根据这个原则，下文详细讨论方向属性域网格划分的各种方案。

网格划分方法分为均匀和非均匀两大类（图 7.14）。根据对笔段方向统计分布的分析结果，设计了如下 3 个方案作为比较。

方案 B：把相反的方向设定为同一方向，方向区域划分采用均匀对称的方法：横$(-45°\sim 45°)\bigcup(135°\sim 225°)$，竖$(45°\sim 135°)\bigcup(225°\sim 315°)$，撇$(0°\sim 90°)\bigcup(180°\sim 270°)$，捺$(90°\sim 180°)\bigcup(-90°\sim 0°)$。如图 7.16(a)所示。

方案 C：相反的方向设定为不同方向，方向区域划分采用不对称的方法，横$(-45°\sim 90°)$，竖$(225°\sim 315°)$，撇$(90°\sim 270°)$，捺$(-90°\sim 0°)$。如图 7.16(b)所示。

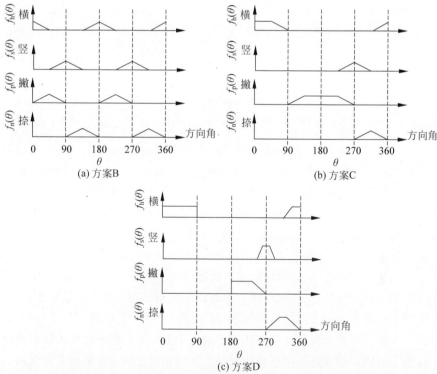

图 7.16 方向属性值域的网格划分和方向属性模糊隶属函数

方案 D:在方案 C 的基础上,重新划定 4 个方向区域:横($-45°\sim90°$),竖($250°\sim290°$),撇($180°\sim270°$),捺($-90°\sim0°$)。如图 7.16(c)所示。

方案 B 从脱机方案 A 引申而来,网格划分算法也采用简单的均匀对称分割。相比之下,方案 C 利用了联机书写计算方向时取值范围广带来的好处,减少了笔段方向的二元歧义,使其更真实地反映了汉字笔画结构和书写变化,应当可以对分类特征的有效性有所助益。再进一步考察图 7.16 的笔段方向统计分布,可以清楚地看到,笔画方向的分布很不对称,存在两个明显的横竖方向峰值,而撇捺等方向的分布则比较离散。这意味着各个标准笔画的方向稳定性不同:竖笔画的方向稳定性最好,横笔画次之,再次是撇和捺。而且值得注意的是,在 $90°\sim180°$ 这个区域之间很少出现笔画。在这个角度范围内有效笔画的出现机会很小,而噪声笔画(连笔、笔锋等)出现的可能性大,所以如果对这个方向范围的笔段进行屏蔽,不计入提取特征时的统计结果,可能会有利于提高特征的稳定性和有效性。方案 D 就是出于这样的考虑,同时,竖方向区域适当变小以适应较窄的竖方向分布。

在网格化方法中,有一种常用的技术称为模糊分块,即允许相邻的网格之间有部分重叠区域,并且在统计重叠区域内的像素时,需依据像素与网格中心的距离作递减的加权。这是为了减少因笔画变形落入不同的网格区域而造成的特征突变,实践证明,使用这种技术能较好地容忍笔画的形变,提高特征的分类能力。

在方向值域的划分中,笔画方向在联机汉字书写过程中的变化同样会对特征提取造成干扰。为了提高特征对笔段方向形变的抵抗能力,本节采用了模糊分块技术。在 3 个方案中,4 个方向区域都设定了模糊隶属函数(即加权函数),当已知像素点 $P_i(x,y,\theta)$ 的方向值为 θ 时,则计算该点属于各方向区域的隶属度横 $f_h(\theta)$、捺 $f_n(\theta)$、竖 $f_s(\theta)$、撇 $f_p(\theta)$,如图 7.16 所示,所得隶属度值代表该点在累计笔迹点数目时的加权因子。模糊隶属函数形式采用简单而实用的三角函数和梯形函数。模糊方法在联机手写汉字特征提取中的作用还将在 7.4.2.4 小节更详细地加以讨论。

对以上方案进行实验比较时,空间属性的网格划分方法采用的是最常用的均匀划分方法,即在二维坐标空间上把整个汉字所占空间划分为 $k\times k$ 个网格。因为在汉字结构中,横(竖)笔画的重叠不会超过 8 个,把字符图像分为 8×8 块来抽取特征,就足以反映各方向的笔画在空间上的大致分布,所以通常取 $k=8$。对空间属性而言,这样的划分已经具有相当高的稳定性,同时又能照顾到结构的细节,保留足够多的字符空间信息。

所以,通过对联机汉字笔迹点的网格划分,一共得到 $8\times8\times4$ 个小网格,在每一个小网格内累计所属笔迹点的加权数目(一个笔迹点的加权数目为 1×加权因子),形成一个 $8\times8\times4=256$ 维的原始特征向量。

下面通过实验,对几种方向属性网格划分的方案进行比较测试。

(1) 方向属性值域划分方法的对比实验

本实验使用在 3 755 字集上的 500 套训练样本,测试集为独立的 4 套样本,测试样本质量大致从较工整书写到自由书写发生变化。所有的样本在训练和测试之前都已事先经过预处理,如滤除噪声、重采样和规一化等操作,尽可能地减小联机手写汉字书写变形产生的影响。本小节的实验条件相同,下面不再重复。

特征提取方法分别采用上文中的 A、B、C 和 D 这 4 个方案作为对比。原始特征维数共 512,由相邻笔迹点方向、相邻拐点方向两者得到的特征相加而得。分类特征从原始特征利用线性鉴别分析(LDA)方法压缩到 128 维,然后采用最小欧氏距离分类器完成训练和测试,每个字一个模板。

表 7.4 方向属性网格划分各方案的性能比较

首选识别率/%	样本 1	样本 2	样本 3	样本 4
方案 A	92.24	89.29	82.76	74.87
方案 B	93.22	90.18	84.74	81.18
方案 C	93.13	90.13	85.54	82.90
方案 D	93.24	91.19	86.07	83.60

实验数据显示,在 4 种方案中,放弃联机汉字时间信息的方案 A 得到的特征性能最差。其他 3 个方案由于综合利用了联机手写汉字的时间和空间信息,各种质量样本的识别率都或多或少得到了改善,尤其对于较差质量的样本,识别率提高得更多,证明联机汉字的时间信息对于提高分类特征的性能确实有很大帮助。而 B、C、D 这 3 个方案里,对联机汉字笔迹书写方向的结构特性结合得越多,得到的分类特征的效果也越好,其中方案 D 通过正确的结构分析,在设定网格划分结果时融合了最多的结构特性,得到的分类特征鲁棒性也最好。

(2) 方向值的计算稳定性的实验

本实验选用上述(1)中的方案 D 作为特征提取的基本方法,实验条件和分类器与(1)中的相同。假设利用相邻笔迹点计算笔迹点方向提取分类特征为方案 E,利用相邻拐点计算笔迹点方向提取分类特征为方案 F,方案

D 中的特征则由相邻笔迹点方向、相邻拐点方向两者得到的特征相加而得，表 7.5 的数据分别是各方案的识别结果。

表 7.5 相邻笔迹点、相邻拐点及两者并用提取特征首选识别率的比较   %

	样本 1	样本 2	样本 3	样本 4
相邻笔迹点	90.93	86.80	77.33	77.17
相邻拐点	87.33	83.21	72.42	67.11
两者并用	93.24	91.19	86.07	83.60

表 7.5 中的最好结果出现在两种特征并用的时候，即两种 256 维特征相加成 512 维原始特征再压缩到 128 维分类特征，比单独使用任何一种特征都要好许多。这是因为两种方向值的计算方法分别具有不同范围的局部相关性，互相之间存在一定的互补性。从数据中可以看到，相邻拐点方向在实践中不如相邻坐标点方向的效果好。样本质量越差，相邻拐点方法性能下降得越快。这是因为拐点的提取稳定性受样本书写质量影响很大。而相邻坐标点方向经过模糊化和多个笔迹点累加之后，特征本身已经具有一定的抗笔迹颤动能力。

7.4.2.2 边缘特征

除了使用笔迹点的空间坐标和方向来表示联机手写汉字笔迹中包含的结构信息之外，也可以从其他角度为笔迹点设计属性，突出描述某种结构性质，以帮助识别。

人类认知心理实验[32,42]表明，汉字的周边包含较丰富的结构信息，在人们辨认字形时，字的边框、轮廓会吸引人们较多的注意力，并且由于笔画较少，抗干扰性能也比较好。基于这样的认识，人们提出，可以利用这些周边区域提取特征作为分类依据，并设计了几种方法，如穿透法、四周面积编码等[1]。

因此，本小节试图为笔迹点设计边缘属性，描述笔迹点在汉字中所处位置的边缘特性，再从中提取分类特征。边缘属性的定义如下（如图 7.17 所示）。

从图像左边缘出发，往右进行行扫描，标记第 1 次相遇的所有笔迹点的边缘属性值为左 1，继续扫描，标记第 2 次相遇的所有笔迹点的边缘属性值为左 2。从右、上、下另外 3 个边缘及 4 个斜线方向重复以上操作。没有标记到的笔迹点的边缘属性值为 0。

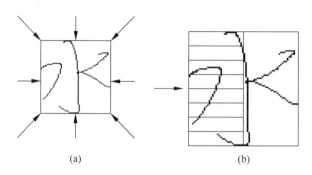

图 7.17　边缘属性及提取特征示意图

由这个定义可知,边缘属性值是由空间属性推算出来的。它用复杂的操作对空间结构信息进行浓缩,更好地突出了汉字的周边结构信息。边缘属性值域共有 $8\times 2+1=17$ 个可取值,每个笔迹点都有可能同时具有一个以上的值,比如左 1、上 2 等。边缘属性的网格划分很简单,直接把笔迹点归到某个可取值下就可以了。所以共有 17 个分块,一个笔迹点可以同时归在不同的子网格内。

在笔迹点其他属性的网格化过程中,方向属性和边缘属性相关性不大,网格划分不受影响;空间属性与边缘属性关系密切,所以为每个边缘属性值都单独设定空间划分方法,以取值为左 1、左 2 的点为例,计算边缘属性时扫描从图像左边缘出发往右进行行扫描,故其空间划分结果为汉字区域左半部分的 8 个等分横向区域,如图 7.17 所示。抛去边缘属性为 0 的点不计,整个联机汉字笔迹点共分为 $4\times 8\times 16=512$ 个子网格。在每个子网格内统计笔迹点数,得到总维数为 512 的分类特征,称为边缘特征。

从特征定义上看,边缘特征与方向属性特征的不同之处在于:边缘特征关注的是汉字周边部分的局部结构变化,在某些细部上具有更强的辨别能力;而后者刻画汉字结构在字符各个部位的整体分布情况,字符信息利用效率更加充分。由于两者之间关注的对象不同,还是有一定的互补性存在。很自然地可以想到,如果同时使用这两种特征,必然可以从更多的角度获得分类信息,从而提高分类特征的识别性能。

表 7.6 的数据是分别使用整体特征(方案 D)、边缘特征(方案 G)及综合特征(方案 H)的性能进行比较后所得到的结果。实验条件与 7.3.2.3 小节中的相同。综合特征是指两类特征合并后的共 1 024 维特征作为原始特征。

表 7.6　整体特征与边缘特征的性能比较结果

	样本 1	样本 2	样本 3	样本 4
整体特征	93.24	91.19	86.07	83.60
边缘特征	91.83	89.66	84.94	80.73
综合特征	**94.41**	**93.04**	**88.12**	**85.42**

表 7.6 给出的数据说明，边缘特征的分类能力比整体特征要稍逊一筹，而综合特征结合了两类特征的优点，获得了最佳的分类效果。

7.4.2.3　模糊方法的应用讨论

汉字识别问题中需要面对的一个主要困难是汉字书写中产生的变形。如何适应汉字变形，用概率密度函数或用模糊集合的隶属函数来描述特征变化规律是两种不同的思路。这两者在理论上不能直接给出优劣对比。一般来说，在描述对象有明确含义和足够信息时，通常选择用概率描述的方式。而模糊数学把数学的应用范围从清晰现象扩大到模糊现象的领域，具有严格定义的代数体系，是研究模糊现象的定量处理方法，其数学模型的背景对象及其关系均具有模糊性，同时在实际应用中又具有相当的灵活性，有时也用于描述一些信息不完整、不精确或不可靠的随机现象。

包约翰指出，将模糊理论引入模式识别领域，至少有两个好处[31]：能将人类习惯的语言符号变量和适合于机器的量化特征联系起来；对模糊性概念用可能性分布来解释的方法为某些分布提供了有意义的、合乎数学理论的解释。比如，在自由手写汉字识别技术中，由于手写汉字的随意性较大，导致用概率密度函数来描述某些字形变化的分布规律性比较困难，不如用模糊集合的隶属函数反而能够得到较好的效果。因此，有许多研究者选择模糊识别方法提取字符特征和建立模糊分类器[33,34,46,47]。在本章的联机汉字特征提取方法中，也使用了模糊分块的技术：一是空间网格划分的模糊化；二是方向属性划分以及隶属函数的设定。

(1) 空间网格划分的模糊化

空间网格划分方法有很多种，最简单的网格划分方法是无交叠矩形窗网格，即同一网格内笔迹点的隶属度都为 1 且不同网格之间没有交叠。这样，由于手写变形的存在，使得网格边缘的笔迹点只能归属于某一个网格。这种归属分配是随机的。因此，如果直接用网格内统计的方法提取特征，必然会影响到特征的稳定性。但是这种随机性又很难用概率密度函数来描述。此时,用模糊性概念中的可能性分布来解释笔迹点的归属就成为一个从直观上可行的选择。改进的方法是对这些网格边缘的笔迹点归属于哪个网格进行模糊化处理,即将网格边缘改为交叠的模糊化网格边缘,网格划分函数由矩形改为梯形(半梯形)或高斯函数等形式。已有研究者对这种模糊化划分方法进行了比较详细的研究[43,48,49],证明这种方法能够较好地容忍笔画的位移形变,提高特征的分类能力。具体方法这里不作详细阐述。实际系统中,采用的是高斯窗交叠模糊网格。实际上,这样的网格化相当于一个用采样函数对信号进行空间亚采样的过程,网格的数目对应亚采样的频率,采样函数为高斯窗。

(2) 方向属性划分以及隶属函数的设定

联机特征提取方法中另一处使用了模糊技术的地方是笔迹点方向属性的划分与隶属函数的确定。根据人们通常的书写习惯,汉字一般有几个常用的笔画方向:横竖撇捺点钩提。但这种方向定义是一个比较模糊的概念符号,实际书写的笔画往往很难认定是上述笔画方向中的某一个。如果用概率密度函数来描述某种笔画方向的分布,需要在手写汉字的实际样本中对这种笔画逐个进行人工标定,得到足够数量的真实方向样值的集合,然后才能进行参数训练。这是一个庞大的工程。模糊方法则可以直接对这种模糊的概念进行描述,将合适的笔画方向的数值分布与相应的笔画概念符号联系起来。正是基于这种认识,在 7.4.2.1 节的特征提取方法中,划分了笔迹点方向的各个区域并设定了梯形(半梯形)形式的隶属函数,用可能性分布为笔画方向的真实分布提供了有意义的、合乎数学理论的解释。

此外,需要说明的是,本章使用的模糊集隶属函数的形式是直接在几种常用形式中选择的。正确地定义隶属函数是利用模糊集合恰当地定量表现作为模糊概念的基础,但也非常困难。通常确定隶属函数的两种主要方法是:模糊统计方法和模糊分布函数方法。第 1 种方法形式上类似于概率统计,需要有多个训练有素的人员对模糊对象进行判断,然后统计判断结果。这种方法应用的条件比较苛刻。第 2 种方法是列出常用的几种模糊分布函数形式,研究实际问题时,根据问题的性质和需要,人为地确定函数形式并选择适当的分布和参数。常用的分布形式有矩形(半矩形)分布、梯形(半梯形)分布、高斯分布、岭形分布等。因为利用模糊分布函数方法能够比较方便地得到有效的隶属函数表达式,所以选择了这种方法。

7.4.2.4 有效特征的选择与抽取

到目前为止,已经讨论了联机手写汉字统计特征的提取方法,得到了可以用于分类的原始特征,这些特征的维数最高达 1 024。在样本数不是很充分的情况下,用如此高维的原始特征进行分类器设计,无论从计算的复杂程度还是分类器性能来看都是不适宜的。所以,在原始特征送到统计分类器之前,还需要对其进行特征选择和抽取,即从原始特征中找出那些最有效的特征,这是通过把高维原始特征空间变换压缩到低维特征空间来实现的[50,51]。

理论上,特征变换的有效性最好用分类器的错误概率来衡量。可惜的是,在大多数情况下,错误概率的计算是十分复杂而难以实现的,因此实践中不得不使用另外一些更实用的准则和判据来确定特征变换函数。在本章中,使用了线性鉴别分析(linear discrimination analysis, LDA)方法[50],采用基于类内-类间散度矩阵的类别可分性准则,指导特征选择和抽取。线性特征压缩定义为如下的形式:$V_c = \Phi^T V_0$。其中,V_0 为初始特征矢量,维数为 d。V_c 为压缩后的特征矢量,维数为 $n, n \leqslant d$。Φ 为 $d \times n$ 维的变换矩阵。

LDA 方法可以获得上述可分性准则下的最优变换矩阵 Φ^* 的闭式解:设 Σ_B 是某分类问题的类间离散度矩阵,Σ_W 是类内离散度矩阵,则最优变换阵 Φ^* 由 $\Sigma_W^{-1}\Sigma_B$ 的对应前 n 个最大特征值的特征向量组成。此时,可分性度量判据 $|\Phi^T\Sigma_B\Phi|/|\Phi^T\Sigma_W\Phi|$ 达到最大。可以证明,这个最优变换矩阵并不是唯一的,因为此判据在非奇异变换下保持不变。

特征矢量 V_c 的维数 n 通过实验来确定,即维数的选取应使识别系统的

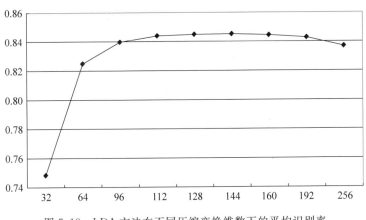

图 7.18 LDA 方法在不同压缩变换维数下的平均识别率

综合性能(综合考虑识别率、识别速度和识别库的大小)达到最优。图 7.18 是用 LDA 方法将高维原始特征压缩到低维的一个实验效果示意图。本实验使用在 3 755 字集上的 500 套训练样本,测试集为独立的 4 套样本,高维原始特征为 512 维联机汉字分类特征(方案 A),压缩后特征维数从 32～256 共分为 9 挡,采用最小欧氏距离分类器完成训练和测试。图中数据表明,在当前训练样本和分类器特征下,特征维数压缩变换到 128 维是一个比较合理的选择。

7.4.3 小结

本节从基于全局模式分析的角度出发,分析联机汉字的结构特点,利用其中含有的丰富空间结构和书写过程,分析联机汉字笔迹点的属性,提出了适用于联机手写汉字的统计结构特征。这些特征充分融合了联机汉字书写中含有的时间和空间信息,能够更好地体现联机汉字的特性,因此具有相当好的鉴别能力。

7.5 高性能联机手写汉字识别系统及其嵌入式系统

在前文所阐述的理论基础上,采取结构和统计多方案的集成,我们研制成功了一个实用的高性能联机手写汉字识别系统——文通笔。目前文通笔已经上市,成为一个有影响力、颇受欢迎的产品。在 1998 年 4 月国家 863 专家组织的评测中,文通笔(当时以电子工程系的名义参测)在诸多国际著名厂商参加的情况下,性能指标名列前茅,总识别率超过了著名产品"慧笔"(Motorola 公司)、"蒙恬笔"(台湾蒙恬公司),仅次于"汉王笔"位居第 2,并在工整体样本测试中识别率取得第 1 名,赢得专家们的好评。在 2003 年 10 月的国家 863 成果评测中,这个识别系统也取得了优秀的成绩。

同时,针对嵌入式系统的特点,对通用的联机手写汉字识别系统进行多项有针对性的优化设计和改进,形成了快速而高效的嵌入式联机手写识别系统。该系统被应用到个人电脑(PC)、个人数字助理(PDA、掌上机)、手机等实际环境中,成为性能优越、颇受欢迎的实用产品。

7.5.1 联机手写汉字识别系统

7.5.1.1 系统的构成

文通笔作为一个实用联机手写汉字识别系统,它主要有如下一些部分组成。

（1）硬件

文通笔的硬件部分是一块电磁式手写板，通过 RS-232 端口与计算机相连。手写板的作用是采集用户书写的笔迹，其原理是通过高密度的纵横平行线路，检测特制的笔所发出的电磁波，可以得到笔尖在每一个采样时刻的位置坐标，并将这个坐标以一定的数据格式通过 RS-232 口发送到计算机。另外，由于在笔上安装了一个微动开关，可以感知用户笔尖是处于落笔还是抬笔状态，这个信息也随位置坐标一起发送到计算机。由于采样速率很快（>100 次/s），用户的书写过程，也就是笔尖的运动过程，可以被很好地记录下来。计算机接收到这些坐标数据以及抬笔/落笔信息，可以恢复出用户的笔迹，并进行识别处理。实际上，电磁式手写板的功能完全可以取代高精度的鼠标器，并具有鼠标所不具备的功能——书写。文通笔的电磁式手写板是由一些专业硬件厂商提供的。

当前，书写输入硬件的作用，大多被手机触摸屏所代替。

（2）软件

软件包括两个部分：笔驱动程序和识别系统软件。驱动程序通过 RS-232 接收手写板发送过来的数据，并将其转化为 Windows 系统的消息。识别系统软件则通过这些消息恢复出用户的书写笔迹，并进行处理和识别。由于硬件厂商已经提供了驱动程序，我们自己主要研制的是识别系统软件。而识别系统软件又包括识别核心以及用户界面，前者提供了最基本的功能：根据用户的笔迹得到对应的汉字；而后者则直接与用户打交道，提供用户编辑、修改等功能。

文通笔的识别核心可以用图 7.19 表示。其大致的流程为：用户界面把用户数据输送到预处理单元，进行一定的平滑、去噪声处理，并进行非线性规一化，以尽量消除不同人的手写变化。粗分类采用一种统计的方法，根据输入字的统计特征，对比粗分类字典，根据欧氏距离找出粗分类候选集。细分类器则将粗分类候选集中的汉字在细分类字典中的模板与输入笔迹进行匹配，根据匹配得分找出识别结果和候选字。细分类的算法采用的是前文中介绍的基于 PCHMM 与 SSM 结合的方法以及其后与全局统计方案的集成。由于每个汉字在识别核心内部采用一种自定义的内码来描述，因此在输出时需要进行码转换。这个转换可以根据不同的操作系统平台而进行不同的处理。例如在简体中文环境下可以转换成国标码，而在繁体中文环境下则转换为大五码。目前，WIN95/98/NT4 的中文操作系统都支持 GBK

码,而在 GBK 码中既包含简体又包含繁体,因此,目前在国内发行的文通笔将内码转换成 GBK 码。

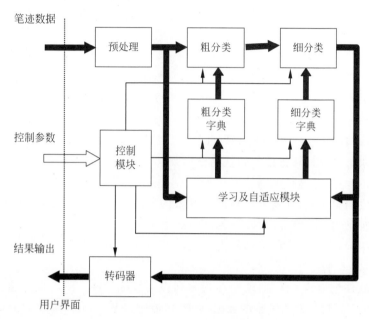

图 7.19 识别核心框架

以上介绍的是识别过程。前面已经说过,文通笔具有用户自定义字符集和适应用户笔迹的功能。完成这一功能的是图中"学习及自适应模块"。在控制模块的协调下,该模块可以将用户自定义的字(超出识别字符集)添加到识别字典中,或者根据用户的反馈,对识别错误但还出现在候选字集合内的字进行适应性学习,提高对特殊用户笔迹的识别率。

文通笔作为一个实用的产品,有着各种各样的功能,而这些功能是通过用户界面提供给使用者的。图 7.20 显示了最新发行的文通笔 3.0 的界面,它是由清华大学电子系许多老师同学一起合作完成的。它不但为用户提供了编辑书写的区域,还有语音输入(利用 IBM Viavoice 引擎)、全屏书写、智能联想、同音字联想、笔迹代文、用户签名等多种功能。因此,文通笔已经不再仅仅是一种更自然的输入法,还是一种能够充分发挥手写板硬件优势的多功能工具。比起鼠标,手写板由于其定位的精确和方便,使人们有可能利用它做鼠标不容易做到的事。比如,写字、绘图等。与语音识别的结合更能发挥手写输入的优势:长段、结构性好的文字可以通过语音识别朗读输入,

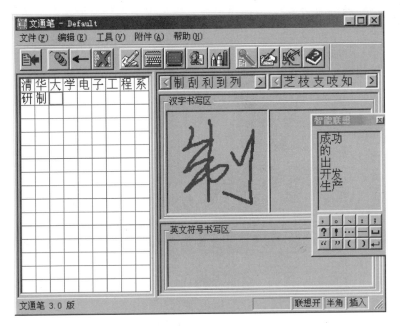

图 7.20 文通笔的用户界面

而短句、专业性强的文字则通过手写输入,而"笔"又可以为语音识别的结果进行快速的编辑修改。这样既能利用语音输入速度快的优点,又可以发挥手写识别方便、灵活的优点,这正是听写系统在市场上大受欢迎的原因。

7.5.1.2 识别核心的性能

识别核心的功能是完成手写汉字的实时识别。它是一个实用系统的基础,其性能对整个系统而言具有决定性的影响。识别核心的性能主要表现在这样一些方面:识别范围、识别准确性、识别速度和占用内存。

(1) 识别范围

识别范围是指识别核心所能识别的所有字符的集合。对于一个实用系统而言,识别字符集应该覆盖用户最常使用的汉字。目前文通笔能够识别 27 698 个字符,包括 27 533 个汉字和 165 个其他字符,对应国家标准 GB 18030 中的全部汉字和部分符号。这已经基本上满足了各种用户的不同需要。实际上,根据汉字综合字频表的统计,仅国标一级汉字(3 755 个)就具有 99.7% 的汉字使用率,其他的生僻字也基本不会超过 GB 18030 的范围。为了满足用户的特殊要求,文通笔还具有用户自定义字符集的功能,系统能够通过简单学习,允许用户在识别集中加入任何操作系统所能输入的汉字。

(2) 识别准确性

实用系统对识别准确性的要求是很高的。好的识别核心不但应具有较高的识别精度,还应具有很好的鲁棒性以及快速的适应能力,识别准确性综合表现在如下 3 个方面。

所谓识别精度,是指在规范书写的前提下,识别核心分辨不同汉字,特别是相近字的能力,这是对一个实用系统的基本要求。也就是说,当用户希望通过手写板输入所希望输入的字时,他(她)应该能很方便地做到。

所谓"鲁棒性(robustness)",则是指当手写汉字的"质量"变坏时,识别率的下降速度。一个好的识别系统,不仅要能正确识别规范书写汉字,也要在样本质量下降时保持足够的识别准确率。手写汉字的质量,并非指书法的好坏,而是指其脱离规范书写的程度。这里所说的规范书写,一般指按正常笔顺书写的楷书,因为对联机手写识别技术而言,规范楷书是最容易识别的一种字体,也是客观存在的标准,任何实用的识别产品都必须首先解决好规范楷书的识别问题。近年来,一些识别系统把一些常用的"标准"行书乃至草书写法收集到识别字典中,此时规范书写也应该包含这些内容。如果把识别字典所包含的写法作为最高质量的书写,则质量下降可以归结为这样一些原因:连笔、笔顺变化、字形畸变、小的书写错误以及写法变化(如不规范简化字、异体字)。对于前 4 种原因,一个好的识别核心应该能够在一定程度上容忍。如果能给出质量的量化标准,可以这样想象识别精度和鲁棒性的关系:在以样本质量为横轴、以识别率为纵轴的坐标系中,识别精度是质量/识别率曲线的最高点,而鲁棒性则反映为在一定质量范围内识别率随质量变化的平均斜率。鲁棒性越好,则这个斜率应该越小,说明用户可以在使用笔输入工具时受到越少的约束。目前衡量鲁棒性常用的方法是根据采集样本时对用户的限制的程度,将样本分成几类,根据对不同类别样本的识别率,反映出识别核心的鲁棒性。

图 7.21 给出各种质量的样本的示例。从上到下质量逐渐变差。

所谓适应能力,则是指识别核心通过简单的人机交互适应特定使用者的书写习惯,快速提高识别率的能力。由于联机手写汉字识别的特殊应用环境,用户可以通过界面修改识别错误的字。最常见的方法是从识别结果的候选字中选择。当用户做出这样的选择以后,好的识别核心应该能对识别字典进行一定的调整,使用户下次再书写同样的字时不犯同样的错误。

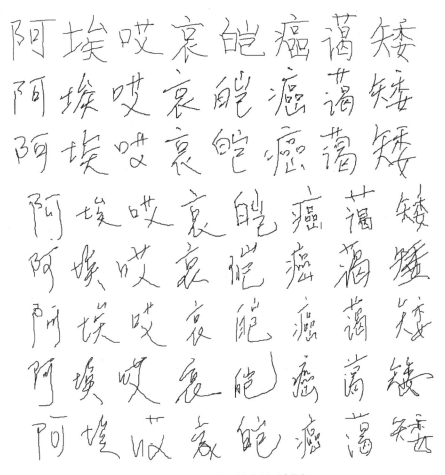

图 7.21　各种质量样本的示例图

由于不同用户的写法成千上万,使识别字典事先收集到所有的写法是不现实的,单纯依靠鲁棒性来容忍各种变化也难以完全做到,自适应则根据使用者提供的信息,使识别核心更加个性化,提高对专门用户的识别率。如果说识别精度确保识别系统能用,鲁棒性使得系统易用,自适应能力则是使系统聪明好用。

　　在以上几个方面,文通笔都已经达到了优秀的水平。在识别精度方面,对于规范的楷书,文通笔的识别率可以达到 99% 以上,完全达到实用要求。在鲁棒性方面文通笔也很突出,不但能识别连笔字、一般的笔顺颠倒,而且对于小的书写错误,如笔画丢失、多余笔画等也有很好的容忍能力。对于比较自由的书写,可以达到 90%～95% 以上的识别率。在自适应方面,由于采用的是基于统计和结构相结合的方法,学习和调整的能力很强,能够很好地适应特殊用户的特别写法,真正成为一个智能识别系统。在用户使用一段时间以后,自由书写的识别率也可达到 97% 以上。

(3) 识别速度和占用内存

对于联机手写汉字识别技术而言,识别速度要求不高,仅仅是要求跟得上手写的速度即可,速度过快并不能给用户带来什么好处,而且,一般来说,识别速度与识别准确性之间存在着矛盾,即对一个可作调整的识别核心而言,识别速度的提高往往带来识别准确性的下降。但反过来,速度太慢造成用户明显的等待也是难以接受的。另外,用户使用的机器不同,程序执行的速度差异往往也很大。好的识别核心应该能根据用户的具体应用环境,提供一个速度与识别率的最佳折中。在当前的主流 PC 上,本识别系统的识别速度在 35 字/s 以上,基本上即写即识,不需要用户等待。而在 PDA 等小型设备上,当只采用速度快的统计分类器时,识别速度也完全可以满足用户的需要。

关于占用内存的多少,由于计算机技术的飞速发展以及内存价格的下降,这个问题一般不再是主要矛盾。识别系统的占用内存随用户选择的识别范围而有所不同。在最大识别范围的要求下,本系统需要的最大内存约为 18MB,远小于 PC 动辄几百 MB 的内存可用量。

7.5.1.3 识别性能比较

目前市场上有很多基于联机手写汉字识别技术的产品,那么文通笔的识别性能处于什么样的水平呢?要想回答这个问题,最好的方法是客观性测试,也就是在完全平等的条件下,各个软件对相同数据进行识别,测试其性能。由国家高技术智能计算机系统专家组组织的评测(由于该专家组隶属于国家"863"计划,下面就把这种评测简称 863 测试)就是这样一种客观性测试。本章所述联机手写汉字识别系统先后参加了 3 次 863 评测:一次是在 1995 年 12 月,参加者为国内主要从事该方面研究的单位;一次是在 1998 年 4 月,邀请了一些国际上最著名的产品参测,因此完全可以代表国际最高水平;另一次是在 2003 年 10 月 31 日,国家"863"计划中文与接口技术评测组组织了一次大字符集联机手写汉字的识别评测,清华大学智能图文研究室(作者所在单位)和北京汉王科技有限公司两家单位的联机手写汉字识别系统参加了测试。

这里需要说明一点的是,在1995年,组织者举行了两种测试:国标一级汉字测试(3 755字)和国标一、二级汉字(6 763字)测试,主要原因在于,国标一级汉字的使用频率远远高于二级汉字。由于刚开始研究不久,作者当时仅完成了3 755字符集的识别核心,因此仅参加一级汉字的测试,采用的是基于汉字FARG匹配的算法,而其他各家则同时参加了两种测试。在1998年,只组织了一种测试,即6 763字符集测试,但结果用两种方式给出:一种是平均识别率;另一种则是加权平均识别率,即按公式:

加权识别率=(一级汉字识别率×2+二级汉字识别率)/3

得到的识别率,目的是为了反映字频的不同。

现在把各次的评测结果列于表7.7~表7.9中。

表7.7 1995年12月863测试结果(字符集:3 755字)

测试集:工整—26 285字　　自由—11 265字　　　　　　　%

测试单位	首选识别率 (工整)	十选识别率 (工整)	首选识别率 (自由)	十选识别率 (自由)
清华电子系*	95.66	98.69	79.73	90.39
中自汉王	93.09	97.85	70.00	90.266
北大计算所	92.47	94.85	77.68	83.25

注:*作者以清华大学电子系名义参加测试。测试环境:Pentium-90;识别速度:2字/s;占用内存:859KB。

表7.8 1998年4月863测试结果(字符集:6 763字)

(a) 工整字测试结果,测试集:202 912字,其中一级字112 665字

测试单位	首选识别率/%	十选识别率/%	加权首选识别率/%
中自汉王	94.40	99.56	94.97
清华电子系*	94.63	97.66	94.89
台湾蒙恬公司	89.79	97.70	89.99
摩托罗拉公司	89.05	95.71	89.71
北大计算所	88.19	96.39	89.21

(b) 自由字测试结果,测试集:126 393字,其中一级字75 097字

测试单位	首选识别率/%	十选识别率/%	加权首选识别率/%
中自汉王	91.04	98.70	91.39
清华电子系*	87.50	94.04	87.67
台湾蒙恬公司	82.60	95.15	82.39
摩托罗拉公司	76.49	90.26	76.98
北大计算所	74.88	86.43	75.02

续表

(c) 综合结果,测试集:329 305 字,其中一级字 187 762 字

测试单位	首选识别率/%	十选识别率/%	加权首选识别率/%
中自汉王	93.11	99.23	93.58
清华电子系*	91.90	96.27	92.09
台湾蒙恬公司	87.03	96.72	87.01
摩托罗拉公司	83.70	94.04	84.45
北大计算所	83.61	92.15	83.98

注:* 作者以清华大学电子系名义参加测试。测试环境:Pentium-200;识别速度:1.4 字/s;占用内存:1.7MB。

表 7.9　2003 年 10 月大字符集联机手写汉字的识别评测结果

测试条件	测试数据(首选/十选)	测试单位 汉王科技 有限公司	清华大学智能 图文研究室
标准 样本库	数字字母,62 个字符 60 套共 3 720 个样本	81.45/99.52	70.16/98.01
	GB 18030 双字节 2 区,6 763 个汉字 60 套共 405 780 个样本	98.55/99.94	99.30/99.97
	GB 18030 双字节 3、4 区,14 240 个汉字 30 套共 427 200 个样本	98.00/99.96	98.17/99.97
乱笔顺库	GB 18030 双字节 2 区,6 763 个汉字 10 套共 67 630 个样本	98.59/99.93	99.40/99.96
	GB 18030 双字节 3、4 区,14 240 个汉字 10 套共 142 400 个样本	98.36/99.96	98.00/99.98
全部 样本库	综合识别率	97.85/99.94	98.43/99.97
	识别速度	136.97 字/s	35.27 字/s

注:此次评测中,汉王科技有限公司的测试字符集还包括了 GB 18030 四字节区的 6 530 个汉字,清华大学智能图文研究室没有参加这个字符集的评测。

本章联机手写汉字识别系统在 1995 年与 1998 年两次测试中分别获得了第 1、2 名的成绩,在 2003 年大字符集测试中也获得了优异的结果。由 863 测试结果可以看出,文通笔的识别率处于领先水平。鉴于国家"863"计划专家组评测的权威性,我们完全有理由认为,本识别系统的性能已经达到国际先进水平。

读者可能会感到奇怪,1995 年工整体的测试结果比 1998 年甚至还略好一些,难道技术没有进步吗？事实上,主要的原因是测试样本不同。1998

年对工整体和自由体的定义比 1995 年难度要大很多,这也说明,只有在同样数据、同样环境下的客观性测试才具有比较意义。

文通笔的正式上市时间是 1998 年 5 月,在此之后,经过多名研究者的努力,其各方面性能又有很大提高。目前的文通笔 3.0 不但提高了速度,扩大了识别字符集(增加了繁体字识别),而且还进一步提高了识别率。下面的实验是采用同样的几套测试数据对不同时期的文通笔(及其前身)进行的客观性测试。为了更具有可比性,我们仅采用 3 755 字符集,以便与 1995年 12 月的识别技术进行比较。

由表 7.10 可见,文通笔的识别性能在这几年间确实有很大的提高,不但识别精度有所提高,识别鲁棒性更有巨大的改善,这一点可以从对差样本的识别率改善上得到体现。带来这种进步的主要原因是模型的改进。在 1995—1997 年,系统采用的是基于 FARG 匹配的识别算法。FARG 从根本上讲是一种结构识别方法——属性关系图(ARG)的改进,但由于没有从比较严格的概率意义上给出相似性度量,这种方法不易自动训练。另外,联机汉字的时间信息也不能很好地在 FARG 中得以反映。1998 年以后,征荆博士在基于结构统计描述的时空统一模型方面取得了很大进展,通过 SSM 和 PCHMM 的自然结合,充分利用了各种可用信息,尤其是结构信息和时间信息。另外,在概率论的指导下,有了比较好的训练算法。这些是使识别性能有所提高的主要因素。显然,这种方法还是很有潜力的,从 863 测试算法到文通笔 3.0 的性能改善,就可以反映出这一点。

表 7.10　不同时期的识别算法性能测试比较(字符集:3 755 字)

样本/质量	时间	1997 年 2 月 863 测试	1997 年 3 月 THOCR-97*	1998 年 4 月 863 测试	1998 年 10 月 文通笔 3.0
Swh.pot	优	96.07/99.39**	98.25/99.76	99.12/99.87	99.58/99.92
O8.pot	优	96.94/99.39	98.85/99.89	99.25/99.95	99.49/99.89
H365.pot	中	84.02/93.42	89.13/94.38	96.40/99.41	98.11/99.57
H516.pot	中	73.05/89.08	86.79/93.77	94.38/98.15	96.99/99.09
L001.pot	差	49.75/65.62	65.33/76.40	87.59/98.14	90.87/97.04
N001.pot	差	53.72/70.32	67.84/77.22	88.49/96.86	91.10/96.54
综合		75.59/86.20	84.37/90.25	94.21/98.86	96.02/98.68
速度/(字/s)		4.0***	6.0	1.8	4.0

注:* 1997 年 3 月作为 THOCR-97 综合集成汉字识别系统中的一个子系统参加鉴定。
　　** 指标用(首位识别率/前十位识别率)的形式表示。
　　*** 速度在 PⅡ-233＞上测得。

鲁湛博士进一步研究和改进了联机手写汉字的识别算法[57]，尤其是统计识别方法和集成方法，识别系统的性能获得了进一步的提升。从表 7.11 可见，除了占用内存增大之外，系统的识别性能的各项指标都有了长足的进步。

表 7.11　不同时期的识别系统性能比较

时间 性能指标	1998 年 10 月	2004 年 5 月
识别范围	二级汉字（6 763）、常用繁体（2 066）、英文数字（62）共 8 891 个字符	GB 18030 字集汉字（27 533）、英文数字（62）、标点符号（103）共 27 698 个字符
识别速度/(字/s)*	24.0	35.3
占用内存/MB	4.24	17.8
识别率/%**	89.03	95.63

注：* 识别速度因不同机器速度而有所不同，这里使用的测试机器为 PentiumIV-1.7GHz。

　　** 为了使识别率具有可比性，这里采用二级汉字字集（6 763）进行测试，测试数据为 80 套自由书写联机汉字样本的平均识别率。

7.5.2　嵌入式联机手写识别系统

随着科技的进步和社会的发展，越来越多的小型手持式设备，如 PDA、手机、GPS 等进入了人们的日常生活。这些设备由于不带标准键盘，因此如何在这些设备上进行中文输入成为一个必须解决的问题。在这种场合，嵌入式联机手写识别系统就有了用武之地。

7.5.2.1　嵌入式系统的一般特点

与标准的 PC 机系统相比较而言，嵌入式系统有其自身的特点，比较典型的有下面几点。

（1）运算速度慢

在嵌入式系统中，出于成本控制的考虑，往往使用的是一些速度较低的CPU，其运算速度比通用计算机慢得多，有些甚至只有十几兆的主频，这就要求在其上运行的程序必须具有较少的运算量，算法尽可能地优化。否则，运算时间过长，程序的实用性将难以保证。

（2）内存空间少

在嵌入式系统中，内部 ROM 及 RAM 空间较少，极端一些的甚至只有几兆的内存空间。这样一来,就要求在其上运行的程序只能使用较少的内存空间,同时以最紧凑的方式存储必要的数据。

(3) 软硬件系统多种多样

嵌入式系统多种多样。从硬件角度看,作为核心的嵌入式微处理器已有至少上千种之多,包括了 ARM、MIPS、PowerPC、X86 等多种体系,有 8 位、16 位、32 位、64 位等不同的字长宽度。与之相应地,在嵌入式系统的软件上也有着很多种不同的编译平台和特性。例如,存在着 Big Endian 与 Little Endian 的问题,16 位、32 位数据在内存中的对齐以及存取方式问题等,这些问题在通用计算机中通常是很少考虑的。而多种不同的编译平台也意味着运行的程序需要尽可能地具有平台无关性,不使用与平台相关的库函数。这就给程序的编写带来了限制和挑战。

7.5.2.2 嵌入式联机手写识别系统的优化设计

针对嵌入式系统的特点,通用的联机手写识别系统难以直接在各种嵌入式设备上运行,需要对算法进行有针对性的改进。

1. 系统的速度优化设计

在嵌入式联机手写识别系统中,由于 CPU 速度相对较慢,因此需要对识别系统进行速度方面的优化设计。这主要是从两个方面进行改进。一方面是改进算法流程,减少算法自身的运算量;另一方面是从程序本身进行改进,优化代码的运行效率。

在识别和分类算法上,为了提高处理速度,在嵌入式联机手写识别系统中采用了下面几种算法。

(1) LDA 特征变换

使用 LDA(linear discriminant analysis)变换在保留尽可能多的鉴别信息的同时实现了特征维数的压缩。并且,经过 LDA 变换后的各类别特征在空间分布上更接近球状分布,可以直接利用欧氏距离分类器进行分类。LDA 变换是通过寻找某个线性变换矩阵 Φ,使得在变换空间中的某种类别可分性测度达到最大。假定 Σ_W 与 Σ_B 分别代表平均类内协方差与平均类间协方差,一般地,LDA 变换中使用的线性矩阵 Φ 可由下式获得:

$$\Phi = \arg\max |\Phi^T \Sigma_B \Phi| / |\Phi^T \Sigma_W \Phi|$$

(2) 多模板欧氏距离分类器

对于统计分类而言,MQDF 分类器通常可以实现较好的性能,但

MQDF 分类器需要对每个类别存储一个变换矩阵,计算距离的运算量比一般的欧氏距离大得多,并不适合一般的嵌入式系统使用。欧氏距离分类器本身具有简单、快速的特点,但它只适用于处理类内为简单球状分布的分类问题。LDA 变换的引入,可以近似将各个类别映射为变换空间上的超球,因此在此变换空间上用欧氏距离分类器进行分类是可行的。但对于手写笔迹而言,由于同一个类别可能存在着多种书写样式,采用一个模板来描述一个类别是不合理的,需要根据各个类别的特点确定合理的模板数,用多个模板来进行描述。

假设共有 N 个类别,第 j 类的判别函数为 $h_j(\boldsymbol{x}, \boldsymbol{\theta}_j)$,其中 $\boldsymbol{x}$ 为待识样本,$\boldsymbol{\theta}_j$ 为第 j 类判别函数的参数,所有类的参数放在一起就构成了分类器参数 $\boldsymbol{\Theta} = \{\theta_1, \theta_2, \cdots, \theta_N\}$。识别准则可以表示为

$$C(\boldsymbol{x}) = C_i, \quad i = \operatorname*{arg\,min}_{j=1,2,\cdots,N} h_j(\boldsymbol{x}, \boldsymbol{\theta}_j)$$

假设第 j 个类别有 $M(j)$ 个模板,待识样本 $\boldsymbol{x}$ 与其中的第 k 个模板 $\boldsymbol{\mu}_{jk}$ 的欧氏距离为

$$D(\boldsymbol{x}, \boldsymbol{\mu}_{jk}) = (\boldsymbol{x} - \boldsymbol{\mu}_{jk})^{\mathrm{T}}(\boldsymbol{x} - \boldsymbol{\mu}_{jk}) = \|\boldsymbol{x} - \boldsymbol{\mu}_{jk}\|^2$$
$$j = 1, 2, \cdots, N; \ k = 1, 2, \cdots, M(j)$$

则多模板欧氏距离分类器的判别函数就定义为

$$h_j(\boldsymbol{x}, \boldsymbol{\theta}_j) = \min_{k=1,2,\cdots,M(j)} D(\boldsymbol{x}, \boldsymbol{\mu}_{jk}), \quad j = 1, 2, \cdots, N$$

即某类判别函数为待识别样本到该类最近模板的欧氏距离,式中,$\boldsymbol{\theta}_j = \{\boldsymbol{\mu}_{j1}, \boldsymbol{\mu}_{j2}, \cdots, \boldsymbol{\mu}_{jM(j)}\}$。

综合上面几个公式可以看到,多模板欧氏距离分类器的识别准则即为

$$C(\boldsymbol{x}) = C_i, \quad i = \operatorname*{arg\,min}_{\substack{j=1,2,\cdots,N \\ k=1,2,\cdots,M(j)}} D(\boldsymbol{x}, \boldsymbol{\mu}_{jk})$$

(3) 两层交叠分类树

出于提高识别分类速度的考虑,在嵌入式联机手写识别系统中采用了两层分类树的结构。一般而言,采用多层分类树的识别器结构是先通过粗分类器将识别结果限制到一个较小的范围内,再通过细分类器选择出最终的正确分类结果,其主要目的是减少未知样本与库中标准类别的比较数据量,提高分类的速度。但这样一来,就有了分类错误的累积。为了达到既提高分类速度,又不引入较大的分类错误的目的,陈彦博士改进了一般分类树的结构(图 7.22),引入了带交叠的分类树进行字符的识别分类(图 7.23)。

实际测试中,采用两层交叠分类树的结构进行识别,在保证差错率与单层分类方式相近的先决条件下,可以带来 6~8 倍的速度增益。关于交叠分

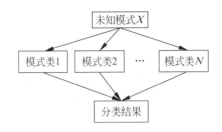

图 7.22 典型的模式匹配比较流程

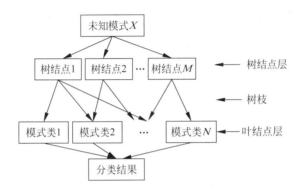

图 7.23 使用两层交叠分类树的模式匹配比较流程

类树的原理与设计可以参看相应文献[52]。

从程序本身也可以对代码进行优化,以提高运行效率。一些公司提供了一些优化工具,例如 Intel 的 Vtune 性能分析器、NuMega 的 Devpartner Studio 等。这些优化工具可以分析出程序代码中各个部分的运算量比例,这样可以有针对性地对一些运算量较大的代码进行改进和优化。在进行一般的代码优化时,有一些经典的代码优化方案,例如尽量使用整型数进行计算、优化循环结构等。有兴趣的读者可以参看相关的文献[53]。

2. 系统的空间优化设计

由于在嵌入式系统上,无论是 ROM 空间还是 RAM 空间都是相对有限的,因此在进行嵌入式联机手写识别系统设计时考虑到了空间优化的问题。

在 ROM 空间上的主要消耗是需要保存各个类别的特征库。为了尽可能地减小特征库的大小,主要进行了两方面的处理。一方面是通过放缩的方式将各维特征的变化区间规一到[−128,127]范围内,这样可以将一维特征以一个字节来表达。遵循这样的处理方式,可以将识别用的特征库大小压缩到极小。另一方面是降低有效特征的维数。通过 LDA 变换等方式在保留尽可能多的鉴别信息的基础上降低有效分类特征的维数,不但减少了特征库的存储空间需求,也同时减少了分类时的运算量。

为了减少对 RAM 空间的需求,在嵌入式联机手写汉字识别系统中也专门进行了两个方面的优化设计。一方面是进行了空间复用。在算法的不同阶段,对同一块内存空间进行不同的空间划分使用。这样做的结果是降低了对内存空间的需求。另一方面是在算法流程上进行优化,避免缓冲存储大量的数据,尽可能地将目标数据的计算空间限制在较少的数据集合上。

3. 系统的平台通用性设计

嵌入式系统存在着多种类型的操作系统,例如 Linux 的各种变形,Symbian,Palm,WINCE,Andrio 等。为了能与各种操作系统兼容,在嵌入式联机手写识别系统的设计中,着重考虑了下面几点。

第 1 点是采用标准 C 语言编写程序,避免使用与系统相关的函数,这样就保证了代码的可移植性。例如在算法中有一些正余弦数学函数,在系统实现时以查找表的方式实现其功能,保证了在各种平台上的通用性和有效性。

第 2 点是在算法中采用了自我管理的 RAM 空间使用,只需要系统在识别系统初始化阶段提供所要求的 RAM 空间,嵌入式识别系统本身将对此空间进行利用和处理,而不依赖于系统的内存管理。在这样的架构下,嵌入式联机手写识别系统可以很容易地移植到各种软件平台上。

7.5.2.3 嵌入式联机手写识别系统的性能

为了测试嵌入式联机手写识别系统(图 7.24)的性能,使用一个含有

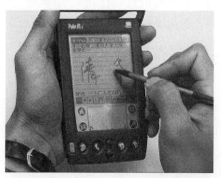

图 7.24 嵌入式联机手写识别系统

6 872 个类别(包括国标一、二级汉字＋英文大小写字母＋数字＋一些符号),总共 249 976 个样本的测试集,对采用上一节所述各种优化设计的嵌入式手写识别算法进行测试,结果如表 7.12 所示(测试环境:Intel Core2 Duo E8500@3.16GHz)。

表 7.12 嵌入式联机手写识别系统性能测试

识别算法	LDA 变换压缩维数	模板个数	识别性能		识别库规模/MB
			首选正确率/%	十选正确率/%	
A:LDA＋单模板欧氏距离分类器	64	6 872	89.09	97.63	0.68
B:LDA＋多模板欧氏距离分类器	64	15 479	90.41	97.92	1.33
C:LDA＋多模板欧氏距离分类器	96	15 479	91.77	98.02	1.89
D:LDA＋多模板欧氏距离分类器	128	15 479	92.33	98.22	2.47

可以看到,在识别性能上,多模板欧氏距离分类器由于采用多个模板来模拟一个类别样本的空间分布,要比单模板分类器的球形分布假设有效得多。而 LDA 变换所保留的变换特征维数也对识别性能有较大的影响。

识别速度方面,由于在系统中采用了二层的交叠分类树,全部使用整型数据进行处理,并进行了程序的优化,因此整个系统实现了相当高效的处理性能。即使在最慢的 D 算法上,识别速度仍达到 3 731 字/s,其他几种算法由于较少的 LDA 压缩维数或模板数,速度要快许多。

从测试结果来看,本章所设计的嵌入式联机手写识别算法由于采用了多种优化设计方案,在识别速度与内存占用上均满足了嵌入式系统的要求,同时在识别性能上也保持了较高的正确率。

7.6 本章小结

本章围绕联机手写汉字识别这个课题,从理论和实践两个角度探讨了其解决方法。对于联机手写汉字识别而言,克服手写变化(包括连笔、笔顺的变化)、分辨相似字是最重要的问题。从理论上讲,根据信息论的观点,充分、有效地利用各种信息是解决问题的关键。对联机手写汉字识别而言,汉字笔画间的空间结构信息和笔迹采集得到的时间信息是最重要的两种信息。本章思路是采用建模的方法,即采用一种能够从概率统计角度综合描述两种信息的模型——时空统一模型。实践上,本章介绍了一个实用的高性能联机手写汉字识别系统——文通笔。

参考文献

[1] 吴佑寿,丁晓青. 汉字识别——原理、方法与实现. 北京:高等教育出版社,1992.
[2] Wakahara T. On-line handwriting recognition. Proceedings of the IEEE, 1992, 80(7): 1181-1194.
[3] Nouboud F, Plamondon R. On-line recognition of hand-printed characters: survey and beta tests. Pattern Recognition, 1990, 23(9): 1031-1044.
[4] Schomaker L. Using stroke- or character-based self-organizing maps in the recognition of on-line, connected cursive script. Pattern Recognition, 1993, 26(3): 443-450.
[5] Leung W, Cheng K. An on-line handwritten Chinese character recognition system based on relative stroke positions and artificial neural networks. In: Proceedings of Int'l Conf. on Neural Information Processing, 1995: 879-885.
[6] 刘迎健,戴汝为. 在线手写汉字识别的字形结构排序法. 自动化学报,1988, 14(3): 207-214.
[7] Shiau S-L, Chen J-W, Hsieh A-J. On-line handwritten Chinese character recognition by string matching. In: Proc. Int'l. Conf. Computer Processing of Chinese and Oriental Languages, 1988: 76-80.
[8] Tsay Y, Tsai W. Attribute string matching by split-and-merge for on-line Chinese character recognition. IEEE Trans. Pattern Anal. Mach. Intell., 1993, 15(2): 180-185.
[9] Lin C-K, Fan K-C, Lee F T-P. On-line recognition by deviation-expansion model and dynamic programming matching. Pattern Recognition, 1993, 26(2): 259-268.
[10] 夏莹,马少平,杨泽红,等. 联机识别自由书写汉字的方法和系统. 第五届东方语言会议,1995: 85-89.
[11] 征荆,丁晓青,吴佑寿,等. 兼顾笔顺和连笔的联机手写汉字识别方法. 清华大学学报,1997, 27(9): 95-99.
[12] Zheng J, Ding X-Q, Wu Y-S. An on-line handwritten Chinese character recognition method based on fuzzy attributed relational graph matching. In: Proceedings of Int'l Conf. Computer Processing of Oriental Languages. Hongkong, 1997: 234-237.

[13] Zheng J, Ding X-Q, Wu Y-S. Recognizing on-line handwritten Chinese character via FARG matching. In: Proceedings of Int'l Conf. Document Analysis and Recognition. 1997: 621-624.
[14] Chen W, Chou T. A hierarchical deformation model for on-line cursive script recognition. In: Pattern Recognition, 1994, 27(2): 205-219.
[15] Wakahara T. On-line cursive script recognition using local affine transformation. In: Proc. 9th Int'l Conf. Pattern Recognition, 1988: 1133-1137.
[16] Wakahara T, Odaka-K. On-line cursive Kanji character recognition using stroke-based affine transformation. IEEE Trans. Patt. Anal. Mach. Intel. , 1997, 19(12): 1381-1385.
[17] 周冠雄. 计算机模式识别. 武汉:华中工学院出版社,1987.
[18] 沈清,汤霖. 模式识别导论. 长沙:国防科技大学出版社,1991.
[19] 傅京孙. 模式识别应用. 北京:北京大学出版社,1990.
[20] Rabiner L. A tutorial on hidden Markov models and selected applications in speech recognition. Proceedings of the IEEE, 1989, 77(2): 257-285.
[21] Sin B-K, Kim J-H. Ligature modeling for on-line cursive script recognition. IEEE Trans. Pattern Analysis and Machine Intelligence, 1997, 19(6): 623-633.
[22] Takahashi K, Yasuda H, Matsumoto T. A fast HMM algorithm for online handwritten character recognition. In: Proc. Fourth Int'l Conf. Document Analysis and Recognition, 1997: 369-375.
[23] Hu J-Y, Brown M, Turin W. HMM based online handwriting recognition. IEEE Trans. Pattern Analysis and Machine Intelligence, 1996, 18(10): 1039-1045.
[24] Kim H-J, Kim K-H, Kim S-K, et al. Online recognition of handwritten Chinese characters based on hidden Markov Models. Pattern Recognition, 1997, 30(9): 1489-1500.
[25] Kim H-J, Kim S-K, Kim K-H, et al. An HMM-based character recognition network using level building. Pattern Recognition, 1997, 30(3): 491-502.
[26] Kwon J-O, Sin B, Kim J-H. Recognition of online cursive Korean characters combining statistical and structural methods. Pattern Recognition, 1997, 30(8): 1255-1263.
[27] Arakawa H. On-line recognition of handwritten characters—alphanumerics, Hiragana, Katakana, Kanji. Pattern Recognition, 1983, 16(1): 9-16.
[28] 黄晓非. 多体印刷体汉字识别的研究与实现. 北京:清华大学电子工程系博士学位论文,1990.
[29] Schenkel M, Guyon I, Henderson D. On-line cursive script recognition using time delay neural networks and hidden Markov models. In: Proc. IEEE Int'l Conf. Acoustics, Speech and Signal Processing, 1994, v2: 637-640.
[30] Tappert C, Suen C, Wakahara T. The state of the art in online handwriting

recognition. IEEE Trans. Pattern Analysis and Machine Intelligence, 1990, 12(8): 787-808.

[31] 包约翰. 自适应模式识别与神经网络. 马颂德,等,译. 北京:科学出版社,1992.

[32] 李维. 认知心理学研究. 杭州:浙江人民出版社,1998.

[33] Cheng F H, Hsu W H, Chen C A. Fuzzy approach to solve the recognition problem of handwritten Chinese characters. Pattern Recognition, 1989, 22(2): 133-141.

[34] Sim D G, Ham Y K, Park R H. On-line recognition of cursive Korean characters using DP matching and fuzzy concept. Pattern Recognition, 1994, 27(12): 1605-1620.

[35] Jain A K, Duin R P W, Mao J C. Statistical pattern recognition: a review. IEEE Trans. Pattern Analysis and Machine Intelligence, 2000, 22(1): 4-37.

[36] Connell S D, Jain A K. Template-based online character recognition. Pattern Recognition, 2001, 34(1): 1-14.

[37] Nakatani Y. Online recognition of handwritten Hiragana characters based upon a complex autoregressive model. IEEE Trans. Pattern Analysis and Machine Intelligence, 1999, 21(1): 73-76.

[38] Kuroda K, Harada K, Hagiwara M. Large scale on-line handwritten Chinese character recognition using successor method based on stochastic regular grammar. Pattern Recognition, 1999, 32: 1307-1315.

[39] Kato N, et al. A handwritten character recognition system using directional element feature and asymmetric Mahalanobis distance. IEEE Trans. Pattern Analysis and Machine Intelligence, 1999, 21(3): 258-262.

[40] Mizukami Y. A handwritten Chinese character recognition system using hierarchical displacement extraction based on directional features. Pattern Recognition Letters, 1998, 19: 595-604.

[41] Okamoto M, Yamamoto K. On-line handwriting character recognition using direction-change features that consider imaginary strokes. Pattern Recognition, 1999, 32: 1115-1128.

[42] Lua K T. Human recognition of Chinese characters. Computer Processing of Chinese and Oriental Languages, 1992, 6: 75-84.

[43] 陈友斌. 非特定人脱机手写汉字识别方法的研究. 北京:清华大学电子工程系博士学位论文,1997.

[44] Trier O D, Jain A K, Taxt T. Feature extraction methods for character recognition: a survey. Pattern Recognition, 1996, 29(4): 641-662.

[45] Kimura F, et al. Improvement of handwritten Japanese character recognition using weighted direction code histogram. Pattern Recognition, 1997, 30(8): 1329-1337.

[46] Chiu H P,Tseng D C. Invariant handwritten Chinese character recognition using fuzzy Min-Max neural networks. Pattern Recognition Letters,1997,18:481-491.
[47] Luo Z,Wu C H. A unit decomposition technique using fuzzy logic for real-time handwritten Chinese character recognition. IEEE Trans. Industrial Electronics,1997,44(6):840-847.
[48] 张睿. 基于统计方法的脱机手写字符识别研究. 北京:清华大学电子工程系博士学位论文,2002.
[49] Kimura F,Shridhar M. Handwritten numeral recognition based on multiple algorithms. Pattern Recognition,1991,24(10):969-983.
[50] 边肇祺. 模式识别. 北京:清华大学出版社,1988.
[51] Niemann H. 模式分类. 北京:科学出版社,1988.
[52] 陈彦,丁晓青,刘长松. 快速分类树生成算法. 清华大学学报(自然科学版),2004,44(1):1-4.
[53] [美]Alexander R,Bensley G. C++高效编程:内存与性能优化. 北京:中国电力出版社,2003.
[54] 征荆. 基于结构统计描述的时空统一模型及其在联机手写汉字识别中的应用. 清华大学电子工程系博士学位论文,1998.
[55] 董弘. 结构模式识别方法及汉字识别的研究. 清华大学电子工程系博士学位论文,1989.
[56] 张炘中. 汉字识别技术. 北京:清华大学出版社,1992.
[57] 鲁湛. 时空信息融合的联机手写汉字识别方法研究. 清华大学电子工程系博士学位论文,2004.

第 8 章　利用上下文信息的汉字识别后处理

尽管印刷体识别和联机手写体识别已经实用化,但在使用中还需依赖大量的人机交互手段来纠正误识、拒识字,校对工作量大。对一页 1 000 字的印刷材料,即使识别率为 99%,仍有 10 个错误,这距离文档数字化(报纸电子化)的要求相差甚远。当印刷文本质量下降时(旧的印刷品普遍存在纸张质量差、油墨深浅不均匀、噪声较多、有重影等问题),会出现更多的误识和拒识字。对联机手写体而言,当自由书写时,识别率会明显下降。非限定人、书写较自由的脱机手写体的识别性能离实用尚有一定的差距。由于汉字的复杂性,单字识别正确率不可能无限制地提高。即使对高质量的印刷材料,要求其单字识别正确率达到 100% 也是不切实际和不可能的[1]。

8.1　概述

在汉字文本识别中,文本图像经单字识别器(isolated Chinese character recognizer,ICCR)识别后,仍有一部分字不能确定。识别实际文本时,文本中的大部分字和它相邻的字由于受到字、词、句法、语义、语境的约束,因而是相互关联的,距离该字越近,相关性越强。因此,识别系统可以在单字识别的基础上,利用上下文的相关性对那些不能确认的汉字进一步处理来改善 ICCR 的性能,提高文本的正确识别率[2,3]。利用上下文信息对文本的单字识别结果进行加工处理以进一步提高文本识别率的过程又称为上下文处理(contextual processing),俗称后处理(post-processing)。利用上下文信息的汉字文本识别系统可简单地由图 8.1 表示。

图 8.1 中,单字识别结果除包含候选字信息之外,还包含由分类器判决准则决定的候选字测度信息。例如:当采用最近邻距离判决时,相应的测度信息即是距离;当采用最大后验概率判决时,对应的测度信息为后验概率。其中的知识库可以是字典、词典、语料库知识及规则库。

第 8 章 利用上下文信息的汉字识别后处理

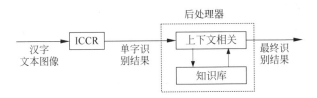

图 8.1 利用上下文信息的汉字文本识别系统框架

以印刷体为例,对一页 1 000 字的印刷材料,若单字识别正确率为 98％,利用上下文相关性进行识别后处理,文本识别率提高至 99％,则该页错字由 20 个减少至 10 个,校对工作量可减少一半。因此,在汉字文本识别中研究如何利用上下文相关性具有重要的理论和实际应用价值。

由图 8.1 可知,利用上下文信息的汉字识别系统是由单字识别器 ICR 和后处理器两部分构成的。后处理器是在单字识别结果的基础上通过利用上下文相关性来提高识别系统的性能,其关键之处在于上下文信息(即语言学知识)的运用。因此,运用不同层次上的语言学知识就决定了不同的上下文处理研究方法。

由于汉语语言与西方语言的差异,汉字识别的上下文处理方法与西方文字识别的上下文处理方法也有所不同。这主要表现在:①西方语言的词与词之间有明显的空格符,字母与词的定义非常明确;而汉语中的词与词之间没有明确的分隔标志,字词界限不严格。②西方语言具有较为规范的语法表示形式;而汉语的语法不规范,语言学界一直存有争议。因此,英文识别的上下文处理中,一方面,可以利用字母之间的转移关系、查词典时的词条匹配等信息[4];另一方面,可以在较高层次上,进行句法分析[5]。下面的研究方法介绍将不涉及西方文字识别的上下文处理问题。

值得注意的是,汉字识别的上下文处理与汉语连续语音识别中的语言理解具有许多相似之处,都是利用汉语语言的上下文关系消除来自底层识别的不确定性;用于汉语连续语音识别中的语言理解方法对汉字识别上下文处理的研究具有较好的参考价值。但是,两者又有较大的差别,主要表现为:语音底层识别提供的候选字是同音字,而汉字底层识别(单字识别)提供的候选字是同形字。

汉字识别的上下文处理技术的研究起步较晚。直至 20 世纪 80 年代后期,由于印刷体汉字识别技术发展迅速,人们才开始将语言学知识应用于印刷体文本识别中[6]。至于手写体文本识别的上下文处理,90 年代中后期才见诸文献报道[7,17]。

汉字识别的上下文处理方法大致可分为基于上下文词匹配、基于句法语义分析、基于语料库统计的方法以及规则与统计相结合的方法这四大类。

1. 基于上下文词匹配的处理方法

利用上下文进行词匹配是早期汉字文本识别上下文处理研究的主要方法。其出发点是充分利用容易获取的词典及字典知识,包括词条信息、词频、字频等,对单字识别结果中标识的拒识字进行可能的纠正。

这类上下文处理方法的优点是易于实现、系统开销小(仅需存储词条、词频及字频等信息);但是,它需要事先确定拒识字的位置,而且当拒识字连续出现时,该方法的纠错能力变差。一般而言,该方法仅适用于单字识别率较高的印刷体文本识别。

2. 基于句法语义分析的上下文处理方法

利用语义知识进行上下文处理的基础是句法分析。中心词驱动的句法-语义分析算法是一种有效的句法分析方法,其出发点是把句子看成是中心词及其附属成分组成的递归结构,利用中心词词义和中心词与附属成分的语义联系及约束关系,对句子进行句法-语义分析,找出句子的里层结构,从而得到句子意义的机内表达。

在语义知识的引导下,根据句法规则消除输入字符串中的干扰(单字识别后的拒识字和不确定字)并进行自上而下的分析;当输入字符串能够映射成一定的语义表达时,它便被作为有意义的字符串加以接受,否则将进行纠错处理。

这种基于句法语义分析的上下文处理方法实际上是模拟人的思维过程。人在识别字的时候是根据句子上下文按语意(语句所表达的意思)来认字的,而不是孤立的单字识别。该方法理论上较为先进,所做的每一步都有理有据,在受限的自然语言问题中取得了相当大的成功[24]。由于目前对人脑认知功能的研究还有限,计算机处理技术难以真正做到模拟人脑功能,对开放的汉语语言完全规则化更是不可能。另外,考虑到汉语语法的不规范,这种处理方法目前还不成熟。

3. 基于语料库统计的上下文处理方法

20世纪80年代中期以来,以信息论为基础的统计建模[8]方法在音字转换[9]、语音识别[10]、词性标注[11,12]等领域获得相当大的成功,这种方法基于大规模语料库,对开放的自然语言进行充分、细致的定量统计分析,从中发现和总结语言的组织规律和语法规律,并在此基础上采用一种统计的语言模型来"理解"自然语言。

受此影响,进入 20 世纪 90 年代之后,文字识别研究人员纷纷将基于统计的 Markov 语言模型用于文字识别的上下文处理。统计语言模型在日文[13]、朝鲜文[14]、阿拉伯文[15]等的文本识别中均取得了很好的效果。

这类方法的主要特点是:假定语言是一个 $n-1$ 阶的 Markov 链,即当前符号的出现仅与它前面的 $n-1$ 个符号有关,而与更前面的符号无关,称语言模型为 n 元文法模型(简称 n-gram 模型)。对大规模语料库进行多层次加工、统计,得到字的二元、三元同现概率,词的二元、三元同现概率,词性标注、词义标注知识等。利用这些语料库知识,把具有确定性边界的一个语言序列作为一个处理单元,用动态规划方法从单字识别给出的候选字集序列中找出可能性最大的一个句子,从而纠正单字识别中存在的错误。

基于语料库统计的上下文处理方法可自动纠正句子中的连续几个字的错误,大大超过靠词条的前后联想匹配方法的上下文处理能力。这种方法得到了日益广泛的应用,成为当前汉字识别上下文处理的主流方法。本章将重点论述 n-gram 模型(包括基于字的 bigram、trigram,基于词的 bigram,基于词类的 bigram)在上下文处理中的应用。

4. 规则与统计相结合的上下文处理方法

基于规则的语言模型适于处理受限领域的文本,能够反映语言的远距离约束关系和递归现象,但难以适应开放的自然语言,鲁棒性差;而统计语言模型适于处理大规模真实文本,鲁棒性好,但只能反映语言的近邻约束关系,对语言的递归现象无能为力。显然,统计方法和规则方法具有很强的互补性。

以上简要介绍了汉字识别上下文处理中的各种研究方法。实际上,汉字识别的上下文处理性能的优劣,不仅仅依赖于语言模型,而且还取决于单字识别器所提供的信息。单字识别器提供给后处理器的信息有两类:一是候选字信息,二是候选字对应的距离测度信息(或称识别可信度信息)。如何利用好单字识别器提供的信息是值得我们深入研究的。例如,给定的候选集中是否包含有正确字?多大的候选集是合适的?候选字的可靠程度如何估计及如何利用?

利用上下文信息的后处理技术研究,在单字识别的基础上,将单字识别所提供的信息和上下文相关的语言学知识相结合,总体上获得最佳的识别结果;从而提高文本的识别正确率,减少人工校对量。从理论上讲,根据信息论的观点,充分、有效地利用各种信息是解决问题的关键。充分地利用单字识别器提供的信息以及语言学信息是提高后处理性能的关键所在。

本章其余内容安排如下：8.2 节介绍文本识别后处理模型；8.3 节介绍统计语言模型；8.4 节讨论候选字集的效率问题，介绍提高候选集效率的两种方法，即扩充候选字算法和词条近似匹配算法；8.5 节讨论文本识别后处理的实现；8.6 节对 n-gram 模型的上下文处理性能进行比较分析；有关语言模型自适应的讨论参见 9.3.3 节。

8.2 汉字识别后处理模型

本节首先对利用上下文信息的汉字识别建立汉字文档的识别整体模型，指出整体模型由单字识别模型和语言模型联合构成；然后讨论将多层次的语言学信息加入整体模型中，并对整体模型的全局优化进行了必要的论述[38]。

8.2.1 汉字文本识别的整体模型

语音识别系统中，通常用信源-信道模型来描述连续语音识别过程[16]。类似地，汉字文本识别系统中，亦可用信源-信道模型来描述利用上下文信息的汉字识别整体模型。

1. 信源-信道模型

汉字文本识别的信源-信道模型如图 8.2 所示。

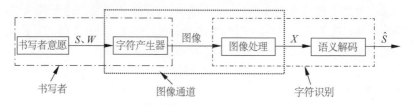

图 8.2　汉字文本识别的信源-信道模型

图 8.2 中，书写者(writer)包含书写者的意识(writer's mind)和文字的产生(character producer)两部分，即书写者将自己大脑中的语言文字序列 S 经书写或印刷变成图像，S 可以为一个句子、一个段落、一篇文章、一本书；字符识别器(character recognizer)包含图像处理器(image processor)和语义解码器(linguistic decoder)两部分。图像处理器包括扫描、图像预处理、版面分析、行字切分及特征提取等模块，X 为与 S 对应的字符图像特征

序列。语义解码器包括单字识别模块和后处理模块,对应于单字识别模型、语言模型以及搜索策略3个方面。

可以将汉字文本识别过程纳入通信理论框架中。此时,图8.2中的书写者意愿为信源,由语言模型来描述;字符产生器和图像处理器构成噪声信道,由图像模型来描述;语义解码器为信宿。信宿的任务就是通过噪声信道的输出 X 来推测信源 S,最后得到 S 的估计 $\hat{S}$。因此,根据最大后验概率准则,有:

$$\hat{S} = \arg\max_{S} P(S|X) = \arg\max_{S} \frac{P(S)P(X|S)}{P(X)}$$

上式中,由于 $P(X)$ 是公共项,$P(X)$ 对估计 $\hat{S}$ 没有影响,故可省略。于是上式变为

$$\hat{S} = \arg\max_{S} P(S)P(X|S) \tag{8.1}$$

其中,$P(S)$ 描述语言文字序列 S 的统计概率分布,$P(X|S)$ 描述文字序列的观测图像概率分布。

为求解 $\hat{S}$,需对上式进行简化处理。

2. 模型的简化

在式(8.1)中,令 S 为一个含 T 个字的句子,即 $S=s_1 s_2 \cdots s_T$;并假设字符切分正确,即图像特征 x_i 只与其对应的字 s_i 有关,有 $X=x_1 x_2 \cdots x_T$。由于单字识别器是对每个孤立的字符图像进行识别,显然这种识别不依赖于上下文关系。故式(8.1)中条件概率 $P(X|S)$ 可表示为

$$P(X|S) = P(x_1 \cdots x_T | s_1 \cdots s_T) = \prod_{t=1}^{T} P(x_t | s_t) \tag{8.2}$$

$P(x_t|s_t)$ 为单字的条件概率,s_t 为相应位置上的识别候选字。$P(x_t|s_t)$ 一般难以直接计算,通过下面的推导分析,可将该条件概率转化为后验概率来计算。根据贝叶斯公式,有:

$$P(x_t|s_t) = P(s_t|x_t) \times P(x_t)/P(s_t) \tag{8.3}$$

$P(s_t)$ 为模式类的先验概率,在单字识别中假定各个模式类出现的概率是相等的。$P(x_t)$ 对由 x_t 识别得到的每个候选字是一样的。故在求式(8.1)最大值的实际计算中,$P(x_t)$ 与 $P(s_t)$ 这两项可不予考虑。从而,求 $P(x_t|s_t)$ 就转换为求 $P(s_t|x_t)$,$P(s_t|x_t)$ 为候选字的后验概率。

将式(8.2)、式(8.3)代入式(8.1),则有:

$$\hat{S} = \arg\max_{S} P(S|X) = \arg\max_{S} P(S) \times \prod_{t=1}^{T} P(s_t|x_t) \tag{8.4}$$

上式中，$P(S)$是一个先验概率，反映语言文字序列 S 中的上下文之间的统计相关性，可由语料库中的语言学信息估计得到，即 $P(S)$ 由语言模型决定。$P(s_t|x_t)$ 为候选字的后验概率；若单字识别采用最大后验概率判决准则，则单字识别时直接给出 $P(s_t|x_t)$ 的大小；若单字识别采用其他判决准则，则 $P(s_t|x_t)$ 可由单字识别时提供的候选字测度信息估计得到，即 $P(s_t|x_t)$ 由单字识别模型决定。

式(8.4)表明：汉字文本识别的最终结果不仅取决于单字识别模型，而且取决于语言模型，是由单字识别模型和语言模型两者共同决定的。因此，式(8.4)描述了利用上下文信息的汉字识别整体模型。

从理论上讲，根据信息论的观点，充分、有效地利用各种信息是解决问题的关键。对在单字识别基础上进行的上下文处理这个问题来说，语言学信息和由单字识别提供的信息是最重要的两类信息。对汉语来说，语言学信息可包括字、词、词性、词义、语境等不同层次上的语言知识。因此，我们可以将不同层次上的语言学知识融入利用上下文信息的汉字识别整体模型中。

8.2.2 利用多层语言知识的汉字识别整体模型

在汉语连续语音识别系统中，清华大学电子工程系王作英教授[32]曾提出将字、词、词性、词义等不同层次上的语言学信息纳入语音识别整体模型框架，不同层次的语言学信息的结合有效地提高了系统的识别率[33]。

这里，我们借鉴汉语连续语音识别中的成功经验，试图将字、词、词性、词义等不同层次上的语言学信息纳入汉字文本识别的整体模型框架中。

令 S_C、S_W、S_P、S_S 分别表示语言文字序列 S 对应的字串、词串、词性串、词义串，图 8.2 中信宿的任务变为：根据已知的图像特征序列 X，选择利用多层次语言学信息之后使得 S_C、S_W、S_P 与 S_S 的交集的后验概率最大的语言文字序列 $\hat{S}$。因此，有下式成立：

$$\hat{S} = \arg \max_{S_C S_W S_P S_S} P(S_C S_W S_P S_S | X) \tag{8.5}$$

显然，利用的语言学知识越多，由 S_C、S_W、S_P 与 S_S 构成的交集就越小，汉字文本识别中的上下文之间的不确定性也就越小，文本识别的正确率就越高。式(8.5)的物理意义在于：利用上下文信息时，不仅考虑了字、词间的搭配概率，而且考虑了词性、词义间的搭配概率；充分利用不同层次上的语言学信息之间的互补性来增强上下文之间的约束力，从而产生合乎语言意义的文字序列 $\hat{S}$。

下面利用 Bayes 公式和概率乘法公式对式(8.5)进行简化。
$$\hat{S} = \arg\max_{S_C S_W S_P S_S} P(S_C S_W S_P S_S) P(X \mid S_C S_W S_P S_S)$$

$$P(S_C S_W S_P S_S) = P(S_S / S_C S_W S_P) P(S_C S_W S_P)$$
$$= P(S_S / S_C S_W S_P) P(S_P / S_C S_W) P(S_C S_W)$$
$$= P(S_C) P(S_W / S_C) P(S_P / S_C S_W) P(S_S / S_C S_W S_P)$$

上式中,由于词性串 S_P、词义串 S_S 与字串 S_C 无关,所以,有:
$$P(S_C S_W S_P S_S) = P(S_C) P(S_W / S_C) P(S_P / S_W) P(S_S / S_W S_P) \quad (8.6)$$

另外,由于字串 S_C 包含了有关 X 的全部信息而无须 S_W、S_P 及 S_S 的信息作补充,故有:
$$P(X \mid S_C S_W S_P S_S) = P(X \mid S_C) \quad (8.7)$$

将式(8.6)、式(8.7)代入式(8.5),则有:
$$\hat{S} = \arg\max_{S_C S_W S_P S_S} P(S_C) P(S_W \mid S_C) P(S_P \mid S_W) P(S_S \mid S_W S_P) P(X \mid S_C)$$
$$(8.8)$$

令字串 $S_C = s_1 s_2 \cdots s_T$,上式可表示为
$$\hat{S} = \arg\max_{S_C S_W S_P S_S} P(S_C) P(S_W \mid S_C) P(S_P \mid S_W) P(S_S \mid S_W S_P) \prod_{t=1}^{T} P(s_t \mid x_t)$$
$$(8.9)$$

比较式(8.4)与式(8.9),后者将前者中的语言模型 $P(S)$ 进一步分解为基于字的语言模型 $P(S_C)$、基于词的语言模型 $P(S_W \mid S_C)$、基于词性的语言模型 $P(S_P \mid S_W)$ 以及基于词义的语言模型 $P(S_S \mid S_W S_P)$。因此,式(8.9)描述了利用多层次语言学知识的汉字文本识别的整体模型。

8.2.3 整体模型的全局优化

为求解式(8.4)和式(8.9)中的 $\hat{S}$,必须采取某种有效的全局优化策略才能从单字识别器给出的候选字集中选出最有可能的汉字序列 $\hat{S}$。这是因为:对含 T 个字的句子 S,若候选字集大小为 m,则共有 m^T 种可能的句子。显然,对 m^T 种可能的句子进行全搜索是极其耗时的。为此,人们提出了各种全局优化算法以快速、有效地搜索 $\hat{S}$,常用的搜索算法为 A* 算法和 Viterbi 算法。

A* 算法是一种全局择优搜索[27] (best-first search)。A* 算法的效率在很大程度上取决于估价函数的精确性,估价函数一般定义为一条假设路径中已生成部分的路径得分与表示未生成部分的路径估计得分的启发式函

数之和。A^*算法的关键之处在于构造高精度的启发式搜索函数，一般用正向或反向的动态规划(dynamic programming)方法计算启发式函数。在大词汇量连续语音识别过程中，人们基于 A^* 算法提出了一些高效的搜索方法，如 Tree-Trellis 搜索方法[28]、双向图搜索策略[29]等。文字识别的上下文处理中，通常采用 Viterbi 搜索算法[30]。

Viterbi 算法是一种快速、高效的动态规划方法，其基本思想是把求解整个问题的最佳解归结为求解其子问题的最佳解，用递归方式实现。具体步骤如下：首先从起始节点开始，求起始节点到某个节点的最佳路径并保存此路径；若起始节点到某一节点的所有直接前驱节点的最佳路径已求出，则利用前驱节点到此节点的连接权值及起始节点到前驱节点的最佳路径的累积权值，可计算出起始节点到此节点的最佳累积值。然后，利用递归方式，直至计算出到达终止节点的最佳路径。最后，由最佳的终止节点回溯至起始节点并记录路径上的每一个节点，即得到最终的汉字序列。

若无特别说明，本章中的最佳路径搜索均采用 Viterbi 算法。

8.2.4 影响后处理性能的要素分析

以上论述了利用上下文信息的汉字识别整体模型的建立以及整体模型的全局优化策略。为求解式(8.4)或式(8.9)，如何有效地利用单字识别提供的信息以及语言学信息来精确地估计 $P(s_t|x_t)$ 和 $P(S)$ 成为解决问题的关键所在。在整体模型的框架下，整体模型是从单字识别给出的候选字集中选出最有可能的汉字序列 $\hat{S}$ 作为最终的文本输出。一个自然的问题是：正确的识别结果（正确字）在不在给定大小的候选集中？如果不在，如何找回正确字？本节将讨论如何利用识别候选字信息来提高候选集的有效性，使得在给定大小的候选集中尽可能地含有正确字。

影响识别后处理性能的主要因素有 4 个：语言模型、候选字可信度、候选集大小、搜索策略。首先精确估计 $p(S)$ 和 $p(s_t|x_t)$ 是求解最优句子的关键所在。如果这两个概率项的估计误差较大，经过上下文处理后的文本识别率甚至会下降。其次，若有限的候选集中没有正确字，则不可能纠正ICCR 中存在的错误。所以，应设法使得有限的候选集中包含有正确字。最后，应采用有效的搜索策略从众多可能的句子中找出最优句子。

由式(8.4)可知，候选字后验概率的大小对获取最佳的文本识别结果无疑是十分重要的。因此，需要利用单字识别提供的信息对候选字后验概率进行估计。候选字的后验概率 $P(s_t|x_t)$，又称为候选字可信度的估计。

在汉字文本识别的上下文处理中,可信度的作用不仅表现在对候选字的后验概率进行估计这一方面,而且还表现在:①若事先知道某识别结果很可靠(首选字的可信度很大),则没有必要对该识别结果进行上下文处理。这样,不仅能够提高处理效率,而且可以在一定程度上避免误纠现象,因为通常的上下文处理方法对未登录词的处理能力较弱。②自动选取候选字集的大小。一般地,当首选字的可信度较大时,正确识别结果即使不出现在首选位置上,也会出现在靠前的候选位置上,此时的候选集可较小;反之,当首选字的可信度较小时,正确识别结果有可能出现在很靠后的候选位置上,此时的候选集应大一些。这样,既能保证候选集中含有正确的识别结果,又能保证上下文处理时的路径搜索空间不至于过大。

8.3 统计语言模型

语言是一种符号系统,任何符号系统都包含形式和意义两个方面[18]。因此语言模型就是对语言的形式和意义的描述。最简单的语言模型就是列出该语言的所有句子;而高级的语言模型则可以描述语言的内在规律,包含词法、句法、语义以及语用等方面的语言学知识,它可以是语言中的一些规则或语法结构,也可以表示为语言中字或词的上下文之间的一种统计关系。

早期的语言模型研究遵从传统的人工智能中的语言知识表示方法,利用规则来表示、分析和处理自然语言。语言学家用语法来描述语言,并认为所有人类语言的构造是有层次的[19]。汉语语言的层次结构为:字、词、词组、句子、段落,即由字组成词,由词组合成词组,由词组组合成句子,再由句子构成段落。而每一层级的组合都存在某种限制,这就是词法和句法。

近20年来,语料库语言学发展迅猛,基于语料库的统计语言模型以信息论为基础,对开放的自然语言——大规模语料库进行充分而细致的统计调查,把语言理解看成是利用信息来消除句子中文字不确定性的过程。统计语言模型由于来源于大规模语料库,鲁棒性较强,可适用于各种真实自然语言处理的场合。在利用上下文信息的文本识别后处理中,统计语言模型被广泛使用。

8.3.1 n-gram 模型的基本理论

最基本、最常用的统计语言模型是 n-gram 模型(又称为 n 元文法模型)。在 n-gram 元文法模型中,当前符号的出现仅仅与它前面的 $n-1$ 个符号有关。在训练语料不足或语言模型参数空间庞大的情况下,常规 n-gram 模型会遇到数据稀疏(data sparseness)问题。为此,基于类的 n 元文法语言模型被广泛加以研究。

基于类的语言模型利用词类描述某一类词的共性,用词类的出现概率来估计词的出现概率。例如,将 80 000 词分成 800 个类,那么词对的二元组合有 64 亿个,而词类对的二元组合仅为 64 万个。因此,基于词类的二元文法模型中的数据稀疏问题远远没有基于词的二元文法模型严重。词的分类方式有语言学分类和自动分类两种。词的计算机自动分类虽然避免了语言学分类的复杂性且在实际应用中具有一定的效果,但分类的结果往往与语言学不一致,缺乏语言学依据,难以进一步利用自动分类信息。语言学中的词分类是按照一定的语法或语义属性,将词汇集划分成若干等价类,使语法或语义属性相近的词同属于一个等价类。

汉语中的语法类,就是指词性,包括名词、动词、形容词等类。汉语的词性划分有多种方法。在清华大学计算机系黄昌宁教授主编的《语言信息处理专论》[24]中,词性的划分有两个标记集:标记集 1 有 111 个类,标记集 2 有 67 个类。北京大学计算语言学研究所俞士汶教授则将汉语词性划分为 26 类[21]。在汉语语音识别语言理解和汉字识别的上下文处理中,基于词性的 bigram 模型的处理效果并不理想。这很可能是由于词性分类太粗,不能区分同类词之间的差别所导致的;也就是说,基于词性的统计语言模型没有真正反映句子在语法层次上的约束。所以,将词进行更细致的归类就要按词义分类。信息处理中的汉语词义划分一般是依据《同义词词林》[25],将词条分成 1 428 个类。在汉语语音识别语言理解中,基于词义的语言模型具有较好的处理效果[10]。

建立基于词性或词义的语言模型,工作量大。首先需要一个带词性或词义标注的词典;其次必须对大规模语料文本进行词性或词义标注;然后统计词性或词义间的转移概率。

统计语言模型种类繁多,除上述的常规 n 元文法模型、基于类的语言模型之外,还有将多种信息源进行融合的最大熵语言模型[34]、与领域知识相关的自适应语言模型[35]等。

从信息论的观点看,任何一种语言或语言的子集都可以视为一个信源。从时间上观察,语言序列是由一些在时间上离散的字、词及标点符号随机排列而成的;正是这些符号的随机排列构成了不同的语言信息表示。因此,语言信源的输出符号可被视为时间上离散的一系列随机变量。

1. 常规 n-gram 模型

一般地,假定语言是一个 $n-1$ 阶的 Markov 链,此时的语言模型称为 n 元文法模型,即通常所说的 n-gram 模型。所以,式(8.4)中的 $P(S)$ 可用 $n-1$ 阶 Markov 模型表示为

$$\left. \begin{aligned} P(S) &= P(s_1 s_2 \cdots s_T) = P(s_1) \times \prod_{i=2}^{T} P(s_i | s_1 \cdots s_{i-1}) \\ &= \prod_{i=1}^{n-1} P(s_i | s_1 s_2 \cdots s_{i-1}) \times \prod_{i=n}^{T} P(s_i | s_{i-n+1} \cdots s_{i-1}) \end{aligned} \right\} \quad (8.10)$$

当 $n=2$ 时,有二元文法模型 bigram,即一阶 Markov 模型。此时,有:

$$P(S) = P(s_1) \times \prod_{i=2}^{T} P(s_i | s_{i-1}) \quad (8.11)$$

当 $n=3$ 时,有三元文法模型 trigram,即二阶 Markov 模型。此时,有:

$$P(S) = P(s_1) \times P(s_2 | s_1) \times \prod_{i=3}^{T} P(s_i | s_{i-2} s_{i-1}) \quad (8.12)$$

由以上论述可知,n-gram 语言模型的性能主要由 3 个因素决定:①模型的阶数 n;②构造模型的基本单元(符号 s_i 所代表的语言学单位);③符号间的转移概率。

在英语中,单词是句子中有含义的最小单位。因此,英语语言模型以单词为单元。在汉语中,严格地讲,词是表达意义的单位;但单个汉字也有明确的含义。因此,汉语语言模型的基本单元可以是词,也可以是字。式(8.11)、式(8.12)中的 s_i 不仅可以是词,而且可以是单个汉字。理论上,模型的单元越大,阶数越高,利用的上下文信息就越多,语言模型的处理效果也就越好。当然,语言模型的实现复杂度也就越大。

令 $s_j^i = s_j \cdots s_i$,符号间的转移概率 $P(s_i | s_{i-n+1}^{i-1})$ 可由大规模语料库统计得到。在训练语言模型时,统计符号串 s_{i-n+1}^{i-1} 和 s_{i-n+1}^{i} 在语料库中出现的次数 $c(s_{i-n+1}^{i-1})$ 及 $c(s_{i-n+1}^{i})$,假设训练语料库足够大,可用极大似然估计 MLE (maximum likelihood estimate)得到转移概率 $P(s_i | s_{i-n+1}^{i-1})$,即用相对频率作为概率估计,如下式所示:

$$P_{\text{MLE}}(s_i | s_{i-n+1}^{i-1}) \approx c(s_{i-n+1}^{i}) / c(s_{i-n+1}^{i-1}) \quad (8.13)$$

常规 n-gram 模型的优点在于求解方法简单、实用,字、词间的转移概率可以从大规模语料中统计得到。然而,在训练语料不足或语言模型参数空间庞大的情况下,会遇到数据稀疏问题:即测试文本中的许多合法的字、

词同现对在训练语料文本中未曾出现过,从而出现零概率现象。零值作为转移概率会导致统计语言模型完全失效。实际上,对训练语料中没有出现的同现对而言,我们绝对不能说它在实际文本中永远不会出现,只不过它在通常情况下出现的可能性较小,属于小概率事件而已。因此,必须对小概率事件进行平滑处理[20]。

2. 数据稀疏的平滑处理

数据稀疏平滑处理的基本思想如下:当训练数据不充分时,采用某种方式对 MLE 概率进行调整和修补的过程,以得到更为精确的概率。因为 MLE 对未出现事件的概率都低估成 0,而所有事件概率之和总是 1,所以 MLE 对出现过的事件给出过高的估计。因此,平滑的目标是通过将小概率(或零概率)调高一些,将大的概率调低一些,使得整体上的概率分布更均匀。平滑技术不仅解决了零概率问题,而且能够在整体上提高语言模型的性能。

平滑技术将 n-gram 的高阶模型与低阶模型相结合,有两种结合模式:一种是回退(back-off)模式;另一种是插值(interpolation)模式。

以 bigram 为例,回退模式有如下形式:

$$P_{\text{smooth}}(s_i|s_{i-1}) = \begin{cases} P^*(s_i|s_{i-1}), & c(s_{i-1}s_i) > 0 \\ \gamma(s_{i-1})P^*(s_i), & c(s_{i-1}s_i) = 0 \end{cases}$$

上式表明,若同现对$(s_{i-1}s_i)$在训练语料中出现过,则用 $P^*(s_i|s_{i-1})$ 来近似转移概率,$P^*(s_i|s_{i-1})$ 由 $c(s_{i-1}s_i)$ 进行折扣(discounting)处理后得到;否则,退回至低阶模型 $P^*(s_i)$,$\gamma(s_{i-1})$ 为规一化因子。

插值模式则是将高阶模型与低阶模型进行线性插值,有如下形式:

$$P_{\text{smooth}}(s_i|s_{i-1}) = P^*(s_i|s_{i-1}) + \gamma(s_{i-1})P^*(s_i)$$

插值模式与回退模式的区别在于:处理非零概率时,前者利用了低阶模型的信息,而后者未利用。两者的共同之处为:处理零概率时均利用了低阶模型的信息。由此可见,对低阶模型信息的利用是平滑技术的关键所在。

目前,常用的平滑方法有 Jelinek-Mercer 平滑、Katz 平滑、绝对折扣(absolute discounting)平滑、Witten-Bell 平滑、Kneser-Ney 平滑等方法。Stanley F. Chen[23]对当前广泛使用的各种平滑算法进行了很好的总结,各种平滑方法的性能随着训练语料规模的大小、n-gram 模型的阶数、语料库的内容以及剪枝阈值的大小而变化。其中,训练语料库规模对平滑技术性能的影响最大。

3. 语言模型性能的评价——混淆度

统计语言模型的性能与具体的应用系统密切相关,是对与实际语言情况的契合程度的一种度量。一般通过语言模型"混淆度(perplexity)"来衡量。混淆度是从信息熵的角度出发得到的。

(1) 语言的交叉熵

设语言 L 的字符集 V 大小为 L_V,一个长为 n 的语句 $S=s_1s_2\cdots s_n$ 所包含的信息量 $H(p)$ 为

$$H(p)=-\sum_{s_i\in V}p(s_1s_2\cdots s_n)\log p(s_1s_2\cdots s_n) \tag{8.14}$$

平均每个字符的熵为 $H_n(p)=H(p)/n$,则 $H_\infty(p)$ 为语言信源的熵率(简称为语言的熵),它反映出这种语言信源平均每个字符的信息量。

对某种语言来说,其真实的概率分布 p 是未知的,只能通过某种估计方法建立模型 q 来近似 p。在信息论中,用相对熵(relative entropy,也称为 Kullback-Leibler 距离)$D(p\|q)$ 度量两个概率分布之间的差异[36]。相对熵越小,表明 p 与 q 的差异越小,即 q 越逼近真实分布 p。

$$\begin{aligned}D(p\|q)&=\sum_S p(S)\log\frac{p(S)}{q(S)}\\&=-\sum_S p(S)\log q(S)-\left[-\sum_S p(S)\log p(S)\right]\\&=H(p,q)-H(p)\end{aligned}$$

其中,$H(p,q)$ 是 p 与 q 的交叉熵,$H(p)$ 是 p 的熵。可以证明:$H(p,q)\geqslant H(p)$,当且仅当 $p=q$ 时,有 $H(p,q)=H(p)$。

由于 p 是客观存在的一个未知的概率分布,可以认为 $H(p)$ 是一个确定的值;因此可以直接用交叉熵来评价语言模型的质量。交叉熵越小的语言模型说明 q 越接近真实的语言分布。在给定模型 q 的情况下,与语言 L 的交叉熵为

$$H(L,q)=-\lim_{n\to\infty}\frac{1}{n}\sum_{s_i\in V}p(s_1s_2\cdots s_n)\log q(s_1s_2\cdots s_n)$$

假定语言 L 是各态遍历的、平稳的随机过程,可用下式计算 $H(L,q)$:

$$H(L,q)=\lim_{n\to\infty}\left\{-\frac{1}{n}\log q(s_1s_2\cdots s_n)\right\} \tag{8.15}$$

显然,$H(L,q)\geqslant H_\infty(p)$。实际应用中,可以根据已训练好的语言模型 q 和一个含有大量数据的语言 L 的测试文本来计算交叉熵,从而近似估算

出语言模型 q 对语言 L 的熵[37]。

设测试文本的容量为 T,式(8.15)可由下式近似求出:

$$H(L,q) \approx LP = -\frac{1}{T}\log q(s_1 s_2 \cdots s_T) \tag{8.16}$$

对 n-gram 模型,则有

$$LP = -\frac{1}{T}\Big(\sum_{i=1}^{n-1}\log q(s_i|s_1\cdots s_{i-1}) + \sum_{i=n}^{T}\log q(s_i|s_{i-n+1}\cdots s_{i-1})\Big) \tag{8.17}$$

LP 的物理含义为:利用语言模型 q 在汉语中区分每个汉字所需的信息量,LP 越小,表示模型 q 对上下文的约束力越强。

(2) 语言模型的混淆度

在实际使用中,通常用语言模型的混淆度 PP(perplexity)来评价语言模型 q 的性能[8]:

$$PP = 2^{H(L,q)} \approx 2^{LP} \tag{8.18}$$

语言模型混淆度具有更为明确的物理含义:PP 值表示用语言模型 q 来预测文本中的平均每个汉字可以后接汉字的数目。在汉字文本识别的上下文处理中,由于单字识别器给出多个候选字,要依靠语言模型来消除候选的不确定性,从而选取正确字。当不使用语言模型时,识别一个汉字需从 L_V 中选一;利用语言模型后,平均只需从 PP 中选一,即当前汉字平均只可能有 PP 种选择。

PP 值越小,表示上下文的关联性越强,上下文的不确定性就越小,语言模型 q 用于识别时的可选汉字个数就越少,说明语言模型的约束力越强。显然,PP 值小的语言模型有利于正确字的选取。

对测试语料,某个语言模型的混淆度大小受训练语料的规模、稀疏数据的平滑策略、模型剪枝阈值这 3 个因素的影响。

8.3.2 基于字的语言模型

1. 字标记集的定义

当式(8.10)中的符号 s_i 为单个汉字时,统计语言模型即为基于字的语言模型。国标 GB 2312—1980 一级汉字有 3 755 个,二级汉字有 3 008 个,数字、字母、标点、符号等非汉字符有近 300 个。对约 9 000 万字的 1993—1996 年这 4 年的《人民日报》语料进行统计,有如下结果:非汉字符占 12.5%;汉字占 87.5%,其中一级汉字之外的汉字仅占 0.25%。所以,在统计语料时,不仅要考虑汉字符,还应考虑非汉字符。

由上述统计结果可知,国标一级汉字能够覆盖汉语普通文本中汉字的 99.75%。因此,定义一级 3 755 个汉字各为一个标记,而将国标一级汉字之外的所有汉字定义为一个标记。另外,将数字、字母及标点符号定义为其他 7 个标记,总共有 3 763 个标记。各标记的具体定义如下:①3 755 个一级汉字对应的标记号为 0~3 754;②一级之外的所有汉字,标记号为3755;③阿拉伯数字 0~9,标记号为 3756;④英文字母 A~Z 及 a~z,标记号为 3757;⑤引用类标点左边部,如'"〔《《「〖【(({等,标记号为 3758;⑥引用类标点右边部,如'"〕》》」〗】})}等,标记号为 3759;⑦特殊数字标头符号,如 1.(1)①㈠Ⅰ等,标记号为 3760;⑧句边界类标点,如、。!,;?等,标记号为 3761;⑨其他符号,标记号为 3762。

2. 基于字的 bigram 语言模型

对语料进行统计,可得到字的二元同现频次(相邻的两个字在语料中同时出现的次数)矩阵以及句首字频。出现过至少一次的二元同现对数目仅为 1 529 109,占总数目(3 763×3 763)的 10.8%,出现次数为 r 的同现对个数 n_r 的分布情况如图 8.3 中 charBi 曲线所示。可见,二元同现对是稀疏的;其中,仅出现 1 次的同现对 n_1=546 763,占同现对总数目的 35.76%。

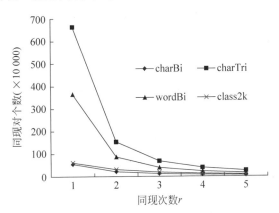

图 8.3 出现 r 次的同现对分布

当采用线性链表方式存储时,仅需 9MB 空间即可。当删除同现次数少的二元同现对时(称为剪枝,cutoff),存储空间将会更小。字 bigram 模型随着剪枝阈值 TH 的增加而迅速变小,如图 8.4 所示。

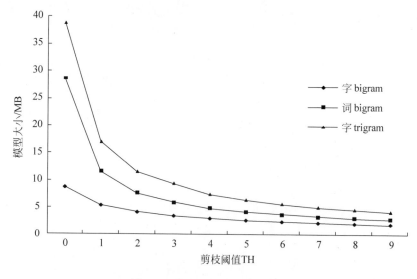

图 8.4 剪枝对模型大小的影响

参照式(8.11),令 S 为含有 T 个字的汉语句子,即 $S=c_1c_2\cdots c_T$,则基于字的 bigram 语言模型可表示如下:

$$P(S) = P(c_1) \times \prod_{i=2}^{T} P(c_i|c_{i-1}) \qquad (8.19)$$

上式中,$P(c_1)$ 为句首字概率,$P(c_1)=c_{Fst}(c_1)/\text{SenTotal}$,SenTotal 为句子总数,$c_{Fst}(c_1)$ 为 c_1 作为句首字在训练语料中出现的次数;$P(c_i|c_{i-1})$ 为字间的二元转移概率,由于字的二元同现对的稀疏性,需进行平滑处理。

3. 基于字的 trigram 语言模型

对语料进行统计,可得到字的三元同现频次(相邻的 3 个字在语料中同时出现的次数)矩阵以及句首字频。字三元同现对是极其稀疏的。至少出现 1 次的三元同现对数目仅为 10 862 077,仅占总数目(3 763×3 763×3 763)的 0.02%;其中,仅出现 1 次的同现对 $n_1=6\,639\,389$,占同现对总数目 61.12%。出现次数为 r 的三元同现对个数 n_r 的分布情况如图 8.3 的 charTri 曲线所示。

当采用线性链表存储时,约需 53MB 空间。若对出现次数少的三元同现对进行剪枝,存储空间将急剧减小。字 trigram 模型大小与剪枝阈值的关系如图 8.4 所示。TH=1 时,模型所占空间减少 1 倍以上。

参照式(8.12),令 S 为含有 T 个字的汉语句子,即 $S=c_1c_2\cdots c_T$,则基

于字的 trigram 语言模型可表示如下:

$$P(S) = P(c_1) \times P(c_2|c_1) \times \prod_{i=3}^{T} P(c_i|c_{i-2}c_{i-1}) \qquad (8.20)$$

上式中,$P(c_1)$ 为句首字概率,$P(c_2|c_1)$ 为字间的二元转移概率,$P(c_1)$、$P(c_2|c_1)$ 均同式(8.19)。$P(c_i|c_{i-2}c_{i-1})$ 为字间的三元转移概率,由于与字的二元同现对相比,字的三元同现对是极其稀疏的,必须对 $P(c_i|c_{i-2}c_{i-1})$ 进行平滑处理。

8.3.3 基于词的语言模型

1. 词标记集的定义

式(8.10)中的符号 s_i 为词时,N 元文法模型即为基于词的语言模型。现代汉语中的词汇极其丰富,为建立基于词的语言模型,首先应建立一部合适的词典,然后利用词典对语料文本进行词切分处理。所用词典以北京大学计算语言学研究所提供的《现代汉语语法信息词典详解》电子词典[21]为基础,并参照《现代汉语词典》[22],有选择地加入一些习用语及成语。词典中,含一字词 6 763 个,两字词 43 719 个,三字词 15 241 个,四字词 13 258 个。另外,将非汉字符归为 48 个标记。词典共有标记 79 029 个。

2. 汉语分词

汉语文本中词与词之间没有明确的分隔标志是汉语区别于英语的一个显著特点,但词是"最小的能独立运用的语言单位",故而自动分词是中文信息处理的基本问题。由于词典 L 对《人民日报》语料是比较完备的,我们采用简单、实用的双向最大匹配法对语料文本进行词切分。当正向最大匹配与反向最大匹配的切分结果不一致,即存在交集型歧义时,利用词频信息选择一种切分结果。例如 AB、BC 是两个词,如果 BC 的频度比 AB 的要大,则 ABC 这一歧义字段应切分为 A/BC。

我们从语料中随机抽取 500 个句子(7 661 个字),总词数为 4 933 个,错误切分的次数为 51,分词正确率为 1−51/4 933=98.97%。错误切分主要是由未登录词引起的,包括生僻的人名、地名、机构名;交集型歧义错误有 8 处,而包孕型歧义错误仅有 3 处。由于不涉及词性、词义等较高层次上的语言处理,这样的分词精度对实际系统来说是可以接受的。

3. 基于词的 bigram 语言模型

对 8 800 万字的《人民日报》语料进行统计,有如下结果:总词数(不含标点符号)为 4 400 万,其中的一字词占 42.21%,二字词占 50.90%,三字词占 4.77%,四字词占 2.12%,平均词长为 1.67;标点符号数目为 1 045 万。

对语料进行统计,可得到的二元同现频次(相邻的两个词在语料中同时出现的次数)矩阵以及句首词频。与字的二元同现对、字的三元同现对相比,词的二元同现对也是很稀疏的。至少出现 1 次的词二元同现对数目仅为 6 148 198,占总数目(79 029×79 029)的 0.098%。其中,仅出现 1 次的同现对 n_1 = 3 652 330,占同现对总数目的 59.40%。出现次数为 r 的词二元同现对个数 n_r 的分布情况亦如图 8.3 的 wordBi 曲线所示。

当采用线性链表方式存储时,约需 48MB 空间。对出现次数少的词二元同现对进行剪枝后,存储空间也急剧减小。词 bigram 模型大小与剪枝阈值的关系如图 8.4 所示。

令 S 为含有 T' 个词的汉语句子,即 $S = w_1 w_2 \cdots w_{T'}$,则基于词的 bigram 语言模型可表示如下:

$$P(S) = P(w_1) \times \prod_{i=2}^{T'} P(w_i | w_{i-1}) \tag{8.21}$$

上式中,$P(w_1)$ 为句首词概率,$P(w_1) = c_{Fst}(w_1)/SenTotal$,$c_{Fst}(w_1)$ 为 w_1 作为句首词在训练语料中出现的次数;$P(w_i | w_{i-1})$ 为词间的二元转移概率,由于词的二元同现对是很稀疏的,必须进行平滑处理。

4. 基于词类的 bigram 语言模型

基于词的 bigram 模型占用空间较大,用基于词类 $g(w_i)$ 的 bigram 模型来替代,基于词类的 bigram 模型其分布情况如图 8.3 中 class2k 曲线所示[39]。

$$p_c(w_t | w_{t-1}) = p(g(w_t) | g(w_{t-1})) \times p(w_t | g(w_t))$$

5. 基于词及词类的混合 bigram 语言模型

在语音识别中,混淆度是评价语言模型性能的常用方法。一般地,混淆度与识别率有很强的对应关系。在下一节中,我们将会看到:混淆度与文本的识别率也具有较强的对应关系,即混淆度较小的语言模型用于上下文处理时具有较高的文本识别率。

$$p_h(w_t | w_{t-1}) = \lambda \times p(w_t | w_{t-1}) + (1-\lambda) \times p_c(w_t | w_{t-1})$$

8.4 候选集的有效性

8.2 节指出,利用上下文信息的汉字识别整体模型是利用语言模型从单字识别给出的候选字集中选取最有可能的汉字序列 $\hat{S}$ 作为最终的文本输出。由于汉字的字符集很大,单字识别给出的候选集中的候选字个数通常是有限的。一个自然的问题是:正确的识别结果(正确字)在不在给定大小的候选集中? 如果不在,如何找回正确字?

实际上,当正确字不在候选字集中时,无论怎样精确的语言模型也会显得无能为力;而且这种情况还会严重地导致前后文中本来首选正确的字有可能被错误的候选字所替代。这类错误在经过上下文处理的文本识别中占了很大一部分,是目前影响手写体文本识别率难以进一步提高的主要因素之一。因此,我们应设法提高候选集的有效性,以使得有限的候选集中尽可能地包含有正确字。只有当正确字包含在候选字集中,利用语言模型的上下文处理才能很好地发挥作用。

本节首先对候选集大小进行分析,然后给出利用混淆矩阵信息提高候选集效率的扩充候选字算法和词条近似匹配算法。

8.4.1 候选集大小分析

上下文处理技术的基本原理是利用语言模型从候选字集中选取正确的识别结果。当正确字不在候选字集中时,语言模型就无能为力了。由于汉字的字符集很大,识别候选字集应该多大才合适呢? 为此,定义候选字集的效率(efficiency of candidate set,简记为 EC)为

$$EC = \frac{1}{K}$$

K 为包含有正确识别结果的候选字集大小。显然,$EC \in [1/3755, 1.0]$。$K=1$ 时,候选字集的效率最高(EC=1.0)。K 可由下式确定:

$$\min_{K} \left\{ \sum_{i=1}^{K} P(c_i|x) \geqslant \text{TH} \right\} \tag{8.22}$$

式中的 $P(c_i|x)$ 为候选字可信度,TH 为事先规定的某个可信度阈值。

针对 300 套测试样本中的 40 套 C 类样本(首选识别率为 76.40%,100 选累计识别率为 98.83%),在同样累计识别率的条件下,固定候选集长度与由式(8.22)确定的候选集的平均长度进行比较。由表 8.1 可知,候选集

的平均长度比固定长度有较大幅度的减少。在累计识别率为 98.11% 时，候选集长度由 46 变为 25.18，EC 提高了 83%。所以，可得出如下结论：利用候选字可信度可以在较大程度上提高候选字集的效率。

表 8.1 候选集累计识别率与候选集长度的关系

累计识别率/%	候选集固定长度	候选集平均长度	EC 提高率/%
95.89	13	8.83	47.23
96.40	16	10.63	50.52
96.99	21	13.45	56.13
97.34	25	15.65	59.74
97.69	32	18.97	68.69
98.11	46	25.18	82.68
98.60	73	41.11	77.57
98.78	92	62.49	47.22

在实际应用中，K 还可以通过统计大量样本中的候选字集累计识别率与候选个数的经验关系得到。

针对 300 套测试样本，统计分析识别器给出的前 m 选累计识别率。按 A、B、C、D、E 类分别统计候选字集累计识别率 r 与候选字个数 m 的关系（设定 m 最大为 100），如图 8.5 所示。

图 8.5 中，对 A 类样本，首选识别率高，随着候选字个数 m 的增加，累计识别率增加平缓，首选、10 选、20 选、50 选、100 选的识别率分别为 94.68%、99.59%、99.76%、99.85%、99.88%，10 选与首选识别率相差不到 5%，而 20 选与 50 选识别率相差仅为 0.09%。对 C 类样本，随着 m 的增加，累计识别率上升幅度较大，首选、10 选、20 选、50 选、100 选的识别率分别为 76.40%、95.09%、96.90%、98.23%、98.83%，10 选与首选识别率相差近 20%，而 20 选与 100 选识别率相差 2%。对 E 类样本，随着 m 的增加，累计识别率上升幅度很大，首选、10 选、20 选、50 选、100 选的识别率分别为 57.86%、85.63%、90.37%、94.42%、96.36%，10 选与首选识别率相差近 30%，而 20 选与 100 选识别率相差 6%。

显然，在上下文处理中，若固定候选字集的大小（特别是 m 较小时），则候选位置靠后的许多正确字不可能被语言模型选中。直观地，对 A 类样本，$m=20$ 就足够了；对 C 类样本，$m=50$ 即可；而对 E 类样本，m 取 100 仍显得不够，因为累计识别率随 m 的增加而上升的趋势仍然比较明显。这表

第 8 章 利用上下文信息的汉字识别后处理

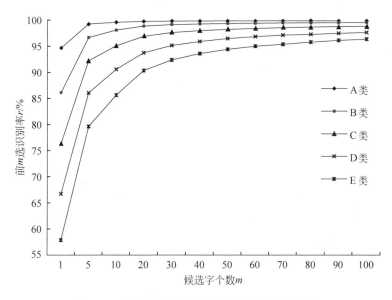

图 8.5 候选字集累计识别率与候选个数的关系

明,样本识别率的高低对候选字集大小的选择非常重要。

所以在实际的文本识别上下文处理中,我们可以通过首选字可信度粗略估计出文本识别的单字识别率,进而选择候选字集的大小。可近似得到文本单字识别率与候选字集大小的经验关系曲线,如图 8.6 所示。文本的单字识别率越高,候选集就越小,候选集的效率就越高;反之,候选集就越大,候选集效率越低。

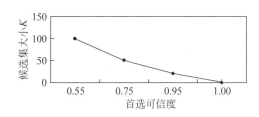

图 8.6 文本单字识别率与候选字集大小的关系

8.4.2 混淆矩阵获取

在英文拼写校对及英文 OCR 中,一种重要的方法是利用噪声信道模型对英文单词拼写中的字母错误进行统计分析,通过词典匹配进而给出相应的候选单词。英文字符集较小,易于统计分析;而汉字是大字符集,不易统计其中的错误规律。

信源-信道模型被用于描述文本识别过程。实际上,还可将信宿部分中的单字识别模型纳入信道部分,这样,噪声信道的输入、输出均为汉字,如图 8.7 所示。

信道是通信系统中信息传输的通道。由于干扰(即噪声)的存在,输入 a 经信道以一定的概率转换为输出 b。信道的特性可以用条件概率分布 $p(b|a)$ 描述。信道作为通信系统的一部分,其特性必然会影响信息的传输质量。一个好的通信系统必须充分考虑其信道特性,信道特性可以事先统计得到。

图 8.7 信道噪声模型

脱机手写体文字识别的流程可简述如下:在大脑的指挥下,我们想写的字(正确字)经笔在稿纸上书写、扫描仪扫描输入、计算机识别,最后输出汉字。从书写、扫描到识别这 3 个过程均存在某种干扰。这样,计算机输出的汉字 b 可能与人脑中的字(输入 a)不符。因此,上面的流程用噪声信道模型来描述是合适的。人脑中的字为输入,计算机识别结果为输出,而将书写、扫描、识别这 3 个过程看作噪声信道,如图 8.8 所示。

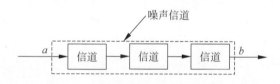

图 8.8 单字识别系统的信道噪声模型

在这里,信道特性可以用单字识别混淆条件概率矩阵(简称混淆矩阵) $P_M=(p_{ij})_{N\times N}$ 来表示。其中的元素 p_{ij} 表示输入 ω_i 类样本(正确字)经噪声信道输出为 ω_j 类(候选字)的概率,$\omega_i,\omega_j \in$ 识别字符集 M。令 $M=\{$国标一级 3 755 个简体汉字$\}$,N 为样本类别数,$N=3\,755$。为使统计结果较为可靠,需收集大量的脱机手写体样本,用识别系统对这些样本进行单字识别后根据识别结果进行统计。p_{ij} 可用频度近似求得。

$$p_{ij} \approx n_{ij}/n_i, \quad n_i = \sum_{j=1}^{N} n_{ij}$$

n_{ij} 表示在训练样本中 ω_i 类样本(正确字)被识别为 ω_j 类(候选字)的次数。

根据识别系统的噪声信道模型,从大量训练样本中获得混淆矩阵。利用此信息,作为每次单字识别的先验知识,用以提高系统的识别性能。

8.4.3 扩充候选字集

在图 8.8 中,设 a 为输入的某个正确字;采用最小距离分类器时,识别器除了输出候选字(称为识别候选字)序列 $C=c_1c_2\cdots c_k$ 外,还输出与候选字序列相应的距离测度序列 $D=d_1d_2\cdots d_k$,候选字按照距离值由小到大依次排列,即 $d_1\leqslant d_2\leqslant\cdots\leqslant d_k$。

1. 扩充候选字算法

所提出的算法是利用混淆矩阵,由识别候选字序列 C 来推测最有可能的输入正确字 $\hat{a}$(称为扩充候选字)。根据最大后验概率准则,有

$$\hat{a}=\arg\max_{a\in M}p(a|C)=\arg\max_{a\in M}\{p(C|a)\times p(a)/p(C)\}$$

假设各汉字的先验概率相等,即 $p(a)=1/N$;且上式中的 $p(C)$ 项与 a 无关,故上式可表示如下:

$$\hat{a}=\arg\max_{a\in M}p(C|a)=\arg\max_{a\in M}p(c_1\cdots c_k|a) \tag{8.23}$$

理论上讲,k 个候选字 $c_1c_2\cdots c_k$ 之间是存在某种相关性的。但是,由于汉字的字符集很大,在工程实际应用中难以统计这种相关性。为此,假定 $c_1c_2\cdots c_k$ 之间相互独立以近似求解。于是上式变为

$$\hat{a}\approx\arg\max_{a\in M}\prod_{j=1}^{k}p(c_j|a) \tag{8.24}$$

其中,$p(c_j|a)$ 为混淆矩阵 P_M 中的元素。

由式(8.24)可推算出基于识别候选字集的比较有可能的正确识别结果,取正确可能性最大的前 m 个字(即扩充字候选字)构成扩充候选字序列 $E=e_1e_2\cdots e_m$。由式(8.24),还可以估算每个扩充候选字 e_i 为正确识别结果的可能性 f_i 的大小,得到与扩充字序列相对应的可能性测度序列 $F=f_1f_2\cdots f_m$。令

$$f_i=\prod_{j=1}^{k}p(c_j|e_i)/\sum_{i=1}^{m}\prod_{j=1}^{k}p(c_j|e_i) \tag{8.25}$$

显然,$f_1\geqslant f_2\geqslant\cdots\geqslant f_m$。

2. 扩充候选字算法性能的实验研究

用召回率作为扩充候选字算法的性能指标。召回率 r 定义如下:

$$r=N_{Rec}/(N_{Sum}-N_{Ten})\times 100\% \tag{8.26}$$

N_{Rec} 为样本单字识别前 10 选无正确字而扩充候选字集中含有正确字

的数目;N_{Sum}为样本总字数;N_{Ten}为样本单字识别前10选所含正确字的数目。

实验中,混淆矩阵是通过对1 100(HCD2、5、6)套训练样本的识别结果进行统计得到的,下面的实验结果均是针对300套(HCD7)测试样本得到的。

1) 影响召回率的3个因素

召回率 r 与训练样本的数目 N_S、式(8.24)中的识别候选字个数 k 以及测试样本的质量均有关。

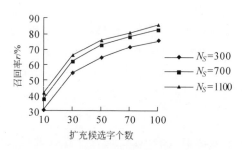

图 8.9　召回率与训练样本数目关系

图8.9表明,随着 N_S 的增加,召回率逐步提高。应该说,实验中的1 100套手写体训练样本仍是有限的。如能有更多的手写体样本进行训练,召回率会进一步提高。图8.10表明:召回率随着识别候选个数 k 的增加而增加,但增幅由大渐小,k 取20较为适宜。

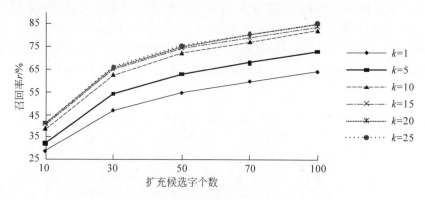

图 8.10　召回率与参加计算的候选字个数关系

针对300套测试样本的A类、B类、C类、D类、E类样本,分别测试召回率。图8.11表明:测试样本的质量越好,则召回率越高。

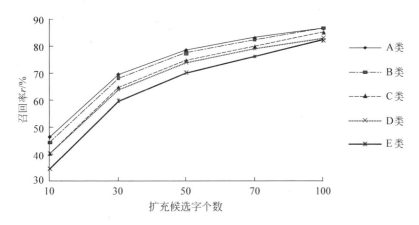

图 8.11　召回率与测试样本质量的关系

2) 扩充候选字集与识别候选字集的比较

类似扩充候选字召回率,定义样本单字识别前 10 选之外的识别候选字的召回率。这里,式(8.26)中的 N_{Rec} 应为样本单字识别前 10 选无正确字而 10 选之外的识别候选字集中含有正确字的数目。扩充候选字召回率、识别候选字召回率与候选字个数的关系如图 8.12 所示。

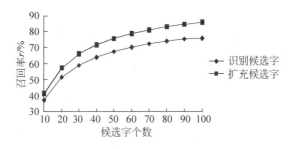

图 8.12　正确字召回率与候选字个数的关系

由图 8.12 可以看出:单字识别系统给出的 10 选以外的识别候选字中所包含的正确字数目有限,后 50 选(第 11~60 选)的召回率为 67.40%,后 100 选(第 11~110 选)的召回率仅为 75.15%。

(1) 扩充候选字算法是有效的。50 个扩充候选字的召回率已达 75.65%,与识别候选字集相比,错误率下降了 25%;100 个扩充候选字的召回率达到 85.57%,错误率下降了 42%。

(2) 随着候选字个数的增加,扩充候选字集的召回率与识别候选字集召回率的差距逐渐拉大。

直观地,用扩充候选字取代单字识别系统中10选以外的识别候选字,则识别系统的累计识别率会有所提高。

3. 扩充候选字算法的本质

混淆矩阵记录了识别器的先验知识——单字识别时的易混淆字(相似字)信息。扩充候选字算法的本质是将识别候选字与混淆矩阵中正确字对应的相似字进行"匹配",通过相似字找到可能的正确字。当式(8.24)中参加计算的 k 个识别候选字中含有正确字的相似字且混淆概率较大时("匹配"较好),此算法就可能找回正确字;k 个识别候选字中含有的正确字的相似字个数越多,找回正确字的可能性就越大。若 k 个识别候选字中没有正确字的相似字(完全不"匹配",识别器彻底失败),此算法失效。

实际上,汉字中的相似字是大量存在的,目前的汉字识别算法难以有效地区分相似字。通常情况下,识别器给出的多个候选中即使没有正确字,也会包含有正确字的相似字。所以,扩充候选字算法能够在很大程度上找回正确字。

下面以"衰"字为例说明扩充候选字算法是如何找到正确字的。"衰"在混淆矩阵中的混淆字信息如下(以频次表示):

```
衰1100 哀93 安1 泵2 表13 秉1 菠1 菜1 茬1 尺1 宠1 点1 多2
费1 氛1 复2 滚1 裹8 亥4 寂1 家1 兼4 接1 克1 浪1 良1 麦3
暮1 聂1 弃1 牵1 寝1 泉1 若1 丧1 甚1 衷892 素1 襄3 炭1 完1
夏13 悬1 玄1 衰17 袤9 著1 桌1
```

在某次识别中,"衰"的识别结果前10选为:表哀浪琅获袤农泉艰束。这10个候选字中有5个是"衰"的混淆字且"表、哀、袤"的混淆频次较高,因此扩充候选字算法就比较有把握找到"衰"这个正确字。

由于脱机手写汉字变化性大,且用于统计混淆矩阵的训练样本数量有限,相似字在混淆矩阵中的分布较为分散,导致了扩充候选字集中的正确字位置靠后。这一点从图8.12和下面的表8.2中均可得到验证。

4. 扩充候选字集与识别候选字集的组合

针对300套测试样本,将扩充候选字集的累计识别率以及识别候选字集的累计识别率列于表8.2中。虽然扩充候选字集的首选识别率较低,但从第 10 选开始,扩充候选字集的累计识别率超过了识别候选字集的累计识别率。尽管扩充候选字集是基于识别候选字集得到的,但它与识别候选字集仍具有一定的互补性。

表 8.2 识别候选字与扩充候选字的比较   %

累计识别率	首选	10 选	20 选	30 选	40 选	50 选	100 选
识别候选字	87.85	97.96	98.72	99.01	99.16	99.26	99.49
扩充候选字	62.94	97.97	98.86	99.11	99.24	99.33	99.55
集成候选字	88.21	98.20	98.93	99.22	99.45	99.54	99.69
错误下降率	2.96	11.76	16.4	21.21	34.52	37.88	39.22

从方案集成的角度出发,将扩充候选字集与识别候选字集两者有机地结合,可以进一步提高单字识别系统的性能。两者集成的关键是要寻找一个可靠的测度,以便于对扩充候选字集和识别候选字集重新进行排序后,得到新的候选字集。

由上述论述可知,识别候选字集有两个参数:识别候选字序列 $C=c_1c_2\cdots c_k$ 和相应的距离测度序列 $D=d_1d_2\cdots d_k$。扩充候选字集的两个参数为:扩充候选字序列 $E=e_1e_2\cdots e_m$ 和相应的可能性测度序列 $F=f_1f_2\cdots f_m$。可以利用候选字可信度估计模型将扩充候选字对应的可能性测度转换为候选字的后验概率估计值(即可信度)。

依据可信度这个统一的测度,就可以对扩充候选字和识别候选字重新进行排序,从而得到集成候选字序列 $G=g_1g_2\cdots g_l$ 及其对应的可信度序列 $H=h_1h_2\cdots h_l$。集成候选字集的累计识别率也列于表 8.2 中。

从表 8.2 可以看出,集成候选字集的累计识别率较识别候选字集的累计识别率有了全面的提高。尽管前者的累计识别率仅比后者高出 0.20~0.36 个百分点,但前者较后者的错误率有了较大幅度的下降。随着候选字个数的增多,错误率下降的幅度逐步增大。首选时,错误下降率仅为 2.96%;50 选时,错误下降率为 37.88%;100 选时,错误下降率达到 39.22%。

8.4.4 词条近似匹配算法

上述的扩充候选字算法是利用混淆矩阵信息,通过识别候选字推测得到扩充候选字,两者集成后的新候选字集的效率得以提高。但是,当识别候选字中没有正确字的相似字时,扩充候选字算法就会失效。本节试图利用混淆矩阵信息以及词典中的词条信息,继续讨论找回正确字的可能性,使得候选字集尽可能地包含有正确字。

词条包含一字词、两字词、三字词及四字词。由于两字词在多字词中占大多数,所以应区别对待两字词和其他多字词。

1. 利用两字词信息

首先统计词典中的两字词的词首字 u_1、词尾字 u_2 的构词能力。词首字的构词能力是指词条中词首字为 u_1 的两字词总数目;词尾字的构词能力是指词条中词尾字为 u_2 的两字词总数目。

设 $u=u_1u_2$ 为词典中的两字词,$v=v_1v_2$ 为句子中相邻的两个首选字。由于单字识别率本身较高,v_1 与 v_2 同时出错的可能性较小。若 $v=v_1v_2$ 构成词,则不对 v_1、v_2 进行处理;否则,考虑下面两种情况:①$v_1=u_1$,且 $v_2\neq u_2$;②$v_2=u_2$,且 $v_1\neq u_1$。我们的目的是通过 v 来选取 u。根据最大似然准则,有:

$$\hat{u} = \arg\max_u P(u|v) = \arg\max_u P(u) \times P(v|u) \qquad (8.27)$$

对第 1 种情况而言,式中的 u 为词首字 u_1 对应的所有两字词中的 1 个;对第 2 种情况而言,式中的 u 为词尾字 u_2 对应的所有两字词中的 1 个。上式中的 $P(u)$ 为词频。由于 v_1 与 v_2 相互独立,$P(v|u)$ 可表示如下:

$$P(v|u) = P(v_1v_2|u_1u_2) = P(v_1|u_1) \times P(v_2|u_2)$$

对第 1 种情况,令 $P(v_1|u_1)=1$;对第 2 种情况,令 $P(v_2|u_2)=1$。

因此,$P(v|u)=P(v_i|u_i)$,$i=1$ 或 2,$P(v_i|u_i)$ 为混淆矩阵 P_M 中的一个元素。

所以,式(8.27)变为

$$\hat{u} = \arg\max_u P(u) \times P(v_i|u_i) \qquad (8.28)$$

通过计算上式,将最有可能的前几个(2～3)两字词中的词首字或词尾字加入相应的候选字集中。当利用词一级的语言学知识进行文本识别的上下文处理时,可直接将这几个最有可能的两字词加入词图的相应词集中。

例如:字段"继续努力"经单字识别变成"继绿努力"。尽管"继"作为首字词的构词能力为 12,相应的词尾字有"承、而、父、宏、母、任、位、续、轩、英、友、子",但是,只有"续"与"绿"相似,混淆矩阵中的混淆概率 $P(绿|续)$ 较大,而其他词尾字则被排除。所以,即使识别候选集中无"续"字,通过词条匹配计算亦可找到该正确字"续"。

2. 利用多字词信息

对三字词、四字词,首先计算编辑距离;然后利用混淆矩阵信息选择最有可能的词条(1~2 个)。四字词近似匹配过程描述如下。

设 $u'=u_1u_2u_3u_4$ 为词典中的四字词,$v'=v_1v_2v_3v_4$ 为句子中相邻的 4 个首选字,若 u' 与 v' 中仅有一个字不同,即两者的编辑距离为 3,则查看 v_i 与 u_i 是否相似,即取决于 $P(v_i|u_i)$。可能的四字词 $\hat{u}'$ 由下式确定:

$$\hat{u}' = \arg\max_{u'} P(u') \times P(v_i|u_i) \tag{8.29}$$

通过计算上式,将最有可能的四字词中与首选字不匹配的那个字加入相应的候选字集中。当利用词一级的语言学知识进行文本识别的上下文处理时,可直接将最有可能的四字词加入词图的相应词集中。

例如:字段"人工智能"经单字识别变成"人工智脱",混淆矩阵中的混淆概率 $P(脱|能)$ 较大;因此通过四字词近似匹配,能够找到正确字"能"。

对三字词近似匹配,有上述类似的过程(词典中的三字词 $u'=u_1u_2u_3$ 与句中相邻的 3 个首选字 $v'=v_1v_2v_3$ 之间的编辑距离为 2)。

与扩充候选字算法相比较,词条近似匹配算法针对实际的文本,利用词典中的词条信息以及混淆矩阵信息找回可能的正确字。在某些情况下,扩充候选字算法未能找回正确字,而通过词条近似匹配算法则能够找回正确字。因此,该算法与扩充候选字算法具有较好的互补性,两者的结合能够进一步使得候选集中包含有正确字,从而提高候选集的有效性。

8.5 文本识别后处理的实现

本节将单字识别模型与语言模型相结合,首先,给出字 bigram 模型、字 trigram 模型及词 bigram 模型的上下文处理的最佳路径搜索算法;其次,对这 3 个模型的上下文处理性能进行比较分析;然后研究单字识别信息对上下文处理性能的影响,包括候选字可信度估计方法、扩充候选字算法、词条近似匹配算法;最后,研究语言模型的相关因素对上下文处理性能的影响,包括训练语料的规模、稀疏数据平滑方法、剪枝阈值等。

8.5.1 字 bigram 模型的上下文处理

对含有 T 个字的句子 $S=c_1c_2\cdots c_T$,其图像特征序列 $X=x_1x_2\cdots x_T$;当语言模型为字的 bigram 时,则基于字 bigram 模型的上下文处理可表示为

$$\hat{S} = \arg\max_{S}[P(c_1)P(c_1|x_1)] \times \left[\prod_{t=2}^{T}P(c_t|c_{t-1})P(c_t|x_t)\right] \quad (8.30)$$

上式可用 Viterbi 搜索算法从单字识别给出的各候选字集中找出最佳路径——可能性最大的一个句子。最佳路径的选择即是从各候选字集构成的字网格图(有向图)中找出概率最大的一条路径,如图 8.13 所示。

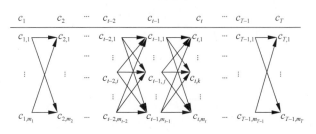

图 8.13 字网格示意图

参照图 8.13 用 $c_{t,j}$ 代替式(8.30)中的 c_t($c_{t,j}$ 表示 c_t 对应的第 j 个候选字),基于字 bigram 模型的上下文处理的 Viterbi 搜索算法可描述如下。

字 bigram 上下文处理的 Viterbi 搜索算法

令 $PATH[t,k]$ 为一指针变量,字网格图中的每个候选字节点都设有这样一个指针,指向它的一个直接前趋节点(父节点);$Q(t,k)$ 保存从起始字节点到字节点 $c_{t,k}$ 的最大可能路径的概率对数的累计值;m_t 表示 x_t 对应的候选集大小。

① 初始化 $t=1, k\in[1,m_1]$

$PATH[1,k]=\text{NULL}$ 为空指针

$Q(1,k)=\log P(c_{1,k})+\log P(c_{1,k}|x_1)$

② 递归运算 $2\leqslant t\leqslant T, k\in[1,m_t], j\in[1,m_{t-1}]$

$Q(t,k)=\max_{j}\{Q(t-1,j)+\log P(c_{t,k}|c_{t-1,j})\}+\log P(c_{t,k}|x_t)$

$j^*=\arg\max_{j}\{Q(t-1,j)+\log P(c_{t,k}|c_{t-1,j})\}$

$PATH[t,k]$ 指向字节点 c_{t-1,j^*},即字节点 $c_{t,k}$ 的父节点为 c_{t-1,j^*}

③ 终止 $t=T$

$k^*=\arg\max_{k}Q(T,k)$,最优字节点为 c_{T,k^*}。

④ 回溯

逆转 $PATH[T,k^*]$ 所指的链,并输出路径上的每个字节点。

基于字 bigram 模型的上下文处理的 Viterbi 搜索算法的时间复杂度为 $O(T\times m^2)$,m 为候选集大小的平均值。

8.5.2 字 trigram 模型的上下文处理

当语言模型为字 trigram 时,将式(8.20)代入式(8.4),则基于字 trigram 模型的上下文处理可表示为

$$\hat{S} = \arg\max_S [P(c_1)P(c_1|x_1)] \times [P(c_2|c_1)P(c_2|x_2)]$$
$$\times \Big[\prod_{t=3}^{T} P(c_t|c_{t-2}c_{t-1})P(c_t|x_t)\Big] \quad (8.31)$$

上式亦可用 Viterbi 搜索算法从单字识别给出的各候选字集构成的字网格中找出可能性最大的一个句子。参照图 8.13,用 $c_{t,j}$ 代替式(8.31)中的 c_t($c_{t,j}$ 表示 c_t 对应的第 j 个候选字),类似于基于字 bigram 模型的上下文处理的 Viterbi 搜索算法,基于字 trigram 模型的上下文处理的 Viterbi 搜索算法可描述如下。

字 trigram 上下文处理的 Viterbi 搜索算法

令 $PATH[t,k]$ 为一指针变量,字网格中的每个字节点都设有这样一个指针,指向它的一个直接前趋节点(父节点);$Q(t,j,k)$ 保存从起始节点到字节点 $c_{t,k}$ 的最大可能路径的概率对数的累计值;m_t 表示 x_t 对应的候选集大小。

① 初始化

$t=1, k\in[1,m_1]$

$PATH[1,k]=$NULL 为空指针

$Q(1,0,k)=\log P(c_{1,k})+\log P(c_{1,k}|x_1)$

$t=2, k\in[1,m_2], j\in[1,m_1]$

$Q(2,j,k)=\max\limits_{j}\{Q(1,0,j)+\log P(c_{2,k}|c_{1,j})\}+\log P(c_{2,k}|x_2)$

$j^* = \arg\max\limits_{j}\{Q(1,0,j)+\log P(c_{2,k}|c_{1,j})\}$

$PATH[2,k]$ 指向字节点 c_{1,j^*},即字节点 $c_{2,k}$ 的父节点为 c_{1,j^*}

② 递归运算 $3\leqslant t\leqslant T, k\in[1,m_t], j\in[1,m_{t-1}], i\in[1,m_{t-2}]$

$Q(t,j,k)=\max\limits_{i}\{Q(t-1,i,j)+\log P(c_{t,k}|c_{t-2,i}c_{t-1,j})\}+\log P(c_{t,k}|x_t)$

$j^* = \arg\max\limits_{i,j}\{Q(t-1,i,j)+\log P(c_{t,k}|c_{t-2,i}c_{t-1,j})\}$

$PATH[t,k]$ 指向字节点 c_{t-1,j^*},即字节点 $c_{t,k}$ 的父节点为 c_{t-1,j^*}

③ 终止 $t=T$

$k^* = \arg\max\limits_{j,k} Q(T,j,k)$,最优字节点为 c_{T,k^*}。

④ 回溯

逆转 $PATH[T,k^*]$ 所指的链,并输出路径上的每个字节点。

字 trigram 上下文处理的 Viterbi 搜索算法的时间复杂度为 $O(T\times m^3)$,m 为候选集大小的平均值。

8.5.3 词 bigram 模型的上下文处理

当语言模型为词的 bigram 时,句子 S 用词序列表示为 $S=w_1w_2\cdots w_{T'}$ 含 T' 个词,则基于词 bigram 模型的上下文处理可表示为

$$\hat{S} = \arg\max_{S}[P(w_1)CF(w_1)]\times\left[\prod_{i=2}^{T'}P(w_i|w_{i-1})CF(w_i)\right] \quad (8.32)$$

上式中,$CF(w_i) = \prod\limits_{j=1}^{k_i} P(c_j^{w_i}|x_j^{w_i})$,$P(c_j^{w_i}|x_j^{w_i})$ 为词 w_i 中的第 j 个字 $c_j^{w_i}$ 对应的后验概率,k_i 为词 w_i 所含字的个数。

当采用基于词的语言模型进行上下文处理时,为搜索最佳的词序列,首先要利用词典在各相邻的候选字集中查找所有可能的词条,构成相应的词集,得到一张词图;然后,对词图进行搜索、剪枝,保存累积得分较多的路径;最后,选取累积分最多的路径进行回溯,取出路径上的各个词节点作为输出结果。

1. 构造词图

对识别模型给出的候选字序列,以句子 S 为处理单元,设句子的长度为 T,在词典 L 中查找所有能够匹配上的词,构成相应的词条集合,从而得到词图。

词典 L 可按照词条长度不同分别构造,$L_1,L_2,\cdots,L_K$ 为相应词条长度的分词典,则 $L=\{L_1,L_2,\cdots,L_K\}$,K 是最长词条所含字数,$K=4$。

1) 词图构造过程

假设 $S=s_1s_2\cdots s_T$,S 中的任一子串(字串)$s_t^k=s_{t-k+1}s_{t-k+2}\cdots s_t$,$1\leqslant t\leqslant T$,$k=1,2,\cdots,\min(t,K)$;则第 t 个字 s_t 与它前面的字构成词条长度为 k 的子词集 W_t^k 为

$$W_t^k = \{w_{t,j}^k, j=1,2,\cdots,L_t^k\}, \quad 1\leqslant t\leqslant T; k=1,2,\cdots,\min(t,K)$$

其中,L_t^k 为该子词集中的词条总数目,即在词典中找到的对应于 s_t^k 的所有

长度为 k 的词条数目。子词集中的每个词 $w_{t,j}^k$ 都称为一个词节点。所有的候选字都看成是单字词,所以,每个候选字都对应于一个词节点。

定义词集 W_t 为

$$W_t = \bigcup_k W_t^k, \quad k = 1, 2, \cdots, \min(t, K)$$

按先后顺序,将不同词集中的词节点依次连接起来,便可得到候选字序列对应的词图。

2) 词图构造复杂度

设候选集大小为 m,对含 T 个字的句子构造词图时,两字词匹配需 $(T-1)\times m^2$ 次;三字词匹配需 $(T-2)\times m^3$ 次;四字词匹配需 $(T-3)\times m^4$ 次。从构造词图的过程来看,主要是四字词匹配耗时。当 m 较大时,如果不对词典进行整理,直接进行词匹配,那么构造词图是极其耗时的。随着 m 的增大,词图构造复杂度急剧增加。

对词典 L 中的多字词条进行统计,多字词中汉字的分布情况如表 8.3 所示。从表中可以看出,国标 3 008 个二级汉字中的绝大多数汉字在多字词中是不出现的,表中小括号里的数字表示词条中字的位置。以三字词为例,用作三字词首字的汉字仅有 2 236 个,第二字仅有 2 376 个,末字仅有 1 686 个。

因此,对多字词中的各字建立索引标志,可大大提高词条匹配速度。利用索引标志后,两字词匹配次数仅为原先的 $4\,282\times 3\,891/6\,763^2 = 36.4\%$;三字词匹配次数仅为原先的 $2\,236\times 2\,376\times 1\,686/6\,763^3 = 2.9\%$;四字词匹配次数仅为原先的 $2\,284\times 2\,372\times 2\,183\times 2\,303/6\,763^4 = 1.3\%$。

表 8.3 多字词中汉字的分布状况

	两字词		三字词			四字词			
	(1)	(2)	(1)	(2)	(3)	(1)	(2)	(3)	(4)
一级汉字	3 427	3 186	2 133	2 208	1 581	2 118	2 166	2 017	2 106
二级汉字	855	705	103	168	105	166	206	166	197
总计汉字	4 282	3 891	2 236	2 376	1 686	2 284	2 372	2 183	2 303

2. 词 bigram 上下文处理的 Viterbi 搜索

结合上述的词图构造及式(8.32),词 bigram 的上下文处理的 Viterbi 搜索算法可描述如下:

词 bigram 上下文处理的 Viterbi 搜索算法

令 $PATH[t,k,j]$ 为一指针变量，词图中的每个词节点都设有这样一个指针，指向它的一个直接前趋节点(父节点)；$Q(t,k,j)$ 表示词图中从左至右所有到达词 $w_{t,j}^k$ 的可能路径中的最大可能路径的概率的对数，K 为最长词条所含的字数。

① 初始化 $1 \leqslant t \leqslant K, k=t, 1 \leqslant j \leqslant L_t^k$

$PATH[t,k,j] =$ NULL 为空指针

$Q(t,k,j) = \log P(w_{t,j}^k) + \log CF(w_{t,j}^k)$

② 递归运算 $2 \leqslant t \leqslant T', 1 \leqslant k \leqslant \min(t,K), 1 \leqslant j \leqslant L_t^k, j \in [1, m_t]$

$Q(t,k,j) = \max\limits_{l=1}^{K} \max\limits_{i=1}^{L_{t-k}^l} \{Q(t-k,l,i) + \log P(w_{t,j}^k | w_{t-k,i}^l)\}$
$\qquad + \log CF(w_{t,j}^k)$

$(l^*, i^*) = \arg \max\limits_{l,i} \{Q(t-k,l,i) + \log P(w_{t,j}^k | w_{t-k,i}^l)\}$

$PATH[t,k,j]$ 指向词节点 $w_{t-k,i^*}^{l^*}$，即当前词节点 $w_{t,j}^k$ 的父节点为 $w_{t-k,i^*}^{l^*}$。

③ 终止 $t=T'$

$(k^*, j^*) = \arg \max\limits_{k,j} Q(T', k, j)$，最优词节点为 $w_{T,j^*}^{k^*}$。

④ 回溯

逆转 $PATH[T', k^*, j^*]$ 所指的链，并输出路径上的每个词节点。

词 bigram 上下文处理的 Viterbi 搜索算法的时间复杂度为 $O(T \times K^2 \times L^2)$，$L$ 为字词集 W_t^k 所含词条数目 L_t^k 的上限值。

8.5.4 字、词相结合的上下文处理

在候选集大小 m 相同的条件下，词 bigram 模型的上下文处理效果明显好于字 bigram 模型；但当 m 较大时，词 bigram 模型的上下文处理速度很慢，而字 bigram 模型的上下文处理速度相对来说要快得多。一个自然的问题就是：能否既考虑到字 bigram 模型处理的快速性，又考虑到词 bigram 模型的有效性？

本节首先给出字、词相结合的上下文处理模型；其次介绍字 bigram 模型上下文处理的 FB 搜索算法，利用 FB 算法来提高候选字集的效率；然后针对该高效的候选字集，再进行词 bigram 模型的上下文处理，最终得到较高的文本识别率。本节的最后给出一个利用上下文信息的汉字识别实验系统。

1. 字词相结合的上下文处理模型

在8.2节中,我们曾讨论过将字、词、词性、词义等多种语言学知识融入汉字文本识别的整体模型中。受语料库知识的限制,这里仅尝试将字信息与词信息两者结合用于汉字文本识别的上下文处理中。汉语中的字、词是两个不同层次上的信息,字信息与词信息具有一定的互补性,两者的结合应有利于减少句子的不确定性,从而能够提高文本识别率。

参见图8.2,令含有 T 个字的句子 S 对应的字串、词串分别为 S_C、S_W,$S_C = s_1 s_2 \cdots s_T$,则最优的句子 $\hat{S}$ 是在已知图像特征 $X = x_1 x_2 \cdots x_T$ 的条件下使得 S_C 与 S_W 交集后验概率最大的句子。于是,式(8.8)可简化为

$$\hat{S} = \arg\max_{S_C S_W} P(S_C) P(S_W|S_C) P(X|S_C) \tag{8.33}$$

上式可进一步写成如下形式:

$$\left.\begin{aligned}\hat{S} &= \arg\max_{S_C S_W} P(S_W|S_C)[P(S_C)P(X|S_C)] \\ &= \arg\max_{S_C S_W} P(S_W|S_C)[P(S_C|X)P(X)] \\ &= \arg\max_{S_C S_W} P(S_W|S_C) P(S_C|X)\end{aligned}\right\} \tag{8.34}$$

上式中,$P(S_C)$、$P(S_W|S_C)$ 分别表示基于字的语言模型、基于词的语言模型,$P(S_C|X)$ 可表示字一级上的上下文处理。

直接由式(8.34)求解 $\hat{S}$ 是很复杂的。为此,我们采用分层的策略来求解 $\hat{S}$,即:先利用 $P(S_C|X)$ 项进行字一级上的上下文处理,然后在此基础上,再利用基于词的语言模型 $P(S_W|S_C)$ 进行词一级上的上下文处理。于是,式(8.34)可近似表示成如下形式:

$$\hat{S} \approx \arg\max_{S_W} P(S_W|\hat{S}_C) [\max_{S_C} P(S_C|X)] \tag{8.35}$$

上式中的 $\hat{S}_C$ 表示由字一级上的上下文处理得到的字串。

式(8.35)描述了字、词相结合的上下文处理过程,具体实现步骤如下:①对单字识别后的文本,利用基于字的语言模型 $P(S_C)$ 进行上下文处理。字一级上的上下文处理的目的是:一方面,可以提高文本的识别率(即首选正确率);另一方面,利用字间的上下文相关性,将候选集中的正确识别结果尽可能地包含在前 m 个候选字中,即提高候选集的效率。②在字一级的上下文处理的基础上,利用基于词的语言模型 $P(S_W|S_C)$ 进行上下文处理。由于步骤①可提高候选集的效率,因而利用词语言模型进行上下文处理时,

可在较小的候选集上构造词图,从而减小搜索空间,提高基于词语言模型的上下文处理速度。

尽管基于字 trigram 模型的上下文处理效果好于字 bigram 模型,但由于基于字 bigram 模型的上下文处理速度远快于字 trigram 模型,因此在步骤①中采用字 bigram 模型进行字一级上的上下文处理。利用字 bigram 模型进行上下文处理时的候选集大小可以取较大的值。

在 8.5.1 节中,基于字 bigram 模型的上下文处理是通过 Viterbi 搜索算法实现的。Viterbi 搜索的输出结果为可能性最大的一个句子,即句子一级上的最优字串。显然,Viterbi 搜索算法没有对原有的候选字集进行修正,故不能提高候选字集的效率。实际上,我们还可以利用其他搜索方法实现字 bigram 模型的上下文处理。

下面,利用前向-后向搜索算法[30](Forward-Backward,FB 算法)来实现基于字 bigram 模型的上下文处理。FB 算法不仅能够提高文本的识别率,而且可以对原有的候选字集进行调整,从而能够提高候选字集的效率。

2. 字 bigram 模型上下文处理的 FB 搜索

FB 算法的基本思想是:句子(字串)$S_C = c_1 c_2 \cdots c_T$(相应的图像特征序列为 $X = x_1 x_2 \cdots x_T$)中的每个字 c_t(t 表示字的位置,$1 \leqslant t \leqslant T$)都单独具有最大的可能性,即对每个位置 t,利用上下文关系逐个地从 c_t 对应的候选字集 $\{c_{t,1}, c_{t,2}, \cdots, c_{t,m_t}\}$ 中选取最佳的候选字 $\hat{c}_t$,m_t 为该候选字集的大小。

最佳的候选字 $\hat{c}_t$ 的选取可由下式表示:

$$\hat{c}_t = \arg \max_{1 \leqslant i \leqslant m_t} \gamma_t(i), \quad 1 \leqslant t \leqslant T \tag{8.36}$$

上式中,$\gamma_t(i)$ 表示在给定图像特征序列 X 的条件下,t 位置上的候选字为 $c_{t,i}$ 的概率,即:

$$\gamma_t(i) = P(c_t = c_{t,i} | X) \tag{8.37}$$

将上式展开,有:

$$\gamma_t(i) = P(x_1, \cdots, x_t, c_t = c_{t,i}) P(x_{t+1}, \cdots, x_T | c_t = c_{t,i}) \Big/ \sum_{i=1}^{m_t} P(x_1, \cdots, x_t, c_t = c_{t,i}) P(x_{t+1}, \cdots, x_T | c_t = c_{t,i}) \tag{8.38}$$

为了计算 $\gamma_t(i)$,引入前向函数 $\alpha_t(i)$ 和后向函数 $\beta_t(i)$。

前向函数定义为 $\alpha_t(i) = P(x_1, x_2, \cdots, x_t; c_t = c_{t,i})$。$\alpha_t(i)$ 具有如下的"递推"关系:

$$\alpha_1(i) = P(c_{1,i})P(x_1|c_{1,i}), \quad 1 \leqslant i \leqslant m_1;$$

$$\alpha_{t+1}(j) = P(x_1, x_2, \cdots, x_t, x_{t+1}; c_{t+1} = c_{t+1,j})$$

$$= \Big[\sum_{i=1}^{m_t} \alpha_t(i) P(c_{t+1,j}|c_{t,i})\Big] P(x_{t+1}|c_{t+1,j}),$$

$$1 \leqslant t \leqslant T-1, 1 \leqslant j \leqslant m_{t+1}$$

上式中,$P(c_{t+1,j}|c_{t,i})$ 为字 bigram 语言模型中的转移概率,$P(c_{1,i})$ 为句首字概率;$P(x_{t+1}|c_{t+1,i})$ 为条件概率。$P(x_{t+1}|c_{t+1,i})$ 由候选字 $c_{t+1,i}$ 的后验概率(即可信度值)代替。

后向函数定义为 $\beta_t(i) = P(x_{t+1}, x_{t+2}, \cdots, x_T|c_t = c_{t,i})$。$\beta_t(i)$ 也具有"递推"关系:

$$\beta_T(i) = 1, \quad 1 \leqslant i \leqslant m_T;$$

$$\beta_t(i) = \sum_{j=1}^{m_{t+1}} P(c_{t+1,j}|c_{t,i}) P(x_{t+1}|c_{t+1,j}) \beta_{t+1}(j),$$

$$T-1 \geqslant t \geqslant 1, 1 \leqslant i \leqslant m_t$$

引入前向函数 $\alpha_t(i)$ 和后向函数 $\beta_t(i)$ 之后,式(8.37)可表示为

$$\gamma_t(i) = \alpha_t(i)\beta_t(i)/\sum_{i=1}^{m_t} \alpha_t(i)\beta_t(i) \tag{8.39}$$

由于前向函数 $\alpha_t(i)$ 说明了前一部分图像特征序列 $x_1 x_2 \cdots x_t$ 和 t 位置上的候选字为 $c_{t,i}$,而后向函数 $\beta_t(i)$ 说明图像特征序列余下的后一部分 $x_{t+1} x_{t+2} \cdots x_T$($t$ 位置的候选字为 $c_{t,i}$),因而,$\alpha_t(i) \times \beta_t(i)$ 表示产生整个图像特征序列 X 而且 t 位置上的候选字为 $c_{t,i}$ 的概率。

根据式(8.39)计算出的概率大小,可对候选字集 $\{c_{t,1}, c_{t,2}, \cdots, c_{t,m_t}\}$ 中的候选字重新进行排序,得到新的候选字集 $\{\hat{c}_{t,1}, \hat{c}_{t,2}, \cdots, \hat{c}_{t,m_t}\}$。由于上下文信息的作用,新候选集中的正确识别结果往往出现在靠前的候选位置上。新候选集中的候选字对应的概率测度为 $\{\hat{\gamma}_t(1), \hat{\gamma}_t(2), \cdots, \hat{\gamma}_t(m_t)\}$,该概率项可认为是经过字 bigram 模型处理后的新候选集中候选字的可信度。

FB 算法的运算复杂度与 Viterbi 算法相当。实际上,若将前向函数中的求和运算改为求最大值运算,即变成 Viterbi 算法。有关文献表明,在词性标注、词义标注中,FB 算法与 Viterbi 算法的处理效果相当[10-12]。

针对脱机手写体模拟文稿 B(候选集大小为 50,50 选累计正确率为 98.56%),利用 FB 算法提高候选字集的效率,实验结果如图 8.14 所示。10 选累计正确率由原先的 95.73% 上升为 98.24%,10 选错误率下降

58.78%。经过字 bigram 处理以后,不仅首选正确率大幅度提高,而且将大部分候选位置靠后的正确字置于候选集的前几位。图 8.14 中,新候选集的 10 选正确率已接近原候选集的 50 选正确率。

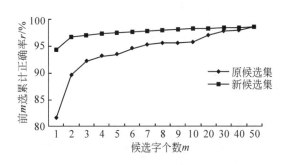

图 8.14 候选字集累计正确率比较

3. 字 bigram 模型与词 bigram 模型结合的上下文处理

在利用 FB 算法实现基于字 bigram 模型的上下文处理之后,由新候选字集 $\{c_{t,1}, c_{t,2}, \cdots, c_{t,m_t}\}$ 中的候选字构造词图,利用词 bigram 模型再次进行上下文处理,句子(词串)$S_W = w_1 w_2 \cdots w_{T'}$ 含 T' 个词。结合式(8.37)与式(8.35),最优的词串 $\hat{S}$ 可由下式求解:

$$\begin{aligned}
\hat{S} &= \arg\max_{S_W} P(S_W | \hat{S}_C) \prod_{t=1}^{T} \hat{\gamma}_t \\
&= \arg\max_{S_W} P(w_1) \prod_{i=1}^{T'} P(w_i | w_{i-1}) \prod_{t=1}^{T} \hat{\gamma}_t \qquad (8.40) \\
&= \arg\max_{S_W} [P(w_1) \phi(w_1)] \times \left[\prod_{i=1}^{T'} P(w_i | w_{i-1}) \phi(w_1) \right]
\end{aligned}$$

上式中,$\hat{\gamma}_t$ 表示 t 位置上的候选字可信度;$\phi(w_i) = \prod_{t=t_{i-1}+1}^{t_i} \hat{\gamma}_t$,$t_i = \sum_{j=1}^{i} |w_j|$,$|w_i|$ 表示第 i 个词条的长度。

式(8.40)可由 Viterbi 搜索算法求解。

8.5.5 利用上下文信息的汉字识别实验系统

本节试图将前述的内容结合在一起,构成一个利用上下文信息的汉字识别实验系统,如图 8.15 所示。

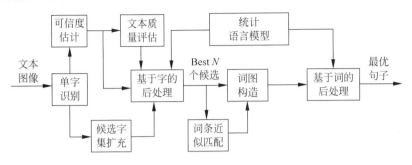

图 8.15　利用上下文信息的汉字识别实验系统

实验系统包含的主要模块有:候选字可信度估计、文本质量评估;扩充候选字、词条近似匹配;字、词 bigram 语言模型;字 bigram 处理、词 bigram 处理。图中的"文本质量评估"部分是根据文本中各首选字可信度的平均值对文本的单字识别率进行估计,进而判断字 bigram 处理时的候选字集大小。

实验系统的工作流程如下:①首先对输入的文本图像进行单字识别,单字识别输出识别候选字信息及其相应的距离测度信息。②利用距离测度信息估计候选字的可信度,进而对文本质量评估。③由识别候选字推测扩充候选字,并将两者进行集成以提高候选集的效率;集成后的候选集大小由"文本质量评估"部分进行控制。④利用 FB 搜索算法实现基于字 bigram 模型的上下文处理,不仅提高了文本的识别率,而且提高了前 Best N 选的累计识别率。⑤在④的基础上,由前 Best N 选构造词图,并由词条近似匹配算法将可能性较大的词条加入词图中,利用 Viterbi 算法实现基于词 bigram 模型的上下文处理,从而给出最优的输出结果。

8.6　实验结果与分析

本节就前面几节论述的各种因素对文本识别后处理性能的影响,给出详细的实验结果。实验运行环境为:Windows XP,Visual C++ 6.0,DELL PC(Pentium-Ⅳ,CPU 2.4GHz,256MB)。

8.6.1　实验数据说明

所用语料来自 1993—1996 年的《人民日报》全文,约 9 000 万字、600 万个句子。其中,1996年11月份的文本作为留存数据以估算有关平滑算法中的参数;1996年12月份的文本作为测试语料;剩余46个月的文本作为训练语料set4。为阐述语料规模对识别后处理性能的影响,又将set4分成3个训练子集:1993年的文本作为set1,1993—1994年的文本作为set2,1993—1995年的文本作为set3。测试7个语言模型的混淆度,即charBi、charTri、wordBi、class 500、class 2k、hybrid 500和hybrid 2k。

识别核心采用THOCR-97综合集成汉字识别系统中的"脱机手写体汉字识别分系统",该系统能识别国标一级3 755个简体汉字、10个阿拉伯数字、52个英文字母(大小写各26个)以及16个常用的标点符号。

训练样本HCD2、5、6共1 100套样本用于训练,样本质量参差不齐,训练样本的首选识别率平均为89.05%。HCD7样本集的300套样本用于测试;测试样本的首选识别率平均为87.85%。300套测试样本依据首选识别率高低分成5个类别:A类(90%以上)有145套;B类(80%~90%)有100套;C类(70%~80%)有40套;D类(60%~70%)有10套;E类(低于60%)有5套。

从Internet上抓取30篇文章,内容涉及计算机、政论、新闻3个领域,共22 133个字符,其中汉字有19 908个。

(1) 真实文稿。30篇文章分别由30个人书写,每人写1篇,文稿书写质量差异较大。单字识别后,文稿的首选识别率最高可达95%,最低仅为47%。上下文处理之前,文本平均识别率为77.88%(即单字识别率);10选平均累计识别率为94.19%。识别系统对真实文稿的字切分存在少量错误。

(2) 模拟文稿。由于收集真实文稿费时费力,一种可行的做法是利用OCR仿真器来模拟文稿,即按照文章的内容从某一套手写体样本中挑选每一个字(包括非汉字符),从而构成一篇手写体文稿。由于每套手写体样本均由不同的人书写,因此,可以根据需要产生任意识别率的模拟文稿,为实验提供了极大的方便。模拟文稿中没有切分错误。针对上面提及的30篇文章,利用300套测试样本(见8.3.1节)中的A类、B类、C类各一套产生3类脱机手写体文稿(称为文稿A、文稿B、文稿C),共66 399个字符,其中汉字59 724个。文稿A、B、C的首选识别率分别为92.32%、81.58%、70.84%。

为衡量汉字识别的上下文处理的性能,通常采用文本识别率和文本校正率这两项指标。

文本识别率 = (1.0 − 处理后错误字符总数/总字符数) × 100%

文本校正率 = (1.0 − 处理后错误字符总数/处理前错误字符总数) × 100%

8.6.2 语言模型的影响

语言模型的性能受训练语料的规模、稀疏数据的平滑处理方法以及是否剪枝这3个因素的影响。下面就这3个因素对汉字识别的上下文处理效果的影响进行实验研究。

前面已经论述了语言模型性能可通过语言模型的混淆度来进行评价。本节利用语言模型混淆度对基于字的 bigram 模型、基于字的 trigram 语言模型和基于词的 bigram 语言模型的性能进行比较分析。

1. 训练语料规模的影响

处理对象为文稿 A、B、C，采用 Jelinek-Mercer 平滑方法处理稀疏数据[23]，候选集大小为 10。在语言模型为基于字的 bigram 模型(z-bi)、基于字的 trigram 模型(z-tri)及基于词的 bigram 模型(c-bi)时，比较不同规模的训练语料对上下文处理效果的影响，结果如表 8.4 所示。表中的 Corpus0 是指 4 000 万字的 1993 年、1994 年《人民日报》全文，Corpus2 是指 1 750 万字的 1993 年 1—11 月的《人民日报》文本。

表 8.4 训练语料规模对文本识别率的影响　　%

训练语料	文稿 A			文稿 B			文稿 C		
	z-bi	z-tri	c-bi	z-bi	z-tri	c-bi	z-bi	z-tri	c-bi
Corpus2	98.43	98.60	98.65	93.21	93.86	93.78	84.17	84.61	84.65
Corpus0	98.49	98.69	98.73	93.34	93.95	94.01	84.38	84.94	84.92

对 z-bi，有 $P_{\text{JM}}(c_i|c_{i-1})=\lambda_{zb}P_{\text{MLE}}(c_i|c_{i-1})+(1-\lambda_{zb})P_{\text{MLE}}(c_i)$。

对 z-tri，有 $P_{\text{JM}}(c_i|c_{i-2}c_{i-1})=\lambda_{zt}P_{\text{MLE}}(c_i|c_{i-2}c_{i-1})+(1-\lambda_{zt})P_{\text{JM}}(c_i|c_{i-1})$。

对 c-bi，有 $P_{\text{JM}}(w_i|w_{i-1})=\lambda_{cb}P_{\text{MLE}}(w_i|w_{i-1})+(1-\lambda_{cb})P_{\text{MLE}}(w_i)$。

插值系数 λ_{zb}、λ_{cb} 及 λ_{zt} 是针对留存数据由 Powell 方法[23]估计得到(插值系数应使语言模型对留存数据的混淆度最小)的。对由 Corpus1 训练的语言模型，有 $\lambda_{zb}=0.95$，$\lambda_{cb}=0.8$，$\lambda_{zt}=0.65$。对由 Corpus2 训练的语言模型，有 $\lambda_{zb}=0.87$，$\lambda_{cb}=0.74$，$\lambda_{zt}=0.61$。

实际上，插值系数的大小反映了语言模型中数据稀疏的程度。z-bi 中的数据稀疏问题不太严重，c-bi 中的数据稀疏比较严重，而 z-tri 中的数据稀疏问题十分严重。所以，$\lambda_{zb}>\lambda_{cb}>\lambda_{zt}$。

由表 8.4 可以看出：随着训练语料规模的扩大，不同语言模型条件下的文稿 A、B、C 的文本识别率在一定程度上均有所增加。

2. 平滑方法的影响

针对文稿 B，比较 4 种不同的稀疏数据平滑方法对文本识别率的影响，如表 8.5 所示。除上面提及的 Jelinek-Mercer(J-M)平滑方法外，另外 3 种平滑方法分别是：Witten-Bell(W-B)平滑、Katz 平滑、Keneser-Ney(K-N)平滑[23]。

表 8.5 平滑方法对文本识别率的影响　　　　　　　　%

	J-M	W-B	Katz	K-N
z-bi	93.34	93.36	93.34	93.35
z-tri	93.95	93.87	93.94	93.97
c-bi	94.01	94.05	93.97	93.99

由上表可知，不同的平滑方法对文本识别率的影响较小。从实现方便的角度来看，采用固定插值系数的 J-M 平滑方法不失为一种较好的方法。后面的上下文处理实验中，若无特别说明，稀疏数据均采用 J-M 平滑方法。

3. 模型剪枝的影响

在 8.3.2 节中提及剪枝可大大减小语言模型的存储空间。由于删除了出现次数少的同现对，剪枝必将对语言模型的性能产生影响。这里将仅出现 1 次的同现对删除，即剪枝阈值 TH＝1，4 种平滑方法对文稿 B 的识别率的影响，见表 8.6。

表 8.6 剪枝对文本识别率的影响　　　　　　　　%

	J-M	W-B	Katz	K-N
z-bi	93.34	93.35	93.35	93.34
z-tri	93.72	93.45	93.74	93.41
c-bi	93.97	93.92	93.95	93.79

对照表 8.5 与表 8.6 可以看出：①对 z-bi，剪枝前后的文本识别率基本上没有变化。这可能是由于 4 000 万字的《人民日报》语料统计基于字的 bigram 语言模型比较充分，仅删除出现次数为 1 的同现对对实际的测试文本影响不大。②对 z-tri 和 c-bi，剪枝后的文本识别率比剪枝前均有所下降。由于 4 000 万字的语料统计基于字的 trigram 模型和基于词的 bigram 模型

时,数据稀疏现象较为严重,W-B 平滑方法与 K-N 平滑方法对 z-tri 剪枝敏感,文本识别率下降幅度较大。

8.6.3 候选字集的影响

本节从上下文处理所需的运算复杂度、处理后的文本识别率两个方面分析字 bigram 模型、字 trigram 模型以及词 bigram 模型的上下文处理性能。

1. 上下文处理的运算复杂度分析

由前面的论述可知,字 bigram 模型、字 trigram 模型上下文处理速度主要是由查找语言模型参数的复杂度和 Viterbi 搜索算法的复杂度决定的;而词 bigram 模型的上下文处理速度除了受查找语言模型参数的复杂度和 Viterbi 搜索算法的复杂度影响之外,还在较大程度上受构造词图的复杂度的影响。下面对三者的查找模型参数复杂度、Viterbi 搜索复杂度进行比较分析。

(1) 语言模型参数查找复杂度

语言模型参数是按线性链表方式有序存储的。对 bigram 而言,首先按字序号或词序号 s_i 找到二元同现对的个数以及二元同现对所在的位置,然后用折半查找法查看 $(s_i s_{i+1})$ 是否在二元同现对中。对 trigram 来说,需在 bigram 模型参数查找的基础上查看 $(s_i s_{i+1} s_{i+2})$ 是否在 $(s_i s_{i+1})$ 所指示的三元同现对中。

词典规模 $L_c=79\ 029$,词 bigram 语言模型参数占空间约为 30MB,而字典规模 $L_z=3\ 763$,字 bigram 语言模型参数仅占空间 9MB。显然,查找词 bigram 模型中的转移概率比查找字 bigram 模型中的转移概率要慢一些。字 trigram 语言模型参数所占空间为 40MB,由于要经过两次查找才能确定模型参数,因此字 trigram 模型参数的查找比词 bigram 模型要慢一些,远远慢于字 bigram 模型参数的查找。

(2) Viterbi 搜索的复杂度

字 bigram 模型、字 trigram 模型、词 bigram 模型的上下文处理的 Viterbi 搜索的时间复杂度分别为 $O(T\times m^2)$、$O(T\times m^3)$、$O(T\times K^2\times L^2)$,m 为候选集大小的平均值,L 为字词集中的词条数目 L_t^k 的上限,$K=4$。

由于任一候选字均被看作是单字词,所以 $L\geqslant m$。因而词 bigram 模型的上下文处理 Viterbi 搜索速度远慢于字 bigram 模型。显然,字 trigram 模型的上下文处理 Viterbi 搜索速度亦远慢于字 bigram 模型。字 trigram 模型与词 bigram 模型的上下文处理 Viterbi 搜索速度的快慢取决于候选集的大小 m。当 m 较小时,前者快于后者;m 较大时,后者快于前者。

综上所述,考虑构造词图的运算量、语言模型参数查找复杂度、Viterbi 搜索算法的复杂度这 3 个方面的因素,字 bigram 模型的上下文处理速度要远远快于词 bigram 模型和字 trigram 模型;而字 trigram 模型与词 bigram 模型的上下文处理速度的快慢取决于候选集的大小 m。

2. 候选集大小对处理速度的影响

下面分别利用字 bigram 模型、字 trigram 模型和词 bigram 模型对脱机手写体模拟文稿 B 进行上下文处理,候选字可信度由逻辑回归的方法估计,候选字集大小为 m。

(1) 候选集大小对字、词处理速度的影响

$m=10$ 时,利用字 bigram 模型的处理时间仅为 34s,而利用词 bigram 模型的处理时间则需要 8min,利用字 trigram 模型的处理时间更是达到将近 20min。图 8.16 给出了字、词上下文处理时间与候选字个数的关系。

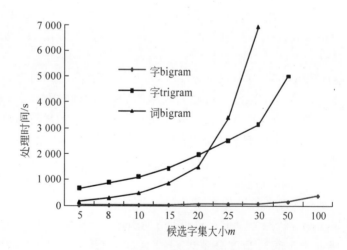

图 8.16　上下文处理时间与候选集大小的关系

从图 8.16 可以看出:①与前述的运算复杂度分析相一致,字 bigram 模型的上下文处理速度要远远快于词 bigram 模型和字 trigram 模型;其处理

时间随 m 的增大近似呈线性增长。②词 bigram 模型的上下文处理时间随 m 的增大呈指数增长,字 trigram 模型的上下文处理时间随 m 的增大也近似呈线性增加;$m \leqslant 20$ 时,前者的处理速度快于后者;而当 $m > 20$ 时,后者的处理速度明显比前者快,这是由于构造词图的复杂度急剧增加,成为影响上下文处理速度的主要因素。

(2) 候选集大小对处理效果的影响

针对文稿 B(首选识别率为 81.58%),$m = 10$ 时,利用字 bigram 模型、字 trigram 模型、词 bigram 模型进行上下文处理后的文本识别率分别为 93.34%、93.95%、94.01%。图 8.17 给出了字 bigram 模型、字 trigram 模型及词 bigram 模型的上下文处理的文本识别率与候选字个数的关系。

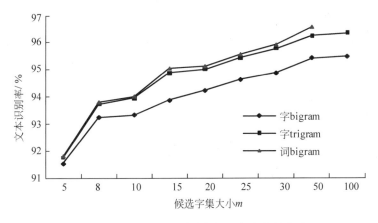

图 8.17　上下文处理效果与候选集大小的关系

从图 8.17 可以看出:①随着候选字集的增大,文本识别率逐步提高;但当 $m > 50$ 时,文本识别率增加幅度很小。②词 bigram 模型、字 trigram 模型的上下文处理效果明显优于字 bigram 模型。$m = 50$ 时,利用词 bigram 模型、字 trigram 模型的文本识别率分别达到 96.58%、96.24%;而利用字 bigram 模型的文本识别率仅为 95.43%,$m = 100$ 时的字 bigram 模型的文本识别率也仅为 95.48%。词 bigram 模型的上下文处理效果略好于字 trigram 模型。

3. 扩充候选字算法的影响

为检验扩充候选字算法的性能,构造了 5 个不同的候选字集进行上下文处理实验(语言模型为基于字的 bigram 模型),表 8.7 给出了不同候选字集的上下文处理效果比较。5 个候选字集分别如下。

(1) Cand10：前 10 个识别候选字；

(2) Comb10：前 10 个集成候选字；

(3) Cand60：前 60 个识别候选字；

(4) Mix60：前 10 个识别候选字＋前 50 个扩充候选字；

(5) Comb60：前 60 个集成候选字。

上下文处理时，这 5 个候选字集构成的 Viterbi 搜索空间各不相同。

表 8.7　不同候选字集的上下文处理效果比较　　　　　%

识别率	首选	前 10 选	Cand10	Comb10	Cand60	Mix60	Comb60
文稿 A	92.32	99.31	98.49	98.53	98.79	98.92	99.01
文稿 B	81.58	95.73	93.34	93.61	94.80	96.16	96.33
文稿 C	70.84	87.94	84.38	85.42	90.02	92.04	92.83
平均识别率	81.58	94.33	92.07	92.52	94.54	95.71	96.06
文本校正率	—	—	56.95	59.39	70.36	76.71	78.61
错误下降率	—	—	—	5.67	31.15	45.90	50.32

表 8.7 中的错误下降率＝(1.0－处理后错误字符总数/Cand10 错误字符总数)×100%。从表中的实验结果可以看出：

(1) 扩充候选字算法是有效的。Comb60、Comb10 的文本识别率分别优于 Cand60、Cand10，这表明识别候选字与扩充候选字的集成能够进一步提高识别性能。Comb60 文本平均识别率达 96.06%，较处理前提高了 14.48%，文本校正率达 78.61%；较 Cand10 提高了 4%，而错误率下降了 50.32%；较 Cand60 识别率提高了 1.52%，错误率下降了 27.84%。

(2) 增加候选字个数对改善识别性能有较大帮助。特别地，当首选识别率较低或前 10 选累计识别率不高时，增加候选字后的上下文处理效果明显。对文稿 C，Cand60 文本识别率比 Cand10 提高了 5.64%；Comb60 文本识别率比 Cand10 提高了 8.45%。

4．词条近似匹配算法的影响

语言模型为基于词的 bigram 模型，候选字集大小为 10。表 8.8 给出利用词条近似匹配算法前后的上下文处理结果。方法 1 为常规的基于词 bigram 模型的上下文处理，方法 2 是在方法 1 的基础上考虑两字词近似匹配的上下文处理，方法 3 则是在方法 2 的基础上进一步考虑三字词、四字词

近似匹配的上下文处理。通过词条近似匹配得到的 u_i 的可信度用候选字 v_i 的可信度与相应的混淆概率 $P(v_i|u_i)$ 的乘积代替。

由于仅对首选字进行词条近似匹配,处理时间增加并不多(约 20%)。

表 8.8　利用词条近似匹配算法的上下文处理性能比较　　　　　　%

识别率	原首选	原 10 选	方法 1	方法 2	方法 3
文稿 A	92.32	99.31	98.73	98.82	98.83
文稿 B	81.58	95.73	94.01	95.97	96.11
文稿 C	70.84	87.94	84.92	87.83	88.01
平均识别率	81.58	94.33	92.55	94.21	94.32
文本校正率	—	—	59.55	68.55	69.16

从上表可以看出:①词条近似匹配算法可以将许多 10 选之外的正确字找出来。②当首选识别率较低时,该算法十分有效;文稿 B、C 的识别率竟然超过了原先的 10 选累计识别率。与方法 1 相比,文本的平均错误率下降了 23.76%。

与扩充候选字算法相比较,词条近似匹配算法是利用词典中的词条信息以及混淆矩阵信息找回可能的正确字。因此,该算法与扩充候选字算法具有较好的互补性。

以上通过实验比较验证了扩充候选字算法和词条近似匹配算法在汉字识别的上下文处理中的有效性。这表明:在汉字识别的上下文处理中充分利用单字识别提供的信息是十分重要的。

8.6.4　文本识别混合后处理系统的影响

利用图 8.14 所示候选字集累计正确率比较中的汉字识别实验系统,针对脱机手写体模拟文稿 A、B、C,比较了 5 种上下文处理方法的处理效果。这 5 种方法分别为:

方法 1:字 bigram 模型＋原候选字集(10 选,Viterbi 搜索)

方法 2:词 bigram 模型＋原候选字集(10 选,Viterbi 搜索)

方法 3:字 bigram 模型＋集成候选字集(m 选,FB 搜索)

方法 4:词 bigram 模型＋新候选字集(10 选,Viterbi 搜索)

方法 5:词 bigram 模型＋新候选字集＋词条近似匹配(Viterbi 搜索)

其中,方法 3 中 m 在文稿 A、B、C 中分别取为 20、50、100。方法 4 中的新候选字集是方法 3 产生的前 BestN 个候选字构成的,实验结果见表 8.9。

表 8.9　模拟文稿的上下文处理效果比较　　　　　　　　　　%

	原首选	原 10 选	方法 1	方法 2	方法 3	方法 4	方法 5
文稿 A	92.32	99.31	98.49	98.73	98.79	99.11	99.18
文稿 B	81.58	95.73	93.34	94.01	96.56	97.14	97.29
文稿 C	70.84	87.94	84.38	84.92	92.97	94.09	94.36
平均识别率	81.58	94.33	92.07	92.55	96.11	96.78	96.94
文本校正率	—	—	56.95	59.54	78.88	82.52	83.39

由上表可知：扩充候选字算法与字词相结合处理方法相融合，能够进一步提高文本的识别率；考虑词条近似匹配算法，文本识别率又有所提高。与处理之前的原首选字识别率相比，最终的文本识别率平均提高了 15.36%，文本的错误校正率平均达到 83.39%。与通常的方法 1 相比，方法 5 的错误下降率达到 61.41%；与方法 2 相比，方法 5 的错误下降率达到 58.93%。

由于候选集大小 BestN=10，基于词 bigram 模型的上下文处理速度是比较快的，而基于字 bigram 模型的上下文处理速度则更快。因此，字 bigram 模型与词 bigram 模型结合的上下文处理不仅有效地提高了文本的识别率，而且兼顾了处理速度。

图 8.9 所示召回率与训练样本数目关系给出了上述各种上下文处理方法在脱机手写体训练文稿中的性能。表 8.10 给出真实文稿的上下文处理效果与之比较，其中，方法 2F 是在方法 2 的基础上结合词条近似匹配算法得到的。

表 8.10　真实文稿的上下文处理效果比较　　　　　　　　　　%

	原首选	原 10 选	方法 1	方法 2	方法 2F	方法 3	方法 4	方法 5
识别率	75.53	92.92	88.78	89.45	90.82	91.86	92.59	92.92
校正率	—	—	54.15	56.89	62.48	66.73	69.72	71.07

本文提出的各种上下文处理方法对真实文稿同样是有效的。由于真实文稿中存在一些切分错误，而且非汉字符识别率较低，影响了对句子的判定。因此，真实文稿的上下文处理效果比模拟文稿要差一些。

8.7　本章小结

汉字识别是信息技术和人工智能领域的重要课题。本章在单字识别的基础上，将单字识别的结果和上下文相关的语言学知识相结合，在总体上获得最佳的识别结果。从而提高了识别系统的文本识别率,减轻了人工校对时所需要的工作量。

利用上下文信息的汉字文本识别整体模型可由语言模型和单字识别模型联合构成。语言模型用于描述语言学知识,而单字识别模型则是对单字识别结果的描述。充分利用单字识别提供的信息以及语言学信息,本章给出一个利用上下文信息的汉字识别实验系统。在脱机手写体文本识别中的实验结果表明,文本识别率可大幅度地提高,文本校正率达到80%以上。

文本的领域知识、主题信息和历史信息等与通用语言模型相结合,可有效降低文本的混淆度。由于印刷体文本的单字识别率较高,利用单字识别结果可判定文本所属的领域;利用文本的历史信息可及时发现所处理文本的语言规律。大规模数据录入的实验结果表明,语言模型自适应技术能够在较大程度上降低数据的加工成本。语言模型的自适应的研究请参看第9章中的语言模型自适应。汉字文本识别系统中如何进一步提高识别性能,应针对汉字识别的特点,借鉴汉语连续语音识别与语言理解的成功经验以及中文校对的一些方法,仍然还有很多理论和实际问题值得探讨和深入研究。

(1) 大规模语料库及词性、词义知识库的建立。需要做大量的工作(如精确的汉语分词算法、词性标注、词义标注),建立完备的知识库。大规模语料文本的词性、词义标注是自然语言处理中的一项基础性工作,除了有助于建立统计语言模型之外,还有助于从中提取自然语言的规则,以进行高层次的汉语信息处理,如采用统计与规则相结合的方式构造语言模型。

(2) 统计语言模型与结构语言模型相结合。利用统计语言模型处理之后,保留几个候选句子或一个句子,再利用基于规则的语言模型进行处理,从中选择最优句子或直接纠正句子中的错误。

(3) 用上下文处理结果指导文字切分模块。文字切分是文本图像识别中的一个重要环节。但是,仅仅依靠图像层次上的信息(如字符间的空格)难以得到十分准确的切分结果。对印刷体文本识别系统来说,系统中的错误在很大程度上是由于切分不正确导致识别错误而引起的。将后处理过程中的上下文信息反馈至文字切分模块,可望提高文字切分的准确性。

(4) 加强文本自动检错技术的研究。利用更高层次的语言学知识(如词性、词义知识)提高检错的召回率和准确率,从而减少人工校对工作量。

需要特别指出的是:本章虽然没有针对联机手写体汉字文本识别进行上下文处理实验研究,但本文中所提出的上下文处理方法也完全适用于联机手写体文本识别。

参考文献

[1] 吴佑寿,丁晓青. 汉字识别的原理、方法与实现. 北京:高等教育出版社,1992.
[2] Goshtasby A, Ehrich R W. Contextual word recognition using probabilistic relaxation labeling. Pattern Recognition, 1988, 21(5): 455-462.
[3] 张炘中. 汉字识别技术. 北京:清华大学出版社,1992.
[4] Chen W T, Gader P, Shi Hongchi. Lexicon-driven handwritten word recognition using optimal linear combinations of order statistics. IEEE Trans. on PAMI, 1999, 21(1): 77-82.
[5] Plamondon R, Srihari S N. On-line and off-line handwriting recognition: a comprehensive survey. IEEE Trans. on PAMI, 2000, 22(1): 63-84.
[6] 苗兰芳,张森,周昌乐. 基于 N 联字的汉字识别后处理研究. 中文信息学报, 1994,8(2):39-46.
[7] Wong P-K, Chan C. Postprocessing statistical language models for a handwritten Chinese character recognizer. IEEE Trans. on System, Man and Cybernetics. 1999, 29(2):286-291.
[8] Charniak E. Statistical language learning. Bradford MIT Press, 1993.
[9] Kuo J-J. Phonetic-input-to-character conversion system for Chinese using syntactic connection table and semantic distance. Computer Processing of Chinese & Oriental Languages, 1996, 10(2): 195-210.
[10] 张建平. 大词汇量自然连续语音识别中的语言模型和理解算法的研究. 北京:清华大学电子工程系博士学位论文,1999.
[11] Bernard M. Tagging English text with a probabilistic model. Computational Linguistics, 1990, 20(2): 155-171.
[12] Dermatas E, Kokkinakis G. Automatic stochastic tagging of natural language texts. Computational Linguistics, 1995, 21(2): 137-163.
[13] Mori H, Aso H, Makino S. Japanese document recognition based on interpolated n-gram model of character. In: Proceedings of 3rd International Conference on Document Analysis and Recognition. Canada:Montreal, 1995: 274-277.
[14] Lee G, Lee J-H, Yoo J. Multi-level post-processing for Korean character recognition using morphological analysis and linguistic evaluation. Pattern Recognition,1997, 30(8): 1347-1360.
[15] Bazzi I, Schwartz R, Makhoul J. An omnifont open-vocabulary OCR system for English and Arabic. IEEE Trans. on PAMI, 1999, 21(6): 495-504.
[16] Jelinek F. Statistical methods for speech recognition. Cambridge, MA: The MIT Press, 1997.
[17] 徐志明,王晓龙,张凯,等. 汉字手写体识别后处理的研究. 见:黄昌宁,主编. 1998 中文信息处理国际会议论文集. 北京:清华大学出版社,1998: 113-118.

[18] 朱德熙. 语法讲义. 北京:商务印书馆,1982.
[19] 朱德熙. 语法答问. 北京:商务印刷馆,1985.
[20] 吴立德,等. 大规模中文文本处理. 上海:复旦大学出版社,1997.
[21] 俞士汶,朱学锋,王惠,等. 现代汉语语法信息词典详解. 北京:清华大学出版社,1998.
[22] 中国社会科学院语言研究所词典编辑室. 现代汉语词典. 修订本. 北京:商务印书馆,1998.
[23] Chen S F, Goodman J. An empirical study of smoothing techniques for language modeling. Computer Speech and Language,1999,13(4):359-394.
[24] 黄昌宁,夏莹. 自然语言处理专论. 北京:清华大学出版社,1996.
[25] 梅家驹. 同义词词林. 上海:上海辞书出版社,1983.
[26] 李涓子. 汉语词义排歧方法研究. 北京:清华大学计算机系博士学位论文,1999.
[27] Nilsson Nils J. 人工智能原理. 石纯一,译. 北京:科学出版社,1983.
[28] Huang E-F, Soong F K, Wang H-C. The use of tree-trellis search for large vocabulary Mandarin polysyllabic word speech recognition. Computer Speech and Language,1994,8(1):39-50.
[29] Li Z, Boulianne G, Labute P, et al. Bi-directional graph search strategies for speech recognition. Computer Speech and Language,1996,10(3):295-321.
[30] Rabiner L R. A tutorial on hidden Markov models and selected applications in speech recognition. Proceedings of the IEEE,1989,77(2):257-286.
[31] 于勐,姚天顺. 一种混合的中文文本校对方法. 中文信息学报,1998,12(2):31-36.
[32] 王作英. 汉语连续语音识别和理解系统的整体模型. 清华大学电子工程系语音技术研究室内部技术报告,1998.
[33] 刘加. 汉语大词汇量连续语音识别系统研究进展. 电子学报,2000,28(1):85-91.
[34] Rosenfeld R. A maximum entropy approach to adaptive statistical language modeling. Computer Speech and Language,1996(10):187-228.
[35] Witten I H, Bell T C. The zero-frequency problem: estimating the probabilities of novel events in adaptive text compression. IEEE Trans. on Information Theory,1991,37(4):1085-1094.
[36] Cover T M, Thomas J A. Elements of information theory. New York: Wiley, 1991.
[37] 黄萱菁,吴立德,郭以昆,等. 现代汉语熵的计算及语言模型中稀疏事件的概率估计. 电子学报,2000,28(8):110-112.
[38] 李元祥. 利用上下文信息的汉字识别理论和方法的研究. 北京:清华大学电子工程系博士学位论文,2001.
[39] Li Yuan-Xiang, Tan Chew Lim, Ding Xiaoqing. A hybrid post-processing system for offline handwritten Chinese script recognition. Pattern Analysis Application,2005,8:272-286.

第 9 章　脱机手写文档识别方法

9.1　引言

　　文档识别是模式识别的一个重要研究领域,它通过对文档图像的信息化过程,获取文档图像数字化信息。来自自然的文档图像经过版面分析理解后就获得了具有文本信息的文本图像,如图 9.1 所示。文本图像的识别是通过对文本图像行切分后形成的文本行图像进行识别而实现的。文本行图像经过识别后,输出表征文本行图像内容的一个有意义的句子或者短语。也就是说,文本图像识别是基于对其分割的文本行图像的识别,当然也是基于对文本行图像中切分后的字符图像的识别。它是字符识别(optical character recognition,OCR)走向实际应用的一个重要的途径,也是计算机自动获取文字信息的关键技术之一,因此,本章将文本行图像的切分识别作为文档图像识别的基础进行深入研究。

图 9.1　文档图像识别系统流程框图

　　随着办公自动化热潮、网络信息化、大数据应用的掀起和计算机的普及,电子资料的应用越来越广泛,但纸质材料仍然是阅读和书写的主要载体[1]。另外,因为纸张获取便捷、廉价、书写方便并具有读写交互性,以及纸质文档保存的可靠性和持久性等优点决定了纸质信息载体将不会退出历史舞台,对随着历史累积下来的重要资料、著作的信息化具有重要的意义,因此,文本识别、文本行识别、字符识别,也将继续相应地发挥着其在信息化中的作用。

　　1966 年,Casey 和 Nagy 首次发表了汉字识别的研究成果[2]。在汉字识别发展的过程中,方向线素特征(directional element feature,DEF)[3,4]及改进的二次鉴别函数(modified quadratic discriminant function,MQDF)[5]为字符识别带来突破性的发展。随着研究的不断深入和消费电子产品的发展,脱机手写和联机手写识别、印刷体字符识别和手写体字符识别都得到迅速的发展、推广和应用。

在印刷体识别方面,随着信息产业和网络的迅速发展,印刷体文本图像的识别技术已趋成熟,识别率大于 98%[6]。各种商业识别软件不断推陈出新,如文通 OCR、汉王 OCR、尚书 OCR 等。数字图书馆是文档信息化的一个典型应用,它的目的在于把纸质图书转化成电子书。文本行识别恰恰是文档信息化的核心技术。在网络高度普及的时代,任何人都能够通过网络对文档信息内容进行检索查询,以便快速获得丰富的信息和资料。目前,较大的数字图书馆项目有:Korea 项目[7]、百万图书工程[8]、亚马逊"Look Inside the Book Ⅱ"[9]、Google 图书搜索[10]等。

在脱机手写识别方面,经过多年的研究,单字符识别性能得到了很大的提高,字符串和文本行的识别也相继开始有所研究。文本图像的信息化只能通过文本行的识别来实现,也就是说,满足当今大数据网络信息化所需要的海量数字化信息资源,很大程度上要依赖于基础的文本行图像的识别,没有其他捷径可走。

本章研讨两类文档图像识别的基础方法,即以脱机手写中文文本行识别作为研究对象的过切分识别理论和方法[11]和以维吾尔文文本行为研究对象的 HMM 无切分识别理论和方法[13]。

9.2 文本行识别研究概况

文本识别往往是通过版面分析和文本行切分等处理后,将整篇文本图像分解为文本行进行识别的,因此,文本行识别是文档识别的基础。脱机手写中文文本行的识别研究越来越多,在此之前,手写中文字符串识别、印刷体中文文本行识别的研究奠定了良好的研究基础。字符串识别往往应用于特定的应用领域,如信封自动分拣系统[15]、银行票据识别[16]等,而文本行识别与之有所不同:①文本行识别中字符类的数量较多,包含多种字符,如汉字、数字、字母以及标点符号等;②文本行的长度一般较字符串长,通常文本行可以根据标点符号分成多个字符串;③文本行语言上下文的信息更加丰富,因此,文本行识别将是我们研究的重点。

脱机手写文本行的识别与印刷体文本行的识别相比，前者书写较为自由，书写风格因人而异；相邻字符笔画之间常常出现交叉、粘连，字符的大小及字符间的宽度变化较大，难以切分和识别。后者则字符形态和大小比较规则，易切分和识别。与西方手写文本相比，连笔书写字符之间没有明显的间隔。中文很多字符具有左右结构，一个字符也可能是另一个字符的一部分。另外，手写中文文本行的组成字符除了汉字外，还有字母、数字及标点等宽度相对较窄的字符，字符几何特征变化大，字符之间相互混淆度增大。因而，脱机手写文本行字符的分割困难更大。

综上分析可见，文本行识别是解决文本识别的关键，而脱机手写中文文本行识别中字符的正确切分成为与字符识别可相比拟的，具有挑战性的问题，也成为当前文本识别的研究热点。

脱机文本行的识别方法可以根据切分与识别之间的关系分为3类。

(1) 显式切分识别方法(explicit segmentation)

显式切分识别方法中，切分和识别是两个分离的过程，相互独立。切分主要利用字符的几何、形状等特征将文本行图像切分成字符图像，然后对字符图像进行识别[17]。常用的切分方法有基于投影分析的方法[18]、基于轮廓分析的方法[19]、基于连通域分析的方法[20]、基于笔段分析的方法[21]等。字符在显式切分时常遇到字符之间的交叉重叠、粘连等问题。基于投影的方法在一定程度上会受到字符间交叉重叠问题的影响，造成切分点不准确或切分后的字符图像不完整。轮廓分析的方法中确定粘连模式是非常困难的。基于连通域的方法能够处理字符重叠的情形，但无法对粘连的模式进行切分。以上各种切分方法各有利弊，具体应用需要根据文本行自身的特点以及识别方法进行选择。

切分与识别的过程独立，意味着没有充分利用识别信息和上下文的语义信息指导切分[18,22,23]。对于打印和规则书写的文本行，显式切分方法能够获得准确的切分，识别率也能被接受。对手写文本行，显式切分识别方法对信息利用的不足注定其识别性能低下。

(2) 隐式切分识别方法(implicit segmentation)

隐式切分又称为无切分识别方法，它利用滑动窗口沿着文本行方向滑动，提取窗口内的特征形成特征序列。然后，通过对特征序列进行识别确定切分点。隐含马尔可夫模型(hidden Markov model, HMM)[24]是隐式切分方法的典型代表。在英文、阿拉伯文等粘连较多的文本行识别中得到广泛应用[25-27]。目前，用于脱机手写中文文本行研究的样本并不多。训练HMM模型需要大量的样本，而实际中得到的样本有限，这势必会造成模型的泛化性能下降。合成文本行样本的方法[29]被应用到中文文本行的识别上,以提高模型的性能。另外,中文包含的字符类较多,因此,HMM 模型的训练复杂度和识别复杂度相对较高。

(3) 混合的切分识别方法(hybrid segmentation)

Sayre[30]指出,切分的准确性依赖于正确的识别,而识别正确又以正确切分为基础,这样就形成一个悖论。这个悖论指出,文本行的识别要获得更高的识别率必须将切分和识别结合起来,相互促进。混合的切分识别方法正是这样一种方法,其切分和识别过程相互关联且是同时进行的。过切分合并的方法是混合切分识别方法之一。通常先利用显式切分方法对文本行图像进行过切分,生成字符基元序列。然后,字符基元序列中相邻字符基元之间合并生成待识别字符序列。与待识别字符序列对应的是一条确定的切分路径。相邻的字符基元之间不同的合并方式可以产生多种候选切分路径。通过过切分后,文本行图像的识别问题就转换成候选切分路径的搜索问题。最后,通过评价模型对切分路径进行评价,并搜索最优的切分路径和识别结果。

表 9.1 列出了可查询文献中字符串及文本行识别的部分重要识别结果。表中字符串和文本行的识别率表明基于混合切分识别方法是最优的。

表 9.1 字符串、文本行识别结果

年份	文献	样本	方法	识别率/%
2002	[29]	3589 日文地址	Hybrid	83.70
2004	[46]	136 日文字符串	Hybrid	81.95
2005	[47]	500 信封地址	Hybrid	79.46
2005	[48]	897 信封地址	Hybrid	85.00
2006	[49]	467 日文文本	Hybrid	82.10
2006	[23]	中文文本	Explicit	78.61
2008	[32]	200 中文字符串	Hybrid	92.10
2008	[50]	HIT-MW 手写中文文本	Implicit	44.20
2009	[31]	HIT-MW 手写中文文本	Hybrid	78.44
2010	[51]	HIT-MW 手写中文文本	Hybrid	63.42
2010	[52]	HIT-MW 手写中文文本	Implicit	73.89
2010	[53]	HIT-MW 手写中文文本	Hybrid	73.97
2012	[73]	HIT-MW 手写中文文本	Hybrid	92.72
2012	[73]	CASIA-HWDB	Hybrid	91.39

基于过切分合并的识别方法,根据识别过程可以分解为 3 个问题:文本行图像切分的问题、候选切分路径评价的问题及最优路径搜索的问题。

文本行图像的切分通常采用显式切分方法对文本行图像进行超过字符单元切分的过切分,利用切分生成的过切分字符基元合并生成候选字符图像。字符间的粘连是切分中最大的难点。文献[29]定义了粘连的模式,利用定义的模式对粘连进行检测和切分。前景分析方法[33]及笔段提取等方法也能够对部分粘连字符进行切分。候选切分路径的数量与字符基元数量呈指数关系。如果字符基元数量大,则基元合并生成的候选切分路径数量过多,计算复杂度很大,识别率也会受到影响。因此,切分时应该尽可能地将粘连的字符切分开来,并且避免将一个完整的字符图像切分成多个候选字符基元。

基于过切分合并的识别方法[15,31,32]通常在概率框架下融合多种信息给出候选切分路径的评价。融合的信息包含几何信息、字符识别信息和上下文语义信息。这些信息以评价分数的形式在路径评价模型中体现。

(1) 几何信息是在图像层对切分结果进行评价的信息[34,35]。几何分数通过对几何特征建立概率模型,将概率输出用对数函数进行转换获得。几何特征有单字符几何特征、字符之间的几何特征等。字符之间的几何特征也称为二元几何特征[36]。

(2) 字符识别信息是从字符分类器识别结果提取的信息。字符识别分数计算时,先将分类器输出的识别距离映射为后验概率,映射函数有多种,如 sigmoidal 函数、soft-max 函数及扩展的 sigmoidal 函数[38]。然后,通过对数函数将后验概率转化为识别分数。

(3) 上下文的语义信息对文本行的识别是非常重要的,有两种模型。一种是词典模型,一种是统计语言模型。词典模型属于硬判决,匹配结果要么是一个词,要么不是一个词。词典模型适用于限定领域的字符串识别。统计语言模型属于软判决,给出的是一个上下文相关条件概率值,可方便地与其他信息融合。统计语言模型中基于字符的 n-gram 语言模型是文本行识别中最常用的模型[31,39,40]。也有研究者采用基于词的语言模型[41]以获得更高的识别率。通常基于词的语言模型比基于字符的高阶语言模型的识别性能更好,但复杂度远远大于基于单字符的语言模型。中文字符类数量多,这两种统计语言模型在训练样本有限的条件下,概率转移矩阵会非常稀疏。在具有充足训练样本的条件下,才能够训练出鲁棒的高阶统计语言模型。

最优切分路径的搜索以评价分数为依据,找到最优的切分和识别结果。动态规划方法[42]是最常用的搜索方法之一。但动态规划方法只能够获得一条最优的切分路径。在未搜索至文本行结束节点前,无法确保当前最优路径就是全局最优的切分路径。在搜索过程中一般需要保留多条候选切分路径,直至搜索结束时从保留的路径中选择最优的一条路径。Beam-search[29,43-45]方法就是这样一种方法,它能够在各个搜索节点处保留多条局部最优的切分路径。

9.3 基于过切分的脱机手写中文文本行识别方法

9.3.1 脱机手写中文文本行识别方法

从单字符识别到文本行的识别是文档识别的一个重要发展过程。所处理的对象由单一的字符图像到由多个字符图像组成的、能够表达一定意思的字符串或文本行。方法上从一个字符的识别,提升为综合处理图像的底层信息、中层的识别信息和高层的上下文的语言信息的方法。在实际应用中,整个文本行或者文档的识别为主体需要,因此,文本行的识别具有重要的研究和应用价值。

脱机手写中文文本行的识别研究还有很大的提升空间,一方面,研究基础还不够成熟。例如,自由书写的单字符识别性能还不够高,分类器的拒识能力以及上下文语言信息的利用还不成熟等。另一方面,用于文本行识别算法研究的数据库也较少。目前已公布的脱机手写中文文本行数据库有两个。一个是 2006 年公布的 HIT-MW 数据库[12]。文本图像为二值图像样本,共 383 个测试文本行,其语料主要来自于 2004 年的《人民日报》。另一个是 2011 年 9 月公布的 CASIA-HWDB 数据库[54]。文本图像是灰度图像样本,样本数量充足,但采集用的笔并非日常书写用笔。二者都为文本行识别算法的研究提供了一个良好的研究平台。

本章中文本行识别的输入为文本行图像。在文本行过切分合并的基础上,将文本行的识别分解为文本行图像的切分、候选切分路径的评价和最优路径的搜索这 3 个主要问题。在过切分问题上,对字符粘连和候选切分路径的数量综合考虑确定过切分方法;对评价问题,在贝叶斯识别准则下推导文本行识别的统计模型。在该模型的指导下,综合利用多种信息对文本行识别结果进行评价。搜索问题则从降低误差累积和多阶段决策的角度引入新的搜索方法。最后在 HIT-MW 样本库上对提出的算法进行了验证和实验分析。本章主要研究日常生活中常见的脱机手写文本行图像的识别,因此,如无特殊说明,中文文本行均假定自左向右自由书写。

1. 基于过切分合并的文本行识别方法

基于过切分合并的文本行识别算法框架如图 9.2 所示。

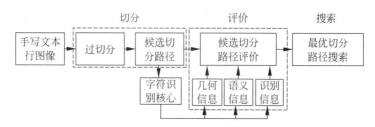

图 9.2　脱机中文手写文本行识别算法框图

文本行图像的切分主要包含过切分和生成候选切分路径。文本行图像首先由过切分生成字符基元序列,然后,合并相邻的字符基元生成候选切分路径。候选切分路径的评价则主要以字符识别为基础,综合利用几何信息、字符识别信息和语义信息对候选切分路径进行评价。几何信息是从图像上获得的底层信息;识别信息是通过分类器对图像的识别所获得的中层信息;语义信息为高层信息,属于语言上下文的约束信息。搜索问题则根据评价模型给出的评价分数搜索最优的切分和识别结果。

2. 文本行图像的过切分方法

文本行图像的过切分是指将图像切分为字符基元(字符或者字符的一部分)序列。这些字符基元的高度与原文本行的高度相当。宽度一般小于或等于一个字符的宽度。过切分的目标是在切分后每个字符基元属于且仅属于一个字符,即所有的字符都被切分开来。手写文本行中没有明显的空格来分割不同的字符,加之字符之间还存在粘连和交叉的情况,因此,很难达到理想的切分效果。过切分在将字符分割成字符基元的同时也能够解决部分字符粘连的切分问题。过切分的目的是将文本行图像的识别问题转化为候选切分路径的评价和最优路径搜索的问题。如此,则可以通过在评价过程中融合的多种信息指导候选切分路径的选择。

文本行图像切分后,候选字符基元粒度的大小(与几何尺寸的概念类似,主要表示切分的粗细程度)对文本行识别是非常重要的。切分粒度越大,字符基元的尺寸越大,产生的字符基元数量越少。此时,过切分对粘连切分的能力也就随之下降。反之,字符基元尺寸小,字符基元数量多。此时,字符与数字、字母及标点等字符具有很大的相似性,字符识别时容易混淆。字符基元数量多,形成的候选切分路径数量呈指数型增长趋势,给切分路径的搜索带来很大的困难。综上,在文本行的切分中存在两类错误:一类是欠切分错误,是指粘连的字符没有切分开;另一类是过切分错误,是指一个字符被切成多个字符基元。这两类错误是对立的。将粘连的字符切分开和降低过切分错误这两个问题对文本行的识别率都有影响。通常很难用一种过切分方法同时解决这两个问题。基于连通域的切分方法简单,过切分少,但无法解决字符间粘连的切分问题。基于笔段提取的方法能够达到切分粘连字符的目的[55],但产生的字符基元数量较多。本文利用二者的互补性,采用连通域分析和笔段提取相结合的方法对文本行进行过切分。

基于笔段提取的切分尺度比基于连通域的切分尺度要小。如果一个连通域仅属于一个字符,则对其进行基于笔段提取的切分毫无意义,徒增计算量而已。字符间的粘连一般存在于较宽的图像块中,因此,这里通过连通域的宽度确定是否对图像块继续进行更细尺度的切分。首先,对文本行图像进行连通域分析,获得图像块的连通域特征。如果连通域宽度 w 满足:

$$w > \alpha \cdot H_{\text{mean}} \tag{9.1}$$

则该连通域继续采用基于笔段提取的方法进行过切分。其中,H_{mean} 为字符平均高度,α 是一个可调节的参数。对基于笔段提取过切分的部分,根据笔段在水平方向的重合程度进行合并[55]。重合的程度通过一个经验性的常数阈值 Th 来衡量。Th 越大,笔段越难被合并。产生的过切分字符基元的数量较多,能够最大限度地对粘连图像进行切分。反之,笔段容易被合并,得到过切分字符基元较少。如果 Th 太小,那么已经切分开的粘连的字符有可能重新合并。基于连通域分析的切分、基于笔段提取的切分以及二者相结合的综合切分方法最本质的不同在于所产生的候选字符基元的粒度和数量。图 9.3 给出了 3 种过切分方法所产生的候选字符基元序列图像。图 9.3 显示,基于连通域分析的过切分方法产生的字符基元序列中存在欠切分错误,如图中对应的 B 区域的字符图像。基于笔段提取的切分方

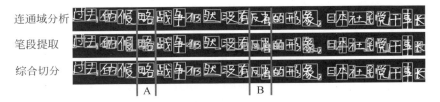

图 9.3 文本行图像过切分结果示例(见彩插)

法则产生了很多的过切分错误,如图中对应的 A 区域的字符图像。综合的切分方法则综合了二者的优点,相对于基于笔段提取的方法减少了过切分错误,相对于基于连通域的切分则减少了欠切分错误。

3. 基于过切分合并的文本行识别方法

在贝叶斯准则下,文本行图像 X 的识别结果通过最大化后验概率获得

$$S_o, C_o = \arg\max_C P(C|X) \qquad (9.2)$$

C_o 为识别后获得的字符序列,代表文本行最优的识别结果。S_o 为与 C_o 对应的最优的切分路径。文本行图像 X 经过过切分后,产生一系列的字符基元序列。为描述方便,假设候选字符基元序列之间存在一个虚拟的候选切分点。每个候选切分点有合并(用 0 表示)和切分(用 1 表示)两种状态。除此之外,在文本行的开始和结尾处增加起始切分点和结束切分点。

图 9.4 中候选切分点所取状态的不同组合均与某条候选切分路径一一对应。候选切分路径也可以形象地用一个切分网络来表示,如图 9.5 所示。

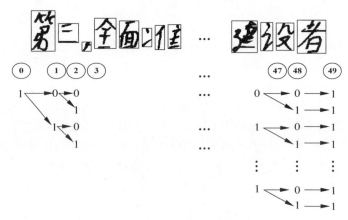

图 9.4　候选切分路径的二叉树表示方法

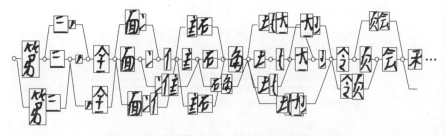

图 9.5　候选字符基元组成的候选切分路径示例

假设过切分后得到 $N+1$ 个候选字符基元图像,理论上共组成 2^N 条候选切分路径。$RI=rI_1,rI_2,\cdots,rI_{N+1}$ 表示过切分后的候选字符基元图像序列。S 表示候选切分路径集合,S_j 表示其中的一条候选切分路径,$0<j<2^N$。M_j 表示候选切分路径 S_j 中字符的数量,$M_j \leqslant N+1$。用 $CI_j=cI_1,cI_2,\cdots,cI_{M_j}$ 表示切分路径中的字符图像序列。在给定候选字符基元序列的前提下,切分路径 S_j 与 CI_j 是一一对应的关系。文本行图像经过过切分生成字符基元序列 RI。然后,候选字符基元序列合并成候选切分路径 S。忽略切分路径的下角标,则整个过程可表示为

$$X \xrightarrow{\text{过切分}} RI \xrightarrow{\text{合并}} S \xrightarrow{\text{一一映射}} CI$$

基于上述的过切分合并过程,文本行识别的最大后验概率模型为

$$\begin{aligned}
S_o,C_o &= \arg\max_C P(C|X) \\
&\cong \arg\max_C P(C|RI) \\
&= \arg\max_{C,S} P(C|S)P(S|RI) \\
&= \arg\max_{C,S} P(C|CI)P(CI|S)P(S|RI) \\
&= \arg\max_S \{P(S|RI) \cdot \arg\max_C [P(C|CI)P(CI|S)]\}
\end{aligned} \quad (9.3)$$

上式中,

$$P(S|RI) \cdot \arg\max_C [P(C|CI)P(CI|S)]$$

给出了切分路径的识别概率,称为文本行的评价模型。式(9.3)通过最大化文本行评价模型以获得最优的识别结果。$P(S|RI)$ 为过切分完成后从底层图像特征计算切分路径 S 为正确切分路径的概率。$P(S|RI)$ 给出的评价用于不同切分路径评价分数的比较,称为全局几何信息。$P(C|CI)P(CI|S)$ 为在切分路径 S 下,文本行识别结果的概率。$P(C|CI)$ 为给定候选字符图像序列 CI 的条件下,识别结果的后验概率。$P(CI|S)$ 为在切分路径 S 中,判断候选字符图像序列 CI 为正确字符的概率,称为局部几何信息。候选切分路径识别的最优化可以分两步进行。

第一步是在某种确定的切分路径 S 下,该切分方式获得的字符图像序列的最优识别结果,即

$$\arg\max_C [P(C|CI)P(CI|S)] \quad (9.4)$$

由贝叶斯定理可知,上式等价于

$$\arg\max_C [P(CI|C)P(C)P(CI|S)] \quad (9.5)$$

其中,$P(C)$为文本行中字符的联合概率,称为语言信息或语言模型。$P(CI|C)$为字符识别的条件概率,称为字符的识别信息。$P(CI|S)$为局部几何信息。式(9.5)集成了几何信息、识别信息和语言信息对切分路径 S 进行评价。在确定的切分路径 S 下,每个字符图像经过单字符分类器识别后输出 Q 个候选识别结果。字符的识别结果 $C=\{c_i^j|1\leqslant i\leqslant M,1\leqslant j\leqslant Q\}$,这些候选识别结果可以组成一个识别候选网络,如图9.6所示。

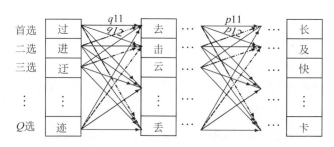

图9.6 切分路径的识别结果构成的识别候选网络

上述识别候选网络中存在当前切分路径的一个最优的识别结果,通常采用 Viterbi 方法对识别网络进行解码获得最优的识别结果。

第二步是确定最优的文本行识别结果(式9.3)。主要在第一步的基础上附加了全局几何信息。中文文本行中字符的几何特征分布具有一定的统计规律,这些几何信息可以提高对候选切分路径描述的准确性。如字符的宽度、字符中心距离、宽高比[15]、字符矩形框的面积[36]等,都可以作为特征建立几何模型。

4. 候选切分路径的评价模型

上一小节在贝叶斯识别准则下给出了基于过切分合并的文本行切分识别方法,该方法中融合了几何信息、单字符识别信息以及语言上下文信息。这些信息以概率的形式表现,而在实际计算过程中通常对上述的概率取对数运算,将概率形式转化为相应的评价分数。根据评价模型分别针对3种信息进行建模并给出了评价分数的表达式。

(1) 几何信息

全局几何信息 $P(S|RI)$ 主要是根据底层的候选字符图像序列估计切分路径的概率。采用的特征主要包括字符宽度、字符中心之间的距离、字符宽高比这3个特征。中文文本行中汉字占大多数,因此,在假设上述字符特征满足高斯分布的条件下,通过适当简化处理,以及对概率取对数运算得到

切分路径 S_j 的几何分数 $E^G(S)$ 的简化如下[37]：

$$E^G(S_j) = -\log(\sigma_d) - \log(\sigma_w) - \log(\sigma_r) \qquad (9.6)$$

其中，σ_d，σ_w 和 σ_r 分别是字符间距、字符宽度和字符宽高比分布的方差。各个特征分布的方差越小，分数越大，说明 S_j 为正确切分路径的概率越大。在字符识别时，字符图像经过规一化，其几何信息会丢失。因此，字符的几何信息是在其图像规一化之前提取的。上述的评价方式是一种基于统计的方法，参数估计精度与候选字符的数量有关。候选字符数过少时，会产生较大的估计误差，因此，候选字符数小于 3 时，则认为 $P(\boldsymbol{S}|\boldsymbol{RI})=1$。

全局几何分数 $E^G(S_j)$ 认为文本行中字符的几何特征服从一致的概率分布。由于候选切分路径过多，在最优切分路径搜索过程中会采用一定的准则对不太可能是正确的切分路径进行删除。该模型在候选切分路径剪枝时并不参与评价。采用的路径搜索方法会保留多条候选切分路径。在搜索至文本行最后的切分节点时，全局几何模型对所保留的路径给出相应的分数。在中文文本行中，汉字字符为主体，其几何特征符合全局几何模型的假设。后续的实验结果表明，全局几何模型是有利于文本行识别的。

局部几何信息 $P(\boldsymbol{CI}|S_j)$ 用于评价一个候选字符图像是否是有效的字符。$P(\boldsymbol{CI}|S_j)$ 可近似为

$$\begin{aligned} P(\boldsymbol{CI}|S_j) &\approx \prod_{i=1}^{M_j} P(cI_i|S_j) \\ &= \prod_{i=1}^{M_j} \prod_{k=1}^{K} p(f_k|cI_i) \end{aligned} \qquad (9.7)$$

其中，f_k 表示特征，$p(f_k|cI_i)$ 通过几何特征判断候选字符 cI_i 是字符的概率。采用字符宽度 w 和字符内部距离 d 两种几何特征进行建模，则有

$$P(\boldsymbol{CI}|S) = \prod_{i=1}^{M_j} p(w|cI_i) p(d|cI_i) \qquad (9.8)$$

$p(w|cI_i)$ 表示基于宽度特征计算候选字符图像 cI_i 是字符的概率。$p(d|cI_i)$ 为基于字符内部距离特征计算候选字符图像 cI_i 是字符的概率。局部几何分数 $E^{GL}(S_j)$ 可表示为

$$\begin{aligned} E^{GL}(S_j) &= E^{GLw}(\boldsymbol{CI}) + E^{ID}(\boldsymbol{CI}) \\ &= \sum_{i=1}^{M_j} [E^{GLw}(cI_i) + E^{ID}(cI_i)] \end{aligned} \qquad (9.9)$$

其中，$E^{GLw}(\boldsymbol{CI})$ 和 $E^{ID}(\boldsymbol{CI})$ 分别为基于宽度和字符内部距离特征的局部几何模型对应的评价分数。$E^{GLw}(\boldsymbol{CI})$ 中字符宽度特征分为两类并假设分别

服从高斯分布。一类是宽字符特征，如汉字的宽度；另一类是窄字符特征，如数字、字母和标点符号的宽度。针对两种不同宽度特征的字符分别建立高斯模型，该模型在剪枝过程中参与评价。字符 cI_i 的宽度几何分数 $E^{GLw}(cI_i)$ 定义为[99]

$$E^{GLw}(cI_i) = \begin{cases} -0.5\ln(2\pi\sigma_w^2) - \dfrac{(w_i - \mu_w)^2}{2\sigma_w^2}, & \text{wide character} \\ \ln 2 - 0.5\ln(2\pi\sigma_w^2) - \dfrac{(4w_i - 2\mu_w)^2}{\sigma_w^2}, & \text{otherwise} \end{cases}$$

(9.10)

其中，w_i 为字符的宽度特征，分布的均值和方差分别为 μ_w 和 σ_w^2。判断字符的宽窄则主要依据分类器的识别结果。

$E^{ID}(cI_i)$ 通过字符内部距离进行评价。包含 k 个字符基元序列（rI_1, rI_2, …, rI_k）的字符图像 cI_i 的内部距离定义为[56]

$$D = \frac{\sum_{m=1}^{m=k-1} D_{m,m+1}}{k}$$

(9.11)

$D_{m,m+1}$ 为 rI_m 和 rI_{m+1} 之间的平均游程距离，即两个字符基元之间所有游程距离的平均。字符内部平均游程距离量化后为[56]

$$QD = \begin{cases} 0, & D < 0 \\ 100, & D > 0.5 \cdot w_m \text{ or } D > w/4 \\ (D \cdot 4/w) \times 100, & \text{otherwise} \end{cases}$$

(9.12)

w_m 为估计的文本行内字符的平均宽度，w 为当前字符宽度。字符内部距离分数定义为

$$E^{ID}(cI_i) = -\gamma_1 \cdot \frac{QD}{100}$$

(9.13)

其中，γ_1 为控制参数，是可调节的常量。

（2）识别信息

$P(\mathbf{CI}|\mathbf{C})$ 为字符识别的条件概率，根据贝叶斯准则，有

$$P(\mathbf{CI}|\mathbf{C}) = \prod_{i=1}^{M} p(x_i|c_i) = \prod_{i=1}^{M} \frac{p(c_i|x_i)p(x_i)}{p(c_i)}$$

(9.14)

其中，x_i 为字符图像 cI_i 的特征矢量，$p(x_i)$ 与类别无关，$p(c_i)$ 为字符的先验概率，通常取等概分布。式(9.5)可转化为[41]

$$\arg\max_{C}[P(\mathbf{CI}|\mathbf{C})P(\mathbf{C})P(\mathbf{CI}|\mathbf{S})] = \arg\max_{C}\left[\prod_{i=1}^{M} p(c_i|x_i) \cdot P(\mathbf{C})P(\mathbf{CI}|\mathbf{S})\right]$$

(9.15)

$p(c_i|x_i)$ 为单字符的识别信息,是字符识别的后验概率。本文中单字识别分类器采用 MQDF 分类器,该分类器的输出结果为识别距离。根据文献[57]通过一个映射函数将识别距离映射为后验概率的形式。单字符识别的后验概率在前 Q 个候选识别距离上建模如下:

$$p(c_i^j|x_i) \approx \frac{\exp[-d^j(x_i)/\kappa]}{\sum_{j=1}^{Q}\exp[-d^j(x_i)/\kappa]} \quad (9.16)$$

其中,κ 为常数,其具体取值与分类器有关,一般在训练集上通过学习获得。c_i^j 为字符图像 cI_i 识别结果的第 j 个候选,其对应的识别分数为

$$E^R(c_i^j) = \log(p(c_i^j|x_i)) \quad (9.17)$$

中文文本行中字符的纵方向几何位置是相对固定的,能够为字符识别提供信息,用于排除识别错误。字符在文本行中的位置可以依据字符的几何中心分为文本行的上边缘、中心区、下边缘 3 种。例如,汉字、字母和数字等字符的位置为中心区。标点符号则可能在文本行上边缘(如引号)、下边缘(如逗号、句号等),也可能处于文本行的中心区(如叹号、问号等)。逗号、句号等字符相对于数字和字母更容易出现在文本行中,是对文本行进行断句的标志。可以通过候选字符的几何特征估计得到其在文本行中的相对位置。另外,也可以通过识别结果获得字符的相对位置。如果这两种信息能够相互匹配,则说明识别结果是比较可靠的。因此,这两种信息的匹配程度可以作为识别结果可靠性的一种度量。根据这两种信息的匹配对字符的识别分数进行加权。

$$e^{\lambda \cdot |RLo_i - Lo_i|} \cdot E^R(c_i^j) \quad (9.18)$$

其中,λ 是系数常量,Lo_i 和 RLo_i 是字符 cI_i 的几何位置参数,可以取 $-1,0,1$。1 代表文本行上边缘,0 代表文本行中心区,-1 代表文本行下边缘。Lo_i 是通过几何信息估计得到的,RLo_i 则是通过分类器识别后根据识别结果得到的字符的位置参数。

(3) 语义信息

语义信息属于高层信息,其来源有词典、基于字符的统计语言模型、基于词语的统计语言模型等。词典约束能力强,属于硬判决;统计语言模型约束能力相对较弱,属于软判决。前者经常用于特定的领域,如信封地址识别等[29]。后者便于与其他信息进行融合,适合在文本行识别中应用[31]。语句可以用 $n-1$ 阶的 Markov 链来描述,即当前字符的出现只与其前面的

$n-1$ 个字符有关。这类语言模型又称为 n 元文法模型(n-gram)。$p(\boldsymbol{C})$ 的 $n-1$ 阶 Markov 模型可以表示为

$$p(\boldsymbol{C}) = p(c_1 c_2 \cdots c_M) = \prod_{i=1}^{M} p(c_i | c_{i-n+1} \cdots c_{i-1}) \quad (9.19)$$

实际应用时,需要根据训练语料的多少、系统的复杂度等参数来确定 n 的大小。n 越大,需要的训练语料越多,语言模型的查询复杂度也就越大。$n=2$ 时,为 bigram;$n=3$ 时,为 trigram。综合考虑识别性能和计算复杂度,本节给出的语言模型采用基于字符的 bigram,语义分数为

$$E^L(S_j) = \log(p(c_1) + \sum_{i=2}^{M_j} p(c_i | c_{i-1})) \quad (9.20)$$

通过上述分析,切分路径 S_j 的总体识别分数为几何分数、字符识别分数和语义分数的综合。为了消除文本行的长度对评价分数的影响,采用文本行中的字符数对识别分数进行规一化。几何信息、识别信息以及语义信息在文本行识别中的作用是不同的,3 种评价分数在评价过程中要分出主次。在评价模型中对参与评价的每一种分数都赋予一个权重因子。另外,评价模型的估计也存在一定的误差,通过加权的方式对估计的结果加以平衡,能够在一定程度上缓解估计误差。综合上述分析,候选切分路径 S_j 的识别分数 ES_j 为

$$\begin{aligned} ES_j = \eta E^G(S_j) + \max_{C_j, 1 \leqslant k_1, k_2 \leqslant Q} \Big\{ &\alpha \cdot E^{GL}(S_j) \\ + \beta \cdot \sum_{i=1}^{M_j} [e^{\lambda \cdot |RLo_i - Lo_{k_1}|} E^R(c_i^{k_1}) + \gamma \cdot E^L(S_j)] \Big\} \end{aligned} \quad (9.21)$$

则最优的切分识别结果通过最大化平均识别分数得到,即

$$S_{\text{opt}} = \arg\max_{j=1,\cdots,2^N} \{ES_j / M_j\} \quad (9.22)$$

其中,M_j 为路径 S_j 中字符数。$\alpha, \beta, \gamma, \mu$ 为权重常数,用于调整模型估计的误差及平衡不同的评价分数在切分路径评价中的作用。

5. 最优路径搜索方法

最优切分路径搜索是在评价模型的指导下搜索最优的切分路径及其对应的识别结果。每个候选切分点有两种状态,1 代表切分,0 代表合并。为完整起见,在起始和结束处分别设置了两个虚拟的切分点,状态均为 1。为便于理解在搜索候选切分路径的同时进行剪枝,候选切分路径可以根据切分点的两种状态表示为二叉树[37],如图 9.4 所示。

动态规划方法是最常用的路径搜索方法。该方法只能得到最优解,无法同时给出其他的次优解。中文文本行图像经过过切分合并生成的候选切分路径数量多,理论上为 2^N 条,遍历所有的切分路径并不现实。本文采用 Beam-search 路径搜索方法[28]。研究表明,Beam-search 方法是路径搜索中最有效的方法之一[29,43-45],该方法每次搜索都能够保留至当前节点时分数最高的多条切分路径。在搜索过程中保留路径的数量记为 NTP。搜索至当前切分点时,该方法可最多保留分数最高的 NTP 条切分路径,即在搜索过程中,其他分数低的路径都被剪除。本文中 Beam-search 搜索算法执行过程如下所示。

Step 1. 初始化搜索节点,生成新路径 $S=\{S_1, ES_1=0, N_p=1, NO_1=\{11\}|no_1\}$;

Step 2. 对候选切分路径 S_j 进行识别并更新其识别分数 ES_j;

Step 3. 判断至当前节点 no_i 时,候选切分路径集合 S 中的路径数量 N_p 是否小于 NTP:如果成立,则转 Step 4);否则,对 N_p 条路径进行排序并保留识别分数最大的 NTP 条切分路径;

Step 4. 对保留的路径 S_j 生成新的路径 $S'_j, i \rightarrow i+1, no_{i+1}=1$。验证 S_j 是否为有效路径。如果是,则加入候选路径中;否则,删除该路径。在保留路径的基础上生成新的路径集合 $S=\{S_j, ES_j, N_p, NO_j|no_{i+1}, 1 \leqslant j \leqslant N_p\}$。其中,$NO_j$ 为与 S_j 对应的切分点的状态序列,no_i 为当前节点切分状态。N_p 为当前系统中生成路径的数量。

NTP 较小时,剪除的路径较多,能够大大降低复杂度。同时,在搜索未结束时将正确切分路径剪除的风险也大为增加。NTP 较大时,基本能够保证在固定的评价模型下找到最优的切分路径,其复杂度也相对增加。NTP 数值的大小可通过实验进行确定。

6. 文本行识别的评价准则

本文中文本行识别结果的评价采用 4 种指标:文本行识别的准确率(recognition accuracy rate,RAR)、可判断的切分错误率(certain segmentation error rate,CSER)、可判断的识别错误率(certain recognition error rate,CRER)、不可判断的错误率(uncertain error rate,UER)。文本行识别准确率 RAR 定义如下[29]:

$$RAR = \frac{N_g - N_{recerr} - N_{delerr} - N_{inserr}}{N_g} \tag{9.23}$$

其中，N_g 为真实文本中的字符总数，N_{recerr} 为识别错误的字符数，N_{delerr} 为删除字符造成的错误字符数，N_{inserr} 为插入错误字符数。CSER 是指切分错误引起的识别错误所占的比例；CRER 是指切分正确前提下的识别错误率；UER 是指在文本行识别时，相邻的多个字符识别错误所占比例。该错误可能是切分引起的，也可能是识别错误，或是二者兼有。这 4 种评价标准既能够反映总体文本行的识别率，又能将文本行的识别错误分门别类地表示出来。

7. 实验结果及分析

实验中字符识别特征采用 392 维梯度特征，经过 LDA 压缩至 128 维。字符分类器为 MQDF 分类器。分类器共包含了 3 957 个字符类，其中，GB 一级汉字 3 755 个，GB 二级汉字 124 个，数字 10 个，英文字符 52 个以及 16 个常用标点符号。在训练时，GB 一级汉字的训练样本为 THU-HCD 的 1 877 套训练样本；GB 二级汉字和标点符号则分别采用 CASIA-HWDB 1.0[54] 的 420 套训练样本；数字和字母的训练样本数分别为 1 000 套和 500 套。语言模型采用基于字符的 bigram 语言模型，训练语料为 2005—2010 年的《人民日报》生语料。

(1) 参数对总体识别率的影响

在文本行识别过程中，分类器给出的字符识别候选数 Q 和路径搜索时保留的最优路径的数量 NTP 对文本行的识别率和识别复杂度有重要的影响。首先，在 HIT-MW 脱机中文手写文本行测试集上对两个参数与识别率和识别时间的关系进行了验证。文本行的识别率和识别时间随着这两个参数的变化分别如图 9.7 所示。从图中可以看出，随着 Q 和 NTP 的增加，文本行的识别率先是有明显的提升，然后提升较为缓慢。而随着 Q 和 NTP 的增加，计算复杂度的增长速度较快。对识别率和计算复杂度加以折中，最终选择 $Q=20$，NTP$=30$。

(2) 各项信息在识别中的作用

几何信息、识别信息及语义信息在识别中的作用主要体现在三者对识别正确率的贡献上。分别采用 3 种信息不同的组合对切分路径进行评价，识别结果如表 9.2 所示（$Q=20$，NTP$=30$）。

从表中的统计结果可以看出，单纯的字符识别信息并不能够达到满意的识别率，仅为 59.837%。识别率对比结果表明，3 种信息对文本行识别中的作用是不同的，字符的识别信息和语义信息更为重要。

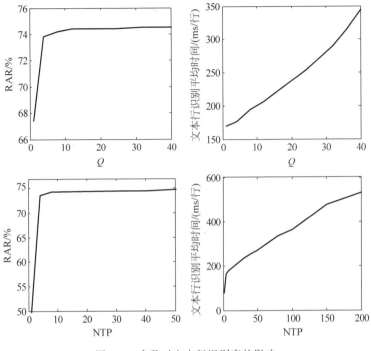

图 9.7 参数对文本行识别率的影响

(3) 切分方法对识别性能的影响

本实验的目的在于验证基于连通域分析的过切分方法、基于笔段提取的过切分以及综合的过切分方法对识别率及识别复杂度的影响。基于 3 种过切分方法的文本行识别率如表 9.3 所示,平均识别时间如表 9.4 所示。

表 9.2 各种信息在评价中的作用

信息属性	识别率/%
识别信息	59.837
识别信息+语义信息	73.722
识别信息+语义信息+几何信息	74.432

表 9.3 HIT-MW 测试集识别结果　　　　%

切分方法	综合	汉字	数字	标点
连通域分析	70.940	77.779	49.565	14.791
笔段提取	73.970	81.210	54.348	13.654
综合切分方法	74.432	81.751	50.870	14.539

表 9.4　文本行识别的平均时间

	连通域分析	笔段提取	综合切分方法
时间/(s/行)	0.178	0.256	0.227

表 9.3 的识别结果显示,基于综合的过切分方法在综合识别率、汉字及标点的识别率上相对其他两种过切分方法都有不同程度的提高。识别结果表明,综合过切分方法对整个文本行识别率的提升是有意义的,且平均识别时间比基于笔段提取的方法快 11.3%。相对于基于笔段提取的方法,数字的识别率下降了 3.522%。这主要是因为文本行中部分数字是粘连的,这些粘连的数字的宽度未能达到精细切分的阈值,因而没有进行基于笔段的过切分。标点符号的宽度也较小,但其识别率未受影响。标点符号很少与周围的字符发生粘连,因此,基于连通域分析的方法和基于综合过切分方法的识别结果相差无几。

(4) 文本行识别性能及分析

本实验对文本行识别的综合性能进行了验证。模型中的参数 $\alpha, \beta, \gamma, \mu$ 是为保持模型的完整性设置的。本实验中,$\gamma=0.75, \alpha=\beta=\mu=1$。$\lambda$ 设置为 0.1。在 HIT-MW 样本集上,基于综合过切分方法的文本行识别结果如表 9.5 所示。表中数据显示,文本行的识别率为 74.432%,远远低于实际应用的要求和期望。汉字的识别率最高为 81.751%,标点符号的识别率最低,仅为 14.539%。主要因为标点符号部分的训练样本少,且训练集与测试集样本差异较大,导致识别错误率很高。

表 9.5　HIT-MW 测试集的识别结果　　　　　　　%

	RAR	CSER	CRER	UER
综合	74.432	7.505	9.233	8.830
汉字	81.751	4.998	6.335	6.916
数字	50.870	13.913	6.522	28.696
标点	14.539	28.824	36.157	20.480

表中的数据显示,HIT-MW 样本集识别结果中大部分错误来自切分错误,识别错误相对较小。不可判断的错误率较高,经验分析表明,其中切分错误占大多数。文本行的切分错误具有一定的传播性,例如,合并错误必然会导致相邻的切分错误等,对识别率的影响较大。因此,降低切分错误是提高文本行识别率的重要方法之一。切分错误可以分为两类,一类是粘连字

符在过切分阶段没有被切分开,产生的欠切分错误。由于没有进行再次的切分,此类错误在候选切分路径的评价中始终存在并且影响着其后续字符的切分和识别。另一类切分错误是将不同的字符基元合并成一个字符造成合并错误。这类错误往往是由于评价的不准确而导致的,可通过改进评价模型或搜索方法来加以降低。

9.3.2 基于分段的文本行识别搜索方法

如前所述,Beam-search 方法能够降低候选路径搜索的计算量,但在对较长的文本行进行识别时还存在一定的局限性。

(1) 剪枝会降低文本行识别率

当候选字符基元数量 N 较大时,候选切分路径的数量呈指数增长,计算量非常大。因此,可通过 Beam-search 搜索并且剪枝来减少候选切分路径。这样操作虽然提高了搜索速度,但在一定程度上会降低识别率。从图 9.7 中NTP 与识别率的关系可以看出,剪枝必定会降低文本行的识别率,而且剪枝越多,识别率降低的程度也越大。

(2) 最终保留的切分识别路径未必是全局最优的切分路径

在未搜索至结束节点时即需要进行剪枝,此时,整个文本行并没有被完整识别。因此,剪枝时文本行的识别结果以及选择的候选切分路径都是局部最优的。全局最优路径有可能在整个文本行没有识别完成前被剪枝。一旦最优的切分路径被剪枝,将无法得到全局最优的识别结果。而且在当前的方法中,一旦最优路径被剪除,那么该错误是无法弥补的。得到的最优路径是在所保留路径中的最优切分识别路径,而不是全局最优切分路径。

(3) 误差累积及传递

如果评价模型对候选切分路径的评价是准确的,那么,只要对所有的候选切分路径打分后,遍历所有的切分路径即可找到最优的切分路径。而实际上,评价模型是在有限的训练数据上估计得到的,评价的准确程度总是存在一定的偏差。假设在一个候选切分路径中有 M 个字符,则候选切分节点 i 在当前模型下估计得到的评价分数为 ES_e^i。ES_e^i 可以分解为 $ES_e^i = ES_r^i + ES_{err}^i$,其中 ES_r^i 为节点 i 的真实评价分数,ES_{err}^i 为在当前模型下估计切分点评价分数的误差。那么,整个候选切分路径的识别分数为

$$\sum_{i=1}^{M} ES_e^i = \sum_{i=1}^{M} (ES_r^i + ES_{err}^i) \tag{9.24}$$

上述公式意味着,随着切分路径深度的增加,评价的误差会产生累积且

会对后续切分路径的评价产生影响。另外,如果某个字符发生切分或者识别错误,那么其识别和语义信息等都会被错误地传递,也必然会对后续所有字符的识别造成影响。本文通过分段识别搜索的方法来限制误差的积累及其对后续评价的影响。

1. 文本行分段识别搜索方法

起始切分点 i_0 到终止切分点 i_N 的最优路径表示为 $i_0 \xrightarrow{opt} i_N$。假设 i 是 i_0 到 i_N 最优路径上的一个准确的切分点,通过 i 的路径记做 $i_0 \xrightarrow[i]{opt} i_N$。Bellman 优化原理[58]可以表述为

$$i_0 \xrightarrow[i]{opt} i_N \Leftrightarrow i_0 \xrightarrow{opt} i \oplus i \xrightarrow{opt} i_N \quad (9.25)$$

上式中,⊕ 表示路径之间的物理连接。上式表明,如果能够在切分路径中准确地检测切分点,那么,通过切分点 i 可以将 i_0 到 i_N 最优路径的搜索问题转化为 i_0 到 i 和 i 到 i_N 两个短的最优路径的搜索问题。这两个最优短候选路径合并后仍然能够得到一条完整的最优切分路径。在搜索最优切分路径时,可以对最优切分路径重复使用该优化原理。那么,在能够准确定位一个或者几个切分点的条件下,将短的最优路径组合起来便可以得到最优的切分路径。应用于文本行切分识别中,即通过切分点将长的文本行分成多个字符串,分别最优化字符串的识别结果。根据文本行识别的评价模型,在分段识别搜索最优路径时保留相邻字符串之间的语义上下文信息。文本行中分段的 Beam-search 方法按照每个字符串在文本行中的位置自左向右依次进行识别搜索。

Step 1. 初始化搜索节点 $S=\{S_1, ES_1=0, N_p=1, NO_1=\{11\}|no_1, c\}$,$c$ 是前一字符串的最后一个字符,用于计算后续语义识别分数;

Step 2. 对候选切分路径 S_j 进行识别并更新其识别分数 ES_j;

Step 3. 判断至当前节点 no_i 时,候选切分路径集合 S 中的路径数量 N_p 是否小于 NTP;如果成立,则进入 Step 4;否则,对 N_p 条路径进行排序并保留识别分数最大的 NTP 条切分路径;

Step 4. 判断节点 $i+1$ 是否为确定切分点:如果是则进入 Step 1;否则,对保留的路径 S_j 生成新的路径 $S_j', i \to i+1, no_{i+1}=1$。验证 S_j 是否为有效路径。如果是,则加入候选路径中;否则,删除该路径。在保留路径的基础上生成新的路径集合 $S=\{S_j, ES_j, N_p, NO_j|no_{i+1}, c, 1 \leqslant j \leqslant N_p\}$。

2. 文本行分段识别搜索方法的优点

(1) 减少候选路径的数量

假设原来的文本行分成 K 个字符串,每个字符串的候选字符基元数为 $M_i, i=1,2,\cdots,K$,且满足 $N = \sum_{i=1}^{K} M_i$。文本行分段前,候选切分路径理论的数量为 2^N 条;分段后,候选切分路径的数量为 $\sum_{i=1}^{K} 2^{M_i}$。理想情况下,$M_i = N/K, i=1,2,\cdots,K$。分段后,候选切分路径数量为 $K \cdot 2^{N/K}$。最坏情况下,几个切分点相邻,则分段后候选切分路径的数量为 2^{N-K}。因此,与 2^N 条切分路径相比,分段能够有效地减少候选切分路径的数量。

(2) 降低最优切分路径被剪枝的风险

假设文本行分段后,字符串中候选字符基元数量最多为

$$M_{\max} = \max_i(M_i)$$

剪枝后保留的最多路径数量为 NTP,那么,满足以下条件时则不需要对候选路径剪枝。

$$M_{\max} < \log_2^{\text{NTP}}$$

$M_{\max}$ 比文本行中字符基元的数量要少,更容易满足上式的条件。在 NTP 一定的条件下,被剪枝的候选路径减少了。因此,在整个文本行识别搜索未完成之前,通过分段识别搜索降低了最优切分路径被剪枝的风险。

(3) 隔断误差传递,提高识别率

文本行分段识别搜索时,各个字符串中的识别分数是相互独立的。当一个字符串发生切分或评价错误时,这个错误不会影响其他字符串的切分和评价。那么,切分错误和评价误差的影响就被限制在当前的字符串内。文本行分段后,其识别仍然是按照自左至右的顺序,字符串之间的先后顺序以及上下文的语义信息等都将会被保留,因此,长的文本行切分成字符串后并没有损失对文本行切分识别有用的信息。

3. 分段识别搜索的切分点检测

任何能够准确找到切分点的方法都可以用来对文本行进行分段。在没有人工干预的情况下,可以根据候选字符基元的几何属性、位置关系、识别信息以及其与前后字符之间的语义信息来估计一个候选切分点是否是一个真正的切分点。在中文文本行中,标点符号是语句停顿或者结束的标志,出

现的频率较高。有些标点符号具有独特的、相对固定的几何属性和位置属性,如逗号、句号、顿号、引号等。这些标点与文本行中的其他字符相比,具有面积小,不易与其他字符粘连、交叉,易于检测的特点。本节通过对上述4种标点符号的检测对文本行进行分段,检测的算法步骤如下。

(1) 候选字符基元属性分类

在过切分完成后,对在垂直方向有粘连的较小的字符基元进行合并。候选字符基元主要分为两类,一类是连通域面积较小的基元,这些将作为候选的标点;另一类是连通域面积较大的基元,这些基元将用于文本行几何信息的估计。

(2) 文本行几何信息的估计

文本行几何信息的估计主要包括字符高度和文本行中心线的估计。字符高度在字符准确切分前一般无法准确地加以估计。在预处理阶段,垂直方向上有一定程度的重叠、交叉的相邻字符被合并起来。那么,经过字符基元分类后,较大的字符基元的高度基本上代表了字符的高度,因此,利用这些基元的高度来估计字符的高度是合理的。

文本行中心线是在文本行水平方向上的一条曲线,用于粗略地估计标点符号在文本行中的位置。记 X_{il}, X_{ir} 分别为第 i 个字符基元外接矩形框的左右边界的横坐标,Y_{ic} 为第 i 个字符基元外接矩形框纵方向的中心点纵坐标。文本行中心线估计为

$$CL(x_h) = \begin{cases} Y_{0c}, & 0 < x_h < X_{0l} \\ Y_{ic}, & X_{il} < x_h < X_{ir} \\ (Y_{(i-1)c} + Y_{ic})/2, & X_{(i-1)r} < x_h < X_{il} \\ Y_{Nc}, & X_{Nr} < x_h < X_{end} \end{cases}$$

其中,x_h 为文本行中心线的横坐标。根据上述方法估计得到的文本行中心线如图 9.8 所示。绿色为文本行中心线,蓝色为字符基元的外接矩形框,红色为候选标点。

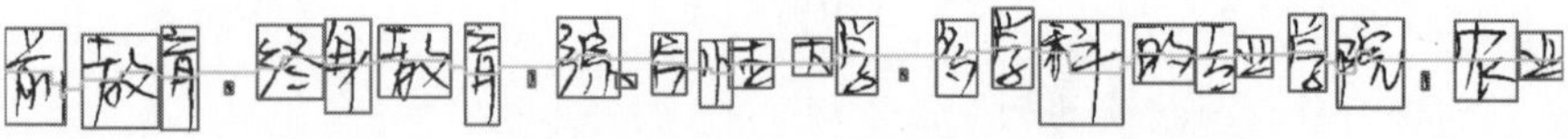

图 9.8 文本行中心线及候选标点检测结果(见彩插)

(3) 排除非目标标点

字符基元的位置信息和识别信息可以排除非目标标点。根据字符基元在文本行中的位置,Lo 分为上边缘、中心区、下边缘 3 种,分别用数字 1,0,

−1表示。对双引号和单引号有 $Lo=1$；对汉字、数字、字母和部分标点符号有 $Lo=0$；对逗号、句号、顿号等标点有 $Lo=-1$。候选标点中，满足 $Lo=0$ 的标点与字符的过切分基元容易相混淆。为了减少检测错误，这部分候选标点都将被排除。

(4) 标点符号检测结果矫正

文本行识别后，标点前后字符的识别信息可以用于校验标点检测的结果。标点符号是中文语义的停顿或终结标志，其前后字符之间的上下文语义信息往往较弱。如果候选标点前后两个字符的语义分数大于一定阈值，那么当前检测到的标点可能是一个虚警错误。根据该标点到其前后字符矩形框的距离来判断候选标点向前合并或向后合并。

4. 实验结果及分析

为考察分段识别搜索方法的性能，在切分方法上分别采用了基于连通域分析的方法、基于笔段提取的方法及综合的切分方法。在 HIT-MW 测试集上，Beam-search 方法和分段 Beam-search 方法的识别率如表 9.6 所示。

表 9.6　HIT-MW 测试集综合识别率比较　　　　　　　%

切分方法	Beam-search	分段 Beam-search
连通域分析	70.940	78.338
笔段提取	73.970	82.848
综合切分方法	74.432	83.452

识别结果表明，在 3 种过切分方法下，分段 Beam-search 方法的识别率都要高于 Beam-search 方法，综合识别率分别提升了 10.523%、11.411% 和 11.601%。实验结果也反映出综合切分方法的识别率较为稳定且高于基于连通域分析和基于笔段提取的过切分方法。

在综合切分方法下，两种识别搜索方法在汉字、数字及标点符号的识别率如表 9.7 所示。结果显示，基于分段 Beam-search 方法的 3 种字符的识别率相对于 Beam-search 方法都有大幅度的提高。Beam-search 方法中标点符号的识别率较低。在分段 Beam-search 方法中，标点符号的识别有了一定的提升，但其识别率仍然较低。标点符号的识别来自于两部分，一部分是分段检测得到的标点字符图像，通过字符分类器识别得到的识别结果；另一部分是没有被检测出来，通过文本行的识别而获得的识别结果。

表 9.7　汉字、数字及标点的识别率比较　　　　　　　　%

搜索识别方法	汉字	数字	标点
Beam-search	81.751	50.870	14.539
分段 Beam-search	87.505	56.522	55.879

标点符号识别率低的原因主要在于：一方面，分类器训练时，标点符号的训练样本与测试样本风格差异较大；另一方面，文本行识别中标点符号容易与字符基元相混淆，导致对标点的切分不准确。分段 Beam-search 方法除了提高标点符号的识别率以外，对汉字和数字的识别率分别由 81.751% 提高到 87.505% 和由 50.870% 提高到 56.522%。识别率的提升可能来自于两个方面，一方面是分段 Beam-search 方法减少了候选切分路径的数量。在 Beam-search 搜索宽度 NTP 一定的情况下被剪枝的候选路径的数量减少了，搜索得到最优切分路径的可能性增大了；另一方面，分段 Beam-search 方法在物理上将文本行分成多个字符串，将各个字符串的评价所产生的切分错误和评价误差限制在各个字符串内，降低了累积的误差对整个文本行识别的影响。

除识别率外，文本行识别复杂度也是衡量文本行识别性能的一项重要指标。本实验比较了在 3 种过切分方法的基础上，Beam-search 方法和分段 Beam-search 方法的平均识别时间。运行环境为 PC Intel Core™ 3.16GHz，Visual Studio C++。文本行的平均识别速度如表 9.8 所示。

表 9.8　HIT-MW 测试集文本行识别的平均时间比较

切分方法	Beam-search/(s/行)	分段 Beam-search/(s/行)
连通域分析	0.180	0.081
笔段提取	0.253	0.125
综合切分方法	0.227	0.102

上述统计结果显示，在 3 种过切分方法下，分段 Beam-search 方法识别的平均时间都低于 Beam-search 方法的一半。在综合切分方法下，分段 Beam-search 方法识别一个文本行平均需要 102ms。

9.3.3　文本行切分识别中的语言模型自适应

语言模型在文本行识别中具有重要的作用。基于字符的 n-gram 的统计语言模型算法结构简单，性能相对较好且易与其他信息集成在概率框架下,因此,在文本行识别算法中也是最为常用的语言模型之一。

一个文本图像所描述的内容往往是关于某个特定主题的,而不同主题中字符之间的转移概率是有差异的。语言模型在训练时不对训练的语料的主题作特殊的限制,在文中称为通用语言模型。通用语言模型是在字符串和文本行识别中最常用的语言模型。如果统计语言模型能够根据语料的不同主题分别进行建模,那么,语言模型对文本内容的描述将会更加准确。通过自适应地确定与当前文本相匹配的语言模型,并利用匹配的语言模型计算当前文本出现的概率的方法称为语言模型自适应(language model adaptation,LMA)方法,通常用于提高语言识别率[59]。

1. 语言模型自适应方法

语言模型自适应的研究在语音识别和自然语言处理中广受关注。语音识别中通过语言模型的自适应来获得更加具体的上下文描述信息,主要是为了降低测试样本和训练语料中的不匹配情况下而产生的识别错误。语言模型自适应方法分为 3 种[59]:模型插值(model interpolation)方法,模型约束(constraint specification)方法和元信息提取(meta-information extraction)方法。

(1) 模型插值方法

在插值模型中,需要建立两个语言模型:一个是静态语言模型,另一个是动态语言模型。静态语言模型是在大规模语料上训练获得,并不针对某个具体的识别任务。动态语言模型是在专门的或临时获取的较小语料集上训练得到,对当前的识别任务有较强的针对性。线性插值是语言模型插值最简单的方法,以基于字符的 n-gram 为例。假设 h_q 为历史文字序列,c_{q+1} 为当前字符,$\Pr_d(c_{q+1}|h_q)$ 和 $\Pr_s(c_{q+1}|h_q)$ 分别为动态和静态语言模型给出的概率估计,则插值后的概率为

$$\Pr(c_{q+1}|h_q) = (1-\lambda)\Pr_d(c_{q+1}|h_q) + \lambda\Pr_s(c_{q+1}|h_q) \quad (9.26)$$

其中,$0 \leqslant \lambda \leqslant 1$,是插值系数,可以通过在最大似然准则下利用 EM 算法进行估计[60]。

(2) 模型约束方法

模型约束方法是通过在训练语料上提取特征,将这些特征看作是当前字符序列发生的一个约束。该模型并非直接对条件概率进行建模,转而优化当前字符与历史字符序列的联合概率,K 阶线性约束可以表示为

$$\sum I_k(h,c)\Pr(h,c) = \alpha(\hat{h}_k,\hat{c}_k), \quad 1 \leqslant k \leqslant K \quad (9.27)$$

其中，I_k 是指示性函数，用于选择合适的特征，$\alpha(\hat{h}_k,\hat{c}_k)$ 为与经验相关的边际概率。Darroch[61] 和 Mood[62] 证明，满足上式约束的联合概率 $\Pr(h,c)$ 可以表示为指数族函数，其参数化形式为

$$\Pr(h,c) = \frac{1}{Z}\prod_{k=1}^{K}\exp(\lambda_k I_k(h,c)) \qquad (9.28)$$

其中，Z 为规一化因子，λ_k 是与约束相关的参数，可通过最小化鉴别信息的方法进行优化[63]。

(3) 基元信息提取方法

基元信息提取方法通过对语料进行特征提取，分类成不同的主题。对不同的主题分别建立相应的语言模型。通过应用主题语言模型来提高模型对文本的描述能力称为主题语言自适应。最常用的主题模型是模型插值方法的一种泛化形式[64]。

$$\Pr(c_{q+1}|h_q) = \sum_{k=1}^{K}\lambda_k \Pr_k(c_{q+1}|h_q) \qquad (9.29)$$

其中，λ_k 为各个主题模型的权重，$\Pr_k(c_{q+1}|h_q)$ 为第 k 个主题模型的估计值。语义分析是基元信息模型的一种，主要通过对语料进行分析，以文档和词为基础将训练语料投影到连续的特征空间。最经典的方法是潜在语义分析方法(latent semantic analysis, LSA)[65]，经常用于信息挖掘和文本分类领域。在估计词或者文档出现的概率时，将其投影到连续的特征空间中去，然后通过相似度进行度量。

在自适应语言模型建立的过程中，不同语言模型之间的组合方法有很多种。其主要目标都是通过各种方法来提高语言模型对当前文本识别结果的描述准确度。Gretter[60] 通过置信度的度量对模型中的元素进行滤除或者加权。Stolcke[66] 则直接利用识别得到的文本更新语言模型。Xiu[67] 通过语言模型的自适应来预测未登录的词并将其加入到识别词典中，极大地降低了识别错误率。这种方法是建立在有较多来自同源的篇章语料，甚至整本书语料的基础上。在有充足语料的条件下，一些固定的描述或表达会在不同的文本行中出现多次。出现频率高的词汇就容易被检测到并被用来帮助文本行的识别。Wang[68] 在脱机手写文本图像识别中通过插值的方法将不同的语言模型融合起来以提高识别率，通过压缩的方法来降低语言模型的复杂度。

在文本图像第 1 次识别时，文本的内容是未知的。识别后获得的识别结果可以作为主题模型分类的依据。确定主题后，基于主题语言模型对文

本行图像进行重新识别。基于此思路,本节提出了一种基于文本分类的语言模型自适应方法并将其应用在文本图像识别中。

2. 基于主题语言模型自适应的文本图像识别

本节中基于主题语言模型自适应的文本图像识别方法分为以下 4 步来进行。

Step 1. 根据语料主题的不同,分别训练基于字符的 bigram 语言模型。

Step 2. 通过前述的文本行分段识别搜索方法获得识别结果。

Step 3. 根据文本行的识别结果确定当前文本图像对应的主题语言模型。

词袋(bag of words)是文本表达方法之一,该方法忽略了文档的语法结构信息,保留了字或者词出现和转移的频率。在基于词袋表达的基础上,本文采用多项式朴素贝叶斯(multinomial naive Bayes)文本分类方法[69]。假设文本共分为 C 个主题,统计基元的数量为 n,即特征维数。在贝叶斯分类准则下,文本 t 的分类识别结果通过最大化后验概率获得。

$$w_i^* = \arg\max_i \{\Pr(w_i|t)\} = \arg\max_i \left\{ \frac{\Pr(w_i)\Pr(t|w_i)}{\Pr(t)} \right\} \quad (9.30)$$

$\Pr(w_i)$ 为主题 w_i 的先验概率,其估计为 $\Pr(w_i) = N_i/N$。N_i 为主题 w_i 的训练样本数,N 为所有主题的训练样本数。$\Pr(t|w_i)$ 为

$$\Pr(t|w_i) = \left(\sum_n f_{ni}\right)! \prod_n \frac{\Pr(e_n|w_i)^{f_{ni}}}{f_{ni}!} \quad (9.31)$$

其中,f_{ni} 是基元 e_n 在文档 t 中的统计频率。$\Pr(e_n|w_i)$ 为基元 e_n 在训练样本中出现的概率,其最大似然估计为

$$\Pr(e_n|w_i) = \frac{F_{ni}}{\sum_{j=1}^{C} F_{nj}} \quad (9.32)$$

F_{ni} 为主题 w_i 中训练样本出现基元 e_n 的频率。为避免出现零频率问题[72],对其进行平滑修正为

$$\Pr(e_n|w_i) = \frac{1 + F_{ni}}{n + \sum_{j=1}^{C} F_{nj}} \quad (9.33)$$

式(9.31)中 $\left(\sum_n f_{ni}\right)!$ 及 $\prod_n \frac{1}{f_{ni}!}$ 是与主题 w_i 不相关的,因此,

$$\arg\max_i \Pr(t|w_i) = \arg\max_i \prod_n \Pr(e_n|w_i)^{f_{ni}} \quad (9.34)$$

相应的文本分类的贝叶斯准则为

$$w^* = \arg\max_i \Pr(w_i) \cdot \prod_n \left[\frac{1+F_{ni}}{n+\sum_{j=1}^{C} F_{nj}} \right]^{f_{nj}} \quad (9.35)$$

对上式的优化通常通过对匹配概率取对数运算来得到匹配分数。

$$w^* = \arg\max_i \log\left\{ \Pr(w_i) \cdot \prod_n \left[\frac{1+F_{ni}}{n+\sum_{j=1}^{C} F_{nj}} \right]^{f_{nj}} \right\} \quad (9.36)$$

在文本图像识别中,基于字符的 bigram 统计语言模型简单、实用,是复杂度和准确率的一个折中。对应于基于字符的 bigram 统计语言模型,采用相邻的二元字符对作为文本分类的统计基元。

Step 4. 集成主题语言模型重新对文本图像进行识别。

在重新识别文本图像时,集成语言模型采用两种方式。

一种是直接采用匹配分数最大的主题语言模型,本文中称为主题语言模型。估计语言信息时,采用插值语言模型的方法。

$$\Pr_s(c_{q+1} \mid h_q) = \sum_{k=1}^{C} \lambda_k \Pr_k(c_{q+1} \mid h_q) \quad (9.37)$$

考虑到计算复杂度,主题模型的插值参数 $\lambda_k \in \{0,1\}$,即只选择最佳匹配的主题语言模型用于当前文本图像的识别。

另一种是有条件地采用主题语言模型。假设匹配分数最高的两个主题语言模型对应的分数为 s_0 和 s_1。当 LR$=s_0/s_1-1$ 小于某固定阈值 Th 时,表明这两个主题模型对于当前文本的表达差异不大。换言之,当前文本的主题特征并不明显,通过主题语言模型再进行识别的意义不大。当 LR 小于某固定阈值 Th 时,不再进行第 2 次文本图像的识别。LR 可以视为文本分类的广义置信度。条件主题语言模型的主要目的是为了在保持主题语言模型优势的同时降低计算复杂度。

在本实验中,MQDF 分类器在 CASIA-HWDB[54]字符集训练得到,提取 392 维原始梯度特征,通过 HLDA 压缩至 128 维。测试文本为 THU-HWDB 1.0 样本库中已经标定好的 100 个篇章图像。政治、经济、文化、体育、军事、科技这 6 个主题分别用 TI01～06 表示。GT 表示通用模型,即训练语料是上述所有主题的训练语料的总和。语言模型采用基于字符的 bigram 的统计语言模型。训练主题语言模型时,根据《人民日报》语料的版别从总体训练语料中抽取。抽取得到的 6 个主题的训练语料统计数据如表 9.9 所示。

表 9.9 各个主题训练语料补充前后文件数统计

主题	TI01	TI02	TI03	TI04	TI05	TI06	GT
初始文件数	8 225	12 014	7 504	11 175	202	664	—
补充后文件数	8 225	12 014	7 504	11 175	8 226	10 558	57 702

表中每篇文章语料对应一个文件,获得的各个主题训练语料的数量差异较大。军事和科技两个主题的训练语料文件数量相对较少。从总体训练语料中选取了与这两个主题接近的语料加入到训练语料中,以缓解训练语料不足导致语言模型过学习的问题。

本实验主要验证主题语言模型自适应在篇章图像识别中的作用。对比了通用语言模型、主题语言模型和条件主题语言模型对 6 种不同主题测试样本的识别性能,识别结果如表 9.10 所示。表中数据表明,主题语言模型和条件主题语言模型在各个主题上的识别率都高于通用语言模型。相对于通用语言模型,主题模型对体育类主题测试样本的识别率提升最高,为 2.697%。对经济和文化类主题样本的提升高于 1%。对军事和科技类主题样本提升相对较少。主要是因为这两类主题语言模型的训练语料较少,补充的语料只能够起到平滑参数的作用而并不能够真正地反映这两类主题的特征。

表 9.10 THU-HWDB 1.0 测试集各主题测试样本识别率   %

语言模型	TI01	TI02	TI03	TI04	TI05	TI06
通用语言模型	90.991	85.421	85.650	83.638	86.441	87.350
主题语言模型	93.160	86.803	86.872	86.335	87.602	87.442
条件主题语言模型	92.759	86.759	86.600	86.335	86.464	87.673

表 9.11 中综合识别率为所有测试样本的识别率。表中的数据表明,主题模型的性能最好。主题语言模型和条件主题语言模型相对于通用语言模型分别提高了 1.351% 和 1.063%。汉字识别率最高为 91.286%。字母的识别率最低,仅为 32.258%。数字、字母和标点符号等非汉字字符的识别率有待进一步提升。汉字和数字上下文之间的语义信息约束较强,因而基于主题语言模型的识别能够对识别起到提高的作用。

表 9.11　THU-HWDB 1.0 测试集汉字、数字及标点的识别率　　　%

语言模型	综合	汉字	数字	字母	标点
通用语言模型	86.936	90.004	58.529	29.032	72.253
主题语言模型	88.287	91.286	63.006	25.806	72.855
条件主题语言模型	87.993	90.983	61.940	32.258	72.905

表 9.12 给出了切分和识别错误率统计以及每个篇章的平均识别时间。表 9.12 中的统计数据表明，无论采用何种语言模型，切分错误均大于识别错误。就确定的切分错误而言，主题语言模型和条件主题语言模型接近。该结果表明，切分错误是影响文本行识别的主要因素。

表 9.12　THU-HWDB 1.0 测试集识别性能统计

语言模型	CSER/%	CRER/%	UER/%	时间/(s/篇章)
通用语言模型	4.929	4.097	4.038	9.8
主题语言模型	4.566	3.542	3.606	19.8
条件主题语言模型	4.557	3.863	3.588	13.1

在程序运行时间上，主题语言模型消耗的时间约是通用语言模型的 2 倍，因为该方法对文本行进行了 2 次识别。条件主题语言模型是识别率和运行复杂度的一个折中。它对有些文本图像则不进行第 2 次识别，能够节省一部分计算量。基于条件主题语言模型的识别速度介于通用语言模型和主题语言模型之间，平均识别一个篇章需要 13.1s。

3. 语言模型自适应在印刷文本识别后处理中的应用

语言模型自适应方法的研究对语音识别和文字识别具有重要意义，除了在切分识别中有所应用外，还可应用于文本识别后处理。应用方法也不仅限于动态语言模型和主题语言模型的结合，也可与动态语言模型结合使用。

通用语言模型、主题语言模型都是事先训练好的，是静态的，而要处理的文本是不断变化的。事先训练好的语言模型无论怎样完备，也难以精确地反映当前所测试文本的语言特点。对某一本书或一篇文章而言，唯有其本身才能够准确反映其语言现象及其中的语言规律。语言具有局部的统计特性，一个确定的主题具有其特定的词汇集，某些文字的组合可能会在一篇文章的多处出现。例如：在文学作品中，主要人物的姓名、主要场所的名称等会频繁地出现，出现频率甚至有可能超过常用的字词。

显然,测试文本的前后是相关的;前面出现过的字词很有可能在后面的文本中再次出现。Kuhn[71]将前面已经处理过的文本存储在 Cache 中,他认为:若一个词在最近的文本历史中频繁地出现,则在后续的文本处理中,该词应被赋予较高的概率。一般地,称语言模型动态自适应为 Cache 自适应。

Cache 自适应中,Cache 模型 P_c 与通用语言模型 P_g 可采用线性插值方式进行融合。

$$\hat{P}(c_{i+1}|c_i) = (1-\lambda_c)P_g(c_{i+1}|c_i) + \lambda_c P_c(c_{i+1}|c_1 c_2 \cdots c_i) \quad (9.38)$$

前面处理过的历史文本信息可全部加以利用,也可只利用最近处理过的部分文本信息。若仅利用历史文本中的字 unigram 信息,则式(9.38)变为

$$\hat{P}(c_{i+1}|c_i) = \begin{cases} (1-\lambda_{c1})P_g(c_{i+1}|c_i) + \lambda_{c1} f(c_{i+1}), & (N(c_{i+1}) > 0) \\ P_g(c_{i+1}|c_i), & \text{其他} \end{cases}$$
$$(9.39)$$

上式中,$f(c_i) = N(c_i)/K$ 表示字 c_i 的相对频度;$N(c_i)$ 为字 c_i 在历史文本中出现的次数;K 为 Cache 的总规模。字 unigram 信息所需存储空间不大。

若利用历史文本中的字 bigram 信息,则式(9.38)变为

$$\hat{P}(c_{i+1}|c_i) = \begin{cases} (1-\lambda_{c2})P_g(c_{i+1}|c_i) + \lambda_{c2} f(c_{i+1}|c_i), & (N(c_i,c_j) > 0) \\ (1-\lambda_{c1})P_g(c_{i+1}|c_i) + \lambda_{c1} f(c_{i+1}), & (N(c_{i+1}) > 0) \\ P_g(c_{i+1}|c_i), & \text{其他} \end{cases}$$
$$(9.40)$$

上式中,$f(c_i|c_j) = N(c_i,c_j)/N(c_j)$,$N(c_i,c_j)$ 表示字 c_i 与字 c_j 在历史文本中的同现次数。显然,字 bigram 信息需较大的存储空间。

类似地,通用语言模型、主题语言模型以及动态语言模型之间的融合为

$$P(c_{i+1}|c_i) = (1-\lambda_c)[(1-\lambda_d)P_g(c_{i+1}|c_i) + \lambda_d P_d(c_{i+1}|c_i)] + \lambda_c P_c(c_{i+1}|c_i)$$
$$(9.41)$$

其中,λ_d 和 λ_c 为插值系数。

在识别后处理中验证,通用语言模型、主题语言模型以及动态语言模型的作用,在5个领域(经济、军事、政治、哲学、武侠小说)及《人民日报》语料文本上进行了实验,语言模型均为基于字的 bigram。训练语料来源为:①《中国大百科全书》经济类(450 万字)、军事类(290 万字)、哲学类(370 万字)、政治类(190 万字);②金庸武侠小说(280 万字);③《南方周末》(2 200 万字);④《人民日报》(1 800 万字)。其中,《南方周末》《人民日报》均为综合性

语料。

测试语料分别为：经济 Econ(11 万字)、武侠 Feat(13 万字)、军事 Milt(17 万字)、哲学 Phil(19 万字)、政治 Poli(19 万字)、《人民日报》Rmrb(53 万字)。除 Rmrb 外，其他测试语料各为相关领域的一本书。

表 9.13 给出了 Cache 模型与通用语言模型相融合的实验结果。从中可以看出：Cache 模型能够及时地发现所处理文本的语言规律,尽管 Cache 中 unigram 信息对降低文本混淆度[70]的作用并不明显,但是 Cache 中的 bigram 信息能够显著地降低文本的混淆度。当测试文本与通用语言模型差异较大时,语言模型质量急剧下降；而 Cache 模型大大减少了测试文本对训练语料的依赖性。

表 9.13 测试文本在 Cache 模型与通用语言模型融合条件下的混淆度

测试文本 \ 混淆度	通用语言模型	Unigram Cache	Bigram Cache
Econ	71	69	47
Feat	465	413	127
Milt	133	128	83
Phil	182	172	85
Poli	75	73	56

表 9.14 给出了主题语言模型和动态语言模型结合时的混淆度。由此可知：①通用语言模型在引入主题知识和文本的历史信息之后能够有效地降低测试文本的混淆度。②Cache 自适应比主题语言模型更为有效。这是因为测试文本为一本书,前后的关联性大,历史文本信息对后续文本具有较

表 9.14 测试语料在主题语言模型与动态自适应结合时的混淆度

测试文本 \ 混淆度	通用语言模型 PP	主题语言模型		Cache		主题语言模型+Cache	
		PP	下降率 /%	PP	下降率 /%	PP	下降率 /%
Econ	71	56	21	47	34	43	39
Feat	465	131	72	127	73	87	81
Milt	133	105	21	83	38	78	41
Phil	182	96	47	85	53	70	62
Poli	75	73	3	56	25	54	28

好的预测能力。③主题语言模型与测试文本的历史信息相结合可进一步降低测试文本的混淆度。

利用 TH-OCR 综合集成汉字识别系统中的"印刷体汉字识别分系统"进行单字识别,识别候选集包含 1~5 个候选字。识别对象为印刷质量中等的 4 本书籍(经济、武侠小说各两本,82 万字)。实验中,先对每本书的前一半文本进行识别、校正,然后对校正后的文本进行训练。每本书的后一半文本用于测试上下文处理性能,总计约 40 万字(汉字占 88.29%,非汉字符占 11.71%)。处理之前的文本平均识别率为 98.83%(汉字识别率为 98.88%,非汉字符识别率为 98.44%),前 5 选累计平均识别率为 99.41%。

这里比较了 4 种不同的上下文处理方法,所使用的语言模型(基于字的 bigram 模型)分别如下。

方法 1:通用语言模型 G;

方法 2:主题语言模型 D+G;

方法 3:动态自适应 C1+G;

方法 4:动态自适应 C2+G;

方法 5:G+D+C1;

方法 6:G+D+C2。

其中,方法 3 中的 C1 是指 Cache 模型由当前处理文本的历史信息构建,方法 4 中的 C2 是指 Cache 模型由各本书的前一半正确文本构建。实验结果如表 9.15 所示,其中的错误下降率是其他方法与方法 1 比较后得到的。

表 9.15　4 种上下文处理方法的性能比较　　　　　　　　%

识别率	处理前	方法 1	方法 2	方法 3	方法 4	方法 5	方法 6
书籍 1	99.03	99.25	99.28	99.29	99.30	99.38	99.41
书籍 2	98.69	99.04	99.09	99.11	99.09	99.19	99.20
书籍 3	98.71	98.50	98.99	99.02	99.07	99.13	99.18
书籍 4	98.75	98.49	98.98	98.99	99.09	99.15	99.22
平均识别率	98.83	98.95	99.13	99.15	99.17	99.25	99.28
平均校正率	—	10.36	25.64	27.35	29.06	35.90	38.46
错误率下降	—	—	17.14	19.05	20.95	28.57	31.43

由表 9.15 可以看出:①书籍 1、2 是关于经济方面的,与《人民日报》语料的内容比较接近,方法 1 的上下文处理效果较好;而书籍 3、4 为武侠小说,与《人民日报》语料的内容相差很远,方法 1 的上下文处理呈现负效应。采

用方法 2 后,书籍 3、4 的识别率明显提高。②尽管经过上下文处理后的文本中仍然有错误,但是印刷体单字识别率高,这些文本在一定程度上反映了其自身的语言现象,从而能够指导后续文本的上下文处理。③主题知识与文本的历史信息相结合,能够进一步提高上下文处理性能。与方法 1 相比,方法 5 的错误率平均下降了 35.90%,文本平均识别率较处理前提高了 0.42%,5 选校正率达 72.41%。④利用前面经人工校对后的正确文本,文本识别率可进一步提高。与方法 1 相比,方法 6 的错误率平均下降了 38.46%,文本平均识别率较处理前提高了 0.45%。⑤实验结果与表 9.14 中的 PP 值测试结果是一致的,即具有较小混淆度的语言模型的上下文处理效果较好。

值得说明的是:实验系统中,对印刷体识别中的非汉字符(数字、字母、标点符号)错误未作任何处理;另外,对汉字切分错误也未作处理。在方法 5 中,这两种错误在经过上下文处理的 OCR 系统中占总错误的 58.53%。如果去除这两种错误,即仅考虑纯粹的汉字识别错误,则上下文处理性能的各项指标均大幅度提高。汉字识别率为 99.68%,汉字校正率为 71.38%,错误下降率为 56.70%。

9.3.4 脱机手写中文文本识别系统

1. 系统描述

脱机中文文本识别系统包含文本图像的行切分、文本行的过切分合并、文本行分段切分点检测、候选切分路径评价及最优路径搜索。字符的识别核心采用灰度图像识别核心,既能够识别二值图像,也能够识别灰度图像。识别系统框图如图 9.9 所示。过切分合并采用综合的过切分方法进行切分,生成候选字符基元序列。从候选字符基元中检测用于分段的切分点,然后将整个文本行分成多个字符串。通过评价模型利用几何信息、识别信息和上下文语义信息对候选路径进行评价。最后,通过 Beam-search 的方法搜索最优的识别路径。

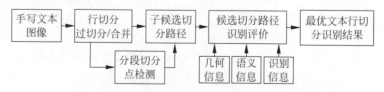

图 9.9 脱机手写中文文本行识别系统流程图

字符分类器采用 CASIA-HWDB 库中训练集的字符训练字符分类器。分类器共包含了 3 957 个字符类,其中一级汉字 3 755 个,二级汉字 124 个,数字 10 个,英文字符 52 个以及 16 个常用标点符号。特征采用 12 方向的 588 维梯度特征,经过 HLDA 压缩至 160 维。分类器通过基于样本重要性权重的方法进行了鉴别学习。语言模型则采用基于字符的 bigram 语言模型,训练语料为 2005—2010 年《人民日报》语料。

2. 性能比较

HIT-MW 是公布较早的用于脱机手写中文文本行识别的样本库。在此样本库上已发表的识别方法或系统的测试结果如表 9.16 所示。其中,识别正确率(recognition correct rate,RCR)与识别准确率类似,只是在识别正确率中没有计入插入错误。

表 9.16　HIT-MW 样本库识别系统性能比较

文献	方法	语言模型	字典大小（类别数）	识别率/%
Su T H[24]	无切分	无	2 075	34.64(RAR) 39.37(RCR)
Chen X[51]	过切分合并	无	3 755	63.42(RCR)
Su T H[52]	无切分	bigram	—	70.81(RAR) 73.89(RCR)
Li N X[53]	过切分合并	bigram	3 775	73.97(RCR)
Wang Q F[73]	过切分合并	bigram	7 356	91.86(RAR) 92.72(RCR)
本文方法	过切分合并	bigram	3 957	87.49(RAR)

表 9.16 的识别结果表明,基于过切分合并的系统的识别性能一般要高于基于无切分的系统。Wang[73] 提出的文本行识别算法的性能最高,识别准确率达到了 91.86%。所发表文献的结果显示,HIT-MW 的测试集共 383 个文本行在 CPU 2.66GHz 环境下的识别时间为 0.54h。其中,语言模型为混合词与词类的 bigram 语言模型。文本行识别系统是一个综合了图像处理、模式识别等多种算法的系统,每一个环节对识别系统的识别率和识别速度都是有影响的。主要由于缺乏训练样本,限制了文本系统的识别类别数仅为 3 957,致使系统的识别率与前者还存在一定差距。系统在 CPU

3.16GHz 的环境下识别时间为 7.23min。在 ICDAR 2011 的脱机中文文本行识别竞赛中识别率是最高的[14]。

3. 错误分析

识别系统在 HIT-MW 的识别率及错误率统计数据如表 9.17 所示。表中的数据显示,识别系统对于数字和标点的识别性能不如汉字。对于数字的识别,切分错误相对于识别错误大很多。这主要是由于数字之间经常存在着粘连,而目前在该系统中过切分方法还并不能够很好地解决粘连的切分问题。在过切分阶段,一旦有粘连字符没有被切分开,这个错误在文本行识别过程中将一直存在,并影响到文本行的识别准确性。对于标点符号,大部分错误主要发生在识别模块中。测试集中有 65 个字符没有被识别核心的字典所包含,在识别时必然会被识别错误。这些字符包括 16 个涂改错误和 36 个其他字符类。

表 9.17　HIT-MW 样本库识别性能分析　%

	RAR	CSER	CRER	UER
综合	87.488	3.918	4.901	3.693
汉字	91.017	2.688	3.553	2.742
数字	68.696	14.783	2.609	13.913
标点	62.579	11.757	16.941	8.723

9.4　基于 HMM 的无切分民族文字文档识别方法

在介绍基于过切分合并的文本行识别方法之后,我们将介绍基于隐含马尔可夫模型(hidden Markov model,HMM)的无切分文档识别算法,即一种隐式切分识别方法。对于民族文字文档,因为字符之间普遍具有明显的粘连特性,所以传统的切分识别算法会遇到绕不开的字符切分困难,以及因字符切分错误而带来的文档识别问题。为此,本节将以连笔书写的维吾尔文、阿拉伯文的文档识别任务为例,对无切分文档识别算法进行研究和说明。

HMM 基础理论提出于 20 世纪六七十年代,由 Baum 及其同事共同完成[74],是一种研究时间序列信号的重要工具。随后,卡耐基・梅隆大学的 Baker 和 IBM 公司的 Jelinek 等人,成功地将其应用于具有时间序列特性的语音信号识别中[75,76],并在后续众多科学家的努力下,使 HMM 方法在该领域中一直处于领军地位[77]。而将 HMM 方法应用于文字识别领域的研究工作,则是在稍晚一些的 20 世纪 80 年代才逐步展开。对于具有明显时间序列特性的联机手写字符信号而言,HMM 方法的应用思路与处理语音信号基本相似。但是,对于印刷或脱机手写字符的二维图像信号而言,HMM 方法的应用思路则经历过较长时间的争论与探索。

20 世纪 80 年代中后期,脱机字符识别还处于"先切分,后识别"方法主导的时代[78]。因此,在将二维图像信号转化为一维时间序列信号的问题上,同样受到预切分方法的影响,需要先将字符图像切分为典型的形状部件,然后再采用 HMM 方法对其进行时间序列分析[79-81]。直到 20 世纪 90 年代初期,A. Gillies 作为无切分文字识别的先驱者之一,在他的论文中系统论述了切分与识别这二者之间的关系,提出采用切分与识别相结合的 HMM 方法,以降低预切分步骤带来的困难和错误,并将其成功地应用于手写单词识别、阿拉伯文文档识别等系统中[82]。至此,预切分思想才从传统的 HMM 方法应用中被彻底舍弃,开创了 HMM 方法应用于脱机文档识别任务的新纪元。同时,这种新思路也成为目前常用的"滑动窗分帧"处理的雏形。

随着 HMM 方法在脱机字符识别领域中的不断发展,其应用范围已经从孤立的字符识别,扩展到连续文本行识别,并形成基于 HMM 的无切分文档识别方法基本框架。它的主要思路是,先为全体字符分别建立基元模型,然后采用概率图的思想,用基元模型的概率转移关系来描述文本行图像。而基元模型本身也采用直线型、有向无环的概率相关关系,即 HMM 模型,来进行描述。于是,对于一段文本行图像的观测序列,只要对准匹配出似然概率最大的基元模型连接路径,就能确定该文本行对应的字符内容,并且相邻基元模型连接的位置就是图像中的字符切分位置。可见,这种思想与传统切分方法的最大区别就是,能够将不稳定的切分点位置按规则查找的过程,变成对文本行图像的观测序列进行基元模型对准匹配的过程。

近年来,随着语音识别研究领域对 HMM 方法的不断改进,很多在语音识别中卓有成效的技术都被使用在基于 HMM 的无切分文档识别问题中,并取得不错的效果。然而,由于原始图像信号的维度要高于 HMM 模型的维度,所以 HMM 方法在文档识别的应用中,也会具有很多的特殊性。例如,图像在分帧过程中的信息损失、HMM 状态观测分布与图像信号的结构性信息对应、字符切分位置在模型训练中的辅助作用等。对于这些基础性的关键问题,却很少在文献中被研究者们所提及。因此,我们的研究目标正是立足于此,通过所提出的 3 项创新性成果,即基于观测合理聚类的 HMM 状态结构优化准则、参数与结构相结合的 HMM 模型优化方法、子词书写规则相结合的路径受限模型解码网络,来实现 HMM 在无切分文档识别中更加合理的应用。

9.4.1 无切分识别方法的主要思想

文档无切分识别之所以能够获得成功,主要原因就是对 HMM 的灵活运用,尤其是在观测序列与 HMM 模型状态之间的对准匹配上。而这种对准匹配思想不仅决定了 HMM 的应用模式,也对模型的训练与优化起着关键性的指导作用。因此,本小节将主要介绍文档无切分识别方法中的对准匹配思想,并以此建立起 HMM 模型与文本行图像之间的联系。由于这里使用了两层级联的 HMM 模型,即描述单个字符的底层基元 HMM 模型,以及描述整个文本行的高层复合 HMM 模型,所以需要分别进行介绍。

1. 字符层面的 HMM 方法对准匹配思想

字符 HMM 模型中的各个状态是观测变化信息的载体,用来存储观测序列中稳定的局部统计特性。由于 HMM 状态的描述对象是字符观测序列中的一个片段,它不仅要学习每个字符形状结构的局部变化特点,也要学习相邻结构之间的动态连接信息。可见,HMM 状态之间是需要相互连接、共同作用的,只有使这些状态对准匹配到合适的字符图像观测序列片段,才能完整地描述出该类字符图像样本的变化特性。

HMM 模型的训练过程是从图像观测序列中学习其变化特性,并对模型参数进行更新的过程。在底层的基元 HMM 模型中,字符图像观测序列需要完成与各个 HMM 状态之间的对准匹配,如图 9.10 所示。在最大似然准则下,模型训练原理就是利用与状态相对应的观测序列片段,分别对各个模型状态观测分布参数进行估计。因此,观测与状态之间的对准匹配结果是进行模型训练的参考依据。

HMM 模型的解码过程与训练过程恰好相反,是一个利用 HMM 状态来分析图像观测序列变化的过程。在底层的基元 HMM 模型中,解码过程就是在 HMM 状态与字符图像观测序列对准匹配所得到的全部状态转移路径中,选择一条似然概率最大的作为最优解码识别结果。该问题可以用

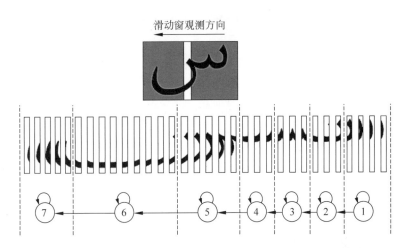

图 9.10 维文字符图像观测序列与 HMM 状态的对准匹配关系

式(9.42)来进行表述,并用 Viterbi 算法进行高效求解。其中,$\Pr(X)$ 为观测序列 X 的先验概率、$\Pr(Q)$ 为状态转移路径 Q 的先验概率,它们在计算过程中可忽略不计;$\Pr(X|Q)$ 则为观测序列在状态转移路径下的似然概率。

$$\begin{aligned} Q^* &= \arg\max_Q \Pr(Q|X) \\ &= \arg\max_Q \frac{\Pr(X|Q) \times \Pr(Q)}{\Pr(X)} \\ &= \arg\max_Q \Pr(X|Q) \\ &= \arg\max_Q \left\{ \pi_{q_1} \prod_{t=2}^{T} p_{q_{t-1}q_t} \times \prod_{t=1}^{T} b_{q_t}(x_t) \right\} \end{aligned} \quad (9.42)$$

由于解码过程得到的是 HMM 状态对图像观测序列的分析结果,二者之间的最优对准匹配关系会被唯一确定下来。所以,各个状态观测分布的准确性,将直接影响到解码识别的准确性。具体来讲,字符 HMM 模型就相当于利用状态序列来对字符图像的各个局部形状结构进行描述。同时,也只有在各个状态均被准确训练的前提下,才能通过观测与状态的对准匹配结果,判断出一段图像观测序列是否为该字符。

2. 文本行层面的 HMM 方法对准匹配思想

在文档无切分识别方法中,字符 HMM 模型的描述对象是文本行图像观测序列中的一个包含该字符的片段,所以字符与字符之间并不是孤立的。因此,字符 HMM 模型既要学习每个字符本身的形状变化特性,也要学习相邻字符之间的连接信息。其中,前者用于分辨基元字符的类别,后者用于处理基元字符间的连接。

在高层的复合 HMM 模型中,文本行图像的观测序列需要完成与底层 HMM 基元模型之间的对准匹配,如图 9.11 所示。可见,二者之间的对准匹配结果就是完成整个模型系统训练的参考依据。实践中,由于文本行图像样本通常并不提供各个字符的边界位置信息,而仅会提供文本行的内容标注,因而不能直接对每个字符 HMM 模型进行独立训练。不过,利用这种高层的对准匹配思想,却可以成功地解决该问题。

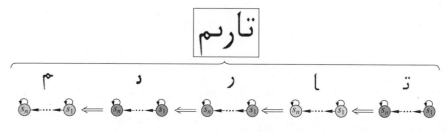

图 9.11 维文文本行图像观测序列与字符 HMM 模型的对准匹配关系

首先,依据文本行的内容标注,将各个字符 HMM 模型进行有序串联,得到一个与该文本行相对应的高层复合 HMM 模型。然后,通过文本行图像观测序列与复合 HMM 模型中各个状态之间的对准匹配结果,就可以直接完成字符 HMM 模型的状态参数更新。这种训练方法被研究者们称为"嵌入式训练",也是文本行无切分识别系统中最为常用的模型训练方法。因此,对于文本行的无切分识别系统而言,各个模型的嵌入式训练过程同样也是"无切分"的。这再一次证明,HMM 方法中的对准匹配思想不仅体现在解码识别的过程中,也存在于模型训练的过程。

而高层复合 HMM 模型的解码过程,就是在各个基元 HMM 模型与文本行图像观测序列对准匹配得到的所有模型转移路径中,选择一条似然概率最大的作为结果。该问题可以用式(9.43)来进行表述,此时需要考虑字符 HMM 模型的组合与跳转问题。其中,$\Pr(X|W)$ 为观测序列 X 在字符序列模型 W 下的似然概率,可以通过复合 HMM 模型的状态转移路径进行计算;$\Pr(W)$ 被称为语言模型分数,它反映了字符序列模型 W 的先验概率,如果存在可用的统计语言模型,就需要将其分数计入后验概率的计算结果;如果没有使用语言模型,则可以将这一项直接忽略。

$$\begin{aligned} W^* &= \arg\max_{W} \Pr(W \mid X) \\ &= \arg\max_{W} \frac{\Pr(X \mid W) \times \Pr(W)}{\Pr(X)} \\ &= \arg\max_{W} [\Pr(X \mid W) \times \Pr(W)] \end{aligned} \qquad (9.43)$$

实践中,文本行图像观测序列的解码方法还是基于对准匹配的思想,即直接使用所有字符 HMM 模型来分析观测序列。首先,将所有字符 HMM 模型的状态合并为一个复合的状态集合,并将各个状态的起始概率进行规一化。然后,使用 Viterbi 算法完成状态与观测序列之间的最优对准匹配,即可获得文本行图像的解码结果。可以看出,这种方法与 HMM 模型的嵌入式训练十分相似,也是不需要预先知道文本行图像中的相邻字符边界位置信息,就可以实现文本行图像的"无切分"识别。

不仅如此,通过文本行图像观测序列的解码结果,除了能直接从 HMM 模型连接中获得文本行图像的识别结果,还可以利用 HMM 模型间的跳转时刻,反推出文本行图像中相邻字符间的切分位置。可见,这种字符识别与字符切分同步完成的方法,也是通过 HMM 模型与文本行图像观测序列之间的对准匹配来实现的。

本小节主要对文档无切分识别方法中的对准匹配思想进行了论述。虽然这一思想广泛地存在于 HMM 方法的各种应用中,但是根据具体任务的不同,其表现形式也会有所不同。值得注意的是,对准匹配思想不仅体现在字符和文本行这两个层级的 HMM 模型上,而且也是模型训练、解码识别中能够成功避开字符预切分困难、实现无切分处理的根本原因。

9.4.2 无切分文档识别方法中的特征提取

HMM 是一种经典的时间序列分析工具,在将 HMM 应用于文档无切分识别时,应当首先将待处理问题转化为一个时间序列分析问题。这个转化过程就需要借助图像的分帧处理,它也是特征提取阶段的第 1 个步骤。随后,对分帧得到的图像观测序列进行特征提取,就可以得到模型训练与解码识别所需要的特征向量序列。

1. 文本行图像的分帧处理

连续语音识别系统是 HMM 理论应用的经典范例,对于一维的语音信号而言,HMM 本身就是一维的模型,所以直接使用窗函数对语音信号进行采样,即可获得带有时间标记的波形观测序列。而二维的图像信号也可以采用类似的窗函数方法进行处理,将一幅完整的二维图像转化为带有时间标记的图像观测序列。

  首先,需要在文本行图像中选择一个进行序列化观测的方向,并且后续时间标记的确定也将会以这个方向上的像素坐标值作为依据。显然,文本行的自然书写方向就是进行序列化观测的最佳选择,并且也完全符合文本行自身的物理意义。例如,藏文、维文、阿文、中文、英文等,可以选择水平方向;蒙古文可以选择垂直方向。

  然后,对于观测方向上的每一个位置,在其正交方向上进行一定宽度的扩展,形成一个狭长的窗口,并观测该位置上的二维图像信息。于是,就可以得到整个文本行图像的一连串观测序列。由于观测是在水平方向上顺序进行,仿佛是有一个窗口在图像上滑动,这种图像分帧处理的方法也被形象地称为"滑动窗分帧",如图 9.12 所示。

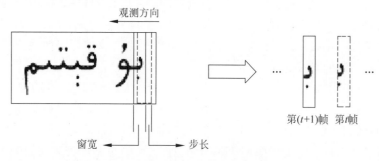

图 9.12 文本行图像的滑动窗分帧处理示意图

  实践中,图像的分帧处理过程主要由两个参数来进行控制,即滑动窗口的宽度(简称窗宽)和滑动窗口的移动距离(简称步长)。

  窗宽的大小决定着分帧处理的精细程度。过大的窗宽不足以充分观测图像的局部细节信息,甚至还可能在同一窗口内包含来自不同字符的观测信息。而过小的窗宽则会将原始信号分解得过于细碎,以致难以提取出滑动窗内的图像结构信息。

  步长的大小决定着分帧处理的采样密度。根据单字符识别的经验,采用有交叠的滑动窗口,将能够获得冗余的观测信息,以提高观测结果的鲁棒性,因而步长参数不应大于滑动窗的窗宽参数。另一方面,由于数字图像是离散的,所以步长参数最小只能为 1 像素,即逐点地滑动窗口来进行观测。尽管这种参数下能够最大限度地提供冗余信息,但也会增大观测序列的长度,为后续模型训练和解码带来庞大的计算量。

2. 图像观测序列的特征提取

特征提取的任务,是将图像观测序列中的各帧窗口图像映射为高维特征空间中的特征向量。目前,虽然针对民族文字的单字符图像特征提取思路非常丰富,但滑动窗口观测图像的特征提取过程却有很大的不同之处。一方面,因为待处理的图像来自于滑动窗口,所以其尺寸和宽高比都很小,信息抽取的难度非常大。另一方面,由于特征向量序列将会用于后续的 HMM 建模,所以各帧特征向量之间也要尽可能地符合 HMM 理论的基本要求。考虑到这两点实际情况,可以采用统计特征、结构特征、差分特征相结合的组合特征。

第一,统计特征与短时平稳性的要求。根据 HMM 的基本原理,一段图像观测序列应当能够使用一串稳定的概率分布,即 HMM 状态,来描述其变化特性。为此,对于从图像观测帧序列中所提取的特征向量序列而言,在较短的时间片段内,其变化应当是相对稳定的。在语音识别中,这种特性被研究者们称为"短时平稳性"。因此,针对图像观测序列结构变化剧烈的特点,从观测图像中提取一定数量的统计特征,将能够使特征向量序列尽可能地符合这一性质的要求,保证 HMM 状态描述的有效性。

第二,结构特征与状态间鉴别性的要求。面对观测帧图像尺寸较小、字符信息抽取困难等问题,采用局部的结构特征是一种有效的解决方法。其原因在于,结构特征不仅能够直接刻画图像的二维空间信息,还能使特征向量之间具有较好的鉴别性,有助于在模型训练与解码过程中,准确完成 HMM 状态与观测序列之间的对准匹配。

第三,差分特征与帧间相关性。为了补偿 HMM 独立输出假设所丢失的观测帧之间的相关性信息,并在特征向量中融入相邻观测对当前观测所带来的影响,在完成上述两类特征向量提取以后,还可以计算差分特征以作为补充。帧间特征的 n 阶差分计算公式如式(9.44)所示,只要将计算得到的差分特征连接在相应的原始特征之后即可。

$$\Delta X_t = \frac{\sum_{i=1}^{n}[i \cdot (X_{t+i} - X_{t-i})]}{2 \times \sum_{i=1}^{n} i^2} \tag{9.44}$$

至此,就已经将一幅二维的文本行图像转化成为一个由高维特征向量所组成的时间序列信号,为后续 HMM 模型的训练与解码做好准备。

9.4.3 无切分文档识别方法中的模型训练

无切分文档识别方法的训练阶段,主要任务是从文本行图像所提取的特征向量序列中,学习得到用于描述各个字符的基元 HMM 模型。该过程从对准匹配的意义上讲,可以认为是一个自底向上的聚类过程,即利用特征向量序列的短时平稳性,使相似的特征向量序列片段对准匹配到底层基元模型的同一个状态上,再由基元模型按照文本行的真值信息,构成高层复合的 HMM 模型。由于 HMM 属于产生式模型,其原理是通过样本与真值标签的联合概率进行建模,并利用统计分布来描述同类样本之间的变化特性。所以,HMM 模型主要采用最大似然准则进行训练。

对于使用文本行图像来训练字符 HMM 模型的问题,在 9.3.1 节中已经介绍过嵌入式训练方法的理论思想和基本原理。实践中,当出现同一字符的 R 个训练样本时,该字符 HMM 模型的参数更新过程将会先累积所有样本的统计量,然后再统一对模型参数进行更新,其原理示意如图 9.13 所示。

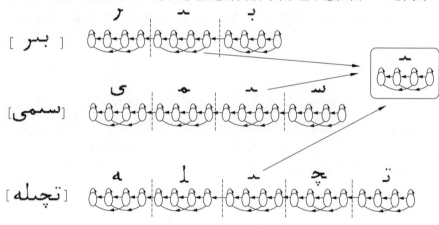

图 9.13 多个训练样本情况下的嵌入式训练方法示意图

在最大似然准则下,Viterbi Training 算法与 Baum-Welch 算法拥有共同的模型训练思想,只是在处理观测与状态的对准匹配关系上稍有不同。由于 HMM 状态具有隐含特性,所以对准匹配关系也存在不止一种的表达方式。一方面,可以采用示性函数进行表达,这就意味着一帧观测只能唯一地对准匹配到某一个状态。此时,观测序列的边界信息是清晰、直观的,在 Viterbi Training 算法中所使用的就是这种"硬性"状态边界。另一方面,也可以采用概率值来进行表达,这就意味着一帧观测可以依不同的概率值对准匹配到任何一个状态。此时,观测序列的边界信息是模糊交叠的,在 Baum-Welch 算法中所使用的就是这种"软性"状态边界。

具体地,如果状态观测的概率分布特性采用混合高斯模型(GMM)来进行描述,那么每个高斯分量的均值、方差、权重的更新结果 $\tilde{\mu}_{jm}$、$\tilde{\Sigma}_{jm}$、$\tilde{c}_{jm}$,就如式(9.45)至式(9.47)所示,其本质就是根据特征向量的状态归属性度量,对其进行加权平均,进而完成概率分布参数估计的过程。其中,变量 $\psi_{jm}^r(t)$ 代表特征向量 X_t^r 对于第 j 个状态观测分布中的第 m 个高斯分量的归属性度量。

$$\tilde{\mu}_{jm} = \frac{\sum_{r=1}^{R}\sum_{t=1}^{T_r}\psi_{jm}^r(t)X_t^r}{\sum_{r=1}^{R}\sum_{t=1}^{T_r}\psi_{jm}^r(t)} \tag{9.45}$$

$$\tilde{\Sigma}_{jm} = \frac{\sum_{r=1}^{R}\sum_{t=1}^{T_r}\psi_{jm}^r(t)(X_t^r-\tilde{\mu}_{jm})(X_t^r-\tilde{\mu}_{jm})^{\mathrm{T}}}{\sum_{r=1}^{R}\sum_{t=1}^{T_r}\psi_{jm}^r(t)} \tag{9.46}$$

$$\tilde{c}_{jm} = \frac{\sum_{r=1}^{R}\sum_{t=1}^{T_r}\psi_{jm}^r(t)}{\sum_{r=1}^{R}\sum_{t=1}^{T_r}\sum_{l=1}^{M_j}\psi_{jl}^r(t)} \tag{9.47}$$

除此之外,基于最大互信息(maximum mutual information,MMI)准则[83]、最小发音错误(minimum phone error,MPE)准则[84]、最小分类错误(minimum classification error,MCE)准则[85]的 HMM 模型鉴别式训练,在实践中也经常被研究者们所使用[86]。鉴别式训练方法的优势在于,它们能够从增强 HMM 模型之间鉴别性的角度出发,提高整个系统在识别问题中的分类性能。不过,此类方法在训练中所使用的正样本和负样本,还是需要以最大似然准则训练出的模型作为基础,对训练集样本进行强制对准和解码识别后才能得到。

9.4.4 无切分文档识别方法中的模型优化

从前文的介绍中可以看到,与传统的预切分方法相比,无切分方法不仅可以同步完成字符的切分与识别,还能考虑到相邻字符之间的连接特性,因而这种方法更适合处理维文、阿文等粘连性强的民族文字文本行识别任务。不过,无切分识别的对准匹配思想在实践中是一个动态规划过程,这就使得无切分识别方法对基元模型的准确程度有着较高的要求。但是,上一小节所介绍的传统模型训练方法,却只能对状态观测分布的参数进行优化,不能调整模型中的状态结构,因而无法完成准确的建模任务。本小节中,我们将提出基于观测合理聚类的 HMM 状态结构优化准则,以及参数与结构相结合的 HMM 模型优化方法,目的是使字符建模过程能够得到更加准确的优化。

1. 基于观测合理聚类的 HMM 状态结构优化方法

在观测与状态的对准匹配过程中,模型状态结构是观测序列进行有序聚类的结构参考标准。如果状态数偏多、模型状态结构趋于复杂,则很多不稳定的信息将会被挖掘出来,降低了模型描述此类样本观测的鲁棒性,如图 9.14(d) 所示;如果状态数偏少、模型状态结构趋于简单,则很多关键性的信息又难以被提取出来,造成模型对此类样本观测的描述能力不足,如图 9.14(e) 所示。可见,HMM 模型状态结构中的状态数量选择问题,决定着模型对一类样本观测的信息挖掘能力,并且过多或者过少的状态数都将降低模型的准确程度。

针对字符 HMM 模型的状态结构优化问题,研究者们提出了许多解决方案,主要可以分为两大类。第 1 类是启发式方法,其原理是根据每个字符训练样本的观测序列统计信息,按比例估计出相应 HMM 模型所需的状态数目[87-89]。第 2 类是选择式方法,其原理是利用一定的模型评价准则,从一些结构不同的、经过训练的 HMM 候选模型中,直接选出一个指标最优的模型作为 HMM 状态结构优化的结果[90-92]。

上述两类状态结构优化方法都能利用一些附加的信息,以使各个 HMM 模型的状态结构得到优化。其中,启发式方法利用了原始的观测样本信息,而选择式方法则利用了经训练后的模型信息。不过,这两类方法也存在着一定的不足之处。

对于启发式方法而言,它只能根据样本观测序列的平均长度信息,按照相对比例给出每种字符 HMM 模型的优化状态数量。由于字符图像的观测存在水平、垂直两个方向上的空间结构信息,所以各个观测帧之间的变化可能会十分剧烈。因此,如果不考虑观测帧之间的变化复杂程度,将很难对字符 HMM 模型的状态结构实现准确优化。

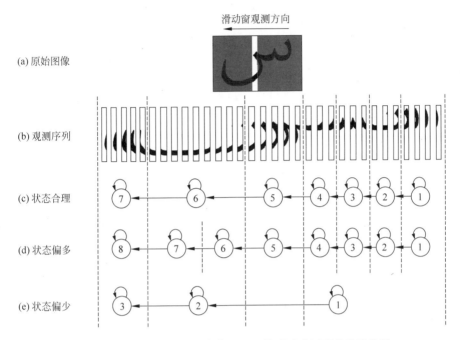

图 9.14　不同状态数下的字符 HMM 模型对准匹配关系示意图

对于选择式方法而言,其状态结构优化的最佳结果将受限于所生成的候选模型集合。一方面,由于要对所有字符模型的状态数都进行优化,所以形成的候选模型搜索空间将会变得非常庞大;另一方面,所有候选模型都必须要经过完整训练之后,才可以使用评价准则进行比较,所以此类优化方法的计算开销相当巨大。

此外,这两类方法都只能对模型的整体结构进行优化,并不能具体判断每个 HMM 状态观测分布是否合理,因此也就很难获得准确的模型状态结构优化结果。

为了解决这一问题,我们根据 HMM 模型训练过程所具有的对准匹配思想,首先提出了 HMM 状态观测分布合理性的评价准则。

第一,状态的观测分布要具有稳定性。由于 HMM 状态结构是观测序列聚类的结构基础,只有当各个状态的观测分布在特征空间中都用于描述稳定的局部图像结构变化时,才能保证 HMM 模型对整个图像观测序列实现高效的编码和解码。

第二,状态的观测分布要具有鉴别性。由于 HMM 状态与观测序列的对准匹配采用"软边界"来分割,只有当相邻状态的观测分布之间在特征空间中具有足够大的差异时,才能保证 HMM 模型对整个字符图像观测序列实现准确的编码和解码。

对于状态观测分布稳定性的衡量,可以通过状态在跳转过程中的活跃程度来评估。与一个状态相关的跳转可能涉及 3 种情况,即跳入、驻留、跳出。尽管这 3 种情况均能通过转移概率来估算其发生的可能性,但这三者并不能构成一个严格的概率分布。所以,只能利用信息熵的计算形式,定义出一种 HMM 状态信息熵的计算方法,用以评价状态在跳转过程中的平均活跃程度,并用 α、β 和 γ 这 3 个恒正且和为 1 的因子来调整 3 种情况的加权比例[93],如式(9.48)所示。其中,$h(p) = -p\log p$。不难看出,状态在模型中表现得越活跃,其信息熵的值就会越大,承载的信息量也越多。反之,信息熵过小的状态就是模型中缺乏稳定性的状态,应当将其从模型中予以去除。

$$H_{\mathrm{HMM}}(s_i) = \alpha h(p_{ii}) + \beta h\left(\frac{\sum_{k \neq i} p_{ki}}{1 + \sum_{k \neq i} p_{ki}}\right) + \gamma h\left(\sum_{k \neq i} p_{ik}\right) \quad (9.48)$$

对于状态观测分布鉴别性的衡量,可以直接计算其状态观测混合高斯概率分布 GMM 之间的差异程度,例如 KL(Kullback-Leibler)散度。但由于其表达式从理论上不具有可计算的解析形式,所以需要采用近似的方法进行处理。对于 d 维实数空间 $\boldsymbol{R}^d$ 中的两个 GMM 分布 $f(X)$ 和 $g(X)$,可以定义它们之间的 KL 散度,如式(9.49)所示。

$$D_{\mathrm{KL}}(f\|g) = \int_{\boldsymbol{R}^d} f(X) \log \frac{f(X)}{g(X)} \mathrm{d}X \quad (9.49)$$

根据文献[94]的推导,如果两个 GMM 分布具有相等的高斯分量数,则可以找到上式所述距离的一个紧上界,如式(9.50)所示。其中,$\beta(i)$ 为两个 GMM 高斯分量之间的映射关系,并要求在此映射关系下,所有高斯分量对之间的距离之和最小。于是,利用已知的单高斯分布间 KL 散度的解析形式,即可估计出 GMM 分布的差异程度。最后,只要将距离过小的相邻状态进行融合,即可完成对状态观测分布鉴别性的优化。

$$D_{\mathrm{KL}}(f\|g) \leqslant \min_{\beta} \sum_{i=1}^{m} c_i [\log(c_i/c'_{\beta(i)}) + D_{\mathrm{KL}}(f_i\|g_{\beta(i)})] \quad (9.50)$$

2. 参数与结构相结合的 HMM 模型优化方法

对于字符 HMM 模型的训练过程而言,因为期望最大化算法在原理上对训练初始值非常敏感,存在模型参数陷入局部最优解的风险,所以单独的模型结构优化并不能保证后续的模型训练一定可以准确完成。于是,我们又进一步提出了参数与结构相结合的字符模型优化方法,如图9.15所示。

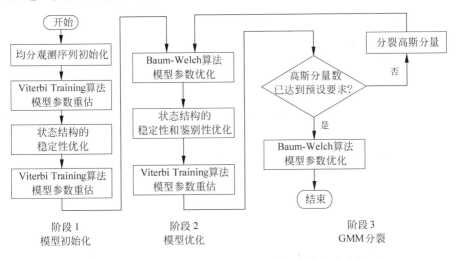

图 9.15 参数与结构相结合的 HMM 模型优化方法流程图

该方法包括模型初始化、模型优化、GMM 分裂 3 个阶段。它相当于在跟随 GMM 分裂的过程中,对每轮高斯分量数提升的新模型都进行一次参数与结构的联合优化。这样的处理方法不仅能够有效避免参数优化陷入局部最优解,也可以保证各个状态观测分布能够满足上述模型结构优化准则的要求,为后续的嵌入式模型训练打好状态分配的基础。此外,为了减小不同字符观测序列间的干扰,这里也将利用 Bootstrap 方法估计出的字符切分位置信息[92],使各个 HMM 模型能够分别进行优化。

第一阶段,模型初始化阶段共分为 4 个操作步骤,任务是完成各个模型的初始化工作。其中,前两个步骤完成 HMM 模型的基础初始化,后两个步骤完成 HMM 模型的精确初始化。在模型的基础初始化过程中,先根据"状态优化自底而上、GMM 高斯分裂自顶向下"的思路,为各个字符 HMM 模型选择具有冗余状态数、单高斯分量的初始模型,并采用均分观测序列的方法对模型进行初始化。然后,利用 Viterbi Training 算法的有序聚类效果,使相似的观测序列片段对准匹配到同一个 HMM 状态上,完成状态观测分布参数的更新。接下来,在模型的精确初始化过程中,先对状态观测分布的稳定性进行优化,去除那些无法对准匹配到具有稳定变化特性的观测

429

序列片段上的状态。然后,再次利用 Viterbi Training 算法的有序聚类效果,使各个 HMM 状态的观测分布参数与新的结构相适应。

第二阶段,模型优化阶段共分为 3 个操作步骤,任务是对各个模型进行精确的结构与参数优化。其中,第 1 个步骤用于完成 HMM 模型的参数优化,后两个步骤用于完成 HMM 模型的结构优化。首先,利用 Baum-Welch 算法对观测序列进行平滑聚类,即可得到各个 HMM 模型在当前结构下的精确参数优化结果。然后,在此基础上,完成各个模型状态观测分布的稳定性和鉴别性优化。最后,再次利用 Viterbi Training 算法的有序聚类效果,使各个模型的状态观测分布参数与优化后的新结构相适应,就可以完成本轮对 HMM 模型的结构与参数联合优化。

第三阶段,GMM 分裂阶段包括一个判断结构和两个相应的处理步骤,任务是控制各个 HMM 状态观测分布的 GMM 复杂程度逐步达到预定的要求。如果各个状态观测的 GMM 高斯分量数没有达到预设的要求,则在高斯分裂操作结束后,还要返回前一阶段,继续对新的模型进行结构与参数的联合优化。否则,只要采用 Baum-Welch 算法再对当前模型进行一次参数优化,使各个模型内部的状态间转移关系得到平滑,即可完成整个 HMM 模型的优化过程,并为后续的 HMM 模型嵌入式训练做好准备。

9.4.5 无切分文档识别方法中的解码识别

无切分文档识别方法的解码识别阶段,其任务与模型训练阶段恰好相反。在模型训练阶段中,对准匹配是在观测序列与一条状态转移路径之间完成的。而在解码识别阶段中,则需要遍历所有可能的状态转移路径,才能选择一条使观测序列似然概率最大的路径进行输出,从而得到当前文本行图像的识别结果与字符切分位置。实践中,文本行图像样本的观测序列需要和多个字符基元模型的有序组合进行对准匹配,所以,如何设定字符基元模型组合所构成的搜索空间就变得尤为重要。

1. 开集系统与闭集系统

如果基元模型的组合方式是有限的,即能够形成一个规模固定的词典,则这种识别系统称为词典相关的闭集系统。反之,如果基元模型的组合方式是无限的,则这种识别系统称为词典无关的开集系统。在应用中,闭集系统的识别过程为逐一比对待测样本与词典内容,就相当于是由确定的基元模型组合所构成的一组文本行分类器(如有限的地址集合);而开集系统则是采用动态规划的策略,通过观测序列与两级 HMM 模型之间的对准匹配,分析出与待测样本相匹配的最优基元模型组合方式(如无限定文档资料)。显然,开集系统的解码识别难度要明显高于闭集系统,但开集系统也具有更高的实用价值。因此,在构建开集无切分文档识别系统中,应设置系统词典为每个字符独立成词,即没有组合词条的限制。

2. 子词书写规则相结合的路径受限模型解码网络

在使用统计语言模型对解码路径进行优化以前,对解码路径的搜索空间进行基本约束是必要的。于是,我们提出了一种子词书写规则相结合的路径受限模型解码网络。

对于词典无关的开集系统而言,最朴素的解码路径集合就是全部字符基元模型不定长度、可重复的排列组合结果,并可以用框图描述为图 9.16 所示的形式。

图 9.16 朴素的文本行图像观测序列解码网络

不过,这种解码网络存在可行路径规模过于庞大、解码效率低下等问题。而最为关键的是,在实际解码文本行图像观测序列时,还会得到许多不符合子词书写规则的"非法"结果。如前文所述,维文和阿文的每个字母都会依据它在单词中所处的书写位置不同,进行首写、中间、尾写、独立这 4 种显现形式的变化。在图 9.16 所示的朴素解码网络中,由于 4 种显现形式的基元模型都处于等价地位,这会导致各种形式字符之间的连接关系不受限制,所以才出现了不符合子词书写规则的解码结果。因此,这里需要对朴素解码网络进行改造,使子词书写规则能够融入其中,并形成一种路径受限的解码网络。

在维文和阿文的书写中,子词构成规则可以总结为以下几点。

(1)单独一个独立形式的字符,可以构成一个子词;

(2)一个首写形式的字符,加上一个尾写形式的字符,可以构成一个子词;

(3)一个首写形式的字符,加上一个或多个中间形式的字符,再加上一个尾写形式的字符,可以构成一个子词;

(4)对于特殊的字符合写,可以按照合写后字符所属的显现形式类别,参考上述子词构成规则进行处理。

于是，以上述子词书写规则作为依据，对朴素解码网络进行限制和约束，就能得到所提出的子词书写规则相结合的路径受限模型解码网络，并可以用框图描述为图 9.17 所示的形式。其中，每个方框代表一类字符基元模型，实线连接表示可以经过的路径。例如，首写形式的字符出现以后，下一个字符只能是中间形式或尾写形式；而虚线连接则表示不确定个数的连接。例如，在首写形式字符与尾写形式字符之间，可能存在有一个或者多个中间形式的字符。

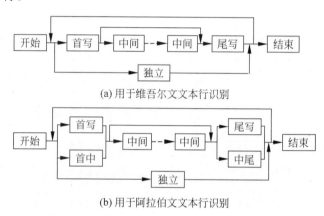

图 9.17　子词书写规则相结合的路径受限模型解码网络

其中，位于图 9.17 底部、名为"独立"的方框，既可以是独立形式的维文、阿文字符，也可以是数字、标点符号、独立形式的字符合写等可以独立存在的元素。另外，由于阿文文本行中还存在"首写加中间""中间加尾写"的特殊合写形式，所以其解码网络要比维文文本行所用的更加复杂。

于是，在维文、阿文文本行的无切分识别中，所有可能出现的基元模型组合方式就都被包括在这个受限的解码网络中。该网络不仅能够显著降低解码路径的搜索空间，而且也能保证输出结果一定符合维文、阿文的子词书写规则，从而改善系统解码识别的准确性。可见，这对于没有词典信息辅助的开集识别系统而言，是具有促进作用的。

9.4.6　无切分维文文档识别研究的相关实验

本节实验中的参数优化、解码识别、结果评估等部分，都是基于英国剑桥大学开发的 HMM 应用工具包 HTK[95] 完成的；其余部分则通过编写 C

代码或 Perl 脚本来实现。在特征提取方面，基于文献[96]所提出的 28 维特征向量，经过一阶的帧间差分扩展处理，最终得到所需的 56 维特征向量。此外，为了准确地比较不同方法的建模效果，均不采用语言模型来优化解码路径。

1. TH-Uy360 印刷体维吾尔文数据库

目前，国内外还没有统一的标准维吾尔文样本数据库，所以我们在实验之前，首先制作了 THOCR-Uy360 印刷体维吾尔文数据库。它的文字内容来源于《塔里木》杂志社的官方网站[97]，并按照语料整理、激光打印机印刷、300dpi 分辨率扫描、阈值化处理、行切分处理的流程进行制作。

数据库共包括 5 种维吾尔文字体的样本，如图 9.18 所示。每种字体共有 360 页文档、7 887 行文本、264 583 个字符。其中，覆盖维吾尔文字母 105 种、数字 10 种、各类标点符号 14 种，共 129 种字符基元。同时，按照文献[98]的处理方法，即训练集、验证集、测试集分别按照总样本 70％、15％、15％的比例规模进行随机划分。

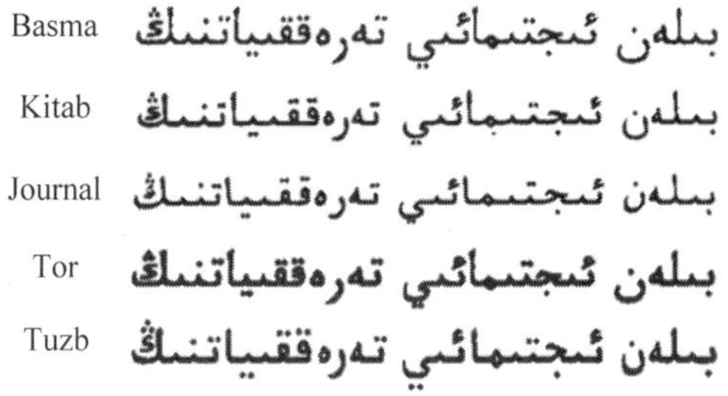

Basma بلەن ئۇجتىمائىي تەرەققىياتىنىڭ
Kitab بلەن ئۇجتىمائىي تەرەققىياتىنىڭ
Journal بلەن ئۇجتىمائىي تەرەققىياتىنىڭ
Tor بلەن ئۇجتىمائىي تەرەققىياتىنىڭ
Tuzb بلەن ئۇجتىمائىي تەرەققىياتىنىڭ

图 9.18　THOCR-Uy360 数据库的 5 种字体

2. 字符模型优化方法的识别性能测试实验

这部分实验需要将 5 种字体的训练集和验证集分别加以混合，用于模型训练与参数选择，而系统性能测试则是在 5 种字体的测试集上分别进行的。

在识别性能的评价指标方面，直接采用 HTK 中所提供的字符识别准确率(character recognition accuracy，CRA)，它的定义是评估去除插入错误后，识别正确的字符数占全部字符数的比例，如式(9.51)所示。可以看出，该指标能够综合地评价系统在切分与识别任务中的性能表现。

$$\mathrm{CRA} = \frac{\text{正确识别的字符数量} - \text{字符插入的错误数量}}{\text{真值中全部的字符数量}} \times 100\%$$

(9.51)

此外，US NIST 评价标准中常用的词错误率（word error rate，WER），与本文所用的 CRA 指标是等价的，因为二者之和恒为 1。

作为对比，实验中也选取了两个参考系统。一个是多字体维吾尔文文档无切分识别的基线系统，即所有字符 HMM 模型均采用相同的状态数，并利用验证集进行优选，实验中的取值为 16。另一个是采用文献[96]提出的改进的启发式状态结构优化方法 $c + f \times \bar{t}$，所得到的优化识别系统，其中，$\bar{t}$ 为各字符观测序列平均长度，常数 c 和 f 分别取为 8 和 30。于是，各个系统的识别性能测试结果就如表 9.18 所示。

表 9.18　各个多字体维吾尔文文档无切分识别系统的性能测试结果（CRA）　%

字体	基线系统	启发式优化方法	本节优化方法
Basma	93.91	98.25	98.64
Kitab	97.75	97.39	97.32
Journal	96.84	97.40	97.89
Tor	96.97	98.60	99.18
Tuzb	95.86	97.72	98.24
平均	96.27	97.87	98.25

从表 9.18 中可以看出，基线系统在 5 种字体下的识别性能差异较大，并且在字体 Kitab 上的识别性能骤增，说明其字符模型并没有对多字体样本进行了较好的融合，而是偏向了单一的字体。对于启发式优化方法和本节优化方法所建立的识别系统，在各字体上的识别性能相对均衡，说明两种方法都能很好地解决多字体融合问题。相比之下，本节优化方法的性能要优于启发式优化方法。

3. 字符模型优化方法的建模效率对比实验

本部分实验将会对 3 个系统的建模效率进行对比。实验中，还需要使用两个新的评价指标。一个是平均状态数目（average state number，ASN），它的定义如式（9.52）所示，表示无切分识别系统中每个字符 HMM 模型平均占有的状态数目，用于在各状态观测 GMM 高斯分量数一致的前提下，比较不同系统间的模型复杂程度。

$$\text{ASN} = \frac{\text{系统中 HMM 状态的总数}}{\text{系统中 HMM 模型的总数}} \tag{9.52}$$

另一个是平均状态效率(average state efficiency,ASE),它的定义如式(9.53)所示,表示无切分识别系统中每个 HMM 状态对识别性能评价指标 CRA 的平均贡献程度,用于在各状态观测 GMM 高斯分量数一致的前提下,比较不同系统间的建模效率。

$$\text{ASE} = \frac{\text{CRA}}{\text{ASN}} \tag{9.53}$$

于是,基础系统和两个优化系统的 ASN、ASE 指标比较结果,就如表 9.19 所示。从表中可以看出,启发式优化方法虽然能够通过状态数优化,大幅度地提升识别性能指标 CRA,但其代价却是增加了系统的冗余程度,并使建模效率指标 ASE 比基线系统相对降低 24.92%。而本节优化方法由于综合考虑了字符模型的结构优化与参数优化,并以观测合理聚类作为结构优化的准则,所以它能够充分利用不同字体之间的共性结构信息,在提高系统识别性能的同时,还能降低系统复杂程度,并使建模效率指标 ASE 比基线系统相对提高 36.88%,充分证明了本节所提方法的有效性。

表 9.19 各个多字体维吾尔文文档无切分识别系统的建模效率对比结果

	基线系统	启发式优化方法	本节优化方法
CRA/%	96.27	97.87	98.25
ASE/%	6.02	4.52	8.24
ASN	16.00	21.65	11.93

最后,基线系统与本节优化系统对维吾尔文字符 NG 图像的状态级强制对准结果,如图 9.19 所示。从图中可以看到,基线系统中的字符模型状态冗余程度很高,分配结果相对杂乱;而本节优化系统中的字符模型状态非常清晰,并且在 5 种字体字符图像上都能够很好地对准匹配到共性字符结构信息。

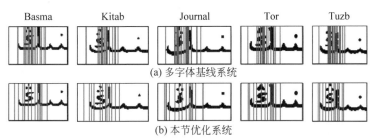

图 9.19 不同字体维吾尔文字符 NG 的状态级强制对准结果

总而言之,本节所讨论的字符模型优化方法就是以观测合理聚类为结构优化准则,通过结构与参数相结合的优化策略,充分挖掘出字符 HMM 模型的描述能力与泛化性能,有效提高了无切分维吾尔文文档识别系统的识别性能和建模效率,并解决了 HMM 建模在多字体融合问题中所遇到的困难。不仅如此,状态分配作为无切分文档识别方法的核心问题,体现着概率图模型中的全局结构特性,无论是在基于状态的特征降维过程中,还是在当前热门的 DNN(deep neural network)-HMM 建模中,都将起到关键性作用。因此,在后续的工作中,我们也会尝试着将本节的优化方法应用于上述问题中。

9.4.7 小结

无切分文本行识别方法是近年来的研究热点之一,HMM 的概率图本质上能够有效回避字符预切分所带来的困扰。然而,文本行识别中的图像是二维信息源,而 HMM 是一维的概率图模型,这种维度上的差异虽然为文本行的无切分识别提供了实现的基础,但却降低了字符的建模准确程度。可见,这也正是 HMM 应用在语音识别和文字识别中的根本差异之处。因此,本节首先通过分析 HMM 方法的对准匹配思想,明确 HMM 状态与观测图像之间的关联本质;然后,再从特征提取、模型训练、模型优化和解码识别等方面,具体介绍无切分文本行识别方法的原理与实现。最终,通过实验结果可以看出,经过优化的 HMM 能够有效地描述字符图像的变化特性,实现高速、准确的民族文字文本行和文档的计算机自动识别。而该项技术既是我国西部信息化建设工程中的重要一环,同时也对促进我国民族文化融合与传承、维护世界范围内的和平稳定,具有积极和重要的意义。

9.5 本章小结

本章研究的是文档图像信息化这一信息化关键问题。众所周知,来自世界无所不在的文档图像的信息化是数字化信息的极其重要的来源,尤其是文本信息,从经过版面分析后的文本图像中获取。本章主要研究文本图像识别的基础——脱机文本行的切分识别方法,探讨了两种完全不同的解决方法,一种是基于过切分的混合切分识别方法,另一种为解决连笔书写切分困难的无切分识别算法。

对基于过切分的混合切分识别算法,首先,文本图像切分成文本行图像后,在文本行过切分合并的基础上,在贝叶斯分类准则下给出了文本行识别方法的框架。在该框架下集成了几何信息、字符识别信息和上下文语言信息。其次,在分析了中文文本行图像的特点和 Beam-search 搜索方法的基础上,根据 Bellman 优化原理提出了分段识别搜索方法,文本行识别率有了明显的提高。在文本图像的切分识别以及识别后处理中引入主题语言模型自适应方法,该方法能够自适应地确定与待识别篇章最接近的主题语言模型,并在该语言模型下对篇章进行重新识别及后处理。实验结果表明,主题语言模型能够有效地提高识别率,但要以计算复杂度作为代价。最后,给出了脱机手写中文文本识别系统及其性能测试结果。

对于为解决连笔书写切分困难的无切分识别算法,提出了基于 HMM 的无切分民族文字文档识别方法,主要涉及的 3 项内容,包括:基于状态信息熵与距离度量的模型状态优化方法、基于聚类算法的引导式模型预训练策略和基于文字书写规则的限制性解码网络,最终实现了 HMM 方法在无切分文档识别问题中合理的应用。

参考文献

[1] Sellen J, Harper R H R. The myth of the paperless office. Cambridge, MA: The MIT Press, 2002.
[2] Casey R, Nagy G. Recognition of printed Chinese characters. IEEE Trans. on Electronic Computers. 1966, 15(1): 91-101.
[3] Kimura F, Wakabayashi T, Tsuruoka S, et al. Improvement of handwritten Japanese character recognition using weighted direction code histogram. Pattern Recognition, 1997, 30(8): 1329-1337.
[4] Kato N, Suzuki M, Omachi S. A handwritten character recognition system using directional element feature and asymmetric Mahalanobis distance. IEEE Trans. on Pattern Analysis and Machine Intelligence, 1999, 21(3): 258-262.
[5] Kimura F, Takashina K, Tsuruoka S, Miyake Y. Modified quadratic discriminant functions and the application to Chinese character recognition. IEEE Trans. on Pattern Analysis and Machine Intelligence, 1987,9(1): 149-153.
[6] 叶志远. 第五届全国印刷体汉字识别评测. 第四届中国计算机智能接口与智能应用学术会议论文集. 北京:电子工业出版社,1999: 40-44.
[7] Fujisawa H. A view on the past and future of character and document recognition. In: Proc. of International Conference on Document Analysis and Recognition. 2007(1):3-7.

[8] Reddy R, Clair G S. The million mook project. CMU, Dec. 1, 2001.

[9] Kirkpatrick D D. Amazon plan would allow searching text of many books. The New York Times, 2003.

[10] Vincent L. Google book search: document understanding on a massive scale. In: Proc. of International Conference on Document Analysis and Recognition. 2007(1): 819-823.

[11] 王言伟. 脱机手写中文文本行识别中关键问题的研究. 北京:清华大学电子工程系博士学位论文, 2013.

[12] Su Tonghua, Zhang Tianwen, Guan Dejun. Corpus-based HIT-MW database for offline recognition of general-purpose Chinese handwritten text. International Journal of Document Analysis and Recognition, 2007, 10(1): 27-38.

[13] 姜志威. 开集维吾尔文文档无切分识别的方法及应用研究. 北京:清华大学电子工程系博士学位论文, 2015.

[14] Liu Chenglin, Yin Fei, Wang Dahan, et al. ICDAR 2011 Chinese handwriting recognition competition. In: Proc. of International Conference on Document Analysis and Recognition. Beijing, China: IEEE Computer Society, 2011: 1464-1469.

[15] Fu Qiang, Ding Xiaoqing, Liu Tong, et al. A novel segmentation and recognition algorithm for Chinese handwritten address character strings. In: Proc. of International Conference on Pattern Recognition. 2006: 974-977.

[16] Tang H S, Augustin E, Suen C Y. Spiral recognition methodology and its application for recognition of Chinese bank checks. In: Proc. of Ninth International Workshop on Frontiers in Handwriting Recognition, 2004, 1: 263-268.

[17] Casey R G, Lecolinet E. A survey of methods and strategies in character segmentation. IEEE Trans. on Pattern Analysis and Machine Intelligence, 1996, 18(7): 690-706.

[18] Lu Yi. Machine printed Character segmentation: an overview. Pattern Recognition, 1995, 28(1): 67-80.

[19] Dawoud A. Iterative cross section sequence graph for handwritten character segmentation. IEEE Trans. on Image Processing, 2007, 16(8): 2150-2154.

[20] Wang J, Jean J. Segmentation of merged characters by neural networks and shortest path. Pattern Recognition, 1994, 27(5): 649-658.

[21] Liu Y T, Chen R C. Segmenting handwritten Chinese characters based on heuristic merging of stroke bounding boxes and dynamic programming. Pattern Recognition Letters, 1998, 19(10): 963-973.

[22] Zhao Shuyan, Chi Zheru, Shi Pengfei. Handwritten Chinese character segmentation using a two-stage approach. In: Proc. of International Conference on Document Analysis and Recognition, 2001: 179-183.

[23] 韩智,刘昌平,殷绪成. 手写中文信封的地址行字符切分算法. 中文信息学报, 2006,1.

[24] Su Tonghua, Zhangtianwen, Guang De Jun, et. al. Off-line recognition of realistic Chinese handwriting using segmentation-free strategy. Patten Recognition, 2009, 42(1): 167-182.

[25] Casey R G, Nagy G. Recursive segmentation and classification of composite patterns. In: Proc. of International Conference on Pattern Recognition. Munich, Germany: IEEE Computer Society, 1982.

[26] Myers C S, Rabiner L R. Search algorithm for the recognition of cursive phrases without word segmentation. In: Proc. of International Workshop on Frontiers in Handwritten Recognition. Taejon, Korea, 1998: 123-132.

[27] Al-Hajj R, Mokbel C, Likforman-Sulem L. Combination of HMM-based classifiers for the recognition of Arabic handwritten words. In: Proc. of International Conference on Document Analysis and Recognition. Curitiba, Brazil: IEEE Computer Society, 2007: 959-963.

[28] Kumar N, Andreou A G. Heteroscedastic discriminant analysis and reduced rank HMMs for improved speech recognition. Speech Communication, 1998, 26(4): 283-297.

[29] Liu Chenglin, Koga M, Fujisawa H. Lexicon-driven segmentation and recognition of handwritten character strings for Japanese address reading. IEEE Trans. on Pattern Analysis and Machine Intelligence, 2002, 24(11): 1425-1437.

[30] Sayre K M. Machine recognition of handwritten words: a project report. Pattern Recognition, 1973, 5(3): 213.

[31] Wang Qiufeng, Yin Fei, Liu Chenglin. Integrating language model in handwritten Chinese text recognition. In: Proc. of International Conference on Document Analysis and Recognition. 2011: 1036-1040.

[32] Zou Yanming, Yu Kun, Wang Kongqiao. Continuous Chinese handwriting recognition with language model. In: Proc. of International Workshop Frontiers in Handwriting Recognition,2008.

[33] Xu Liang, Yin Fei, Wang Qiufeng, et al. Touching character separation in Chinese handwriting using visibility based foreground analysis. In: Proc. of International Conference on Document Analysis and Recognition. 2011: 859-863.

[34] Zhou Xiangdong, Liu Chenglin, Nakagawa M. Online handwritten Japanese character string recognition using conditional random fields. In: Proc. of

International Conference on Document Analysis and Recognition. 2009: 521-525.

[35] Zhu Bilan, Zhou Xiangdong, Liu Chenglin, et al. A robust model for on-line handwritten Japanese text recognition. Int. J. Document Analysis and Recognition, 2010,13(2): 121-131.

[36] Yin Fei, Wang Qiufeng, Liu Chenglin. Integrating geometric context for text alignment of handwritten Chinese documents. In: Proc. of International Conference on Frontiers in Handwriting Recognition. 2010: 7-12.

[37] 付强. 非限制脱机手写汉字字符及字符串识别研究. 北京: 清华大学电子工程系博士学位论文, 2008.

[38] Wang Qiufeng, Yin Fei, Liu Chenglin. Improving handwritten Chinese text recognition by confidence transformation. In: Proc. of International Conference on Document Analysis and Recognition. 2011: 518-522.

[39] Senda S, Yamada K. A maximum-likelihood approach to segmentation based recognition of unconstrained handwriting text. In: Proc. of International Conference on Document Analysis and Recognition. 2001: 184-188.

[40] Jiang Yan, Ding Xiaoqing, Fu Qiang, et al. Context driven Chinese string segmentation and recognition. Structural, Syntactic, and Statistical Pattern Recognition: Joint IAPR Int. Workshops. 2006, 41(9): 127-135.

[41] Li Yuanxiang, Tan C L, Ding Xiaoqing. A hybrid post-processing system for offline handwritten Chinese script recognition. Pattern Analysis and Applications, 2005,8(3): 272-286.

[42] Chen D Y, Mao Jianchang, Mohiuddin K. An efficient algorithm for matching a lexicon with a segmentation graph. In: Proc. of International Conference on Document Analysis and Recognition. 1999: 543-546.

[43] Ratzlaff E H, Nathan K S, Maruyama H. Search issues in IBM large vocabulary unconstrained handwriting recognizer. In: Proc. of International Workshop Frontiers in Handwriting Recognition. 1996: 177-182.

[44] Manke S, Finke M, Waibel A. A fast search technique for large vocabulary on-line handwriting recognition. In: Proc. of International Workshop Frontiers in Handwriting Recognition. 1996: 183-188.

[45] Seni G, Seybold J. Diacritical processing using efficient accounting procedures in forward search. In: Lee S W, ed. Advances in Handwriting Recognition, 1999: 49-58.

[46] Nakagawa M, Zhu B L, Onuma M. A formalization of on-line handwritten Japanese text recognition free from line direction constraint. In: Proc. of International Conference on Pattern Recognition. 2004, 1: 519-523.

[47] Han Zhi, Liu Changping, Yin Xucheng. A two-stage handwritten character

segmentation approach in mail addresses recognition. In: Proc. of International Conference on Document Analysis and Recognition. 2005, 1: 111-115.

[48] Fu Qiang, Ding Xiaoqing, Liu Changsong, et al. A hidden Markov model based segmentation and recognition algorithm for Chinese handwritten address character strings. In: Proc. of International Conference on Document Analysis and Recognition. 2005, 2: 590-594.

[49] Quiniou S, Anquetil E. A priori and a posteriori integration and combination of language models in an on-line handwritten sentence recognition system. In: Proc. of International Conference on Frontiers in Handwriting Recognition. 2006: 403-408.

[50] 苏统华. 脱机中文手写识别——从孤立汉字到真实文本. 哈尔滨: 哈尔滨工业大学计算机科学与技术学院博士学位论文, 2008.

[51] Chen Xia, Su Tonghua, Zhang Tianwen, et al. Discriminative training of MQDF classifier on synthetic Chinese string samples. In: Proc. of the 1st Chinese Conference on Patten Recognition. 2010: 1-5.

[52] Su Tonghua, Liu Chenglin. Improving HMM-based Chinese handwriting recognition using delta features and synthesized string samples. In: Proc. of International Conference on Frontiers in Handwriting Recognition. 2010: 78-83.

[53] Li Nanxi, Jin Lianwen. A Bayesian-based probabilistic model for unconstrained handwritten offline Chinese text line recognition. In: Proc. of International Conference on Systems, Man and Cybernetics. 2010: 3664-3668.

[54] Liu Chenglin, Yin Fei, Wang Dahan, et al. CASIA online and offline Chinese handwriting databases. In: Proc. of International Conference on Document Analysis and Recognition. 2011:18-21.

[55] 王嵘. 中文信封投递地址的定位、切分与识别. 北京: 清华大学电子工程系硕士学位论文, 2003.

[56] 薛君良. 中文手写信封的地址定位、切分和识别系统的研究. 北京: 清华大学电子工程系硕士学位论文, 1999.

[57] Liu Chenglin, Masaki N. Precise candidate selection for large character set recognition by confidence evaluation. IEEE Trans. on Pattern Analysis and Machine Intelligence, 2000, 22(6): 636-642.

[58] Bellman, R E. Dynamic programming. Princeton, NJ: Princeton University Press, 1957, Republished 2003: Dover, ISBN 0-486-42809-5.

[59] Bellegarda J R. Statistical language model adaptation: review and perspectives. Speech Communication, 2004, 42(1): 93-108.

[60] Gretter R, Riccardi G. On-line learning of language models with word error probability distributions. International Conference on Acoustics, Speech, and

Signal Processing, 2001: 557-560.

[61] Darroch J N, Ratcliff D. Generalized iterative scaling for log-linear models. Ann. Math. Statist. , 1972,43(5): 1470-1480.

[62] Mood A, Graybill F, Boes D. Introduction to the theory of statistics. New York:McGraw-Hill, 1974.

[63] Della Pietra, S, Della Pietra, V, Mercer R L, et al. Adaptive language model estimation using minimum discrimination estimation. In: Proc. of International Conference on Acoustics, Speech, and Signal Process. 1992,1: 633-636.

[64] Bellegarda J R, Nahamoo D. Tied mixture continuous parameter modeling for speech recognition. IEEE Trans. on Acoust. Speech Signal Process, 1990, ASSP-38(12): 2033-2045.

[65] Deerwester S, Dumais S T, Furnas G W, et al. Indexing by latent semantic analysis. J. Amer. Soc. Inform. Sci. , 1990, 41: 391-407.

[66] Stolcke A. Error modeling and unsupervised language modeling. In: Proc. of The 2001 NIST Large Vocabulary Conversational Speech Recognition Workshop. Linthicum, Maryland, May 2001.

[67] Xiu Pingping, Baird H. Incorporating linguistic model adaptation into wholebook recognition. In: Proc. of International Conference on Pattern Recognition 2010: 2057-2060.

[68] Wang Qiufeng, Yin Fei, Liu Chengling. Improving handwritten Chinese text recognition by unsupervised language model adaptation. In: Proc. of International Workshop on Document Analysis Systems. 2012: 110-114.

[69] Kibriya A M, Frank E, Pfahringer B, et al. Multinomial naive Bayes for text categorization revisited. In: Webb G I, Yu Xinghuo, eds. Proc. of 17th Australian Joint Conference on Artificial Intelligence, Cairns, Australia, Berlin: Springer. 2004: 488-499.

[70] Charniak E. Statistical language learning. Bradford MIT Press, 1993.

[71] Kuhn R, Mori de R. A Cache-based natural language model for speech recognition. IEEE Trans. on PAMI, 1990, 12(6):570-583.

[72] McCallum A, Nigam K. A comparison of event models for naive Bayes text classification. Technical report, American Association for Artificial Intelligence Workshop on Learning for Text Categorization. 1998.

[73] Wang Qiufeng, Yin Fei, Liu Chenglin. Handwritten Chinese text recognition by integrating multiple contexts. IEEE Trans. on Pattern Analysis and Machine Intelligence, 2012, 34(8): 1469-1481.

[74] Baum L E, Petrie T. Statistical inference for probabilistic functions of finite state Markov chains. The Annals of Mathematical Statistics, 1966: 1554-1563.

[75] Baker J. The DRAGON system—An overview. IEEE Trans. on Acoustics, Speech and Signal Processing, 1975, 23(1): 24-29.

[76] Jelinek F, Bahl L, Mercer R. Design of a linguistic statistical decoder for the recognition of continuous speech. IEEE Trans. on Information Theory, 1975, 21(3): 250-256.

[77] Rabiner L. A tutorial on hidden Markov models and selected applications in speech recognition. Proceedings of the IEEE, 1989, 77(2): 257-286.

[78] Bozinovic R M, Srihari S N. Off-line cursive script word recognition. IEEE Trans. on Pattern Analysis and Machine Intelligence, 1989, 11(1): 68-83.

[79] He Y, Chen M Y, Kundu A. Handwritten word recognition using HMM with adaptive length Viterbi algorithm. In: Proc. IEEE International Conference on Acoustics, Speech, and Signal Processing, 1992. ICASSP-92., 1992. IEEE, 1992, 3: 153-156.

[80] Chen M Y, Kundu A, Zhou J. Off-line handwritten word recognition (HWR) using a single contextual hidden Markov model. In: Proc. IEEE Computer Society Conference on Computer Vision and Pattern Recognition 1992. IEEE, 1992: 669-672.

[81] Chen M Y, Kundu A, Zhou J. Off-line handwritten word recognition using a hidden Markov model type stochastic network. IEEE Trans. on Pattern Analysis and Machine Intelligence, 1994, 16(5): 481-496.

[82] Gillies A M. Cursive word recognition using hidden Markov models. In: Proc. Fifth US Postal Service Advanced Technology Conference. 1992: 557-562.

[83] Normandin Y. Hidden Markov models, maximum mutual information estimation, and the speech recognition problem. PhD thesis, McGill University, 1992.

[84] Povey D. Discriminative training for large vocabulary speech recognition. PhD thesis, University of Cambridge, 2005.

[85] Juang B H, Katagiri S. Discriminative learning for minimum error classification. IEEE Trans. on Signal Processing, 1992, 40(12): 3043-3054.

[86] Dreuw P, Heigold G, Ney H. Confidence-and margin-based MMI/MPE discriminative training for off-line handwriting recognition. International Journal on Document Analysis and Recognition (IJDAR), 2011, 14(3): 273-288.

[87] Bakis R. Continuous speech recognition via centisecond acoustic states. The Journal of the Acoustical Society of America, 1976, 59(S1): S97.

[88] Zimmermann M, Bunke H. Hidden Markov model length optimization for handwriting recognition systems. In: Proc. Eighth. International Workshop on Frontiers in Handwriting Recognition 2002. IEEE, 2002: 369-374.

[89] Gunter S, Bunke H. Optimizing the number of states, training iterations and Gaussians in an HMM-based handwritten word recognizer. In: Proc. 7th International Conference on Document Analysis and Recognition (ICDAR). IEEE, 2003: 472-476.

[90] Biem A. A model selection criterion for classification: Application to HMM topology optimization. In: Proc. 7th International Conference on Document Analysis and Recognition (ICDAR). IEEE, 2003: 104-108.

[91] Li D, Biem A, Subrahmonia J. HMM topology optimization for handwriting recognition. In: Proc. International Conference on Acoustics, Speech, and Signal Processing (ICASSP) 2001. IEEE, 2001, 3: 1521-1524.

[92] Bicego M, Murino V, Figueiredo M A T. A sequential pruning strategy for the selection of the number of states in hidden Markov models. Pattern Recognition Letters, 2003, 24(9): 1395-1407.

[93] Jiang Z, Ding X, Peng L, et al. Analyzing the information entropy of states to optimize the number of states in an HMM-based off-line handwritten Arabic word recognizer. In: Proc. of 21st International Conference on Pattern Recognition (ICPR). IEEE, 2012: 697-700.

[94] Clemente I A, Heckmann M, Sagerer M, et al. Multiple sequence alignment based bootstrapping for improved incremental word learning. In: Proc. of 35th Int Conf on Acoustics, Speech, and Signal Processing. Dallas, USA: IEEE Press, 2010: 5246-5249.

[95] Young S, Evermann G, Gales M, et al. The HTK Book (for HTK Version 3.4) [EB/OL]. (2006-12-06). http://htk.eng.cam.ac.uk/.

[96] Al-Hajj R M. Combining slanted-frame classifiers for improved HMM-based Arabic handwriting recognition. IEEE Trans. on Pattern Analysis & Machine Intelligence, 2009, 31(7): 1165-1177.

[97] Magazine Official Website of "Tarim". available: http://www.tarimweb.com/index.html, Nov 14, 2014.

[98] Mahmouda S A, Ahmada I, Al-Khatiba W G, et al. KHATT: an open Arabic offline handwritten text database. Pattern Recognition, 2014, 47(3): 1096-1112.

[99] Wang Yanwei, Ding Xiaoqing, Liu Changsong. Post processing for offline Chinese handwritten character string recognition. The International Society For Optical Engineering. 2012, 8297: 829709-829709-9.

第 10 章 文档版面自动分析和理解

10.1 版面处理的概念

随着汉字识别技术的发展，汉字的识别率已经完全可以达到实用的水平，很多公司也推出了十分成熟的商用产品。汉字识别技术已经可以迅速、有效地获取文本，并在将现有纸介质的信息数字化的过程中，起到了重要的作用。

除了文字以外，在印刷于纸张上的文本材料中，还有一类信息和文字信息同样重要，这就是版面信息。版面信息也是文档图像中一个极为重要的组成部分，甚至有时候版面结构所体现的信息比文字信息更为明显，例如头版头条的新闻就总是要比中缝的启事有更大的价值。但是，在印刷体汉字OCR 系统中，对版面的处理一般都停留在将版面分析作为识别前的一个步骤，其作用仅仅是作为为识别服务的一个预处理手段，将文本区域划分出来交给识别核心。实际上，当汉字的识别率发展到一定阶段时，版面处理部分对于系统的整体性能、操作方便性和自动化程度的影响也开始明显起来。如果版面分析的正确率很低，需要用户过多地加以干预，进行修改才能交给识别核心，那么，这样的版面分析仍然是比较费时费事的。

另外，在实际使用过程中，一个很重要的需求也是希望得到一个完整的由印刷体材料恢复成为电子化文档的自动化处理系统，即我们所说的"原文复现"的自动电子出版系统。在这种需求下，需要将得到的识别结果转换成具有一定版面格式的可发行的电子文档。"完整"的含义是，不仅能够通过识别的过程将图像中的文字识别出来，变成数字化信息，而且还能恢复出原始的版面，得到和原来印刷材料一模一样的电子化文档，并可供将来浏览、查询和发布；"自动化"的含义是除了识别自动化以外，版面的分析、理解和恢复也应当自动化地进行处理，无须或只需很少的人工干预，这样才能够极大地提高自动化程度，使得信息的制作和发布更快、更方便。此时，文字信息可以通过自动的文字识别来解决文字录入的问题,而版面信息也可以通过自动的分析、理解和恢复来解决版面制作的问题。因此,文本信息识别理解,除了文字识别以外,主要需要解决的就是版面信息的处理问题了。

一个完整的版面处理过程包括如下一些步骤:

(1)版面分析(layout analysis) 将输入图像分割成为多个同质的区域,并将这些区域分类:如文本、表格、线条图、照片等。

(2)版面理解(layout understanding) 将物理的版面结构映射成为逻辑的结构,对每个区域标记它们的逻辑属性,例如标题、作者、插图、正文,并标定正文区域的连接顺序等。

(3)版面恢复(layout representation) 根据版面分析和文字识别的结果自动恢复出带版面格式的文档,并根据版面理解结果自动创建目录索引,以产生可以用于浏览和出版发行的文档。也称为版面还原或版面重构。

从学科分类上,版面处理属于文档图像分析(document image analysis)的范畴。文档图像分析是对一个文档图像的知识进行自动获取和重新表达的过程,其主要目的就是要识别图像中的文字和图像内容并像人一样获取预期的信息。它涉及各方面的技术,例如图像处理、信息和编码理论、模式识别、人工智能、自然语言理解、文档结构表示、文档的压缩和存储甚至心理学等。这些技术结合起来用于得到对一个文档图像全面的理解,得到一个原始扫描图像的数字表达形式,并可用于其他再生产:数字图书馆、信息抽取和建库或结合语音合成系统进行盲人阅读等。因此,它和计算机视觉、图像工程、模式识别、人工智能、数字图书馆等学科都有着密切的联系。例如,版面分析可以看作是图像分析中图像分割的一个特殊的实例;字符识别是模式识别中的最重要的应用领域;文档的识别和版面处理是数字图书馆研究中大规模信息获取的重要手段等。

从文档图像分析的视角,而不是仅仅从汉字识别的视角来看,版面处理就更加体现出它的重要性。例如,一个文档的各个部分通过版面分析的方法切分出来,就可以针对不同类型的区域进行不同的处理:从查询、检索的角度来看,文字部分用于识别,图像部分用于建立图像索引,这样,使用者就可以通过各种手段来查询一个文档,文字内容也可以通过附加的版面位置信息作为对查询结果排名的一种参考依据;从存储、传输的角度来看,对不同的区域可以采用不同的方法有针对性地进行压缩(实际上,识别过程就是对文字区域最好的压缩方式);等等。同样,版面的理解和复原在建立文字索引、自动建库和保持原样地压缩传输上都起着重要的作用。

10.2 版面分析研究的历史和现状

10.2.1 版面分析研究的分类

关于版面分析的研究是从 20 世纪 80 年代开始的。T. Pavlidis 和 J. Zhou 在 1992 年的一篇论文[70]里对版面分析的算法给出了一种分类：即自顶向下的方法，自底向上的方法，混合法。这种分类方法在直至今日的很长一段时间内被多数研究人员所认可并在文献中引用。但近年来，新的版面分析算法层出不穷，特别是计算机视觉和图像分割中的纹理分析的新方法引入版面分析的研究之后，原有的分类方式已经不能够说明目前版面分析研究的进展。因此，下面我们将版面分析算法分为基于形状的方法和基于纹理的方法两类。原有的分类方式基本上可以看作是基于形状的方法的进一步分类。

1. 基于形状的方法

基于形状的版面分析算法主要利用了版面上各个区域的几何位置上的物理属性和它们之间的关系，即版面的结构分布特性。这些特性主要体现在：文本、图像、表格等区域一般以矩形块的方式，有序地分布在整个版面上；文本区域中的各个结构单元存在着明显的层次关系，即从区域到文本行再到字符；各个区域的边界一般与页面在水平或者垂直方向上保持平行；各个区域之间有比较明显的间隔，或者是较大的空白区域，或者是分隔线。

从具体的分析算法来看，又可以分为下面几类：自顶向下法、自底向上法、混合法、基于背景的方法和其他方法等。

（1）自顶向下（top-down）

这是一种从整体到局部进行分析的方法。这种方法是从版面的全局特征开始，主要根据区域的不连续性，将一个页面首先分割成几个大的区域，然后每个区域再根据其特征分割成子区域。这种分割主要根据版面结构的先验知识来进行，在此基础上形成递归，直至不可分割为止。

K. Y. Wong[1,2]提出的 RLSA（Run-Length Smoothing Algorithm，游程平滑算法）属于典型的自顶向下的算法。虽然是关于版面分析研究的最早成果，但这一算法有着很强的生命力，在后来的许多算法中仍然作为预处理步骤来使用。它的主要思想是：如果两个黑像素点之间的距离小于一个阈值，则它们中间的像素点都变为黑色。这样，通过使用不同的阈值，就可以将段落之间、行之间、字符之间的空白区域涂黑,然后根据它们之间的空白就可以分割整个文档,且分割出多个层次的内容。这种算法的缺点是,在具有不同大小字体的文档中阈值很难选取。

这类方法中的另外一种经典的算法是由 G. Nagy[3,4] 提出的 RXYC (Recursive X-Y Cutting,递归 XY 切分)。它的基本思想是整个文档可以看作是嵌套的矩形,即不同的结构层次单元根据一定的规则所组成。因此,它对版面做横向和纵向的投影,根据投影特征来选取切分点,或者横向或者纵向地进行切分。然后对于所分割出来的区域递归地进行同样的切分操作,直到所有的区域都无法进一步切分为止。这种方法速度快,但是要求版面形式比较简单,并且只能是规则的矩形区域。

RXYC 的应用十分广泛。A. Dengel[5] 以及 D. Wang[6] 在各自的论文中独立比较了 RLSA 和 RXYC 方法,认为 RXYC 要比 RLSA 适应性更强,并且在他们的实际工作中都选择了 RXYC 算法。另外,D. Sylwester 和 S. Seth[7] 提出了一种基于 RXYC 的可训练的版面分析算法。

H. Fujisawa[8,9] 提出了一种利用表格定义语言(form definition language,FDL)进行版面分析的算法。FDL 将版面内的各个区域定义为一个大表格中不同的矩形块,而每个矩形块又递归地由一系列它所包含的矩形块来定义,并且定义每个矩形块的坐标只能在某些范围之内发生变化。在对一个未知文档进行版面分析时,将此文档和一些用 FDL 描述好的文档类型进行匹配。因此,它只能对某些特定文档进行分析,但其优点是匹配完成后,每个矩形块的属性也就直接提取出来了,例如标题或作者等。

C. L. Tan[10,11] 提出一种基于金字塔(pyramid)结构的版面分析算法。金字塔结构是一种图像的多清晰度表示方式,模拟了人从远到近观察一幅图像的情况。在这种算法中,一幅图像首先被构造为多层的金字塔表示,然后根据每层的密度(本层黑像素数目和本层所有像素数目的比例)和层之间的相对密度来自动地选取一个合理的层。在这个层中,字间或行间的空白几乎被消除,这样就可以根据保留下来的空白来进行分割了。实质上,这种算法是通过构造图像的金字塔表示替代了游程平滑的过程,从本质上也可以看作是一种自顶向下的方法。其自适应地选取处理层的做法克服了 RLSA 算法中阈值不好选取的困难,但它同样也不适用于比较复杂的文档。

从国内对于中文文档的版面分析算法的研究来看,属于这一类方法的主要有陈明[12]在清华 TH-OCR 系统中最早使用的版面分析算法和王海琴[13]提出的投影递归法,这两种方法基本上都可以看作是一种类似的

RXYC 方法。

周杰、马洪[14]提出了一种基于数学形态学的版面分割方法,主要利用数学形态学中膨胀变换的特性,将图像中的每个像素变换为某个给定的图像块(称为结构元素),这可在一定程度上消除图像区块间的空白,加强同类单元之间的连通性。这种算法与 RLSA 和基于金字塔结构的算法类似,都是通过某种处理来消除不作为分割的空白区域,然后利用保留的空白进行划分。然而,这类算法的弱点也是类似的,就是空白的消除与结构元素的选择有很大的关系。

这类算法总的来说速度很快,但是要求文档的类型比较简单,因此适应性很差,都要求版面区域必须是规则的矩形,一般应用于信封或者杂志、书籍等分栏鲜明的简单版面。现在已经很少使用这类算法。

(2) 自底向上(bottom-up)

这是从局部到整体的方法。在这种方法中,文档的分析是从像素点开始的,将相邻的部分根据局部特征的相似性和连续性合并成为一个小区域,小区域再连续地合并为大区域。一般按照连通域(字)、词、文本行、段落、区域的层次结构依序合并,直至覆盖整个文本图像。

O. Iwaki[15,16]提出的 NLD(neighborhood line density,邻近行密度)算法对于版面文档中的每一点,统计其 4 个方向的邻近行密度。邻近行密度的定义是指某个黑像素点在某个方向上和最近邻的黑像素点之间的距离的倒数。对于字符块来说,其邻近距离小且紧密排列,对于图形块来说,其点与点之间的邻近距离大且无规则。根据每个点的 4 个方向的邻近行密度的不同,可以达到分割版面的目的。

L. A. Fletcher[17]提出的连通域分析(connected component analysis)方法是使用比较广泛的自底向上的算法。这种算法首先把文本图像分解为许多 8 邻近连通域外接矩形的集合,然后对这些外接矩形施以一定的合并规则,进行同类合并,直至不再出现新的合并为止。

S. Tsujimoto 和 H. Asada[18]也采用了连通域合并的方法。在检测出连通域后,通过横向融合具有足够小的间距的白色游程,将邻近的连通域结合起来成为文本片段。然后通过一些物理属性,如高度、宽度、长宽比、横向和纵向投影、融合的白色游程数目等,将结合起来的区域粗分类为文本片段、图片、图像、表格、框线、噪声等不同的类。然后再合并横向相邻的文本片段和纵向相邻的文本行,文本片段合并的规则是其横向的间距小于一个正比于行高的阈值,文本行也类似。

O'Gorman[19]提出了 docstrum,即文档谱(document spectrum)的概念。这种算法对所有的连通域,求取其 k 个最近邻的连通域。然后,每个连通域及其各自最近邻连通域之间的关系都用(d,a)来表示。d 是两个连通域之间的欧几里得距离,而 a 是两个连通域的质心之间的角度。这样就形成了 docstrum。通过 docstrum,可以得到一些统计量的粗略估计。例如,角度直方图中最大值所对应的 a 就是文档的倾斜角度。而具有文档倾斜角度的那些距离所形成的直方图中的最大值对应的 d 就是字符间距离,具有与文档倾斜角度呈正交角度的那些距离所形成的直方图中的最大值对应的 d 就是行间距离。通过这种算法得到的字符间距离和行间距离要比其他一些方法更加准确。连通域就可以根据这些统计量进行合并成为文本行:由不超过某个距离的同一行内的连续的最近邻所形成。最后,平行的文本行进一步合并成为文本区域。虽然文献[19]的实验仅仅是针对只有一个方向的文本,但其作者指出,此算法可以扩展到针对横竖两个方向的文本。此算法可以处理非曼哈顿版面或倾斜的版面,但对版面中有多种字号和行间距的文本行的情况处理得不好。如果页面中掺杂有较多的 Halftone 图像区域或噪声区域,性能也会有较大下降。另外,由于此算法要计算所有连通域的 k 个最近邻,因此计算量也比较大。

C. L. Tan[20]提出了一种基于 Disc 模型的版面分析算法。Disc 模型认为,文档图像上的每个目标(一般指连通域)都具有一个覆盖的圆形区域(Disc),这个圆形区域的圆心和目标的质心相一致,而半径正比于目标的黑像素点数的平方根。因此,在检测出连通域后,计算每个连通域的 Disc 区域,如果两个目标的 Disc 区域有交叠的话,则认为这两个目标是属于同一个区域的。这种方法的缺点是半径和黑像素点平方根的比例很难确定,对于不同的字体大小需要使用不同的比例。文献[20]中也提出了用多种比例来分别处理标题和正文的方法,称为 Multi-Band Disc Model。但对于字体变化更多、更大的文档仍然很难处理。

周长岭[21]、田学东[22]都提出了类似的基于连通域的版面分析算法。刘定强[23]提出了一种基于组件的版面分析算法。组件是某一图像区域的逻辑抽象,他将文字、文本行、文本段、文本组、直线、图像、表格以及整个文档都作为组件,因此文档中的所有组件就组成了一棵以文档组件为根的多叉树,而版面分析的过程就是从基本连通域(可能是文字组件,也可能是特殊的图像、直线或表格组件)开始进行判断和合并,构建这棵多叉树的过程。虽然在合并过程中,刘定强结合了版面知识尽可能地纠正判断和合并上的错误,他将自己的算法称作以自底向上为主、同时结合自顶向下思想的算法,但我们认为,该算法基本上也应该属于自底向上算法的范畴。

自底向上的算法一般都是先检测连通域,然后根据连通域之间的关系进行合并,这些算法的不同之处主要是研究者们提出了不同的合并准则和方案。这类算法的计算量比较大,速度比较慢,但是适应性要比自顶向下的算法强很多。它们不需要版面是曼哈顿类型的,即不需要区域是由标准矩形块组成的,对图像中文本块周围的线框、花边、分割线也能较好地处理。随着计算机速度的提高,自底向上的算法有着比自顶向下算法更强的实用性,但是在确定如何合并时仍然比较依赖于经验性的和预定义的规则和阈值。

(3) 混合(hybrid)

有不少研究人员将自顶向下和自底向上这两种算法组合起来,形成了一种混合算法。这类算法综合了两种算法各自的特点,也融合了自顶向下算法速度快和自底向上算法适应性强的优点。

H. Kida[24]和 J. Ha[25]分别提出了一种连通域分析加递归投影切分的方法。他们首先获取连通域,然后使用 RXYC 进行递归切分,但是此时所计算的投影是统计了连通域的外接矩形的数目,而不是统计了像素点的数目。文献[24,25]指出外接矩形的投影方案与像素点的投影方案比较起来有一些优点,例如计算量较小,从投影上可以看出连通域(即字符块,主要的处理对象)是如何分布的,大的横向或纵向的空白区域将更加明显,等等。

J. M. Liu[26]使用四叉树的方式来分析文档,四叉树的每个叶节点都是一个同质的区域。在这种算法中,如果一个区域是不同质的,则根据横纵向的投影特性找到最优的切分处,再将区域切分成 4 个区域;如果两个区域是同质的并且它们的并集也是同质的,则进行合并。是否同质的判据是区域内的均值和方差等统计信息。然后对所有的子区域再重复上述操作,直到没有切分和合并操作为止,这样可以得到一个四叉树的表示。最终,相邻的、同质的区域被合并在一起组成最终结果,这里的最终结果的区域可以不是矩形的。这种方法利用了整体的投影特征来选取切分点,又利用了局部的统计信息来判断是否同质,因此可以看作是综合使用了全局和局部的特征,既有合并又有切分操作,比较有机地结合了自上而下和自下而上的特点。它是针对灰度图像的,并且能够处理非矩形区域。

从国内的研究来看,李一兵[27]提出了一种综合使用了 RLSA、RXYC 和区块合并的算法。首先使用一种改进的 RLSA 算法对图像中的"黑白黑"游程进行平滑操作,然后利用RXYC把版面分割成文本片段、图像块等基元,对每个基元采用模糊基元属性判断后,再将各基元合并成不同属性的区域加以标示。

张利[28]也采用了一种类似的方法。他从横纵向投影信息中得到一个值作为RLSA的平滑阈值,然后用RLSA算法进行平滑。在平滑的结果图像上再进行连通域的检测,最后进行连通元素的分类和合并。

上述两种方法都将RLSA算法作为一种预处理手段,使得到的基元不是原始的连通域(字符块或Halftone图像中的散点),而是一些文本行的连通片段。这样的处理减少了噪声和一些小字符或汉字中分离部首的影响。其主要不同之处在于,前一种方法用RXYC来得到合并的基元,而后一种方法用连通域检测的方法得到基元。

总的来说,除了四叉树算法以外,混合法一般都是以某一类算法为主体,而将另一类算法的某些方法作为一种预处理手段,因此从实现流程来看,是一种从一类算法到另一类算法的顺序化的过程,并没有做到很有机的结合。也正因为如此,这两类算法所具有的弱点,例如自顶向下算法适应性差、自底向上算法合并时的规则不易选取的问题仍然存在。

(4) 基于背景

有一些研究人员使用分析背景来代替分析前景,主要基于两方面的考虑。一是文档图像中不同结构单元之间是通过细长的背景空白区分割开来的,这些细长背景区形成不间断的空白流,而字词间的空白区是分段式的。二是背景比前景要简单,分析起来比较容易。对背景中的空白区域,研究人员采用了许多不同的叫法,例如White Stream,Background White Place,White Tile,背景分割子等,但基本上都是同样的含义。

H. S. Baird[29-31]通过背景的大块空白来分割区域。首先求出最大空矩形(maximal empty rectangles),在求得的最大空矩形集合里,选取能够切分不同栏的空矩形和能够切分不同文本段的空矩形。根据版面分布特征,这样的空白区通常具有较高的方向比(长边对短边的比率)。最后,根据这些空白区的分布,得出版面的切分结果。这种基于背景空白区的切分方法,运算量比较大,速度比较慢。

T. Pavlidis[32]采用分段提取空白区的方法。首先将文本图像横向分成若干段,每一段内计算空白区的白游程,找出宽的背景空白区,称之为栏间隙(column gap)。然后,根据栏间隙对,确定文本栏(column interval),文本图像的起始边和终止边被视为栏间隙。在对分段进行合并处理时,根据文本栏的垂直间距、文本栏长度比、文本栏起止位置等特征，进行段与段之间的文本栏合并。这种基于空白区的切分，采取先局部、后整体的方式，利用游程编码求取空白区，算法较为简单，并且分段求取，可以大大增强对倾斜文体图像切分的抗干扰能力。

K. Kise[33]提出一种基于背景空白细化策略的方法。版面的切分就是根据细化后的空白区域形成的围绕着各个区域的背景链实现的。算法提出了一些准则来滤除不需要的背景链：例如不闭合的链被去除，字符间和行间的链被去除，而保留栏目之间的链和不同属性区域之间的链。这种算法比较依赖于一些与文档间隙相关的阈值的调节，同一行的字符间较大的空白（例如标题）可能会造成错误。

O. T. Akindele 和 A. Belaid[34]先得到横竖两个方向的空白，再使用链码跟踪的方法，通过这些空白边界得到多边形的区域。Antonacopoulos[35-37]也类似地使用背景来进行版面的分割。

国内也有一些研究人员在研究通过背景进行版面分割的方法。黄冬萍[38]提出了一种分段投影切分法，基本类似于 T. Pavlidis 的方法。江世盛[39]通过分隔子的方法来分割版面，分隔子不仅包括大的背景空白，还包括一些分割线和花纹，应该说，这是对纯粹基于空白背景的版面分析算法的一个扩展。

还有另外一些基于形状的版面分析方法。

K. Kise[40]利用 Voronoi 的概念来进行版面的分割。Area Voronoi 是由一系列的边组成的图，这些边基本上可以看作是两两相邻连通域的中线。而这些边就是潜在的区域的边界。版面分割也是通过选取合适的 Voronoi 边来进行的，合适与否的主要依据是根据这个边两侧的连通域的距离和黑像素数目与面积的比例等特征来进行的。这种算法对区域边界的描述很灵活，可以进行任意版面的划分。

Q. Yuan[41]利用边界检测算子（edge detector）来进行灰度图像的版面的分割。首先利用 Canny 边界检测算子检测出主要的横向边界，然后合并横向距离很近的边界，并采用 TLC（thin line coding）方法去除噪声边界。使用直线拟合的方法对边界进行规整，然后搜索平行的边界对，利用它们的组合得到各个区域（主要是文本行）。最后进行后处理，去除可疑区域，并对文本行进行合并得到最终的文本区域。这种方法针对灰度图像，利用文本行都具有两个平行边界的特点，采用边界检测的方式来进行文本行的抽取和版面分割，思路比较新颖。

2. 基于纹理的方法

基于纹理的方法是在近年来,将图像分割领域中的纹理分析的方法引入到版面分析领域后出现的一类新方法。

纹理(texture)是图像分析中常用的概念,但目前尚无正式的(或者说一致的)定义。一般来说可以认为纹理是由许多相互接近的、互相编织的元素构成,并常富有周期性。纹理可认为是灰度(颜色)在空间以一定的形式变化而产生的图案(模式)[42]。或者可以简单地说,纹理就是图像区域包含的一系列重复的灰度级模式。

基于纹理的版面分析算法就是将图像看作是一些具有不同纹理的区域的组合。例如,文字区域可以看成是一种独特的纹理,因为每个文字区域都包含一系列相同方向的文本行,并且文本行之间具有相同的间隔,在文本行内则包含字体基本一致、大小基本相同的字符。这种相对一致的纹理结构特征完全不同于图像,因此这个特殊的纹理性质可以用来区分文字区域和图像区域。同时,图形区域或背景区域也可以看作是具有另外的纹理性质的区域。这样一个页面的各主要部分——文本、背景、图像和图形就可以根据它们纹理不同的性质使用纹理分割的方法来进行划分,从而得到版面分析的结果。

从另一个角度来看,基于纹理分析的方法是对每个像素点直接进行分类的。也就是通过检查每个像素点周围图案的灰度值分布,决定它属于什么样的纹理,即属于什么样的区域,然后赋以一个确定的类别标号。因此可以说,它的基本思路就是将图像分割问题转换为像素点分类,即图像标记问题。

有些版面分析算法不是针对每个像素点的,而是将图像划分成多个小窗口(或称小区域),然后对每个小窗口进行分类。由于它也是利用每个小窗口的统计特征(即纹理信息)进行直接分类,因此我们也把这些方法列入基于纹理的方法。

根据基于纹理的版面分析算法是如何考虑上下文限制(像素点之间固有的约束关系,即纹理的固有性质)的,我们将这些方法分为以下几种:基于模型的方法、基于特征的方法、基于多尺度的方法以及其他方法。

(1) 基于模型的方法(model-based)

基于模型的方法主要是将分析问题当作一个统计估计问题来处理。通常这种方法使用高斯马尔可夫随机场(Gauss Markov random field)、吉布斯分布(Gibbs distribution)、高斯自回归模型(Gaussian autoregressive model)、分形模型(fractal model)等来对纹理进行描述,利用这些描述建立起纹理模型并用这些模型的参数作为特征来进行纹理分割。在这种方法中,上下文限制通常是通过这些模型参数来体现的。

这种方法在纹理图像分割中使用得比较多,但由于它的计算较为复杂,计算量比较大,尚未见到直接将这种方法用于文档版面分析的文章。

(2) 基于特征的方法(feature-based)

基于特征的方法主要由两步构成,一是将原始图像变换成特征图像,然后在特征图像中抽取一个像素的邻域或一个小窗口的特征,根据特征来对像素点或者窗口进行分类。在这种方法中,上下文限制通常是通过一个邻域的特征抽取来体现的。

这类方法在基于纹理的版面分析中应用得比较广泛。例如 W. Scherl[43]很早就讨论过区分文本和图形图像区域的方法。文档图像被分割成方形的小窗口,然后抽取每个小窗口中的特征来对每个窗口进行分类。一种方法是基于空间傅里叶变换的。由于印刷体文本、图形、照片和 Halftone 图像的傅里叶频谱很不相同,因此可以提供分类所需的信息。但是这种方法速度较慢,无法实用。另一种替代方法是利用局部灰度直方图。在文本区域中,较亮的灰度值作为背景更容易出现,因此根据较亮的灰度在窗口中所占的百分比可以将其作为区分文本和图像区域的依据。

J. Sauvola[44,45]提出的 PCS(page classification and segmentation)算法,将版面分割和分类过程结合起来。文本图像首先被分割成若干个小窗口,例如 20×20 像素大小。对每个窗口进行特征提取,包括黑白像素比率、平均横向游程长度、5 行相关性等。根据这些特征值进行小窗口分类,标识每个小窗口的类别,例如文本、图像或是背景区域。然后进行邻近窗口分析,其目的是扩充或缩小各类区域,使其形成单一的矩形形状的不同属性的区域,邻近窗口分析过程主要是通过填补小的空白区,区域边界平滑、删除"噪声窗口"等来完成的。这种快速特征提取的版面分析算法,减少了处理的数据量,简化了分类过程。

A. Jain[46,47]使用 Gabor 滤波器来得到一个纹理区域的局部空间频率和方向特性。他们的研究使用了由 4 个方向和 5 个空间频率组成的 20 个固定多通道的 Gabor 滤波器的输出,作为输入特征来标定文本区域。但这种方法计算量大,并且不能提供领域相关的自适应的特征选取,也没有考虑类别之间交叠和混合情况。Jain 和 Karu 后来也使用一个多层神经网络训练一些最小数目的领域相关的滤波器替代很多个 Gabor 通用滤波器。

A. Jain 和 Yu Zhong[48]训练了一系列的模板来区分 3 类不同区域——背景、Halftone、文字和线条图。将文字和线条图作为一类处理是因为它们的纹理性质接近,但它们可以通过连通性分析等算法进一步分开。Jain 和 Yu 首先使用一个多层神经网络和手工版面已分析好的样本集来进行训练,利用节点剪除算法从 20 个待选模板中得到对区分几类不同区域最有效的 16 个模板,这样可以得到一个快速、有效的神经网络。对于一个待分析的图像,图像中每个点都通过此神经网络得到相应输出,该操作的意义是根据其邻域的情况来判断属于 3 个类别中哪一个类别。最后再通过一定的平滑和合并算法,去除小的区域,以得到最终结果。

J. L. Chen[49,50]提出了一种基于 HMM 模型的直接分类算法。这种算法通过方向宏掩码(directional macro-masks)来对像素点的邻域进行处理,然后再抽取相应的特征矢量。这样对每个像素点来说,应用一系列不同的方向宏掩码,就可以得到一个序列化的特征矢量。对序列化的特征矢量来说,HMM 是一个很好的模型。因此对于不同纹理特征的区域,可以通过训练得到一个 HMM 模型。而对于实际待分割的文档来说,将每个像素点得到的序列化的特征矢量通过所有的 HMM 模型,给出最大似然概率的 HMM 模型就表明了这个像素点属于哪个类别。这种算法使用了方向宏掩码得到的特征矢量并通过 HMM 模型进行判断,实际上有效地利用了周边的信息,增强了特征矢量的鉴别能力。文献[49,50]指出这种算法主要用于具有纹理背景的文字的检测,但本文所提出的算法将它应用在了文字和图像等区域的分割上。

(3) 基于多尺度的方法(multiscale-based)

基于多尺度的方法利用了多尺度分析的概念,主要将上下文限制放在清晰层和粗糙层之间的关系中来加以考虑。这些方法一般都利用小波变换来进行多尺度分解,并利用基于小波变换的系数作为特征,这是因为小波变换自然而然地提供了多尺度分解,在不损失信息的情况下压缩了数据。

Kamran Etemad[51]使用了基于小波的特征,首先通过一个样本训练集,得到最优的多层小波包的树表示,然后将这些小波系数作为特征通过一个神经网络以得到模糊的局部分类(soft decision),即每一类的可信度。多层的优点是可以从粗略到精确地来做,可以先在低分辨率的层次来进行,如果可信度不满意,再用高分辨率进行操作。在综合了层内或层间的模糊分类后得到最终决策,最后也是通过一定的后处理得到最终结果。利用小波变换的方法实际上是以人在较低分辨率的情况下也能够粗略地将各种区域类型分开,而不清楚的地方再使用高一点的分辨率来分析作为基础的。

H. Choi[52]提出的 HMTseg 版面分析算法同样基于小波特征,但它的特点是利用了 HMT(hidden Markov tree,隐马尔可夫树)。HMT 是将小波变换后系数的统计特性以树状表示,它认为在小波变换的相邻的两个分辨率层次上父子像素的类别满足 Markov 特征,即高清晰度的点的状态和且仅和低一个层次清晰度的点的状态有关。另外,一个固定分辨率层次上小波变换的系数是满足二态零均值高斯混合分布的。因此,如果把小波变换的系数看作是 HMM 模型中的观测值,而高斯混合分布中的二态作为 HMM 模型的状态,则对每类纹理,都可以训练一个 HMT 模型。根据观测值在不同 HMT 模型下的出现概率,可以得到各清晰度层次上的分类结果,然后再通过对各清晰度层次上的分类结果进行融合以得到可信度更高的最终结果。

(4) 其他

Jia Li[53]提出了一个基于小波变换的多清晰度分析算法,但她未直接利用小波系数,而是在不同的清晰度上使用不同大小的区域窗口对小波系数图像进行特征抽取和分类。对每个区域窗口文章抽取了两个特征:由于小波变换在高频子带上的系数在经验上是符合 Laplace 分布的,但文本区域和图像区域具有不同的分布参数,因此第一个特征是实际的分布和各类 Laplace 分布之间的匹配程度。第二个特征是小波变换在高频子带上的系数是否由较为集中的几个值组成(文本区域的特点)还是比较分散(图像区域的特点)。从低清晰度开始,使用较大的区域窗口以避免过局部化(over-localization),但只有绝对可信的区域才被确定分类,而未分类窗口则分成更小的区域在更高的清晰度上继续判断,判断的同时考虑了从低清晰度继承的信息。这种方法可以看作是基于特征的方法和基于多尺度方法的结合。

Jia Li[54]还在另一篇文章中提到:在传统的基于小区域的图像分割算法中,图像被划分为一系列的小区域,抽取每个小区域的统计特性形成特征矢量,然后仅利用特征矢量对每个小区域进行分类,而忽略了上下文(context),即周围区域的信息。她认为图像上所有的小区域构成了一个 Markov 网格(Markov mesh),因此可以采用二维 HMM 模型,在考虑每个小区域本身的特征矢量的同时,考虑两个方向的邻接区域对它的影响。她采用 8×8 的小窗口,并且同样抽取小波变换系数在高频子带的特征,通过这两个特征和二维 HMM 模型的使用,可以得到较好的版面分析的结果。在这种方法中,上下文限制不仅在抽取窗口特征时被考虑到,同时还在使用 2D-HMM 模型时被进一步考虑到。

3. 进一步讨论

章毓晋在讨论对图像分割算法的分类时提出[42]:对图像的分割可基于相邻像素在像素值方面的两个性质:不连续性和相似性。区域内部的像素一般具有某种相似性,而在区域之间的边界上一般具有某种不连续性。所有分割算法可据此分为利用区域间特性不连续性的基于边界的算法和利用区域内特性相似性的基于区域的算法。我们对于版面分析的算法的分类也有其类似性,基于形状的方法主要是根据区域之间的不连续性来进行的,而基于纹理的方法主要是根据区域内的相似性来进行的。

从另一个方面来看,版面分析的目的可以分为两部分:一是定位页面中的各同质区域的几何位置,即版面的分割,二是对分割出来的区域属性加以标注,即区域的分类。虽然所有的版面分析算法都需要进行这两步操作,但基于形状的算法主要强调了版面的分割,而把区域的分类作为后续步骤或者对分割起一定帮助作用的辅助步骤。而基于纹理的算法则强调了分类,认为如果对每个像素进行分类之后,整个版面的分割自然完成。

10.2.2 版面分析工作的发展

从上面对版面分析工作的综述可以看到,近年来的版面分析工作体现了如下的发展趋势。

版面:从规则矩形区域的版面到非曼哈顿版面。区域是指具有同样性质的文档内容的物理属性(即位置和大小)。最常见的一类区域就是矩形区域,在版面分析研究的早期人们也都假设一个版面是由不同的不相交叠的矩形区域组成,而相应的版面分析算法也都是在这个前提下加以开发的。近年来,随着排版技术的快速发展,报纸和杂志上的版面开始复杂和生动起来,我们经常可以看到在两栏文字中嵌入一个不规则形状的图片,而文字在图片周围进行绕排,造成本来是矩形的文字区域也变形为非矩形区域。这种由非矩形区域构成的版面我们一般称作非曼哈顿版面。因此,一个有效的版面分析方法应当需要具有对非曼哈顿版面进行处理的能力。

图像:从二值黑白图像到灰度和彩色图像。由于在研究的初期,大部分的图像都是黑白的,扫描仪和其他硬件条件(如内存等)也存在限制,对灰度和彩色图像的获取或处理也很困难且无法实用,因此,研究人员基本上集中在研究黑白二值图像的版面分析上。然而,近年来越来越多的文档开始采用彩色进行印刷,提供更加丰富的信息以吸引读者。另外,随着扫描仪等硬件条件的发展,对彩色和灰度图像的处理也已经不成问题。因此,对彩色图像和灰度图像的版面处理也就成为新的挑战。而从灰度和彩色图像本身来看,灰度或彩色图像可以提供更多的信息,不会因为二值化阈值不好而产生问题,特别是,如果在同一页里有不同的灰度级或者不同的彩色背景时更是如此。因此,有必要研究针对灰度或彩色图像的版面分析算法。

知识表达:在版面分析的过程中一定会用到相关的知识,于是将知识以何种方式进行表达作为分类依据形成了两种方法:一种是基于规则或者语法的方法,另一种则是基于统计学习理论的方法。基于规则的算法在针对简单的版面类型的前提下能够得到较好的结果,但在复杂或者图像质量下降的版面上则往往得不到较好的结果。而基于统计建模和决策的方法此时往往具有较高的鲁棒性。这在其他领域(如文字识别或自然语言理解等)也得到了验证。基于纹理的方法基本上采用的都是统计的方法,即使在基于形状的算法中,通过训练和学习得到一个系统化的模型和自适应的切分准则也被研究人员所采用[55]。

处理过程:从串行的多步操作到一种自适应的综合处理。早期的版面分析算法将区域的分割(即确定每个区域的位置和大小属性)和区域的分类(即确定每个区域是哪一种内容,例如,是文本还是图像)作为两步来处理。后来的算法虽然不再明显区分这两个步骤,但仍然是一种顺序串行处理过程,并且每一步操作都过于依赖实现拟定的规则和阈值,因此,每一步的错误都无法在以后被更正,并会造成下一步更多的错误。这种串行加工过程导致的直接结果就是缺乏对问题和环境的自适应性。因此,需要研究一种新的自适应的综合处理方法。

Yasuto Ishitani[56]甚至在研究一种将版面分析、版面理解和识别统一在一起的处理过程,利用这几者之间的反馈操作来减少错误。他利用了 Emergent Computation 的概念,这是人工生命(Artificial Life)中的关键概念,主要是指一些按照明确规则运行的代理(Agent),相互之间按照一种隐含的全局模式相互作用,不断变化。他将版面分析过程分为 4 个部分:区域抽取(这里的抽取是指我们的版面分析的过程)、区域分析(这里的分析实际上是指分析某些逻辑属性,即我们的版面理解的过程)、区域识别和区域修改。这 4 部分之间按照 Emergent Computation 的原理相互作用。这种算法基本上还是自下向上的,但它的特点是根据其他部分执行的结果不断加以反馈,以得到最终分析的结果,特别是它将识别的过程也引入了版面分析之中。

我们可以看到,基于纹理的分析算法正体现了这种趋势,例如它可以直接处理彩色和灰度图像;它可以处理非曼哈顿类型的版面;它不再依赖经验性的预定的规则和阈值,而是通过样张的训练和统计的方法来解决决策问题;使用多清晰度的分析方法或者二维 HMM 模型的方法都可做到使用自身的特性和周边的信息进行综合判断,从而解决顺序处理所带来的问题。

10.2.3 版面分析的困难

版面分析的研究相对于识别核心来说开始得较晚,而且版面分析问题也是一个非常困难的问题,主要表现在如下一些方面。

(1) 由于复印、扫描、传输或存放时间久远造成的原始图像或数字图像上的噪声和退化,图像质量的下降。

(2) 复印或扫描时造成的页面倾斜。

(3) 同一页上有不同方向的文本行,特别是对于东方语言的页面,经常存在纵向排版的文本区域。

(4) 同一页面上有不同的语言、字体、字号或字形,如倾斜、下划线等。

(5) 文本区域和图像图形区域相互接触或交叠。

(6) 文字和背景有不同的灰度层次或者颜色,特别是可能会有反白的字符。

(7) 不具有正规的矩形边界,有时甚至是曲线的边界,即是非曼哈顿类型的版面。

但是,我们仍然可以看到,上述的原因仅仅是一些表面的原因,进一步究其本质,探讨其深层次原因可得,版面分析的困难主要表现在下面几点。

分析处理的对象不固定,而是具有不同粒度不同性质的主体。

从物理层面上看,像素及其不同大小的邻域体现了不同的粒度,字号的大小不同就更加体现了这种粒度的可变性。从逻辑层面上看,页面、区域、行、字符(连通域)等是不同粒度的基元,即便是同一粒度的,也有字符、噪声或图像块等主体性质的不同。因此,不像字符识别,其主体的不确定性很小,因此可以针对主体进行有效的处理。而对于版面分析来说,一些规则可能对于某种粒度某种性质的主体是有效的,但对于另一种粒度另一种性质的主体就可能是不合适的。而在分析的过程中,你无法准确地判断规则所要加之的主体是什么,这就有可能造成了规则的不适用,而产生错误。

版面分析的过程不单纯是主体的特征抽取和识别,主体之间相邻、平行、对称、相似等性质更加重要。

区域的分割就是根据区域内部的主体的字号或行间距差异不大(相似性)、文本行遵从一定规则(平行性)等进行的,甚至相似的主体也不一定是在同一区域内,例如双栏文本的两栏文本,这是因为它们之间距离的性质(相邻性)所决定的。因此在分析的过程中,不能仅仅考察某个主体的特征,而需要考虑它们之间的关系,而这种关系的把握和描述存在一定的困难。

蒋加伏[57]认为,图像分割困难的深层次原因是它既不属于完全的图像特征抽取问题,也不属于完全的物体识别问题。从认知心理学的角度来看,知觉组织,即将低层次特征按对知觉有重要意义的拓扑或几何关系组织起来的过程,这应成为图像分割的重要依据,但目前在技术的实现上还有一些困难。这也是版面分析的困难所在。

10.3 基于多层次基元的版面分析模型

本节提出了一个基于多层次基元的版面分析模型,并在此模型的基础上,提出了一种多层次可信度指导下的自底向上的版面分析算法[12]。

在这个模型中,文档的版面是由一系列按层次结构组织而成的基元(component)所组成的。所谓基元,是文档版面的基本构成单元,也是对图像上一个固定区域的抽象。基元可以表现为不同的类型,例如字符、单词、文本行、文本栏、图像、图形、表格、背景、界线等,我们称其为基元的内容属性。另外,基元的几何属性体现了它在版面上的位置和大小,可以用多边形来表示。

不同层次上的基元 S 组织成一个树状结构,称为文档树 Ω。我们用 $\Omega^{(l)}(l=1,2,\cdots,L)$ 来表示从根节点(第 1 层)到叶子节点(第 L 层)各个层次上的结构。第 l 层的各节点表示此层上的一个基元 $S_n^{(l)}$,则此层所有基元的集合可以用 $A^{(l)}=\{S_n^{(l)}\}$ 来表示。假设基元的顺序由 O 表示,则有 $\Omega^{(l)}=(A^{(l)},O)$。为了简单起见,在本文中不考虑基元顺序,则有 $\Omega^{(l)}=A^{(l)}$。

第 $(l-1)$ 层的基元 $A^{(l-1)}=\{S_n^{(l-1)}\}$ 可以看作是对 l 层基元 $A^{(l)}=\{S_n^{(l)}\}$ 的某种划分 $\Pi^{(l)}$ 得到的。对 l 层基元做不同的划分,就形成了不同的 $l-1$ 层的基元的集合。

因此,版面分析问题可以抽象为基元层次结构的抽取。给定一个版面图像 X,版面分析的目标就是要得到最优的基元层次结构,使后验概率最大,即

$$\Omega^* = \arg\max_{\Omega} P(\Omega|X) \tag{10.1}$$

假设在基元结构的各层之间满足 Markov 性,即每层基元的抽取仅和下一层的基元有关。另外,在给定原始图像时,最下层基元(一般为连通域)的抽取是唯一的,则有

$$P(\Omega|X) = P(A^{(1)}, A^{(2)}, \cdots, A^{(L-1)}|A^{(L)})$$
$$= \prod_{l=2}^{L} P(A^{(l-1)}|A^{(l)}) = \prod_{l=2}^{L} P(\Pi^{(l)}|A^{(l)}) \tag{10.2}$$

求解使总的后验概率最大的全局最优路径可以使用动态规划法。但是由于基元的数目比较大,要计算全局最优是很困难的。因此可以将问题简化为仅计算各层的局部最大,即使得每个独立的 $P(\Pi^{(l)}|A^{(l)})$ 达到最大。

通过上述的限制和简化,我们可以将版面分析问题看作是计算各层上的最优的基元划分问题。

10.3.1 多层次可信度的定义

我们定义第 l 层第 i 基元的基元可信度为 $\lambda_i^{(l)}$,并且认为上层基元的可信度依赖于下一层的各基元可信度、各基元之间的关系,以及基元本身的整体表现,即

$$\lambda_i^{(l)} = f^{(l)}(t_i^{(l)}, \Lambda^{(l+1)}, R^{(l+1)}) \tag{10.3}$$

其中,$t_i^{(l)}$ 表示第 l 层第 i 基元中的某种整体性能表现,一般来说是此基元的一种一致性的度量,从整体上来看,本基元倾向于是本层的一个真实基元的度量。$\Lambda^{(l)} = \{\lambda_i^{(l)}|i=1,2,\cdots,N^{(l)}\}$ 是指各层次中所有基元可信度的集合,$R^{(l)} = \{r_{ij}^{(l)}|i,j=1,2,\cdots,N^{(l)},i\neq j\}$ 是指各层次中所有基元之间关系的集合。

我们定义了 3 个层次上的可信度,即连通域可信度、行列可信度、区域可信度。另外,还定义了最近邻连接强度(NNCS)、行连接强度(LCS)以表示基元之间的关系。我们将在下一节给出这些定义的具体表述形式。

后验概率 $P(\Pi^{(l)}|A^{(l)})$ 实际上也是关于 $A^{(l)}$,$A^{(l-1)}$ 的函数,因此,如果多层次可信度的函数形式的选择能够接近于后验概率,那么版面分析问题就可以转变为多层次可信度的求解问题。但在实际计算过程中,很难求得能正好反映后验概率的映射函数,并且我们也只需要将可信度作为某种指

导性的度量,因此并不要求实际的可信度有绝对的概率特性,即它并不满足 $0 \leqslant \lambda_i^{(l)} \leqslant 1$。

10.3.2 多层次可信度指导下的自底向上版面分析算法

我们提出了一种多层次可信度指导下的自底向上的版面分析算法,整个算法流程如图 10.1 所示。

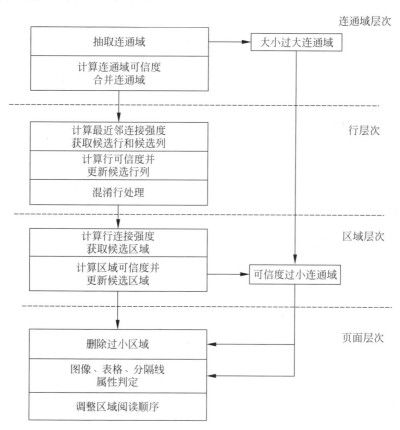

图 10.1 版面分析算法的流程

从图 10.1 中可以看到,算法的核心体现在如下两个步骤上。
(1) 根据连接强度计算初始基元;
(2) 根据多层次可信度对初始基元进行迭代的合并、分裂等操作,得到最终的基元。
采用连接强度来计算初始基元可以有效地排除大量无效的连接,使得初始基元的选择能够比较接近最终基元,以减少合并分裂等操作,降低计算量。根据多层次可信度来进行合并、分裂操作,可以避免受经验性规则的影响。在行层次和区域层次上都是按照这两步来进行的,另外,连通域层次也是在可信度指导下进行了合并操作。下面介绍具体的算法步骤。

10.3.3 连通域层次

首先使用一种连通域获取算法得到二值文档图像上所有的连通域,然后对字体大小进行聚类,得到常用的字号集合。对某些特大区域进行标记,直接判定为非文字区域,不参与下面所述的处理。

然后计算每个连通域的连通域可信度。连通域可信度 $\lambda_i^{(C)}$ 被定义为连通域大小与字号集合中最接近的字号之间的接近程度和方向比(宽度和高度中的小者和大者之间的比值)的乘积。

$$\lambda_i^{(C)} = \begin{cases} \left(1 - \left|\dfrac{C_i.\,\text{size} - T^*}{T^*}\right|\right)\left(\dfrac{\min(C_i.w, C_i.h)}{\max(C_i.w, C_i.h)}\right), & \left|\dfrac{C_i.\,\text{size} - T^*}{T^*}\right| < 1 \\ 0, & \text{其他} \end{cases}$$

(10.4)

$$T^* = \arg\min_T \left(\left|\dfrac{C_i.\,\text{size} - T}{T}\right|\right), T \in \Omega_T, T^*$$ 为字号集合中最接近连通域大小的字号

其中,$C_i.\,\text{size} = \max(C_i.w, C_i.h)$ 为连通域的大小。

在得到每个连通域的可信度之后,对以下3类情况进行合并:交叠的区域、距离很近的连通域以及具有相同的最近邻的连通域。合并是在连通域的可信度指导下进行的,也即要参考合并前后的可信度大小。在合并时,字号集合和各连通域可信度要重新进行计算。

10.3.4 行层次

在得到每个连通域4个方向的最近邻之后,计算连通域和最近邻之间的关系——最近邻连接强度(nearest neighbor connect strength,NNCS)。最近邻连接强度被定义为和两个连通域的大小差异、间距、交叠、偏移相关。

$$\text{NNCS}_i(k) = \alpha \dfrac{(S_i.\,\text{size} + S_j.\,\text{size})/2}{\omega_1 |S_i.\,\text{size} - S_j.\,\text{size}| + \omega_2 l(i,j) - \omega_3 o(i,j) + \omega_4 d(i,j)}$$

(10.5)

其中,$k=0,1,2,3$,分别表示左、上、右、下4个方向。$S.\,\text{size}$ 是行层次连通

域大小，$l(i,j)$ 是连通域的间距，o 是连通域的交叠，d 是连通域的偏移。α 是一个调节因子，主要用于在两个连通域都很小的时候，增强其最近邻连接强度，这是为了加强如花纹之类的连通域之间的连接性。

从这个定义里可以看到，当两个连通域大小越接近，距离越小，偏移越小时，连接强度越大，说明这两个连通域越倾向于属于同一行或同一列。

根据最近邻连接强度，我们可以获得初始的基元——候选行和候选列。在这个过程中，充分考虑了 4 个方向的相对最近邻强度大小。假设 W_{max} 为某个连通域在 4 个方向上的最大连接强度。如果 W_{max} 本身就很小，则去除所有最近邻连接。否则，将其他各个方向上的连接强度和 W_{max} 比较，当比值较小时，去除此方向上的连接。例如在横向文本中，左右最近邻的连接强度较大，因此由上下最近邻形成的纵向连接一般会被去除。而文本和噪声之间的大小差异或者偏移差异都会较大，连接强度小，因此连接基本上不会保留。

如图 10.2 所示，左图中很复杂的最近邻关系根据最近邻强度进行更新后，得到右图的新的最近邻关系已经能够很好地反映真实的连通域基元连接情况，从中获得的初始基元与最终基元更为接近，避免了将来的合并分裂操作。

图 10.2　基于最近邻强度的初始基元获取（见彩插）

在得到初始的候选行和候选列后，我们计算候选行列的可信度。根据可信度的定义，行列可信度和组成此候选行的所有连通域的可信度，所有连通域直接的最近邻连接强度以及整体性能表现相关。行的整体性能表现为其宽高比（对于列来说是高宽比）和整体线性。宽高比越大表示越可能是一行,整体线性则由连通域之间的偏移决定,组成此行的所有连通域的偏移越小,则越可能是实际的一行。假设 O 表示了所有的连通域之间的偏移组成的序列,我们采用了其中的最大值和中值的差异来表示这个整体线性。因此,可以定义行列可信度为

$$\lambda_i^{(L)} = \frac{\omega_1}{N} \sum_{m=1}^{N} \lambda_m^{(C)} + \frac{\omega_2}{\text{count}} \sum_{m=1}^{N} \sum_{k} \text{NNCS}_m(k) + \omega_3 R_A(L_i) + \omega_4 D_A(L_i) \tag{10.6}$$

其中,count 表示所有有效的最近邻连接的数目。$R_H(L_i) = 1 - L_i.h/L_i.w$,表示行的宽高比,$D_H(L_i) = 1 - [\max(O_H) - \text{median}(O_H)]/L.w$,表示行的整体线性,以及 $A \in \{H, v\}$。

然后我们再在可信度指导下进行行列的合并、分裂操作,不断优化初始的行列基元,以得到最终的最优基元划分。当一个候选行可信度太小时,我们在连接强度最小的几个分裂点中选择分裂后平均可信度最大的分裂点进行分裂操作。如果两个候选行有合并的可能并且合并后的可信度比合并前基元的平均可信度高,则进行合并操作。这个操作迭代地进行,直到没有分裂或合并操作为止。

由于在候选行列的选取过程中,有可能一个连通域基元既在一个候选行中,又在一个候选列中,这样造成了候选行列的混淆。如图 10.3 所示,其中"电""消"就造成了候选行列的混淆。因此,在得到所有最后的候选行列之后,我们还要进行混淆行处理。对于交叠在一起的候选行列,计算所有行和所有列的平均可信度,然后加以比较,保留可信度较大的类别中的行列基元。

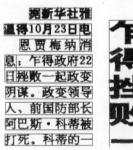

图 10.3 横竖混淆行的处理(见彩插)

经过上述的步骤,在产生模糊不易判断的候选行和候选列上,利用其周围的行列信息特征,避免了仅仅根据此行或此列本身的特征来进行判断,提高了判断的准确性。最终,每个连通域都只出现在一行或一列中,即得到了实际的行和列。

10.3.5 区域层次

区域层次的处理步骤基本上和行列层次是类似的。由于在区域层次已经有了行或列的基本数据,因此不必再对横纵两个方向同时计算,而且也没有最后的混淆行处理步骤。

于是,在区域层次我们仅计算行基元上下方向的最近邻和列基元左右方向的最近邻,然后计算最近邻之间的关系——列连接强度(LCS)。行连接强度仍然被定义为与两个行(列)基元的高度(或宽度)差异、间距、交叠、偏移相关。基元 L_j 在 k 方向上的行连接强度 $\text{LCS}_j(k)$ 定义为

$$\text{LCS}_i(k) = \frac{(L_i.h + L_j.h)/2}{\omega_1|L_i.h - L_j.h| + \omega_2 l_h(i,j) - \omega_3 o_v(i,j) + \omega_4 d_v(i,j)} \tag{10.7}$$

在行连接强度的指导下,可以获得初始的候选区域基元,然后计算候选区域的区域可信度。我们采用空白一致性和文本正交方向的最大空白比来确定区域可信度的整体性能。使用文本方向的投影中空白间隔的最大值和中值的差异来表示其空白一致性,如果差异很大,则倾向于不是一个文本区域。另外,在文本正交方向上的投影中,如果其最大的空白很大的话,也标明此区域的可信度很差,例如将两栏的文本合成了一个基元。假设 E_A 为行的平均高度, D 为文本方向投影中的空白序列, B 是文本正交方向的投影中的最大空白,则定义 $I_A = 1 - [\max(D) - \text{median}(D)]/E_A$ 为空白一致性, $K_A = 1 - B/E_A$ 为正交方向空白比。因此,区域可信度可以表示为

$$\lambda_i^{(R)} = \frac{\omega_1}{N}\sum_{m=1}^{N}\lambda_m^{(L)} + \frac{\omega_2}{\text{count}}\sum_{m=1}^{N}\sum_{k}\text{LCS}_m(k) + \omega_3 I_A + \omega_4 K_A \tag{10.8}$$

其中,count 是所有有效的行连接强度的数目。

在得到初始的区域基元和可信度之后,我们就可以在可信度指导下进行区域的合并、分裂操作。其过程与行基元的合并分裂基本类似,这里不再赘述。

10.3.6 页面层次

由于在页面层次已经得到了各个区域,版面分析的基本目的已经达到。页面层次只是进行一些后处理操作,例如删除没有在前面的过程中被合并到正常区域内的所有过小区域,对在连通域抽取阶段排除的特大型区域或者直到最后可信度仍然很小的区域进行图像、表格、分隔线的属性判定。一

般来说,表格区域具有和图像区域一样较大的连通域大小,但表格的横纵向投影有一系列的尖峰,并且非长黑像素游程的平均长度与文本区域类似,而长黑像素游程占总游程数目的百分比在一定的范围之内。根据这些特征可以将表格区域从图像区域中判断出来。

另外,在页面层次上一般还将进行简单的顺序调整,将区域的顺序按照一个比较合理的阅读顺序加以调整。

10.3.7 实验结果

我们在大量的图像上对本节提出的算法进行了测试。测试的样张共计300余张,包括复杂报纸版面38张(均为中文样张),其余为杂志或者简单的报纸版面(其中包括日文样张84张,韩文样张89张,其余为中文简繁体样张)。我们使用了一种基于区域的评价算法[58]来进行对分析结果的评价。这种算法通过比较标准结果(GroundTruth)中的区域和分析结果中的区域的几何位置来得到分析的正确率。其中,包括如下几个指标:

(1) 标准结果中的文本区域数目 N;

(2) 分析结果中的文本区域数目 M;

(3) 分析结果中的文本区域和标准结果中完全匹配的数目 K。

分析结果中的多个文本区域对应于标准结果中的一个区域,例如一个小标题和一个段落被分成了两个区域,而标准结果中是一个区域。这种情况并不影响识别,我们称为包容匹配。由于在建立标准结果文件时要求标准区域都进行了最大扩展,即达到标准区域数目最小的情况,因此相反的情况是不会出现的。假设标准结果中的区域数目为 C,分析结果是 D。我们定义正确率为 $(K+C)/N \times 100\%$,命中率为 $(K+D)/M \times 100\%$。

测试结果如表 10.1 所示。可以看到,复杂报纸的正确率在 70% 左右,一般样张的正确率在 80% 左右。命中率比较低,是因为本文提出的算法在分析时,其准则向文本倾斜,即尽量抽取出原始图像中的文本区域,因此有

表 10.1 版面分析测试结果

	样张数目	标准 N	分析 M	匹配 $(K+C)$	匹配 $(K+D)$	正确率 /%	命中率 /%
复杂报纸	38	1 517	2 398	1 054	1 416	69.48	59.05
中文	135	807	1 170	636	786	78.81	67.18
日文	84	394	764	327	487	82.99	63.74
韩文	89	464	819	318	504	75.53	61.53

许多比较模糊的区域(例如图像区域中的文本,带底纹的标题等)在标准结果中未作为标准区域,但分析成为文本区域。

图 10.4 是几个实际样张的分析结果。可以看到,本文所提出的算法不仅适合简单的杂志版面,也适合很复杂的报纸版面(图 10.4(d)),不仅适合中文的版面(图 10.4(a)),对日文(图 10.4(b))和韩文(图 10.4(c))的样张也能够很好地进行分析。由于本节所提出的统一的算法有效地避免了经验性的阈值和特殊的规则集合,因此对不同类型的页面也有着很强的适应性。

(a) 中文版面 (b) 日文版面 (c) 韩文版面 (d) 复杂报纸版面

图 10.4　实际样张的分析结果(见彩插)

10.4　版面理解和重构

10.4.1　版面理解和重构的需求

在版面分析可得到文档的物理结构的基础上,实际应用也提出了进一步的需求。当今世界信息事业的突飞发展,特别是信息网络的普及和广泛使用,大量文稿录入、电子出版、数字图书馆、办公自动化、电子文档资料存储和检索等往往要求识别后电子化的文档资料能够保持原有的版面,呈现原有文档资料的面貌。这就提出了对版面理解和重构的要求。

版面理解指的是获取文档图像的逻辑结构,即对版面分析得到的多个物理区域标记它们的逻辑属性。例如标题、作者、插图、正文,并标定正文区域的连接顺序等。版面重构就是根据版面分析和文字识别的结果自动地恢复出带版面格式的文档,并根据版面理解结果自动地创建目录索引,以产生可以用于浏览和出版发行的文档。

10.4.1.1 电子出版的需求

电子出版就是通过把文字、符号、图形、图像、动画、视频、音频等各种类型的信息加以数字化,通过使用计算机来进行创作、编辑、加工和集成,生成电子文档(electronic document)[59]。或者,简单地说,电子出版是指一个组织创建和发行数字化的信息[60]。电子文档可以在计算机上进行即时的表现,也可以存储在各种介质(例如磁盘、CD-ROM 等)里,还可以通过通信网络传输到网上的终端用户。

电子出版主要有下述优点。

(1) 电子出版具有极大的信息容量,易于保存,不易损坏。

(2) 电子出版一般都能提供帮助读者迅速找到所需信息的导航(navigation)、搜索(search)、超链接(hyperlink)功能。

(3) 电子出版可以让读者得到多媒体信息或者动态变化的信息。

(4) 电子出版一般提供了交互功能,人们的阅读不再是单向过程。

由于电子出版的上述优点,电子出版近年来得到了迅猛的发展,CD-ROM 的光盘出版物或者联机出版物都呈几何级数在增长着。

电子出版需要解决的问题主要有以下两点:一是信息的来源问题,二是信息的加工问题。

目前,CD-ROM 和网络的发展解决了大规模信息存储和流通的问题,而信息的获取或输入就成了相对比较落后的环节。而在这些信息中,最大量的仍旧是文本、图形、图像等基本的静态视觉信息。通过传统的 OCR,即对以前存储在纸媒介上的信息进行扫描得到图像,然后进行自动识别,可以用来解决大规模数据获取的问题。而在这里,相对于识别核心的发展,版面分析的正确率就成为影响 OCR 过程自动化程度的一个重要因素,如果需要大量的手动修改过程,则又极大地增加了人力和物力。因此,版面分析的研究对解决信息来源问题有着重要的意义。

关于信息的制作,对于没有电子排版数据的过刊,例如许多旧报纸、老刊物等,通过 OCR 得到内容信息后还需要重新进行排版,才能得到最终的电子出版物。这是一种重复性劳动,将浪费大量的人力、物力。因此,解决这一问题的方法就是能从扫描得到的图像通过自动版面分析和自动版面恢复,直接得到已经排好版的和原来格式一致的电子文档,无须或只需很少的人工修改,就可以形成可用于浏览和发行的结果。

10.4.1.2 数字图书馆的需求

Internet 和 WWW 时代的到来使得关于数字图书馆的研究成为热点。数字图书馆是信息的收集地,是以电子化的格式来存储材料,数字化信息在此集中并被整理,然后通过电子手段有效地访问和处理这些材料。因此,数字化图书馆的研究实际上可以看作是网络信息系统的研究[61]。数字图书馆有如下一些特点:

(1) 数字图书馆是信息的供应者,有大量的多种多样的信息,提供多种多样的服务,它甚至不需要有一个建筑物;

(2) 数字图书馆让人们以通行的界面,通过任何设备,从任何地方,在任何时间获取任何地点的经过组织整理的信息;

(3) 数字图书馆不是一个机构,而是一个概念,它强调对信息的提供和获取,而传统图书馆强调对馆藏的拥有。

美国早在 1994 年就开始了一个称作 DLI(Digital Library Initiative)的项目,其目的是促进数字形式信息的收集、存储以及组织,并使之能够通过网络进行查询、获取和处理。我国也于 2000 年开始启动了一项为期 6 年的"中国数字图书馆工程一期规划(2000—2005 年)"。

在数字图书馆的研究中,关键的技术在于大规模数据的数字化过程以及如何从大规模数据中查询和浏览特定部分。虽然目前很多研究集中在多媒体信息(例如视频、音频等)的数字化、压缩、检索和浏览这些比较热的课题上,但是一个图书馆中最基本的还是成千上万的图书资料,如何将这些图书方便地自动转换成为电子文档,并且方便将来的发布、检索和浏览,这些问题目前仍然没有解决得很好,依然成为制约数字图书馆发展和真正使用的一个重要的障碍。

实际上,数字图书馆的问题很大一部分仍然是信息的来源和制作问题,和电子出版有很多相近的地方,其研究领域也有很大的重叠。将数字图书馆独立出来的主要原因是它主要针对图书馆,并强调在网上的发布等,因此有网上的分布式检索和多语言联合检索等问题需要研究,但信息的来源和制作仍然是它所需要解决的重要问题。

10.4.2 文档结构模型

在介绍具体的版面理解和重构的方法之前,先介绍一下文档结构模型这一概念,这是文档分析中的重要概念,也是我们系统的基础。

10.4.2.1 文档结构

一篇文档由 3 个方面组成:内容、物理结构、逻辑结构。内容表示了一个文档的实际信息,具体表示为文本和图形图像等底层数据。物理结构则表示了一个文档在页面上是如何显示的,其中包括了这个文档被分为几个区域,各个区域的位置及其属性、正文区域中的字体字号格式等几方面信息。逻辑结构表示了一个作者是如何组织内容的,它不涉及具体的显示,主要包含了逻辑属性(如这个区域是标题、作者、正文或插图等)、阅读顺序(几个正文区域是按照什么顺序排列的)、段落层次(哪几个正文区域和插图构成章节,哪几个章节构成一篇文章)这几方面的信息。逻辑结构是用于传递文档语义信息的层次结构,一个相同的逻辑结构可以被格式化成不同的物理结构,例如更改页面的大小,文字的字体字号,段落之间的间距等信息,但是,文档所包含的语义没有改变。

对以上 3 方面的描述构成了一个文档结构,这 3 个方面在文档结构中都是同样重要的。目前,SGML(Standard General Markup Language,标准通用置标语言)[62] 和 ODA(Open Document Architecture,开放文档结构)[63] 是两个常用的文档结构定义。SGML 是为了出版环境而开发的,在美国使用较多。而 ODA 是为办公环境开发的,主要被欧洲国家采用。两种文档结构都是 ISO 国际标准(SGML:ISO 8879,ODA:ISO 8613),但是由于它们的复杂性,具体的系统中很少直接采用这两种标准。

10.4.2.2 JDA 结构

我们提出了 JDA(Joint Document Architecture)结构描述来描述文档模型[64]。JDA 结构可以同时提供逻辑结构和物理结构信息描述,它主要参考了以上两种标准,特别是 ODA 的思想,同时借鉴了一些实际的电子文档格式的标准,例如 RTF、HTML、PDF 等。JDA 的特点在于:同时包含逻辑层次与物理位置信息;可以对版面细节进行定位;易于编辑(由于我们同时要提供后编辑工具);支持多页文档描述。

JDA 文档结构模型的示意图如图 10.5 所示,在此图中,逻辑结构和物理结构都表示为树状描述,叶节点也即文档内容处形成逻辑结构和物理结构的相互结合。在物理结构上,只有简单的 3 层树状结构,其中页面层次中包含了页面的描述,因此 JDA 不仅可以支持多页文档,每页大小还可以不同。逻辑结构中各叶节点的顺序关系就反映了阅读顺序,各逻辑节点的包含关系就反映了逻辑层次关系,逻辑节点的值反映了它的逻辑属性。特别需要注意的是,JDA 中的逻辑属性是用户自定义的。这样,我们既可以提供预定的逻辑类型集,也可以由用户自己定制,所以逻辑结构描述能力具有更广泛的适用性。

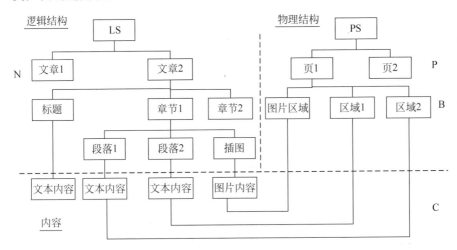

图 10.5　JDA 文档结构模型

10.4.2.3　文档转换

文档结构的提出,是为了我们在将一个系统中创建的文档转换到另一个系统用于浏览或编辑时,有一种结构性描述来保持其不变性。因此,在文档结构标准的定义中,有一个文档转换保真度(fidelity)的概念[65]。一般来说,保真度可以分为如下 4 个级别。

(1) 硬拷贝保真(hardcopy fidelity)　在不同的系统中,文档看上去或打印出来能够保持一致性。

(2) 内容保真(content fidelity)　在不同的系统中,文字、图像和其他内容信息被传递,这意味着文档的内容可以被改变或处理,但传递时不考虑它们的版面或逻辑结构信息。

(3) 结构保真(structural fidelity)　除了内容被传递外,逻辑结构和物理结构也被保持。例如,如果在一个系统中,两串文字分别是标题和正文,到了另外一个系统中,就必须也保持为标题和正文,而不是被转换为两个段落的文字。

(4) 编辑保真(editing fidelity)　文档的接收者可以对文档进行与发送者相同的编辑处理。同时,如果文档的发送者对编辑有某方面的限制,接收者需要以同样的方式限制编辑。

从电子出版的需求,即将纸面上的文档转换为用户可以阅读和浏览的电子文档来看,同样可以参考保真度的概念。不同的电子出版方案可以对应不同的保真度,如图10.6所示。

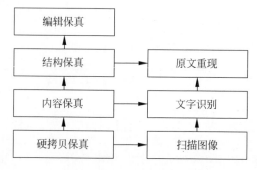

图10.6　文档转换保真度和电子出版不同方案的对应

直接使用扫描得到的原始图像来存储电子文档即可以达到硬拷贝保真级别的转换,但是这具有很多弱点,例如没有得到真正的文本信息,无法进行查询,也无法进一步使用其中的文本内容等。

将原始图像经过版面分析得到文字和图片区域,文字区域经过识别得到对应的文字信息,再加上一些无法识别的图片信息,可以实现内容保真级别的转换,但是原始的物理结构和逻辑结构没有得到保持,无法看到与原始文档一样的版面和哪些是标题等逻辑上的定义。而物理结构实际上表达了很丰富的信息,逻辑结构的标题、作者等信息也是很重要的。

在版面分析和文字识别的基础上,加上版面理解和版面重构的过程,转换实际上就可以达到结构保真的级别,即得到"原文重现"的电子文档,文档结构的3个方面:内容、物理结构和逻辑结构也就得到了保持。

编辑保真在我们的系统中是没有意义的,因为我们是从一个纸张媒介转换到电子文档,而编辑保真是指在两个电子文档转换时两边可进行同样的编辑操作。

因此，我们所要完成的基于识别的原文重现电子出版物制作系统就是希望达到结构保真的级别，能够最完整地实现从纸张媒介到电子文档的转换。

10.4.3 版面理解

版面理解的算法基本上分为两类：基于模板的算法和基于规则的算法。基于模板的算法要求文档的版面具有一致的特点，可以通过手工建立或者在有监督的条件下学习出模板用于匹配[3]。由于复杂版面的中文报纸排版随意，没有一致性，因此无法简单地表示为模板。基于规则的算法则适应性较强，但目前许多基于规则的算法需要文档有一个简单的物理结构表示，例如树结构[4]或空间关系图[5]，规则在此结构上进行。由于报纸版面的复杂性，标题和图片嵌入文本区域的情况很多，也无法用简单的结构来表示。

我们提出了一种基于排版规则的、由底向上的生长算法来进行版面理解工作。这种算法是处在版面分析、文本的行字切分以及识别模块之后，因此它的输入信息是所有区域的位置大小信息以及所有文字块的外接矩形等最底层的数据。根据总结出的一些排版规则，此算法从所有文字块的外接矩形出发，自底向上逐步进行生长，从而得到文本行、文本块、文本栏、文本栏组、文章、标题、段落章节这些逻辑结构信息。由于规则是基于最底层数据的，也即字符大小位置和文本行位置等，因此，这种算法对版面的结构没有特殊要求，可以处理如中文报纸类的比较复杂的版面。下面介绍算法的具体流程。

10.4.3.1 排版规则

从大量实际的文档图像样张中，我们总结出下面5类重要的排版规则。

(1) 分栏规则(R1)：文章被划分为栏；一篇文章中的栏具有相同宽度；相邻文章栏宽一般来说不同。

(2) 行距规则(R2)：同一部分文字具有相同的行间距；较大的行间距表示不同的两部分文字间隔。

(3) 对齐规则(R3)：文字段落通常作两端对齐的排列；如果有标题或插图嵌入文本区域时，文字在剩余的空间内作两端对齐的排列。

(4) 标题规则(R4)：标题的字数少，行数少，字号大；标题一般出现在正文的上方、左边、右边或嵌入中间，通常在横竖两个方向的某个中轴附近或在文本的角落；主标题字体比副标题大，副标题靠近主标题；章节标题在引导的章节的开头。

（5）段落规则（R5）：有几种标准段落格式（首行有 3 种情况：缩进、悬垂或不缩进、末行不满一整行）；嵌入的标题和图片会使标准段落格式发生变化。

版面理解过程是建立在识别之后的，其输入信息是经过版面分析、行字切分和字符识别之后的完整的字符及行列位置信息。根据上面的 5 条规则，就可以通过块生长的方式完成版面理解。

10.4.3.2 文本块生长

根据规则 R2、R3，将一系列具有相同方向、相似的字号和行间距的相邻文本行组成文本块，文本块的边界是字符的大小发生明显变化或者是行间距和文本块的平均行间距发生明显变化的地方，并不一定要求文本块是矩形的。根据标题规则 R4，对每个文本块进行分类判决，将得到的文本块分类为标题（较少的行及较大的字号）和正文（较多的文本行及较小的字体）。

10.4.3.3 栏目生长

一般情况下，一个文本块就是一个栏目，但也有例外，同一个分栏的文字区域可能因为不同的宽度和间隔而分成不同的文本块。如图 10.7 所示，A, B, C 都是文本块，但因为 A 和 B 之间的距离和块内的平均行间距差异较大，因此未被组合成一个文本块。C 和 B 也一样。此时我们根据规则 R1 将这些分开的文本块合并为一个栏目。

图 10.7　组合块构成栏目

最后，我们将具有近似宽度和间隙的邻近的分栏组合成栏目组。一个栏目组一般对应了一篇文章的正文部分,并可能包括多个栏目。

10.4.3.4 栏目和标题匹配

根据标题规则 R4 中列出的标题和正文的位置关系并参考实际样张,可以得到 10 种标题和栏目位置的匹配模型。对于所有标题,检查它和每个栏目组的相对位置关系,将其与所有的栏目组按照这些模型加以匹配,如果符合,那么将其划入这个栏目组中并构成一篇文章。一篇文章可以有多个对应的标题。

10.4.3.5 段落章节划分

根据段落规则 R5 所定义的段落的标准形式,可以对段落加以判断。但是由于标题或图片区域的嵌入和绕排,标准的段落形式会发生变形。可以通过扩展基本块的方式将变形区域恢复成标准的段落形式后再加以判断。

根据标题规则 R4,在一篇文章中如果有多个标题,最大字号的标题将作为主标题。如果某个标题和主标题所组成的区域与正文区域没有交叠,则将其判为副标题。主副标题之外的所有标题作为章节标题,而与章节标题距离最近的段落则成为此章节的第一个正文段落,据此将章节标题安排到顺序化的段落中。

至此,版面理解过程就得到了每个区域的逻辑属性、文章的层次结构以及阅读顺序。

10.4.4 版面重构

在版面分析、文字识别、版面理解的结果的基础上就可以进行版面的重构,将其转换成保持原有版面格式的内容可编辑的电子文档,以满足"原文重现"的要求。这里需要解决的问题有两个:一是采用何种格式进行重构,二是如何修改重构的结果。

目前流行的几种电子文档格式为:RTF(Rich Text Format),PDF(Portable Document Format)以及 HTML(HyperText Markup Language)等。由于 PDF 使用 PostScript 语言的图像模型来表示一个页面,能够很精确地表示任何文本和图像的位置,因而对于复杂报纸版面来说是最适合的。但是其他格式也有各自的特点,HTML 更适合直接进行网上发布,RTF 更适合一般办公文档。

版面重构的结果与原始文档会有所差异,一是因为重构之前的步骤中并不能提供所有所需信息,例如准确的字体信息;二是重构步骤本身可能受到算法或误差积累的影响。另外,用户可能要进一步修饰重构的结果,例如OCR处理的是黑白图像,而原始文档若是彩色的并希望恢复出彩色文档,就需要修改文字颜色,替换彩色图片等。

为了使系统应用范围更广,并且满足版面修改的需要,使用内部的文档描述格式——JDA作为版面重构的结果,并且在JDA格式上完成了一个版面编辑器。在此编辑器上可以修改重构结果,最后从这个中间格式转换成为用户期望的任何电子文档格式。

10.4.4.1 版面恢复

在文档内容被识别、文档逻辑结构被抽取之后,我们需要将它们转换成为一种内容可编辑的并且保持原有版面格式的电子文档,以达到"原文重现"的要求。这就是版面恢复的步骤。由于版面分析、理解所得到的结果和识别所得到的结果都是完整的,因此版面的重构在算法上不存在太大的难度。算法主要分为如下几个步骤。

字号估算:由于我们得到的每个字的外接矩形是字符的切分框,它和排版时的字符框不是对应的,例如"一"字的切分框是一个扁平框,而字符框仍然是一个大的方形框,对于标点符号,这种情况更为明显。因此,必须根据整行的情况来对字号进行估算并根据不同字符作一定调整。

倾斜校正:由于扫描图像有可能有倾斜,虽然对识别影响不大,但重构时应该恢复出严格不倾斜的结果,因此需要对每行的基线进行倾斜校正,然后将每个字符的字符框更改为不倾斜情况下的矩形。

重排:对每个文本行,根据估算出的每个字符的字号以及行首和行尾位置,均匀地排放每个字符的字符框。对于非文本区域,则简单地复制原始图像中这个区域的图像,这样就能够得到重构后的版面结果。

为了适应最终输出的各种需求,我们使用自己的文档描述格式,即JDA格式,作为版面恢复后的结果格式,以便于转向各种不同的所需要的格式。

10.4.4.2 版面编辑器

对于版面恢复的结果来说,肯定有一些不准确的地方。一方面是由于目前有些信息在之前的步骤中还不能提供,例如准确的字体信息;另一方面是重构算法本身需要进行一些计算,因此可能受到算法或误差积累的影响。

另外，用户还有可能需要进一步修饰重构的结果，特别是由于一般 OCR 使用的都是黑白图像，如果原始文档是彩色的并希望恢复出彩色的电子文档来，就需要进一步地修改文字颜色，替换彩色图片等。综合上面两个方面的要求，我们实现了一个版面编辑器（JdaEdit），用于对重构后的版面结果，即 JDA 格式的文件作进一步的编改。此版面编辑器可以完成如下功能：

- 增加、删除、修改字符（包括可以校正 OCR 识别错误的字符）；
- 修改字体、字号、字符颜色；
- 精确调整任何一个文字的位置；
- 替换图片区域；
- 导出成其他电子文档的格式。

10.4.4.3 导出电子文档

我们使用 JDA 结构作为中间结构，并在 JDA 结构的基础上完成了一个版面编辑器。但我们最终的目的是要得到一种电子文档格式，这种电子文档格式应该是流行的并可为大多数用户直接浏览的。因此我们比较了一些流行的电子文档格式，并使用下面几种作为在版面编辑器中可以导出的格式。

RTF[66] 规范比较简单而且是公开的，另外又得到了最为流行的字处理软件 Microsoft Word 的支持，因此使用非常广泛。但由于 RTF 面向的是字处理领域，而不是电子出版领域，因此它对版面的描述能力有所欠缺，对于一个复杂版面的描述显得比较笨拙。

PDF[67] 可以让用户能够方便、可靠地交换和观看电子文档，而无论这些电子文档是在什么环境下创建的。PDF 使用了 PostScript 语言的图像模型来表示一个页面，因此它能够很精确地表示任何文本和图像的位置。除此之外，PDF 还支持许多特征，如文本和图像压缩、字体嵌入、增量修改、Internet 支持等。它的浏览器 Acrobat Reader 是免费软件并且提供了许多方便用户交互浏览的特征，例如超链接、书签、标注等。这些特征使得 PDF 已经成为电子出版领域事实上的标准文档格式。

HTML[68] 可以生成 WWW 浏览器直接阅读的文档。早期版本的 HTML 规范不支持文本和图像的精确定位，也不支持精确的字符大小、段落缩进等的定义。但在 HTML 4.0 版本中已开始支持 CSS（Cascading Style Sheet）标准[69]，这个标准支持许多排版上的特性。

从上面的描述可以看到，每种电子文档格式都有自己的特点。这也是本系统采用 JDA 作为中间格式的原因,这样可以提高系统的适应性和可扩充性,转换成为用户所需要的任意的文件格式,甚至可以存入专用的数据库中。

10.4.4.4 转换结果实验

我们从《人民日报》《参考消息》《深圳特区报》等报纸中任意选取了一些样张进行扫描,并在这些图像上测试了我们的版面分析、版面理解和版面重构的整个版面处理流程,得到了比较满意的效果。

图 10.8 是一个实际图像例子,图 10.8(a)是版面分析的结果,没有错误;图 10.8(b)是版面理解的结果,这里有一个错误:中部的一个标题被匹配到上面一篇文章中。这是由于带有底纹的标题目前是当作图像区域来处理的,因此在版面理解的过程中没有参与标题和栏组的匹配,如图中的标题"企业经营新潮流"。图 10.8(c)是版面重构的结果(已转换成 PDF 格式),恢复的结果和原图像基本一致。

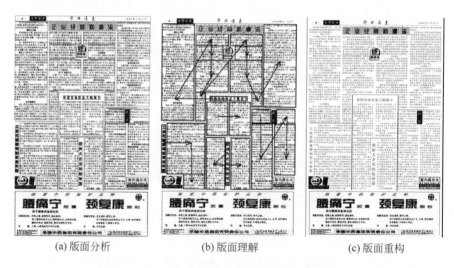

(a) 版面分析　　　　　　(b) 版面理解　　　　　　(c) 版面重构

图 10.8　TH-OCR 2000 的实验结果(见彩插)

10.4.5　原文重现的电子出版物制作系统

综合上述版面分析、版面理解和版面恢复算法的步骤,并结合 OCR 汉字识别核心,我们完成了一个从版面分析、识别、版面理解直至重构的完整系统,即基于识别的原文重现电子出版物制作系统,此系统可以直接将报纸转换为多种电子格式文档。

10.4.5.1 系统结构

基于识别的原文重现电子出版物制作系统实现了由普通纸张上的文档原式原样地自动转化为计算机可以阅读、查询和理解的电子文档的功能。这个系统有两个方面的重要的改进。

(1) 使用极大字符集和超多种字体的印刷汉字识别核心进行识别,并提出创造性的纵向校对与传统横向校对相结合的方法,将识别校对后的电子文本的错误率降低到万分之一以下,可使文档达到出版质量的要求。

(2) 同时支持彩色、灰度、二值图像,可对复杂报纸版面进行自动版面分析、版面理解和重构,将文字信息、版面信息、逻辑结构信息按原来的面貌重新恢复出来,并可用 PDF、HMTL、RTF 等标准的文档格式输出成可供计算机阅读和查询检索的、具有原文重现版面的数字化文档。

可以看到,本系统的一个改进是有关识别核心和校正方法的(目的是为了提高识别和校正后的最终结果的正确率),以满足出版质量的要求,解决的是数据重录,即信息的来源问题;另一个改进则是将版面信息的获取和处理提高到了一个很重要的程度,从而为解决电子出版物的制作提供了极大的方便,解决的是版式重排,即信息的制作问题。整个系统的结构如图 10.9 所示。

10.4.5.2 实际应用

从 1999 年起,本系统已在湖南省青苹果数据中心使用,并已利用它完成了一批 CD-ROM 光盘电子出版物的制作。例如,《南方周末》《家庭藏书》《深圳特区报》电子版等。《南方周末》15 年(1984—1998 年)电子版合订本,将《南方周末》创刊 15 年以来的全部内容和版式,共计 776 期,6 800 余版,5 000 万字,10 000 余幅图片自动转换为 PDF 格式的光盘出版物,既保留纸型报刊原版原式、图文并存的全部特征,又具备全文检索功能,如图 10.10 所示。此电子出版物就是第一个试用本系统的产物,实际应用取得了很好的效果,大大加快了此出版物的制作过程。

青苹果数据中心还将 1949 年开始至今,所有 60 余年的《人民日报》特别是只有纸质保留的报纸篇章,利用 TH-OCR 2000,通过版面分析理解⇒文档识别⇒版面重构,进行了《人民日报》的全信息数字化,成为保留原始版面的数字化报纸(图 10.11)。使报纸内容容易压缩、传输和查询,有史以来首次实现了纸质报纸文档的全信息数字化。

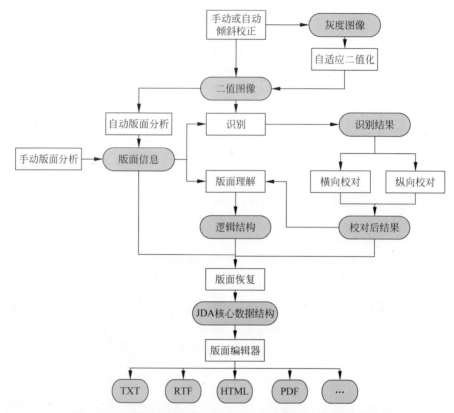

图 10.9　基于识别的原文重现电子出版物制作系统的系统结构

同时,本系统一直在向其他有大规模录入和自动出版物制作需求的数据中心、图书馆、光盘出版物制作单位推广,并已有一大批的用户,如国家外贸部、国家工商局商标服务中心、辽宁省出版集团、中国热带农业科学院信息中心、湖南进出口检疫局、陕西省地震局、中国食品报、沈阳图书馆、厦门市图书馆、南京金陵图书馆、上海交通大学图书馆、上海第二医科大学图书馆、中国农业大学图书馆、中央广播电视大学图书馆、福州大学图书馆、厦门大学图书馆、厦门中医学院图书馆、河北大学图书馆、信息产业部电子第十研究所、山东泛太资讯科技、广州涛声科技等三十多家单位,对这些单位文献资料的整理、数字图书馆的建设、电子出版物的制作和发行都起到了良好的推动作用。

TH-OCR 2000 基于识别的原文重现电子出版物制作系统也于 1999 年 7 月通过了国家教育部组织的鉴定。鉴定意见认为:"本系统提供了一个良

第 10 章 文档版面自动分析和理解

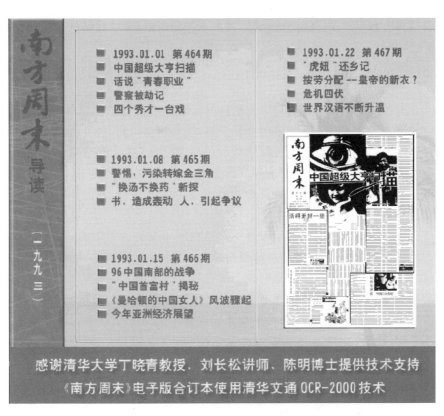

图 10.10 《南方周末》电子出版物（见彩插）

(a) 版面分析后的
原始图像

(b) 识别后版面重建后
的全信息数字化文本

(c) 《人民日报》电子版缩印本集

图 10.11 TH-OCR 2000：复杂版面自动版面分析、识别、理解、高保真重构（见彩插）

好的编辑工具，使用户可以低成本、高效率完成编辑工作，为我国信息资源建设提供了一个高质、高效、规模化生产的工具，是一个有意义的创举。将有效解决数据重录、版式重排成本居高不下的困难,改变我国电子出版物的生产状况"。

10.4.5.3 系统意义

本系统的研制和应用对中文信息的世界传播意义重大。

计算机技术和网络技术的蓬勃发展,使人们意识到,过去几千年保存的大量印刷品材料可以转换为数字化的信息,既可以刻录到光盘上发行到个人手中,也可以通过网络和世界范围的用户共享。在这一方面,虽然中国拥有丰富的文化遗产和宝贵的资源,但数字化程度却很低,和国外相关技术之间仍然有着很大的差距。

造成数字化程度低的原因之一就是由于中文输入不方便,中文版面格式复杂,因此电子出版物的制作很困难。如果能够有效地解决这一问题,不仅能在电子出版或数字图书馆建立的过程中大大减轻劳动力代价,提高自动化程度,更快、更好地实现电子出版物的制作和信息的数字化,使得信息的发布更加方便和快捷,而且更重要的意义在于,可以宣传我们几千年的民族文化,让宝贵的遗产资源在新的信息社会中重获新生,这对于整个国家是一件很有益的事情。

目前印刷体汉字识别的核心已经可以达到实用化的要求,但其他部分,如版面的处理等就显得有些不足,因此也成为 OCR 系统整体性能的一个瓶颈。对于印刷品来说,除了文字信息之外,版面信息也是很重要的一类信息。OCR 核心可以利用文字信息来进行识别,解决出版内容生成的问题,而我们也可以利用版面信息来自动地进行版面方面的处理,以解决出版内容制作的问题。版面分析、理解和版面恢复的问题,处在识别核心的两端,因此,也就需要针对版面的结构加以研究。而对这些问题的研究进一步拓展了 OCR 技术的研究范围,提高了 OCR 产品的整体性能,以更好地适应中文信息输入的需求。

另外,原来的 OCR 识别和版面分析等过程基本上都局限在二值图像,而现在印刷材料自动复原的系统可以直接处理灰度或彩色图像,因为恢复出来的文档中必须是灰度或彩色的。因此,直接在灰度图像或彩色图像上进行版面分析或识别也是对 OCR 技术另一方面的拓展。

现在,OCR 的应用范围还比较窄,主要局限在办公自动化领域,而在大规模的数据录入上,由于现有 OCR 的一些缺陷,并没有得到特别广泛的使用。而事实上,社会对数字化信息的需求是惊人的,这些信息的量都是以亿字,甚至以亿亿字计的。如果能较好地完成从扫描、版面分析、识别、校对到最终版面恢复,生成电子文档可供发布和浏览的全过程,实现"完整"的电子出版物制作的流程,OCR 技术必然会得到更加广泛和有效的应用,真正用于大规模的数据录入和制作上。因此,印刷材料自动版面复原问题的解决和系统的实现是使 OCR 产品的使用规模化、产业化的一个良好的出发点。

10.5 本章小结

在当今世界网络信息化潮流中大数据起着关键的作用,而纸介质文档的信息数字化是大数据资源的重要由来,起着至关重要的作用。纸介质文档的信息数字化除了利用对已经成熟的文档内容进行汉字识别以外,还必须解决对重要和复杂的文档版面图像信息的分析、理解和获取,以及进一步解决数字化电子出版系统的电子文档版面重构的"原文重现"问题。本章对此进行了仔细、深入和全面的分析,并对实现的基于识别的原文重现电子出版物制作系统 TH-OCR 2000 进行了详细的介绍。

参考文献

[1] Wong K Y, Casey R G, Wahl F M. Document analysis system. IBM Journal of Research and Development, 1982, 26(6): 647-656.

[2] Wahl F M, Wong K Y, Casey R G. Block segmentation and text extraction in mixed text/image documents. Computer Graphics and Image Processing, 1989, 20: 375-390.

[3] Nagy G, Seth S. Hierarchical representation of optically scanned documents. In: Proc. of the 7th ICPR, vol. 1. Montreal, Canada, 1984: 347-349.

[4] Nagy G, Seth S, Viswanathan M. A prototype document image analysis system for technical journals. IEEE Computer, 1992, 25: 10-22.

[5] Dengel A. NASTASIL: a system for low-level and high-level geometric analysis of printed documents. In: Baird H S, Bunke H, Yamamoto K, eds. Structured Document Image Analysis. Berlin Heidelberg: Springer-Verlag, 1992: 71-97.

[6] Wang D, Srihari S N. Classification of newspaper image blocks using texture analysis. Computer Vision Graphics and Image Processing, 1989, 47: 327-352.

[7] Sylwester D, Seth S. A trainable, single-pass algorithm for column segmentation. In: Proceedings of the 3rd ICDAR, Volumn Ⅱ, 1995: 615-618.

[8] Higashino J, Fujisawa H, Nakano Y, et al. A knowledge-based segmentation

method for document understanding. In: Proc. 8th Int'l Conf. on Pattern Recognition, Paris, France, 1986: 745-748.

[9] Fujisawa H, Nakano Y. A top-down approach to the analysis of document images. In: Baird H S, Bunke H, Yamamoto K, eds. Structured Document Image Analysis. Berlin Heidelberg: Springer-Verlag, 1992: 99-114.

[10] Tan C L, Yuan B, Huang W, et al. Text/graphics separation using agent-based pyramid operations. In: Fifth ICDAR'99. Bangalore, India, 1999: 20-22.

[11] Tan C L, Zhang Z. Text block segmentation using pyramid structure. In: Proceedings of SPIE, Document Recognition and Retrieval Ⅷ. San Jose, USA, 2001: 297-306.

[12] 陈明. 联机手写汉字识别与版面自动分析处理的研究. 北京:清华大学电子工程系学士毕业设计论文,1993.

[13] 王海琴,戴汝为. 基于投影和递归的版面理解算法. 模式识别与人工智能,1997, 10(2): 118-126.

[14] 周杰,马洪. 基于数学形态学的版面分割. 四川大学学报(自然科学版), 2000, 37(2): 174-180.

[15] Iwaki O, Kida H, Arakawa H. A segmentation method based on office document hierarchical structure. In: Proc. IEEE Int'l Conf. on Systems, Man and Cybernetics. Alexandria, VA, 1987: 759-763.

[16] Kubota K, Iwaki O, Arakawa H. Document understanding system. In: Proc. 7th Int'l Conf. on Pattern Recognition. Montreal, Canada, 1984: 612-614.

[17] Fletcher L A, Kasturi R A. A robust algorithm for text string separation from mixed text/graphics images. IEEE Trans. on PAMI, 1988, 10(6): 910-918.

[18] Tsujimoto S, Asada H. Major components of a complete text reading system. Proceedings of the IEEE, 1992, 80(7): 1133-1149.

[19] O'Gorman L. The document spectrum for page layout analysis. IEEE Trans. on Pattern Analysis and Machine Intelligence, 1993, 15: 1162-1173.

[20] Tan C L, Yuan B. Document text segmentation using multi-band disc model. In: Proceedings of SPIE, Document Recognition and Retrieval Ⅷ. San Jose, USA, 2001: 212-222.

[21] 周长岭. 中文 OCR 的版面分析算法初探. 见:第六届全国汉字识别学术会议论文集. 重庆, 1996: 137-142.

[22] 田学东,郭宝兰. 汉字识别系统中的版面分析算法. 微机发展, 1999, (1): 8-9.

[23] 刘定强,张欣中. 基于组件的中文版面分析. 中文信息学报, 2000, 14(2): 8-13.

[24] Kida H, et al. Document recognition system for office automation. In: Proceedings 8th ICPR, 1986: 446-448.

[25] Ha J, Haralick R M, Phillips I T. Document page decomposition using bounding

boxes of connected components of black pixels. Proceedings of the SPIE'95, Document Recognition Ⅱ, 1995.

[26] Liu J M, Tang Y Y, Suen C Y. Chinese document layout analysis based on adaptive spilt-and-merge and qualitative spatial reasoning. Pattern Recognition, 1997, 30 (8):1265-1278.

[27] 李一兵. 版面分析与理解. 北京:清华大学电子工程系硕士学位论文,1996.

[28] 张利,朱颖,吴国威. 基于游程平滑算法的英文版面分割. 电子学报,1999,27 (7):102-104.

[29] Baird H S, Jones S E, Fortune S J. Image segmentation by shpae-directed covers. In: 10th ICPR. 1990:820-825.

[30] Baird H S. Background structure in document images. In: Proc. 1992 IAPR Workshop on SSPR. 1992.

[31] Ittner D J, Baird H S. Language-free layout analysis. In: Proc 2nd Int'l Conf. Document Analysis Recog(ICDAR). 1993:336-340.

[32] Pavlidis T. Page segmentation by white streams. In: Proc. 1st Int'l Conf. Document Analysis and Recognition (ICDAR). 1991:945-953.

[33] Kise K, Yanagida O, Takamatsu S. Page segmentation based on thinning of background. In: Proc. of the 13th International Conference on Pattern Recognition, Vienna, Austria, 1996:788-792.

[34] Akindele O T, Belaid A. Page segmentation by segment tracing. In: Proc. 2nd Int'l Conf. Document Analysis Recog. (ICDAR). 1993.

[35] Antonacopoulos A, Ritchings R T. Flexible page segmentation using the background. In: Proc. IAPR Int'l Conf. Pattern Recognition, 1994:339-344.

[36] Antonacopoulos A, Ritchings R T. Representation and classification of complex-shaped printed regions using white titles. In: Proceedings of the 3rd ICDAR, Montreal, Canada, 1995:1132-1135.

[37] Antonacopoulos A. Page segmentation using the description of the background. Computer Vision and Image Understanding, 1998, 70(3):350-369.

[38] 黄冬萍. OCR预处理技术——从版面分析到字符切分. 沈阳:东北大学计算机系硕士学位论文,1997.

[39] 江世盛,吴显礼,李志峰. 基于分隔子的中文版面分割方法. 见:第七届全国汉字识别学术会议论文集. 昆明,1999:88-96.

[40] Kise K, Sato A, Matsumoto K. Document image segmentation as selection of Voronoi edges. In: Proceedings of the Workshop on Document Image Analysis, 1997:32-39.

[41] Yuan Q, Tan C L. Page segmentation and text extraction from gray scale image in microfilm format. In: Proceedings of SPIE, Document Recognition and Retrieval Ⅷ, San Jose, USA, 2001:323-332.

[42] 章毓晋. 图象分割. 北京:科学出版社,2001.

[43] Scherl W, Wahl F, Fuchsberger H. Automatic separation of text, graphic and picture segments in printed material. In: Gelsema E S, Kanal L N, eds. Pattern Recognition in Practice. North-Holland, Amsterdam, 1980: 213-221.

[44] Sauvola J, Pietikainen M. Page segmentation and classification using fast feature extraction and connectivity analysis. In: Proceedings of the 3rd ICDAR, Montreal, Canada, 1995: 1127-1131.

[45] Sauvola J, Pietikainen M, Koivusaari M. Predictive coding for document layout characterization. In: Proceedings of the Workshop on Document Image Analysis, 1997: 44-50.

[46] Jain A, Bhattacharjee S. Text segment using Gabor filters for automatic document processing. Machine Vision and Applications, 1992, 5 (3): 169-184.

[47] Jain A, Bhattacharjee S K, Chen Y. On texture in document image. In: Proceedings of Computer Vision and Pattern Recognition, 1992: 677-680.

[48] Jain A, Zhong Y. Page segmentation using texture analysis. Pattern Recognition, 1996, 29 (5): 743-770.

[49] Chen J L. A simplified approach to the HMM based texture analysis and its application to document segmentation. Pattern Recognition Letters, 1997, 18: 993-1007.

[50] Chen J L, Kundu A. Unsupervised texture segmentation using multichannel decomposition and hidden Markov model. IEEE Trans. on Image Processing, 1995, 4 (5): 603-619.

[51] Etemad K, Doermann D, Chellappa R. Multiscale segmentation of unstructured document pages using soft decision integration. IEEE Trans. on Pattern Analysis and Machine Intelligence, 1997, 19(1): 92-96.

[52] Choi H, Baraniuk R. Multiscale document segmentation using wavelet domain hidden Markov models. In: Proceedings of SPIE Document Recognition and Retrieval Ⅶ. Volume 3967, San Jose, Califorina, 2000: 234-247.

[53] Li J, Gray R M. Context-based multiscale classification of document images using wavelet coefficient distributions. IEEE Trans. on Image Processing, 2000, 9(9): 1604-1616.

[54] Li J, Najmi A, Gray R M. Image classification by a two-dimensional hidden Markov model. IEEE Trans. on Signal Processing, 2000, 48 (2): 517-533.

[55] Liang J, Phillips I T, Haralick R M. A statistically based, highly accurate text-line segmentation method. The Fifth International Conference on Document Analysis and Recognition, ICDAR '99, India. 1999.

[56] Ishitani Y. Document layout analysis based on emergent computation. In: Fourth ICDAR, 1997: 45-50.

[57] 蒋加伏,叶吉祥. 计算机视觉系统研究中存在的问题及解决思路. 长沙交通学院学报,1999,15(1):13-17.

[58] Peng L R, Chen M, Liu C S, et al. An automatic performance evaluation method for document page segmentation. In: Proc. 6th ICDAR, Seallte, 2001: 134-137.

[59] 吴新瞻. 迎接出版技术革命. 科技与出版,1996,6.

[60] Abadia T. An environmental and economic assessment of developing electronic publishing technologies. http://www.duke.edu/~tsa1/pers/mp/.

[61] Schatz B, Chen H. Building large scale digital libraries. IEEE Computer, 1996, 29(5): 22-26.

[62] Travis B E, Waldt D C. The SGML implementation guide: a blueprint for SGML migration. Springer, 1995.

[63] International Organization for Standardization (ISO). (ISO 8613) Information Processing—Text and Office Systems — Office Document Architecture (ODA) Part 1-8, 1988.

[64] 梁健. 印刷品版面理解及其重构技术的研究与系统实现. 北京:清华大学电子工程系硕士学位论文,1999.

[65] Pietro Mancino Ericsson Telecom AB, Can the Open Document Architecture (ODA) standard change the world of Information Technology? Article, Sept. 1994.

[66] Microsoft Product Support Services. Rich Text Format (RTF) Specification and Sample RTF Reader Program.

[67] Adobe Systems Incorporated. Portable Document Format Reference Manual. Addison-Wesley Publishing Company, 1993.

[68] World Wide Web Consortium. HTML 4.0 Specification. http://www.w3.org/TR/REC-html40.

[69] World Wide Web Consortium. CCS 2.0 Specification. http://www.w3.org/TR/REC-CSS1.

[70] Pavlidis T, Zhou J. Page segmentation and classification. Computer Vision Graphics Image Processing, 1992, 54(6): 482-496.

第 11 章 蒙藏维多文种识别

11.1 引言

文字识别作为模式识别中的一个有代表性的分支,在以汉字、英文等东、西方主要字符集为对象的研究中已经取得极大的成功。我国是一个多民族国家,开展民族文字识别技术研究具有重要的理论价值、突出的社会意义、迫切的现实需求和广阔的应用前景。蒙古文、藏文、维吾尔文等民族文字的特殊性使其识别问题与汉英文字的识别有极大的不同,而在文献[1]民族文字识别研究开始时,国内外对该课题的研究基本上还是空白。在此背景下,文献[1]以多字体印刷藏文、维吾尔文、蒙古文为代表对主要民族文字识别技术展开全面的研究,是很有意义的。

本章从研究民族文字有别于汉字和英文的特点出发,研究和确立了民族文字基于识别基元的统计识别的总体方案,为多种民族文字识别问题提供了一套完整而行之有效的解决方案[5]。针对非方块民族文字的独特字形,提出了基于基线的分块规一化总体识别方案,最大限度地从图像层面减小字符变形。

结合民族文字的特点,在高性能统计特征提取、高效的分层多级分类策略等方面加以研究,为民族文字高性能识别打下基础。并以藏文为例介绍了文本识别切分和后处理关键技术。同时,在以上技术的基础上,成功地建立了统一平台上的多民族文字识别系统,实现了对多种民族文字印刷文档图像的识别,最终,实现了民-汉跨文种的识别理解系统。主要性能指标已能初步满足实用化的需要。

11.1.1 蒙藏维文识别

我国是一个多民族国家,除汉族外还有分布于全国各地的 55 个民族。

在长期的历史发展过程中,各民族用自己的勤劳智慧共同创造了中华民族的灿烂文化。同时,各民族本身也积累了各自独特而丰富的文化成果。

我国现行的民族文字大多是拼音文字,按照字母的来源可以分为 5 大类。

(1) 以古印度字母为基础的文字:藏文、傣文等;

(2) 以回鹘字母为基础的文字:蒙古文、锡伯文、满文等;

(3) 以阿拉伯字母为基础的文字:维吾尔文、哈萨克文、柯尔克孜文等;

(4) 以拉丁字母为基础的文字:壮文、布依文、侗文、苗文、土文、傈僳文、纳西文、拉祜文、哈尼文、佤文、景颇文、载瓦文等;

(5) 以独创字母为基础的文字:朝鲜文。

除拼音文字外,还有部分属于音节文字,如传统彝文和四川彝文等。

最新的国家标准 GB 18030—2000《信息交换用汉字编码字符集基本集的扩充》收录了藏、蒙古、维吾尔等主要民族文字。藏文、蒙古文、彝文等编码字符集已进入国际标准化组织(ISO)制定的 ISO/IEC 10646 标准编码体系;维吾尔字符集中与阿拉伯字符集的交集以阿拉伯字符的形式出现在上述编码体系的基本平面,其余字符则被作为阿拉伯字符集的补充集纳入该体系。

我国现有 33 种民族文字需要计算机处理。其中的蒙古文、藏文、维吾尔文、哈萨克文、朝鲜文、壮文和彝文这 7 种文字(如图 11.1 所示)在影响力、信息化基础(字符集确认、编码标准等)等方面明显高于其他 26 种文字。

拉丁文字最早作为文字识别的研究对象已获得最全面而深入的识别研究,是所有文字识别中发展最成熟的。壮文完全采用拉丁字符集,可直接采用现有的拉丁文字识别技术;尽管目前开展彝文识别研究的条件尚不成熟,彝文识别近年来已有研究报道[58];哈萨克文与维吾尔文来自同一文字体系,只有字符略有不同。

本章主要对藏文、维吾尔文和蒙古文这 3 种主要民族文字的识别技术进行阐述。藏文与其他以古印度字母为基础的拼音文字具有一定的相似性;维吾尔文与哈萨克、柯尔克孜文有 80% 以上的字符完全一致;蒙古文与满文、锡伯文为同一体系,彼此间相似度极高。目前已经具备了开展上述 3 种文字识别的基本条件。

藏文、维吾尔文和蒙古文的字符均有各自独特而鲜明的特点,与拉丁文、汉字等字符有着显著的差别。藏文与印度一些文字来源相同,它本身也是周边一些国家和地区(如尼泊尔、不丹、锡金等)的不同范围内的通用文

(a) 蒙古文

ཧུབ་བྱང་མི་རིགས་སློབ་ཆེན་རིག་གནུང་དུས་དེབ།
(b) 藏文

ئالي خەلق تەپتش مەھكەمسىنىڭ
(c) 维吾尔文

مەديالى وقتۇ توراپ جۇيەسى
(d) 哈萨克文

외양간 앞에서 태어났다
(e) 朝鲜文

Gvangjsih Bouxcuengh Swcigih youq guek raeuz baihnamz.
(f) 壮文

(g) 彝文

图 11.1 我国 7 种应用最广泛的民族文字示例

字。维吾尔文字符绝大部分来源于阿拉伯字符集。阿拉伯语是联合国工作语言之一,被几十个国家约 3 亿人口使用,波斯语、土耳其语、克什米尔语、乌尔都语、柏柏尔语等也都借用阿拉伯字符集书写。蒙古文在国际上也有一定的影响力,蒙古国从 1995 年起恢复使用传统蒙古文字符便是一个很好的佐证。开展民族文字识别的研究将促进对外经济文化的交流。

若无特殊说明,后续章节中"民族文字"和"民族字符"均指"藏文、维吾尔文和蒙古文"以及它们的字符。

11.1.2 民族文字识别的现状

文字识别的部分研究成果如表 11.1 所示。

表 11.1 对几种文字文档图像识别已有研究成果的检索结果

文字类别	文献数目	专用数据库	应用系统
藏文	15 以上	暂无公开数据库	清华 TH-OCR 多字体印刷藏文识别系统
维吾尔文	15 以上	暂无公开数据库	清华 TH-OCR 多字体印刷维吾尔文识别系统
蒙古文	10 以上	暂无公开数据库	内蒙古大学印刷蒙古文识别系统(单一白体); 清华 TH-OCR 多字体印刷蒙古文识别系统
拉丁文	1 100 以上	NIST、ETL、IAM database 等	Nuance 的 OmniPage,ABBYY 的 FineReader,Xeron 的 TextBridge,ExperVision 的 TypeReader 等
汉字	800 以上	北邮、清华、中科院自动化所、哈工大、日本 ETL9B 等多个数据库	清华 TH-OCR(文通)、汉王、丹青等多个成熟产品

从表中可以看出,现有民族文字识别方面的研究基本上还是起步阶段。而汉字、拉丁文等传统热点文字识别的研究成果已进入大规模推广应用阶段。

11.1.3 藏文及其识别

藏语属汉藏语系藏缅语族藏语支,除通行于我国西藏、青海、甘肃、四川、云南等藏区外,不丹、锡金、尼泊尔等邻近国家和地区的部分人口也使用藏语。藏文是藏语的书面表现形式,是一种参照梵文字母体系和文字制度而在公元 7 世纪创制的辅音字母式的音素拼音文字。藏文既与方块汉字有显著差别,又与一般的西方拼音文字(如英文)迥然不同。

构成现代书面藏语的基本要素有字母、字丁、音节、词、句等。

字母是藏文中最小的不可再分割的有明确意义的基本元素,字丁、音节、词、句等其他语言要素都能按照一定的规则分解成字母序列。字母分为元音字母(又可称为元音符号)和辅音字母两部分,它们具有不同的功能。现代藏文有 4 个元音字母和 30 个辅音字母,如图 11.2 所示。

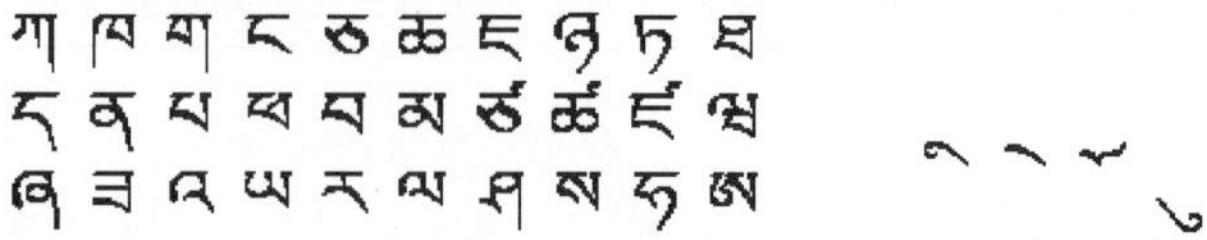

(a) 辅音字母　　　　　　　　(b) 元音字母

图 11.2　藏文字母

　　以某个辅音字母为中心，一个或多个字母纵向叠加而形成的单元称为字丁（又称整字）。所有合法的字丁组成形式可分为 12 种，它们分别是：

1. 「基字」
2. 「上元音 ↓ 基字」
3. 「上加字 ↓ 基字」
4. 「上元音 ↓ 上加字 ↓ 基字」
5. 「基字 ↓ 下加字」
6. 「上元音 ↓ 基字 ↓ 下加字」
7. 「上加字 ↓ 基字 ↓ 下加字」
8. 「上元音 ↓ 上加字 ↓ 基字 ↓ 下加字」
9. 「基字 ↓ 下元音」
10.「上加字 ↓ 基字 ↓ 下元音」
11.「基字 ↓ 下加字 ↓ 下元音」
12.「上加字 ↓ 基字 ↓ 下加字 ↓ 下元音」

　　按照藏文字丁的组成规则，合法的复合字丁共有 960 个，再加上简单字丁 30 个及藏文修饰符等，藏文字符的总量达 1 000 以上。但对大规模语料的统计结果显示，现代藏文中很多字丁在实际应用场合不会出现；另有相当部分字丁虽然偶尔出现，但频率太低可以忽略。本文选取藏文字符全集中的一个累计字频达 99.96% 以上的含 552 个字丁的子集作为藏文识别的目标字符集，暂不考虑对其余 438 个不常用藏文字丁（累计字频在 0.04% 以下）子集进行识别。

　　图 11.3 列出了一些分别符合上述 12 种结构的实际字丁。

　　音节是藏文中的基本拼写单位，由 1~4 个字丁横向排列而成。

　　图 11.4 所示为各种形式音节的实例。正是由于藏文字丁的纵向叠加性和音节的横向拼写性，才使得藏文的书写呈现非线性的二维阵列方式[53]。

　　在后续章节中涉及的藏文"字符"即指藏文"字丁"。

(a) 基字

(b) 上加字↓基字

(c) 上元音↓基字

(d) 上元音↓上加字↓基字

(e) 基字↓下加字

(f) 上加字↓基字↓下加字

(g) 上元音↓基字↓下加字

(h) 上元音↓上加字↓基字↓下加字

(i) 基字↓下元音

(j) 基字↓下加字↓下元音

(k) 上加字↓基字↓下元音

(l) 上加字↓基字↓下加字↓下元音

图 11.3　12 种不同结构的藏文字丁示例

(a) 中心字丁

(b) 前加字→中心字丁

(c) 中心字丁→后加字

(d) 前加字→中心字丁→后加字

(e) 中心字丁→后加字→又后加字

(f) 前加字→中心字丁→后加字→又后加字

图 11.4　6 种不同结构的藏文音节示例

词是藏文中基本的语义单位,表示了一个明确的意义。每个词均由一个或多个音节组成,音节之间由一个特殊符号——音节符(Inter-syllabic Tsheg)"་"隔开。句子由若干词组成,表达一个相对完整的意义。句子通

常以一种形如单垂线的特殊符号——终止符（Shad）"|"结束，下文称其为单垂线。图11.5为藏文句子的一个示例。

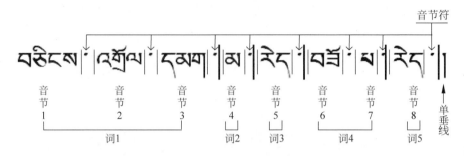

图11.5　藏文句子示例（见彩插）

藏文的阅读方向从左到右、由上到下，字丁、音节符、单垂线的起笔都在同一水平线上，该水平线称为上平线或基线，如图11.6所示。上平线之上的部分（主要是复合字丁的上元音）约占行高的1/4，整个藏文文本行沿上平线对齐。在印刷文本中，句子之间约有两个字丁的横向空隙，字丁之间、字丁与音节符或单垂线之间沿水平方向也会留出一定的空白区域；在木刻印刷版面中可能出现不属于同一字丁的多个部件前后交叠、相互跨越的现象。

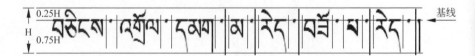

图11.6　藏文句子中的基线及其位置示例（见彩插）

迄今为止，国内外对藏文字符识别的早期研究均非常有限。美国加州大学的Keutzer教授和他的合作者从1989年开始研究藏文OCR课题，并且取得了阶段性成果。用到木刻版藏文样本时，识别性能却非常不理想。日本情报处理学会IPSJ（Information Processing Society of Japan）下属的一个研究小组为了研究藏文佛教典籍的需要，在20世纪90年代初期专门设立了藏文字符识别项目（Tibetan OCR Project），对藏文识别展开研究。1996年完成的实验系统对1993年出版的一本经书中的141 988个字符的切分正确率达到99.9%，对17 753个字符的识别率为99%。对实际木刻版文本的识别正确率为98.8%[2]。

这些藏文识别研究普遍带有试探的性质[3,4,5]，还很不成体系，相当一部分还只侧重于外围和前期的工作。

11.1.4 维吾尔文及其识别

维吾尔语属阿尔泰语系突厥语族，主要为我国新疆地区的维吾尔族使用。现行的维吾尔文是一种借用阿拉伯字母和部分波斯字母来表示的拼音文字，它与哈萨克族使用的哈萨克语和柯尔克孜族使用的柯尔克孜语在文字上基本一致。

构成维吾尔文的基本要素为字母、子词、词、句等不同层面，概括起来，维吾尔文由 32 个字母组成，其中元音 8 个，辅音 24 个，一个字母表示一个音，它们是维吾尔文字符的名义形式。但每个字母根据其左右两端与其他字母的连接关系的不同表现为 4 种不同的显现形式，分别为：①首写形式；②中间形式；③尾写形式；④独立形式。这样，32 个基本字母就演化成 100 多个不同的字符，它们构成维吾尔文字符的变形显现形式（见表 11.2）。

表 11.2 维吾尔文基本字母及对应的变形显现形式

基本字母	首写形式	中间形式	尾写形式	独立形式	基本字母	首写形式	中间形式	尾写形式	独立形式
ر			ر	ر	س	سـ	ـسـ	ـس	س
ز			ز	ز	ش	شـ	ـشـ	ـش	ش
ژ			ژ	ژ	گ	گـ	ـگـ	ـگ	گ
و			و	و	ڭ	ڭـ	ـڭـ	ـڭ	ڭ
ۇ			ۇ	ۇ	ل	لـ	ـلـ	ـل	ل
ۆ			ۆ	ۆ	م	مـ	ـمـ	ـم	م
ۈ			ۈ	ۈ	ا			ـا	ا
ۋ			ۋ	ۋ	د			ـد	د
ې	ېـ	ـېـ	ـې	ې	ە			ـە	ە

续表

基本字母	首写形式	中间形式	尾写形式	独立形式	基本字母	首写形式	中间形式	尾写形式	独立形式
ې	ڊ	٠	ې	ې	ھ	ھ	ھ	ھ	ھ
ي	ڊ	ڊ	ي	ي	ف	ف	ف	ف	ف
پ	ڊ	ڊ	پ	پ	ق	ق	ق	ق	ق
ب	ڊ	٠٠	ب	ب	ج	ج	ج	ج	ج
ت	ڊ	٠٠	ت	ت	خ	خ	خ	خ	خ
ن	ڊ	٠٠	ن	ن	چ	چ	چ	چ	چ
ك	ڪ	ڪ	ك	ك	غ	غ	غ	غ	غ

无论是在手写还是在印刷维吾尔文中，能够连接的字符总是连接在一起书写或印刷。字符连接的位置为基线(baseline)。沿着基线连接在一起的几个字母构成联体字母段。联体字母段和以独立形式出现的字母可统称为子词。同一子词内部的字符沿着基线相连，相邻子词间的字符可能在水平方向上重叠，但不粘连。

每个词均由一个或多个子词构成，各子词之间留有一定的空隙。

每个句子均由一个或多个词组成，词与词之间以明显的空白区域隔开。

一个或多个句子按照一定次序构成文本。文本的行序为从上到下，行内文字的行文方向为从右到左，其中包含的数字或者其他语言文字的行文方向则维持从左向右不变。这一点与东方文字和拉丁文截然不同。在文字排版时，为美观起见，可用水平直杠符号填入字母之间，使一行文本充满版面里的整行。图11.7总结了维吾尔文的基本特点。

在国内，哈力木拉提对维吾尔文识别进行了研究，提出基于投影分析的文本切分算法及基于字符轮廓特征和最小距离分类器的识别算法，设计生成了实验系统[11]；艾尼瓦尔着重研究了维吾尔文切分问题，提出基于轮廓跟踪的切分算法[15]。

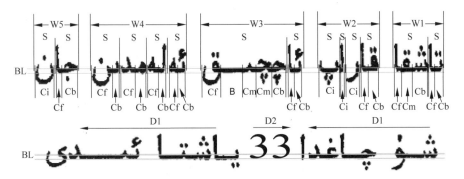

BL:基线；B:为调整行宽而插入的水平直杠；Ci:独立形式字符；
Cf:尾写形式字符；Cb:首写形式字符；Cm:中间形式字符；
S:由一个或多个字符组成的联体字母段(子词)；
W1:2个子词、5个字符组成的单词；W2:4个子词、5个字符组成的单词；
W3:2个子词、6个字符组成的单词；W4:4个子词、8个字符组成的单词；
W5:2个子词、3个字符组成的单词；
D1:维吾尔文从右到左的行文方向；D2:其他语言文本从左到右的行文方向

图 11.7 维吾尔文基本特点图示(见彩插)

11.1.5 蒙古文及其识别

蒙古语属阿尔泰语系蒙古语族,是广泛分布在我国内蒙古、新疆、北京、辽宁、黑龙江、吉林、甘肃、青海等省区的蒙古族使用的主要语言。其书面表现形式——蒙古文(现行)是以回鹘字母为基础的拼音文字。

蒙古文以词为单位纵向书写或印刷,词与词之间由明显的空格加以分隔。每一个词由一个或多个字母组成。蒙古文共有 35 个字母,其中元音 7 个,辅音 28 个,这些字母是蒙古文字符的名义形式。每个字母根据其在词中位置的不同表现为词首形式、词中形式和词尾形式这 3 种不同的字符形式:①词首形式。底部与下一个字母顶部直接相连而顶部不与其他字母直接相连;②词中形式。顶部和底部分别与其上下相邻字母的底部和顶部直接连接;③词尾形式。顶部与上一个字母底部直接相连而底部不与其他字母直接相连。这样,35 个可以演化成多个不同的字符形式,它们构成蒙古文字符的变形显现形式。位于同一个词中的各个字母从上到下通过主干连接起来,本文将该主干称为基线,它具体是指书写或印刷蒙古文单词时,贯穿词中各字母的具有一定宽度的竖直线。每个句子均由一个或多个词组成,表达相对完整的意义。若干个句子按照一定次序构成文本。文本的行序为从左到右,而行内文字从上到下竖排。这一点与其他所有文字均不相同。图 11.8 总结了以上描述的蒙古文的基本特征。

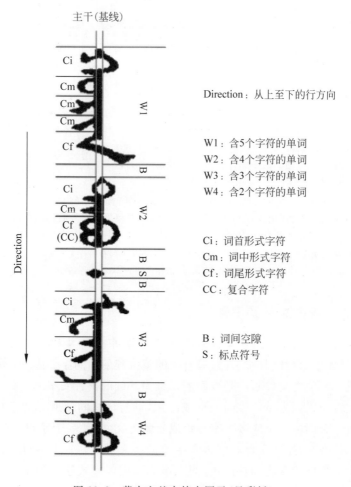

图 11.8 蒙古文基本特点图示(见彩插)

在国内,内蒙古大学率先开展了蒙古文识别的研究,主要探讨了特征提取问题[7]及可能用于识别蒙古文的方法[8],并实现了单体(白体)印刷蒙古文识别系统[7,9]。在单字体(白体)、几种字号(4 号~2 号)的高质量图像上达到 90%(单词级)和 97%(单字级)的识别性能。文献[7,8]均以字符为基本识别单位,而文献[9]则以基元(笔段)为单位,采用句法分析的方法识别蒙古字符,在小规模(60 页图像、8 000 字符)测试集上证明了方法的有效性,图 11.9 是该方法的一个示例。

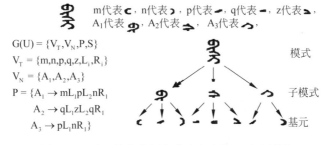

图 11.9 基于结构分析的蒙古文字符识别示例[9]

综上所述,目前民族文字识别研究尚属起步阶段,对民族文字识别涉及的技术环节的研究还都不充分,也不深入,还谈不上完整的解决方案。无法适应一般的实际应用中遇到的问题。从方法上说,很少采用统计方法,离实用尚有相当大的差距。

11.2 蒙藏维文识别的基本策略

在展开民族文字识别的具体研究之前,首先需要明确的是我们采取什么样的策略和路线来解决变形大、困难的、不同于汉英的蒙藏维民族文字识别问题。最根本的是选择什么样的基本识别单元作为识别的基础,以及如何在此基础上构建各种民族文字和文档识别的系统框架。

11.2.1 基本识别单元选择

根据我们对于文字识别研究的理论和经验认识到,利用统计识别方法解决对基本单元的识别问题,是解决困难的民族文字识别问题及开发有实用价值的识别技术的关键和基础。因为只有利用统计识别方法,选择合适的识别基元,获得对识别基元的高性能识别,才有可能实现对民族文字稳定且高效能的识别,才能保证高性能的民族文字识别系统的实现。

识别基元选择的基本准则为:①基元是否容易、准确地从文本中分割出来;②基元的所有变化种类和范围不宜过大,并易于识别。前者保证切分准确度,后者保证识别的性能。

就藏文而言,藏文的构成表现为"字母→字丁→音节→词→句→文本"的层次结构。句子和文本显然不宜作为基本识别单元,剩下的字母、字丁、音节和词这4种单元可供选择。藏文单词量至少需达到数万才能满足一般的应用,极大的词汇量和词形的巨大变化,难以保证词识别技术得以成功地应用[10],而且复杂的构词变化使得藏文分词还是一个远未妥善解决的问题[54,55]。显然,无法以词为单位来识别藏文。对于音节,合法音节的数量在 10^4 量级,且因其所含字丁数的不同而彼此宽度不等,无法利用稳定的尺度信息加以分割。而藏文字丁则均由 34 个字母按照严格的构字规则组合而成,使字丁具有完全确定的左右边界。常用的字丁数则在 600 左右。最后,34 个字母数量远远小于字丁数,但若以字母为识别单位,虽然对相似字的区分大有裨益,但却无法解决从字丁图像上分离字母的困难问题。

综上所述,经过仔细权衡,选择了字丁(又称字符)作为藏文识别的基本单元,因其具有完全确定的左右边界,避开了十分困难的字母分离过程,而且 600 左右的常用字丁总数对识别并不会带来严重的困难。

对于维吾尔文字和蒙古文字识别基元的选择进行了类似的分析和讨论。经过仔细权衡,最终,选定维吾尔文字母的变形显现形式和蒙古文字母的变形显现形式分别作为这两种文字的基本识别单元。

为了方便统一描述,将基本识别单元统称为"字符",作为独立识别的基本单元。从文字识别的角度出发将识别对象"字符"的基本特点归纳于表 11.3 中,从表中所列,字符规模、字形变化、字体变化、相似字,以及位置多变等,不难发现民族文字识别的重点和难点所在。

表 11.3 藏、维、蒙等 3 种民族文字基本识别单元"字符"的特点

项目	藏文	维吾尔文	蒙古文
规模	大:常用字符 600 个左右	中等:100~200 个	中等:100 个左右
字体	白、黑、竹、圆、长、通用……	书白、书黑、报白、报黑、柔克、正……	阿、白、包、黑、扁、朝、京、卷尾、圆……
字形	非方块字;宽度具有稳定性,高度差异极大;分布不均匀,对称性差	非方块字;不等宽、不等高;分布不均匀,对称性差	非方块字;不等宽、不等高;分布不均匀,对称性差
组成	上下叠加;左右不可分	主体部件+附加部件;上下结构、包围结构	绝大部分字符上下左右均不可分;字符左侧或右侧带附加点
笔画	笔画数多;直线笔画和弧形笔画比例大致相当	笔画数少;以弧形笔画为主;约半数字符拥有闭合环	笔画数少;弧形笔画略多于直线笔画;部分字符拥有闭合环

续表

项目	藏文	维吾尔文	蒙古文
相似字	相似字多,相似程度高	相似字多,相似程度高	相似字多,相似程度高
位置	由基线约束,字符部件分布于基线上下两侧,下侧信息明显较集中	由基线约束,字符部件分布于基线上下两侧,上侧信息相对较集中	由基线约束,字符部件分布于基线左右两侧;左侧信息远多于右侧
特殊性	—	某些相邻字符连写成复合字符,结构发生变化;复合形式分上下叠加和左右粘合两种	某些相邻字符连写成复合字符,结构发生变化;复合形式为上下叠加
其他	结构复杂,部件之间约束性强,含有鉴别信息较多	结构简单,受干扰影响显著,可供提取鉴别信息不足	结构简单,受干扰影响显著,可供提取鉴别信息不足

11.2.2 基本框架和关键技术

本文的统计识别框架如图11.10所示。该框架中各部分在其他文字识别中均已得到过不同程度的研究,具体到民族文字识别,其独特的特点也决定了不能简单照搬已有成果。

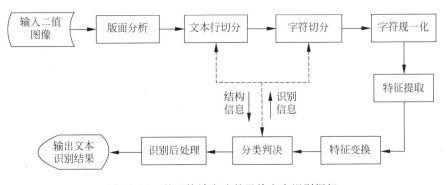

图 11.10　基于统计方法的民族文字识别框架

(1) 字符规一化

在 OCR 系统中,单个字符图像的规一化可以消除由于字符位置、大小等差异对字符点阵相似性和识别性能的影响。

(2) 特征提取与特征变换

在民族文字识别中,特征提取产生的原始特征维数非常高。在样本数量有限的情况下,为避免"维数灾难"[14],需要把原始特征用维数较低的压缩特征来代表。

(3) 分类器设计

在民族文字识别中,引入性能良好的改进的二次鉴函数分类器(modified quadratic discriminant function,MQDF)[17]。

基于鉴别学习的参数估计方法在字符识别中得到了初步应用[21-24]。在民族文字识别中,为获得最佳识别性能,本文利用鉴别学习来修正MQDF 中由最大似然估计[18]得到的参数。

(4) 字符切分

近年来,随着字符识别核心的识别能力及适应性和鲁棒性的不断改善,文本切分越来越成为实用 OCR 系统的瓶颈。有研究表明,绝大多数的文档识别错误都是由切分错误引起的[25]。目前尚无完全针对民族文本的高性能文本切分方法,但其他语种的成熟切分算法[26-28]作为文本切分的"共性"部分在很大程度上可被民族文本切分借鉴。在此基础上,结合民族文字的具体特点,体现出其独特的"个性",探索高效、可靠的民族文本切分算法是本文的工作之一。另外,针对粘连的维吾尔文文档识别,提出的无切分文档识别算法,在 9.4 节中介绍。

(5) 文本识别后处理

将单字识别率提高到 100% 或使训练样本覆盖实际环境中可能出现的所有状况都是不切实际的,为此需要借助识别后处理的途径来提高系统的综合性能。

由于单字识别是对待识文本中的字符逐个地、孤立地进行判决,给出一个"答案"后,识别过程中获得的其他有用信息便被丢弃,显然未能充分利用单字识别器的处理成果。另外,在实际应用中很少要求仅对孤立字符进行识别,一般的识别对象是具有上下文联系和特定语法约束的文字序列,这些序列本身就携带着许多有用信息,在提高识别率方面可以发挥积极的作用[29]。

文本识别后处理是与语种密切相关的环节,每个语种都有其特殊性,无法寻求一种适用于各种语言的统一的处理方法。民族文字识别中的后处理也概莫能外,限于篇幅和已有条件,本章只以藏文为例对其进行研究。

本章统计识别框架内各环节所涉及的关键技术总结于表 11.4 中。

表 11.4 本章统计识别框架内各环节所涉及的关键技术

环节	关键技术
字符规一化	基于基线分块的规一化方法 三次 B 样条插值
特征提取与特征变换	基于视觉特性的方向特征 改进散度矩阵计算方式的 LDA 变换
分类器	"预分类＋主分类＋辅助分类"的三级分类策略 利用字符附加信息的预分类 基于鉴别学习的 MQDF 分类器 利用多种辅助信息的相似字鉴别
文本切分（以藏文为例） （维文切分识别另见 9.4 节）	基于音节符和基于鉴别函数的两种倾斜检测算法 基于全局信息的文本行分离算法 基于可靠性度量的字符切分模型 多种信息综合运用的由粗到精的字符切分算法
识别后处理（以藏文为例）	拼写规则与统计信息相结合的藏文识别后处理算法

11.3 多文种民族文字识别中的字符规一化

受字符规一化的目的——在图像层面上缩小字符类内差别的启发，提出了基于图像模糊度的字符规一化方法客观评价标准，为后续具体算法提供了在性能上可互相比较的基础。

图像模糊度的字符规一化是以求取字符图像整体变动量为目标的统计方法，对字符像素概率分布图来表征字符类别在图像层面上的模糊程度，其量化形式是以熵的形式给出。对字符 k，有

$$I^k = -\sum_i \sum_j P^k(i,j) \log P^k(i,j)$$

则对字符集 Ω 的平均字符图像模糊度 h 为（其中，A^k 为字符平均黑像素数目）

$$h = \sum_k^c P(\omega_k) h^k = \sum_k^c P(\omega_k)[I^k - \log A^k]$$

h 为评价规一化性能的准则，$P(\omega_k)$ 为各类先验概率。

进而考虑到字符规一化不仅在图像层面上尽量缩小字符类内差别，同时还要最大限度地保持各字符集中不同字符间的固有而稳定的差异，根据

民族文字特殊的以基线为基准的文字结构,提出了基于基线分块的民族字符规一化基本方案。该方案以基线为界限,将字符图像分解成两个互不交叠的子图像,对它们分别独立地进行后续规一化处理,然后拼接成为一个完整的字符图像,从而得到规一化字符点阵。根据藏、维、蒙等字符图像在各自基线两侧不同的分布特点,分别设计一组规一化模板进行规一化。另外,通过分析字符的尺寸、宽高比等相关变量的统计分布特性,选择各文字字符规一化模板的大小、各部分比例等重要参数。对字符位置的规一化选定重心-中心规一化方法。为避免规一化中由于图像尺度变化而产生的"锯齿"状笔画边缘等变形现象发生,引入三次B样条函数进行图像插值运算,因而优于其他常用插值方法。最后,在插值生成图像的基础上,提出一种迭代求解的字符笔画粗细调整方法,很大程度上克服了字符笔画宽度分布范围过大的问题,使调整后笔画宽度相对集中,有利于后续特征提取以及比较字符之间的相似性。

民族字符规一化方案的算法流程如图 11.11 所示。

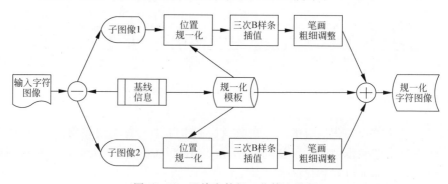

图 11.11　民族字符规一化算法流程

11.3.1　基于基线分块的民族字符规一化策略

从民族字符特点的分析可知,藏文、维吾尔文、蒙古文的一个共同的显著特点是都存在基线,每个字符的图像都分布在基线两侧,而多个相邻字符沿着基线位置以固定的方式排列在一起,如图 11.12 所示(图中每个方块代表一个字符,虚线表示基线位置)。

可见,基线在两个方面对字符进行了约束。

第一,每个字符图像均可看成由两个相互之间没有交集的子图像纵向(藏文和维吾尔文)或横向(蒙古文)拼接而成。

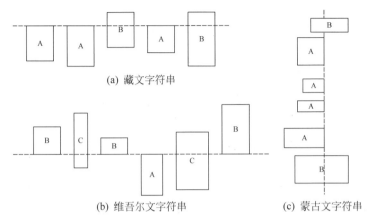

图 11.12　各民族字符串沿基线的排列关系示意

以藏文为例,若以矩阵形式将字符图像表示为$[f(i,j)]_{H\times w}$,则有$[f(i,j)]_{H\times w}=[f_1(i,j)]_{H_1\times w}\cup[f_2(i,j)]_{H_2\times w}$且,$[f_1(i,j)]_{H_1\times w}\cap[f_2(i,j)]_{H_2\times w}=\varnothing$,$H_1+H_2=H$,其中$[f_1(i,j)]_{H_1\times w}$为基线以上部分图像,即上元音部分,$[f_2(i,j)]_{H_2\times w}$为基线以下部分。$[f_1(i,j)]_{H_1\times w}$和$[f_2(i,j)]_{H_2\times w}$之间由基线作为分界线。

对维吾尔文字符和蒙古文字符来说,类似上述藏文字符,其子图像划分也同样成立。维吾尔文字符依据子图像$[f_1(i,j)]_{H_1\times w}$和$[f_2(i,j)]_{H_2\times w}$的不同组合可以分成 3 类:A 类字符$[f_1(i,j)]_{H_1\times w}$为空,$[f_2(i,j)]_{H_2\times w}$不为空;B 类字符$[f_1(i,j)]_{H_1\times w}$不为空,$[f_2(i,j)]_{H_2\times w}$为空;C 类字符$[f_1(i,j)]_{H_1\times w}$和$[f_2(i,j)]_{H_2\times w}$均不为空。

蒙古字符的子图像分解不是纵向的,而是从左到右横向的,即$[f(i,j)]_{H\times w}=[f_1(i,j)]_{H\times w_1}\cup[f_2(i,j)]_{H\times w_2}$,$W_1+W_2=W$,其中,$[f_1(i,j)]_{H\times w_1}$为基线左侧部分子图像,$[f_2(i,j)]_{H\times w_2}$为基线右侧部分图像,这两部分互不交叠。蒙古文字符可以分为两类:A 类字符$[f_1(i,j)]_{H\times w_1}$不为空而$[f_2(i,j)]_{H\times w_2}$为空;B 类字符$[f_1(i,j)]_{H\times w_1}$和$[f_2(i,j)]_{H\times w_2}$均不为空。

第二,从同一文本行中多个连续字符的角度来看,每个字符的两部分子图像共享同一条分界线——基线,不同字符之间的差异相应地也可表现为两部分子图像各自差异的综合。

由以上分析得知,若将字符的两部分子图像分开来分别进行规一化,则将处理前相邻的字符在规一化后按照原先的顺序排列在一起,它们依旧在基线位置对齐,即保持了规一化前后字符基线位置的不变性,后续的匹配分类可看作是对字符基线两侧的两部分分别配准的过程。这样处理,物理概念明确,可减少由规一化过程引入的对不同字符字形结构上的差异的模糊化,从而最大限度地保持规一化后不同字符间的可分性,使不同类型(A类、B类或C类)字符之间的误识率大为降低。

有鉴于此,我们提出基于基线分块的规一化方案,其算法流程如下。

第1步:获取输入字符图像 $f(i,j)$ 的基线位置信息;

第2步:借助于基线将输入字符图像 $f(i,j)$ 分解为互不交叠的两个子图像 $f_1(i,j)$ 和 $f_2(i,j)$;

第3步:规一化 $f_1(i,j)$ 到指定的目标点阵;

第4步:规一化 $f_2(i,j)$ 到指定的目标点阵。

针对图11.12所反映的民族字符的不同种类,我们设计了不同的规一化目标点阵模板,如图11.13所示,图中虚线为规一化后基线的位置,深色和空白方块分别表示字符的非空子图像区域和空白子图像区域,它们的高度或宽度的分配比例通过统计估值的办法分别确定为:藏文字符中 $M_1 = M_0/3 = M/4$;维吾尔文字符中 $M_0 = M_1 = 2M_2 = M/2$;蒙古文字符中 $N_1 = N_0/2 = N/3$。

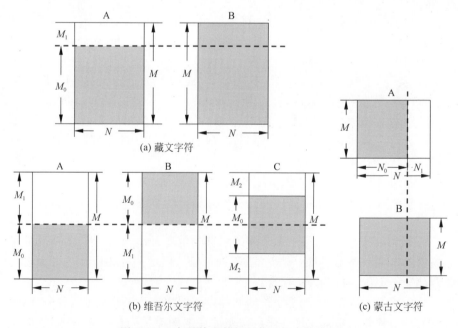

图 11.13　各民族字符规一化目标点阵模板

以往在所有针对汉字、英文等其他字符的识别方法中均采用整体规一化方案,即将字符作为一个不可分割的整体,映射到指定目标点阵。而基于基线分块的规一化则采取子图像分解和分别映射的策略,图 11.14 表示了两种方案的不同映射关系(民族字符以藏文为例)。可见,我们的方案注重基线在民族文字中的重要作用,以基线为界,对字符采取分而治之的办法,保持了基线位置在规一化前后的稳定性。

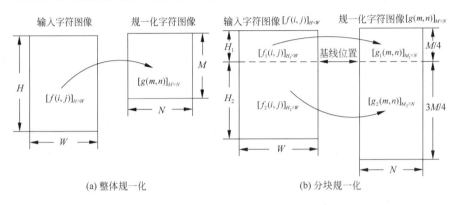

图 11.14　两种规一化方案的图像映射关系

采取分块规一化的方案,同时引入了宽高比的非线性映射[15],即不是简单地保持规一化前后宽高比不变,通过设定规一化前字符高宽比 R 和规一化后字符的高宽比 R' 之间的关系来实现高宽比自适应规一化。文献[30]提供了几种经验关系,通过实验可以发现,当 R 和 R' 满足式(11.1)时,该方案对藏文字符的规一化达到最佳;当满足式(11.2)时,维吾尔字符($a=1, b=0.2$)和蒙古文字符($a=1.5, b=0.25$)的规一化达到最佳。该方案中高宽比具有一定的自适应性和可伸缩性,能够在相当程度上缓解处理多字体字符时所面临的困境。

$$R' = \sqrt[3]{R} \tag{11.1}$$

$$R' = \begin{cases} \sqrt{\sin \frac{\pi}{2}(aR+b)}, & 0 < R \leqslant (1-b)/a \\ 1, & R > (1-b)/a \end{cases} \tag{11.2}$$

此处选取几种典型的规一化大小,将本节提出的基于基线分块规一化方案与上述几种方案进行综合对比,测试两项性能指标:①字符集全集(训练集与测试集的合集)上的图像模糊度 h,这是从图像层次上对规一化效果的衡量。从前面的讨论中可以看出,该指标更多地反映各字符类别的类内形变程度;②单字识别实验系统在测试集上的识别率 Acc(%),这是度量规一化方法对分类性能的影响,侧重反映字符类间的差异程度。实验系统提取 4 方向线素特征,采用普通欧氏距离分类器,以训练集数据生成识别字典,对比实验的结果[1]清晰地表明,本节所提方案尤其在识别性能方面明显优于其他方案。

这是因为本节方案的根本在于,用以基线为界进行字符图像分块、分别规一化子图像来代替以字符图像整体为处理对象的惯用策略,保持了基线位置在规一化前后的稳定不变性,最大限度地维持了基线对单个字符本身以及字符串之间相互关系的约束作用,从而使不同字符在基线两侧分布的差异不因规一化而被模糊掉,保留了这些差异所蕴含的有利于分类的鉴别信息。分块规一化方案的计算复杂度并无实质性增加,所需的额外处理是获取字符图像基线位置,在实际文本识别中可通过"文本行-词(子词、音节)-单字"逐步求精的方式精确定位字符基线。

11.3.2 规一化点阵大小选择

根据对已收集到的样本的统计结果显示,由字号不同引起的同一字符的尺寸相差最大可达 10 倍以上。为使同一识别字典适应多字号字符识别的要求,必须对待识字符实行有效的大小规一化。民族字符均不是方块字,藏文字符宽度具有相对稳定性,但高度差异很大,而维吾尔文字符和蒙古文字符高度和宽度均不稳定,所以不能像汉字那样把民族字符规一化为方块点阵。在此,首先通过实验确定各民族文字规一化目标点阵的高宽比。

对现有多字体多字号藏文单字样本的高宽比特性进行统计(如图 11.15 所示)后发现:①不同字体间字符的高宽比特性差异显著;②同一字体字符的高宽比分布范围非常大;③各字体均有一个聚集了 50%以上字符的相对集中的高宽比分布区间。这些特点决定了规一化目标点阵大小的选择必须考虑各种字体,兼顾大多数的情况,同时又要方便处理。据此,取规一化之后的藏文字符的高宽比为 2 比较合理,这是对差异各异的各字体字符高宽比的一种折中。

据对维吾尔文字符和蒙古文字符的高宽比特性的统计结果(如图 11.16 所示)的分析,本文取规一化后维吾尔文字符的高宽比为 1.25,蒙古文字符的高宽比为 0.75。

在藏汉混排的文本中,藏文字符在与汉字的宽度基本相等情况下比汉

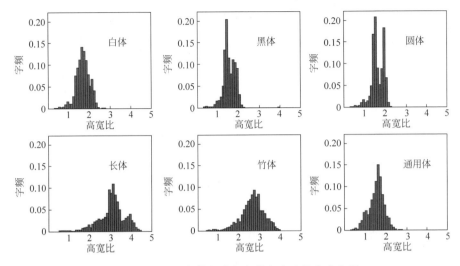

图 11.15 不同字体的藏文字符高宽比分布直方图

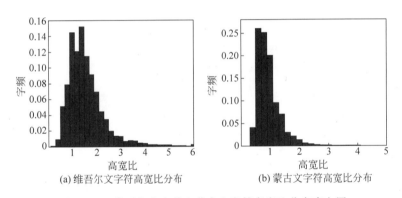

图 11.16 维吾尔文字符和蒙古文字符高宽比分布直方图

字略窄;在维汉混排的文本中维吾尔文本行的行高大致等于或略大于汉字的高度;在蒙汉混排的文本中,蒙古文单词的宽度比汉字宽度略窄。而在汉字规一化中,一般取目标点阵大小为 48×48 或 64×64,因此,参考混排文本中汉字与民族文字字符在大小方面的相对关系,本文将规一化目标点阵中藏文字符的宽度、维吾尔文字符的最大高度/有效高度、蒙古文字符的最大宽度分别定为 48、80/40 和 48。再结合各字符宽高比的设定以及图 11.16 所示的不同字符规一化模板中各部分的比例关系,得到这些模板的具体大小如表 11.5 所示。

表 11.5　各民族文字字符规一化模板的大小

字符集	藏文		维吾尔文			蒙古文	
模板类型	A	B	A	B	C	A	B
总体大小(宽×高)	48×96	48×96	32×80	32×80	32×80	48×36	48×36
有效尺寸(宽×高)	48×72	48×96	32×40	32×40	32×40	32×36	48×36

11.3.3　位置规一化

位置规一化是指为了消除字符点阵在位置上的偏差而将其移到规定位置上的操作。本文采用下述基于"重心-中心"对应的线性规一化(gravity to center linear shape normalization)算法[13]。

所谓重心-中心线性规一化,是以原始字符点阵的重心 G 为基准,进行水平和垂直分割,将原始字符点阵分割成大小不等的 4 个区域(如图 11.17(a)所示),然后将每一个小区域线性均放缩为大小为 $(M/2)×(N/2)$ 的对应区域(如图 11.17(b)所示)。

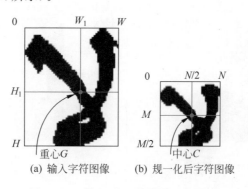

(a) 输入字符图像　　(b) 规一化后字符图像

图 11.17　重心-中心线性规一化示例

不难看出,这种基于重心-中心的线性大小规一化方法能部分纠正字符点阵的重心偏向上、下、左、右某一边的情形,起到初步的矫形效果,在一定程度上缩小同一字符类别的不同样本之间的差异。

11.3.4　基于三次 B 样条函数的字符图像插值

线性规一化的实质是图像的一种尺度变换。图像插值输出字符图像 $g(m,n)$ 与输入字符图像 $f(i,j)$ 之间的关系可表示为

$$g(m,n) = f(m/s_i, n/s_j) \tag{11.3}$$

其中，s_i 和 s_j 为尺度变换因子。根据上式，g 中的点 m,n 对应于 f 中的点 $(m/s_i, n/s_j)$。f 为离散函数，而 m/s_i 和 n/s_j 的取值一般不为整数，需要根据 f 中已知的离散点处的值来估计其在非离散点 $(m/s_i, n/s_j)$ 处的取值，这种对采样点附近的像素点进行一定的线性或非线性组合而得到新像素点的值的运算就是图像插值。对于二维离散图像信号，插值运算可简化为先对行(或列)插值，再对列(或行)的一维插值，大大简化了计算过程。

对给定离散数字信号 $f(k)$ 的插值过程，可视为从其原始连续信号 $f(x)$ 重采样而来。得到新的离散信号 $f(l)$，这个过程如图 11.18 所示。而由采样定理可知，为了从 $f(k)$ 中恢复 $f(x)$，需要利用 $\varphi(x)=\mathrm{sinc}(x)$ 作为低通滤波器对 $f(k)$ 进行滤波处理。

$$f(x) = \sum_{k=-\infty}^{\infty} f(k)\varphi(x-k) \tag{11.4}$$

但是由于 $\mathrm{sinc}(x)$ 是无限支撑的，理想插值在实际应用中不可能实现[31]。

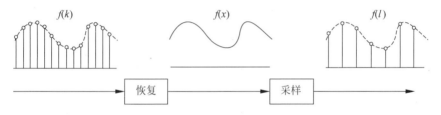

图 11.18　信号插值过程示意

实际采用的可替代的方法是利用 $f(k)$ 提供的信息寻找一条尽可能精确的表示 $f(x)$ 的连续曲线，即

$$f(x) = \sum_{j=-\infty}^{\infty} c(j)s(x-j) \tag{11.5}$$

其中，$c(j)$ 是由 $f(k)$ 确定的系数，$s(x)$ 是选定的基函数。由于 B 样条函数具有连续性、紧支性、规范性、对称性、阶间递推性等一系列优良的特性，因此获得了多方面的应用[32]。我们在字符规一化过程中选择 B 样条函数对民族字符图像进行插值。

B 样条函数可有多种定义形式[33]。出于计算方面的考虑，选定 $n=3$，即三次 B 样条(cubic B-splines)，$U(\ )$ 为阶跃函数。

$$b^3(x) = \frac{1}{6}[(x+2)^3 U(x+2) - 4(x+1)^3 U(x+1) + 6x^3 U(x)$$
$$- 4(x-1)^3 U(x-1) + (x-2)^3 U(x-2)] \tag{11.6}$$

以后省略 $b^3(x)$ 的上标,仅记为 $b(x)$,特指三次 B 样条函数,其函数形式如图 11.19 中上方的曲线图所示;一次插值计算前后关联的离散点是 4 个,例如图 11.19 下方横坐标 x 处插值就同时涉及以 $-1,0,1,2$ 为中心的 4 条样条曲线。

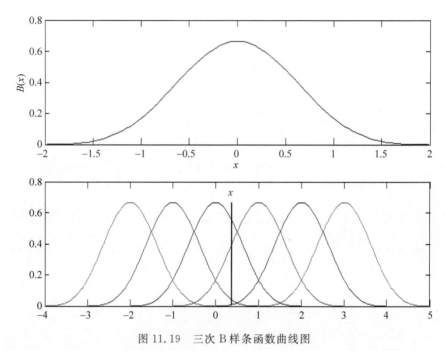

图 11.19　三次 B 样条函数曲线图

现在再来回顾一下其他常用的插值方法,主要关注不同方法的传递函数,考察它们的低通滤波性能。

(1) 取整法:一般取向下取整处理,插值形式为 $f(x)=f(\lfloor x \rfloor)$,$\lfloor \cdot \rfloor$ 表示向下取整函数,对应的传递函数及其傅里叶变换分别为

$$q_1(x) = U(x) - U(x-1), \quad Q_1(w) = \frac{\sin(\omega/2)}{\omega/2} e^{j\omega/2} \quad (11.7)$$

(2) 最近邻法:对于非离散点 x,以最靠近 x 的离散点处的值作为其估计值。传递函数及其傅里叶变化分别为

$$q_2(x) = U(x+0.5) - U(x-0.5), \quad Q_2(w) = \frac{\sin(\omega/2)}{\omega/2} \quad (11.8)$$

(3) 线性插值法:插值形式为 $f(x) = (1 + \lfloor x \rfloor - x) f(\lfloor x \rfloor) + (x - \lfloor x \rfloor) f(\lfloor x \rfloor + 1)$,对应的传递函数为

$$q_3(x) = \begin{cases} 1-x, & 0 \leqslant x < 1 \\ 1+x, & -1 < x < 0 \end{cases}, \quad Q_3(w) = \left(\frac{\sin(\omega/2)}{\omega/2}\right)^2 \quad (11.9)$$

(4) 三点插值法:插值形式为 $f(x) = \sum_{k=\lceil x \rceil}^{\lceil x \rceil+2} \left(\prod_{\substack{j=\lceil x \rceil \\ j \neq k}}^{\lceil x \rceil+2} \frac{x-j}{k-j}\right) f(k)$,对应的传递函数及其傅里叶变换分别为

$$\left. \begin{array}{l} q_4(x) = \begin{cases} (x+1)(x+2), & -1 \leqslant x \leqslant 0 \\ -(x+1)(x-1), & 0 < x \leqslant 1 \\ (x-1)(x-2)/2, & 1 < x < 2 \end{cases} \\ Q_4(\omega) = \frac{(j\omega+2)\mathrm{e}^{-j\omega/2}}{\omega^3}(\sin(3\omega/2) - 3\sin(\omega/2)) \end{array} \right\} \quad (11.10)$$

上述几种插值函数连同理想插值函数的频率特性曲线如图 11.20 所示。不难发现,三次 B 样条函数无论在通带还是在阻带区域内都比其他几种插值函数更接近理想插值,这表明其插值精度更高,相应地,插值误差也就越小。事实上,随着 B 样条函数次数的升高,插值性能将逐渐逼近直至收敛于理想插值[32]。

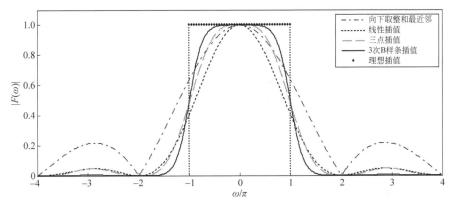

图 11.20 各种插值函数的频率特性

对规一化过程中采用不同插值方法时字符集全集(训练集与测试集的合集)上的图像模糊度 h 进行的测试结果见表 11.6。可以看出,通过选取适当的规一化点阵大小和采取重心-中心对应的位置规一化方法后,无论采用何种插值方式,字符图像模糊度都比规一化前有了大幅度减小,这验证了民族字符的总体规一化方案和选取的相关参数的有效性。就不同插值函数而言,本节选用的三次 B 样条函数表现出最好的性能,这与上面的理论分析相吻合。

表 11.6　采用不同规一化插值方法时各字符集的平均模糊度

方法	藏文字符	维吾尔文字符	蒙古文字符
规一化前	2.362 8	2.469 0	1.906 2
取整	1.313 9	1.250 1	0.841 5
最近邻	1.307 2	1.242 6	0.837 9
线性插值	1.274 1	1.221 4	0.815 0
三点插值	1.265 9	1.204 4	0.810 7
三次 B 样条	1.258 6	1.189 5	0.806 3

11.3.5　笔画宽度调整

所谓笔画粗细规一化，就是把原字符笔画根据同一种标准加粗或变细的过程，着眼于直接对笔画的粗细进行适当调整。

笔画粗细调整方法大致有两种：①对字符点阵作低通滤波，再根据直方图分布特性确定应该加粗还是该变细；②将字符点阵进行水平和垂直投影，根据投影值的分布用逻辑辅助模板确定加粗或变细。加粗或变细的操作一般通过形态学滤波来实现。这些方法均比较复杂，计算量也大。

利用三次 B 样条函数插值后得到的字符已不是二值图像，而是一种伪灰度图像字符，笔画中各点的像素值从中心到边缘是从"1"到"0"渐变过渡的，如图 11.21 示出了一个放大的横笔画的像素灰度分布。在字符规一化结束后的二值化操作中，过渡带内灰度值较小的像素转为背景像素（白像素），而灰度较大的像素则转为笔画像素（黑像素）。从中得到的启示是，可以通过增大或减小这个过渡带中像素二值化的门限，以改变二值化后过渡带内转化为黑像素的伪灰度像素数目的方式来达到笔画粗细调整的目的。

图 11.21　插值后字符笔画像素的伪灰度分布示意

基于上述思路,首先考虑笔画宽度 w 的度量问题。对二值图像 f 而言,可用其面积(黑像素数目)$A(f)$ 与周长(边缘黑像素数目)$L(f)$ 之间的关系来近似估计为 $w(f)=2A(f)/L(f)$。笔画粗细调整可转化为根据调整前的伪灰度图像 $[d(m,n)]_{M\times N}$ 求解调整后的伪灰度图像 $[e(m,n)]_{M\times N}$ 达到一定要求的迭代优化问题。

根据各字符样本集上的字符笔画宽度的分布特性(如图 11.22(a)所示),藏文字符、维吾尔文字符和蒙古文字符的笔画目标宽度分别设为 7、5 和 6。

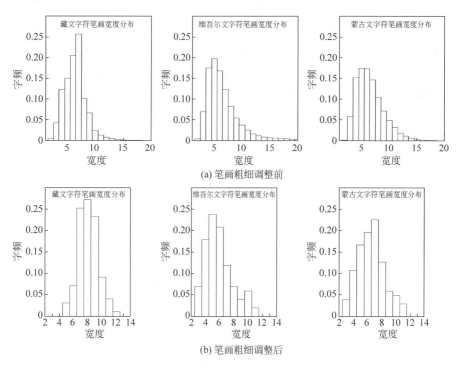

图 11.22　笔画粗细调整前后各字符集中字符的笔画宽度分布直方图

对笔画粗细调整算法的测试结果见表 11.7,它表明经过笔画调整后字符图像的模糊性得到一定程度的降低。对规一化后字符的笔画宽度的分布统计结果如图 11.22(b)所示,调整后字符笔画宽度的分布区间大为减小,更加集中于设定的目标宽度的周围。笔画宽度为目标宽度、目标宽度减 1 和目标宽度加 1 这 3 个数值的字符比例达 60% 左右,而笔画宽度过大或过小的字符的比例则大大减少,说明本算法在缓解因笔画宽度差异导致的字符变形方面是卓有成效的。

表 11.7　笔画粗细调整前后各字符集的平均模糊度

阶段	藏文	维吾尔文	蒙古文
笔画粗细调整前	1.258 6	1.189 5	0.806 3
笔画粗细调整后	1.213 3	1.140 7	0.782 0

11.4　民族文字识别中的特征提取与特征变换

本节对方向线素特征 DEF 所反映的笔画方向属性进行了扩展,得到它的一种改进形式,在一定程度上契合了民族字符弧形笔画比例大的特点。在此基础上,受人和高等动物视觉系统机理的启发,提出一种新的高性能字符特征——基于视觉特性的方向特征。它相对于 DEF 来说对字符结构信息的描述更全面,性能也更优越,而从提取方法来说与 DEF 完全在同一个框架内,完整地保留了 DEF 的突出优点。特征维数的增大和训练样本的相对不足,将给分类器参数估计带来很大困难。为了获得特征的紧凑表示形式,本节引入线性鉴别分析 LDA 对原始特征进行变换,提取最具鉴别性的特征分量。同时,对 LDA 的某些不足作了有针对性的改进,使之更好地适应民族字符特征压缩的需要。

11.4.1　改进型方向线素特征

DEF 以笔画边缘上 3 个相邻黑线素之间的位置关系为考察对象,具有很好的局部性,反映的是字符笔段所包含的结构信息,最初是针对汉字提出来的。汉字的笔画虽然有二三十种之多,但它们在书写时将笔画归纳为更为简洁的横、竖、撇、捺、左折、右折 6 种基本形式。如果将笔画进一步分解为笔段,可以得到 4 种基本的笔段形式:横、竖、撇、捺。即所有的汉字笔画,最终均可看作由 4 种基本笔段按照一定顺序排列连接而成。所以说,DEF 恰如其分地刻画了汉字笔画构造的本质特点。

但民族字符与汉字在笔画结构上显著的不同点在于,汉字笔画以直线为主,弧线极少以至于可以忽略,而在民族字符中则存在相当比例的弧形笔画。在藏文字符中,弧形笔画与直线性笔画比例大致相当,而在维吾尔文字符和蒙古文字符中,则是弧形笔画明显占据优势。所以,在汉字识别中,对每个笔画边缘像素,只需要考虑水平、垂直、45°夹角和 135°夹角这 4 种方向属性,它们表征了汉字的横、竖、撇、捺 4 种占绝对优势地位的笔画走势。而在民族字符中,对客观存在的大量弧形笔画若不尽量加以描述,就无法真实、全面地反映出字符的结构特点,最后势必要影响识别性能。

以图 11.23 包含 3 个相邻黑像素的 DEF 基本特征元模板为例,若某笔画边缘像素 x 与该模板吻合,那么对汉字而言,预测像素 x 位于一个横笔画和撇笔画的连接转折处是完全合理的,如图 11.24(a)所示,在模板外面,笔画的走势如图中虚线所示。在一个更大的尺度范围内,模板内外的边缘像素连接而成一个明显的横笔画和撇笔画,模板内像素 x 作为这两个笔画的一部分,被同时赋予横和撇两种方向属性是合理的。而对民族字符而言,x 所在的笔画就不如汉字那样明确了,它尽管也可能如汉字那样,但因字符中存在较多弧形笔画,它也可能是某一弧形笔画的一部分,如图 11.24(b)所示,模板外面的走势由虚线来描述,表现出明显的弧形特性。此时,若像

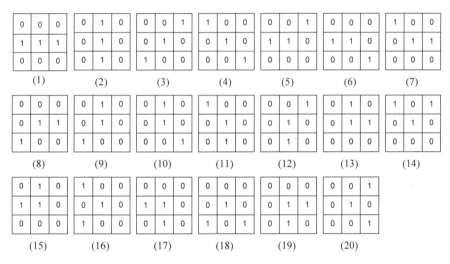

图 11.23 包含 3 个相邻黑像素的 DEF 基本特征元模板

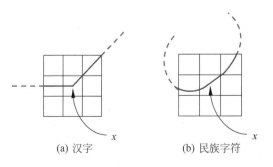

图 11.24 汉字与民族文字字符笔画走势的差异

处理汉字那样认为 x 所在的笔画同时具有横和竖两种笔画方向属性就偏离实际情况了,比较合理的处理方法是赋予像素 x 一个表征弧形笔画的方向属性。对于图 11.23 包含 3 个相邻黑像素的 DEF 模板,情况也与此类似,应将它们视为弧形笔画的一部分,而不是强行分解到横、竖、撇、捺 4 种直线型方向笔画属性中的某两种。

进一步,分别对汉字集、藏文字符集、维吾尔文字符集和蒙古文字符集中符合图 11.23 所示的包含三个相邻黑像素的 20 种模板的笔画边缘像素数目占所有边缘像素数目的比例作了统计,得到的分布情况如图 11.25 所示。同时,为了直观起见,按照对 20 种模板的三组分组情况(Grp.Ⅰ:模板中三个黑像素在同一直线,模板 1~4;Grp.Ⅱ:中心处两黑像素在互成 90°交线上,模板 5~12;Grp.Ⅲ:中心外两黑像素在互成 120°交线上,模板 13~20),将不同字符集中符合各组模板的边缘像素所占比例列在表 11.8 中。

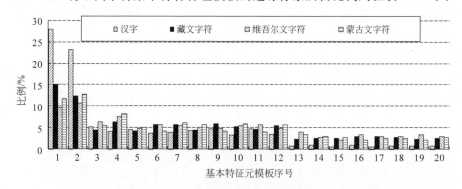

图 11.25 不同字符集中各基本方向特征元所占比例的分布

表 11.8 不同字符集中不同组别的基本方向特征元所占百分比 %

模板组别	汉字		藏文字符		维吾尔文字符		蒙古文字符	
	累计	平均	累计	平均	累计	平均	累计	平均
Grp.Ⅰ	60.32	15.08	38.16	9.54	33.87	8.47	36.08	9.02
Grp.Ⅱ	33.19	4.15	40.96	5.12	41.77	5.22	40.98	5.12
Grp.Ⅲ	6.49	0.81	20.88	2.61	24.36	3.05	22.94	2.87

由统计结果可见,这几种文字具有某些共性,如横和竖特征元较占优势;若按各组特征元中平均每个特征元占据的比例来看有 Grp.Ⅰ>Grp.Ⅱ>Grp.Ⅲ,但差异也十分明显。在 3 种民族字符中,Grp.Ⅰ所占比例均不到一半,而 Grp.Ⅱ和 Grp.Ⅲ均较汉字所占比例高,尤其是 Grp.Ⅲ

所占比例约为汉字的 3～4 倍。这些特点促使我们在提取 DEF 时，除了要注意充分发挥 Grp.Ⅰ的优势作用外，对 Grp.Ⅱ和 Grp.Ⅲ也不能忽略。由于民族字符中大量存在弧形笔画这一事实，采用汉字中的向 Grp.Ⅰ靠拢的模糊处理策略也并不妥当。

由此，本节提出 DEF 的一种修正形式——改进型方向线素特征（modified directional element feature，MDEF）：将 Grp.Ⅰ中 4 种模板作为独立的方向特征元；将 Grp.Ⅱ中各模板所表示的笔画边缘视为半径为 1 的圆上的由圆心角为 120°的扇形区域所对应的一段圆弧（如图 11.26(a)所示），它们具有同样的方向属性，命名为弧 A；同样地，将 Grp.Ⅲ中各模板所表示的笔画边缘视为半径为 $\sqrt{2}/2$ 的圆上的由圆心角为 180°的扇形区域所对应的一段圆弧（如图 11.26(b)所示），它们也具有同样的方向属性，命名为弧 B。这样，在生成的特征向量 $\boldsymbol{X}$ 中共体现 6 种不同的方向属性。其中，模板 Grp.Ⅰ反映的是同汉字相似的横、竖、撇、捺 4 种直线笔画方向属性，而 Grp.Ⅱ和 Grp.Ⅲ则刻画了民族字符中为数众多的弧形笔画。

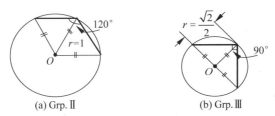

图 11.26　Grp.Ⅱ和 Grp.Ⅲ中模板在民族字符中的弧形笔画意义

MDEF 的提取方法与 DEF 基本一致，只是生成由原来的 4 种基本特征平面拓展为 6 种，$[X^k]=[X^k(m,n)]_{M\times N}$，$k=1,2,\cdots,6$，且计算式改为

$$\begin{cases} [X^k] = w_{\mathrm{I}}[P^k], & k=1,2,3,4 \\ [X^5] = w_{\mathrm{II}}\sum_{l=5}^{12}[P^l] \\ [X^6] = w_{\mathrm{III}}\sum_{l=13}^{20}[P^l] \end{cases} \quad (11.11)$$

其中 $M\times N$ 图像矩阵 $[P^k]=[P^k(m,n)]_{M\times N}$，$k=1,2,\cdots,20$ 中的各元素由下式计算得到

$$P^k(m,n) = \begin{cases} 1, & \rho^k(m,n)=3 \\ 0, & 其他 \end{cases} \quad (11.11\mathrm{a})$$

$$\rho^k(m,n) = \sum_{i=1}^{3}\sum_{j=1}^{3} R^k(i,j)Q'(m+i-2,n+j-2) \quad (11.11\mathrm{b})$$

$$Q'(m,n) = \begin{cases} Q(m,n), & m=1,2,\cdots,M, n=1,2,\cdots,N \\ 0, & \text{其他} \end{cases}$$

(11.11c)

$[R^k(m,n)]_{3\times 3}, k=1,2,\cdots,20$ 表示图 11.23 中的基本特征元模板,将它们分别作用于 $[Q(m,n)]_{M\times N}$, $Q(m,n)$ 为图像中位于第 m 行、第 n 列的像素点的值, $m=1,2,\cdots,M, n=1,2,\cdots,N$。

在获得表示笔画像素方向信息的基本特征平面后,采用图像分块的方法生成压缩特征平面,形成初始的识别特征。可采取不同模糊分块的方法(见 3.5 节),如:高斯窗模糊分块、梯形窗模糊分块等将图像由 $M\times N$ 大小压缩到 $M'\times N'$,不仅达到信息压缩的目的,而且允许容忍笔画的位移形变,增强特征的鲁棒性。

在生成的最后特征向量中,维数由原来的 $d=4\times M'\times N'$ 变为 $d=6\times M'\times N'$;同时,由于各组特征元在字符中的出现频率有很大差异性,为了衡量不同组别的基本特征元模板对总体特征向量的不同贡献,对来自不同压缩特征平面的元素赋予不同的权重,权值满足 $w_{\mathrm{I}}, w_{\mathrm{II}}, w_{\mathrm{III}} \in [0,1]$ 且 $w_{\mathrm{I}} + w_{\mathrm{II}} + w_{\mathrm{III}} = 1$。

11.4.2 基于视觉特性的方向特征

人脑在字符识别方面的优异表现相当程度上要归功于感受野细胞超强的特征提取能力。若能用计算机模仿人类视觉感受野,那么就可能获得高效的字符特征表示。近年来获得广泛应用的 Gabor 滤波器就是其中较成功的范例[35,36]。但它的计算量极大,而且对二值图像并不适用。本节将寻求更简洁的感受野模仿方式,同时抓住反映字符信息的本质要素——笔画边缘。

立足于直接模仿动物视觉细胞感受野的特性,通过大量的实验研究,本节直接设计了一组模拟感受野细胞反应的模板。假定所有感受野大小为 3×3,即一个感受野含有 9 个视细胞,当二值字符图像进入时,其中的黑像素相当于刺激光点,而白像素则相当于未加外界刺激。设定感受野反应如图 11.27 所示,其中的正值表示 on 反应,负值表示 off 反应,值的大小表征反应的强弱。

图 11.27 中模板可分为 3 组:模板(1)~(8)模仿直线型简单细胞型感受野的反应,可用于检测字符的线状边缘,称为直线组模板;模板(17)模仿的是同心圆状感受野的反应,用于检测字符的弧形笔画边缘,称之为弧形组模板;其余模板则是对低层超复杂细胞型感受野一端受抑制的反应模式的模仿,可用于检测字符边缘的端点,相应地称之为端点组模板。对于复杂细

-1	-1	-1
1	1	1
0	0	0

(1)

0	0	0
1	1	1
-1	-1	-1

(2)

-1	1	0
-1	1	0
-1	1	0

(3)

0	1	-1
0	1	-1
0	1	-1

(4)

0	-1	1
-1	1	0
1	0	0

(5)

0	0	1
0	1	-1
1	-1	0

(6)

1	-1	0
0	1	-1
0	0	1

(7)

1	0	0
-1	1	0
0	-1	1

(8)

0	0	-1
1	1	-2
0	0	-1

(9)

-1	0	0
-2	1	1
-1	0	0

(10)

0	1	0
0	1	0
-1	-2	-1

(11)

-1	-2	-1
0	1	0
0	1	0

(12)

0	0	-2
0	1	0
1	0	0

(13)

0	0	1
0	1	0
-2	0	0

(14)

-2	0	0
0	1	0
0	0	1

(15)

1	0	0
0	1	0
0	0	-2

(16)

1	-0.5	1
-0.5	-2	-0.5
1	-0.5	1

(17)

图 11.27　模仿视觉感受野特性的 3×3 模板

胞型感受野则不予关注，因为它们主要检测的是物体与运动相关的特征，而本文处理的对象是静止的字符图像。

仔细分析可以发现，上述模板最大的不足之处在于采用的 3×3 的视窗导致视野狭窄，局限在过于细碎的局部化特征，无法综观具有一定全局意义的信息。为此，可将 3×3 的尺度扩大为 5×5，这种尺度上的扩展可以更准确地模仿视觉感受野的反应模式，设计出效果更好的特征元模板，从而更加细致、全面地检测字符结构信息。扩展后的模板如图 11.28 所示。

可见，将模板尺度从 3×3 扩展到 5×5 后，模板的形式得到很大丰富。直线组模板中的(1)～(8)是对图 11.27 中模板(1)～(8)的直接扩充，对应于与水平方向成 0°、45°、90°和 135°角的直线方向笔画边缘；模板(9)～(12)的作用则是对与水平方向成 30°、60°、120°和 150°角的直线方向笔画边缘的检测，这是新增的，并不包含在原先 3×3 的模板组中。同样，端点组模板也有新成员加入，主要是对两端受抑制的超复杂型感受野性能的模仿(模板(21)～(24))；在弧形组(模板(25)、模板(26))中，原先半径为 1 的圆弧模板相应地被扩展成半径为 2。

事实上，5×5 感受野模板并不仅限于图 11.28 所列的 26 种，还可以有其他形式，在此不一一列举了。尺度的扩展使得模板更加灵活、多变，能够检测的字符特征也更加全面、细致。模板尺度当然还可能扩大，比如达到 7×7 或9×9，但是，会使计算复杂度成倍增长，因此还需从识别速度与识别正确率上加以折中考虑。

图 11.28 模仿视觉感受野特性的 5×5 模板

得到特征提取模板后,可用它们来提取民族字符的识别特征。这是以模拟人类视觉系统特征提取功能为出发点提出的特征,同时其类型主要是具有各种方向的笔画边缘,因此,本文将这种特征命名为基于视觉特性的方向特征(vision-based directional features,VDF)。用感受野模板检测字符特征的过程可通过各模板与输入字符图像的卷积来完成[34]。因此,VDF 的提取过程简化为只包括图像分解和信息压缩这两步。在图像分解过程中,产生 K 个基本特征平面(K 表示采用的图 11.28 中所示模板的个数)$[X^k]=[X^k(m,n)]_{M\times N}$,$k=1,2,\cdots,K$。

$$[X^k(m,n)]_{M\times N} = \frac{[F^k(m,n)]_{M\times N} \otimes [R^k(m,n)]_{5\times 5}}{\frac{1}{2}\sum_{i=1}^{5}\sum_{j=1}^{5}|R^k(i,j)|}, \quad k=1,2,\cdots,K$$

(11.12)

其中,$\otimes$ 为卷积符号,$[F^k(m,n)]_{M\times N}$ 为规一化输入字符图像,$[R^k(m,n)]_{5\times 5}$ 表示图 11.28 所示的模板,式(11.12)的分母部分表示对基本特征平面中每个元素进行规一化处理。求得基本特征平面后,接下去的信息压缩也采用模糊分块的策略,与 DEF 完全一致,此处不再赘述,最后得到的 VDF 向量的维数为 $d=K\times M'\times N'$,M'、N' 为压缩特征平面的高度和宽度,均与 DEF 提取中的意义相同。

11.4.3 基于线性鉴别分析的特征变换

关于 LDA 线性鉴别分析的详细分析请见第 4 章。LDA 在下述 3 个假设条件均成立的情况下,可以实现对模式类均值中所包含判别信息的最优压缩[6]。

(1) 每一模式类的特征均符合多维高斯分布,相应的类内散度矩阵为 S_{W_i};

(2) 所有模式类的类内散度矩阵完全相同,且均等于平均类内散度矩阵,即

$$S_{W_i} = S_W, \quad i=1,2,\cdots,c$$

(3) 所有类的中心可用一个多维高斯分布表示,且类间方差矩阵为 S_B。

但是,对于一个实际的模式分类问题,这些条件显得过于苛刻,此时 LDA 往往无法获得统计意义上的最优性。本文试图对它进行适当的改进,尽量使它在民族字符识别应用时性能得到改善。考虑到优化求解的复杂程度增加的问题,这里只考虑在线性映射的范围内对 LDA 进行扩展。条件 1 基本上是对高维空间中特征分布的无法回避的必然假设。所以,只能就条

件2和条件3的假定做一些针对性的变通,主要是改进 S_W 和 S_B 的计算方法。这些改进以实验观察分析和经验性的研究为基础,由实验结果验证了这些方法的有效性和它们在民族字符识别中的积极价值。

改进1:基于加权类内散度矩阵的LDA,简记为 $WS_W LDA$。

在使LDA达到最优的条件中,条件2是对各模式类在特征空间的分布同方差性(homoscedasticity)假设。当该条件满足时,求解LDA变换的第1个步骤——"白化"类内散度矩阵 S_W 的过程可由图11.29(a)示意,图中的虚线部分和实线部分分别代表平均类内散度矩阵 S_W 和各类的类内散度矩阵 S_{W_i}。白化后,S_{W_i} 与 S_W 同时变为单位阵 I,即各类样本在特征空间中分布形状由超椭球变为超球。然而,实际应用中模式类一般呈现异方差性(heteroscedasticity)分布的特点,白化过程的实际情形更倾向于图11.29(b),虽然 S_W 被白化成单位阵,但各类分布依然是超椭球状。这表明,假设各类散度相同且在数值上以平均散度代替是存在很大缺陷的。

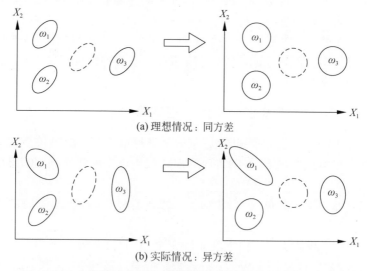

图11.29 白化前后不同模式类的类内散度矩阵的变化情况示意

事实上,在实验中发现:①无论在藏文字符集、维吾尔文字符集还是蒙古文字符集中,相当比例的字符类在特征平面上分布的中心比较接近,有些类别间存在很大的交叠区域。这部分字符类别之间极易混淆、区分难度大,本文将其归为易混淆类(confusion categories)。增加它们之间的可分性理应是LDA关注的重点。②在3种民族字符集中,都存在一定比例的字符类别,它们在特征平面上的样本分布中心远离其他字符类,甚至达到某种程度的孤立,称其为离群类(outlier categories),它们主要由一些笔画数较多、结构相对复杂的字符类组成。图 11.30 展示了 3 个维吾尔文字符类在二维特征平面上的分布,明显可以看出字符类"ر"和"و"属于易混淆类,而"س"则远离其他字符类,是一个离群类。

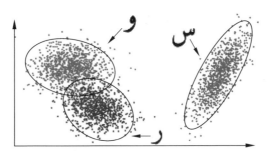

图 11.30　3 个维吾尔文字符类样本在二维特征平面上的投影

LDA 中对类内散度矩阵的估计是建立在最大似然估计的基础上的,从统计意义上可以得到一种对类内散度矩阵的无偏估计。但当各类散度矩阵不尽相同,尤其是彼此差异较大时,最大似然估计很难保证能获得最佳分类正确率的类内散度矩阵的恰当估计[6,56]。站在模式分类的立场上,最大似然对类内散度矩阵的估计的不足之处可以总结为易侧重于本无必要特别关注的离群类信息,而可能削弱对理应高度重视的易混淆类信息的反应。因此,从有利于字符分类的原则出发,本节采用基于 Chernoff 准则的异方差鉴别分析方法[38](参看第 4 章异方差鉴别分析部分)。由于样本数目的不足和特征维数过高可导致各字符类的类内散度矩阵为奇异阵,使上式中矩阵行列式为 0,为了克服这个问题,对 S_{W_i} 进行正则化处理。

$$S'_{W_i} = \beta S_{W_i} + (1-\beta) \frac{\mathrm{tr}(S_{W_i})}{d} I \qquad (11.13)$$

其中,$\beta \in (0,1)$ 为常数,I 为单位阵,d 为特征维数。

上述 LDA 的改进形式与标准 LDA 相比,仅仅改变了类内散度矩阵的计算方式,所以可称为基于加权类内散度矩阵的 LDA——WS_WLDA。它是针对标准 LDA 类内散度估计中存在的不利于改善分类性能的因素,以各类类内散度的加权和的形式取代了原先的最大似然估计形式。WS_WLDA 的性能将在后续的实验去验证。

改进 2:基于修正类间散度矩阵的 LDA,简记为 MS_BLDA。

同样,为了获得更好的变换效果,对 LDA 中另一重要散度矩阵——类

间散度矩阵 S_B 的估计也可以进行必要的修改。这已引起一些研究者的重视,他们以不同方式对 S_B 的估计方法做出改进[39-42],取得优于标准 LDA 的性能。本节也对此进行尝试。首先看式(11.14),它所表示的类间散度矩阵的一种等价分解形式为

$$S_B = \sum_{i=1}^{c-1} \sum_{j=i+1}^{c} P(\omega_i) P(\omega_j) [(\mu_i - \mu_j)(\mu_i - \mu_j)^T]$$

$$= \sum_{i=1}^{c-1} \sum_{j=i+1}^{c} P(\omega_i) P(\omega_j) S_{B_{ij}} \tag{11.14}$$

上式将类间散度矩阵表示为各类别均值间差异的形式,$S_{B_{ij}} = (\mu_i - \mu_j)(\mu_i - \mu_j)^T$ 实际上是两类问题(ω_i 和 ω_j)中的类间散度,正是从这个意义上说,LDA 是 Fisher 准则在多类问题中的推广[6],相当于 $c(c-1)/2$ 个 Fisher 准则的综合。所以可以从两类问题这一相对较为简单的视角来理解 LDA,从而寻求其分类性能的提升。

根据贝叶斯判决理论,两类问题的分类决策准则为

$$\begin{cases} X \in \omega_i, & l(x) = \dfrac{p(X|\omega_i)}{p(X|\omega_j)} > t = \dfrac{p(\omega_j)}{p(\omega_i)} \\ X \in \omega_j, & \text{其他} \end{cases}$$

其中,判决面为 $\{X | l(X) = t\}$,其形状视特征类型和模式类分布特性的不同可以是直线、曲线、曲面、超曲面等。在实际分类问题中,有效的判决面位于特征空间中两个类别的交叠区域,每个类别都有相当数量的样本落入该区域,区别这些样本的准确的类别属性是分类的重点[42,43]。从这个意义上说,分类判决准则应该由判决面上和接近判决面的关键样本(key samples)决定,而那些远离有效判决面的普通样本(normal samples)对分类影响很小甚至可以忽略。

回过头再看 $S_{B_{ij}}$ 的表达式可以发现,它仅以类均值来完全代表该类所有样本的信息,类中每一个样本的重要程度都是相同的,无法体现关键样本和普通样本的不同重要性。针对这种情况,可将 $S_{B_{ij}}$ 的计算方式修改为

$$S_{B_{ij}} = E[(X_i^K - X_j^K)(X_i^K - X_j^K)^T] \tag{11.15}$$

或

$$\begin{aligned} S_{B_{ij}} = & \gamma_K E[(X_i^K - X_j^K)(X_i^K - X_j^K)^T] + \gamma_{KN} E[(X_i^K - X_j^N)(X_i^K - X_j^N)^T] \\ & + \gamma_{KN} E[(X_i^N - X_j^K)(X_i^N - X_j^K)^T] + \gamma_N E[(X_i^N - X_j^N)(X_i^N - X_j^N)^T] \end{aligned}$$
$$\tag{11.16}$$

其中,X_i^K 和 X_j^K、X_i^N 和 X_j^N 分别表示类别 ω_i 和 ω_j 中的关键样本和普通样本。式(11.15)只考虑关键样本的作用而省去了普通样本的影响,只要关键

样本集选取得当,忽略普通样本将不会造成明显的负面影响。式(11.16)则通过权重 γ_K、γ_N 和 γ_{KN}($0 \leqslant \gamma_K, \gamma_N, \gamma_{KN} \leqslant 1, \gamma_K + \gamma_N + 2\gamma_{KN} = 1$)来调节关键样本和普通样本对 $S_{B_{ij}}$ 的不同影响力。

给定 ω_i 和 ω_j 的样本集$\{X_i\}$、$\{X_j\}$,关键样本集的选取分为如下两步。

第1步:计算$\{X_i\}$中每一个样本和$\{X_j\}$中每一样本两两间的距离。为简化计算,此处采用欧氏距离。

第2步:挑出距离最近的 M 对样本,分别组成 ω_i 和 ω_j 的关键样本集;其中 M 可以固定,也可以因类别而异。

得到所有类别的两两类间散度矩阵后,就可以根据式(11.14)算得 c 个类别总体类间散度矩阵。在待识字符集中,某些字符类在空间分布很接近,表现为类间散度很小,这些字符类往往是易混淆类;而某些字符类的类间散度却很大,无论采用何种形式的变换基本都不会影响它们之间良好的可分性。因此,这里也采用与 WS_wLDA 中相似的方法,对类间散度矩阵进行加权处理以加强对易混淆类的信息反映。式(11.14)改为

$$S_B = \sum_{i=1}^{c-1} \sum_{j=i+1}^{c} P(\omega_i) P(\omega_j) w_{ij} S_{B_{ij}} \quad (11.17)$$

其中,w_{ij} 为权值。

$$w_{ij} = \frac{L_{ij}^{-1}}{\sum_{k=1}^{c} \sum_{l=k+1}^{c} K_{kl}^{-1}} \quad (11.18)$$

L_{ij} 取为近似两两分类正确率(approximate pairwise accuracy),表征了两个字符 q 类别之间的可分性[41]。

$$L_{ij} = \frac{1}{2d_{ij}^2} \int_0^{\frac{d_{ij}}{2\sqrt{2}}} e^{-x^2} dx \quad (11.19)$$

其中,d_{ij} 为如下的马氏距离形式:

$$d_{ij} = [(\mu_i - \mu_j)^T S_w^{-1} (\mu_i - \mu_j)]^{-1/2} \quad (11.20)$$

与标准 LDA 相比,上述改进形式的 LDA 对类间散度矩阵的计算方式进行了两项修正:①改变了标准 LDA 中以类均值完全代表所有样本信息的处理方式,明确加强了位于判决边界附近的关键样本的作用,同时削弱了远离分界面的普通样本的影响;②在生成总体类间散度时,赋予各两两类间散度与类间可分性相关的权值以表征其对最终类间散度的重要性。本文称这种改进形式的 LDA 为基于修正类间散度矩阵的 LDA——MS_BLDA。

改进3:借助 PCA 变换来拓展有效特征维数的 LDA,简记为 PCAeLDA。

由 LDA 变换的公式可知,它所能提取的有效特征维数必然小于模式类别的数量 c,这是由 S_B 矩阵的秩所决定的。所以 LDA 通常只能应用于如

汉字识别这样的超多类别模式识别中。藏文类别数在 500 以上，应用 LDA 不成问题；而维吾尔文和蒙古文的字符类别数分别在 150 和 100 左右，LDA 压缩后的特征维数有可能无法满足识别的需要。为此，应采取适当的措施对 LDA 进行拓展以突破最高维数的限制。可行的方法是在 LDA 中引入 PCA，将两者结合起来，共同完成特征变换[44,45]，可将 LDA 变换的生成矩阵 $S_w^{-1}S_b$ 进行如下替换：

$$S_w^{-1}S_B \to [(1-\varepsilon)S_W + \varepsilon I]^{-1}(S_B + \varepsilon S) \tag{11.21}$$

其中，$\varepsilon \in [0,1]$ 为一个预设的常数。当 $\varepsilon = 0$ 时，$[(1-\varepsilon)S_W + \varepsilon I]^{-1}(S_B + \varepsilon S_W) = S_W^{-1}S_B$，对应于 LDA 变换；当 $\varepsilon = 1$ 时，$[(1-\varepsilon)S_W + \varepsilon I]^{-1}(S_B + \varepsilon S_W) = S_W + S_B$，对应于 PCA 变换。因此，以式(11.21)为生成矩阵得到的特征变换是 LDA 与 PCA 的一种混合形式，特征变换的有效维数不再受 S_B 矩阵的秩的限制。我们采用该方法拓展 LDA（以下简称为 PCAeLDA），以使变换后的特征维数能够大于字符集类别数。

11.4.4 实验结果

无论在 DEF、MDEF 还是 VDF 中，都采用了图像网格分块的方法，将局部空间中底层的识别信息浓缩后，排序形成初始的识别特征。所以，首先需要确定相关的分块参数。由于很难实现对分块特征的提取过程的自动学习[46]，一般只能根据经验来调整高斯加权函数的参数，即分块大小参数 u_0 和 v_0 以及各分块间的交叠参数 u_1 和 v_1。对于给定高度和宽度分别为 M 和 N 的特征平面而言，关于网格划分中分块大小 u_0 和 v_0 其取值范围一般介于 5 和 16 之间。实验结果表明，分块数目也并不是越多越好，具体选择时需要将识别率和识别速度加以折中考虑。同样，u_1 和 v_1 的选择也应权衡分块数目与识别率这两方面的因素。通过实验发现，当 u_1 和 v_1 的取值与字符的平均笔画宽度（藏文为 7~9 个像素；维吾尔文为 6~7 个像素；蒙古文为 5~7 个像素）接近时能够取得最佳的识别性能。经过综合考量和实验验证，最终选定的分块参数和特征维数分别如表 11.9 和表 11.10 所示。

表 11.9 分块参数的设定

字符集	M	u_0	u_1	N	v_0	v_1	分块总数
藏文	96	16	8	48	16	8	12×6=72
维吾尔文	80	12	6	32	12	6	13×5=65
蒙古文	36	14	7	48	14	7	6×7=42

表 11.10　民族字符集上 3 种特征的维数

字符集	DEF	MDEF	VDF
藏文	288＝72×4	432＝72×6	1872＝72×26
维吾尔文	260＝65×4	390＝65×6	1690＝65×26
蒙古文	168＝42×4	252＝42×6	1092＝42×26

需要指出的是,为了保证每个子块大小都是 $u_0 \times v_0$,我们采用如图 11.31 所示的方法(实线所示为原有像素,虚线所示为扩展的新像素)对最外围像素进行了适当的扩展。这样处理的另一个出发点是,字符的四角及四周具有较为丰富而稳定的鉴别信息,采用拓展四周像素的方法(相当于对字符周边进行增强)后,在生成的相应特征分量中,这些信息能够得到更充分的反映。

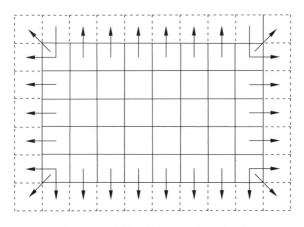

图 11.31　字符的最外圈像素扩展示意

在本节的所有实验中,均以简单欧氏距离为准则设计分类器。针对本节所述的 3 种不同字符表示特征,即 DEF、MDEF 和 VDF,在 3 种民族文字测试集上测得识别率列于表 11.11 中,其中,MDEF 中的参数 w_I、w_{II} 和 w_{III} 最佳取值由实验确定的结果如表 11.12 所示。

表 11.11　3 种特征在民族字符集上的识别率　　%

(a)训练集				(b)测试集			
字符集	DEF	MDEF	VDF	字符集	DEF	MDEF	VDF
藏文	75.0	75.6	80.4	藏文	73.1	73.6	78.6
维吾尔文	65.2	66.5	74.5	维吾尔文	63.0	64.2	72.3
蒙古文	73.6	75.0	81.1	蒙古文	70.8	72.5	78.8

表 11.12　MDEF 中加权系数设定

字符集	w_{I}	w_{II}	w_{III}
藏文	0.6	0.2	0.2
维吾尔文	0.4	0.3	0.3
蒙古文	0.5	0.3	0.2

可见，在 3 种字符集上，MDEF 均稍优于 DEF。这是因为 MDEF 中引入了对民族字符中占很大比例的弧形笔画的描述，使得它在反映字符结构信息的能力上比针对汉字笔画特点提出的 DEF 略胜一筹。就 MDEF 相对于 DEF 的性能提升而言，在维吾尔文字符集和蒙古文字符集上要比在藏文字符集上明显，这是藏文字符所含弧形笔画的比例不如维吾尔文字符和蒙古文字符高所致。在 3 种特征中，VDF 的表现最为突出，这完全在意料之中，表明 VDF 的确是民族字符的一种有效表示特征，这种有效性主要源于 VDF 对字符信息的恰如其分的描述。下面的实验主要针对 VDF 展开。

从表 11.11 可知，VDF 相比于 DEF 和 MDEF 在性能上的显著优势是以伴随着极高特征维数的高计算开销为代价的，而且原始 VDF 中所含冗余性也是显而易见的，这也正是我们选用 LDA 特征变换的初衷之一。LDA 中一个很重要的步骤是选定特征变换的截取维数，我们通过考察训练集上识别率与压缩维数的关系曲线图来确定。输入的原始 VDF 向量经过 LDA 压缩后，再送入分类器识别，藏文训练集上的识别率与特征压缩维数的关系如图 11.32 所示，其中 WLDA 和 MLDA 分别表示 WS$_{\mathrm{W}}$LDA 和 MS$_{\mathrm{B}}$LDA（下同）。WLDA 和 MLDA 中相关参数设定为：$\eta = 1$、$\alpha = 0.5$、$\beta = $

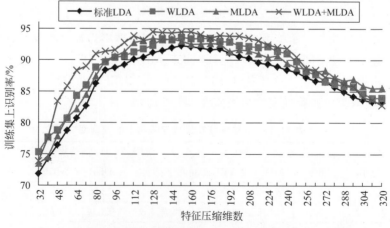

图 11.32　藏文训练集上识别率随 LDA 特征压缩维数的变化关系

0.8、$\gamma_K=0.5$、$\gamma_{KN}=0.2$、$\gamma_N=0.1$，这些参数的值在藏文、维吾尔文和蒙古文字符集中均保持一致。

图 11.32 只给出了特征压缩维数 r 从 32 变化到 320 时训练集上识别率 R 相应的变化情况。事实上，当 $r<32$ 时，随着 r 的增大，R 急剧增大；在 $r>320$ 时，随着 r 的增大，R 一直呈缓慢下降的趋势。伴随着压缩维数的变化，在采用 4 种不同特征压缩方法得到的识别率变化曲线上都可以观察到峰值现象，峰值出现在 $r=140\sim r=164$ 之间。峰值现象产生的原因比较复杂，如分类器模型与实际情况的符合程度、参数的估计误差等会随着维数的增大而逐渐恶化。应该指出，对于欧氏距离分类器，LDA 变换后的特征在较低维维数(例如 $r=90\sim r=240$)得到了比高维(例如 $r>240$)情形下更好的识别率。这是因为 LDA 变换能够在一定程度上改善特征分布，使之更接近高斯分布[37]。

同时，图 11.32 也反映了我们对标准 LDA 所作改进的实际成效。单独来看，使用 WS_WLDA 或 MS_BLDA 进行特征压缩后，在峰值点附近的训练集识别率相比于标准 LDA 均要高出 2% 左右；而将 WS_WLDA 和 MS_BLDA 配合使用后，识别性能得到进一步改善。同时，当压缩维数在 128 附近时，识别率曲线达到极值，此时的识别率比采用标准 LDA 提高了约 3%。这表明，建立在修正散度矩阵基础上的改进型 LDA 用于特征变换时的性能优于标准 LDA。

维吾尔文训练集上的识别率 R 与特征压缩维数 r 的关系曲线(如图 11.33 所示)与藏文极其相似，主要表现为：①在 r 较低时，R 随着 r 的增大而急剧增大；当 r 达到一定数值(约为 $r=64$)后，R 依然随 r 的增大而增大，然而增幅放缓；当 r 大于某个临界点(在 $r=120$ 附近)后，随着 r 的继续增大，R 开始呈下降趋势；②在识别率曲线上存在明显的峰值，对于标准

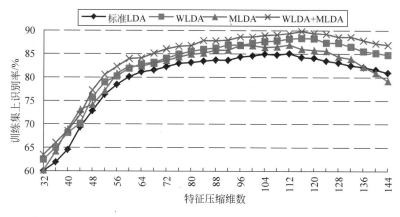

图 11.33　维吾尔文训练集上识别率随 LDA 特征压缩维数的变化关系

LDA、WS_WLDA、MS_BLDA 和 $WS_WLDA+MS_BLDA$，这个峰值分别出现在 $r=112$、$r=120$、$r=112$ 和 $r=116$ 时，对应的识别率峰值分别为 85.1%、88.3%、86.9% 和 89.8%；③经 LDA 压缩之后的特征普遍比原始特征优越，反映在变换后识别率比变换前的识别率(74.5%)有不同程度的提高；④WS_WLDA 和 MS_BLDA 的综合应用能够取得最好的变换效果。

前面已经指出，针对 LDA 变换最高有效维数受字符集规模的限制问题，将采用 LDA 与 PCA 的混合变换——PCAeLDA 来解决。在藏文识别中，目标字符集中的字符类别数达到 592，而 LDA 的最佳压缩维数在 200 维以下，远小于 LDA 能够提供的最高有效特征维数 591，所以无须采用 PCAeLDA 对特征的有效维数进行拓展。在维吾尔文识别中，不同字符类别的数量为 147(维吾尔文字符、数字、符号等)，理论上采用 LDA 变换后特征有效维数最多为 146。但由图 11.33 可见，在压缩维数达到 146 之前，识别率峰值已经出现，随后便开始缓慢下降。所以，由 LDA 提供的有效特征维数已经能够满足识别维吾尔文字符的需要，无须进一步利用 PCA 来实现拓展。在蒙古文识别中，不同字符类别的数量为 98(蒙古文字符、数字、符号等)，LDA 变换后有效特征维数为 97。蒙古文训练集上的识别率 R 与特征压缩维数 r 的关系曲线(如图 11.34 所示)反映出，在有效压缩维数的范围内，识别率一直呈上升趋势，即在压缩维数小于等于 97 的区间内，识别率并没有出现峰值。另一方面，就不同 LDA 方法的性能而言，图 11.34 的结果与藏文和维吾尔文字符集上的结果是类似的，即在不同的 LDA 变换中，$WS_WLDA+MS_BLDA$ 组合运用的变换效果最好。这促使我们很自然地设想：如果能够对有效特征维数进行拓展，在 r 进入 97 以上的变化区间时，识

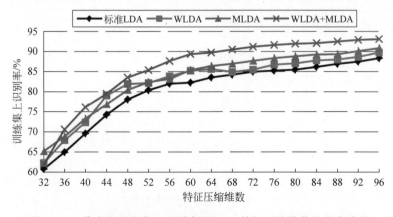

图 11.34 蒙古文训练集上识别率随 LDA 特征压缩维数的变化关系

别率 R 还有可能继续保持上升态势,直至 r 达到某个数值时取到最大值。为此,下面就针对 $WS_WLDA+MS_BLDA$ 变换运用 PCAeLDA 在蒙文字符集上对有效特征维数进行拓展后再来测试识别率 R,验证上述设想的可能性。

在 PCAeLDA 中,通过调节式(11.21)中的参数 ε 来折中变换形式在特征的"表示性(representativeness)"和"鉴别性(discriminativeness)"这两个关键属性之间的侧重点,表 11.13 给出鉴别性最大化($\varepsilon=0$,此时 PCAeLDA 相当于 LDA)、表示性最大化($\varepsilon=1$,此时 PCAeLDA 相当于 PCA)、鉴别性和表示性同等对待($\varepsilon=0.5$)时的训练集上识别率 R 随特征压缩维数 r 的变化关系。不难看出:① 在 LDA 有效的特征维数范围内($r\leqslant 97$),LDA 的性能优于 PCA 和 PCAeLDA,这是因为特征的鉴别性对于分类而言具有决定性的作用,LDA 恰恰以提取最具鉴别性的特征分量为出发点;而 PCA 仅是表示意义上的最佳变换,变换得到的特征不具有明确的鉴别性;PCAeLDA 不以鉴别性作为特征压缩的唯一动机,对于表示性的兼顾削弱了其所提特征的鉴别能力。② 当压缩维数超过 LDA 的有效维数范围后,随着 r 的增加,PCA 和 PCAeLDA 变换得到的特征的识别率都经历了继续缓慢上升直至达到一个最大值、继而缓慢下降的过程。在 $r=160$ 和 $r=144$ 时,PCA 和 PCAeLDA 的识别率分别达到峰值 93.0% 和 94.0%。可见,利用 PCA 变换的最好结果与标准 LDA 相当,而后者是在较低的维数上达到这一识别性能的,从计算的角度来说效率更高。PCAeLDA 的最好性能则较 LDA 有较大改善,代价是变换后的特征维数较 LDA 要高得多。经过对 PCAeLDA 的参数 ε 的合理选择,可以在相对较低的维数上达到显著高于 LDA 的识别性能(见表 11.14)。

表 11.13　参数 ε 取典型值时蒙古文字符训练集上识别率(%)与压缩特征维数之间的关系

特征维数	$\varepsilon=0$	$\varepsilon=1$	$\varepsilon=0.5$	特征维数	$\varepsilon=0$	$\varepsilon=1$	$\varepsilon=0.5$
32	62.0	60.3	61.7	112	—	92.1	92.8
40	76.2	73.1	74.4	120	—	92.3	93.2
48	83.5	80.5	81.4	128	—	92.4	93.4
56	87.6	83.6	85.6	136	—	92.8	93.6
64	89.7	86.1	87.9	144	—	92.9	94.0
72	91.2	88.8	90.0	152	—	92.9	93.7
80	91.9	89.8	90.7	160	—	93.0	93.4
88	92.5	90.2	91.4	168	—	92.8	93.1
96	93.1	91.6	92.0	176	—	92.6	92.9
104	—	91.9	92.4	184	—	92.3	92.7

表 11.14　参数 ε 与蒙古文字符训练集上识别率及最佳特征压缩维数之间的关系

ε	识别率峰值/%	最佳压缩维数	ε	识别率峰值/%	最佳压缩维数	ε	识别率峰值/%	最佳压缩维数
0.00	93.1	97	0.35	93.5	153	0.70	94.3	145
0.05	93.2	166	0.40	93.7	150	0.75	94.3	140
0.10	93.3	163	0.45	93.8	150	0.80	94.2	151
0.15	93.4	164	0.50	93.8	146	0.85	93.7	148
0.20	93.3	161	0.55	94.0	149	0.90	93.6	150
0.25	93.4	158	0.60	94.1	147	0.95	93.3	154
0.30	93.4	157	0.65	94.2	148	1.00	93.1	157

综合以上实验分析,在民族字符识别中的特征提取与特征变换阶段采用的方法及在各自样本集上的识别结果如表 11.15 所示。

表 11.15　民族文字识别特征提取与变换结果

字符集	特征	特征变换方法	特征压缩维数	识别率/%	
				训练集	测试集
藏文	VDF	$WS_W LDA + MS_B LDA$	128	94.5	92.9
维吾尔文	VDF	$WS_W LDA + MS_B LDA$	116	89.8	87.2
蒙古文	VDF	$WS_W LDA + MS_B LDA + PCAeLDA$	140	94.3	93.0

11.5　民族文字识别中的级联分类器设计

本节重点研究民族字符识别中的分类器选择和设计问题,提出由预分类、主分类、辅助分类这 3 部分级联的多级分类策略,其基本流程如图 11.35 所示。3 个分类阶段在整个分类系统中的作用不同,在处理对象、分类依据和处理方法等方面也都各有差异。

在预分类阶段,利用各民族字符集特有的字符形式、字符图像空间区域分布、字符组成部件等附加信息,首先将字符全集划分为若干子集,缩减字符模式的规模。在本文的民族文字识别系统中,主分类器设计将以参数概率密度估计方法为基础,并假设字符类别的输入特征符合多元正态分布。针对经典的最大似然方法在该条件下给出的参数估计误差,以修正二次鉴别函数为主分类器,同时引入基于最小分类错误率的鉴别学习方法来减小

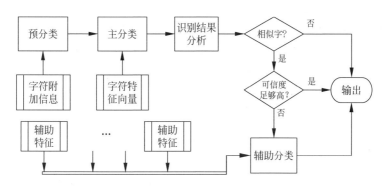

图 11.35 本文民族文字识别中的多级分类流程

参数估计误差所引起的系统性能劣化。辅助分类则主要针对民族字符集中相似字多、相似程度高的特点而设计的，其实质是一个直接的相似字鉴别单元，利用包括字符局部的结构特征、与上一节所述的方向特征具有互补性的其他统计特征等在内的多方面字符信息，最大限度地减小相似字之间的混淆。

11.5.1 预分类

预分类阶段利用各个民族字符集特有的信息，与具体字符集密切相关，无法对所有字符集提取统一的预分类信息，因而此处分 3 个部分分别介绍藏文、维吾尔文和蒙古文字符集的预分类。

11.5.1.1 藏文字符预分类

由于同一文本行中的所有藏文字符沿着基线整齐地排列在一起，根据字符图像与基线的相对关系，可将藏文字符分为如下 4 类（部分示例如图 11.36 所示）。

A 类字符：不含上元音的字丁，其基线以上部分的图像为空。

B 类字符：含有上元音的字丁，它们的上元音部分的图像位于基线之上。

C 类字符：不含上元音但位于基线位置的部件在右上角有一个特殊的向上延伸笔画的字丁，其基线以上部分的图像虽不为空但局限于右侧位置。

D 类字符：一些外形、大小、位置特殊的字丁，主要是藏文的数字、符号等。

给定一个藏文文本行，先定位基线，再根据各字符图像与基线的相对位

(a) A类字符　　　　　　　　(c) C类字符

(b) B类字符　　　　　　　　(d) D类字符

图 11.36　预分类中属于不同子类的藏文字符示例

置关系及字符本身的大小等信息,可将各字符划分到相应的子集中(示例如图 11.37 所示,见彩插)。

图 11.37　藏文字符预分类示例(见彩插)

对藏文字符集中上述 4 类字符的数目进行统计,得到表 11.16。由于 C 类字符数目很少,且均是出现频率很低的字符,它们在图像上与 B 类字符很接近,在实际处理中可将它们归入 B 类字符,这样,藏文字符的子集数目就缩减为 3 个。

表 11.16　藏文中各子类包含字符的数目

A类	B类	C类	D类	合计
240	309	14	29	592

11.5.1.2　维吾尔文字符预分类

根据对维吾尔文字符特点的分析,本文提取 3 类字符附加信息作为预分类依据来划分字符子集。

(1) 字符形式信息(character form information)

在维吾尔文中,字符的形状为其在联体字母段中所处位置的函数,根据它出现在含多个字符的联体字母段中的起始、中间、结尾处以及单独构成词或子词等不同情况而发生变化。实际文本中出现的每个字符必须为独立形式、尾写形式、首写形式、中间形式 4 种形式之一。不同形式的字符在图像上与其前后相邻字符的连接关系各不相同。独立形式字符与其左右字符之间均存在一定空隙,不直接相连;尾写字符与其右边字符直接相连,而与其左侧字符间存在一定空隙;首写字符与其左侧字符直接相连,而与其右侧字符之间存在一定空隙;中间形式字符则与其左右两侧字符均直接相连,不存在空隙。通过检测字符图像的左右连接关系,任何一个输入的合法字符均能被唯一地分入由全体独立形式字符组成的独立字符子集、由全体尾写形式字符组成的尾写字符子集、由全体首写形式字符组成的首写字符子集和由全体中间形式字符组成的中间字符子集这 4 个字符子集中的某一个。

(2) 空间区域信息(occupied zone information)

维吾尔文字符的高度各不相等,但在印刷体中,字符之间相对的高度比例关系非常稳定。这种稳定性表现在:若对文本行所占据的空间区域划分成不同的带状子区域,则每个字符占据的子区域是固定不变的。依据维吾尔文的具体特点,我们选用引线(headline)和基线(baseline)作为空间区域划分的依据,再加上顶线(top line)和底线(bottom line),由多个维吾尔文字符排列在一起形成的文本行就被这 4 条直线分割成互不交叠的 3 个子区域,从上到下依次为:由顶线和引线所界定的上层区域、基线下边界至引线之间的基准区域、以基线下边界和底线为上下界限的下层区域(如图 11.38 所示)。每个维吾尔字符固定地占据其中一个、两个或三个区域,而且这种占据关系不因字体、字号的改变而改变。根据字符占据区域的不同,整个维吾尔文字符集可划分为 4 个子集,即:由仅占据基准区域的全体字符组成的子集、由同时占据上层区域和基准区域的全体字符组成的子集、由同时占据基准区域和下层区域的全体字符组成的子集、由同时占据上层区域、基准区域和下层区域的全体字符组成的子集。

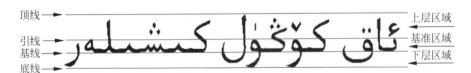

图 11.38　维吾尔文文本行中空间区域划分示意

(3) 字符部件信息(character component information)

从字符结构来看,维吾尔文字符均可视为由主体部件和附加部件两部分组合而成的,其中主体部件是每个字符都必备的,半数以上的字符带有悬于主体部件上部、下部或内部的附加部件。据此,可以将维吾尔文字符划分为两个子集:由不含附加部件的全体字符组成字符子集和由含有附加部件的全体字符组成的字符子集。顺便指出,附加部件的形式是多种多样的,计有:点(数目为1~3个;按多种方式排列)、"S"形部件(即阿拉伯字母HAMZA)、逗号形部件、短竖形部件、尖角形部件、斜线形部件等,如图 11.39 所示。

图 11.39 维吾尔文字符中的合法附加部件

根据上面的讨论,定义一个表示预分类信息的三维向量 $PC=(F,Z,C)^T$,其中分量 F 表示字符形式信息、Z 表示空间区域信息、C 表示附加部件信息,它们的取值及对应的意义参见表 11.17。依据 PC 的不同,就可将整个维吾尔文字符集划分成 32 个字符子集,各子集所含的字符类别数如表 11.18 所示。

表 11.17 维吾尔文字符预分类信息向量中各分量的取值

取值	字符形式 F	字符占据空间区域 Z	字符附加部件 C
0	独立形式	基准区域	无附加部件
1	尾写形式	上层区域和基准区域	有附加部件
2	首写形式	基准区域和下层区域	—
3	中间形式	上层区域、基准区域和下层区域	—

表 11.18 维吾尔文字符集中各字符子集所含的字符类别数

$C=0$	$Z=0$	$Z=1$	$Z=2$	$Z=3$	合计	$C=1$	$Z=0$	$Z=1$	$Z=2$	$Z=3$	合计
$F=0$	2	3	3	0	8	$F=0$	0	5	6	12	23
$F=1$	2	2	3	1	8	$F=1$	0	5	6	12	23
$F=2$	4	2	2	0	8	$F=2$	0	9	6	0	15
$F=3$	3	2	3	0	8	$F=3$	0	9	6	0	15
合计	11	9	11	1	32	合计	0	28	24	24	76

根据预分类信息向量 PC 中各分量的不同取值,理论上可以得到 108 个不同的字符子集,但 3 种预分类信息的某些取值组合实际上并不会发生,共有 9 个字符子集为空集,所以,最终只得到 98 个有效子集。需要指出的是,3 种预分类信息的稳定性是有差异的。字符形式信息是维吾尔文字符内在的固有属性,是高度稳定的,即使在图像质量非常低劣的文档中,对字

符形式的判断也可做到十分准确、可靠。相比之下,字符占据的空间区域对各种干扰就比较敏感了,图像污点或不规则的印刷排版从实际效果上看等同于字符区域发生了上下游移;附件部件有无的判断同样会受噪声的影响,尤其是图像的粘连或断裂会造成漏警或虚警。为此,引入模糊化处理策略,将对所占空间区域或是否具有附加部件不易做出准确判断的那些字符同时分配到几个相邻的子集中,使不同字符子集之间存在容量不等的交集。这样,每个子集所含的字符类别数一般都大于表 11.2 所列的数目。此外,表 11.2 中仅针对最基本的维吾尔文字符,实际应用中还必须要引入一些数字、符号等,对它们也按照维吾尔文字符的预分类准则分配到对应的子集中。例如,数字 0~9 就被分入对应于 $PC=(0,1,0)^T$、$PC=(0,2,0)^T$ 和 $PC=(0,3,0)^T$ 子集中,这是因为,在维吾尔文中,数字 0~9 都是以独立形式出现,本身不含附加部件,占据的空间区域视排版印刷情况的不同可能为"上层区域+基准区域"、"基准区域+下层区域"或是"上层区域、基准区域+下层区域"。对其他非维吾尔文字符和符号的处理与此类似,这里不一一叙述。

维吾尔文字符预分类的一个示例如图 11.40 所示。

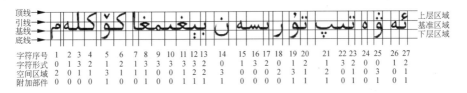

图 11.40　维吾尔文字符预分类示例(见彩插)

11.5.1.3　蒙古文字符预分类

根据对蒙古文字符特点的分析,本文提取以下两类字符附加信息作为预分类依据来划分字符子集。

(1) 字符形式信息(character form information)

在蒙古文中,字符的形状是其在词中所处位置的函数,随着它处于词的起始、中间、结尾等不同位置而发生变化。文本中出现的每个字符均为词首形式、词中形式、词尾形式 3 种合法形式中的某一种。不同形式的字符在图像上与其上下相邻字符之间的连接关系不同。词首形式字符与其下边相邻字符直接相连,而与其上边相邻字符间存在空隙;词中形式字符与其上下两侧相邻字符均直接相连;词尾形式字符则与其上边相邻字符直接相连,而与其下边相邻字符之间存在空隙。严格来说,蒙古文字符只有上述 3 种字符形式,但一些特殊词尾字符在其上侧因特殊控制符的插入而出现一些空隙,效果上等价于将这些词尾字符独立开来,在某些特定字体中这种情况尤其常见。此外,蒙古文中的数字、符号等也是单独书写和印刷的。有鉴于此,在词首、词中、词尾3种标准字符形式之外,我们引入一种单写形式来表示那些被单独隔离开来的特殊的词尾字符和数字、符号。通过检测字符图像的上下两侧与其他字符之间的连接关系,任何一个蒙古文字符均能被分入由全体单写字符组成的单写字符子集、由全体词首形式字符组成的词首字符子集、由全体词中形式字符组成的词中字符子集和由全体词尾形式字符组成的词尾字符子集这 4 个字符子集中的某一个。

(2) 空间区域信息(occupied zone information)

一个单词中所有的蒙古文字符通过基线连接在一起,基线的左右边界和词的左右边界线将词所占据的空间区域划分成 3 个带状子区域。沿水平方向从左到右依次为:左侧区域(以词左边界线和基线左边界线为界)、基线区域(位于基线左右边界之间部分)、右侧区域(由基线右边界和词的右边界线界定),如图 11.41 所示。词中每个字符固定地占据其中两个或三个子区域,这种占据关系只与字符相关,不因字体、字号的改变而改变。根据字符占据区域的不同,整个蒙古文字符集可划分成两个子集:由占有左侧区域和基线区域的全体字符组成的子集及由同时占据左侧区域、基线区域和右侧

图 11.41　蒙古文词的空间区域划分示意

区域的全体字符组成的子集。

根据上述讨论,定义一个表示预分类信息的二维向量 $PC=(F,Z)^T$,其中分量 F 表示字符形式信息、Z 表示空间区域信息,它们的取值及对应的意义列于表 11.19 之中。依据 PC 不同,可将整个蒙古文字符集划分为 8 个子集,各子集所含字符类别数如表 11.20 所示。在蒙古文字符中,形式信息是其本质属性,具有高度稳定性。字符空间区域信息对噪声比较敏感,所以,与维吾尔文预分类中采取的处理方式一样,这里也引入模糊化策略,让最终划定的字符子集之间保持一定大小的交集,从而使预分类具有必要的容错性。实际应用中引入的数字、符号等也按照蒙古文字符的预分类准则分配到相应的子集中,例如数字 0~9 被分入对应于 $PC=(0,1)^T$ 的子集,其他非蒙古文字符和常用符号也依此类推。

蒙古文字符预分类的一个示例如图 11.42 所示。

表 11.19　蒙古文字符预分类信息向量各分量的取值

预分类信息	0	1	2	3
字符形式 F	单写形式	词首形式	词中形式	词尾形式
字符占据空间区域 Z	左侧区域 基线区域	左侧区域 基线区域 右侧区域	—	—

表 11.20　蒙古文字符集中各字符子集所含字符类别数

取值	$F=0$	$F=1$	$F=2$	$F=3$	合计
$Z=0$	12	9	21	23	65
$Z=1$	28	22	12	16	78
合计	40	31	33	39	143

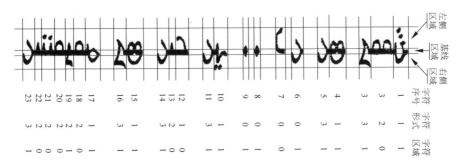

图 11.42　蒙古文字符预分类示例(见彩插)

11.5.2 基于鉴别学习 MQDF 的主分类器

在民族字符识别主分类器的设计过程中，假设样本的特征分布满足多维正态分布，先利用训练样本集来估计概率分布中的各个参数，再借助得到的参数以最大后验概率原则对未知样本进行分类。在该过程中，由于样本的真实分布与假设分布之间存在偏差及最大似然估计得到的参数和实际参数之间存在偏差，这两个因素使分类器无法获得最优的识别性能。为提高分类能力，有必要对这两个因素采取有针对性的改进。从第一个因素出发，应该用更接近真实分布的分布形式来描述样本，这在模式特征维数很高的情况下极为困难。统计学的研究表明，Box-Cox 变换可在一定程度上减小模型误差，使模式分布更接近多元正态分布[47,48]。在民族字符识别中用该方法进行了实验，但识别性能的改善并不明显。本文着重从第二个方面入手，对假设分布的参数进行更有效的估计，从而得到更适合于分类的模型参数[19,20]。

当样本的真实分布和假设分布相同且训练样本数目趋于无穷时，最大似然估计是最优的。但在几乎所有的应用场合，这两个条件都无法满足，因而最大似然估计得到的参数并不能实现分类风险最小化。最大似然估计依赖假设分布的正确性，其优化准则和分类风险最小化没有直接联系，这是导致其失效的重要原因。更合理、有效的分类器参数估计算法不应完全依赖于模型假设的正确性，优化准则应当和分类风险密切相关。本节引入鉴别学习技术[49]，它的优化准则和分类风险最小化直接关联，而且不依赖于模型假设的正确性，这使它可能得到比最大似然估计更优的结果。将 MQDF 与鉴别学习结合起来，得到新的参数分类器——鉴别学习 MQDF (Discriminative Learning MQDF)分类器，简记为 DL-MQDF，具体方法可参考第 6 章 MQDF 的鉴别学习方法。DL-MQDF 主要的优点是可望在基于最小经验误差的基础上尽量减少和克服 MQDF 参数估计的误差。

11.5.3 辅助分类

每种民族字符集中均存在许多相似字符，如")"和"ᗡ"、"ᒣ"和"ᒧ"等。这些字符彼此间的差异非常小，对它们实行有效的鉴别区分是一个极其困难的任务。民族文字的字符集(尤其是藏文字符集)较大，无法使用混淆矩阵进行直观的统计分析。在先前的研究中，虽然认识到相似字符的处理对于民族字符识别的重要意义，但民族字符识别整体上处于起步阶段,对相似字的认识还停留在直观感觉而不是定量分析的基础上,对相似字与识别系统的误识率之间的关系也缺乏针对性较强的研究分析。本节试图对这个问题给出初步的解答,首先采用基于样本图像的距离作为客观度量准则,实现对民族字符中相似字的定量分析。为了作对比,同样的方法也作用于人们非常熟悉的另外两种字符集——汉字和英文。结果表明,从统计意义上说,民族字符集中的相似字,无论在相似程度还是相似字比例上都要高于汉字和英文。前面的特征提取环节和本章的 DL-MQDF 分类器并没有对相似字进行直接的特殊处理,相似字之间的混淆俨然成为分类错误的一个主要来源。本节设计了一个相似字鉴别模块,紧接在 DL-MQDF 分类模块之后,发挥辅助分类的作用。它直接以民族字符集中的相似字为处理对象,旨在降低相似字之间的混淆程度。

11.5.3.1 相似字分析

传统上,判断两个字符是否相似,需要人依靠经验从笔画结构入手展开分析。这种做法主观性太强,考虑到藏文等民族字符集类别数多的特点,靠人工判别不太现实;更重要的是,这种判决很难量化,无法应用于分类器的定量分析。本文希望采用不依赖于人的主观判断的客观度量标准来对字符之间的相似性进行定量分析。

有研究者采用距离分类器在度量层次上输出的识别信息来衡量字符间的相似性,自动量化分析字符的相似度与分类器误识之间关系[50]。该方法基于文字识别研究中的一个经验,即:无论采用何种分类器,与不相似字符相比,相似字符间更容易发生误识,而且可假定字符图像的识别候选序列必然反映了一定的字符相似关系。但是这种方法分析的结果严重依赖于识别系统所使用的字符特征和分类器。事实上,无论提取什么特征、采用何种分类器,OCR 的原始输入均是字符图像,字符识别是通过对字符图像的分类来实现的,因此,可以认为一定数量的字符图像包含了字符类别的所有信息,其中自然就包括字符之间的相似性。这启示我们,可以通过考察两个字符类别样本图像之间的相似性来获得对这两个字符类别之间相似性的准确把握。所以,本文以字符样本图像间的相似性作为衡量字符类别之间相似性的度量。

给定字符集 $\Omega = \{\omega_1, \omega_2, \cdots, \omega_c\}$,对任意 $\omega_k \in \Omega (k=1,2,\cdots,c)$,设其规一化后的样本图像集合为 $X^{(k)}(m,n) = \{X_1^{(k)}(m,n), X_2^{(k)}(m,n), \cdots, X_{L_k}^{(k)}(m,n)\}, m=1,2,\cdots,M, n=1,2,\cdots,N$,其中 M、N 为图像的高度和宽度,L_k 为 k 类样本数。定义 Ω 中任意字符类 ω_i 与 ω_j 之间的相似度为

$$S(\omega_i,\omega_j) = \frac{1}{L_i L_j}\sum_{u=1}^{L_i}\sum_{v=1}^{L_j} D(X_u^{(i)}, X_v^{(j)}) \qquad (11.22)$$

其中,$D(X_u^{(i)}, X_v^{(j)})$ 表示图像 $X_u^{(i)}$ 和 $X_v^{(j)}$ 之间的某种距离度量,为简便起见,此处采用规一化欧氏距离:

$$D(X_u^{(i)}, X_v^{(j)}) = \frac{1}{\sqrt{MN}}\sum_{m=1}^{M}\sum_{n=1}^{N}\sqrt{[X_u^{(i)}(m,n) - X_v^{(j)}(m,n)]^2}$$

$$(11.23)$$

由上述定义可知,字符类别之间的相似度满足

$$S(\omega_i,\omega_j) = S(\omega_j,\omega_i), \quad S(\omega_i,\omega_j) \in [0,1] \qquad (11.24)$$

$S(\omega_i,\omega_j)$ 的值越接近 0,表明字符 ω_i 与 ω_j 越相似,分类器也越有可能在 ω_i 与 ω_j 之间发生误识。这里,ω_i 与 ω_j 构成一个相似度为 $S(\omega_i,\omega_j)$ 的相似字符对。

对藏文、维吾尔文、蒙古文、汉字、英文这 5 种字符集中字符对的相似度统计结果如表 11.21～表 11.25 所示。可以看出,本文的相似度定义确实能够反映各字符集中的字符在结构上的相似性(相似字符对的统计结果与人的主观判断基本一致),从而为相似字的量化分析奠定了基础。

表 11.21 藏文字符集中字符对之间的相似度

排序	1	2	3	4	5	6	7	8	9
字符A									
字符B									
相似度	0.049	0.052	0.058	0.064	0.065	0.076	0.088	0.095	0.046
排序	10	11	12	13	14	15	⋯	31607	⋯
字符A									
字符B									
相似度	0.100	0.105	0.109	0.112	0.117	0.121		0.286	

表 11.22 维吾尔文字符集中字符对之间的相似度

排序	1	2	3	4	5	6	7	8	9
字符A									
字符B									
相似度	0.051	0.053	0.056	0.071	0.075	0.077	0.081	0.085	0.092

续表

排序	10	11	12	13	14	15	⋯	976	⋯
字符A							⋯		⋯
字符B							⋯		⋯
相似度	0.104	0.108	0.113	0.115	0.116	0.120	⋯	0.404	⋯

表 11.23　蒙古文字符集中字符对之间的相似度

排序	1	2	3	4	5	6	7	8	9
字符A									
字符B									
相似度	0.054	0.060	0.069	0.072	0.079	0.082	0.085	0.097	0.101
排序	10	11	12	13	14	15	⋯	298	⋯
字符A							⋯		⋯
字符B							⋯		⋯
相似度	0.107	0.113	0.115	0.121	0.127	0.132	⋯	0.325	⋯

表 11.24　汉字字符集中字符对之间的相似度

排序	1	2	3	4	5	6	7	8	9
字符A	已	孟	鸣	末	日	晴	已	候	沽
字符B	巳	孟	呜	未	曰	睛	己	侯	沾
相似度	0.074	0.080	0.083	0.087	0.089	0.092	0.098	0.105	0.109
排序	10	11	12	13	14	15	⋯	20236	⋯
字符A	诚	竟	戍	兔	迁	土	⋯	井	⋯
字符B	城	竞	戌	免	迂	士	⋯	并	⋯
相似度	0.113	0.116	0.119	0.124	0.125	0.128	⋯	0.311	⋯

表 11.25　英文字符集中字符对之间的相似度

排序	1	2	3	4	5	6	7	8	9
字符A	O	V	I	X	W	C	Z	C	P
字符B	o	v	l	x	w	c	z	G	p
相似度	0.061	0.070	0.073	0.077	0.082	0.085	0.091	0.096	0.105

续表

排序	10	11	12	13	14	15	…	48	…
字符A	G	c	G	U	Y	I	…	B	…
字符B	O	G	o	u	y	L	…	D	…
相似度	0.129	0.141	0.157	0.161	0.169	0.176	…	0.335	…

进一步地，5 种字符集上具有不同相似度的字符对数目占所有可能字符对数目的百分比分布如图 11.43 所示。每种字符集上的相似字符对的分布均具有各自的特点。值得注意的是，汉字和藏文字符的相似度分布呈现明显的正态分布，这是因为，这两种字符集规模大，参与统计的样本多，而字符图像上的相似度受多种因素共同影响，有些影响因素彼此之间完全无关。在这种情况下，可以认为字符相似度分布基本满足概率论中的大数定理，所以表现出较好的正态性。

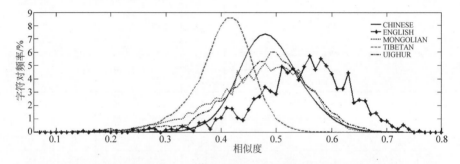

图 11.43　5 种不同字符集上字符对在各相似度上的分布（见彩插）

为了比较不同字符集中相似字的比例，此处粗略地将所有字符对按照相似度的大小划分为 4 个子集，它们依次为：①极相似字符对子集，由所有相似度不大于 0.15 的字符对组成；②较相似字符对子集，由所有相似度位于区间(0.15,0.30]内的字符对组成；③一般相似字符对子集，由所有相似度位于区间(0.30,0.45]内的字符对组成；④非相似字符对子集，由所有相似度大于 0.45 的字符对组成。5 种字符集中的字符对在各自的 4 个相似字符对子集上的比例分布如表 11.26 所示。从中可以发现，与民族字符集相比，汉字和英文的非相似字比例明显较高；而在极相似、较相似这两个子集上，民族字符集中字符对的比例显著高于汉字集和英文集。这就验证了民族字符集中相似字比例高且相似字之间的相似程度高这一突出特点。

表 11.26　5 种字符集上所有字符对在 4 种字符对子集中的分布

字符对子集	相似度区间	藏文	维吾尔文	蒙古文	汉字	英文
极相似	[0.00,0.15]	0.004	0.007	0.006	0.001	0.004
较相似	(0.15,0.30]	0.121	0.016	0.018	0.009	0.011
一般相似	(0.30,0.45]	0.477	0.483	0.462	0.418	0.309
非相似	(0.45,1.00]	0.398	0.494	0.514	0.572	0.676
合计	[0.00,1.00]	1.000	1.000	1.000	1.000	1.000

关于相似字与分类器误识率之间的关系将在 11.5.4 节中由实验给出，此处先引用两个结论：①字符对的相似度越高，识别器对它们的样本的误识率也越高，这完全符合以往文字识别研究的经验；②相当比例的误识发生在相似字之间，即样本集上的识别错误中有相当一部分是由相似字符之间的混淆所致。这些正是本节专门探讨相似字鉴别处理的直接依据。

11.5.3.2　相似字鉴别

前面几节介绍的分类器并没有对相似字采取特殊的处理手段，因而在相似字区分方面的能力不尽如人意。为进一步改善识别性能，降低相似字之间的混淆是必要而又关键的，同时这也是一条确实可行的途径；当 DL-MQDF 分类器在相似字鉴别方面没有明显的潜力可挖掘的情况下，需要另谋出路来解决相似字问题。本节设计了一个行之有效的相似字鉴别模块，针对不同相似字符对，利用多种信息对其加以区分。

相似字符对产生的原因多种多样，对它们的鉴别方法也理应各不相同。若采用统一的处理方式，效果必定不够理想，其实这也正是 DL-MQDF 相似字区分能力不足的根源，因为它对所有字符都一视同仁，未采取任何有针对性的措施。本文在处理相似字时采用两两区分的原则，这也符合相似字混淆的实际情况，因为绝大多数相似字都只是某个字符与另外一个特定的字符极其相似，它们互为相似字，多个字符彼此同时存在极高相似度的情况较少见。即使多个字符彼此相似，处理时也可拆分成若干种两两相似的情形。在已知相似字对的情况下，可以直接根据先验知识将关注的重点集中在导致字符相似的局部图像上。事实上，相似字鉴别的关键依然在于提取能够反映相似字间细微差别的特征上，使得"淹没"于占优势地位的相似部分的局部结构信息能够凸显出来。根据对民族字符集中相似字符对的细致分析，本文提取以下几种鉴别特征：

1. 局部笔画密度特征

字符图像某一特定范围的笔画密度是在该范围内，以固定扫描间隔沿水平、垂直或对角线方向扫描时的穿透次数。它描述了字符的各部分笔画的疏密程度，能提供比较完整的字符信息。在图像质量有保障的情况下，这种特征相当稳定。绝大多数相似字对在局部图像上的差异可以用相应区域的局部笔画密度来刻画，图 11.44 示出了一些在局部笔画密度上有差异的相似字符对。

图 11.44　利用局部笔画密度特征可区分的相似字示例

提取出局部笔画密度特征后，为了增强特征的鲁棒性和降低特征维数，对其采用模糊分块的方法压缩。

2. 拓扑特征

很多相似字符对中字符之间的差异体现在字符的拓扑结构上，典型的有闭合孔洞数目或者连通域数目的多少。利用这两个特征，可以将很大一部分相似字符对区分开来，图 11.45 列举了该类相似字符对的若干实例。

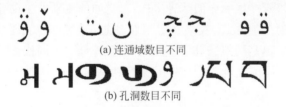

图 11.45　利用拓扑特征可区分的相似字符对示例

下面通过二值图像行游程分析来求解连通域数目，具体算法过程为：
第 1 步：通过水平扫描先求解第 1 行图像的游程，给每个游程编上不同的序号。
第 2 步：从第 2 行开始直至最后一行，进行如下操作：
（1）通过水平扫描求解当前行的游程；

(2) 对找到的每一个游程 x,确定其与上一行的各游程之间的关系:若 x 与上一行的某个游程 y 相连,则把 x 的编号置为 y 游程编号;若 x 与上一行的所有游程都不相连,则赋予 x 一个新的编号。

第 3 步:计算剩余的不同游程编号的数目,该值即为连通区域的数目。

孔洞数是反映字形拓扑结构的一个重要特征,求解孔洞数的传统方法是先对原始字形进行细化,通过跟踪得到骨架的矢量化描述,进而算出弧和节点的数目,再根据欧拉公式得到孔洞数目。该算法以细化为基础,而细化将带来很多副作用,最突出的是导致干扰分支的产生,造成结构判断的不准确。此外,细化是一种反复递归进行的过程,会使处理速度大为降低。本文采用一种不用细化的快速孔洞算法,首先找出背景点连通区域的数目 h,据此容易求得孔洞数目为 $h-1$。而求解字符图像背景点连通域数目的方法完全可以通过字符图像背景的行游程分析方法求得,此处不再赘述。

3. 几何特征

有一类相似字符对产生的原因在于识别过程引入规一化处理后,字符原先在形状上的显著差异大大被削弱甚至被抹杀,例如维吾尔文字符对"ي"和"ي"、"ـ"和"ا"、"د"和"ر"等就属于该类相似字符对。

对这些字符对,采用反映其几何形状的原始图像上的结构特点来加以区分,提取字符密集度特征和高宽比特征等两组几何特征。特征提取的对象是规一化之前的原始字符图像的局部(比如"ي"和"ي"中的点状附加部件)或全部(比如"ـ"和"ا"、"د"和"ر")。设输入的二值图像为 $f(i,j)$, $i=1,2,\cdots,H; j=1,2,\cdots,W$,其中,$H$ 和 W 分别为输入图像的高度和宽度,定义二维密集度特征 C_1 和 C_2 为

$$C_1 = \frac{L^2}{4\pi A}, \quad C_2 = \frac{A}{W \cdot H - A} \qquad (11.25)$$

其中,

$$A = \sum_{i=1}^{H}\sum_{j=1}^{W} f(i,j), \quad L = L_1 + \sqrt{2} L_2 \qquad (11.26)$$

$$\begin{cases} L_1 = \sum_{i=1}^{H}\sum_{j=1}^{W} [f(i-1,j-1) \oplus f(i,j)] \cdot [f(i,j-1) \oplus f(i-1,j)] \\ L_2 = \sum_{i=1}^{H}\sum_{j=1}^{W} [f(i-1,j-1) \odot f(i,j)] \cdot [f(i,j-1) \odot f(i-1,j)] \end{cases}$$

$$(11.27)$$

上式中"⊕"和"⊙"分别表示异或和同或操作。

最简单的高宽比特征就是比例函数,即 $R(H,W)=H/W$。但是,输入字符的高度和宽度的比例变化将会非常剧烈,假定比值的差别限定在 T 倍以内($T\geqslant 1$;$\min(H/W)=1/T$,$\max(H/W)=T$;根据统计,T 一般大于10),则上述比例函数的值域将为$[1/T,T]$。这种函数具有很大的局限性,当 $H\leqslant W$ 时,$R\in[1/T,1]$;而当 $H>W$ 时,$R\in(1,T]$,这两个区间的尺度相差太大;而且$\partial R/\partial W=-H/W^2$,$\Delta R$ 与 ΔW 的关系严重依赖于 W 的大小,即当 W 很小时,ΔR 对 ΔW 极其敏感;而当 W 很大时,ΔR 对 ΔW 又极其不敏感。因此,在实际应用中不应简单采用比例函数作为宽高比度量,需对其进行必要的改进,使之满足:

$$R(H,W)=1-R(W,H)\begin{cases}R(H,W)\approx 1, & H\gg W\\ R(H,W)=0.5, & H=W\\ R(H,W)\approx 0, & H\ll W\end{cases} \quad (11.28)$$

为此,引入新的高宽比函数 $R(H,W)=0.5+0.5\log_T(H/W)$,它完全符合上式的约束条件,其输出结果位于区间$[0,1]$之内。

在相似字鉴别中,本文定义二维高宽比特征 R_1 和 R_2 为

$$R_1=0.5+0.5\log_T(H/W), \quad R_2=0.5+0.5\log_T(h/v) \quad (11.29)$$

其中,

$$h=\max_{i=1,2,\cdots,H}\sum_{j=1}^{W}f(i,j), \quad v=\max_{j=1,2,\cdots,W}\sum_{i=1}^{H}f(i,j) \quad (11.30)$$

这样,一共得到了 4 维几何特征,将它们排列在一起,组成一个特征向量 $G=[C_1/\sigma_{C_1},C_2/\sigma_{C_2},R_1/\sigma_{R_1},R_2/\sigma_{R_2}]^T$($\sigma_{C_1}$、$\sigma_{C_2}$、$\sigma_{R_1}$、$\sigma_{R_2}$ 分别为 4 个几何特征分量 C_1、C_2、R_1、R_2 的均方差),用以区分因规一化而引发的相似字符对。

4. 通用傅里叶描述子特征

傅里叶描述子(Fourier descriptor,FD)常用于比较分析图像的轮廓相似性,建立在傅里叶变换的基础上。由于具有平移、旋转、缩放、轮廓起点不变性等优异特点,FD 在字符识别中获得了较广泛的应用[51]。本文将其引入民族文字识别中用于区分相似字,相关实验表明,它对于结构比较复杂、从直观上看相似程度并不高但基于 VDF 特征的 DL-MQDF 分类器又往往难以区分的相似字符对(例如藏文中的"☒"和"☒"、"☒"和"☒"、"☒"和

"ཀྱི"、"སྱི"和"ལྱི"、"ཁྱི"和"ཧྱི"等)具有很好的区分能力。究其原因,这类字符间的差异完全可以由其轮廓来表示,VDF 虽然也是从字符笔画边缘提取的,但它完全基于局部字符轮廓,受本身尺度的限制,无法准确反映全局轮廓及其变化趋势;而 FD 则直接以图像轮廓为描述对象,视野远比 VDF 开阔,能更有效地把握字符轮廓的变化,可以在很大程度上弥补 VDF 的不足。有理由相信,FD 特征可作为方向特征的一种有益补充而加以利用。

然而,字符轮廓跟踪非常费时,当字符受各种干扰影响时其外轮廓线更多地表现为多条闭合曲线,这使 FD 的应用面临很大困难。因此,本文以通用傅里叶描述子(generic Fourier descriptor,GFD)代替传统的 FD,其表达式为

$$\left. \begin{array}{l} P(\rho,S) = \sum_{r=0}^{R-1}\sum_{t=0}^{T-1} f\left(r,\frac{2\pi}{T}t\right)\exp\left[2\pi\mathrm{j}\left(\frac{r}{R}\rho + \frac{2\pi}{T}tS\right)\right] \\ \rho = 0,1,\cdots,R-1, S = 0,1,\cdots,T-1 \end{array} \right\} \quad (11.31)$$

其中,$f(r,\theta)$ 是字符图像 $f(m,n)$ 的极坐标表示形式,j 为虚数符号,R 为采样圆最大半径,T 为圆周采样数。字符 GFD 特征向量 D 的维数为 $R \times T$,其分量为

$$D_{\rho s} = \begin{cases} |P(\rho,s)|/\pi R^2, & \rho + s = 0 \\ |P(\rho,s)|/|P(0,0)|, & \rho + s > 0 \end{cases} \quad (11.32)$$

两个字符的 GFD 特征向量之间的距离则采用欧氏距离形式。

在 GFD 中很容易引入多尺度分析,但实验发现,计算量的大幅增加相比于识别性能的细微改善来说显得得不偿失。所以,此处仅采用上述较简单的 GFD 形式,其中半径和圆周采样率 R 和 T 视具体情况不同分别设定为 6~10 和 6~12。

上面给出了 4 种直接以相似字鉴别为目的而提取的特征,它们在特征规模、稳定性、适用范围、分类能力等方面各不相同,简要总结于表 11.27 之中。在具体应用中不能一概而论,需要根据实际的相似字符对的情况加以选择。我们先前也曾尝试过其他特征,如矩特征、笔画方向特征、外轮廓特征、小波变换特征等,但它们要么是鉴别效果不理想,要么是计算量或存储量过于庞大,最后都舍弃不用。上面所述的 4 种特征是经过筛选保留下来的性能相对最优、同时提取复杂度相对又是最小的,目的是为了不给整个识别系统带来过大的负担。

表 11.27 4 种不同辅助特征的比较

特征种类	特征规模	稳定性	适用范围	鉴别性能
局部笔画密度特征	小于 20 维	一般	藏、维、蒙相似字符对	高
拓扑特征	2 维	中等	维、蒙相似字符对为主	一般
几何特征	4 维	较高	维吾尔相似字符对为主	中等
通用傅里叶描述子特征	36～120 维	高	藏文相似字符对为主	较高

得到鉴别特征后,接下来的任务是设计合适的分类器。本文的相似字符对鉴别是一个典型的两类分类问题,所以选择建立在统计学习理论基础上的支持向量机(support vector machine,SVM)作分类器。它是一种基于最大分类间隔的鉴别分类器,在训练过程中只需找出位于分布边界上的样本(支持向量),并利用它们建立起分类函数,以此来对样本作判决。SVM所面向的是样本集合的结构风险,考虑最小化训练集误差的同时,控制了学习机器的学习容量。因此,自 SVM 提出以来,它在解决小样本、非线性及高维模式识别中表现出了优于传统机器学习方法的优异性能。关于 SVM 的详细论述限于篇幅,在此不详细展开,可参考相关文献。针对相似字鉴别的实际情况,我们选用的是最简单的线性 SVM 分类器。

11.5.4 实验结果

先来考察细分类器的性能。在 MQDF 中,首先需要确定的参数是主子空间截取维数 K。经过 LDA 压缩的 VDF 特征作为 MQDF 的输入,通过分析训练集上识别率 R 与 K 的关系曲线(如图 11.46 所示)后发现,在 K 较小时,随着 K 的增大,R 也不断提高;当 K 达到一定数值时(对藏文、维吾尔文和蒙古文字符集来说,这个数值分别为 48、32 和 64 附近),识别率曲线出现拐点;此后,随着 K 的进一步增大,R 转而呈下降趋势,导致这种下降的原因在于:虽然 MQDF 分类器能够通过计算马氏距离来利用主子空间内的特征信息,但随着主子空间维数的增大,所需参数的估计也更加困难。经过权衡后,藏文、维吾尔文和蒙古文识别中 MQDF 的主子空间维数 K 分别设定为 48、36 和 64。

接下来,测试最小欧氏距离分类器 MED、线性鉴别函数 LDF(总体协方差矩阵由所有类别各自的协方差矩阵的平均值代替)、二次鉴别函数 QDF 和 MQDF 这 4 种分类器在民族字符集上的表现,结果列于表 11.28 中。MED 的性能最差,MQDF 最强,LDF 和 QDF 的性能介于 MED 和

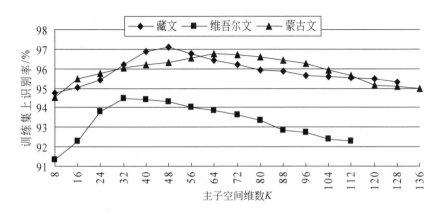

图 11.46　MQDF 识别率随主子空间维数 K 的变化

MQDF 两者之间,这也与理论分析的结果相符。同 QDF 相比,MQDF 不仅大大节省了计算开销,更重要的是,在识别率上有明显的提升。可以说,MQDF 是民族文字识别主分类器的合理选择。

表 11.28　4 种分类器在民族字符集上的识别率　　　　　　　%

字符集	训练集				测试集			
	MED	LDF	QDF	MQDF	MED	LDF	QDF	MQDF
藏文	94.5	96.5	95.8	97.1	92.9	94.6	94.2	95.4
维吾尔文	89.8	93.0	93.7	94.5	87.2	89.7	90.3	91.4
蒙古文	94.3	96.2	96.3	96.8	93.0	94.1	93.8	94.7

DL-MQDF 分类器中 η 的值决定了各个类别对误分测度函数的影响程度,在实验中,设定 $\eta=50$。ξ 的值决定了一个窗口宽度,只有与分类界面之间的距离在该窗口界定的范围内的样本才在参数调整中起重要作用。样本离分类界面越远,对参数调整的作用就越小,此处取 $\xi=0.10$。迭代次数与 DL-MQDF 分类器在各字符集上的识别率之间的关系如图 11.47～图 11.49 所示。从图中可以看出,进行鉴别学习时,训练集上的识别率单调上升,而测试集上的识别率则在前几次迭代时震荡(或单调)上升,达到某个峰值后震荡(或单调)下降,这种下降现象是典型的过训练的表现。

需要说明的是,一般对迭代过程的终止有两种判断方法。一是从训练集中分出一部分样本组成验证集,当识别率在验证集上达到峰值时停止迭代;另一种方法是当训练集上识别率在两次迭代间的差值小于某个预先设定的阈值时停止迭代。为了将现有有限的样本充分用于训练分类器,本文

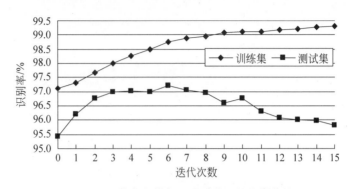

图 11.47 藏文字符集上鉴别学习的迭代结果

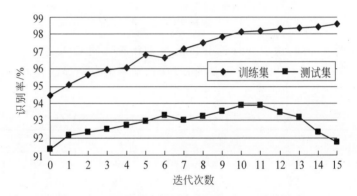

图 11.48 维吾尔文字符集上鉴别学习的迭代结果

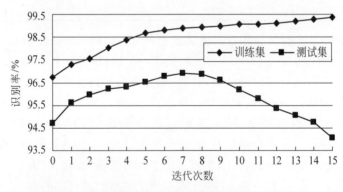

图 11.49 蒙古文字符集上鉴别学习的迭代结果

以第二种方法判断迭代次数,设定的收敛条件为当前迭代后训练集上识别率较前一次迭代结果的增幅不足 0.2%。为了说明迭代效果,在图 11.47~图 11.49 给出的迭代次数为从 0 到 15。按照迭代终止条件,藏、维、蒙的鉴别学习实际迭代次数分别为 8、11 和 6。有必要指出,鉴别学习时不能利用测试集进行验证(如果这样,测试集也就成为训练集的一部分了),只能利用训练集,因此迭代终止时测试集上的识别率并不能严格保证达到峰值。迭代停止时分类器的识别率见表 11.29,作为比较,表中同时列出了未经鉴别学习时(相当于迭代次数为 0)的识别率。不难看出,引入鉴别学习改善 MQDF 分类器参数估计的准确性后,确实可以明显提高系统的识别率。

表 11.29 鉴别学习前后 MQDF 在民族字符集上的识别性能　　%

项目	藏文		维吾尔文		蒙古文	
	训练集	测试集	训练集	测试集	训练集	测试集
鉴别学习前识别率	97.1	95.4	94.5	91.4	96.8	94.7
鉴别学习后识别率	99.0	96.9	98.2	93.9	98.8	96.8
错误率下降	65.5	32.6	67.3	27.4	62.5	39.6

接下来的实验测试了预分类的作用,结果参见表 11.30。显而易见,预分类处理的加入对于整体分类性能的贡献是关键性的,在各字符集的测试集上识别错误比没有预分类时普遍下降达 65% 以上。这表明,挖掘与字符集密切相关的字符形式、空间区域和字符组成部件等附加信息,借助简单的手段就能高效地改善字符识别性能。预处理是通过将字符全集划分为一系列仅包含很少字符类别的子集来实现的,其目的是缩小后续 DL-MQDF 分类器的搜索范围。给定未知类别属性的字符,首先提取预分类信息,据此判断其所属字符集,DL-MQDF 根据识别字典中该子集所含字符类别的标准向量与输入字符特征的匹配结果输出分类结果。这样处理的好处是:一来大大节省了 DL-MQDF 处理时间;二来也可使存储空间不会额外增加,比如整个字符集可共享一个 LDA 变换,并不是必须要为每个字符子集配备一个单独的 LDA 变换矩阵。

表 11.30 预分类处理对识别性能的影响　　%

分类方法	藏文		维吾尔文		蒙古文	
	训练集	测试集	训练集	测试集	训练集	测试集
DL-MQDF	99.0	96.9	98.2	93.9	98.8	96.8
预分类+DL-MQDF	99.5	99.0	99.2	98.9	99.5	99.1
错误率下降	50.0	67.7	55.6	83.6	58.3	71.9

最后再来关注辅助分类(即相似字鉴别)的功能。在前述相似字问题的分析之后,得出的结论是:和人们熟悉的汉字和英文相比,民族字符集不仅相似字比例更大,而且相似程度更高。在此,再结合 DL-MQDF 分类器的输出来考察一下测试集中相似字与识别错误之间的关系。以二元组集合 $\{(X,Y)\}=\{(x_1,y_1),(x_2,y_2),\cdots,(x_n,y_n)\}$ 表示测试集样本 $\{X\}=\{x_1,x_2,\cdots,x_n\}$ 及与之对应的识别输出 $\{Y\}=\{y_1,y_2,\cdots,y_n\}$,$n$ 为样本集容量;以 $A(x_k)$ 和 $A(y_k)$ 分别表示 $x_k\in\{X\}$ 和 $y_k\in\{Y\}$ 的类别属性,$k=1,2,\cdots,n$。若 $A(x_k)=A(y_k)$,则表明识别结果正确,即分类器判定的输入未知字符样本的类别属性与该样本的实际类别属性一致;而若 $A(x_k)\neq A(y_k)$,则显然识别结果是错误的,举例来说:若 $A(x_k)=\omega_i$ 而 $A(y_k)=\omega_j$,那就意味着原本属于类别 ω_i 的样本被误判为属于类别 ω_j。下面两个以相似度 s 为自变量的度量函数描述了相似字与误识率之间的关系。

$$W(s) = \frac{C(s)}{\sum_{\substack{(x,y)\in\{(X,Y)\}\\S(\omega_i,\omega_j)=s\\i,j=1,2,\cdots,c;i>j}}[I(A(x)=\omega_i)+I(A(x)=\omega_j)]} \quad (11.33)$$

$$Z(s) = \frac{C(s)}{\sum_{(x,y)\in\{(X,Y)\}}I(A(x)\neq A(y))} \quad (11.34)$$

其中 $I(\cdot)$ 为指标函数,$S(\cdot,\cdot)$ 为式(11.22)定义的两个字符类别之间的相似度,而

$$C(s) = \sum_{\substack{(x,y)\in\{(X,Y)\}\\S(\omega_i,\omega_j)=s\\i,j=1,2,\cdots,c;i>j}}[I(A(x)=\omega_i\wedge A(y)=\omega_j) \\ + I(A(x)=\omega_j\wedge A(y)=\omega_i)] \quad (11.35)$$

式(11.33)表示相似度为 s 的字符对样本被误识的概率,反映了相似字区分的难度和分类器对相似字的识别能力;而式(11.34)则表征了测试集上的误识样本在各相似字子集上的分布。以式(11.33)和式(11.34)所述度量为考察目标,在民族字符集上的统计结果如图 11.50 和图 11.51 所示。

图 11.50 清晰地反映出字符之间的相似度对误识率的突出影响,误识率与相似度之间存在明显的正相关关系,即字符对越相似,分类器将它们互相混淆的可能性越大,这与人的直观认识完全一致。从图 11.51 可以看到,总体误识样本在各相似子集上的分布很不均衡。总的来说,相似程度高的

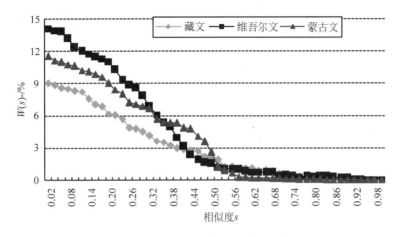

图 11.50 相似字子集上的误识率与相似度的关系

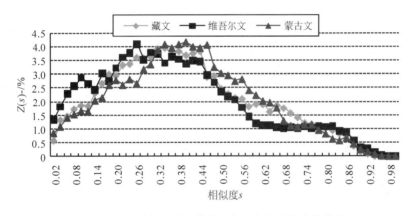

图 11.51 测试集上误识样本在各相似字子集中的分布

字符误识数在总误识样本中占据的比例要远大于相似程度低的字符。若考虑到相似字符在所有字符类别中的比重,则可以认为相似字之间的混淆程度在造成测试集样本误识方面具有举足轻重的作用(见表 11.31,表中比例 A 表示不同相似字子集在所有字符类别中所占比例,比例 B 表示发生在不同相似字子集内各字符对之间的识别错误在测试集上所有识别错误中所占的比例)。这也是本文专门设计相似字鉴别模块作为辅助分类的原因,希望在 DL-MQDF 分类器对相似字的区分力有不逮时,借助额外的专门手段直接以相似字为处理对象,通过降低它们之间的混淆率来改善系统的总体识别性能。

表 11.31　民族字符集中相似字子集对整体识别错误的影响

字符对子集	相似度区间	藏文 比例 A	藏文 比例 B	维吾尔文 比例 A	维吾尔文 比例 B	蒙古文 比例 A	蒙古文 比例 B
极相似	[0.00, 0.15]	0.004	0.137	0.007	0.190	0.006	0.124
较相似	(0.15, 0.30]	0.121	0.234	0.016	0.248	0.018	0.199
一般相似	(0.30, 0.45]	0.477	0.295	0.483	0.275	0.462	0.321
非相似	(0.45, 1.00]	0.398	0.334	0.494	0.287	0.514	0.356
合计	[0.00, 1.00]	1.000	1.000	1.000	1.000	1.000	1.000

构建相似字鉴别模块过程中由于采用两两鉴别的方式,事先应确定需要处理的相似字符对。从计算方面考虑,相似字符对不宜选取过多。幸运的是,经过前面讨论的预分类处理后,许多原先彼此相似的字符被划入不同的预分类子集,这样就解除了它们在同一个 DL-MQDF 搜索空间中出现的可能。从识别的角度讲,它们再也不会构成相似字对了,自然也就不需要额外处理了。剩下的处于同一预分类子集中的相似字,本文仅挑选误识概率较大的字符对作为鉴别对象,在藏文、维吾尔文和蒙古文字符集中,这部分字符的数目分别为 73 对、47 对和 38 对。此外,并不是目标集中的每一个字符样本的识别输出均需要鉴别,因为与以往用来识别民族字符的简单分类器相比,DL-MQDF 本身就具有很强的相似字区分能力,大多数时候,它的输出结果已经是输入样本的正确类别属性了。所以,可先对 DL-MQDF 识别结果进行置信度分析[52],只有判定识别结果的可靠性不足够高时,才调用相应的相似字鉴别模块进行后续处理。

运用相似字鉴别之后,在各字符集测试集上的总体识别错误均有不同程度的下降(见表 11.32),充分表明了其有效性。可以预见,若采用扩大辅助分类目标相似字符对数目、提取更具鉴别力的特征等手段来加强相似字鉴别模块的功能,则测试集上的总体识别错误率可望进一步降低。

表 11.32　相似字鉴定对各字符集测试集上的识别率的影响　　　　%

分类方法	藏文	维吾尔文	蒙古文
预分类＋DL-MQDF	99.0	98.9	99.1
预分类＋DL-MQDF＋相似字鉴别	99.3	99.1	99.4
错误率下降	30.0	18.2	33.3

11.6 藏文文本切分和藏文识别后处理

本节将讨论民族文本识别系统中的文本切分和识别后处理问题,旨在配合单字识别核心,使系统的识别性得到最大限度的改善。但文本切分和识别后处理都是与语种密切相关的环节,每个语种都有其特殊性,试图找到一种能够适用于各种语言的统一的处理方法是不现实的。文本识别对各种基础条件(如样本图像及其对应的标准答案、语料库、字/词典、语法规则等)的要求较单字识别核心更高,而目前各民族文本实际具备的条件各不相同,所以对不同民族文本识别的研究无法完全做到齐头并进。同时由于篇幅的限制,本章仅以藏文作为民族文字的代表来介绍文本切分与识别后处理。维吾尔文文档切分识别问题,请参看第 9 章 9.4 节的讨论。

11.6.1 藏文文本切分

在藏文文档中,文本区域是横排的,文本行按照从上到下的顺序排列组成,每个文本行又由若干字符从左到右排列而成,因此文本切分又可分为文本行切分和字符切分两个步骤。行切分是把文本区域分解成一个个单独的文本行图像,而字切分则从单行文本图像中分割出该行中各单个合法字符的图像块组成的序列。

本文紧紧围绕"可靠性"这一基本评价准则对字符切分过程建模,力求以此为基础,实现一种便于计算和比较切分结果的藏文字符切分算法。从物理概念上说,给定某个待切分图像块(如一个文本行)X,字符切分是为了得到 X 的一个合理划分 $P=(x_1, x_2, \cdots, x_N)$($N$ 为划分的单元数目),使分类器对 X 的识别结果 $R=(c_1, c_2, \cdots, c_N)$ 达到最佳。为此,既要求划分 P 尽可能地合法、有效,同时又希望识别结果 R 具有尽可能高的可信度。所以,对切分性能的评价要结合 P 和 R 两方面来综合考虑,本文将评价函数 H 表示为

$$H(X) = H(P, R) = f_{\text{Vad}}(P) \cdot f_{\text{Cof}}(R) \tag{11.36}$$

其中,$f_{\text{Vad}}(P)$ 和 $f_{\text{Cof}}(R)$ 分别用于度量 P 和 R 的"可靠性"。为了简便起见,令

$$f_{\text{Vad}}(P) = f_{\text{Vad}}(x_1, x_2, \cdots, x_N) = \sum_{k=1}^{N} f_{\text{Vad}}(x_k) \tag{11.37}$$

$$f_{\text{Cof}}(R) = f_{\text{Cof}}(c_1, c_2, \cdots, c_N) = \sum_{k=1}^{N} f_{\text{Cof}}(c_k) \tag{11.38}$$

于是,字符切分的过程就可转换为寻找一对最佳的(P^*,R^*)组合的优化过程,即

$$(P^*,R^*) = \arg\max_{P,R} H(P,R) \tag{11.39}$$

1. $f_{\text{Vad}}(x_k)$的计算

$f_{\text{Vad}}(x_k)$依据字符图像块本身的宽度w_k、高度h_k、位置l_k以及它与其前后字符间的间距e_{k-1}、e_{k+1}等参量来综合估量,对音节符和单垂线,还需考虑其与聚类模板之间的匹配距离d_k,将这些因素的影响以加权和的形式表示为

$$f_{\text{Vad}}(x_k) = \alpha_w f_w(w_k) + \alpha_h f_h(h_k) + \alpha_l f_l(l_k) + \alpha_e f_e(e_{k-1},e_{k+1}) + \alpha_d f_d(d_k) \tag{11.40}$$

其中,α_w、α_h、α_l、α_d、α_e为权重,最佳值均借助实验加以确定,对普通字符(指音节符、单垂线之外的其他藏文字符,下同)有$\alpha_d=0$。

(1) $f_w(w_k)$

通常情况下,无论是普通字符还是音节符、单垂线,它们各自的宽度都相当稳定,最多可能在一个极小的区间内变化,可以认为字符图像块宽度落在某一特定的范围内时,该图像块为一合法字符的可靠性较高。令

$$f_w(w_k) = \frac{100}{1+\ln^3|w_k-w_R|} \tag{11.41}$$

其中,w_R为参考宽度。

(2) $f_h(h_k)$

与宽度相比,藏文字符的高度起伏较大,但其变化区间的大小并不是任意的,也有一定的范围约束,只是该范围比宽度变化范围要大。为此,令

$$f_h(h_k) = \begin{cases} \dfrac{h_k}{h_R-\Delta h}, & 0 < h_k < h_R - \Delta h \\ 1, & h_R - \Delta h \leqslant h_k \leqslant h_R + \Delta h \\ \dfrac{2h_R-h_k}{h_R-\Delta h}, & h_R + \Delta h < h_k < 2h_R \\ 0, & \text{其他} \end{cases} \tag{11.42}$$

其中,h_R为参考高度,Δh为字符高度可能的最大变化幅度。

(3) $f_l(l_k)$

藏文文本行中字符与基线之间存在稳定的约束关系,这可作为衡量一个切分后得到的候选字符可靠与否的重要参考标准,此处以候选字符上边

界 l_k 与基线上界 l_B 之间的相对位置关系作为考察对象。含有上元音部分和不含上元音部分(包括音节符、双垂线等符号)这两类字符的上边界在与基线的相互位置关系方面有明显的差异,所以 $f_l(l_k)$ 应表现出双峰形式,可用钟形函数表示为

$$f_l(l_k) = \begin{cases} \exp\left[-\dfrac{(l_k-l_B)^2}{2\sigma^2}\right], & |l_k-l_B| \leqslant l_{\mathrm{TH}} \\ \exp\left[-\dfrac{(l_k-l_B-l_R)^2}{2\sigma^2}\right], & l_R-l_{\mathrm{TH}} \leqslant l_k-l_B \leqslant l_R+l_{\mathrm{TH}} \\ 0, & \text{其他} \end{cases}$$
(11.43)

其中,l_R 为参考位置,l_{TH} 为一个预先设定的阈值,σ 为表示距离偏差的常数。

(4) $f_e(e_{k-1},e_{k+1})$

藏文中没有左右结构的字符,相邻两个字符块之间的空隙可以认定是不同字符之间的分界,而并非同一字符内的不同部件之间的界线。一般说来,某切分候选字符块与其前后相邻字符块之间的距离越大,该候选块为一个独立合法的字符的可能性就越大,相应的可靠性也越高,所以定义 $f_e(e_{k-1},e_{k+1})$ 为

$$f_e(e_{k-1},e_{k+1}) = \left[\frac{\min(e_{k-1},e_{k+1})}{e_R}\right]^2 \tag{11.44}$$

其中,e_R 为参考间隙。

(5) $f_d(d_k)$

音节符和单垂线极易与其前后的其他字符粘连在一起,为实现对它们的正确切分,利用局部模板匹配方法被证明是一个可行而有效的策略。以音节符为例,假设从当前行中已分离出 n 个音节符 $T_1,T_2,\cdots,T_n$,每个音节符的高度和宽度分别为 h_{T_m} 和 w_{T_m},提取出各音节符图像 $[I_{T_m}(i,j)]_{h_{T_m}\times w_{T_m}}$,$m=1,2,\cdots,n$;又设当前行的音节符模板为 $[I_T(i,j)]_{h_T\times w_T}$,其中 h_T 和 w_T 分别为模板高度和宽度,令

$$h_T = \frac{1}{n}\sum_{m=1}^{n} h_{T_m}, \quad w_T = \frac{1}{n}\sum_{m=1}^{n} w_{T_m} \tag{11.45}$$

$$I_T(i,j) = I'_{T_m}(i-\lfloor(h_T-h_{T_m})/2\rfloor, j-\lfloor(w_T-w_{T_m})/2\rfloor)$$
$$i=1,2,\cdots,h_T, \quad j=1,2,\cdots,w_T \tag{11.46}$$

其中,$\lfloor \cdot \rfloor$ 表示向下取整,而

$$I'_{T_m}(i,j) = \begin{cases} I_{T_m}(i,j), & 1 \leqslant i \leqslant h_{T_m}, 1 \leqslant j \leqslant w_{T_m} \\ 0, & \text{其他} \end{cases} \quad (11.47)$$

切分过程中,提取目标区域的一块大小为 $h_T \times w_T$ 的图像 $[I_k(i,j)]_{h_T \times w_T}$,将其与 $[I_T(i,j)]_{h_T \times w_T}$ 匹配后得到一个匹配距离 d_k,此处采用如下的规一化距离形式:

$$d_k = \frac{1}{h_T \times w_T} \sum_{i=1}^{h_T} \sum_{j=1}^{w_T} |I_k(i,j) - I_T(i,j)| \quad (11.48)$$

该匹配距离越小,则认为 $[I_k(i,j)]_{h_T \times w_T}$ 为音节符的可靠性越高,令

$$f_d(d_k) = 2^{-d_k} \quad (11.49)$$

对于单垂线采用类似的方法进行处理,此处不再详述。

2. $f_{\text{Cof}}(c_k)$ 的计算

本文的单字识别核心中采用了最近邻分类器,识别结果按照识别距离由小到大排序。字符识别的广义识别置信度[52]为

$$f_{\text{Cof}}(c_k) = 1 - d_{k_1}/d_{k_2} \quad (11.50)$$

其中,d_{k_1}、d_{k_2} 分别为首选和第二候选识别距离。

置信度反映了某切分候选字符块属于某个特定字符类别的可能性;而在字符切分中,所需的度量却是该字符块本身是一个独立合法字符的可能性。这两者之间有密切的联系,但差别也很明显,最典型的是当候选字符块所对应的字符类别有相似字时,即使候选块本身已是一个合法字符了,但因不能非常肯定它究竟是多个相似字中的哪一个,得到的识别置信度还是很低,而此时的切分事实上已经十分可靠。因而,直接以式(11.50)评价切分可靠性不太合理。为此,我们采用下面的修正形式:

$$f_{\text{Cof}}(c_k) = 1 - d_{k_1}/d_{k_m} \quad (11.51)$$

d_{k_m} 为输入字符到按照距离由小到大排列的分类器输出第 m 个候选字符类中心的距离。m 的取值与相似字的个数有关,本文通过实验确定其最佳值为 6。

1) 粗切分

粗切分的流程如图 11.52 所示。

它将输入的单行文本分割成一系列图像块,并且获得该行文本中相应字符的初步信息,为后续的细切分阶段的处理做好准备。根据图像垂直像素投影直方图上的空白间隙,得到文本行中在空间上可分的图像块序列 $B_k, k=1,2,\cdots,N(N$ 为序列长度),调用识别核心识别该序列。同时,通过

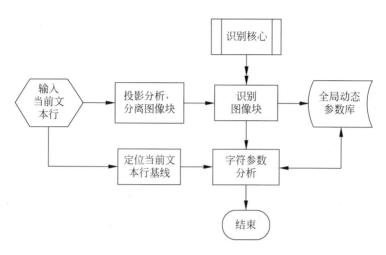

图 11.52 藏文字符粗切分流程

投影分析定位当前文本行基线的精确位置。利用图像块序列及其识别结果、基线位置等信息分析行中字符的相关参数,并将其保存在全局动态参数库(global dynamic parameter library,GDPL)中备用。GPDL 的有效期贯穿于整个文本区域中每一个文本行图像的字符切分的全过程,而且其中的内容是不断动态更新的。

在参数分析过程中,首先对各图像块的宽度进行聚类分析,得到分布图。由分布图可确定字符的最大似然宽度 w_C、最大似然高度 h_C,音节符的最大似然宽度 w_T、最大似然高度 h_T,单垂线的最大似然宽度 w_V、最大似然高度 h_V;再由基线与各图像块上边界的位置关系确定该行中上元音部分的高度 h_{tv};由已定位出的基线确定基线的宽度 w_{bl},该值可用来近似笔画宽度;依据得到的这些信息对式(11.41)~式(11.44)中各参数赋值,如表 11.33 所示。

表 11.33 切分候选字符块可靠性参数的取值

字符类型	w_R	h_R	Δh	σ	l_R	l_{TH}	e_R
普通字符	w_C	h_C	$1.5w_{bl}$	$0.8w_{bl}$	h_{tv}	$0.4w_{bl}$	$2w_{bl}$
音节符	w_T	h_T	$0.5w_{bl}$	$0.6w_{bl}$	h_{tv}	$0.4w_{bl}$	$2w_{bl}$
单垂线	w_V	h_V	w_{bl}	$0.6w_{bl}$	h_{tv}	$0.4w_{bl}$	$2w_{bl}$

对某些无法由上述方法分析得到合适字符参数的特殊情况,采用上一文本行的相应参数代替当前文本行参数,这样处理的依据在于同一区域中

相邻的文本行之间具有很强的图像相关性和参数连续性,这种简单的替代通常是可行的。

2) 细切分

紧接粗切分之后的细切分单元的流程如图 11.53 所示,它的输入是粗切分产生的图像块 $B_1, B_2, \cdots, B_N$,输出为最终的字符切分和识别结果。对给定的某个图像块 B_k,细切分的处理过程是这样的:首先依据 GPDL 中当前文本行的相关参数初步判定 B_k 是否为正常、合法、单一的字符,若是,则接受该字符作为合理的切分结果;否则,进一步判断其是断裂字符还是粘连字符,分别加以处理;最后,在已有切分结果的基础上,利用高层次信息进行局部和全局的调整优化。

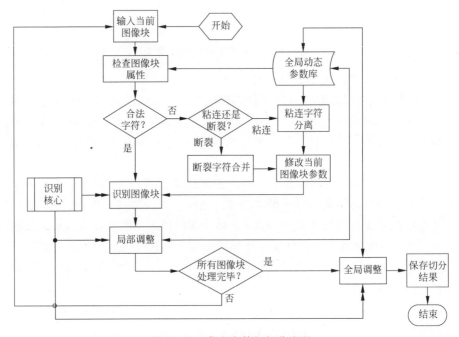

图 11.53 藏文字符细切分流程

(1) 断裂字符切分

由于藏文字符结构上的横向不可分性,除非文本图像质量很差或扫描不当才可能导致字符断裂,否则,断裂字符极少见,即使出现,相应的处理方法也比较简单。

(2) 粘连字符切分

这种情况是藏文字符切分中发生频率最高的,也是难点所在,因而成为切分算法关注的重点。首先试着将当前块 B_k 切成两部分 B_{k_1} 和 B_{k_2}，其中 B_{k_1} 的宽度为 w_T 或 w_V。调用音节符或单垂线匹配模块计算将 B_{k_1} 判为音节符或单垂线的可信度，若结果高于阈值，则将 B_{k_1} 作为音节符或单垂线记录，余下的 B_{k_2} 作为新的对象继续处理（为方便叙述，此时 B_{k_2} 仍称作 B_k）；否则，将 B_{k_1} 和 B_{k_2} 依旧合并为一个整体 B_k。利用宽度信息判断 B_k 是否为普通字符与音节符或单垂线粘连，若是，将 B_k 切成两部分 B_{k_1} 和 B_{k_2} 并分别记录，当前图像块切分完毕，其中 B_{k_2} 的宽度为 w_T 或 w_V；否则，可判定 B_k 为多个字符与符号的粘连块且起始字符为普通字符，此时，字符之间完全没有间隙。粘连主要发生在基线附近，常用的连通域方法不仅费时，而且无法有效分离粘连字符，应借助判别函数来寻找最佳切分位置，因算法比较繁杂，此处将不再引入。

接下来，调用识别模块识别当前切分结果，将识别置信度加入 GDPL，同时参考 GDPL 中的其他参数，对切分结果进行局部优化，调整范围局限在当前图像块之内，主要对切分位置作微调。在此过程中，调用识别核心，根据反馈结果测算可信度，获得最佳的切分-识别联动的结果，及时更新 GDPL 中的数据。

在当前行所有图像块都处理完毕后，以文本行为单位进行全局优化。在这个阶段利用语法规则、上下文关系等高层次信息，纠正前面的切分错误，重点放在藏文音节的构成规则上，它可作为全局调整的有效依据，具体调整步骤如下。

首先，提取有效音节。位于相邻两个连续音节符之间的一个字符段构成单个合法音节符，比照识别结果和原始图像可分离得到各个单独的音节。

其次，搜索漏切音节符。由于音节符极易与其前后的字符在基线位置粘连，若漏切此类粘连音节符，则使相邻的两个或多个音节连为一个字符段，在上一步提取音节时会被作为一个音节，但它显然不会是合法的藏文音节。通过检测这些由多个音节构成的字符段中的含元音部分的字符的数目，可确定该字符段中有效音节的个数，以此为指导，在候选位置找出漏切的音节符。

最后，音节有效性验证。根据音节所含字符的数目、各位置字符的合法性、字符之间在语法上的约束关系等信息，重新确定音节中可疑字符的切分边界。

以上步骤交替进行多次，直至获得当前文本行字符串的最佳切分路径。

3）实验结果

实验是在收集到的藏文书籍、报纸、杂志样本上进行的。样本总字符数约为 520 000,依据图像质量的不同分为 3 个集合 A、B、C。

首先进行文本行切分实验,结果如表 11.34 所示,平均切分正确率为 99.4%,即使在质量最差的集合 C 上的切分错误率也不足 2% 以上,达到实用的要求。

表 11.34 藏文文本测试集上的文本行切分正确率

样本集合	合法行数	正确切分行数	切分正确率/%
A	4 143	4 138	99.9
B	7 736	7 703	99.6
C	2 486	2 441	98.2
合计	14 365	14 282	99.4

第二个实验测定字符切分的正确率,借助 OCR 性能自动评测工具[59]计算切分错误率,该工具同时会给出识别错误率。实验结果见表 11.35,其中,ACE(assured classification error)为可判断的识别错误率,ASE(assured segmentation error)为可判断的切分错误率,UTE(unsure type's error)为无法判断类型的错误率。可见,本文的藏文文本切分算法取得了极大成功,在大规模测试集上平均 ASE 控制在 1.0%,即使将所有 UTE 计入 ASE,最终切分错误率也仅为 1.9%,这就为实用高效的藏文文本识别系统的实现奠定了坚实的基础。图 11.54 展示了一个文本行在多层次信息依次参与下由粗到精求得最佳结果的字符切分全过程。

表 11.35 藏文文本测试集合上的识别错误率及其分布

字符集合	字符数目	识别错误率/%	识别错误率分布/%		
			ACE	ASE	UTE
A	161 597	1.5	0.4	0.6	0.5
B	272 006	2.1	0.8	0.8	0.5
C	89 965	7.6	2.5	2.4	2.7
合计	523 568	2.9	1.0	1.0	0.9

11.6.2 拼写规则与统计方法相结合的藏文识别后处理

藏文识别后处理需要在借鉴其他语种文字(尤其是汉字)识别后处理方法的基础上,依据一般原则设计符合藏文自身特点的具体方法,以最大限度地提高藏文文本的总体识别率。

第11章 蒙藏维多文种识别

图 11.54 藏文文本行中字符切分示例

1. 总体方案设计

一般语言的后处理可参考第 8 章的后处理方法,具体到藏文文本识别后处理,还需要充分考虑其特殊性。一个藏文句子可以解析为若干单词,词又可分解成若干音节,每个音节则按照严格的约束规则由 1~4 个字符组成,而且各个位置上的字符的合法取值都有严格限定并受其前后位置上其他字符的影响。这种句法规则表现出严密的多层次树状结构,如图 11.55 所示。

在这个关系图中,构成音节的单字处于最底层,在一个音节之内,除了中心字丁必不可少之外,前加字、后加字和又后加字都可以出现或不出现,各字符之间存在着很强的依赖关系,由一系列的规则来约束;往上一层的构

569

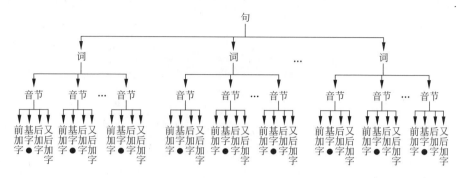

图 11.55 藏文句子结构关系示意

成词的音节与音节之间以及再上一层的词与词之间都存在很强的相关性，这都可以通过对大量语料的统计分析后得到。

藏文语法尤其是音节构成法有着严密的规则体系。应用这种约束规则进行后处理具有纠错适应性强、对训练语料依赖性小的突出优点。所以，在应用统计模型进行藏文后处理之前，先运用规则（主要是音节约束规则）对识别输出字符实施拼写检查，纠正不符合规则的错误。对于无法明确判断正误的可疑字和无法纠正的错误字，提交给统计方法重点处理，总体方案如图 11.56 所示。

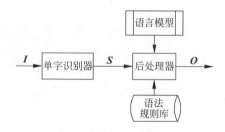

图 11.56 统计与规则相结合的藏文识别后处理框图

2. 基于规则的藏文文本识别后处理

拼写规则主要指音节内字符的特定的约束法则，概括起来说有两点：①什么位置该出现什么字，不该出现什么字？②某个位置上某些字的出现影响到其他什么位置上的字以及如何影响的？主要考察字符与字符之间的相互关系（对单音节字符就无能为力了），据此标定可疑字和纠错，总的规则以及适用于三字符音节和四字符音节的规则分别归纳如下（参见文后彩插）。

(1) 藏文音节中各字符的总体约束规则

一、出现在前加字位置的字符必须为 5 个合法前加字("ག"、"ད"、"བ"、"མ"、"འ")之一

正确音节示例：འགོ，དག，བཇ，གསུམ，མདངས

错误音节示例：འགོ，དག，བཇ，ཀསུམ，ཆདངས

二、出现在后加字位置的字符必须为 10 个合法后加字("ག"、"ད"、"བ"、"མ"、"འ"、"ང"、"ན"、"ར"、"ལ"、"ས")之一

正确音节示例：སྐྱབ，གར，ཚུལ，འདད，མཐར，འཆགས

错误音节示例：སྐྱཕ，གཊ，ཚུཆ，འདཕ，མཐཋ，འཆགཀ

三、出现在又后加字位置的字符必须是合法的又后加字("ས")

正确音节示例：མཚངས，སྐབས

错误音节示例：མཚངལ，སྐབའ

(2) 藏文三字符音节中各字符的约束规则

一、当第一个字符是中心字丁且又属于复合字丁时，若第二个字符为"ག"、"མ"、"ང"、"བ"之一时，则第三个字符必为"ས"；反之，若第三个字符为"ས"则第二个字符必为"ག"、"མ"、"ང"、"བ"之一

正确音节示例：གགས，དངས，སྐབས，ཁྱམས

错误音节示例：གགལ，གགམ，དངལ，དངམ，སྐབལ，སྐབམ，ཁྱམལ，ཁྱལས

二、当 3 个字符均为简单字丁时，若第一个字符为 5 个合法的前加字之一且第二个字符不是"འ"时，则第三个字符必定为合法的后加字；否则，第三个字符必定为"མ"或"ང"

正确音节示例：དམར，གནས，འཆར，བཀབ，གཐམ，འདག

错误音节示例：དམད，གནག，འཆག，བཀག，གཐག，འདག

(3) 藏文四字符音节中各字符的约束规则

一、若第三个字符不为"འ"，则第一个字符必定为合法的前加字，而且第四个字符必定为"ས"

正确音节示例：མཚམས，བསྒྲུབས，འདྲོག

错误音节示例：མཚམས，མཚམལ，བསྒྲུབས，བསྒྲུབམ，འདྲོག，འདྲོགས

二、若第一个字符为合法前加字,第三个字符为"འ",则第四个字符必为"མ"或"ད";若第 3 个字符不为"འ",则第三个字符必为"ག"、"མ"、"ད"、"བ"之一且第四个字符必为"ས"

正确音节示例:འགྲིམས,འདིད,དབདས,བཏགས,མཆམས,འདབས

错误音节示例:འགྲིལ,འདིད,དབདས,བཏགས,མཆམས,འདབས

三、若第二个字符(中心字丁)带有上加字,则第一个字符必定为前加字"བ"

正确音节示例:བསྐབས,བརྩམས

错误音节示例:བསྐབས,ཡརྩམས

除此之外,藏文中还有一类特定虚词和后缀字,主要是以"འ"为基字演化而来的一些字符与其他字符的组合,其构成规则为:

一、在双字符音节中,若第一个字符是简单字丁,但不是合法的前加字,并且第二个字符至少带上加字、下加字、元音三者之一,则第二个字符是特定虚词

正确音节示例:བའི,ཁའི,བའོ,གའོ

错误音节示例:བའི,ཁའི,བའོ,གའོ

二、在双字符音节中,若第一个字符至少带上加字、下加字、元音三者之一,而且第二个字符也至少带上加字、下加字、元音三者之一时,则第二个字符必定是特定虚词或者后缀词

正确音节示例:གིའི,མིའི,སྐུའི,ཆིའི,དིའོ,སྟིའོ

错误音节示例:གིའི,མིའི,སྐུའི,ཆིའི,དིའོ,སྟིའོ

三、在三字符音节中,若第一个字符是合法的前加字,第二个字符带上加字、下加字、元音三者之一,第二个字符也带上加字、下加字、元音三者之一时,则第三个字符必定是特定虚词

正确音节示例:འགྲིའོ,འདིའི

错误音节示例:འགྲིའོ,འདིའི

3. 基于统计的藏文识别后处理

文本识别后处理通常以"句"为基本单位,将识别器输出的整篇文本分割成一组句子,再逐句逐句地加以处理。对藏文而言,给定一个句子 S,它既可以分解为由 T_w 个词组成的一个词串 $S=S_w=w_1w_2\cdots w_{T_w}$,又可以分解为含 T_s 个音节的音节串 $S=S_s=s_1s_2\cdots s_{T_s}$,还可以表示为含 T_c 个单字的

字符串 $S=S_c=c_1c_2\cdots c_{T_c}$。在已知输入图像(或其特征)$I$ 的条件下,最优的识别后处理器的输出 O 应是使 S_w、S_s 和 S_c 的联合后验概率达到最大的句子,即

$$O = \arg\max_{S_w,S_s,S_c} P(S_wS_sS_c|I) = \arg\max_{S_w,S_s,S_c} P(S_wS_sS_c)P(I|S_wS_sS_c) \tag{11.52}$$

对 I 的条件概率来说,因字串 S_c 已包含了其全部信息,无须 S_w 和 S_s 的信息再作补充,故 $P(I|S_wS_sS_c)=P(I|S_c)$,于是上式简化为

$$O = \arg\max_{S_w,S_s,S_c} P(S_wS_sS_c|I) = \arg\max_{S_w,S_s,S_c} P(S_wS_sS_c)P(I|S_c) \tag{11.53}$$

由于

$$\begin{aligned}P(S_wS_sS_c) &= P(S_c)P(S_wS_s|S_c) \\ &= P(S_c)P(S_s|S_c)P(S_w|S_sS_c) \\ &= P(S_c)P(S_s|S_c)P(S_w|S_s)\end{aligned} \tag{11.54}$$

上式最后一个等式成立是因为对 S_w 的条件概率而言,S_s 已提供全部信息而无须 S_c 信息的补充,即有 $P(S_w|S_sS_c)=P(S_w|S_s)$。于是式(11.53)等于

$$\begin{aligned}O &= \arg\max_{S_w,S_s,S_c} P(S_wS_sS_c|I) \\ &= \arg\max_{S_w,S_s,S_c} P(S_c)P(I|S_c)P(S_s|S_c)P(S_w|S_s)\end{aligned} \tag{11.55}$$

其中,$P(S_c)$、$P(S_s|S_c)$ 和 $P(S_w|S_s)$ 分别表示基于字、基于音节和基于词的语言模型;$P(S_c)P(I|S_c)$ 表示字一级的后处理。直接利用式(11.55)求解后处理器的最佳输出将是极其复杂的,在实际中并不可行,为此,本文采用一种变通的分层策略对其近似求解,处理过程为

$$\begin{aligned}O &= \arg\max_{S_w,S_s,S_c} P(S_c)P(I|S_c)P(S_s|S_c)P(S_w|S_s) \\ &\approx \arg\max_{S_w} P(S_w|\hat{S}_s)\{\max_{S_s} P(S_s|\hat{S}_c)[\max_{S_c} P(S_c)P(I|S_c)]\}\end{aligned}$$
(11.56)

具体地,它可以分解为以下 3 个步骤逐次进行:

(1) 单字级处理:借助字的语言模型求得最佳字串。

$$\hat{S}_C = \arg\max_{S_c} P(S_c)P(I|S_c) \tag{11.57}$$

(2) 音节级处理:借助音节的语言模型在单字串的基础上求得最佳音节串。

$$\hat{S}_C = \arg\max_{S_c} P(S_c)P(I|S_c) \tag{11.58}$$

(3) 单词级处理:借助词的语言模型在音节串的基础上求得最佳词串。

$$\hat{S}_w = \arg\max_{S_w} P(S_w|\hat{S}_S) \tag{11.59}$$

4. 实验结果

本节算法主要集中于纯藏文文本的识别后处理,而部分语料中含有少量汉字、英文以及一些特殊符号。所以在进行文本信息统计前,先将这些非藏文字符屏蔽,然后再进行句、词、音节、字符的分割,得到相关统计信息。

本实验分别从藏文的 3 个集合中随机抽取一部分(10%~20%)样本组成新的测试集 A、B、C。同样,将其中混排的汉字、英文以及特殊符号作了屏蔽。各测试集的容量以及添加后处理之前各字符集上的原始识别正确率列于表 11.36 中。

表 11.36 藏文识别后处理的测试集简况

样本集合	标准文本字符数	后处理前误识数	后处理前识别率/%
A	18 649	224	98.8
B	26 474	927	96.5
C	15 273	1 008	93.4
合计	60 396	2 159	96.4

我们以文本识别纠错率 R_d 作为衡量后处理算法性能的准则,它与引入后处理前后的文本识别错误率 E_b 和 E_a 密切相关,计算式为 $R_d = (1 - E_a / E_b) \times 100\%$。

首先测试单独采用基于藏文音节规则的后处理算法时测试集上识别错误率的变化情况,结果如表 11.37 所示。这个结果表明,该后处理算法对改善藏文文本识别性能大有裨益,平均错误率下降了 16.7%。这主要是因为藏文具有严格的语法规则,尤其是音节内各字符彼此之间存在着极强的约束关系,充分利用这些规则检错纠错是提高文本总体识别率的一条行之有效的捷径。

表 11.37 基于规则的藏文识别后处理算法性能   %

样本集合	E_b:后处理前识别错误率	E_a:后处理后识别错误率	R_d:后处理纠错率
A	1.2	1.1	8.3
B	3.5	2.9	17.1
C	6.6	5.4	18.1
平均	3.6	3.0	16.7

接下来的实验测试单独采用基于统计方法的藏文识别后处理算法的性能。在统计方法中,整个算法被分解成 3 个层次:单字级(以 CH 指代)、音节级(以 SY 指代)、单词级(以 WD 指代),所以,这里首先测试每一个层次的统计方法的单独运用时的性能,结果如表 11.38 所示。

表 11.38　基于统计的藏文识别后处理算法性能:采用单一层次的统计信息

样本集合	CH			SY			WD		
	E_b	E_a	R_d	E_b	E_a	R_d	E_b	E_a	R_d
A	1.2	1.0	16.7	1.2	1.2	0.0	1.2	1.4	−16.7
B	3.5	2.8	20.0	3.5	3.3	5.7	3.5	3.6	−2.9
C	6.6	5.7	13.6	6.6	6.0	9.1	6.6	6.5	1.5
平均	3.6	3.0	16.7	3.6	3.3	8.3	3.6	3.7	−2.7

可以看出,各层次的统计信息对改善识别性能的作用是不同的。单字级的信息最稳定,纠错能力也最强。保证了基于单字的藏文识别后处理的高效性。由于藏文分词的客观困难性,仅采用简单的机械匹配法难以分割单词,且现有可用的电子词典规模太小(词量不足 10^3),无法从语料和识别文本中将所有合法单词均正确地分离出来。现有语料规模仍明显不足,而单词级的后处理效果不够理想也在情理之中,从大规模语料上统计得到的先验概率及转移概率也较准确。

接下来的实验还测试了利用 3 个层次的统计后处理算法的不同组合后对文本识别率的影响,得到的结果列于表 11.39 中。

表 11.39　基于统计的藏文识别后处理算法性能:采用多层次组合统计信息

样本集合	CH+SY			CH+WD			SY+WD			CH+SY+WD		
	E_b	E_a	R_d	E_b	E_a	R_d	E_b	E_a	R_d	E_b	E_a	R_d
A	1.2	0.9	25.0	1.2	1.0	16.7	1.2	1.1	8.3	1.2	1.0	16.7
B	3.5	2.7	22.9	3.5	3.0	8.6	3.5	3.3	5.7	3.5	2.8	20.0
C	6.6	5.6	15.1	6.6	5.8	12.1	6.6	6.2	6.1	6.6	5.7	13.6
平均	3.6	2.9	19.3	3.6	3.1	13.9	3.6	3.4	5.6	3.6	3.0	16.7

很明显,在多层次信息组合运用的实验中,单字级和音节级的综合运用取得最好的纠错效果。而因分词困难和统计信息不准导致单词级后处理无法起到应有的积极作用。所以,我们认为只有解决了藏文分词问题和获得更大规模的语料这两个条件都具备时,基于单词的统计后处理方法才能在藏文文本识别中获得真正有价值的运用。在本文的文本识别系统中,藏文

统计后处理方法只采用单字级和音节级信息,对还很不完备的单词级信息则弃之不用。

对基于规则和基于统计的方法在藏文后处理中的实际应用情况进行分析后发现,拼写规则方法能够发现一些误识字符并实现部分纠错。

基于拼写规则的后处理方法还有一个致命的缺陷就是无法处理出现频率很高的单字符音节,既无法判断其识别是否有错,更谈不上纠错。而基于单字信息的统计方法也存在这个不足,但基于音节信息的统计方法则可以借助单字符音节与其前后相邻音节之间的同现概率来实现纠错。

统计方法也有其局限性,除了算法复杂度明显高于规则方法外,更重要的是它严重依赖于语料条件(包括内容关联度、规模大小等),语料库的规模不足,使得部分识别错误无法检测或无法纠正,甚至产生额外的错误。

基于以上分析,本文将拼写规则与统计方法结合起来用于藏文文本识别的后处理环节。最终的算法性能列于表 11.40 中,经过识别后处理后,藏文文本识别错误率平均降低 27.7%,这充分表明所采用算法的有效性。

表 11.40 基于规则与统计相结合的藏文识别后处理算法性能   %

样本集合	E_b:后处理前识别错误率	E_a:后处理后识别错误率	R_d:后处理纠错率
A	1.2	0.9	25.0
B	3.5	2.6	25.7
C	6.6	4.7	28.8
平均	3.6	2.6	27.7

需要指出的是,在语料库足够充实之后,拼写规则可以通过统计数据完全体现出来,此时规则方法的重要性就自然削弱了。届时,识别文本中依靠规则可以改正的错误,统计方法也同样能改正;而规则方法无法纠正的错误,统计方法也完全有可能纠正。但至少在目前,语料库离真正意义上的完善尚有不小距离,规则方法依然可以发挥其不可忽视的积极作用。

11.7 多民族语言文字识别系统的实现——TH-OCR 统一平台民族文字识别系统

依照民族文字识别框架,我们建立了一个统一平台上的、完整的多民族文字识别系统。

11.7.1 统一平台多民族文字识别系统特点

所谓统一平台,主要指对多种民族文字识别核心技术提供统一的解决方案,主要包括以下 4 个方面。

(1) 统一的系统流程和模块化结构(见图 11.57)

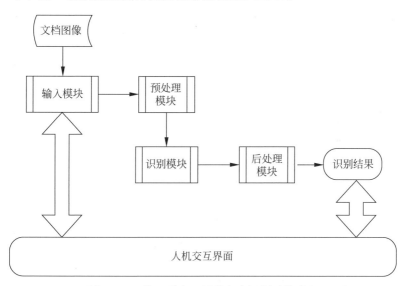

图 11.57　统一平台上民族文字识别系统流程

(2) 统一的用户界面(见图 11.58)

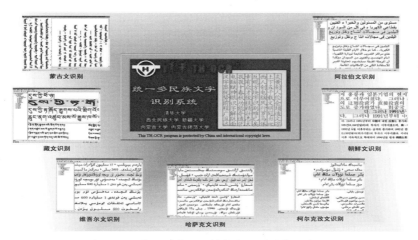

图 11.58　统一平台上民族文字识别系统用户界面

(3) 统一的内部数据结构

(4) 统一的编码体系(Unicode)

- 完全支持各民族文本的显示和编辑需要,支持藏汉(横排)、阿拉伯字符集文字(行间从上到下、行内从右向左)及蒙文(行间从左到右、行内从上到下);兼容与汉-英的混排
- 技术标准化,采用标准的 Windows 控件
- 采用 UNICODE 编码标准
- 模块化组成结构导致的可扩充性
- 兼容多语种识别核心
- 多内码输出,支持多种编码输出方式
- 实现图文对照识别后编辑和维护功能
- 实现了对民族字符与汉字和英文混排文档的识别

11.7.2 维-汉-英混排民族文字的识别

在日益开放的现代社会,不同民族、不同文化之间的交流使得以一种文字为主的文档中出现其他语言文字的现象变得非常普遍。民族文字文档会频繁出现汉字和英文。

混排文档的识别方法经常是先判断待识文档的语言种类,继而针对不同语言的文档采用不同的切分和识别方法[57]。本文提出多层次语言判断和适当干预的混排文本识别方案,以维吾尔文与汉英混排文档为例,说明混排文档识别方法和系统,其框图如图 11.59 所示。

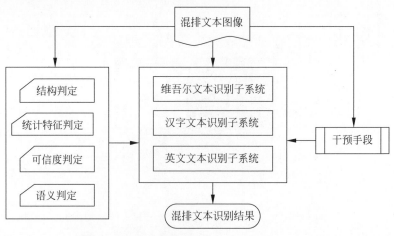

图 11.59 维-汉-英混排文本识别流程框图

语言种类判定是在多层次语言属性上判断进行(各文种特点见表 11.41),包括下述 4 个层次的判定。

层次 1:结构判定

(1) 文字块的宽度和高度;
(2) 文字块笔画复杂性;
(3) 文字块所包含的部件数;
(4) 基线信息;
(5) 文字块语言属性的连续性。

表 11.41 维、汉、英等 3 种文字的特点的比较

比较项目	维吾尔文	汉字	英文
文本图像示例	ئېگەر نۇقتىسى	安培定律	operating
文本行行文方向	从右向左	从左向右	从左向右
字符数目	32 个字母;每个字母有 2~4 种形式(独立、尾写、首写、中间)	常用字数千;GB 两级汉字达 6 763 个	26 个字母;每个字母有大写和小写两种形式
字符基本特点	不等宽、不等高;由一个主体部分和若干附加部分组成	方块字,基本等宽等高;由一个或多个连通体组成	不等宽、不等高;一般由一个连通体构成,只有"i"和"j"例外,顶部各有一个点状附加部分
字符连接特点	能够连接的字符总是在基线位置连接在一起	字符之间存在间隙,一般不粘连;某些左右结构的字符内部各部分间亦有间隙	与字体及字母组合相关,包括衬线连接和非衬线连接两种类型

层次 2:统计判定

提取字符的统计特征,在单字识别前利用统计分类器进行语种识别(图 11.60)。

利用 4 方向线素特征,LDA 压缩至 96 维,利用欧氏距离分类器,在测试集上的语种识别混淆矩阵如表 11.42 所示。由此可见这是一种简单有效的语种属性判别方法,平均准确率达 95% 以上。

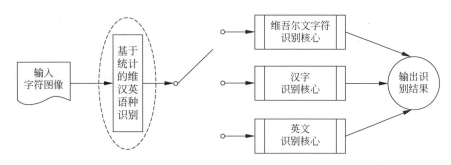

图 11.60　统计语种识别模块在识别系统中的位置

表 11.42　维-汉-英语种识别混淆矩阵(%)

字符种类	维吾尔	汉字	英文	合计
维吾尔	96.1	0.8	3.1	100.0
汉字	0.5	98.9	0.6	100.0
英文	3.2	1.0	95.8	100.0

层次 3：可信度判定

根据字符语种属性标记的分类器对字符识别,当识别可信度较高时,属性标定判定为真。

层次 4：语义判定

借助语义分析,对不确定结果进行判断。

用以维吾尔文为主、一定数量的汉字和英文混排其中的文本图像来测试混排识别算法性能,测试结果见表 11.43。

表 11.43　维-汉-英混排文本识别率

文本类型	字符总数	非维文字符数	非维文字符比例/%	识别正确率/%
纯维文	57 411	0	0.0	98.1
维汉混排	13 883	汉字:980	7.1	98.9
维英混排	16 017	英文:2 933	18.3	96.5
维汉英混排	13 309	汉字:882 英文:1 477	6.6 11.1	97.1

由实验结果可见,系统对各类混排文本都保持了较高的识别率。

11.7.3　蒙藏维多文种统一平台识别系统性能

统一平台上的民族文档识别系统包含多个子系统:多字体印刷藏文(混

排汉英)文档识别子系统、多字体印刷维吾尔/哈萨克/柯尔克孜文(混排汉英)文档识别子系统、多字体印刷蒙古文(混排汉英)文档识别子系统等,下面分别予以介绍。

11.7.3.1 多字体藏-汉-英混排识别子系统的性能

(1) 单字识别性能

在收集到的白体、黑体、通用体、圆体、长体、竹体这6种藏文字体的单字样本集中随机抽取部分样本图像组成6个测试集,每个测试集包含若干套样本,每套样本由592个现代藏文字丁和常用数字符号的单字图像组成。测试在普通PC机(AMD Athlon 1.3GHz CPU,256MB RAM,MicroSoft Windows 2000)上进行,平均识别速度为84字/s,这6个测试集上的识别率如表11.44所示。

表 11.44 系统在 6 种藏文字体测试样本集上的单字识别性能

字体	字样示例	测试字符数	识别率/%	平均识别率/%
白体		592×61	99.9	
黑体		592×66	99.8	
通用体		592×60	99.8	99.8
圆体		592×51	99.8	
长体		592×25	99.6	
竹体		592×38	99.7	

(2) 印刷体藏文(混排汉英)文本的识别性能(表11.45、表11.46)

表 11.45 测试集 1 上的藏文文本识别性能

字符类型	字符数	正确识别数	误识数	识别正确率/%	误识率/%
藏文	91 636	90 775	861	99.1	0.9
汉字	804	774	30	96.7	3.7
英文	736	656	80	89.1	10.9

续表

字符类型	字符数	正确识别数	误识数	识别正确率/%	误识率/%
数字	1 025	947	78	92.4	7.6
符号	1 382	1 178	204	85.2	14.8
总计	95 583	94 330	1 253	98.7	1.3

表 11.46 测试集 2 上的藏文文本识别性能

文件	字符数	误识数	识别正确率/%	附注
1	1 374	17	98.8	1984 年藏文期刊,印刷质量较好
2	1 124	46	95.9	1983 年藏文版书籍,印刷质量差
3	646	7	98.9	1986 年藏文期刊,印刷质量较差
4	944	82	92.3	1986 年藏文期刊,印刷质量很差
5	1 145	7	99.4	1996 年藏文版《邓小平文选》,印刷质量好
6	1 095	13	98.8	1992 年藏文版书籍,印刷质量较差
总计	6 335	172	97.3	—

11.7.3.2 维哈柯文(汉英混排)识别子系统的性能

(1) 单字识别性能

分别测试系统对维吾尔、哈萨克、柯尔克孜这 3 种基于阿拉伯字符集的民族文字的单字识别能力。每个测试集包含 400 套样本,每套样本中由字符集中所有合法字符类别(包括常用的数字、符号等)的各一个单字图像组成。系统的几个重要性能指标、测试环境参数和测试结果见表 11.47。

表 11.47 系统在维、哈、柯 3 种字符集上的单字识别性能

字符集	维吾尔文	哈萨克文	柯尔克孜文
字符类别数	147	156	158
测试样本数	58 800	62 400	63 200
识别率/%	99.5	99.5	99.4
识别库大小/KB	587	601	602
平均识别速度	2 712 字/s		
测试环境	CPU: Intel Pentium 4, 2.8GHz, RAM: 512MB, OS: MS Windows 2000		

系统对 3 种基于阿拉伯字符集民族文字的单字识别率均达到 99.5%以上,充分反映出我们基于统计的识别方法在性能上的优越性。

(2) 印刷体维吾尔文(混排汉英)文本的识别性能

从由新疆大学提供的约 30 万字的维吾尔文样张中随机抽取约 30%的文本图像组成测试集。所有图像(二值、TIFF 格式)均由普通扫描仪从实际出版发行的报纸、杂志、书籍等纸质页面以 200DPI~300DPI 的分辨率(主要是 300DPI)扫描输入计算机。由 OCR 性能评测工具比照标准答案自动统计识别率。该测试与单字识别性能测试是在同一台计算机上进行的,结果见表 11.48。测试结果表明,该系统已能够胜任一般的文档自动输入识别的应用,初步达到实用化的目的。

表 11.48　系统对维吾尔(混排汉英)文本的识别性能

测试字符数	90 242
识别错误数	3 571
识别率/%	96.0
库文件大小	维吾尔文单字识别模块 587KB,切分模块 315KB;汉、英识别模块 5.92MB;合计 6.82MB
平均识别速度	440 字/s

11.7.3.3　阿拉伯文识别子系统的性能

阿拉伯语是世界范围内的一种主要语言,也是联合国的工作语言之一,有 30 多个国家将其定为官方语言,使用人口约 3 亿,故阿拉伯文的使用非常广泛。

由于阿拉伯文拥有悠久历史以及巨大的影响力,阿拉伯文字体达上千种之多,使得最终用于训练和测试的阿拉伯文的字体达到 100 种(包含了一般应用场合中所有最常用的字体)以上,远远多于维吾尔文(约 10 种)。在单字和文本两个层次上的阿拉伯文识别性能参见表 11.49,其中,实际文本测试样本是带标准答案的文本图像(均为二值 TIFF 格式图像,分辨率为 300DPI)。

实验结果表明,在阿拉伯文识别上的表现都十分接近于对维吾尔文的识别性能。

表 11.49 多字体印刷体阿拉伯文识别系统性能

项目	单字识别	文本识别
字符集容量	163(包括阿拉伯文数字、符号)	163(阿拉伯字符)+95(英文、数字、符号)
测试字符数	65 200	119 239
识别正确率/%	99.4	96.1
识别速度	2 584 字/s	396 字/s
测试环境	CPU：Intel Pentium 4，2.4GHz，RAM：512MB，OS：MS Windows XP	

我们的多字体印刷阿拉伯文档识别系统(以下用 TH-OCR 来表示)的性能，与目前世界上商业阿拉伯文识别软件 SAKHR[①] 进行了比较，比较的指标是两个系统在印刷体阿拉伯文文本样本集上的识别率。见表 11.50。

表 11.50 TH-OCR 和 SAKHR 的阿拉伯文文本识别率比较

测试子集	样本质量	字符数	错误数		识别率/%	
			TH-OCR	SAKHR	TH-OCR	SAKHR
测试集 1	差	19 357	767	1 448	96.0	92.5
测试集 2	较差	23 235	472	1 071	98.0	95.4
测试集 3	较好	12 753	209	546	98.4	95.7
测试集 4	好	12 871	179	305	98.6	97.6
合计	—	68 216	1 627	3 370	97.6	95.1

11.7.3.4 蒙古文识别子系统的性能

我们测试了系统的单字识别性能，并和报道的方法[9]进行了对比，识别率分别为 99.4% 和 86.3%。我们的方法在性能上要远优于已有结构分析方法。

11.7.4 蒙藏维文档识别的跨文种翻译理解

在统一平台多民族文字识别系统的基础上，其后链接民族语言与汉语的翻译模块，就可以将民族语言的识别结果，直接翻译为汉语(或相反)，这

---

① 关于 SAKHR 的详情可参考其网站 http://www.sakhr.com

样很自然也很容易地就形成了民族文字文档内容的民-汉跨文种的识别理解系统,这将十分有利于不同民族语言的相互沟通和理解,十分有利于民族团结、协同发展。

这一具有重要意义的民-汉跨文种的识别理解系统,在系统研发过程中,清华大学负责民族文字识别技术和系统平台,合作单位西北民族大学、新疆大学、内蒙古大学分别提供藏汉、维汉、蒙汉翻译技术支持。该系统于 2014 年 12 月通过教育部主持的技术成果鉴定,评价为国际领先,如图 11.61 所示。

(a) 维文 　　　　　　　　　　(b) 蒙文

(c) 藏文

图 11.61　蒙藏维文档识别理解一体化平台

11.8　本章小结

本章对我国主要民族文字识别的理论、方法和系统进行了全面、系统的分析和实验验证。首先，提出了民族文字识别的基本框架和基于识别基元的统计模式识别方法。继而从特征提取、分类器设计和文本识别等几个方面进行了深入分析和研究，在统一框架内以藏文、维吾尔文、蒙古文为代表对主要民族文字识别技术展开了全面的研究。主要内容有：

（1）确定了以字符为识别基元的统计模式识别方法作为解决多种民族文字识别问题的统一的基本策略。不仅将各具特色的多种民族文字识别问题纳入一个统一的基本框架，而且具有抗干扰的突出优势，使系统具备很强的推广应用能力。

（2）针对非方块的民族文字的独特字形特点，提出特殊处理的基于基线的字符分块规一化总体方案，最大限度地从图像层面减小字符变形。

（3）对提取稳定、高效的字符特征进行了新的尝试。提出了一种模仿感受野视细胞功能的新特征——基于视觉特性的方向特征，性能优于方向线素特征；引入改进类内方差和类间方差矩阵计算的线性鉴别分析维数压缩特征变换。

（4）提出民族文字识别多级分类策略：首先，依据相关的字符结构等进行预分类；然后，引入修正二次鉴别函数判定字符的类别属性，并且借助鉴别学习方法减少误识字数量；最后，进行相似字辅助分类。

（5）藏文文本识别关键技术：文本切分和后处理的研究和展示。提出基于藏文音节符和基于统计鉴别函数的文本图像切分算法；设计了一种利用图像全局信息的文本行分离算法；提出以可靠性为度量的字符切分模型，研发一种由粗到精的高效字符切分算法。在后处理中，针对藏文的独特性，提出了拼写规则与统计方法相结合的方案，实验结果表明其具有较强的纠错能力。

（6）建立了统一平台多民族文字识别系统，实现对藏文、维吾尔文（哈萨克文、柯尔克孜文）、蒙古文的文档识别；同时，引入此前已开发成功的汉字和英文识别核心，使系统具备识别民族文字与汉字、英文混排文档的能力。实验测试和实际应用的结果均表明，系统的主要性能指标已能初步满足实用化的需要。此外，将系统拓展于在世界具有重大影响力的阿拉伯文的识别，研发的多字体印刷阿拉伯文（混排英文）文档识别系统整体上性能可以和国际上的阿拉伯文 OCR 软件 SAKHR 相比,说明了研究算法对民族文字识别具有积极的意义。

基于统一平台多民族文字识别系统,与民族语言与汉语的翻译模块相耦合,自然形成跨文种的民汉识别理解系统,十分有利于民汉文化交流和理解。

我国的民族文字具有与以汉字为代表的东方文字和以拉丁文为代表的西方文字截然不同的鲜明特点,对它们的识别显然也无法照搬现有其他文字中相对成熟的技术。作为中文信息系统的重要组成部分,民族文字识别这一个课题的研究总体上还处于起步状态,想要达到和汉字识别相当的水平,还有很长的路要走。本文的研究是一个有益尝试,实现的系统表现出良好的识别性能,具有重要的参考价值。但民族文字识别技术水平与汉字和英文的识别相比仍有明显差距,需要进一步和及时参照从实际应用中反馈回来的信息,除了持续地、有针对性地改善现有方法和系统。此外,还需要推进对民族文字识别的全面研究,包括拍摄图像中的民族文字识别技术、基于深度学习的民族文字识别方法等,相信在所有关键技术方面均会有巨大的创新提高的余地。

参考文献

[1] 王华. 主要少数民族文字 OCR 技术研究. 北京:清华大学电子工程系博士学位论文,2006.
[2] Kojima M,Nunomiya C,Kawamura T,et al. Automatic recognition of Tibetan characters by using Euclidean distance with differential weight. Tohoku Kogyo Daigaku Kiyo,1997,17:189-195(in Japanese).
[3] 王浩军,赵南元,邓钢铁. 藏文识别的预处理. 计算机工程,2001,27(9):93-96.
[4] 康才畯,江荻,戴亚平. 一种基于构建的藏文识别算法. 少数民族语言信息技术研究进展——中国少数民族语言信息技术与语言资源库建设学术研讨会论文集. 北京,2004:290-295.
[5] 王维兰,丁晓青,祁坤钰. 藏文识别中相似字丁的区分研究. 中文信息学报,2002,16(4):44-48.
[6] Fukunaga K. Introduction to statistical pattern recognition. 2nd ed. New York: Academic Press,1990.
[7] 李振宏,高光来. 印刷体蒙古文文字识别中常用特征的获取. 微机发展,2003,13(11):117-119.

[8] 李振宏,高光来,侯宏旭,等. 印刷体蒙古文文字识别的研究. 内蒙古大学学报(自然科学版),2003,34(4):454-457.

[9] 高光来,李伟,侯宏旭,等. 基于多代理的印刷体蒙文识别系统. 民族语言信息技术研究进展——中国民族语言信息技术与语言资源库建设学术研讨会论文集. 北京,2004:299-303.

[10] Steinherz T, Rivlin E, Intrator N. Offline cursive script word recognition: a survey. Int'l Journal on Document Analysis and Recognition, 1999, 2(2-3): 90-110.

[11] 哈力木拉提,阿孜古丽. 多字体印刷维吾尔文字符识别系统的研究. 少数民族语言信息技术研究进展——中国少数民族语言信息技术与语言资源库建设学术研讨会论文集. 北京,2004:315-320.

[12] Liu C, Koga M, Sako H, et al. Aspect ratio adaptive normalization for handwritten character recognition. In: Tan T, Shi Y, Gao W, eds. Advances in Multimodal Interfaces—ICMI 2000, Lecture Notes in Computer Science. Berlin, Germany: Springer, 2000: 418-425.

[13] 陈友斌. 脱机手写汉字识别研究. 北京:清华大学电子工程系博士学位论文,1997.

[14] Jain A K, Duin R P W, Mao J. Statistical pattern recognition: a review. IEEE Trans. on Pattern Analysis and Machine Intelligence, 2000, 22(1): 4-37.

[15] Anniwear Y, Aoki Y. On the segmentation of multi font printed Uygur scripts. In: Proc. of the 13th Int'l Conf. on Pattern Recognition. Vienna, Austria. 1996: 215-219.

[16] Gao X, Jin L, Yin J, et al. A new stroke-based directional feature extraction approach for handwritten Chinese character recognition. In: Proc. of the 6th Int'l Conf. on Document Analysis and Recognition. Seattle, USA. 2001: 635-639.

[17] Kimura F, Takashina K, Tsuruoka S, et al. Modified quadratic discriminant functions and its application to Chinese character recognition. IEEE Trans. on Pattern Analysis and Machine Intelligence, 1987, 9(1): 149-153.

[18] Freedman D, Pisani R, Purves R. Statistics. 3rd ed. New York: W. W. Norton. 1998.

[19] Vapnik V N. The nature of statistical learning theory. New York: Springer-Verlag. 1995.

[20] Vapnik V N. An overview of statistical learning theory. IEEE Trans. on Neural Networks, 1999, 10(5): 988-999.

[21] Liu C, Nakagawa M. Evaluation of prototype learning algorithms for nearest-

[22] Tsay M K, Shyu K H, Chung P. Feature transformation with generalized learning vector quantization for hand-written Chinese character recognition. IEICE Trans. on Information and System, 1999, E82-D(3): 687-692.

[23] Kawatani T, Shimizu H. Handwritten Kanji recognition with the LDA method. In: Proc. of the 14th Int'l Conf. on Pattern Recognition. Brisbane, Australia. 1998: 1301-1305.

[24] Kawatani T, Shimizu H, Mceachern M. Handwritten numeral recognition with the improved LDA method. In: Proc. of the 13th Int'l Conf. on Pattern Recognition. Vienna, Austria. 1996: 441-446.

[25] Lu Y. Machine printed character segmentation—an overview. Pattern Recognition, 1995, 28(1): 67-80.

[26] Kahan S, Pavlidis T. On the recognition of printed character of any font and size. IEEE Trans. on Pattern Analysis and Machine Intelligence, 1997, 9(2): 274-287.

[27] Pal N R, Pal S K. A review on image segmentation techniques. Pattern Recognition, 1993, 26(9):1277-1294.

[28] Casey R G, Lecolinet E. A survey of methods and strategies in character segmentation. IEEE Trans. on Pattern Analysis and Machine Intelligence, 1996, 18(7): 690-706.

[29] Goshtasby A, Ehrich R. W. Contextual word recognition using probabilistic relaxation labeling. Pattern Recognition, 1988, 21(5): 455-462.

[30] Liu C, Nakashima K, Sako H, et al. Handwritten digit recognition: investigation of normalization and feature extraction techniques. Pattern Recognition, 2004, 37(2): 265-279.

[31] 郑君里,应启珩,杨为理. 信号与系统. 北京:高等教育出版社, 2000.

[32] Schoenberg I J. Cardinal interpolation and spline functions. Approximation Theory, 1969, 2: 167-206.

[33] 王连祥,等. 数学手册. 北京:高等教育出版社,1979: 894-899.

[34] Wilson H R, Levi D, Maffei L, et al. The perception of form: retina to striate cortex. In: Spillmann L, Werner J S, eds. Visual perception: The neurophysiological foundations. New York: Academic Press, 1990: 231-272.

[35] Hamamoto Y, Uchimura S, Watanabe m, et al. A Gabor filter-based method for recognition handwritten numerals. Pattern Recognition, 1998, 31(4): 395-400.

[36] Wang X, Ding X, Liu C. Optimized Gabor filter based feature extraction for

character recognition. In: Proc. of the 16th Int'l Conf. on Pattern Recognition. Québec City, Canada. 2002: 223-226.

[37] 张嘉勇. 基于统计的超大模式集分类及其在脱机字符识别中的应用. 北京:清华大学电子工程系硕士学位论文,2001.

[38] Hastie T, Tibshirani T. Discriminant analysis by Gaussian mixtures. J. of the Royal Statistical Society-B, 1996, 58: 155-176.

[39] Fukunaga K, Mantock J M. Nonparametric discriminant analysis. IEEE Trans. on Pattern Analysis and Machine Intelligence, 1983, 5(6): 671-677.

[40] Bressan M, Vitria J. Nonparametric discriminant analysis and nearest neighbor classification. Pattern Recognition Letters, 2003, 24(5): 2743-2749.

[41] Loog M, Duin R P W, Haeb-Umbach R. Multiclass linear dimension reduction by weighted pairwise Fisher criteria. IEEE Trans. on Pattern Analysis and Machine Intelligence, 2001, 23(7): 762-766.

[42] Zhang P, Bui T D, Suen C Y. Feature dimensionality reduction for verification of handwritten numerals. Pattern Analysis and Applications, 2004, 7(3): 296-307.

[43] Lee C, Langdgrebe D A. Feature extraction based on decision boundaries. IEEE Trans. on Pattern Analysis and Machine Intelligence, 1993, 5(4): 388-400.

[44] Kimura F, Wakabayashi T, Miyake Y. On feature extraction for limited class problem. In: Proc. of the 13th Int'l Conf. on Pattern Recognition. Vienna, Austria. 1996: 191-194.

[45] Talukder A. Nonlinear feature extraction for patter recognition application: Ph. D Dissertation. Pittsburgh, USA: Dept. of Electrical and Computer Engineering, Carnegie Mellon University, 1999.

[46] LeCun Y, Bottou L, Bengio Y, et al. Gradient-based learning applied to document recognition. Proceedings of IEEE, 1998, 86(11): 2325-2344.

[47] Box G E P, Cox D R. An analysis of transformations. J. of the Royal Statistical Society-B, 1964, 26: 211-252.

[48] Sakia R W. The box-cox transformation technique: a review. The Statistician, 1992, 41: 169-178.

[49] Juang B H, Katagiri S. Discriminative training for minimum error classification. IEEE Trans. on Signal Processing, 1992, 40(12): 3043-3054.

[50] 王学文. 高鲁棒性的字符识别技术研究. 北京:清华大学电子工程系博士学位论文,2003.

[51] 章志勇,潘志庚,张明敏,等. 基于多尺度通用傅里叶描述子的灰度图像检索. 中国图像图形学报,2005,10(5):611-615.

[52] Lin X, Ding X, Chen M, et al. Adaptive confidence transform based classifier

combination for Chinese character recognition. Pattern Recognition Letters, 1998, 19(10): 975-988.

[53] 高定国, 龚育昌. 现代藏文字全集的属性统计研究. 中文信息学报, 2005, 19(1): 71-75.

[54] 陈玉忠, 李保利, 俞士汶, 等. 基于格助词和接续特征的书面藏文分词方案. 语言文字应用, 2003, 1: 75-82.

[55] 陈玉忠, 李保利, 俞士汶. 藏文自动分词系统的设计与实现. 中文信息学报, 2003, 17(3): 15-20.

[56] Friedman J H. Regularized discriminant analysis. J. of American Statistical Association, 1989, 84: 165-175.

[57] Lee S, Kim J. Multi-lingual, multi-font and multi-size large-set character recognition using self-organizing neural network. In: Proc. of the 3rd Int'l Conf. on Document Analysis and Recognition. Montreal, Canada. 1995: 28-33.

[58] 朱宗晓, 吴显礼. 脱机印刷体彝族文字识别系统的原理与实现. 计算机技术与发展, 2012, 22(2): 85-88.

[59] Fang C, Liu C, Peng L, et al. Automatic performance evaluation of printed Chinese character recognition systems. Int'l Journal on Document Analysis and Recognition, 2002, 4(3): 177-182.

附录 A 常用缩略语表

OCR	光学字符识别(optical character recognition)
LDA	线性鉴别分析(linear discriminant analysis)
DEF	方向线素特征(directional element feature)
PCA	主分量分析(principal component analysis)
RDA	正则化鉴别分析(regularized discriminant analysis)
HLDA	异方差线性鉴别分析(heteroscedastic linear discriminant analysis)
EDC	欧氏距离分类器(Euclidean distance classifier)
MDC	最小距离分类器(minimum distance classifier)
LDC	线性距离分类器(linear distance classifier)
QDF	二次鉴别函数(quadratic discriminant function)
MQDF	改进二次鉴别函数(modified quadratic discriminant function)
ML	极大似然(maximum likelihood)
EM	期望最大化(expectation maximization)
GMM	混合高斯模型(Gaussian mixture model)
OGMM	正交混合高斯模型(orthogonal Gaussian mixture model)
LVQ	学习矢量量化(learning vector quantization)
MCE	最小错误率(minimum classification error)
GPD	广义概率下降(generalized probability decent)
SSM	描述结构的统计模型(statistical structure model)
SVM	支持向量机(support vector machine)
CMF	复合马氏距离函数(compound Mahalanobis function)
MAP	最大化后验概率(max a posteriori)
HMM	隐马尔可夫模型(hidden Markov model)
ARG	属性关系图(attributed relation graph)
ANN	人工神经网络(artificial neural network)

附录 B　文字识别相关研究成果

1. 1989 年鉴定通过"多字体印刷汉字识别系统"
2. 1990 年鉴定通过"THOCR-90 实用多字体多字号混合版面印刷体汉字识别系统"
3. 1992 年鉴定通过"THOCR-92 高性能实用简/繁体多字体多功能印刷汉字识别系统"
4. 1994 年鉴定通过"THOCR-94 高性能汉英混排印刷文本识别系统"
5. 1997 年鉴定通过"THOCR-97 综合集成汉字识别系统"
6. 1999 年鉴定通过"基于识别的原文重现全信息自动电子出版物制作系统"
7. 2002 年鉴定通过"高性能中日韩文档识别理解重构系统"
8. 2003 年鉴定通过"多字体印刷藏文(混排汉英)文档识别系统"
9. 2004 年鉴定通过"维哈柯(汉英)阿(英)双向印刷文档识别系统"
10. 2005 年鉴定通过"TH-ID 多模生物特征(人脸笔迹签字虹膜)身份识别认证系统"
11. 2007 年鉴定通过"多体蒙古文(混排汉英)印刷文档识别暨统一平台少数民族文字识别系统"
12. 2011 年鉴定通过"多光谱图像钞票鉴伪技术与系统及应用"
13. 2014 年鉴定通过"高性能维吾尔文识别与理解系统"

附录 C 文字识别相关成果主要奖励

一、国家级奖励

序号	项目名称	参与者*	获奖年	奖励
1	多字体多字号印刷体汉字识别系统	吴佑寿,丁晓青,杨淑兰,郭繁夏,黄晓非	1992	国家科技进步三等奖
2	THOCR-1997 综合集成汉字识别系统	丁晓青,吴佑寿,郭繁夏,刘长松,陈明,征荆,林晓帆,郭宏,彭良瑞	1999	国家科技进步二等奖
3	高性能东方文字文档智能全信息数字化系统	丁晓青,刘长松,吴佑寿,陈明,彭良瑞,方驰,张嘉勇,文迪,郭繁夏,郑冶枫	2003	国家科技进步二等奖
4	TH-ID 人脸和笔迹生物特征身份识别认证系统	丁晓青,方驰,王争儿,刘长松,彭良瑞,马勇,王贤良,杨琼,吴佑寿,王生进	2008	国家科技进步二等奖

* 姓名排列按获奖顺序排序。下同。

二、省部级奖励

序号	项目名称	参与者	获奖年	奖励
1	HMS-89 多字体汉字识别系统		1989	北京市科学技术委员会优秀贡献项目
2	汉字识别和光学阅读机		1991	机械电子工业部"七五"科技攻关重大成果奖

续表

序号	项目名称	参与者	获奖年	奖励
3	THOCR-90 实用多字体多字号混合版面印刷汉字识别系统		1991年	国家计委、国家科委与财政部国家"七五"科技攻关重大成果奖
4	高性能汉英混排简/繁体印刷文本识别系统	丁晓青,吴佑寿,郭繁夏,郭宏,贾红,陈明,张忠	1996	北京市科技进步二等奖
5	多字体多字号印刷体汉字识别系统		1991年	国家教育委员会科技进步一等奖
6	THOCR-92 高性能实用简/繁体多字体多功能汉字识别系统		1993年	国家科学技术委员会《国家级科技成果重点推广计划》技术依托单位
7	THOCR-94 高性能汉英混排印刷文本识别系统		1994	电子十大科技成果奖
8	清华 TH-OCR'94 高性能汉英混排印刷文本识别系统		1996	中国"八五"科学技术成果奖
9	超级智能视听信息处理系统研究		1997	国家教育委员会科技进步二等奖
10	TH-OCR1997 综合集成汉字识别系统	丁晓青,吴佑寿,郭繁夏,刘长松,陈明,征荆,林晓帆,郭宏,彭良瑞,张彤,陈友斌,刘今晖,许剑辉,陈力,张睿,李元祥	1998	教育部科学技术进步一等奖

续表

序号	项目名称	参与者	获奖年	奖励
11	基于识别的原文重现东方文字文档全信息自动录入系统（THOCR2000）	丁晓青，刘长松，吴佑寿，陈明，彭良瑞，方驰，张嘉勇，文迪，郭繁夏	2002	北京市科学技术二等奖
12	多字体印刷藏文（混排汉英）文档识别系统	丁晓青，彭良瑞，王华，刘长松，方驰	2004	北京市科学技术三等奖
13	统一平台上少数民族文字（藏维哈柯朝）文档识别系统		2005	中国电子学会电子信息科学技术二等奖
14	TH-ID人脸和笔迹生物特征身份识别认证系统	丁晓青，方驰，刘长松，彭良瑞，王争儿，薛峰，王贤良，吴佑寿，王生进，马勇，李昕，雷云	2006年	北京市科学技术奖一等奖
15	统一平台民族文字（蒙藏维哈柯朝）文档识别系统	丁晓青，彭良瑞，刘长松，王华，吴佑寿，于洪志，哈力木拉提，那顺乌日图，赵小兵	2008	钱伟长中文信息处理科学技术奖一等奖
16	统一平台汉英混排民族文字（蒙藏维哈柯朝）文档识别技术与系统	丁晓青，彭良瑞，刘长松，王华，靳简明，吴佑寿，方驰，文迪，李昕	2009	教育部科学技术进步奖二等奖
17	蒙藏维哈柯朝主要民族文字汉英混排文档综合识别理解系统	丁晓青，彭良瑞，刘长松，靳简明，吴佑寿，于洪志，哈力木拉提，那顺乌日图，方驰，文迪	2010	北京市科学技术奖二等奖

续表

序号	项目名称	参与者	获奖年	奖励
18	蒙藏维阿民族文字识别与跨文种理解技术及系统	丁晓青,彭良瑞,刘长松,王　华,靳简明,谢旭东,于洪志,哈力木拉提,买买提,那顺乌日图,吐尔根·依布拉音	2013	中国电子学会科技进步二等奖
19	税务发票扫描识别系统及应用	刘长松,方　驰,彭良瑞,丁晓青,王泽武,张　岩	2013年	北京市科学技术奖三等奖
20	多光谱图像钞票鉴伪技术与系统	刘长松,陈　彦,丁晓青,顾梓昆,胡利刚	2014年	中国电子学会科技进步三等奖

三、国际奖励

序号	参与者	获奖年	奖励
1	王争儿,薛　峰,马　勇,杨琼,方　驰,丁晓青	2004	国际模式识别会议举办的FAT2004人脸认证竞赛中获得"人脸验证算法全面最优性能奖"
2	文　迪,陈　明	2005	韩国首尔举办的第8届文档分析识别国际会议（ICDAR2005）上的国际版面分析竞赛（ICDAR 2005 Page Segmentation Competition）中获得第一名
3	脱机手写文本汉字识别：王言伟,丁晓青,刘长松 自然场景中文字识别竞赛：杨诚,刘长松,丁晓青 笔迹鉴别竞赛：许路,丁晓青,彭良瑞	2011	北京举办的第11届文档分析与识别国际会议（ICDAR2011）脱机手写文本汉字识别竞赛、自然场景中文字识别竞赛、笔迹鉴别三项竞赛均获得第一名

附录 D 已授权文字识别相关发明专利

1. 基于单个字符的统计笔迹鉴别和验证方法
   专利号：ZL03109813.4
   发明人：丁晓青，王贤良，刘长松，彭良瑞，方驰
2. 基于 Gabor 滤波器组的字符识别技术
   专利号：ZL02117865.8
   发明人：丁晓青，王学文，刘长松，彭良瑞
   此项技术已被授权美国专利：METHOD FOR CHARACTER RECOGNITION BASED ON GABOR FILTERS
   专利号：US007174044B2
   发明人：丁晓青，王学文，刘长松，彭良瑞，方驰
3. 基于单个汉字字符的字体识别方法
   专利号：ZL03119130.4
   发明人：丁晓青，陈力，刘长松，彭良瑞，方驰
4. 多字体多字号印刷体藏文字符识别方法
   专利号：ZL200410034107.4
   发明人：丁晓青，王华，刘长松，彭良瑞，方驰，于洪志
5. 基于阿拉伯字符集的印刷体字符识别方法
   专利号：ZL200410009785.5
   发明人：丁晓青，王华，靳简明，彭良瑞，刘长松，方驰，哈力木拉提
6. 基于游程邻接图的复杂背景彩色图像中字符提取方法
   专利号：ZL200410062261.2
   发明人：刘长松，丁晓青，陈又新，彭良瑞，方驰
7. 印刷体阿拉伯字符集文本切分方法
   专利号：ZL200510086478.1
   发明人：丁晓青，靳简明，王华，彭良瑞，刘长松，方驰

8. 基于统计结构特征的联机手写汉字识别方法

   专利号：ZL200510011510.X

   发明人：丁晓青，鲁湛，刘长松，陈彦，彭良瑞，方驰

9. 基于几何代价与语义-识别代价结合的脱机手写汉字字符的切分方法

   专利号：ZL200510012195.2

   发明人：丁晓青，蒋焰，付强，刘长松，彭良瑞，方驰

10. 印刷体蒙古文字符识别方法

    专利号：ZL200710064295.9

    发明人：丁晓青，王华，彭良瑞，刘长松，方驰，文迪

11. 印刷蒙古文文本切分方法

    专利号：ZL200710065195.8

    发明人：丁晓青，靳简明，彭良瑞，王华，刘长松，方驰

12. 一种文本无关笔迹鉴别的方法和装置

    专利号：ZL200810240092.5

    发明人：丁晓青，李昕，彭良瑞，刘长松，方驰

13. 基于多文种文档图像识别的跨文种理解方法

    专利号：ZL201210007729.2

    发明人：彭良瑞，丁晓青，苏冰，刘长松，方驰，文迪

附录 E 文字识别相关的博士论文

姓名	在读日期	论文题目
朱夏宁	1984—1987.9	印刷汉字识别的研究
董 宏	1985—1989	结构模式识别方法及汉字识别的研究
黄晓非	1986—1990.3	高性能印刷汉字识别系统的研究和实现
徐 宁	1988—1992.7	人工神经网络印刷汉字识别系统的研究
李 彬	1988.9—1992.7	汉英翻译系统的研究
郭繁夏	1989.6—1993.1	高性能实用印刷汉字识别系统的研究和实现
苟大银	1991.9—1995.6	非特定人限定性脱机手写汉字识别研究
赵明生	1991.9—1995.5	前向多层神经网络模式分类的理论和方法研究
郭 宏	1992.9—1997.1	提高印刷体汉字识别鲁棒性的研究
刘今晖	1992.9—1997.1	结构验证式手写印刷体汉字识别的研究
陈友斌	1993.7—1997.6	非特定人脱机手写汉字识别的研究
林晓帆	1994.9—1998.12	字符识别的置信度分析及多方案集成的理论和应用
征 荆	1994.9—1998.12	基于结构统计描述的时空统一模型及其在联机手写汉字识别中的应用
方 驰	1997.3—1999.12	基于柔性统计模式识别及其在脱机手写字体识别中的应用
陈 明	1997.3—2002.5	文本自动版面分析的研究和原文重现电子出版系统的实现
张 睿	1996.9—2002.12	基于统计方法的脱机手写字符识别研究
李元祥	1996.9—2001.2	利用上下文信息的汉字识别理论和方法的研究
陈 力	1996.9—2003.7	基于单个汉字字符的字体识别研究
王学文	1997.9—2003.2	高鲁棒性的字符识别技术研究
鲁 湛	1997.9—2002.7	时空信息融合的联机手写汉字识别方法研究

续表

姓名	在读日期	论文题目
陈　彦	1998.9—2006.4	联机手写签名的计算机自动认证研究
张嘉勇	1998.9—2001.6	基于统计的超大模式集分类及其在脱机字符识别中的应用
李　闯	1998.9—2006.4	复杂背景图像中文字检测普适算法的研究
刘海龙	1999.9—2006.4	基于描述模型和鉴别学习的脱机手写字符识别研究
王贤良	1999.9—2006.4	脱机手写笔迹鉴别和笔迹验证算法研究
王　华	2000.9—2006.4	主要少数民族文字 OCR 技术研究
刘长松	2000.9—2006.12	利用字形风格信息的自适应字符识别研究
文　迪	2000.9—2006.12	基于视觉感知的文档图像分析算法的研究
何　峰	2001.9—2006.12	基于统计语言学习的中文文本分类的研究
姚正斌	2001.9—2009.6	联机中文手写文档中关键问题的研究
李　昕	2003.9—2008.6	计算机文本无关笔迹鉴别与验证新算法的研究
蒋　焰	2002.9—2008.4	Adaboost 中若干关键问题与脱机手写中文字符串识别研究
付　强	2002.9—2008.6	非限制脱机手写汉字字符及字符串识别研究
彭良瑞	2004.9—2010.7	蒙古文识别方法研究
王言伟	2007.9—2013.1	脱机手写中文文本行识别中关键问题的研究
姜志威	2009.9—2015.7	开集维吾尔文文档无切分识别的方法及应用研究
苏　冰	2010.9—2015.12	序列特征的提取与降维方法研究

附录 F　本书中算法研究相关数据库

1. NIST-SD19 库

NIST SD19（Special Database 19）由美国标准计量局（American National Institute of Standards and Technology）于 1995 年采集并发行，其中包含 0-9，A-Z，a-z 共计 62 种手写字符。SD19 库收录了 NIST 在此之前发表的 SD3 和 SD7 两个数据库的内容，并在此基础上新增了大量样本。SD19 的所有数据划分为 hsf_0 到 hsf_8 共 9 个分区，本文使用了其中的 hsf_4，hsf_6 和 hsf_7 三个分区，具体样本的情况可参见表 F.1。在本文的研究实验中，使用 hsf_6 作为训练集，而用 hsf_4 和 hsf_7 作为两个独立的测试集。NIST 库的样本数量丰富且被大家所公认。

表 F.1　NIST SD19 样本集

分区	书写人数	数字样本数	大写英文样本数	小写英文样本数
hsf_4	500	58 646	11 941	12 000
hsf_6	500	61 094	12 479	12 205
hsf_7	500	60 089	12 092	11 578

2. MNIST 库

NIST 库中的样本风格丰富，但各个分区中样本质量相差极大，为了更方便研究者们的工作，AT&T 的 LeCun 等人将 NIST-SD1 和 NIST-SD3 中的手写数字样本重新整理，得到了 MNIST 数据库（http://yann.lecun.com/exdb/mnist/index.html）。该数据库含 60 000 个训练样本和 10 000 个测试样本，其中所有的手写数字图像都被规一化为 20×20 大小，并置于 28×28 图像的中心（如图 F.1 所示）。MNIST 样本集在目前的模式识别研究中被广泛使用。

(a) MNIST中的部分样本图像　　　　(b) NIST库和MNIST库的样本

图 F.1　NIST 库和 MNIST 库样本示例

3. ETL9B 库

ETL 系列字符样本库(http://www.is.aist.go.jp/etlcdb)由日本电子工业发展协会于 20 世纪七八十年代收集,其中的 ETL9 库制作完成于 1984 年,是最早的手写汉字样本库之一,共含 200 套书写比较工整的手写样本,每套样本包含 2 965 个日文汉字和 71 个平假名(如图 F.2)。ETL9 库具有二值(ETL9B)和灰度(ETL9G)两种图像格式,其中 ETL9B 更为常用。不同文献中对 ETL9B 训练集和测试集的划分方法略有不同,在本文研究中,取前 20 套和后 20 套共 40 套样本作为测试集,而剩余的 160 套样本作为训练集。

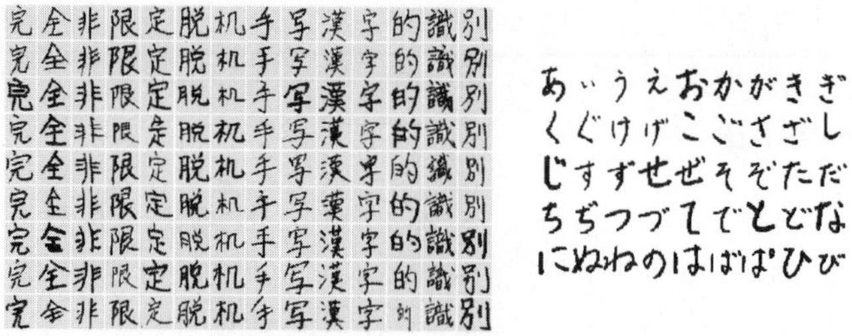

(a) 日文汉字样本　　　　(b) 假名样本

图 F.2　ETL9B 中的部分样本图像

4. HCL2000 库

HCL2000 库由北京邮电大学在国家"863"计划的资助下收集,该样本库先后收集了由不同年龄、职业和文化程度的人书写的 1 600 套汉字样本，每套样本中均包含 3 755 个一级简体汉字的字符图像（如图 F.3）。本书获得了该样本集的前 1 000 套样本，将其中标号为 xx001-xx700 的 700 套样本作为训练集，而标号为 hh001-hh300 的 300 套样本作为测试集。

图 F.3　HCL2000 中的部分手写汉字样本

5. THU-HCD 系列样本库

该样本库由清华大学电子工程系智能图文信息处理研究室历年来收集的手写汉字样本组成。与 HCL2000 库相比，THU-HCD 库同样也只包含一级简体汉字样本，但无论是样本规模（书写样本的人数接近 2 000 人）还是样本采集的时间跨度都更大。按照样本的不同来源，THU-HCD 库分为 10 个子集，各子集的书写风格大致覆盖了从工整手写到自由手写的范围，并按照手写变形的大小标定为优、良、差三等，各子集的基本信息和示例样本图像列于表 F.2 中。在我们的研究中，HCD4、HCD9、HCDex1 和 HCDex2 等 4 个子集常被用来作为测试集，而其他各子集都作为训练样本。

6. Th-writer0 样本库

样本集 Th-writer01 由以下特征字组成：生、的、无、难、别、花、成、但、月、此、去、为、中、有、天、不、是、和、在、人。该样本集由清华大学智能图文信息处理实验室的 27 位同学用圆珠笔或碳素笔在手写汉字采样纸上正常书写（即没有模仿）而成，每个特征字书写 16 次，即样本集 Th-writer01 的书写者数目为 27 个。这些样本在 300dpi 的扫描分辨率下经扫描仪扫描转化成数字图像。图 F.4 所示为该样本集上 4 个书写者书写的两个特征字"难"和"生"的样本示例。

表 F.2 THU-HCD 系列样本集情况

样本子集	套数	点阵大小	质量	样本示例
HCD1	100	不固定	优	
HCD2	500	128×128	优	
HCD3	107	128×128	良	
HCD4	100	64×64	良	
HCD5	300	64×64	良	
HCD6	300	64×64	良	
HCD7	300	64×64	良	
HCD8	100	128×128	差	
HCD9	20	不固定	差	
HCD10	172	128×128	差	
HCDex1	300	不固定	差	
HCDex2	170	不固定	差	

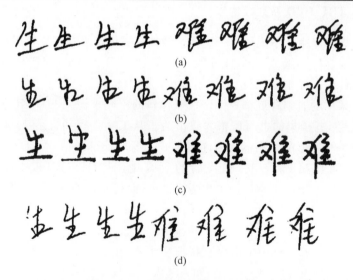

图 F.4 Th-writer01 样本集上部分书写者的笔迹样本

图中(a)、(b)、(c)、(d)分别为 4 个书写者书写的两个特征字"生"和"难"

7. THOCR-HWDB1.0 手写文本行样本库

THOCR-HWDB 文本图像库是清华大学智能图文信息处理实验室正

在不断收集的脱机手写中文文本图像样本库。该样本库的收集以 2004—2010 年人民日报的语料为主，共收集 100 个篇章图像样本。采集时采用 1mm、0.5mm、0.3mm 三种不同宽度的中性笔书写，该文本行样本集收集完成后也可用于笔迹鉴别算法的研究。样本制作时采用 300dpi 进行扫描获得灰度图像，借助中科院自动化所的标定软件完成标定工作。文件共分为三种格式存储：DGR(数据文件)、BMP(图像文件)、STD(真值文件)。

所收集的样本篇章根据版别分成六个主题，包括政治、经济、文化、体育、军事、科技，分别用 TI01～TI06 表示。THU-HWDB 文本行测试集的统计信息和示例如表 F.3 和图 F.5 所示。

表 F.3　THU-HWDB1.0 篇章及字符数统计

主题	TI01	TI02	TI03	TI04	TI05	TI06	Total
篇章数量	20	20	10	10	20	20	100
字符数量	4240	4486	2209	2188	4307	4340	21770

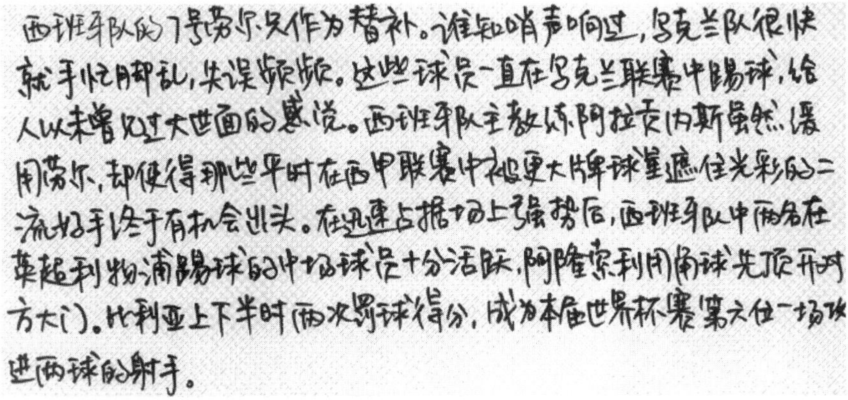
西班牙队的7号劳尔只作为替补。谁知哨声响过，乌克兰队很快就手忙脚乱，失误频频。这些球员一直在乌克兰联赛中踢球，给人以未曾见过大世面的感觉。西班牙队主教练阿拉贡内斯虽然弃用劳尔，却使得那些平时在西甲联赛中被更大牌球星遮住光彩的二流好手终于有机会出头。在迅速占据场上强势后，西班牙队中两名在英超利物浦踢球的中场球员十分活跃，阿隆索利用角球先顶开对方大门。比利亚上下半时两次罚球得分，成为本届世界杯赛第六位一场攻进两球的射手。

图 F.5　THOCR-HWDB1.0 样本库的样本图像示例

索 引

Box-Cox 变换　137-140
版面处理　445
版面分析　446
版面分析研究的分类　447-478
版面恢复　446
版面理解　469,475-477
版面重构　465,477-480
贝叶斯判决准则　151
贝叶斯判决理论　150-152
笔画背景特征　73-74
笔画方向特征　72-73
笔画方向线素特征　80-88
笔画密度特征　71-72
笔迹鉴别　15
笔迹结构属性　293
边缘特征　303-305
不同文种文字识别　11

单个字文字识别　14
多模板距离分类器参数鉴别学习　208-209
多字体印刷文字识别系统　169-171

二次鉴别函数　157
二次鉴别函数分类器　156-157

方差稳定化原理　141
方向属性特征　297-303
非线性规一化　65-68

非限定脱机手写汉字识别系统　165-169
分类器的置信度分析　172-187
分类器集成　187-198
分类器置信度　172
辅助分类　544-554

Gabor 变换　88
改进二次鉴别函数分类器　159-164
广义置信度　173
规一化　60-68

汉字　3,6-7
汉字编码　4
汉字的极限熵　55
汉字集合的信息熵　52-53
汉字识别　8-10
汉字识别后处理　238-379
汉字识别后处理模型　332-337
汉字文本的信息熵　53-55
汉字字体　5
后处理　328
后验熵　36
候选集的有效性　347-357
互信息　35,40-41

基于贝叶斯统计决策的模式识别　26-30
基于词的语言模型　354-346
基于分段的文本行识别　399-404

基于视觉感知的汉字识别　16
基于字的语言模型　342-345
基元　461
鉴别学习　203
矫正学习　222-232
结构特征　69-70
镜向学习　232-235

联机汉字笔迹的结构分析　293-297
联机汉字统计结构特征　293
联机手写汉字分类特征　297-308
联机手写汉字识别　251-327
联机手写汉字识别系统　308-318
联机手写文字识别　12
路径受控 HMM　269,271-277

MQDF 分类器参数鉴别学习　210-212
蒙藏维多文种识别　490-591
蒙藏维文识别的基本策略　501-505
蒙古文　499
蒙古文识别　499-501
描述结构的统计模型 SSM　256-269
模式　24
模式识别　23-26

n-gram 模型　337-342

篇章文字识别　14

嵌入式联机手写识别系统　318-323

上下文处理　328
时空统一模型　269,285-286

TH-OCR　576-585
特征分布的整形　134

特征鉴别分析　109
特征条件熵　33
特征信息熵　32
特征选择的信息熵准则　47-50
梯度方向特征　100
统计特征　70-74
统计语言模型　337-346
脱机手写文档识别　380-444
脱机手写文字识别　13
脱机手写中文文本识别系统　414-416
脱机手写中文文本行识别　385-399

Viterbi 搜索算法　358,359,362

维吾尔文　497
维吾尔文识别　497-499
文本行识别　381-384
文档版面自动分析　445-489
文档结构模型　472-475
文档图像分析　446
文字　2
文字识别　8-10
文字识别分类　11-15
无切分民族文字文档识别　416-436

系统熵　32
线性规一化　61-65
线性鉴别分析　46,110
线性距离分类器　153,155-156
信源-信道模型　332

样本重要性加权学习　235-246
异方差鉴别分析　123-133
隐含马尔可夫过程　269
隐含马尔可夫模型　269
印刷体文字识别　13

语言模型自适应　404-414
预分类　537-543

藏文　493
藏文识别　493-497
藏文识别后处理　561,568-576
藏文文本切分　561-568
正交变换特征　70-71
正交混合高斯模型　213-215

正交混合高斯模型的鉴别学习　212-222
正态分类模型　152-153
正态性检验　135-137
正则化线性鉴别分析　118-123
中文信息处理　8
最大互信息鉴别分析　45-47
最小错误率鉴别学习　204-208
最小距离分类器　153,154-155

图 1.1　汉字字体一览表

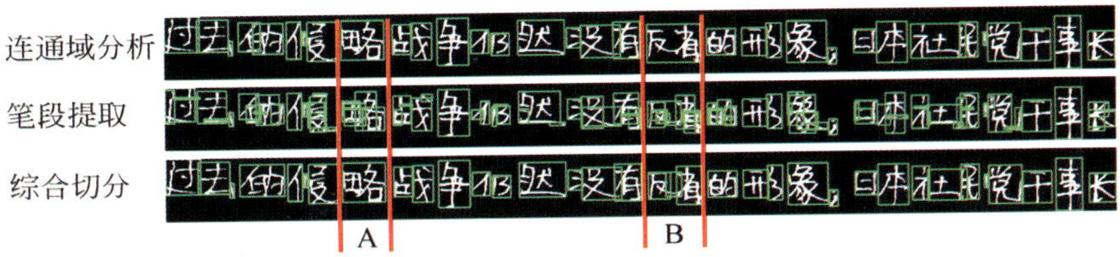

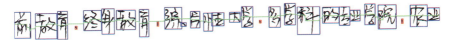

图 9.3　文本行图像过切分结果示例

图 9.8　文本行中心线及候选标点检测结果

图 10.2 基于最近邻强度的初始基元获取

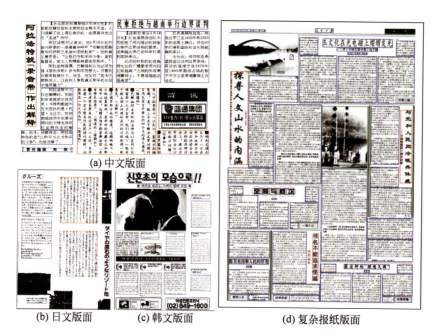

(a) 中文版面

(b) 日文版面   (c) 韩文版面   (d) 复杂报纸版面

图 10.4 实际样张的分析结果

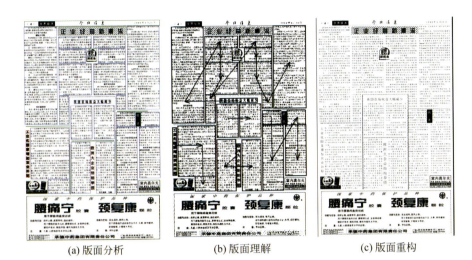

(a) 版面分析　　　　(b) 版面理解　　　　(c) 版面重构

图 10.8　TH-OCR 2000 的实验结果

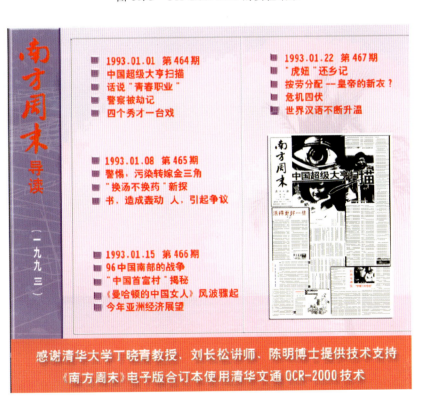

图 10.10　《南方周末》电子出版物

(a) 版面分析后的原始图像　　(b) 识别后版面重建后的全信息数字化文本　　(c)《人民日报》电子版缩印本集

图 10.11　TH-OCR 2000：复杂版面自动版面分析、识别、理解、高保真重构

图 11.5　藏文句子示例

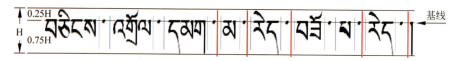

图 11.6　藏文句子中的基线及其位置示例

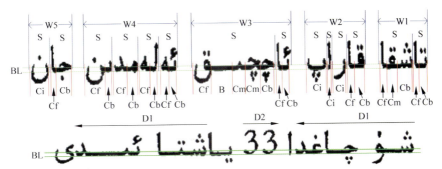

BL:基线；B:为调整行宽而插入的水平直杠；Ci:独立形式字符；
Cf:尾写形式字符；Cb:首写形式字符；Cm:中间形式字符；
S:由一个或多个字符组成的联体字母段(子词)；
W1:2 个子词、5 个字符组成的单词；W2:4 个子词、5 个字符组成的单词；
W3:2 个子词、6 个字符组成的单词；W4:4 个子词、8 个字符组成的单词；
W5:2 个子词、3 个字符组成的单词；
D1:维吾尔文从右到左的行文方向；D2:其他语言文本从左到右的行文方向

图 11.7　维吾尔文基本特点图示

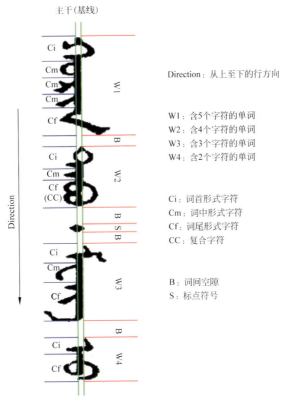

图 11.8　蒙古文基本特点图示

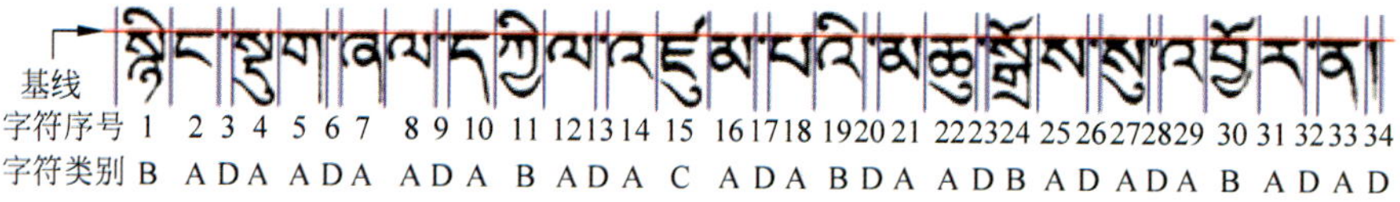

基线
字符序号 1 2 3 4 5 6 7 8 9 10 11 12 13 14 15 16 17 18 19 20 21 22 23 24 25 26 27 28 29 30 31 32 33 34
字符类别 B A D A A D A A D A B A D A C A D A B D A A D B A D A D A B A D A D

图 11.37　藏文字符预分类示例

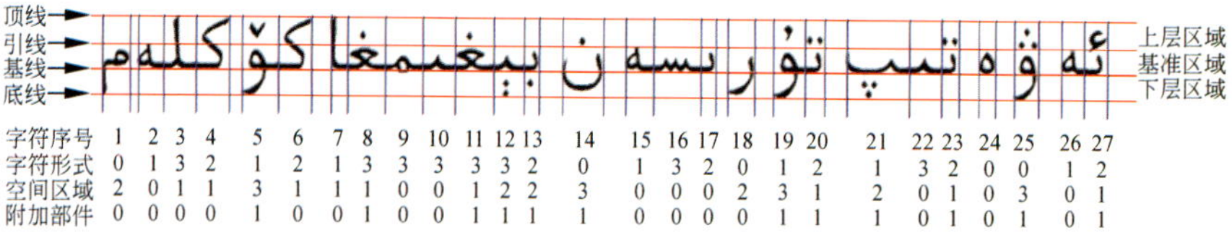

顶线
引线
基线
底线
上层区域
基准区域
下层区域
字符序号 1 2 3 4 5 6 7 8 9 10 11 12 13 14 15 16 17 18 19 20 21 22 23 24 25 26 27
字符形式 0 1 3 2 1 2 1 3 3 3 3 3 2 0 1 3 2 0 1 2 1 3 2 0 0 1 2
空间区域 2 0 1 1 3 1 1 1 0 0 1 2 2 3 0 0 0 2 3 1 2 0 1 0 3 0 1
附加部件 0 0 0 0 1 0 0 1 0 0 1 1 1 1 0 0 0 0 1 1 1 0 1 0 1 0 1

图 11.40　维吾尔文字符预分类示例

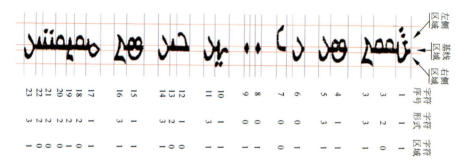

左侧区域
基线区域
右侧区域
字符序号
字符形式
字符区域

图 11.42　蒙古文字符预分类示例

CHINESE
ENGLISH
MONGOLIAN
TIBETAN
UIGHUR
字符对频率/%
相似度

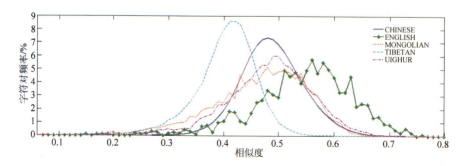

图 11.43　5 种不同字符集上字符对在各相似度上的分布

(1) 藏文音节中各字符的总体约束规则

一、出现在前加字位置的字符必须为 5 个合法前加字("ག"、"ད"、"བ"、"མ"、"འ")之一

正确音节示例：འགོ，དག，བད，གཞུམ，མདངས

错误音节示例：ཤགོ，ངག，སད，ཀཞུམ，ཆདངས

二、出现在后加字位置的字符必须为 10 个合法后加字("ག"、"ད"、"བ"、"མ"、"འ"、"ང"、"ན"、"ར"、"ལ"、"ས")之一

正确音节示例：སྐྱབ，གཡར，ཕྱས，འདོད，མཐམ，འཆགས

错误音节示例：སྐྱཤ，གཡཇ，ཕྱཝ，འདོཀ，མཐཉ，འཆགཀ

三、出现在又后加字位置的字符必须是合法的又后加字("ས")

正确音节示例：མཚངས，སྐབས

错误音节示例：མཚངལ，སྐབཤ

(2) 藏文三字符音节中各字符的约束规则

一、当第一个字符是中心字丁且又属于复合字丁时，若第二个字符为"ག"、"མ"、"ད"、"བ"之一时，则第三个字符必为"ས"；反之，若第三个字符为"ས"则第二个字符必为"ག"、"མ"、"ད"、"བ"之一

正确音节示例：གགས，དདས，སྐྱབས，བྲྀམས

错误音节示例：གགམ，གགཀ，དདར，དདག，སྐྱབག，སྐྱབས，བྲྀམས，བྲྀལས

二、当 3 个字符均为简单字丁时，若第一个字符为 5 个合法的前加字之一且第二个字符不是"འ"时，则第三个字符必定为合法的后加字；否则，第三个字符必定为"མ"或"ད"

正确音节示例：དམར，གནས，འདས，བཏབ，གའམ，བའད

错误音节示例：དམཏ，གནལ，འདཇ，བཏམ，གའལ，བའར

(3) 藏文四字符音节中各字符的约束规则

一、若第三个字符不为"འ"，则第一个字符必定为合法的前加字，而且第四个字符必定为"ས"

正确音节示例：མཚམས，བསྐྱབས，འདགས

错误音节示例：ཤཚམས，མཚམལ，པསྐྱབས，བསྐྱབག，ཆདགས，འདགཀ

二、若第一个字符为合法前加字,第三个字符为"འ",则第四个字符必为"མ"或"ད";若第 3 个字符不为"འ",则第三个字符必为"ག"、"མ"、"ད"、"བ"之一且第四个字符必为"ས"

正确音节示例:འགྲོ、འདི、འདིད、དམདས、བཀགས、མཚམས、འདབ

错误音节示例:འགྲོ、འདི、འདིད、དམདས、བཀགས、མཚམས、འདབ

三、若第二个字符(中心字丁)带有上加字,则第一个字符必定为前加字"བ"

正确音节示例:བསྐྱ、བཙལས

错误音节示例:པསྐྱ、ཡཙལས

除此之外,藏文中还有一类特定虚词和后缀字,主要是以"འ"为基字演化而来的一些字符与其他字符的组合,其构成规则为:

一、在双字符音节中,若第一个字符是简单字丁,但不是合法的前加字,并且第二个字符至少带上加字、下加字、元音三者之一,则第二个字符是特定虚词

正确音节示例:པའི、ཁའི、པའོ、གའོ

错误音节示例:པའི、ཁའི、པའོ、གའོ

二、在双字符音节中,若第一个字符至少带上加字、下加字、元音三者之一,而且第二个字符也至少带上加字、下加字、元音三者之一时,则第二个字符必定是特定虚词或者后缀词

正确音节示例:གིའོ、ཚིའོ、སྐྱིའི、ཚེའི、དུའུ、བྱེའུ

错误音节示例:གིའོ、ཚིའོ、སྐྱིའི、ཚེའི、དུའུ、བྱེའུ

三、在三字符音节中,若第一个字符是合法的前加字,第二个字符带上加字、下加字、元音三者之一,第二个字符也带上加字、下加字、元音三者之一时,则第三个字符必定是特定虚词

正确音节示例:འགྲོའོ、འདིའི

错误音节示例:འགྲོའོ、འདིའི

本页内容见正文第 572 页。